建筑装饰装修工程施工技术手册

李继业　周翠玲　胡琳琳　主编

化学工业出版社

·北京·

本书按照现行国家及行业标准《建筑装饰装修工程质量验收规范》(GB 50210—2001)、《民用建筑工程室内环境污染控制规范》(GB 50325—2010) 和《建筑地面工程施工质量验收规范》(GB 50209—2010) 等中的规定，全面介绍了抹灰工程、门窗工程、玻璃工程、吊顶工程、轻质隔墙工程、饰面板工程、地面工程、饰面砖工程、玻璃幕墙工程、金属幕墙工程、石材与陶瓷板幕墙工程、涂饰工程、裱糊与软包工程、细部工程等分项工程的施工工艺和施工质量控制、验收标准、检验方法等。

本书按照先进性、针对性和规范性的原则，特别突出理论与实践相结合，具有应用性突出、可操作性强、通俗易懂等显著特点，可作为建筑装饰施工人员的技术参考书，也可作为建筑装饰施工技术人员的培训教材，还可供高等学校相关专业师生参阅。

图书在版编目 (CIP) 数据

建筑装饰装修工程施工技术手册/李继业，周翠玲，
胡琳琳主编 . —北京：化学工业出版社，2017.4 (2021.4 重印)
ISBN 978-7-122-29066-3

Ⅰ.①建… Ⅱ.①李…②周…③胡… Ⅲ.①建筑装饰-工程施工-手册 Ⅳ.①TU767-62

中国版本图书馆 CIP 数据核字 (2017) 第 029384 号

责任编辑：刘兴春　刘　婧　　　　　　　装帧设计：关　飞
责任校对：王素芹

出版发行：化学工业出版社 (北京市东城区青年湖南街 13 号　邮政编码 100011)
印　　装：北京七彩京通数码快印有限公司
787mm×1092mm　1/16　印张 29¾　字数 777 千字　　2021 年 4 月北京第 1 版第 6 次印刷

购书咨询：010-64518888　　　　　　售后服务：010-64518899
网　　址：http://www.cip.com.cn
凡购买本书，如有缺损质量问题，本社销售中心负责调换。

定　　价：138.00 元

前言 ▶▶▶

建筑装饰装修是一个广泛、普遍的工程工艺和文化艺术现象。每一个时代的历史、文化都在建筑工程中留下了深刻的印迹，这些印迹除了在建筑的构造中得到保存之外，大量的信息凝聚在建筑装饰装修中。建筑装饰装修中的雕刻、纹饰、色彩、线脚以及构件排列、组合的秩序等，都成为我们判断和理解建筑风格、类型、文化内涵和工艺水平的至关重要的信息，人们的社会意识、信念和价值观通过这种形式而得到显现。

伴随着建筑市场的规范化和法制化进程，装饰装修行业将进入一个新时代，多年来已经习惯遵循和参照的装饰工程施工规范、装饰工程验收标准及装饰工程质量检验评定标准等，均已开始发生重要变化，所以，按照国家新的质量标准、施工规范，科学合理地选用建筑装饰材料和施工方法，努力提高建筑装饰业的技术水平，对于创造一个舒适、绿色环保型环境，促进建筑装饰业的健康发展，具有非常重要的意义。

本书根据现行国家及行业标准《建筑装饰装修工程质量验收规范》（GB 50210—2001）、《住宅装饰装修施工规范》（GB 50327—2001）、《民用建筑工程室内环境污染控制规范》（GB 50325—2010）、《建筑工程施工质量验收统一标准》（GB 50300—2001）、《建筑地面工程施工质量验收规范》（GB 50209—2010）中的规定，对抹灰工程、门窗工程、玻璃工程、吊顶工程、轻质隔墙工程、地面工程、饰面板工程、饰面砖工程、幕墙工程、涂饰工程、裱糊与软包工程、细部工程等分项工程的施工工艺进行了全面讲述。

本书由李继业、周翠玲、胡琳琳主编，魏娟、李明雷、李海豹参加了编写。编写的具体分工为：李继业撰写第一章；胡琳琳撰写第二章、第七章；周翠玲撰写第三章、第六章；李明雷撰写第四章、第五章；李海豹撰写第八章；魏娟撰写第九章、第十章。全书由李继业统稿。

本书在编写过程中，我们参考了大量的技术文献和书籍，在此向这些作者深表谢意。同时得到有关单位的大力支持，在此也表示感谢。

由于编者水平有限，加之资料不全等原因，书中的疏漏和不妥之处在所难免，敬请有关专家、同行和广大读者提出宝贵意见。

编 者
2017 年 3 月

目 录 ▶▶▶

第三章 轻质隔墙工程施工技术 / 78

第五章　门窗工程的施工技术 / 233

第一章 ▶▶▶
抹灰工程施工技术

抹灰工程是建筑装饰装修工程中不可缺少的项目，也是房屋建筑工程中的重要组成部分。抹灰工程是用灰浆涂抹在房屋建筑的墙体、地面、顶棚和其他表面上的一种传统的装饰工程。即将水泥、砂子、石灰膏、膨胀珍珠岩等各种材料，按一定比例配制成砂浆或素浆，采用适宜的工艺直接涂抹在建筑物的表面，从而形成连续均匀抹灰层的做法。

抹灰工程是在建筑物的结构表面形成一个连续均匀的硬质保护膜，不仅可以保护建筑结构，而且为进一步建筑装饰提供基础条件；有的抹灰工程还可以直接作为装饰层。

第一节 装饰抹灰的种类和机具

抹灰类装饰工程是墙面装饰中最常用、最基本的做法，一般可分为内抹灰和外抹灰。内抹灰主要是保护建筑结构和改善室内卫生条件，增强光线反射，美化室内环境。外抹灰主要是保护建筑结构不受风雨雪的侵蚀，提高建筑结构的防水、防冻、防风化、防紫外线、保温隔热能力，提高建筑结构的耐久性，也是建筑结构进行表面艺术处理的工艺措施。

一、装饰抹灰工程的分类

建筑基层的装饰抹灰工程，通常按照建筑工程中一般抹灰的施工方法及质量要求进行施工。根据使用要求及装饰效果的不同，装饰抹灰工程可分为一般抹灰、保温薄抹灰饰面、装饰抹灰、特种砂浆抹灰和清水砌体勾缝抹灰。

1. 一般抹灰

一般抹灰是民用建筑室内墙体、柱子和顶棚最常见的装饰方式，通常是指用石灰砂浆、水泥砂浆、水泥混合砂浆、聚合物水泥砂浆、膨胀珍珠岩水泥砂浆、麻刀灰、纸筋灰、石膏灰等材料的抹灰。

根据质量要求和主要工序的不同，一般抹灰又分为高级抹灰、中级抹灰和普通抹灰3个级别。一般抹灰的适用范围、主要工序及外观质量要求，如表1-1所列。

2. 装饰抹灰

装饰抹灰是指按照不同施工方法和不同面层材料形成不同装饰效果的抹灰。装饰抹灰可分为水泥石灰类装饰抹灰和水泥石粒类装饰抹灰。

表 1-1 一般抹灰的适用范围、主要工序及外观质量要求

级别	适用范围	主要工序	外观质量要求
高级抹灰	适用于大型公共建筑、纪念性建筑物(如影剧院、礼堂、宾馆、展览馆和高级住宅等)以及有特殊要求的高级建筑等	一层底层、数层中层和一层面层。阴阳角找方,设置标筋,分层赶平,表面压光	表面光滑、洁净,颜色均匀,无明显抹灰纹,灰线平直方正,清晰美观
中级抹灰	适用于一般居住、公共和工业建筑(如住宅、宿舍、办公楼、教学楼等)以及高级建筑物中的附属用房等	一层底层、一层中层和一层面层(或一层底层和一层面层)。阴阳角找方,设置标筋,分层赶平,修整,表面压光	表面光滑、洁净,接搓平整,灰线清晰顺直
普通抹灰	适用于简易住宅、大型设施和非居住性的房屋(如汽车库、仓库、锅炉房等)以及建筑物中的地下室、储藏室等	一层底层和一层面层(或不分层一遍成活)。分层赶平、修整,表面压光	表面光滑、洁净,接搓平整,装饰抹灰

（1）水泥石灰类装饰抹灰 水泥石灰类装饰抹灰主要包括拉毛灰、洒毛灰、搓毛灰、扒拉灰、扒拉石、拉条灰、仿石抹灰和假面砖等。

（2）水泥石粒类装饰抹灰 水泥石粒类装饰抹灰主要包括水刷石、干粘石、斩假石、机喷石等。

3. 抹灰工程的组成

为了使装饰抹灰层与基层黏结牢固,防止产生起鼓、开裂、脱落等质量问题,并且使抹灰层的表面平整、美观,抹灰层应当分层按照施工规范的要求进行涂抹。

图 1-1 抹灰饰面的构造（单位：mm）

抹灰一般分为底层抹灰、中层抹灰和面层抹灰(见图 1-1)。底层抹灰为黏结层,主要起到与墙体表面黏结和初步找平的作用,不同的墙体底层抹灰所用材料及配比也不相同;中层抹灰主要起到进一步找平的作用和减小由于材料干缩而引起的龟裂缝,它是保证装饰面层质量的关键层,其用料配比与底层抹灰用料基本相同;面层抹灰首先要满足防水和抗冻的功能要求,同时也起到室内美化装饰的作用。

有的抹灰工程根据工程实际,也可以省去中层抹灰,只设置底面抹灰和面层抹灰。当饰面用其他装饰材料时（如瓷砖、金属板等）,抹灰工程只有底层抹灰和中层抹灰。

抹灰的组成、作用、基层材料和一般做法如表 1-2 所列。

表 1-2 抹灰的组成、作用、基层材料和一般做法

层次	作用	基层材料	一般做法
底层	主要起与基层牢固黏结的作用,兼起到初步找平的作用。砂浆稠度为 10~12cm	砖墙基层	室内墙面一般采用石灰砂浆、混合砂浆 室外墙面、门窗洞口的外侧壁、屋檐、勒脚、压檐墙等及湿度较大的房间和车间,宜采用水泥砂浆或水泥混合砂浆
		混凝土基层	宜先刷素水泥浆一道,采用水泥砂浆或水泥混合砂浆打底 高级装饰顶板宜采用乳胶水泥砂浆打底
		加气混凝土基层	宜用水泥混合砂浆或聚合物水泥砂浆打底。打底前先刷一道界面剂
		硅酸盐砌块基层	宜用水泥混合砂浆打底

层次	作用	基层材料	一般做法
中层	主要起找平作用,砂浆稠度为7～8cm		基本与底层相同 根据施工质量要求可以一次抹灰,也可以分多遍进行
面层	主要起装饰作用砂浆的稠度为10cm左右		要求大面平整、无裂纹,颜色均匀; 室内一般采用麻刀灰、纸筋灰、玻璃丝灰;高级墙面用石膏灰浆;装饰抹灰采用拉毛灰、拉条灰、扫毛灰等;保温、隔热墙面用膨胀珍珠岩灰。 室外常用水泥砂浆、水刷石、干粘石等

抹灰施工应采用分层分多遍涂抹,同时应特别注意控制每遍的厚度。如果一次涂抹太厚,会因为灰浆的自重和内外收缩快慢不同,使抹灰面出现干裂、起鼓和脱落等质量缺陷。水泥砂浆和水泥混合砂浆的抹灰层,应在第一层抹灰层凝结后,方可涂抹下一层;石灰砂浆抹灰层,应等上层抹灰达到七至八成干后,方可涂抹下一层。

二、抹灰工程施工常用的机具

在抹灰工程正式施工之前,应根据建筑类型、抹灰位置、抹灰种类、工程特点、施工工艺、工程特点和人员组成等,准备好抹灰所用的相应抹灰工具和机械设备。

抹灰工程常用的手工工具,是劳动人民在长期的抹灰工程实践中创造出来的劳动工具,主要包括各种抹子、辅助工具和其他工具。

1. 各种抹子

一般抹灰用的各种抹子主要有:方头的铁抹子(用于抹灰)、圆头的铁抹子(用于压光罩面灰)、木抹子(用于找平底灰和搓粗糙砂浆表面)、阴角抹子(用于压光阴角)、圆弧阴角用抹子(用于有圆弧阴角部位的抹灰面压光)、阳角抹子(用于压光阳角)等。抹灰工程用的各种抹子如图1-2所示。

| (a) 方头铁抹子 | (b) 圆头铁抹子 | (c) 木抹子 |
| (d) 阴角抹子 | (e) 圆弧阴角抹子 | (f) 阳角抹子 |

图1-2　抹灰工程用的各种抹子

2. 辅助工具

建筑抹灰工程所用的辅助工具很多,常用的主要有托灰板、木杠、八字靠尺、钢筋卡子、靠尺板、托线板和线锤等。抹灰用的各种辅助工具如图1-3所示。

3. 其他工具

抹灰工程所用的其他工具种类更多,常用到的有长毛刷、猪鬃刷、鸡腿刷、钢丝刷、茅草帚、小水桶、喷壶、水壶、粉线包、墨斗等。抹灰工程常用的其他工具如图1-4所示。

(a) 托灰板　　　(b) 木杠　　　(c) 八字靠尺

(d) 钢筋卡子　　(e) 靠尺板　　(f) 托线板和线锤

图 1-3　抹灰工程用的各种辅助工具

(a) 长毛刷　　(b) 猪鬃刷　　(c) 鸡腿刷　　(d) 钢丝刷

(e) 茅草帚　　(f) 小水桶　　(g) 喷壶

(h) 水壶　　(i) 粉线包　　(j) 墨斗

图 1-4　抹灰工程常用的其他工具

第二节　一般抹灰饰面施工

一般抹灰饰面按照建筑物对抹灰的要求不同，可分为普通抹灰、中级抹灰、高级抹灰 3 个等级；按照部位不同，可分为墙面抹灰、顶棚抹灰和地面抹灰等。不同的等级有不同的质量要求，而不同的质量要求又需要采用不同的施工方法。

一、一般抹灰基体及基层处理

为了确保抹灰工程的施工质量，在抹灰工程正式施工之前要切实做好为抹灰工程顺利进行的准备工作，其中关键的准备工作是基体及基层处理，它主要包括作业条件、基层处理和浇水湿润等方面。

1. 作业条件

抹灰工程的作业条件，主要是指在进行抹灰工程施工时必须具备的条件，也就是抹灰工程前期的一些工程完成情况，一般包括以下几个方面。

（1）需要抹灰的建筑主体工程已经过质量检查验收，并且达到了现行相应的工程质量标准的要求。对于不符合质量要求的，应提出修改意见，并由施工单位立即改正。

（2）建筑屋面防水工程或上层楼面面层工程已经完工，经过规定的有关试验，符合现行国家标准《屋面工程质量验收规范》（GB 50207—2012）中的规定，确实无渗漏问题。

（3）门窗框安装位置正确，与墙体连接牢固，连接处的缝隙填嵌密实。连接处的缝隙可采用1:3水泥砂浆或1:1:6水泥石灰混合砂浆分层嵌塞密实。当连接处的缝隙较大时，窗口的填塞砂浆中应掺加少量麻刀，门口则应设铁皮进行保护。

（4）建筑室内外的各种管线应安装完毕，并经检查验收合格。管浅穿越的墙洞和楼板洞已填塞密实，散热器和密集管线等背后的墙面抹灰，宜在散热器和管线安装前进行。

（5）当抹灰工程确实需要在冬季进行施工时，如果不采取任何防冻措施，施工的环境温度不宜低于+5℃，抹灰后还应采取可靠的防冻结措施。

2. 基层处理

在底面抹灰施工之前，应对墙体进行基层的表面处理，清扫干净基层表面上的浮灰、砂浆残渣和其他杂质，清洗干净油污及模板隔离剂。抹灰工程基层处理的质量如何，关系到整个抹灰工程的质量。根据基层表面（如墙体）材料的不同，可采用不同的处理方法。在具体处理施工中应当注意以下几个方面。

（1）砖石墙体的基层处理 砖石墙体由于是手工砌筑，一般其平整度都比较差，灰缝中砂浆的饱满程度不同，也会造成墙面凹凸不平。所以一般情况可在底层抹灰前，重点清理基层的浮灰、砂浆等杂物，然后洒水加以湿润。这种传统的砖石墙体的基层施工方法，必须用清水湿润墙体基面，既费工、费水，又容易造成墙体污染，同时也不利于文明施工，目前有很多工程采用直接刮聚合物胶浆处理基层的施工方法，不需要再用水润湿墙体基面。

（2）混凝土墙体的基层处理 混凝土墙体的表面一般都比较光滑，其平整度也比较高，但有的会在基层面留下多余的脱模剂，尤其是因这种基层表面光滑，对抹灰与混凝土基层的黏结力有较大的影响，所以在抹灰前应对墙体的基层进行特殊处理。混凝土墙体基层处理方法有以下三种：一是将混凝土表面进行"凿毛"粗糙洒水湿润处理，然后再刷一道聚合物水泥砂浆；二是将质量比为1:1的水泥细砂浆喷或甩在混凝土基层表面上进行"毛化"粗糙处理；三是采用混凝土界面处理剂对混凝土表面进行处理。

（3）加气混凝土的基层处理 加气混凝土墙体表观密度小，孔隙率大，吸水性极强，所以在抹灰时砂浆很容易失水，从而导致无法与墙面很好黏结。加气混凝土基层的处理方法是：用聚合物水泥砂浆对基层进行封闭处理，然后再抹底层。也可以在加气混凝土墙面上铺钉镀锌钢丝网并绷紧，然后再进行底层抹灰，效果比较好，整体刚度也会大大增强。

（4）纸面石膏板或其他轻质墙体材料的基层处理 首先应将板缝按照具体产品及设计要求做好嵌填密实处理，然后在表面用接缝带（穿孔纸带或玻璃纤维网格布等防裂带）粘覆补强处理，使之形成稳固的墙面整体，最后再进行抹灰层的施工。

（5）木结构与砖石结构、混凝土结构等相接处基体表面的抹灰，应按照有关规定先铺钉镀锌钢丝网，并将其绷紧钉牢、钉平，金属网与各基体的搭接宽度应不小于100mm，然后再进行抹灰层的施工。

（6）预制钢筋混凝土楼板顶棚，在抹灰成片施工之前，应剔除灌缝混凝土凸出部分及杂物，然后用刷子蘸水把表面残渣和浮灰导清理干净，再涂刷掺水重量10%的108胶水泥浆一道，再用1:0.3:3水泥混合砂浆将顶部缝隙抹平，过厚部分应分层进行勾抹，每遍厚度宜控制在5～7mm。

3. 浇水湿润

为了确保抹灰砂浆与基体表面黏结牢固，防止干燥的抹灰基体因吸水过快而造成抹灰砂浆脱水形成干裂，影响底层砂浆与墙面的黏结力，致使抹灰层出现空鼓、裂缝、脱落等质量问题，在正式抹灰之前，除对抹灰基层进行必要的处理外，还需要进行浇水湿润。

对抹灰基层浇水湿润的方法是：将水管对着砖墙上部缓缓左右移动，使水沿砖墙面从上部缓缓流下，渗水深度以 8～10cm 为宜，厚度 12cm 以上的砖墙，应在抹灰的前一天进行浇水。在一般湿度的情况下，12cm 厚的砖墙浇水一遍，24cm 以上厚的砖墙浇水两遍，6cm 厚砖墙用喷壶喷水湿润即可，但一律不能使墙体吸水达到饱和状态。

轻质普通混凝土墙体吸水率较高，浇水量可以稍多一些；普通混凝土墙体吸水率较低，浇水量可以稍少一些。此外，各种材料基层的浇水量大小和次数，还与施工季节、环境温度、气候条件和室内操作环境等有关，因此应根据施工环境条件酌情掌握。

二、一般抹灰所用材料的要求

一般抹灰工程所用的抹灰材料主要有胶凝材料、细骨料、纤维材料和界面剂等。在某种情况下，抹灰材料的质量如何，对抹灰工程质量起着决定性的作用。因此，应对抹灰材料的质量应严格进行控制，必须使各种材料均应符合现行国家或行业的标准。

1. 对胶凝材料的要求

用于一般抹灰工程的胶凝材料，主要有石灰膏、磨细生石灰粉、建筑石膏、粉刷石膏、水泥、粉煤灰等。

(1) 石灰膏 石灰膏是一般抹灰工程中最常用的胶凝材料。在工程中石灰膏可以采用块状生石灰进行淋制，淋制前应先用孔径不大于 3mm×3mm 的筛子进行过滤，然后贮存在沉淀池中进行熟化。熟化时间在常温下一般不得少于 15d；用于罩面灰时，不得少于 30d。使用时石灰膏内不得含有未熟化的颗粒和其他杂质；在沉淀池中的石灰膏应加以保护，防止出现干燥、冻结和污染，已风化冻结的石灰膏不得用于抹灰工程。

(2) 磨细生石灰粉 用于抹灰工程的磨细生石灰粉，应符合现行行业《建筑生石灰》(JC/T 479—2013) 中的要求，其细度应通过 4900 孔/cm² 筛。用于罩面灰时，熟化时间应大于 3d。石灰的质量标准如表1-3所列。

表 1-3 石灰的质量标准

质量指标名称		块灰		生石灰粉		水化石灰		石灰浆	
		一等	二等	一等	二等	一等	二等	一等	二等
活性氧化钙及氧化镁之和(干重)/%		≥90	≥75	≥90	≥75	≥70	≥60	≥70	≥60
未烧透颗粒含量(干重)/%		≤10	≤12					≤8	≤12
每千克石灰的产浆量/L		≥2.4	≥1.8	暂不规定		暂不规定		暂不规定	
块灰内细粒的含量(干重)/%		≤8.0	≤10.0						
标准筛上筛余量含量(干重)/%	900 孔/cm² 筛不得大于	无规定		3	5	3	5	无规定	
	4000 孔/cm² 筛不得大于			25	25	10	5		

(3) 建筑石膏 根据现行国家标准《建筑石膏》(GB/T 9776—2008) 中的规定，以天然石膏或工业副产品石膏经脱水处理制得的，以 β-半水硫酸钙 (β-CaSO$_4$·1/2H$_2$O) 为主要成分，不预加任何外加剂或添加物的粉状胶凝材料，称为建筑石膏。建筑石膏按照原材料不同，可分为天然建筑石膏、脱硫建筑石膏和建筑磷石膏；按照 2h 抗折强度不同，可分为

3.0、2.0、1.6 共 3 个等级。建筑石膏的质量标准如表 1-4 所列。

表 1-4 建筑用熟石膏的质量标准

质量技术指标		建筑石膏			模型石膏	高硬石膏
项目	指标	一等	二等	三等		
凝结时间/min	初凝（不早于）	5	4	3	4	3～5
	终凝（不早于）	7	6	6	6	7
	终凝（不迟于）	30	30	30	20	30
细度（筛余量）	64 孔/cm²	2	8	12	0	—
	900 孔/cm²	25	35	40	10	—
抗拉强度/MPa	养护 1d 后	≥0.8	≥0.6	≥0.5	≥0.8	1.8～3.3
	养护 7d 后	≥1.5	≥1.2	≥1.0	≥1.6	2.5～5.0
抗压强度/MPa	养护 1d 后	5.0～8.0	3.5～4.5	1.5～3.0	7.0～8.0	—
	养护 7d 后	8.0～12.0	6.0～7.5	2.5～5.0	10.0～15.0	9.0～24.0
	养护 28d 后	—	—	—	—	25.0～30.0

（4）抹灰石膏 根据《抹灰石膏》（GB/T 28627—2012）中的规定，二水硫酸钙经脱水或无水硫酸钙经煅烧和/或激发，其生成物半水硫酸钙（$CaSO_4 \cdot 1/2H_2O$）和 Ⅱ 型无水硫酸钙（Ⅱ 型 $CaSO_4$）单独或两者混合后掺入外加剂，也可加入集料制成的抹灰材料。

抹灰石膏按照用途不同，可分为面层抹灰石膏（代号 F）、底层抹灰石膏（代号 B）、轻质底层抹灰石膏（代号 L）和保温层抹灰石膏（代号 T）4 类。抹灰石膏的技术指标如表 1-5 所列。

表 1-5 抹灰石膏的技术指标

项目		技术指标			
		面层抹灰石膏	底层抹灰石膏	轻质底层抹灰石膏	保温层抹灰石膏
细度/%	1.0mm 方孔筛的筛余量	0	—	—	—
	0.2mm 方孔筛的筛余量	≤40	—	—	—
凝结时间	初凝时间/min	≥60			
	终凝时间/h	≤8			
可操作时间/min		≥30			
保水率/%		≥90	≥75	≥60	
强度/MPa	抗折强度	≥3.0	≥2.0	≥1.0	
	抗压强度	≥6.0	≥4.0	≥2.5	≥0.6
	拉伸黏结强度	≥0.5	≥0.4	≥0.3	—
体积密度/(kg/m³)		—	—	≤1000	≤500

（5）水泥 根据国家标准《通用硅酸盐水泥》（GB 175—2007）中的规定，以硅酸盐水泥熟料和适量的石膏及规定的混合材料制成的水硬性胶凝材料，称为通用硅酸盐水泥。通用硅酸盐水泥主要包括硅酸盐水泥、普通硅酸盐水泥、矿渣硅酸盐水泥、火山灰质硅酸盐水泥、粉煤灰硅酸盐水泥和复合硅酸盐水泥。用于抹灰工程的水泥，主要是硅酸盐水泥、普通硅酸盐水泥，其技术性能应符合《通用硅酸盐水泥》（GB 175—2007）中的要求。

（6）粉煤灰 用于抹灰工程的粉煤灰，应符合现行国家标准《用于水泥和混凝土中的粉煤灰》（GB/T 1596—2005）的有关规定，其烧失量不大于 8%，吸水量不大于 105%，0.15mm 筛的筛余量不大于 8%。

2. 细骨料

用于抹灰工程的细骨料主要有砂子、炉渣、膨胀珍珠岩等。

（1）砂子 根据现行国家标准《混凝土质量控制标准》（GB 50164—2011）中的规定，用于建筑工程的普通混凝土配制的普通砂的质量，应符合现行标准《建设用砂》（GB/T 14684—2011）和《普通混凝土用砂、石质量及检验方法标准》（JGJ 52—2006）中的规定。

当中砂或中粗砂混合使用时，使用前应用不大于 5mm 孔径的筛子过筛，颗粒要求坚硬洁净，不得含有黏土、草根、树叶、碱质物及其他有机物等有害物质。

（2）炉渣　用于一般抹灰工程的炉渣，其粒径不得大于 1.2～2.0mm。在使用前应进行过筛，并浇水焖透在 15d 以上。

（3）膨胀珍珠岩　膨胀珍珠岩是珍珠岩矿石经破碎形成的一种粒度矿砂，也是用途极为广泛的一种无机矿物材料，目前几乎涉及各个领域。它是用优质酸性火山玻璃岩石，经破碎、烘干、投入高温焙烧炉，瞬时膨胀而成的。用于抹灰工程的膨胀珍珠岩，宜采用中级粗细粒径混合级配，堆积密度宜为 80～150kg/m³。

3. 纤维材料

纤维材料是抹灰中常用的材料，用于一般抹灰工程的纤维材料，主要有麻刀、纸筋和玻璃纤维等。

（1）麻刀　麻刀是一种纤维材料，细麻丝、碎麻，掺在石灰里可以起到增强材料连接、防裂、提高强度的作用。麻刀以均匀、坚韧、干燥不含杂质为宜，其长度不得大于 30mm，随用随敲打松散，每 100kg 石灰膏中可掺加 1kg 麻刀。

（2）纸筋　纸筋就是用纸与水浸泡后打碎的纸碎浆，以前多用草纸，现在多数用水泥纸袋替代，因为水泥纸袋的纤维韧性较好。在淋石灰时，先将纸筋撕碎并除去尘土，用清水把纸筋浸透，然后按 100kg 石灰膏掺纸筋 2.75kg 的比例加入淋灰池中。使用时需用小钢磨再将其搅拌打细，并用 3mm 孔径的筛子过滤成为纸筋灰。

（3）玻璃纤维　玻璃纤维是一种性能优异的无机非金属材料，种类繁多，优点是绝缘性好、耐热性强、抗腐蚀性好，机械强度高。它是以玻璃球或废旧玻璃为原料经高温熔制、拉丝、络纱、织布等工艺制造成的。将玻璃丝切成 1cm 长左右，在抹灰工程中每 100kg 石灰膏中掺入量为 200～300g，并要搅拌均匀。

4. 界面剂

界面剂通过对物体表面进行处理，该处理可能是物理作用的吸附或包覆，也经常是物理化学的作用。目的是改善或完全改变材料表面的物理技术性能和表面化学特性。以改变物体界面物理化学特性为目的的产品，也可以称为界面改性剂。界面剂可以增强水泥砂浆与墙体（混凝土墙、砖墙、磨板墙等）的黏结，起到一种"桥架"的作用，防止水泥砂浆找平层空鼓、起壳、节约人工和机械拉毛的费用。在一般抹灰工程中常用的界面剂为 108 胶，其应满足游离甲醛含量≤1g/kg 的要求，并应有试验报告。

三、内墙一般抹灰施工

内墙抹灰施工工艺流程为：交接验收→基层处理→湿润基层→找规矩→做灰浆饼→设置标筋→阳角做护角→抹底层灰、中层灰→抹窗台板、墙裙或踢脚板→抹面层灰→现场清理→成品保护。

1. 交接验收

交接验收是进行内墙抹灰前不可缺少的重要流程，如果未进行交接验收或验收不合格，则无法进行抹灰施工。内墙抹灰交接验收是指对上一道工序进行检查验收交接，检验主体结构表面垂直度、平整度、弧度、厚度、尺寸等是否符合设计要求。如果不符合设计要求，应按照设计要求进行修补。同时，检查门窗框、各种预埋件及管道安装是否符合设计要求。

2. 基层处理

基层处理是一项非常重要的工作，处理结果将影响整个抹灰工程的质量。基层处理的目的是为了保证基层与抹灰砂浆的黏结强度，应根据工程实际情况，对基层进行清理、修补、凿毛等处理。

3. 湿润基层

对基层处理完毕后，根据墙面的材料种类，均匀洒水湿润。对于混凝土基层将其表面洒水湿润后，再涂刷一薄层配合比为 1:1 的水泥砂浆（加入适量胶黏剂）。

4. 找规矩

找规矩即将房间找方或找正，这是抹灰前很重要的一项准备工作。找方后将线弹在地面上，然后依据墙面的实际平整度和垂直度及抹灰总厚度规定，与找方或找正线进行比较，决定抹灰层的厚度，从而找到一个抹灰的假想平面。将此平面与相邻墙面的交线弹于相邻的墙面上，以作此墙面抹灰的基准线，并以此为标志作为标筋的厚度标准。

5. 做灰浆饼

做灰浆饼即做抹灰标志块。在距高顶棚、墙阴角约 20cm 处，用水泥砂浆或混合砂浆各做一个标志块，厚度为抹灰层厚度，大小 5cm 见方。以这两个标志块为标准，再用托线板靠、吊垂直确定墙下部对应的两个标志块的厚度，其位置在踢脚板上口，使上下两个标志块在一条垂直线上。标准的标志块体完成后，再在标志块的附近墙面钉上钉子，拉上水平的通线，然后按 1.2~1.5m 间距做若干标志块。要注意，在窗口、墙垛角处必须做标志块。

6. 设置标筋

标筋也叫"冲筋""出柱头"，就是在上下两个标志块之间先抹出一条长梯形灰埂，其宽度为 10cm 左右，厚度与标志块相平，作为墙面抹灰填平的标准。其做法是：在上下两个标志块中间先抹一层，再抹第二遍凸出成八字形，要比标志块凸出 1cm 左右。然后用木杠紧贴"标志块"按照左上右下的方向搓，直到把标筋搓得与标志块一样平为止，同时要将标筋的两边用刮尺修成斜面，使其与抹灰面接茬顺平。

标筋所用的砂浆应与抹灰底层砂浆相同。做完标筋后应检查灰筋的垂直度和平整度，误差在 0.5mm 以上者，必须重新进行修整。当层高大于 3.2m 时，要两人分别在架子上下协调操作。抹好标筋后，两人各执硬尺一端保持通平。在操作过程中，应经常检查木尺，防止受潮变形，影响标筋的平整垂直度。灰浆饼和标筋如图 1-5 所示。

(a) 竖向标筋　　　　　　　　　　　　　　　　(b) 横向标筋

图 1-5　灰浆饼和标筋（单位：mm）

1—钉子；2—挂线；3—灰浆饼；4—标筋；5—墙阳角；6—墙阴角；7—窗框

7. 抹门窗护角

室内墙角、柱角和门窗洞口的阳角是抹灰质量好坏的标志，也是大面积抹灰的标尺，抹灰要线条清晰、挺直，并应防止碰撞损坏。因此，凡是与人和物体经常接触的阳角部位，不论设计中有无具体规定，都需要做护角，并用水泥浆将护角抹出小圆角。

8. 抹底层灰

在标志块、标筋及门窗洞口做好护角，并达到一定强度后，底层抹灰即可进行操作。底层抹灰也称为刮糙处理，其厚度一般控制在 10～15mm。抹底层灰可用托灰板盛砂浆，用力将砂浆推抹到墙面上，一般应从上而下进行。在两标筋之间抹满砂浆后，即用刮尺从下而上进行刮灰，使底灰层刮平刮实并与标筋面相平，操作中可用木抹子配合去高补低。将抹灰底层表面刮糙处理后，应浇水养护一段时间。

9. 抹中层灰

待底层灰达到七至八成干（用手指按压有指印但不软）时，即可抹中层灰。操作时一般按照自上而下、从左向右的顺序进行。先在底层灰上均匀洒水，其表面收水后在标筋之间装满砂浆，并用刮尺将表面刮平，再用木抹子来回搓抹，去高补低。搓平后用 2m 靠尺进行检查，超过质量允许偏差时，应及时修整至合格。

根据抹灰工程的设计厚度和质量要求，中层灰可以一次抹成，也可以分层操作，这主要根据墙体的平整度和垂度偏差情况而定。

10. 抹面层灰

面层抹灰在工程上俗称罩面。面层灰从阴角开始，宜两人同时操作，一人在前面上灰，另一人紧跟在后面找平，并用铁抹子压光。室内面层抹灰常用纸筋石灰、石灰砂浆、麻刀石灰、石膏、水泥砂浆设大白腻子等罩面。面层抹灰应在底层灰浆稍干后进行，如果底层的灰浆太湿，会影响抹灰面的平整度，还可能产生"咬色"现象；底层灰太干则容易使面层脱水太快而影响黏结，造成面层空鼓。

（1）纸筋石灰面层抹灰 纸筋石灰面层抹灰，一般应在中层砂浆六至七成干后进行。如果底层砂浆过于干燥，应先洒水湿润，再抹面层。抹灰操作一般使用钢皮抹子或塑料抹子，两遍成活，厚度为 2～3mm。抹灰习惯由阴角或阳角开始，自左向右依次进行，两人配合操作，一人先竖向（或横向）薄薄抹上一层，要使纸筋石灰与中层紧密结合，另一人横向（或竖向）抹第二遍，两人抹的方向应相互垂直。在抹灰的过程中，要注意抹平、压实、压光。在压平后，可用排笔或扫帚蘸水横扫一遍，使表面色泽一致，再用钢皮抹子压实、揉平、抹光一次，面层会变得更加细腻光滑。

阴阳角分别用阴阳角抹子抹光，随手用毛刷蘸水将门窗边口阳角、墙裙和踢脚板上口刷净。纸筋石灰罩面的另一种做法是：在第二遍灰浆完成后，稍干就用压子式塑料抹子顺抹子纹压光，经过一段时间，再进行认真检查，若出现起泡再重新压平。

（2）麻刀石灰面层抹灰 麻刀石灰面层抹灰的操作方法，与纸筋石灰面层抹灰基本相同。但麻刀与纸筋纤维的粗细有很大区别，"纸筋"很容易捣烂，能形成纸浆状，故制成的纸筋石灰比较细腻，用它做罩面灰厚度可达到不超过 2mm 的要求。而麻刀的纤维比较粗，且不易捣烂，用它制成的麻刀石灰抹面厚度按要求不得大于 3mm 比较困难。如果面层的厚度过大，容易产生收缩裂缝，严重影响工程质量。

（3）石灰砂浆面层抹灰 石灰砂浆面层抹灰，应在中层砂浆五至六成干时进行。如果中层抹灰比较干燥时，应洒水湿润后再进行抹灰。石灰砂浆面层抹灰施工比较简单，先用铁抹子抹灰，再用木刮尺从下向上刮平，然后用木抹子搓平，最后用铁抹子压光成活。

（4）刮大白腻子 内墙面的面层可以不抹罩面灰，而采用刮大白腻子。这种方式的优点是操作简单，节约用工。面层刮大白腻子，一般应在中层砂浆干透，表面坚硬呈灰白色，没有水迹及潮湿痕迹，用铲刀能划出显白印时进行。大白腻子的配合比一般为：大白粉：滑石粉∶聚乙酸乙烯乳液∶羧甲基纤维素溶液（浓度5％）＝60∶40∶（2～4）∶75（质量比）。在进行调配时，大白粉、滑石粉、羧甲基纤维素溶液，应提前按照设计配合比搅匀浸泡。

面层刮大白腻子一般不得少于两遍，总厚度在1mm左右。头道腻子刮后，在基层已修补过的部位应进行修补找平，待腻子干透后，用0号砂纸磨平，扫净浮灰。待头道腻子干燥后，再进行第二遍。

（5）木引线条的设置　为了施工方面，克服和分散大面积干裂与应力变形，可将饰面用分格条分成小块来进行。这种分块形成的线型称为引线条，如图1-6所示。这种设置既是构造上的要求，也有利于日后的维修，并且可使建筑立面获得良好尺度感而显得非常美观。在进行分块时，首先要注意其尺度比例应合理匀称，大小与建筑空间成正比，并注意有方向性的分格，应和门窗洞、线角相匹配。分格缝多为凹缝，其断面为10mm×10mm、20mm×10mm等，不同的饰面层均有各自的分格要求，要按照设计要求进行施工。

图1-6　抹灰面木引线条的设置

引线条的具体做法是：在底层灰抹完后根据设计要求弹出分格线，根据分格线的长度将分格条分好，然后用铁抹子将素水泥浆抹在分格条背面，水平分格线宜粘贴在水平线的下口，垂直分格线粘贴在垂线的左侧，这样易于观察，操作也比较方便。

分格条在使用前要在水中泡透，以防止分格条粘贴后吸水产生较大变形，并便于进行粘贴。分格条因本身水分蒸发而收缩很容易起出，还能使分格条两侧的灰口整齐。分格条用直尺校正后，宜在两侧用水泥浆抹成梯形斜角固定，待面层抹灰硬化后再取出分格条。

11. 墙体阴（阳）角抹灰

墙体的阴（阳）角处的抹灰，要比墙体大面的抹灰复杂、麻烦，其质量要求也比较高，要特别引起重视。在正式抹灰前，先用阴（阳）角方尺上下核对阴角的方正，并检查其垂直度，然后确定抹灰厚度，并浇水湿润。阴（阳）角处抹灰应用木制阴（阳）角器进行操作，先抹底层灰，使上下抽动抹平，使室内四角达到直角，再抹中层灰，使阴（阳）角达到方正。墙体的阴（阳）角抹灰应与墙面抹灰同时进行。阴角的扯平找直如图1-7所示。

四、外墙一般抹灰施工

外墙抹灰施工工艺流程为：交接验收→基层处理→湿润基层→找规矩→做灰浆饼→做"冲筋"→铺抹底层、中层灰→弹分格线、粘贴分格条→抹面层灰→起分格条、修整→养护。

1. 交接验收

交接验收是进行内墙抹灰前不可缺少的重要流程，如果未进行交接验收或验收不合格，则无法进行抹灰施工。外墙抹灰交接验收是指对上一道工序进行检查验收交接，检验主体结构表面垂直度、平整度、弧度、厚度、尺寸等是否符合设计要求。如果不符合设计要求，应

窗口
水泥砂浆
面层
抹水泥圆角

基层
石灰砂浆
面层

图 1-7　阴角的扯平找直

按照设计要求进行修补。

2. 基层处理

基层处理是一项非常重要的工作，处理的如何将影响整个抹灰工程的质量。外墙抹灰基层处理主要做好如下工作：①主体结构施工完毕，外墙上所有预埋件、嵌入墙体内的各种管道已安装，并符合设计要求，阳台栏杆已装好；②门窗安装完毕检查合格，框与墙间的缝隙已经清理，并用砂浆分层分多遍将其堵塞严密；③采用大板结构时，外墙的接缝防水已处理完毕；④砖墙的凹处已用 1∶3 的水泥砂浆填平，凸处已按要求剔凿平整，脚手架孔洞已堵塞填实，墙面污物已经清理，混凝土墙面光滑处已经凿毛。

3. 找规矩

外墙面抹灰与内墙面抹灰一样，也要挂线做标志块、标筋。其找规矩的方法与内墙基本相同，但要在相邻两个抹灰面相交处挂垂线。

4. 挂线、做灰浆饼

由于外墙抹灰面积大，另外还有门窗、阳台、明柱、腰线等。因此外墙抹灰找出规矩比内墙更加重要，要在四角先挂好自上而下的垂直线（多层及高层楼房应用钢丝线垂下），然后根据抹灰的厚度弹上控制线，再拉水平通线，并弹出水平线做标志块，然后做标筋。标志块和标筋的做法与内墙相同。

5. 弹线黏结分格条

室外抹灰时，为了增加墙面的美观，避免罩面砂浆产生收缩而裂缝，或大面积产生膨胀而空鼓脱落，要设置分格缝，分格缝处粘贴分格条。分格条在使用前要用水泡透，这样既便于施工粘贴，又能防止分格条在使用中变形，同时也利于本身水分蒸发收缩易于起出。

水平分格条板应粘贴在平线下口，垂直分格条板应粘贴在垂线的左侧。黏结一条横向或竖向分格条后，应用直尺校正其平整，并将分格条两侧用水泥浆抹成八字形斜角。当天抹面的分格条，两侧八字斜角可抹成 45°。当天不再抹面的"隔夜条"，两侧八字形斜角可抹成60°。分格条要求横平竖直、接头平整，不得有错缝或扭曲现象，分格缝的宽窄和深浅应均匀一致。

6. 抹灰

外墙抹灰层要求有一定的耐久性。若采用水泥石灰混合砂浆，配合比为：水泥∶石灰膏∶砂＝1∶1∶6；若采用水泥砂浆，配合比为：水泥∶砂＝1∶3。底层砂浆具有一定强度后，再抹中层砂浆，抹时要用木杠、木抹子刮平压实、扫毛、浇水养护。在抹面层时，先用1∶2.5的水泥砂浆薄薄刮一遍；第二遍再与分格条板涂抹齐平，然后按分格条厚度刮平、搓实、压光，再用刷子蘸水按同一方向轻刷一遍，以达到颜色一致，并清刷分格条上的砂浆，以免起出条板时损坏抹面。起出分格条后，随即用水泥砂浆把缝勾齐。

室外抹灰面积比较大，不易压光罩面层的抹纹，所以一般用木抹子搓成毛面，搓平时要用力均匀，先以圆圈形搓抹，再上上下下抽拉，方向要一致，以使面层纹路均匀。在常温情况下，抹灰完成 24h 后，开始淋水养护 7d 为宜。

外墙抹灰时，在窗台、窗楣、雨棚、阳台、檐口等部位应做流水坡度。设计无要求时，流水坡度 10% 为宜，流水坡下面应做滴水槽，滴水槽的宽度和深度均不应小于 10mm。要求棱角整齐、光滑平整，起到挡水的作用。

五、顶棚一般抹灰施工

顶棚一般抹灰施工工艺与墙面抹灰基本相同，顶棚一般抹灰施工工艺流程为：交接验收→基层处理→找规矩→抹底层灰、中层灰→抹面层灰。

1. 交接验收及基层处理

顶棚一般抹灰的交接验收及基层处理基本与内墙抹灰相同，另外需要注意以下几个方面：①屋面防水层与楼面面层已施工完毕，穿过顶棚的各种管道已经安装就绪，顶棚与墙体之间及管道安装后遗留空隙已经清理并填堵严实；②现浇混凝土顶棚表面的油污已经清除干净，用钢丝刷已满刷一遍，凹凸处已经填平或凿去。预制板顶棚除以上工序外，板的缝隙应已清扫干净，并且用 1:3（水泥：砂子）水泥砂浆填补刮平；③木板条的基层顶棚板条间隙在 8mm 以内，无松动翘曲现象，污物已经清除干净；④在木板条面上设置钢丝网的基层，应将其切实铺钉可靠、牢固、平直。

2. 找规矩

顶棚抹灰通常不做标志块和标筋，而是用目测的方法控制其平整度，以无高低不平及接茬痕迹为准。首先根据顶棚的水平面，确定抹灰的厚度，然后在墙面的四周与顶棚交接处弹出水平线，作为顶棚抹灰的水平标准。

3. 底层和中层抹灰

一般底层砂浆采用配合比为水泥：石灰膏：砂＝1:0.5:1 的水泥混合砂浆，底层抹灰厚度为 2mm。底层抹灰后紧跟着就抹中层砂浆，其配合比一般采用水泥：石灰膏：砂＝1:3:9 的水泥混合砂浆，抹灰厚度 6mm 左右。抹后用软的刮尺刮平刮匀，随刮随用长毛刷子将抹灰印痕顺平，再用木抹子搓平。顶棚管道周围用小工具顺平。

抹灰的顺序一般是由前往后退，并注意其方向必须同基体的缝隙（混凝土板缝）成垂直方向。这样，容易使砂浆挤入缝隙与基底牢固结合。

抹灰时，厚薄应掌握适度，随后用软的刮尺刮平。如平整度欠佳，应再涂抹和赶平，但不宜多次修补，否则容易搅动底灰而引起掉灰。如底层砂浆吸水快，应及时洒水，以保证与底层黏结牢固。

在顶棚与墙面的交接处，一般是在墙面抹灰完成后再补做，也可在抹顶棚时，先将距顶棚 20～30cm 的墙面同时完成抹灰，方法是用铁抹子在墙面与顶棚交角处添上砂浆，然后用木质阴角器抽拉平整、抹压垂直即可。

4. 面层抹灰

待中层抹灰达到六至七成干，即用手指按时感觉不软且有指印时（要防止过干，如果过干应稍洒水），便可以开始面层抹灰。如使用纸筋石灰或麻刀石灰时，一般分两遍成活。其涂抹方法及抹灰厚度与内墙抹灰相同。第一遍抹得越薄越好，紧跟着再抹第二遍。在抹第二遍时，抹子要稍平，涂抹完毕后待灰浆稍干，再用塑料抹子或压子顺着抹纹压实压光。

各抹灰层受冻或急骤干燥，都能产生裂纹或脱落，因此，在上述工序完成后还需要注意加强对抹灰层的养护。

六、细部一般抹灰施工

细部一般抹灰包括的部位很多，室内外的细部抹灰主要有踢脚板、墙裙、窗台、勒脚、压顶、檐口、梁、柱、楼梯、阳台、坡道、散水等。

1. 踢脚板、墙裙及外墙勒脚抹灰施工

内外墙和厨房、厕所的墙脚等部位，经常易受到碰撞和水的侵蚀，要求这些地方应防水、防潮、防蚀、坚硬。因此，抹灰时往往在室内设踢脚板，在厕所、厨房设墙裙，在外墙底部设勒脚。通常用 1:3 的水泥砂浆抹底层和中层，用 1:2 或 1:2.5 的水泥砂浆抹面层。

抹灰时根据墙上施工的水平基线用墨斗或粉线包弹出踢脚板、墙裙或勒脚高度尺寸水平线，并根据墙面抹灰的厚度，决定踢脚板、墙裙或勒脚的厚度。凡是阳角处，用方尺进行规方，最好在阳角处弹上直角线。

规矩找好后，将基层处理干净，浇水湿润。按弹出的水平线，将八字靠尺板粘嵌在上口，靠尺板表面正好是踢脚板、墙裙或勒脚的抹灰面用 1:3 水泥砂浆抹底、中层，再用木抹子搓平、扫毛、浇水养护。待底、中层砂浆六七成干时，就应进行面层抹灰。面层用 1:2.5 水泥砂浆先薄薄刮上一遍，然后再抹第二遍。先抹平八字靠尺、搓平、压光，然后起下八字靠尺，用小阳角抹子捋光上口，再用压子压光。

另一种方法是在抹底层、中层砂浆时，先不嵌靠尺板，而在涂抹完罩面灰浆后用粉线包弹出踢脚板、墙裙或勒脚的高度尺寸线，把靠尺板靠在线的上口，并用抹子将其切齐，再用小阳角抹子捋光上口，然后再压光。

2. 窗台

在建筑房屋工程中，砌砖窗台一般分为外窗台和内窗台，也可分为清水窗台和混水窗台。混水窗台通常是将砖以水平砌筑，用水泥砂浆进行抹灰。

外窗台一般用 1:2.5 的水泥砂浆打底，用 1:2.0 的水泥砂浆罩面。窗台操作难度较大，一个窗台有五个面、八个角，一条滴水槽（或滴水线），质量要求比较高。表面要平整光洁，棱角要清晰；与相邻窗台的高度进出要一致，横竖都要成一条线；排水要畅通，不出现渗水，不产生湿墙。

外窗台抹灰一般在底面做滴水槽或滴水线，滴水线是防止雨水顺墙面向下流时进入阳台内或流到玻璃上的措施，一般是在底面与外墙面交界的地方，距拐角 1~2cm 处，做一条 1cm 左右宽的凹槽。滴水线和滴水槽的主要区别是深度不同。滴水槽的做法是：通常在底面距离边口 2cm 处粘贴分格条（滴水槽的宽度及深度均不小于 10mm，并要整齐一致）。窗台的平面应向外呈流水坡度，如图 1-8 所示。

用水泥砂浆抹内窗台的方法与外窗台一样。抹灰应分层进行。窗台要抹平，窗台两端抹灰要超过窗口 6cm，由窗台上皮往下抹 4cm。

滴水线的做法是：将窗台下部的边口的直角改为锐角，并将角往下伸延约 10mm，形成滴水。如图 1-8 所示。

3. 压顶

压顶一般为女儿墙顶现浇的混凝土板带（也可以用砖砌成）。压顶要求表面平整光洁，棱角清晰，水平成线，突出一致。因此抹灰前一定要拉上水平通线，对于高低出进不能上线

的要凿掉或补齐。但因其两面有檐口，在抹灰时一面要做流水坡度，两面都要设滴水线，如图1-9所示。

图1-8　滴水槽与"滴水线"

图1-9　压顶抹灰的做法

4. 柱子

柱子按照所用材料不同，一般可分为砖柱、混凝土柱、钢筋混凝土柱、石柱、木柱等；按照其形状不同，又可分为方柱、圆柱、多角形柱等。

建筑室内柱子一般用石灰砂浆或水泥砂浆抹底层和中层，用麻刀石灰或纸筋石灰抹面层，室外柱子一般用水泥砂浆进行抹灰。

（1）方柱　方柱的基层处理首先要将砖柱或钢筋混凝土柱的表面清扫干净，并浇水进行湿润，然后进行找规矩。如果方柱为独立柱，应按照设计图样所标示的柱轴线，测定柱子的几何尺寸和位置，在楼地面上弹上垂直的两条中心线，并弹上抹灰后的柱子边线（注意阳角都要进行规方），然后在柱子顶卡上短的靠尺，拴上铅锤向下进行垂吊，并调整线锤对准地面上的四角边线，检查柱子各方面的垂直度和平整度。如果不超过规定误差，在柱四角距地坪和顶棚各15cm左右处做"灰饼"，如图1-10所示。如果超过规定误差，应先进行处理，再找规矩做"灰饼"。

当有两根或两根以上的柱子，应当首先根据柱子的间距找出各根柱子的中心线，用墨斗在柱子的4个立面弹上中心线，然后在一排柱子最外的两根柱子的正面外边角下，各拉一条水平通直线做所有柱子正面上下两边的灰饼，每个柱子正面上下左右共做4个灰饼。

根据下面的"灰饼"用套板套在两端柱子的反面，再做两上边的"灰饼"。根据这个"灰饼"，上下拉上水平通直线，做各根柱子反面"灰饼"。正面、反面"灰饼"全部做完后，用套板中心对准柱子正面或中心线，做柱子两侧的"灰饼"，如图1-11所示。

柱子四面的灰饼做好后，应先在侧面卡上八字靠尺，对正面和反面进行抹灰；再把八字靠尺卡在正反面，对柱子的两个侧面

图1-10　独立方柱找规矩

进行抹灰。底层和中层抹灰要用短木刮平，木抹子搓平。第二天对抹面进行压光。

（2）圆柱　钢筋混凝土圆柱基础处理的方法与方柱基本相同。独立圆柱找规矩，一般也应先找出纵横两个方向设计要求的中心线，并在柱上弹纵横两个方向四根中心线，按照四面中心点，在地面上分别弹出四个点的切线，就形成了圆柱的外切四条边线。这个四边线各边长就是圆柱的实际直径。然后用缺口木板方法，由上四面中心线往下吊线锤，检查柱子的尺寸和垂直度。如果不超过规定误差，先在地面弹上圆柱抹灰后外切四条边线（每边长就是抹灰后圆柱的直径），按这个尺寸制作圆柱的抹灰套板，如图1-12所示。

图1-11　多根方柱找规矩

图1-12　圆柱抹灰套板

圆柱做"灰饼"，可以根据地面上放好的线，在柱四面中心线处，先在下面做"灰饼"，然后用常缺口的板挂上垂线在柱上部做四个"灰饼"。在上下灰饼挂线，中间每隔1.2m左右做一组"灰饼"，再根据"灰饼"和冲筋。圆柱抹灰分层做法与方柱相同，抹时用长木杠随着抹灰、随着进行找圆形，随时用抹灰圆形套板核对。当抹面层灰时，应用圆形套板沿柱子上下滑动，将抹灰抹成圆形。

5. 阳台

阳台是建筑物室内的延伸，是居住者呼吸新鲜空气、晾晒衣物、摆放盆栽的场所，一般有悬挑式、嵌入式、转角式3类，其设计需要兼顾实用与美观的原则。阳台抹灰是室外装饰的重要部分，关系到建筑物表面的美观，要求各个阳台上下成垂直线，左右成水平线，进出一致，各个细部统一，颜色相同。抹灰前要注意清理基层，把混凝土基层清扫干净并用水冲洗，用钢丝刷子将基层刷到露出混凝土的新面。

阳台抹灰找出规矩的方法是：由最上层阳台突出的阳角及靠墙阴角往下挂垂线，找出上下各层阳台进出误差及左右垂直误差，以大多数阳台进出及左右边线为依据，误差小一些的，可以上下左右顺一下，误差较大的，要进行必要的结构处理。对于各相邻阳台要拉水平通线，对于进出及高低误差太大的要进行处理。

根据找好的规矩，确定各部位的大致抹灰厚度，再逐层逐个找好规矩，做"灰饼"进行抹灰。最上层两头抹好后，以下都以这两个挂线为准做"灰饼"。抹灰还应注意阳台地面排水坡度方向，要顺向阳台两侧的排水孔，不要抹成倒流水。

阳台底面抹灰与顶棚抹灰相同。主要工序包括：清理基层、浇水湿润、刷水泥浆、分层抹底层和中层水泥砂浆、面层抹灰。阳台上面用1：3水泥砂浆做面层抹灰，并注意留好排水坡度。阳台挑梁和阳台梁，也要按规矩抹灰，高低进出要整齐一致，棱角清晰。

6. 楼梯

楼梯在正式抹灰前，除将楼梯踏步、栏板等清理刷净外，还要将安装栏杆、扶手等预埋件用细石混凝土灌注密实。然后根据休息平台的水平线（标高）和楼面标高，按上下两头踏步口，在楼梯侧面墙上和栏板上弹出一道踏步标准线，如图1-13所示。抹灰时，将踏步角对在斜线上，或者弹出踏步的宽度与高度再抹灰。

在抹灰前，先浇水进行湿润，并抹一遍水泥浆（刮涂也可以），随即抹1：3的水泥砂浆

图 1-13　楼梯踏步线示意

（体积比），底层灰厚约 15mm。抹灰时，应先抹踢脚板（立面），再抹踏板（平面），逐步由上向下做。在抹踢脚板时，先用八字靠尺压在上面，一般用砖压尺，按尺寸留出灰口。按照八字靠尺抹灰，然后用木抹子搓平。再把靠尺支在立面上抹平面灰，也用木抹子抹平如图 1-14 所示。做棱角，把底灰层划出麻面，再进行第二遍罩面。

图 1-14　踏步板的抹灰

罩面的灰浆用体积比 1∶2 或 1∶2.5 的水泥砂浆，罩面厚约 8mm。根据砂浆干湿情况抹几步楼梯后，再反上去压光，并用阴阳角抹子将阴阳角捋光。24h 后开始浇水养护，时间为一周。若踏步有防滑条，在涂抹底子灰浆完成后，先在离踏步口 40mm 处，用素水泥浆粘分格条。若防滑条采用铸铁或铜条等材料，应在罩面前将铸铁条或铜条按照要求安稳粘好，再抹罩面灰。金属条可以粘两条或三条，间距为 25～30mm，比踏板突出 3～4mm，如图 1-15 所示。

图 1-15　金属防滑条镶嵌（单位：mm）

如果踏步、踢脚板均为水泥砂浆，为保护踏步角免受损坏，可以在角部镶嵌直径为 12mm 钢筋或小规格的角钢。

七、机械喷涂抹灰施工

机械喷涂抹灰施工就是把搅拌好的砂浆，经振动筛后倾倒入灰浆输送泵，通过管道，再借助于空气压缩机的压力，把灰浆连续均匀地喷涂于墙面和顶棚上，再经过找平搓实，完成抹灰饰面。机械喷涂抹灰主要适用于内外墙和顶棚石灰砂浆、混合砂浆和水泥砂浆抹灰的底层和中层抹灰。机械喷涂抹灰工艺流程，如图 1-16 所示。

图 1-16　机械喷涂抹灰工艺流程

机械喷涂适用于内外墙和顶棚石灰砂浆、混合砂浆和水泥砂浆的底层和中层抹灰。近年来，"小容量三级出灰量挤压泵"的问世，为实现抹灰工程的全面机械化创造了条件。

(一) 机械喷涂抹灰的机具设备

机械喷涂抹灰施工所用的机具设备主要有：砂浆输送泵、组装车、管道、喷枪及常用抹灰工具等。

1. 砂浆输送泵

砂浆输送泵是机械喷涂抹灰最主要的施工机械，由于采用了砂浆输送泵输送砂浆，因此劳动组织、生产效率、应用范围等均与所选择的砂浆输送泵的性能有很大关系。常用的砂浆输送泵，按照其结构特征的不同，可分为柱塞式砂浆输送泵、隔膜式砂浆输送泵、"灰气"联合砂浆输送泵和挤压式砂浆输送泵等。柱塞式、隔膜式和"灰气"联合砂浆输送泵俗称为"大泵"，各种砂浆输送泵的技术性能如表 1-6 所列。

表 1-6　各种砂浆输送泵的技术性能

技术数据		砂浆泵名称和型号			
		柱塞直给式		隔膜式	"灰气"联合
		HB_{6-3}	HP_{-013}	HP_{8-3}	$HK_{-3.5-74}$
输送量/(m^3/h)		3	3	3	3.5
垂直输送距离/m		40	40	40	25
水平输送距离/m		150	150	100	150
工作压力/MPa		1.5	1.5	1.2	—
配套电动机	型号	JQ_4-41-4	JQ_2-52-4	JQ_2-42-4	—
	功率/kW	4	7	2.8	5.5
	转速/(r/min)	1440	1440	1400	1450

技术数据	砂浆泵名称和型号			
	柱塞直给式		隔膜式	"灰气"联合
	HB$_{6-3}$	HP$_{-013}$	HP$_{8-3}$	HK$_{-3.5-74}$
进浆液口胶管内径/mm	64	—	—	50
排浆液口胶管内径/mm	51	50.4	38	0.24
外形尺寸(长×宽×高)/mm	1033×474×890	1825×610×1075	1350×444×760	1500×720×550
机器质量/kg	250	650	—	293

"小容量三级出灰量挤压泵",是近几年问世的新型砂浆输送泵,一般称为"小泵"。这种泵的特点是:配套电动机变换不同位置可使挤压管变换挤压次数,从而形成三级出灰量,挤压式砂浆输送泵主要技术参数如表 1-7 所列。

表 1-7 挤压式砂浆输送泵主要技术参数

型号	UBJ0.8 型	UBJ1.2 型	UBJ1.8 型
输送量/(m³/h)	0.2、0.4、0.8	0.3、0.6、1.2	0.3、0.4、0.6、0.9、1.2、1.8
垂直输送距离/m	25	25	30
水平输送距离/m	80	80	100
额定工作压力/MPa	1.0	1.2	1.5
主电动机功率/kW	0.4/1.1/1.5	0.6/1.5/2.2	1.3/1.5/2.0
外形尺寸/mm	1220×662×960	1220×662×1035	1220×896×990
机器质量/kg	175	185	300

(1)采用柱塞泵、隔膜泵或"灰气"联合泵　采用这三种砂浆输送泵,由于它们出灰浆量比较大,效率比较高,机械喷涂劳动组织强度较大,其设备比较复杂,如图 1-17 所示。

图 1-17　组装车示意

1—上料斗；2—防护棚；3—砂浆机；4—储浆槽；5—振动筛；
6—压力表；7—空气压缩机；8—支腿；9—牵引架；
10—行走轮；11—砂浆泵；12—滑道

(2)采用挤压式砂浆输送泵　因其出灰量小,设备比较简单,又因其输送距离小,在多层建筑物内喷涂作业时,可逐层移动泵体,施工比较灵活,因此可不设组装车。

2. 管道

管道是输送砂浆的主要设备。室外管道一般多采用钢管,在管道的最低处安装三通,以便冲洗灰浆泵及管道时,打开三通阀门使污水排出。室外管道的连接采用法兰盘,接头处垫上橡胶垫以防止漏水。室内管道采用胶管,胶管连接宜采用铸铁卡具。从空气压缩机到枪头也应用胶管进行连接，以便输送压缩空气。在靠近操作地点的胶管，使用分岔管道将其分成两股，以便使两个枪头同时喷灰。

3. 喷枪

喷枪是喷涂抹灰机具设备中的重要组成部分，也是能否顺利进行喷涂施工的关键。喷枪头用钢板或铝合金焊成，气管采用铜管制成。插在喷枪头上的进气口用螺栓固定，要求操作灵活省力，喷出的砂浆均匀细长且落地灰较少。

（二）机械喷涂抹灰的施工要点

根据现行行业标准《机械喷涂抹灰施工规程》（JGJ/T 105—2011）中的规定，机械喷涂抹灰在机械设备选择、喷涂施工工艺、质量要求与检验、施工安全等方面应分别符合下列要求。

1. 机械喷涂抹灰的机械设备选择

（1）设备的选择与配置　机械喷涂抹灰的机械设备选择与配置应符合以下规定。

① 喷涂设备及其配套设备的选择应根据施工组织设计的要求和现行行业标准《机械喷涂抹灰施工规程》（JGJ/T 105—2011）的规定确定。

② 喷涂设备应由砂浆搅拌机、振动筛、灰浆泵、空气压缩机或灰浆联合机，与输送管道总成和喷枪等组成。

③ 砂浆搅拌机宜选择强制式砂浆搅拌机，其容量不宜小于 $0.3m^3$。

④ 振动筛宜选择平板振动筛或偏心杆式振动筛，两者亦可并列使用，其筛网孔径宜取 $10\sim12.5mm$。

⑤ 喷涂设备的选择应根据泵送高度和输送量确定，宜选择双缸活塞式灰浆联合机。其主要技术性能可按现行行业标准《机械喷涂抹灰施工规程》（JGJ/T 105—2011）中附录 A 选用。

⑥ 空气压缩机的容量宜为 $300L/min$，其工作压力宜选用 $0.5MPa$。

⑦ 输送管道总成应由输浆管、输气管和自锁快速接头等组成，输浆管的管径应取 $50mm$，其工作压力应取 $4\sim6MPa$；输气管的管径应取 $13mm$。

⑧ 喷枪应根据工程的部位材料和装饰要求选择喷枪型式及相匹配的喷嘴类型与口径。对内外墙、顶棚表面、砂浆垫层、地面层，喷涂应选择口径 $18mm$ 与 $20mm$ 的标准与角度喷枪；对装饰性喷涂则应选择口径 $10mm$、$12mm$ 与 $14mm$ 的装饰喷枪。

⑨ 当远距离输送砂浆或高处喷涂作业时，应备有无线对讲机等通信联络设备。

（2）设备安装与使用　机械喷涂抹灰的机械设备安装与使用应符合以下规定。

① 设备的布置应根据施工总平面图合理确定，应缩短原材料和砂浆的输送半径，减少设备的移动次数。

② 砂浆搅拌机与平板振动筛的安装应牢固，操作应方便，上料与出料应通畅。

③ 安装灰浆联合机的场地应坚实平整，并宜置于水泥地面上。车轮应楔牢，安放应平稳。

④ 灰浆联合机应安装在砂浆搅拌机和振动筛的下部，其进料口应置于砂浆搅拌机卸料口下方，互相衔接，卸料高度宜为 $350\sim400mm$。

⑤ 喷涂应采用双气阀控制开关，其安装后应进行调试，启闭应方便，遥控性能应可靠。

⑥ 喷涂设备应设有专人操作和管理，明确职责，应与喷涂作业人员密切配合，满足施工的要求。

⑦ 喷涂设备正式工作前应进行空负荷试运转，其连续空运转时间应为 $5min$，并应检查

电机旋转方向，各工作系统与安全装置，其运转应正常可靠。

⑧ 当喷涂设备工作时应经常观察输浆泵的压力变化，当表压力超过最大压力值时，应立即打开回流卸载阀卸压，并停机检查。灰浆联合机的常见故障与排除方法见《机械喷涂抹灰施工规程》(JGJ/T 105—2011) 附录 B。

⑨ 根据抹灰工程量和作业高度，可变换泵送速度，选择合适的砂浆输送量。当砂浆输送量大时，可选用高速挡；对于泵送压力高或难以输送的砂浆，可选用低速挡；一般情况下，选用中速挡。

⑩ 当喷涂不同材料或不同稠度的砂浆时，应调节喷气嘴位置、双气阀开启量和输气流量，以使砂浆喷速均匀，与基层黏结牢固和减少反弹落地灰。

(3) 喷涂管道的选择　机械喷涂抹灰的机械设备中管道的选择应符合以下规定。

① 输浆管应坚固耐磨，安全可靠，压力输送过程中不应发生破损断裂。水平输浆管道宜选用耐压耐磨橡胶管；垂直输浆管可选用耐压耐磨橡胶管或钢管。

② 输浆管的布置与安装应平顺理直，不得有折弯、盘绕和受压。输浆管的连接应采用自锁快速接头锁紧扣牢，锁紧杆用铁丝绑紧。管的连接处应密封，不得漏浆滴水。输浆管道布管时，应有利于平行交叉流水作业，减少施工过程中管的拆卸次数。

③ 当水平输浆管距离过长时，管道铺设宜有一定的上仰坡度。垂直输浆管必须牢固地固定在墙面或脚手架上。水平输浆管和垂直输浆管之间的连接应不小于 90°，弯管半径不得小于 1.2m。

④ 输送管采用钢管时，其内壁要保持清洁无黏结物。钢管两端与橡胶管应连接牢固，密封可靠，无漏浆现象。

⑤ 喷涂时，拖动管道的弯曲半径不得小于 1.2m，输浆管出口不得插入砂浆内。

⑥ 输气管应选择软橡胶气管，输气管与喷枪的连接位置应正确、密封、不漏气。

⑦ 输气管路应畅通，气管上的双气阀密封性应良好，无漏气现象。

2. 机械喷涂抹灰的喷涂施工工艺

(1) 机械喷涂抹灰的施工准备　机械喷涂抹灰的施工准备工作主要包括以下方面。

① 施工前，应根据施工现场情况和进度要求，确定施工程序，可按现行行业标准《机械喷涂抹灰施工规程》(JGJ/T 105—2011) 附录 D 机械喷涂抹灰施工工艺流程编制作业计划。

② 墙体所有预埋件、门窗及各种管道安装应准确无误，楼板、墙面上孔洞应堵塞密实，凸凹部分应剔补平整。

③ 基层处理应按机械喷涂抹灰工艺要求符合下列规定：a. 基层表面灰尘、污垢、油渍等应清除干净；b. 宜先做好踢脚板、墙裙、窗台板、柱子和门窗口的水泥砂浆护角线，混凝土过梁的基层抹灰；c. 有分格缝时，应先装好分格条；d. 根据实际情况提前适量浇水湿润。

④ 根据墙面基体平整度和装饰要求，找出规矩，设置标志、标筋；层高 3m 以下时，横标筋宜设二道，筋距 2m 左右；层高 3m 及 3m 以上时，再增加一道横筋。设竖标筋时，标筋距离宜为 1.2～1.5m，标筋宽度 3～5cm。

⑤ 不同材料的结构相接处，基体表面的抹灰应做好铺钉金属网，并绷紧牢固。金属网与各基体的搭接宽度不应小于 100mm。

⑥ 不同类型的门窗框与墙边缝隙，应按照规定的材料分批嵌塞密实。

(2) 机械喷涂抹灰的泵送工艺　机械喷涂抹灰的泵送可按以下规定进行。

① 泵送前应按《机械喷涂抹灰施工规程》(JGJ/T 105—2011) 第 2.2.7 条要求做好检

查，正常后才能进行泵送作业。

② 泵送时，应先压入清水湿润，再压入适宜稠度的纯净石灰膏或水泥浆进行润滑管道，压至工作面后，即可输送砂浆。石灰膏应注意回收利用，避免喷溅地面、墙面，污染现场。

③ 泵送结束，应及时清洗灰浆联合机、输浆管道和喷枪。输浆管道可采用压入清水→海绵球→清水→海绵球的顺序清洗；也可压入少量石灰膏，塞入海绵球，再压入清水冲洗管路；喷枪清洗用压缩空气吹洗喷头内的残余砂浆。

④ 泵送砂浆应连续进行，避免中间停歇。当需停歇时，每次间歇时间：石灰砂浆不宜超过30min；混合砂浆不应超过20min；水泥砂浆不应超过10min。若间歇时间超过上述规定，应每隔4～5min开动一次灰浆联合机搅拌器，使砂浆处于正常调和状态，防止沉淀堵管。如停歇时间过长，应按《机械喷涂抹灰施工规程》（JGJ/T 105—2011）第5.2.3条清洗管道。

因停电机械故障等原因，机械不能在上述停歇时间内启动时，应及时用人工将管道和泵体内的砂浆清理干净。

⑤ 在泵送砂浆时，料斗内的砂浆量应不低于料斗深度的1/3，否则，应当停止泵送，以防止空气进入泵送系统内造成气阻。

⑥ 当向高层建筑泵送砂浆，设备不能满足建筑总高度要求时，应配备适合的接力泵进行泵送。

（3）机械喷涂抹灰的喷涂　机械喷涂抹灰的喷涂应按下列规定进行。

① 根据所喷涂部位、材料确定喷涂顺序和路线，一般可按先顶棚后墙面，先室内后过道、楼梯间的顺序进行喷涂。

② 喷涂厚度一次不宜超过8mm，当超过时应分遍进行，一般底灰喷涂两遍；第一遍根据抹灰厚度将基体平整或喷拉毛灰；第二遍待头遍灰凝结后再喷，并应略高于标筋。

③ 顶棚喷涂宜先在周边喷涂出一个边框，再按"S"形路线由内向外巡回喷涂，最后从门口退出。当顶棚宽度过大时，应分段进行，每段喷涂宽度不宜大于2.5m。

④ 室内地喷涂宜从门口一侧开始，另一侧退出。同一房间喷涂，当墙体材料不同时，应先喷涂吸水性小的墙面，后喷涂吸水性大的墙面。

⑤ 室外墙面的喷涂，应由上向下按"S"形路线巡回喷涂。底层灰应分段进行，每段宽度为1.5～2.0m，高度为1.2～1.8m。面层灰应按分格条进行分块，每块内的喷涂应一次完成。

⑥ 喷射的压力应适当，喷嘴的正常工作压力宜控制在1.5～2.0MPa之间。

⑦ 持喷枪姿势应当正确。喷嘴与基层的距离、角度和气量，应视墙体基层材料性能和喷涂部位按《机械喷涂抹灰施工规程》（JGJ/T 105—2011）附录E喷涂距离、角度与气量表选用。

⑧ 喷涂从一个房间向另一房间转移时，必须关闭气管后再转移。

⑨ 面层灰喷涂前20～40min应将头遍底层灰湿水，待表面晾干至无明水时再喷涂。

⑩ 屋面地面松散填充料上喷涂找平层时，应连续喷涂多遍，喷灰量宜少，以保证填充层厚度均匀一致。

⑪ 喷涂砂浆时，对已保护的成品应注意勿污染，对喷溅粘附的砂浆应及时清除干净。

（4）机械喷涂抹灰的抹平压光　机械喷涂抹灰的抹平压光应按下列规定进行。

① 喷涂后应及时清理标筋，用大板沿标筋从下向上反复去高补低。喷灰量不足时应及时补平。当后做护角线、踢脚板、地面时，喷涂后应及时清理，留出护角线、踢脚板位置。

② 喷涂后，应适时用刮杠紧贴标筋上下左右刮平，把多余砂浆刮掉，并搓揉压实，保

证墙面的平整。

③ 最后用木抹子搓平、修补墙面，当需要压光时，面层灰刮平后，应及时压实压光。

④ 喷涂过程中的落地灰应及时清理回收。面层灰应随喷随刮随压，各工序应密切配合。

3. 机械喷涂抹灰的质量要求与检验

（1）机械喷涂抹灰的质量要求　机械喷涂抹灰的质量要求应符合下列规定。

① 喷涂抹灰工程的质量等级应符合现行国家标准《建筑装饰工程施工及验收规范》和设计的有关要求。

② 喷涂抹灰工程的面层不得有爆灰和裂缝；各抹灰层之间及抹灰层与基体之间应黏结牢固，不得有脱层、空鼓等缺陷。

③ 喷涂抹灰分格条（缝）的宽度和深度应均匀一致，楞角整齐平直；孔洞、槽、盒的位置尺寸应正确、抹灰面边缘整齐；阴阳角方正光滑平顺；门窗框与墙体间缝隙应填塞密实，表面平整。

④ 喷涂抹灰面层应表面光滑、洁净，接槎平整，线角顺直清晰，毛面纹路均匀一致，灰层的平均总厚度应符合现行国家标准《建筑装饰工程施工及验收规范》的有关规定。

（2）机械喷涂抹灰的检查验收　机械喷涂抹灰的检查验收应符合下列规定。

① 喷涂抹灰质量的检查方法应符合国家现行标准《建筑工程质量检验评定标准》的有关规定。

② 喷涂抹灰工程应按国家现行标准《建筑安装工程质量检验评定标准》的规定进行验收。

③ 喷涂抹灰基层质量的允许偏差应符合表 1-8 的规定。

表 1-8　喷涂抹灰基层质量的允许偏差

项目	允许偏差/mm			检验方法
	墙、顶面	楼地面	屋面	
表面平整	4	4	5	用直尺和楔形塞尺检查
阴阳角垂直	4	—	—	用 2m 托线板和尺检查
立面垂直	5	—	—	用 2m 托线板和尺检查
阴阳角方正	4	—	—	用 200mm 方尺检查
分格条（缝）平直	3	3	—	拉 5m 线和尺检查

注：喷涂抹灰基层质量是指初装饰质量，即压实搓平不抹光；另贴面层；压实压光不喷涂料。

④ 机械喷涂一般抹灰质量的允许偏差应符合国家标准《建筑装饰工程施工及验收规范》中表 2.5.7 的规定。

4. 机械喷涂抹灰的施工安全注意事项

（1）机械喷涂抹灰的一般规定　机械喷涂抹灰的施工安全应符合下列一般规定。

① 在高处抹灰时，脚手架、吊篮、工作台应稳定可靠，有护栏设备，应符合国家现行行业标准《建筑施工高处作业安全技术规范》的有关规定。施工前应进行安全检查，合格后方可施工。

② 垂直输送管道使用前，应检查是否固定牢固，防止管道滑脱伤人。

③ 从事高处机械喷涂抹灰作业的施工人员，必须经过严格的体格检查，符合高处安全作业的要求。

④ 从事机械喷涂抹灰作业的施工人员，应进行安全培训，合格后方可上岗操作。

⑤ 遇雷电暴雨和六级以上大风，影响施工安全时，应立即停止室外高处作业。

⑥ 高处作业使用的工具，必须有防止坠落伤人的安全措施。

（2）机械喷涂抹灰的喷涂作业　机械喷涂抹灰进行喷涂作业时应注意下列事项。

① 喷涂前喷枪手必须穿好工作服、胶皮鞋，戴好安全帽、手套和安全防护眼镜等，切实做好人身保护工作。

② 供料与喷涂人员之间的联络信号，应清晰易辨，准确无误。

③ 在进行喷涂作业时，严禁将喷枪口对人。当喷枪管道堵塞时，应先停机释放压力，避开人群进行拆卸排除，未卸压前严禁敲打晃动管道。

④ 喷涂作业前，试喷与检查喷嘴是否堵塞，应避免喷枪口突发喷射伤人。在喷涂过程中，应有专人配合，协助喷枪手拖管，以防移管时失控伤人。

⑤ 在清洗输浆管时，应做到先卸压，后进行清洗。

⑥ 在输浆过程中，应随时检查输浆管道连接处是否松动，以免管子接头脱落，喷浆伤人。

（3）机械喷涂抹灰的机械操作　机械喷涂抹灰在机械操作时应注意下列事项。

① 灰浆联合机和喷枪必须由专人操作、管理与保养。在正式工作前，应做好安全检查。设备开始运转后，不得进行检修。

② 喷涂前应检查超载安全装置，喷涂时应随时观察压力表升降变化，以防超载危及安全。

③ 电动机、电气控制箱及电气装置，应遵守国家现行行业标准《施工现场临时用电安全技术规范》的有关规定。

④ 设备检修清理时，应首先拉闸断电，并挂牌示意或设专人看护。非检修人员，不得拆卸机械喷涂中的安全装置。

第三节　装饰抹灰饰面施工

装饰抹灰是指利用材料的特点和工艺处理，使抹面具有不同的质感、纹理及色泽效果的抹灰类型和施工方式。装饰抹灰饰面种类很多，目前装饰工程中常用的主要有水刷石、斩假石、干粘石、假面砖等。装饰抹灰饰面若处理得当、制作精细，其抹灰层既能保持抹灰的相同功能，又可以取得独特的装饰艺术效果。

一般抹灰和装饰抹灰的主要区别在于：一般抹灰多数用于内墙面抹灰，装饰抹灰用于外墙装饰的抹灰。一般抹灰以后还要再刷乳胶漆、仿瓷等，而装饰抹灰可以直接作为建筑物装饰最表层，如斩假石、水磨石面层、水刷石。

根据当前国内建筑装饰装修的实际情况，国家标准中已经删除了传统装饰抹灰工程的拉毛灰、撒毛灰、喷砂、彩色抹灰和仿石抹灰等做法，工程实践证明，它们的装饰效果可以由涂料涂饰以及新型装饰品取代。

对于较大规模的饰面工程，应综合考虑其用工用料和节约能源、环境保护等经济效益与社会效益等多方面的重要因素，由设计者确定取舍，例如水刷石装饰抹灰，虽然其装饰效果好、施工比较简单，但由于其浪费水资源并对环境有污染，应尽量减少使用。

一、装饰抹灰的施工一般要求

装饰抹灰与一般抹灰同属于建筑装饰装修分部工程的抹灰子分部工程，它们是两个不同的分项工程。装饰抹灰工程施工的检查与交接、基体和基层处理等方面，同一般抹灰的要求基本相同。但是，装饰抹灰比一般抹灰在平整度、垂直度等方面的要求要高得多，所以针对装饰抹灰的特点，应注意以下要点。

1. 对所用材料的要求

装饰抹灰所采用的材料，必须符合现行国家标准和设计要求，并经验收和试验确定合格方可使用；同一墙面或设计要求为同一装饰组成范围的抹灰砂浆（或色浆），应使用同一产地、同一品种、同一批号、同一色彩，并采用相同配合比、同一搅拌设备及同一专人操作，以保证装饰抹灰色泽一致、装饰效果相同。

2. 对基层处理的要求

在正式进行装饰抹灰施工前，应按照有关要求对基层进行认真处理，基层表面上的尘土、污垢、油渍和其他杂质等应清除干净，并应洒适量的清水加以润湿。装饰抹灰面层应当做在已经硬化、较为粗糙并表面平整的中层砂浆面上；在进行面层抹灰施工前，应按照有关标准检查中层抹灰的施工质量，经验收合格后再洒水湿润。

3. 对分格缝的要求

当装饰抹灰面层有分格要求时，为使抹灰饰面达到设计的要求，分格所用的板条应当宽窄厚薄一致，将板条粘贴在中层砂浆上应当横平竖直、交接严密，完工后应在适当的时候将其全部取出。在取出板条时应细心操作，不可损伤已抹好的饰面。

4. 对施工缝的要求

装饰抹灰面层的施工缝，是指因施工组织需要而在各施工单元分区间留设的缝。为不影响抹灰的装饰效果，应留在分格缝、墙面阴角、落水管背后或是独立装饰组成部分的边缘处。

5. 对施工分段的要求

对于高层建筑的外墙装饰抹灰，根据建筑物的结构特点、建筑类型、质量要求、施工能力和施工组织等实际情况，可划分若干施工段，其垂直度可以用经纬仪控制，水平通线可以按照常规方法进行控制。

6. 对抹灰厚度的要求

由于抹灰材料的特点，装饰抹灰饰面的总厚度通常要大于一般抹灰，当抹灰总厚度大于或等于 35mm 时，应按设计要求采取加强措施（包括不同材料基体交接处的防开裂加强措施）。当采用加强网格时，加强网格与各基体的搭接宽度应大于或等于 100mm。

二、装饰抹灰的施工机具设备

装饰抹灰可以根据不同的装饰抹灰种类和施工工艺，选择不同的施工机具设备。在施工中所用的机具设备主要有：搅拌机、孔径 5mm 的筛子、磅秤、铁板（抹灰用）、铁锹、灰镐、灰勺、灰桶、铁抹子、木抹子、大小木杠、担子板、粉线包、水桶、笤帚、钢筋卡子、手推手、胶皮水管、八字靠尺、分格条、手压泵、斧头、细砂轮片、空压机喷斗、喷枪等。

三、水刷石装饰抹灰施工工艺

水刷石装饰抹灰是一种人造石料，制作过程是用水泥、石屑、小石子或颜料等加水拌和，抹在建筑物的表面，半凝固后，用硬毛刷蘸水刷去表面的水泥浆，或以喷浆泵、喷枪等喷清水冲洗，冲刷掉面层水泥浆皮，从而使石子半露出的装饰工艺方法。

水刷石装饰抹灰适用于建筑物外场面、搪口、腰线、窗据、窗套、门套、柱子、阳台、雨篷、勒脚、花台等部位。水刷石饰面是一项传统的施工工艺，它不仅能使饰面具有天然质感，而且具有色泽庄重美观、饰面坚固耐久、不褪色、耐污染等特点。

1. 水刷石装饰抹灰对材料的要求

（1）对所用水泥的要求　水泥宜用强度等级不低于 32.5MPa 的矿渣硅酸盐水泥、普通硅酸盐水泥或白色硅酸盐水泥，并且应用同一厂家、颜色一致的同批产品。超过三个月保存期的水泥，经过试验合格后方能使用。水刷装饰抹灰所用水泥的其他技术指标，应符合现行国家标准《通用硅酸盐水泥》（GB 175—2007）和《白色硅酸盐水泥》（GB/T 2015—2005）中的要求。

（2）对所用砂子的要求　砂子宜采用中砂，使用前应用 5mm 筛孔过筛，含泥量不大于 3%（质量分数）。水刷石装饰抹灰所用砂子的其他技术指标，应符合现行国家标准《建设用砂》（GB/T 14684—2011）中的要求。

（3）对所用石子的要求　石子要求采用颗粒坚硬的石英石，不含针、片状及其他有害物质，粒径规格约为 4mm。如采用彩色石子应分类堆放。水刷石装饰抹灰所用砂子的其他技术指标，应符合现行国家标准《建设用卵石、碎石》（GB/T 14685—2011）中的要求。

（4）水泥石粒浆的配合比要求　水泥石粒浆的配合比，依石粒粒径的大小而定。大体上为水泥：大八厘石粒（粒径 8mm）：中八厘石粒（粒径 6mm）：小八厘石粒（粒径 4mm）＝ 1：1：1.25：1.5（体积比），稠度为 5～7cm。如饰面采用多种彩色石子级配，按照统一比例掺量先搅拌均匀，所用石子应预先淘洗干净。

2. 水刷石装饰抹灰的分层做法

水刷石装饰抹灰一般是设置在砖墙、混凝土墙、加气混凝土墙等基体上。为使基体与底中层砂浆、底中层砂浆与面层砂浆牢固结合，按照基体的种类不同，有很多种分层做法，其中常见的几种做法，如表 1-9 所列。

表 1-9　水刷石分层做法

基体	分层做法	厚度/mm
砖墙基层	①1：3 水泥砂浆抹底层	5～7
	②1：3 水泥砂浆抹中层	5～7
	③刮水灰比为 0.37～0.40 水泥浆一遍	
	④1：1.25 水泥中八厘石粒浆（或 1：0.5：2 水泥石灰膏石粒浆）或 1：1.5 水泥小八厘石粒浆（或 1：0.5：2.25 水泥石灰膏石粒浆）	8～10
混凝土墙基层	①刮水灰比为 0.3～0.40 水泥浆或洒水泥砂浆	0～7
	②1：0.5：3 水泥混合砂浆抹底层	5～6
	③1：3 水泥砂浆抹中层	10
	④刮水灰比为 0.37～0.40 水泥浆一遍	
	⑤1：1.25 水泥中八厘石粒浆（或 1：0.5：2 水泥石灰膏石粒浆）或 1：1.5 水泥小八厘石粒浆（或 1：0.5：2.25 水泥石灰膏石粒浆）	8～10
加气混凝土基层	①涂刷一遍界面剂	
	②2：1：8 水泥混合砂浆抹底层	7～9
	③1：3 水泥砂浆抹中层	5～7
	④刮水灰比为 0.37～0.40 水泥浆一遍	
	⑤1：1.25 水泥中八厘石粒浆（或 1：0.5：2 水泥石灰膏石粒浆）或 1：1.5 水泥小八厘石粒浆（或 1：0.5：2.25 水泥石灰膏石粒浆）	8～10

3. 水刷石装饰抹灰的操作要点

（1）基层清理与湿润　首先检查门窗洞口的位置、尺寸是否正确，混凝土结构结合处以及电线管、消火栓箱、配电箱背后的钢丝网是否钉好，接线盒是否已堵严；然后清扫墙面上的浮灰、污物和油渍等，并洒水进行养护；对混凝土表面进行凿毛或在表面洒水湿润后涂刷1:1加适量胶黏剂的水泥砂浆；加气混凝土基层表面应涂刷界面剂，并抹强度不大于M5的水泥混合砂浆；基层表面应充分湿润，打底前每天洒水两遍，使渗入基层的深度达到8～10mm，同时保证抹灰时墙面不显浮水。

（2）待基层处理完成后，可进行找规矩、做灰饼和标筋；要做到四角规方、横线找平、立线吊直，弹出准线和墙裙、踢脚板线；然后抹底层灰和中层灰。

（3）弹线、粘贴分格条　待中层灰达到六七成干时，按设计要求和施工分段位置弹出分格线，并粘贴好分格条。分格条可使用一次性成品分格条，也可使用优质红松木制作分格条。在粘贴前应用水浸泡24h以上，以防止分格条吸水后发生膨胀变形。分格条应用素水泥浆粘贴，两边八字抹成45°为宜。

（4）抹面层水泥石子浆　抹面层水泥石子浆是水刷石施工中的关键环节，不仅关系到面层与底层、中层黏结是否牢固，而且关系到在水刷工序中是否顺利成功。因此，在抹面层水泥石子浆操作中应做到以下方面。

① 面层的厚度应根据石粒粒径而确定，通常为石粒粒径的2.5倍，各种基层上分层做法如表1-9所列。水泥石粒浆（或水泥石灰膏石粒浆）的稠度应控制在50～70mm之间。

② 在抹水泥石粒浆时，每个分格在抹时要用力，按照从上到下、从左到右的顺序，依次用铁抹子一次抹完揉平，同时注意石粒不要压得过于紧固，否则不利于喷刷水刷石。

③ 每抹完一个分格后，应当用直尺进行认真检查，对凹凸处应及时进行修理，露出面层表面的石粒要轻轻拍平。

④ 在抹水刷石饰面的阳角时，先抹的一侧不宜使用八字靠尺，将石粒浆没过转角，然后再抹另一侧。

⑤ 石子浆面层稍微收水后，用铁抹子把石子浆满压一遍，将露出的石子尖棱拍平，小孔洞压实、挤严，把面层内部的水泥浆挤出，然后用软毛刷蘸水刷去表面的灰浆，重新压实溜光，这样反复进行3～4遍。分格条边的石粒要略高1～2mm。

（5）喷刷水刷石的面层　喷刷面层是水刷石的关键工序，如果喷刷过早或过度，石子露出灰浆面过多，容易脱落；如果喷刷过晚则灰浆冲洗不净，造成表面污浊，影响美观。因此，在喷刷水刷石的面层操作中应做到以下方面。

① 水泥石子浆开始初凝时（即手指按上去无指痕，用刷子刷石粒不掉落），可以开始进行面层喷刷，为避免对墙面产生污染，喷刷应自上而下进行。

② 第一遍用软毛刷蘸水刷掉水泥表皮，露出粘贴比较牢固的石粒；当水刷石面层超过喷刷时间并开始硬化时，可用3%～5%盐酸稀释溶液洗刷，然后再用清水进行冲净。

③ 第二遍用喷浆机将四周相邻部位喷湿，喷湿时应由上向下进行，喷头一般距墙体表面100～200mm，将面层表层及石粒间的水泥浆冲出，使石粒露出表面1/2粒径。

④ 用清水（DN20自来水管或小水壶）从上往下将墙体表面的掉落颗粒全部冲净，冲洗的速度应适中，不宜过快，也不宜太慢。

⑤ 阳角喷头应骑角喷洗，并一喷到底；接槎处在喷洗前，应先将已完成的墙面用水充分喷湿300mm左右的宽度。

（6）起出分格条　①用抹子柄轻轻敲击分格条，并用小鸭嘴抹子扎入分格条上下活动，轻轻将分格条起出；②用小线抹子抹平，用鸡腿刷将其刷光，仔细理直缝角，并用素水泥浆补缝做凹缝及上色。

（7）饰面养护　在水刷石勾缝3d后，应立即进行洒水养护，在常温下养护时间一般不少于4d，其他温度下可酌情增减。

四、干粘石装饰抹灰施工工艺

在墙面刮糙的基层上抹上纯水泥浆，撒小石子并用工具将石子压入水泥浆里，做出的装饰面则称为干粘石。干粘石是由水刷石演变而来的一种装饰性的施工工艺。因其操作简单、施工方便、造价低廉、表面美观，又能减少湿作业，曾颇受建设者青睐。但由于施工管理不当，也会出现一些如表面花感、颜色混浊、石渣掉粒等质量通病，直接影响到外墙使用寿命及美观。

1. 干粘石对材料的要求

（1）对石子的要求　干粘石所用石子的粒径以小一点为好，但也不宜过小或过大，太小则容易脱落泛浆，过大则需要增加黏结层厚度。粒径以 5~6mm 或 3~4mm 为宜。使用时，将石子认真淘洗，晾晒后放于干净房间或以袋装。干粘石装饰抹灰所用砂子的其他技术指标，应符合现行国家标准《建设用卵石、碎石》（GB/T 14685—2011）中的要求。

（2）对水泥的要求　干粘石所用的水泥必须为同一品种，其强度等级不低于 32.5MPa，凡是过期的水泥一律不准使用。干粘石装饰抹灰所用水泥的其他技术指标，应符合现行国家标准《通用硅酸盐水泥》（GB 175—2007）和《白色硅酸盐水泥》（GB/T 2015—2005）中的要求。

（3）对砂子的要求　干粘石所用的砂子最好是中砂或者粗砂与中砂按设计比例混合掺用。砂子的平均粒径为 0.35~0.50mm，要求颗粒坚硬、洁净，含泥量不得超过 3%（质量分数）。砂子在使用前应进行过筛，一般不要采用细砂、粉砂，以免影响干粘石的黏结强度。干粘石装饰抹灰所用砂子的其他技术指标，应当符合现行国家标准《建设用砂》（GB/T 14684—2011）中的要求。

（4）对石灰膏的要求　石灰膏掺入干粘石中可以改善其和易性，但应严格控制石灰膏的含量，一般石灰膏的掺量为水泥用量的 1/3~1/2。如果石灰膏用量过大，会降低面层砂浆的强度。合格的石灰膏中不得含有未熟化的颗粒。

（5）对颜料粉的要求　干粘石应使用矿物质的颜料粉，如铬黄、铬绿、氧化铁红、氧化铁黄、炭黑、黑铅粉等。不论采用哪种颜色粉，进场后都要经过试验。颜色粉的品种、配比、数量，要根据工程需要一次进够，否则无法保证色调一致。干粘石中所用颜料应符合现行行业标准《混凝土和砂浆用颜料及其试验方法》（JC/T 539—1994）中的规定。

2. 干粘石的分层做法

干粘石饰面是近十几年来外装修工程的一项革新。它不但表面清爽美观、干净醒目，而且工艺简单、适应性强、用料较少、成本较低、装饰效果与水刷石相似。干粘石做外墙饰面具有良好的防水、防风化和耐气候性能，已在建筑工程中广泛推广应用。当色彩与建筑物的形状、环境配合得当，是一种庄重朴实、色彩多变、质感良好，宜于大面积推广和普及型饰面工艺。表 1-10 为不同墙面干粘石分层做法的步骤及基本要求。

表 1-10　干粘石的分层做法

基层	分层做法	厚度/mm
砖墙基层	①1:3 水泥砂浆抹底层	5~7
	②1:3 水泥砂浆中层	5~7
	③刷水灰比 0.40~0.50 水泥浆一遍	
	④抹水泥:石灰膏:砂子:胶黏剂=100:50:200:(5~15)聚合物水泥砂浆黏结层	5~6
	⑤4~6mm(中小八厘)彩色石粒	

基层	分层做法	厚度/mm
混凝土墙 基层	①刮水灰比为0.37～0.40水泥浆或洒水泥砂浆 ②1：0.5：3水泥混合砂浆抹底层 ③1：3水泥砂浆抹中层 ④刷水灰比为0.45～0.50水泥浆一遍 ⑤抹水泥：石灰膏：砂子：胶黏剂＝100：50：200：(5～15)聚合物水泥砂浆黏结层 ⑥4～6mm(中小八厘)彩色石粒	5～7 5～6 5～6
砖块墙 基层	①涂刷一遍界面剂 ②2：1：8水泥混合砂浆抹底层 ③2：1：8水泥混合砂浆抹中层 ④刷水灰比为0.4～0.5水泥浆一遍 ⑤抹水泥：石灰膏：砂子：胶黏剂＝100：50：200：(5～15)聚合物水泥砂浆黏结层 ⑥4～6mm(中小八厘)彩色石粒	7～9 5～7 4～5

3. 干粘石的施工工艺流程

干粘石的施工工艺流程为：基层处理→抹底、中层灰→弹线、粘贴分格条→抹黏结层砂浆→撒上石粒、压平→勾缝、修整。

（1）干粘石的基层处理、湿润基层、找规矩、做灰饼、设置标筋、贴分格条和底层抹灰、中层抹灰与水刷石饰面相同，只是面层的施工工艺不同。

（2）抹黏结层　待中层抹灰六至八成干时，经验收合格后，应按照设计要求弹线，粘贴分格条（其方法同外墙抹灰），然后均匀洒水润湿，刷水泥浆一道，接着抹水泥砂浆黏结层。黏结层砂浆稠度以6～8cm为宜。

抹黏结层是干粘石施工中非常重要的工序，抹前用水湿润中层，黏结层的厚度取决于石子的大小，当石子为小八厘时，黏结层厚4mm；为中八厘时，黏结层厚度为6mm；为大八厘时，黏结层厚度为8mm。湿润后，还应检查干湿情况，对于干得快的地方，用排刷子补水到适度，方能开始抹黏结层。黏结层不宜上下同一个厚度，更不宜高于嵌条。一般在下部约1/3的高度范围内要比上面薄些；整个分块表面又要比嵌条薄1mm左右。撒上石子压实后，不但平整度可靠，而且能避免下部鼓包皱皮现象发生。

（3）撒石子拍平　黏结层在涂抹完毕后，待其干湿情况适宜时即可手撒上石子，然后随即用铁抹子将石子拍入黏结层。撒石子应当遵循"先边角后中间，先上面后下面"的顺序。阳角处撒石子时应在两侧同时进行，以避免两边收水不一而出现明显接茬。在撒石子时，用力要平稳有劲，方向应于墙面垂直，使石粒均匀地嵌入黏结砂浆中，然后用铁抹子或胶棍滚压坚实。拍压时，用力要合适，一般以石粒嵌入砂浆的深度不小于粒径的1/2为宜。对于墙面石子过稀或过密处，一般不宜采用撒的方法，应将石子用抹子（或者用手）直接补上或适当剔除。

（4）进行修整　墙面达到表面平整、石粒饱满时，对局部有石粒下坠、不均匀、外露尖角太多或表面不平整等不符合质量要求的地方要立即修整、拍平，分格条板处应重新勾描，以达到表面平整、色泽均匀、线条顺直清晰。

（5）起出分格条　在起分格条时应按下列方法操作：①用抹子柄轻轻敲击分格条，并用小鸭嘴抹子扎入分格条上下活动，轻轻将分格条起出；②用小线抹子抹平，用鸡腿刷将其刷光，理直缝角，并用素水泥浆补缝做凹缝及上色；在起出分格条时，如果发现有缺棱掉角，应及时用水泥细砂砂浆补上，并用手压上石粒。

（6）加强养护　干粘石的面层施工完毕后应加强养护。在粘石拍平24h后应及时洒水进行养护，在常温下养护时间不应少于 7d。夏季日照强，气温比较高，要求应有适当的遮阳条件，避免阳光直射，使干粘石凝结硬化有一定的养护时间，以提高干粘石与基层的黏结强度。砂浆强度未达到足以抵抗外力时，应注意防止脚手架、工具等撞击和触动，以免石子发生脱落现象，同时还要注意防止涂料和砂浆等污染墙面。

五、斩假石装饰抹灰施工工艺

斩假石又称为剁斧石，是用水泥和石屑（或彩色石子）加水拌和成水泥砂浆，涂抹在建筑物或构件表面，分格（开缝）成石块形状，待硬化后用斩凿方式，斩剁成像天然石那样有规律纹路的一种人造装饰石料。

1. 斩假石对材料的要求

（1）对骨料的要求 斩假石所用的骨料（石子、玻璃、粒砂等）颗粒坚硬，色泽一致，不含杂质，使用前必须过筛、洗净、晾干，防止污染。

（2）对水泥的要求 斩假石应采用强度等级为 32.5MPa 的普通硅酸盐水泥、矿渣硅酸盐水泥或白色硅酸盐水泥，所用水泥应是同一强度等级、同一批号、同一厂家、同一颜色、同一性能。斩假石装饰抹灰所用水泥的其他技术指标，应符合现行国家标准《通用硅酸盐水泥》（GB 175—2007）和《白色硅酸盐水泥》（GB/T 2015—2005）中的要求。

（3）对颜料的要求 对有颜色要求的墙面，应挑选耐碱、耐光、耐冲刷、耐候性好的矿物颜料，并与所用水泥一次干拌均匀，过筛后装袋备用。斩假石中所用颜料应符合现行行业标准《混凝土和砂浆用颜料及其试验方法》（JC/T 539—1994）中的规定。

2. 斩假石的施工工艺

斩假石的施工工艺流程为：基层处理→湿润基层→找规矩、做灰饼、设置标筋→抹底层灰和中层灰→弹线、粘贴分格条→抹面层水泥石子浆→试剁面层→正式剁面层（或抓耙面层）→洒水养护。

3. 斩假石施工操作要点

（1）斩假石的基层处理、湿润基层、找规矩、做灰饼、设置标筋、抹底层灰和中层灰等，其操作要点与水刷石基本相同。

（2）弹线、粘贴分格条 应按照设计要求和施工分段的具体位置，准确地弹出分格线，然后再按照要求粘贴好分格条。

（3）抹面层水泥石子浆 ①按照中层灰的干燥程度将墙面进行浇水湿润，再刷一道水泥净浆结合层，随后即可抹面层水泥石子浆；②先薄薄地抹一层砂浆，稍收水后再抹一遍砂浆并与分格条齐平；③用木抹子将砂浆打磨拍实，上下顺势溜直；④用软质扫帚顺着剁纹的方向清扫一遍；⑤抹面层在常温下养护 2～3d，使其强度控制在 5MPa。

（4）斩剁面层 ①首先进行试斩剁，在斩剁以石粒不脱落为准；②弹斩剁线，相距约100mm，按照弹线操作，以避免剁纹跑线；③斩剁顺序宜先上后下、由左到右，先剁转角和四周边缘，后剁中间墙面；④剁纹的深度一般以 1/3 石粒的粒径为宜，斩剁完毕后用水冲刷墙面，把表面的粉末和石屑清理干净。

（5）起分格条 每斩剁一行面层后随时将分格条取出，取分格条时可用抹子柄敲击分格条，并用小鸭嘴抹子扎入分格条上下活动，然后将分格条轻轻起出。再用小线抹子把分格条处抹平，用鸡腿刷将其刷光，理直缝角，并用素水泥浆补缝做凹缝及上色。

（6）养护 在斩假石勾缝 3d 后，应立即进行洒水养护，在常温下养护时间一般不少于4d，其他温度下可酌情增减。

4. 斩假石的分层做法

斩假石制作采用分层做法，一般可分为底层、中层和面层，如表 1-11 所列。

表 1-11　斩假石的分层做法

基层	分层做法（体积比）	厚度/mm	适用范围
砖墙基层	①1：3 水泥砂浆抹底层	5～7	同水刷石
	②1：2 水泥砂浆抹中层	5～7	
	③刮水灰比 0.37～0.40 的水泥浆一遍		
	④1：1.25 水泥石粒（中八厘中掺 30%石屑）浆	10～11	
混凝土墙基层	①刮水灰比为 0.37～0.40 的水泥浆或洒水泥浆	0～7	
	②1：0.5：3 水泥石灰砂浆抹底层	5～7	
	③1：2 水泥砂浆抹中层		
	④刮水灰比 0.37～0.40 的水泥浆一遍		
	⑤1：1.25 水泥石粒（中八厘中掺 30%石屑）浆	10～11	

六、假面砖装饰抹灰施工工艺

假面砖装饰抹灰是指采用彩色砂浆和相应的工艺处理，将抹灰面制成陶瓷饰面砖分块形式及表面效果的装饰抹灰做法。假面砖装饰抹灰是用彩色砂浆抹成相当于外墙面砖分块形式与质感的装饰抹灰面。假面砖是一种在水泥砂浆中掺入氧化铁黄或氧化铁红等颜料，通过手工操作达到模仿面砖装饰效果的一种做法。假面砖表面应平整、沟纹清晰，留缝整齐、色泽一致，应无掉角、脱皮、起砂等缺陷。

（一）假面砖装饰工艺流程

假面砖装饰工艺流程为：基层清（处）理→洒水湿润→吊垂直、套方、找规矩、抹灰饼、冲筋→抹底层灰浆→弹线分线、镶分格条→抹面层石渣浆→修整、赶实、压光、喷刷→起分格条、勾缝→保护成品。

假面砖装饰抹灰的施工工艺主要包括以下几种。

1. 配制彩色砂浆

按照设计要求的饰面色调配制出多种彩色砂浆，并在合适的位置做出样板与设计要求对照，以便确定彩色砂浆合适的配合比。工程实践证明，配制彩色砂浆是保证假面砖装饰抹灰表面效果的基础，既要满足设计的装饰性，又要满足设计的其他功能性。

2. 准备施工工具

假面砖装饰抹灰施工，除了拌制彩色砂浆的工具外，其操作工具主要有靠尺板（上面划出面砖分块尺寸的刻度），划缝隙用的铁皮刨、铁钩、铁梳子或铁辊等。用铁皮刨或铁钩划制模仿饰面砖墙面的宽缝效果，用铁梳子或铁辊划出或滚压出饰面砖的密缝效果。

（二）假面砖装饰抹灰操作要点

（1）假面砖装饰抹灰的基层处理、湿润基层、找规矩、抹灰饼、设置标筋、抹底层灰和中层灰等，其操作要点与干粘石相同。

（2）抹彩色面层砂浆　①假面砖装饰抹灰的底层和中层，一般采用配合比为 1：3（水泥：砂子）的水泥砂浆，其表面要达到平整、粗糙的要求；②待中层凝结硬化后，便可洒水湿润养护，并按设计要求进行弹线。先弹出宽缝线，以此来控制面层划沟（面砖的凹缝）的顺直度；③以上工序完成后，可抹配合比为 1：1（水泥：砂子）的水泥砂浆垫层，其厚度为 3mm；紧接着抹面层彩色砂浆，其厚度 3～4mm。面层彩色砂浆的配合比可参考表 1-12。

表 1-12　面层彩色砂浆的配合比参考表（体积比）

砂浆颜色	普通水泥	白水泥	石膏	颜料（按水泥用量％）	细砂
土黄色	5	—	1	氧化铁红（0.2～0.3）、氧化铁黄（0.1～0.2）	9
咖啡色	5	—	1	氧化铁红（0.5）	9
淡黄色	—	5	—	铬黄（0.9）	9
淡桃色	—	5	—	铬黄（0.9）、红珠（0.4）	白色细砂 9
淡绿色	—	5	—	氧化铬绿（2）	白色细砂 9
灰绿色	5	—	1	氧化铬绿（2）	白色细砂 9
白色	—	5	—	—	白色细砂 9

（3）面层划纹　面层划纹是形成假面砖的关键工序，就是待面层彩色砂浆稍微收水后，即可用铁梳子沿着靠尺板进行划纹，纹的深度为 1mm 左右，划纹的方向与宽缝线相互垂直，作为假面砖的密缝；然后用铁皮刨或铁钩沿着靠尺板划沟（也可采用铁辊子进行滚压划纹），纹路凹入深度以露出垫层为准，随手扫净飞边的砂粒。

七、清水砌体勾缝施工工艺

墙体砌筑完成后，在其表面上再进行抹灰处理的称为混水墙，表面不进行抹灰处理的称为清水墙。清水砌体勾缝就是用水泥砂浆或混合砂浆，将砌块或砖块之间的缝隙进行填塞，使砌体成为一个整体，并对墙面起到美化的作用。

（一）清水砌体勾缝工程的施工准备

清水砌体勾缝工程的施工准备工作，主要包括勾缝材料和施工机具两个方面。

1. 清水砌体勾缝材料的要求

（1）清水砌体勾缝用水泥的要求　勾缝的水泥应采用 32.5MPa 级普通硅酸盐水泥或矿渣硅酸盐水泥，选择大厂回转窑生产的优质水泥。每一栋建筑物选用同一厂家、同一品种、同一批号的水泥，且出厂期不超过 3 个月。

水泥进场时需对照产品出厂合格证，认真核对生产厂家、生产批号、品种、级别，并进行见证取样复验。清水砌体勾缝所用水泥的其他技术指标，应符合现行国家标准《通用硅酸盐水泥》（GB 175—2007）中的要求。

（2）清水砌体勾缝用砂的要求　勾缝的砂子应采用中细砂。其细度模数应位于Ⅱ区，使用前应将砂子进行过筛。清水砌体勾缝所用砂子的其他技术指标，应当符合现行国家标准《建设用砂》（GB/T 14684—2011）中的要求。

（3）清水砌体勾缝用石灰膏的要求　勾缝用的石灰膏需要用生石灰淋灰时，宜用筛网过滤后贮存在沉淀池中使其充分熟化，熟化时间不少于 15d。当使用袋装石灰粉时，要求石灰粉的细度过 0.125mm 方孔筛的筛余量不大于 13％。使用前洒水浸泡使其充分熟化，熟化期不少于 3d。

（4）清水砌体勾缝用颜料的要求　清水砌体勾缝用的颜料宜采用耐碱性和耐光性良好的矿物质颜料，使用时按照设计要求或现场样板块色泽试验确定的掺量进行添加，并与水泥一次性拌均匀，计量配比准确，过筛后装入袋中，保存时要避免潮湿。

2. 清水砌体勾缝工程的作业条件

（1）需要勾缝的结构工程已完成，并经过监理、质量监督、设计单位、施工企业和建设单位等有关部门的质量验收，达到设计和国家规定的合格标准。

（2）建筑工程的门窗已安装完毕，并进行塞缝处理，所有门窗已采取可靠的保护措施。

（3）清水砌体勾缝用的脚手架（或吊篮）已搭设，安全防护等已验收合格。

3. 清水砌体勾缝工程的施工机具

清水砌体勾缝工程的主要施工机具如表 1-13 所列。

表 1-13　清水砌体勾缝工程的主要施工机具

序号	施工机具名称	规格	序号	施工机具名称	规格
1	砂浆搅拌机或强制式混凝土搅拌机	—	10	瓦刀	—
2	手推车	—	11	托灰浆板	—
3	钢钻子	尖头	12	圆孔筛子	—
4	铁锤	—	13	扫帚	—
5	扁形凿子	—	14	毛刷	—
6	铁锹	平板	15	溜抹子	长、短
7	钢（铁）板	—	16	方孔筛子	5mm 方孔
8	灰浆桶	—	17	水平尺	长 1m
9	灰槽	—	18	线坠	—

（二）清水砌体勾缝工程的施工要求

1. 清水砌体勾缝的作业条件

（1）在正式开始勾缝前，技术人员应熟悉图纸和设计说明，编制和审定施工方案，并向具体操作人员做好技术交底工作。

（2）在正式开始勾缝前，应对基层表面进行认真清理，表面上的污垢、油渍、粉尘应清除干净，并对墙面充分洒水湿润。

（3）光滑的混凝土表面进行凿毛处理，并用钢丝刷加压水冲刷干净，有油污的混凝土表面可用碱水或脱污剂刷洗干净。

（4）"胀模"是由于模板刚度不够，或者支撑系统没做好，导致模板在支撑系统薄弱处出现的不规则现象，对于"胀模"的混凝土尽可能凿剔平整。

（5）在正式进行勾缝前，有关单位应组织设计、监理、质检和施工人员，对所要勾缝的主体结构进行质量验收，必须达到合格标准方可勾缝。

（6）勾缝用的外脚手架宜采用双排外脚手架，架子距高墙面为 20～30cm，脚手架搭设必须由持证架子工按照审定的搭设方案支设，使用前必须经相关安全主管部门验收合格。

（7）抹灰前检查门窗框安装位置是否正确，特别注意检查立面上窗的侧面应在一条垂直线上（吊垂直线检查）。注意检查窗框安装的水平度和垂直度，窗口与墙面之间的窗口缝用 1∶3 水泥砂浆堵塞严实。

（8）清水砌体勾缝所用高空作业的设施安装应经过验收，跳板应绑扎牢固，临边和洞口处围护应符合安全规定。

2. 清水砌体勾缝作业人员要求

（1）清水砌体勾缝作业的机运工、电工是技术性较强的作业人员，必须持证上岗。

（2）为保证清水砌体勾缝的施工质量，抹灰工应具备中级工以上技能，带班作业人员有过 3 个以上大、中型项目抹灰作业的经历和经验。

（3）所有现场作业人员均应经安全、质量、技能等方面培训，能够满足作业规定的要求。

(三) 清水砌体勾缝的操作工艺

（1）外脚手架子复验　外脚手架在主体工程施工过程中虽然已经过安全部门的验收，为确保抹灰施工安全，在抹灰工程开始前必须组织相关部门再对外脚手架进行复验，查找存在隐患、修补缺陷，对脚手架的整体稳定性及安全构造系统进行认真的检查，主要重点检查斜撑、剪撑、抛撑、联系杆的间距、数量和拉结的可靠性，发现问题及时加固处理。

（2）吊垂直、拉水平、找规矩　顺着墙体的竖向缝自上而下吊垂直，并用粉线将垂直线弹在墙上，作为垂直的规矩。水平灰缝以同一层砖的上下棱为基准拉线，作为水平灰缝控制好的规矩。

（3）开缝、修补　根据所弹出的控制灰缝基准线，凡在线外的棱角，均用开缝凿剔掉，对剔掉后偏差较大的部位，应用水泥砂浆顺线补齐，然后用原来的砖体研磨粉末与胶黏剂拌和成浆，刷在补好的灰层上，使色泽与原来的砖一致。

（4）清理砖缝、堵塞缝眼　勾缝前，清理所有砖缝，清理砖缝时可采用铁钩、扁凿和钢丝刷。然后用1∶3水泥砂浆将门窗框四周与墙之间的缝隙堵严、堵实、抹平，应深浅一致。门窗框缝隙堵塞材料应符合标准图要求。

脚手眼、墙体眼用1∶3水泥砂浆补砌筑同墙颜色一致的原砖。堵塞砌筑前应先将眼内残留灰浆清理干净。

（5）墙面洒水湿润和洗刷　在进行墙面、灰缝洒水湿润的同时，应用压力水将污染墙面的灰浆及污物洗刷干净。

（6）进行勾缝工作　勾缝作业由上而下，先勾水平缝，后勾竖直缝。勾缝砂浆配制按照施工图要求，设计无要求的用1∶1.5水泥砂浆掺少量石灰膏。操作时左手托灰浆板，右手执溜子，将托灰浆板顶在要勾的缝的下口，右手用溜子将灰浆推入缝内，自右向左进行喂灰，随勾缝随移动托灰浆板，勾缝完成一段，用溜子在缝内左右推拉移动，将缝内的砂浆压平、压实、压光，做到深浅一致。在勾竖直缝时要用短溜子，勾灰缝时尽量避免污染墙面。勾缝深度一般控制在3～4mm。

（7）扫缝　在勾缝的砂浆达到初凝后，用扫帚顺着缝隙进行清扫，先清理水平缝，后清理竖直缝，并不断地弹掉扫帚上的砂浆，以减少对墙面的污染。在扫缝的同时还应注意检查漏勾灰缝，发现后应及时补勾。

（8）清理墙面　在勾缝的操作中，不可避免对墙面会产生污染。因此，在勾缝完成后，必须对施工中污染墙面的灰浆痕迹用力扫净，也可用毛刷蘸水轻刷，使墙面达到洁净、美观。

第四节　抹灰装饰工程质量控制

根据现行国家标准《建筑装饰装修工程质量验收规范》（GB 50210—2001）中的规定，一般抹灰工程、装饰抹灰工程和清水砌体勾缝的质量控制，应各自分别满足下列要求。

一、一般抹灰质量控制

一般抹灰适用于石灰砂浆、水泥砂浆、水泥混合砂浆、聚合物水泥砂浆和麻刀石灰、纸筋石灰、石膏灰等一般抹灰工程的质量验收。一般抹灰工程分为普通抹灰和高级抹灰，当设计无要求时，按照普通抹灰进行验收。

1. 一般抹灰工程的主控项目

（1）一般抹灰所用材料的品种和性能应符合设计要求及国家现行标准、规范的有关规定。检验方法：检查产品合格证书、进场验收记录、性能检验报告和复验报告。

（2）在正式抹灰前应进行基层处理，表面的尘土、污垢、油渍等应清除干净，并应洒水润湿或进行界面处理。检验方法：检查施工记录。

（3）抹灰工程应分层进行。当抹灰总厚度大于或等于 35mm 时，应采取加强措施。不同材料基体交接处表面的抹灰，应采取防止开裂的加强措施，当采用加强钢丝网时，加强钢丝网与各基体的搭接宽度不应小于 100mm。检验方法：检查隐蔽工程验收记录和施工记录。

（4）抹灰层与基层之间及各抹灰层之间必须黏结牢固，抹灰层应无脱层、空鼓，面层应无爆裂灰和裂缝。检验方法：观察；用小锤轻击检查；检查施工记录。

2. 一般抹灰工程的一般项目

（1）一般抹灰工程的表面质量应符合下列规定：①普通抹灰表面应光滑、洁净、接茬平整，分格缝隙应清晰；②高级抹灰表面应光滑、洁净、颜色均匀、无涂抹纹，分格缝和灰线应清晰美观。检验方法：观察；手摸检查。

（2）护角、孔洞、槽、盒周围的抹灰表面应整齐、光滑；管道后面的抹灰表面应平整。检验方法：观察。

（3）抹灰层的总厚度应符合设计要求；水泥砂浆不得抹在石灰砂浆层上；罩面的石膏灰浆不得抹在水泥砂浆层上。检验方法：检查施工记录。

（4）抹灰分格缝的设置应符合设计要求，宽度和深度应均匀，表面应光滑，棱角应整齐。检验方法：观察；尺量检查。

（5）有排水要求的部位应做滴水线（槽）。滴水线（槽）应整齐顺直，滴水线应内高外低，滴水槽宽度和深度均不应小于 10mm。检验方法：观察；尺量检查。

（6）一般抹灰工程质量的允许偏差和检验方法应符合表 1-14 的规定。

表 1-14　一般抹灰工程质量的允许偏差和检验方法

项次	项目	允许偏差/mm		检验方法
		普通抹灰	高级抹灰	
1	立面垂直度	4	3	用 2m 垂直检测尺子进行检查
2	表面平整度	4	3	用 2m 靠尺和塞尺检查
3	阴阳角方正	4	3	用直角检测尺子检查
4	分格条（缝）直线度	4	3	拉 5m 线，不足 5m 拉通线，用钢直尺检查
5	墙裙、勒脚上口直线度	4	3	用 5m 线，不足 5m 拉通线，用钢直尺检查

注：1. 普通抹灰，本表第 3 项阴角方正可不检查；

2. 顶棚抹灰，本表第 2 项表面平整度可不检查，但应平顺。

二、装饰抹灰的质量控制

装饰抹灰的质量控制主要适用于水刷石、斩假石、干粘石、假面砖等装饰抹灰工程的质量验收。

1. 装饰抹灰的主控项目

（1）装饰抹灰工程所用材料的品种和性能应符合设计要求及国家现行标准、规范的有关规定。检验方法：检查产品合格证书、进场验收记录、性能检验报告和复验报告。

（2）在正式装饰抹灰前应进行基层处理，表面的尘土、污垢、油渍等应清除干净，并应洒水润湿或进行界面处理。检验方法：检查施工记录。

（3）抹灰工程应分层进行。当抹灰的总厚度大于或等于 35mm 时，应当采取加强措施。不同材料基体交接处表面的抹灰，应当采取防止开裂的加强措施，当采用加强钢丝网时，加强钢丝网与各基体的搭接宽度不应小于 100mm。检验方法：检查隐蔽工程验收记录和施工记录。

（4）各抹灰层之间及抹灰层与基体之间必须黏结牢固，抹灰层应无脱层、空鼓和裂缝。检验方法：观察；用小锤轻击检查；检查施工记录。

2. 装饰抹灰的一般项目

（1）装饰抹灰工程的表面质量应符合下列规定：①水刷石的表面应当石粒清晰、分布均匀、紧密平整、色泽一致，应无掉落石粒和接茬痕迹；②斩假石表面剁纹应均匀顺直、深浅一致，应无漏剁处；阳角处应横向剁，并留出宽窄一致的不剁的边条，棱角应无损坏；③干粘石的表面应色泽一致、不露浆、不漏粘，石子颗粒应黏结牢固、分布均匀，阳角处应无明显黑边；④假面砖表面应平整、沟纹清晰、留缝整齐、色泽一致，应无掉角、脱皮、起砂等缺陷。检验方法：观察；手摸检查。

（2）装饰抹灰分格条（缝）的设置应符合设计要求，宽度和深度应均匀，表面应平整光滑，棱角应整齐。检验方法：观察。

（3）有排水要求的部位应做滴水线（槽）。滴水线（槽）应整齐顺直，滴水线应做到内高外低，滴水槽的宽度和深度均不应小于 10mm。检验方法：观察；尺量检查。

（4）装饰抹灰工程质量的允许偏差和检验方法应符合表 1-15 的规定。

表 1-15 装饰抹灰工程质量的允许偏差和检验方法

项次	项目	允许偏差/mm				检验方法
		水刷石	斩假石	干粘石	假面砖	
1	立面垂直度	5	4	5	5	用 2m 垂直检测尺子进行检查
2	表面平整度	3	3	5	4	用 2m 靠尺和塞尺检查
3	阴阳角方正	3	3	4	4	用直角检测尺子检查
4	分格条（缝）直线度	3	3	3	3	拉 5m 线，不足 5m 拉通线，用钢直尺检查
5	墙裙、勒脚上口直线度	3	3	—	—	用 5m 线，不足 5m 拉通线，用钢直尺检查

三、清水砌体勾缝质量控制

清水砌体勾缝质量控制适用于清水砌体砂浆勾缝和原浆勾缝工程的质量验收。

1. 清水砌体勾缝的主控项目

（1）清水砌体勾缝所用砂浆的品种和性能应符合设计要求及国家现行标准、规范的有关规定。检验方法：检查产品合格证书、进场验收记录、性能检验报告和复验报告。

（2）清水砌体勾缝应无漏勾。勾缝材料应黏结牢固、无开裂。检验方法：观察。

2. 清水砌体勾缝的一般项目

（1）清水砌体勾缝应横平竖直，交接处应平顺，宽度和深度应均匀，表面应压实抹平。检验方法：观察；尺量检查。

（2）灰缝应颜色一致，砌体表面应洁净。检验方法：观察。

第二章

吊顶工程施工技术

吊顶又称为顶棚、天棚、天花板，是位于建筑物楼屋盖下表面的装饰性构件，也是室内空间重要的组成部分，其组成了建筑室内空间三大界面的顶界面，在室内空间中具有十分显要的位置。吊顶工程施工是指在室内空间的上部通过不同的构造做法，将各种材料组合成不同的装饰组成形式，是室内装饰工程施工的重点。

第一节 吊顶工程基本知识

根据现行国家标准《建筑装饰装修工程质量验收规范》（GB 50210—2001）中的规定，吊顶是建筑装饰工程的一个重要子分部工程。吊顶的装饰效果直接影响整个建筑空间的装饰效果。吊顶具有保温、隔热、隔声和吸声的作用，还起到吸收和反射音响、安装照明、通风和防火设备的功能作用，是隐蔽电气、暖卫、通风空调、通信和防火、报警管线设备等工程的隐蔽层。

一、吊顶的基本功能

1. 装饰美化室内空间

工程实践证明，吊顶是室内装饰中不可缺少的重要组成部分，不同形式的造型、丰富多彩的光影、绚丽多姿的材质，为整个室内空间增强了视觉感染力，使顶面处理富有个性，烘托了整个室内环境气氛。

吊顶选用不同的造型及处理方法，会产生不同的空间感觉，有的可以延伸和扩大空间感，有的可以使人感到亲切和温暖，从而满足人们不同的生理和心理方面的需求；同样，也可以通吊顶来弥补原建筑结构的不足。如果建筑的层高过高，会给人感觉房间比较空旷，可以用吊顶来降低高度；如果建筑的层高过低，会使人感到非常压抑，也可以通过吊顶不同的处理方法，利用视觉上产生的误差，使房间"变"高。

吊顶也能够丰富室内的光源层次，产生多变的光影形式，达到良好的照明效果。有些建筑的空间原照明线路单一，照明灯具比较简陋，无法创造理想的光照环境。通过对吊顶的处理，能产生点光、线光和面光相互辉映的光照效果及丰富的光影形式，有效地增添了室内空间的装饰性；在材质的选择上，可选用一些不同色彩、不同纹理质感的材料搭配，从而也会增加室内空间的美观。

2. 满足室内功能要求

现代建筑吊顶处理不仅要考虑室内的装饰效果及艺术要求，也要综合考虑室内不同的使用功能需求，对吊顶进行综合处理，如照明、保温、隔热、通风、吸声、反射、音箱、防火等功能的需求。由此可见，现代建筑吊顶的创新、结构造型的创新和使用功能等有着密切的联系，二者应取得协调统一，充分考虑结构造型中美的形象，把艺术和技术融合在一起。

在进行吊顶设计和施工时，要把实际需求综合考虑进去，如顶楼的住宅无隔温层，夏季阳光直射屋顶，室内的温度会很高，可以通过吊顶设置一个隔温层，夏季起到隔热降温的作用，冬季则成为保温层，使室内的热量不易通过屋顶流失。如影剧院的吊顶，不仅要考虑其外表美观，更要考虑声学、光学、通风等方面的需求，通过不同型式的吊顶造型，满足声音反射、吸收和混响方面的要求，从而达到良好的视听观感效果。

3. 可以安装设备管线

随着科学技术水平的进步，人们所用的各种电气、通信等设备日益增多，室内空间的装饰要求也趋向多样化，相应的设备管线也大大增加。如何科学地对这些设备管线进行布置，是摆在装饰工程设计和施工人员面前的新问题。工程实践证明，吊顶可以为这些设备管线的安装提供良好的条件，它可以将许多外露管线隐藏起来，保证室内顶面的平整、干净、美观。

二、吊顶的形式和种类

吊顶是指房屋居住环境的顶部装修，其主要由吊杆（也称为吊筋）、龙骨架和饰面板（也称为罩面板）3部分组成。吊杆在吊顶中起到承上启下的作用，将楼板和龙骨架连接在一起；龙骨架在吊顶中起到承重和固定饰面板的作用；饰面板主要是可以增加室内顶部的装饰效果和隐蔽顶部管线设备的作用。

现代建筑吊顶的形式和种类繁多，在装饰工程中吊顶主要有以下分类方法：①按照骨架材料不同，可分为木龙骨吊顶、轻钢龙骨吊顶和铝合金龙骨吊顶等；②按照罩面材料的不同，可分为抹灰吊顶、纸面石膏板吊顶、纤维板吊顶、胶合板吊顶、塑料板吊顶和金属板吊顶等；③按照设计功能不同，可分为艺术装饰吊顶、吸声吊顶、隔声吊顶、发光吊顶等；④按照安装方式不同，可分为直接式吊顶、悬吊式吊顶和配套组装式吊顶等；⑤按照吊顶的结构组成不同，可分为整体面层吊顶、板块面层吊顶和格栅吊顶等。在吊顶装饰工程施工中，主要是按照安装方式不同和按照结构形式不同进行分类的。

（一）吊顶按照安装方式不同分类

1. 直接式吊顶

直接式吊顶是指在屋面板或楼板结构基层上，直接进行抹灰、喷刷、裱糊等装饰处理形成的顶棚饰面。所以直接式吊顶按照施工方法和装饰材料不同，可以分为直接刷（喷）浆顶棚、直接抹灰顶棚和直接粘贴式顶棚。

直接式吊顶的优点是结构简单、构造层厚度小、施工方便、造价低廉，同时也不会影响室内原有的净高。但是，直接式吊顶不能隐藏管线和设备，这种形式的顶棚处理对设备管线的敷设、艺术造型的表现等不能满足相应的要求。

2. 悬吊式吊顶

悬吊式吊顶又称为天花板、天棚、平顶等，具有保温、隔热、隔声和吸声作用，既可以增加室内的亮度和美观，又能达到节约能耗的目的，为满足不同使用功能要求创造了较为宽松的前提条件，是现代装饰设计中所提倡的。

悬吊式吊顶要结合灯具、通风口、音响、消防设施等进行整体设计。但是，这种吊顶施工工期长、工程造价高，且要求建筑空间较大的层高。在进行悬吊式吊顶装饰设计时，应结合空间的尺度大小、装饰要求、经济因素等来综合考虑。一般来说，悬吊式吊顶的装饰效果较好，形式变化丰富，适用于中、高档次的建筑顶棚装饰。

3. 配套组装式吊顶

配套组装式吊顶由两部分组成，一部分是饰面部分，如面板和面板之间配套的龙骨，以及组装时进行配套的连接件，基本上是由厂家配套生产；另一部分是吊装部分，可以吊装龙骨架，施工是在现场进行组合拼装即可。

（二）吊顶按照结构形式不同分类

1. 活动式吊顶

活动式吊顶是将饰面板直接搁置在龙骨上，所以也称为搁置式吊顶，通常情况下与 T 形铝合金龙骨或轻钢龙骨配套使用。龙骨表面可以是外露的，也可以是半露的。活动式吊顶做法的优点不仅简洁、美观、拆装方便，而且由于饰面板是活动的，对藏在吊顶以上的各种管道和设备进行检修也非常方便，这种做法最常出现在卫生间里或厨房中。

2. 固定式吊顶

室内空间上部的结构层或装修层，为室内美观及保温隔热的需要，多数以顶棚的形式把屋面的结构层隐蔽起来，以满足室内使用要求。因此，固定式吊顶也称为隐蔽式吊顶。这种结构形式的吊顶其龙骨是隐藏的、不外露，饰面板通过螺钉等固结材料固定在龙骨上。

3. 开敞式吊顶

开敞式吊顶是将各种材料的条板组合成各种形式方格单元或单元拼接块（有饰面板或无饰面板）吊于屋架或结构层下皮，不完全将结构层封闭，使室内顶棚饰面既遮又透，空间显得生动活泼，形成独特的艺术效果，实现造型与装饰的完美结合。开敞式吊顶的饰面是敞开的，一般有金属构件式、木质构件式等，可以制作成各种造型，装饰效果比较好。

三、吊顶设计的基本原则

作为室内空间顶部界面的吊顶，在人们的视觉中，占有很大的视域，对人的感觉产生较大的影响。如果是高大的厅室和宽敞的房间，吊顶所占的视域比值就更大。因此，吊顶的装饰设计和施工应遵循以下 3 个原则。吊顶的设计式样如图 2-1 所示。

(a)　　　　　　(b)　　　　　　(c)　　　　　　(d)

图 2-1　吊顶的设计式样

1. 形式感原则

工程实践充分证明，装饰工程设计和施工者的审美观念、文化素养、艺术欣赏水平是影响形式美的最主要因素，多样化的统一是形式美的最基本规律。形式美是人类符号实践的一种特殊形态，是从具体美的形式中抽象出来、由自然因素及其组合规律构成的、具有独立审美价值的符号体系。形式美具有抽象性、相对独立性、装饰性和符号性等特征。

在室内设计与施工的过程中，必须先从结构中求统一，结构在造型中起着主导作用。因此，在吊顶工程设计和施工中，要将吊顶设计中必不可少的造型与结构的双重性要素构成一个和谐的统一体，并追求造型简洁，切忌堆砌烦琐。

2. 整体感原则

整体感是指观察由不同像素组成的一个图形时，由于不同像素的视觉变量之间差别不明显，从而给观察者形成整体的视觉效果。装饰整体感即整体装饰效果，吊顶的形、色、光和材质是确保整体美的四大要素。

尽管室内环境设计的表现手法多种多样，所产生的装饰效果也会千差万别，但都必须从整体和谐美的角度出发，讲究统一感，即追求整体感效果，从而达到有主有从、主从分明、彼此呼应、体量合度、烘托有序、华素适宜、重点突出、融为一体。切忌孤立地去对待某一部分，注重完整、简洁、生动、突出空间的主要内容，并注意与四面墙和地面的协调关系，达到协调统一。

3. 功能性原则

功能性是评价产品质量整个生命周期的一个特征，存在一系列功能和特殊属性。讲实用、重效率，这是室内环境设计的一个显著特点，也就是说，要使室内环境和吊顶的造型适于使用者生理和心理等功能性要求，确保使用上的方便、安全、耐用。室内设计的造型、颜色、照明、高度、通风等，都是影响设计和施工效果及功能使用的因素。

第二节　木龙骨吊顶施工

木龙骨在我们的生活中是很常见的，它是一种家庭装修中最为常用的骨架材料，应用在许多的吊顶、隔墙等的装修工程中。木龙骨吊顶为传统的悬吊式顶棚做法，当前依然被广泛应用于较小规模且造型较为复杂多变的室内装饰工程。木龙骨是由松木、椴木、杉木等材料加工而成的长方形或正方形木条。木龙骨吊顶价格实惠，施工方便，可以做任何复杂造型，与木制品衔接变形系数小，但也存在易燃烧、易霉变、易腐朽等缺点。

一、木龙骨吊顶对材料的要求

木龙骨骨架是吊顶工程中常用的材料，对其施工质量要求比较高，如果前期的施工不规范，会严重影响美观效果，甚至还可能影响居住者的安全。因此，选用的木龙骨吊顶材料应符合下列要求。

（1）木龙骨吊顶的龙骨材料，其制作方法是将木材加工或方形或长方形条状。一般采用 50mm×70mm 或 60mm×100mm 断面尺寸的木方作为主龙骨，采用 50mm×50mm 或 40mm×40mm 断面尺寸的木方作为次龙骨。

（2）由于木龙骨易燃、耗费木材较多、难以适应工业化的要求，所以大型公共建筑应尽量减少使用。金属龙骨无法做出的异形吊顶可以少量采用木龙骨，注意在施工前应进行防火处理。此外，接触砖石、混凝土的木龙骨需要经过防腐处理。

（3）木龙骨吊顶最常见的是木龙骨木质胶合板钉装式封闭型罩面的吊顶工程，其施工工艺较为简单，不需要太高的操作技术水平，按设计要求将木龙骨骨架安装合格后，即可用射钉枪来固定胶合板面层。普通的罩面胶合板可作为进一步完成饰面的基面，如在胶合板上涂刷涂料、裱糊壁纸墙布、钉装或粘贴玻璃镜面等。

（4）木龙骨木方型材的选用，其材质和规格应符合设计要求；吊顶木龙骨的安装，应执行国家现行标准《木结构工程施工质量验收规范》（GB 50206—2012）等有关规定；当采用马尾松、木麻黄、桦木、杨木等易腐朽和虫蛀的树材时，整个木构件应当进行防腐朽及防虫蛀处理。

（5）应根据现行国家标准《建筑设计防火规范》（GB 50016—2014）、《建筑内部装修设计防火规范》（GB 50222—2001）等国家现行标准的相关规定，按照设计要求选用难燃木材成品或对龙骨构件进行涂刷防火剂等处理措施，必须使吊顶装饰装修材料的燃烧性能达到 A 级或 B_1 级。

图 2-2 为木龙骨双层骨架构造的吊顶设置平面图示，图 2-3 为木龙骨双层骨架吊顶构造的做法示意，图 2-4 为木龙骨吊顶以胶合板作基面粘贴玻璃镜面或其他可黏结的装饰板。

图 2-2　木龙骨双层骨架构造的吊顶设置平面布置（单位：mm）

(a) 木方构架及其罩面示意

图 2-3

图 2-3　木龙骨双层骨架吊顶构造的做法示意

图 2-4　木龙骨吊顶以胶合板作基面粘贴玻璃镜面或其他可黏结的装饰板（单位：mm）

二、胶合板罩面吊顶施工

（一）胶合板的分类质量要求

1. 胶合板的分类方法

根据国家标准《普通胶合板》（GB 9846—2015）及国际标准《胶合板分类》（ISO 1096—1999）的规定，按胶合板材的结构区分，有胶合板、夹芯胶合板、复合胶合板。按板的胶黏性能，分为室外胶合板，即具有耐候、耐水和耐高湿度的胶合板；室内胶合板，不具有长期经受水浸或高湿度的胶黏性能的胶合板。按板材的表面加工情况分，有砂光胶合板、刮光胶合板、贴面胶合板、预饰面胶合板。按板材产品的处理情况分，有未处理过的胶合板、处理过（浸渍防腐剂或阻燃剂等）的胶合板。按制品形状，分为平面胶合板及成型胶合板；按板材用途，可分为普通胶合板和特种胶合板（能满足专门用途的胶合板）。

2. 胶合板的质量要求

根据国家标准《普通胶合板》（GB 9846—2015）及国际标准《胶合板 普通胶合板外观分等通用规则》（ISO 2426—2000），普通胶合板可分为Ⅰ类、Ⅱ类和Ⅲ类。Ⅰ类胶合板是指能够通过煮沸试验，供室外条件下使用的耐气候胶合板；Ⅱ类胶合板是指能够通过63℃±3℃热水浸渍试验，供潮湿条件下使用的耐水胶合板；Ⅲ类胶合板是指能够通过20℃±3℃冷水浸渍试验，供干燥条件下使用的不耐潮胶合板。

（1）胶合板的分类和特性　胶合板的分类和特性应符合国家标准《普通胶合板》（GB 9846—2015）中的规定，胶合板的分类和特性如表2-1所列。

表2-1　胶合板的分类和特性

分类		名称	说明
按总体外观分	按板的构成分	单张胶合板	一组单板通常按相邻层木纹方向互相垂直组坯胶合而成
		木芯胶合板	细木工板：板芯由木条组成，木条之间可以胶黏，也可以不胶黏
			层积板：板芯由一种蜂窝结构组成，板芯的两侧通常至少有两层木纹互相垂直排列的单板
		复合胶合板	板芯由除实体木材或单板之外的材料组成
	按外形和形状分	平面胶合板	未进一步加工的胶合板
		成型胶合板	在压模中加压成型的非平面状胶合板
按主要特征分	按耐久性能分	按耐久性能不同可分为：室外条件下使用、潮湿条件下使用和干燥条件下使用	
	按加工表面状况分	未砂光板	表面未经砂光机砂光的胶合板
		砂光板	表面经过砂光机砂光的胶合板
		贴面	表面复贴装饰单板、薄膜、浸渍纸等的胶合板
		预饰面板	制造时已进行专门表面处理，使用时不需要再修饰的胶合板
按最终使用者要求分	按用途不同分	普通胶合板	Ⅰ类胶合板：耐气候胶合板，供室外条件下使用，能通过煮沸试验； Ⅱ类胶合板：耐水胶合板，供潮湿条件下使用，通过（63±3）℃热水浸渍试验； Ⅲ类胶合板：不耐潮胶合板，供干燥条件下使用，能通过干燥试验
		特种胶合板	能满足专门用途的胶合板，如具有限定力学性能要求的结构胶合板、装饰胶合板、成型胶合板、星形组合胶合板、斜接和横接胶合板

（2）胶合板的尺寸公差　胶合板的尺寸公差应符合国家标准《普通胶合板》（GB 9846—2015）中的规定，胶合板的尺寸公差如表2-2所列。

表2-2　胶合板的尺寸公差

胶合板的幅面尺寸/mm					
宽度	长度				
	915	1220	1830	2135	2440
915	915	1220	1830	2135	—
1220	—	1220	1830	2135	2440

胶合板的厚度公差/mm				
公称厚度 t	未砂光板		砂光板	
	每张板内的厚度允许差	厚度允许偏差	每张板内的厚度允许差	厚度允许偏差
2.7、3.0	0.5	+0.4，−0.2	0.3	±0.2
3＜t＜5	0.7	+0.5，−0.3	0.5	±0.3
5≤t≤12	1.0	+（0.8＋0.03t）	0.6	+（0.8＋0.03t）
12＜t≤25	1.5	−（0.4＋0.03t）	0.6	−（0.4＋0.03t）

胶合板的翘曲度限值

厚度	等级		
	优等品	一等品	合格品
公称厚度（自 6mm 以上）	≤0.5%	≤1.0%	≤2.0%

注：1. 特殊尺寸可由供需双方协议；

　　2. 胶合板长度和宽度公差为±2.5mm。

（3）普通胶合板通用技术条件　普通胶合板通用技术条件应符合国家标准《普通胶合板》（GB 9846—2015）中的规定，普通胶合板通用技术条件如表 2-3 所列。

表 2-3　普通胶合板通用技术条件

胶合板的含水率

胶合板的材种	含水率/%	
	Ⅰ、Ⅱ类	Ⅲ类
阔叶树材（含热带阔叶树材）、针叶树材	6～14	6～16

胶合板的强度指标值

树种名称	类别	
	Ⅰ、Ⅱ类	Ⅲ类
椴木、杨木、拟赤杨、泡桐、柳安、杉木、奥克榄、白梧桐、海棠木	≥0.70	≥0.70
水曲柳、荷木、枫香、槭木、榆木、柞木、阿必东、克隆、山樟	≥0.80	
桦木	≥1.00	
马尾松、云南松、落叶松、辐射松	≥0.80	

胶合板的甲醛释放限量

级别标志	限量值/(g/L)	备注	级别标志	限量值/(g/L)	备注
E_0	≤0.5	可直接用于室内	E_2	≤5.0	必须饰面处理后方可允许用于室内
E_1	≤1.5	可直接用于室内			

3. 难燃胶合板的要求

难燃胶合板是由木段旋切成单板或由木方刨切成薄木，对单板进行阻燃处理后再用胶黏剂胶合而成的三层或多层的板状材料，通常用奇数层单板，并使相邻层单板的纤维方向互相垂直胶合而成。根据现行国家标准《难燃胶合板》（GB 18101—2013）中的规定，本标准适用于难燃普通胶合板及难燃装饰单板贴面胶合板。

（1）难燃胶合板的分类方法　难燃胶合板按其表面状况不同，可分为难燃的普通胶合板和难燃装饰单板贴面胶合板。难燃的普通胶合板系指经过阻燃处理后，燃烧性能符合《建筑材料及制品燃烧性能分级》（GB 8624—2012）中 B 级要求的普通胶合板。难燃装饰单板贴面胶合板系指经过阻燃处理后，燃烧性能符合《建筑材料及制品燃烧性能分级》（GB 8624—2012）中 B 级要求的装饰单板贴面胶合板。

（2）难燃胶合板的尺寸、公差和结构

① 难燃胶合板的尺寸和公差。难燃胶合板的尺寸和公差应符合下列具体要求。

a. 难燃胶合板的规格尺寸，长度和宽度公差、厚度公差，应符合《普通胶合板》（GB/T 9846—2015）或《装饰单板贴面人造板》（GB/T 15104—2006）中的相应规定。

b. 难燃胶合板的两对角线长度之差及翘曲度，应符合《普通胶合板》（GB/T 9846—2015）或《装饰单板贴面人造板》（GB/T 15104—2006）中的相应规定。

c. 难燃胶合板的四边边缘不直度，不得超过 1mm/m。

② 难燃胶合板的结构。难燃胶合板的结构应符合下列要求。

a. 难燃普通胶合板的结构，应符合《普通胶合板》（GB/T 9846—2015）中第 3 章的规定。

b. 难燃装饰单板贴面胶合板基材和装饰单板，应符合《装饰单板贴面人造板》（GB/T 15104—2006）中的规定。

c. 面板树种或装饰单板树种，应为该胶合板的树种。

（3）难燃胶合板的技术性能要求　难燃胶合板的技术性能要求应符合表 2-4 中的规定。

表 2-4　难燃胶合板的技术性能要求

项目			技术性能要求
外观质量要求	等级	难燃普通胶合板	分为特等、一等、二等及三等 4 个等级。各等级的允许缺陷应符合《普通胶合板》(GB/T 9846—2015)中的规定
		难燃装饰单板贴面胶合板	分为优等品、一等品及合格品 3 个等级,各等级装饰面的外观质量要求,应符合《装饰单板贴面人造板》(GB/T 15104—2006)中的规定
	表板的拼接要求		表板的拼接要求应符合《普通胶合板》(GB/T 9846—2015)中的规定
	表板对阻燃剂渗析要求	难燃普通胶合板	特等品和一等品:不允许;二等品和三等品:允许轻微
		难燃装饰单板贴面胶合板	优等品和一等品:不允许;合格品:允许轻微
物理力学性能	难燃普通胶合板	含水率/%	6～14
		胶合强度/MPa	≥0.70
	难燃装饰单板贴面胶合板	含水率/%	6～14
		浸渍剥离试验	试件贴面胶层与胶合板每个胶层上的每一边剥离长度不得超过 25mm
		表面胶合强度/MPa	≥0.50
胶黏性能			应符合《普通胶合板》(GB/T 9846—2015)中的 I 类胶合板或 II 类胶合板的要求
燃烧性能			难燃胶合板的燃烧性能,应符合《建筑材料及制品燃烧性能分级》(GB 8624—2012)中所规定的难燃材料 B1 级的要求:①达到《建筑材料可燃性试验方法》(GB/T 8626—2007)所规定的指标,且不允许有燃烧滴落物质引燃纸的现象;②每组试件燃烧平均剩余长度≥15cm(其中任一试件的剩余长度＞0cm),且每次测试的烟气温度峰值≤200℃;烟密度等级(SDR)≤75

（二）木龙骨的吊顶施工工艺

木龙骨吊装施工工艺流程为：弹线→安装吊顶紧固件→木龙骨防火与防腐处理→划分龙骨分档线→固定边龙骨→龙骨架的拼装→分片吊装→龙骨架与吊点固定→龙骨架分片间的连接→龙骨架的整体调平→吊顶骨架质量检验→安装罩面板→安装压条、面层刷涂料。

（1）弹线　弹线是木龙骨吊顶施工中的重要准备工作，也是整个施工中的主要依据和标准。弹线主要应弹出标高线、吊顶造型位置线和其他控制线。

① 弹标高线　根据楼层＋500mm 标高水平线，顺墙的高度方向量出至顶棚设计标高，沿墙和柱的四周弹出顶棚标高水平线。根据吊顶的标高线，检查吊顶以上部位的设备、管道、灯具等对吊顶是否有影响。

② 吊顶造型位置线　有叠级造型的吊顶，依据弹出的标高线按设计造型在四面墙上角部弹出造型断面线，然后在墙面上弹出每级造型的标高控制线。检查叠级造型的构造尺寸是

否满足设计要求，管道和设备等是否对吊顶造型有影响。

③ 其他控制线　其他控制线主要是在顶板上弹出龙骨吊点位置线和管道、设备、灯具吊点的位置线。

（2）安装吊顶紧固件

① 对于无预埋件的吊顶，可用金属胀铆螺栓或射钉将角钢块固定于楼板底（或梁底）作为安设吊杆的连接件。

② 对于小面积轻型木龙骨装饰吊顶，可用胀铆螺栓固定方木，方木的截面尺寸约为40mm×50mm，吊顶骨架直接与方木固定或采用木吊杆。

（3）木龙骨防火与防腐处理

① 防腐处理　木材是一种受潮易腐朽、虫蚀严重的材料，在木龙骨安装前应按规定选择的材料并实施在构造上的防潮处理，同时涂刷防腐防虫药剂。

② 防火处理　木龙骨防火处理是一项非常重要的工作，关系到居住者的人身安全。即将防火涂料涂刷或喷于木材的表面，或者把木材置于防火涂料槽内进行浸渍。防火涂料视其性质可分为油质防火涂料、氯乙烯防火涂料、可赛银防火涂料、硅酸盐防火涂料等，施工可按照设计要求选择使用。

（4）划分龙骨分档线　按照设计要求的主次龙骨间距布置，即在已经弹好的顶棚标高水平线上划分龙骨分档位置线。

（5）固定边龙骨　沿标高线在四周墙（柱）面上固定边龙骨的方法主要有以下 2 种：①沿吊顶标高线以上 10mm 处在建筑结构的表面进行打孔，孔距为 500～800mm，在孔内打入木楔，将边龙骨固定在木楔上；②对于混凝土墙（柱）面，可以用水泥钉通过木龙骨上钻孔，将边龙骨钉固于混凝土墙（柱）面。沿墙边木龙骨固定后，其底边标高与次龙骨底边标高应一致。

（6）龙骨架的拼装　为方便木龙骨的安装，木龙骨在吊装前可先在地面进行分片拼接。分片拼接可按照分片选择、拼接和成品选择进行。

① 分片选择　确定吊顶骨架面上需要分片或可以分片的位置和尺寸，根据分片的平面尺寸选取龙骨纵横型材。

② 拼接　先拼接组合大片的龙骨骨架，再拼接组合小片的局部骨架。拼接组合的面积一般控制在 10m² 以内，否则不便吊装。

③ 成品选择　对于截面尺寸为 25mm×30mm 的木龙骨，可以选用市售成品凹方型材；如果为确保吊顶质量而采用方木现场制作，应在方木上按中心线距 300mm 开凿深 15mm、宽 25mm 的凹槽。

龙骨骨架拼接按凹槽对凹槽的方法咬口拼联，在拼口处涂胶并用圆钉进行固定。胶液可采用化学胶，如酚醛树脂胶、尿醛树脂胶和聚醋酸乙烯乳液等。木龙骨利用槽口拼接示意如图 2-5 所示。

（7）分片吊装　在进行分片吊装时可按以下步骤和要求操作。

① 木龙骨架的吊装一般先从一个墙角开始，将拼装好的木龙骨架托起至标高位，对于高度低于 3.0m 的吊顶骨架，可在高度定位杆上作临时支撑，如图 2-6 所示。当吊顶骨架高度超过 3.0m 时，可用铁丝在吊点作临时固定。

② 用棒线绳或尼龙线沿吊顶标高线拉出平行或交叉的几条水平基准线，作为吊顶的平面基准。

③ 将龙骨架向下慢慢移动，使之与基准线平齐，待整片龙骨架调正调平后，先将其靠墙部分与沿墙龙骨钉接，再用吊筋与龙骨架固定。

(a) 自选长方木开出凹槽　　　　　　　　(b) 凹槽对凹槽加胶钉固

图 2-5　木龙骨利用槽口拼接示意

（8）龙骨架与吊点固定　龙骨架与吊筋的固定方法有多种，应根据选用的吊杆材料和构造而定。如以直径 6mm 钢筋吊杆与吊点的预埋钢筋焊接；利用扁钢与吊点角钢以 M6 螺栓连接；利用角钢作吊杆与上部吊点角钢连接等。

吊杆与龙骨架的连接，根据吊杆材料可分别采用绑扎、钩挂、木螺钉固定等，如扁钢及角钢杆件与木龙骨可用两个木螺钉固定。木龙骨架与吊点的连接如图 2-7 所示。

图 2-6　吊顶高度临时定位杆　　　　　　图 2-7　木龙骨架与吊点的连接

（9）龙骨架分片间的连接　龙骨架分片吊装在同一平面后，要进行分片连接形成整体，其方法是：将端头对正，用短方木进行连接，短方木钉于龙骨架对接处的侧面或顶面，对于一些重要部位的龙骨连接，可采用铁件进行连接加固。木龙骨对接固定如图 2-8 所示。

对于叠级吊顶，一般是从最高平面（相对可接地面）吊装，其高低面的衔接，常用做法是先以一条方木斜向将上下平面龙骨架定位，尔后用垂直的方木把上下两个平面龙骨架连接固定。木龙骨架叠级构造图 2-9 所示。

（10）龙骨架的整体调平　各个分片连接加固后，在整个吊顶表面下拉出十字交叉的标高线，来检查并调整吊顶平整度，使得误差在规定的范围内。木吊顶格栅（龙骨）平整度要求如表 2-5 所列。

(a) 短方木钉于龙骨　　(b) 顶面　　　　　　　
　　架对接处的侧面

图 2-8　木龙骨对接固定　　　　　图 2-9　木龙骨架叠级构造

表 2-5　木吊顶格栅（龙骨）平整度要求

面积/m²	允许误差值/mm		面积/m²	允许误差值/mm	
	上凹（起拱）	下凸		上凹（起拱）	下凸
20 内	3	2	100 内	3～6	—
50 内	2～5	—	100 以上	6～8	—

对于一些面积较大的木龙骨架吊顶，可采用起拱的方法来平衡吊顶的下坠，一般情况下，跨度在 7～10m 间起拱的量为 3/1000，跨度在 10～15m 间起拱的量为 5/1000。

对于骨架底平面出现下凸的部分，要重新拉紧吊杆；对于骨架出现上凹现象的部位，可用木方杆件顶撑，尺寸准确后将方木两端固定。

各个吊杆的下部端头，均按设计的长度准确尺寸截平，不得伸出骨架的底部平面。

(11) 安装罩面板　在木骨架底面安装顶棚罩面板，罩面板的固定方式分为圆钉钉固法、木螺钉拧固法、胶结粘固法 3 种方式。

① 圆钉钉固法　圆钉钉固法主要用于石膏板、胶合板、纤维板的罩面板安装，以及灰板条吊顶和 PVC 吊顶。

a. 固定罩面板的钉距一般为 200mm。装饰石膏板，钉子与板边距离应不小于 15mm，钉子间距宜为 150～170mm，与板面应垂直。钉帽嵌入石膏板深度宜为 0.5～1.0mm，并应涂刷防锈涂料。钉眼应用腻子找平，再用板面颜色相同的色浆涂刷。

b. 软质纤维装饰吸声板，钉距为 80～120mm，钉长为 20～30mm，钉帽应进入板面 0.5mm，钉眼用油性腻子抹平。

c. 硬质纤维装饰吸声板，板材应首先用水浸透，自然晾干后安装，一般宜采用圆钉固定，对于大块板材，应使板的长边垂直于横向次龙骨，即沿着纵向次龙骨进行铺设。

d. 塑料装饰罩面板，一般用 20～25mm 宽的木条，制成 500mm 的正方形木格，用小圆钉进行固定，再用 20mm 宽的塑料压条或铝压条或塑料小花固定板面。

e. 灰板条的铺设。板与板之间应留 8～10mm 的缝，板与板接缝应留 3～5mm，板与接缝应相互错开，一般间距为 500mm 左右。

② 木螺钉拧固法　木螺钉拧固法主要用于塑料板、石膏板、石棉板、珍珠岩装饰吸声板以及灰板条吊顶。在正式安装之前，罩面板的四边按螺钉间距先钻孔，安装程序与操作方法基本上与圆钉钉固法相同。

固定珍珠岩装饰吸声板的螺钉应深入板面 1～2mm，用相同颜色珍珠岩钞混合拌制的黏结腻子补平板面，封盖螺钉的钉眼。

③ 胶结粘固法　胶结粘固法主要用于塑料板。在正式安装前，对所用板材应选配修整，使厚度、尺寸、边棱齐整一致。每块罩面板粘贴前进行预装，然后在预装部位龙骨框的底面

刷胶，同时在罩面板四周刷胶，刷胶宽度为 10～15mm，经过 5～10min 后，将罩面板压粘在预粘部位。

每间顶棚先由中间一行开始，然后向两侧分别还块粘贴，胶黏剂按设计规定，设计无要求时，应经过试验选用，一般可用 401 胶进行粘贴固定。

（12）安装压条　木骨架罩面板顶棚，设计要求采用压条做法时，待整个一间罩面板全部安装完毕后，先进行压条位置弹线，再按弹线进行压条的安装。压条的固定方法可同罩面板，钉固间距一般为 300mm，也可采用胶结料进行粘贴。

（三）胶合板的罩面施工

胶合板的选用应按设计要求的品种、规格和尺寸，并符合顶棚装饰艺术的拼接分格图案的要求。通常有两种情况：一是作为其他饰面基层的胶合板罩面，可采用大幅面整板固定作为封闭式顶棚罩面；二是采用胶合板本身进行分块、设缝、利用木纹拼花等在罩面后即形成顶棚饰面工程，需要按设计图纸认真进行排列。

当前，胶合板顶棚装饰工程一般均按实际需要，从龙骨骨架的装设到板材的罩面方式，应当统一进行设计，以确保每一块胶合板安装时不出现悬空现象，板块的图案拼缝处准确落在覆面龙骨的中线位置。

1. 基层板的接缝处理

基层板的接缝形式很多，常见的有对缝、凹缝和盖缝 3 种。

（1）对缝（密缝）　板与板在龙骨上对接，此时的板多为粘、钉在龙骨上，缝隙处容易产生变形或裂缝，可用纱布或棉纸粘贴缝隙。

（2）凹缝（离缝）　在两板接缝处做成凹槽，凹槽有 V 形和矩形两种。凹缝的宽度一般不小于 10mm。

（3）盖缝（离缝）　板缝不直接暴露在外，而是利用压条盖住板缝，这样可以避免缝隙宽窄不均的现象，使板面线型更加强烈。吊顶面层接缝构造形式如图 2-10 所示。

图 2-10　吊顶面层接缝构造形式

2. 基层板的固定

基层板与龙骨架的固定一般有钉接和粘接两种方法。

（1）钉接　钉接即用铁钉将基层板固定在木龙骨上，钉子间距为 80～150mm，钉子长度为 25～35mm。在钉入时要将钉帽砸扁，并使钉帽进入板面 0.5～1mm。

（2）粘接　粘接即用各种胶黏剂将基层板粘接于龙骨上，如矿棉吸声板可用 1∶1 水泥石膏粉加入适量 108 胶进行粘接。

工程实践证明，对于基层板的固定，若采用粘接和钉接相结合的方法，则固定更为牢固。

（四）木龙骨吊顶节点处理

1. 木吊顶各面之间节点处理

（1）阴角节点　阴角是指两面相交内凹部分，其处理方法通常是用角木线钉压在角位上（如图2-11所示）。固定时用"直钉枪"，在木线条的凹部位置打入直钉。

（2）阳角节点　阳角是指两相交面外凸的角位，其处理方法也是用角木线钉压在角位上，将整个角位包住，如图2-12所示。

图 2-11　吊顶阴角的处理
　　(a) 有护壁装饰的阴角处理
　　(b) 无护壁装饰的阴角处理

图 2-12　吊顶阳角的处理

（3）过渡节点　过渡节点是指两个落差高度较小的面接触处或平面上，两种不同材料的对接处。其处理方法通常用木线条或金属线条固定在过渡节点上。木线条可直接钉在吊顶面上，不锈钢金属条可用粘贴法固定，如图2-13所示。

　　饰面材料　木线条　饰面材料　　　　不锈钢线条

图 2-13　吊顶面的过渡节点处理

2. 木吊顶与设备之间节点处理

（1）吊顶与灯光盘节点　灯光盘在吊顶上安装后，其灯光片或灯光格栅与吊顶之间的接触处需作处理。其方法通常用木线条进行固定。灯光盘节点处理如图2-14所示。

（2）吊顶与检修孔节点处理　通常是在检修孔盖板四周钉木线条，或在检修孔内侧钉上角铝。检修孔与吊顶处理如图2-15所示。

　　木线条

图 2-14　吊顶与灯光盘节点处理

　　检修口板

图 2-15　检修孔与吊顶处理

3. 木吊顶与墙面间节点处理

木吊顶与墙面间节点，通常采用锚固木线条或塑料线条的处理方法，线条的式样及方法有多种多样，常用的有实心角线收口、斜位角线收口、八字角线收口和阶梯角线收口等，如图 2-16 所示。

图 2-16 木吊顶与墙面间节点处理

4. 木吊顶与柱体间的节点处理

木吊顶与柱体间的节点处理方法，与木吊顶与墙面间节点处理的方法基本相同，所用材料有木线条、塑料线条、金属线条等。木吊顶与柱体节点处理如图 2-17 所示。

图 2-17 木吊顶与柱体间节点处理

三、纤维板罩面吊顶施工

（一）对纤维板材的要求

木质纤维板也称密度板，是指以木质纤维或其他植物素纤维为原料，施加脲醛树脂或其他适用的胶黏剂制成的人造板。在制造纤维板的过程中可以施加胶黏剂和（或）添加剂。纤维板具有材质均匀、纵横强度差小、不易开裂、加工方便等优点，在建筑装饰工程中用途十分广泛。据有关资料表明，制造 $1m^3$ 纤维板约需消耗原木 $2.0m^3$，可代替 $3m^3$ 锯材或 $5m^3$ 原木。由此可见，发展纤维板生产是木材资源综合利用的有效途径。

由于木质纤维板材所用原材料、加工方法及饰面处理的不同，可以分为一面光普通硬质纤维板、两面光普通硬质纤维板、穿孔吸声硬质纤维板、钻孔纸面吸声装饰软质纤维板、不钻孔纸面吸声装饰软质纤维板、纸面针孔软质纤维图案装饰板、新型无胶纤维板、耐磨彩漆饰面木质纤维板、中密度木质纤维板等不同的板材产品。

根据国家标准《湿法硬质纤维板 第 2 部分：对所有板型的共同要求》（GB/T 12626.2—2009）及国际标准《建筑纤维板 通用硬质或中密度纤维板 质量规格 外观 形状和尺寸公差》（ISO 2695—1976）的规定，普通硬质纤维板的名义尺寸与极限偏差应符合表 2-6 中的规定；普通硬质纤维板产品的分级及各级板材的物理力学性能应符合表 2-7 中的规定；普通硬质纤维板的外观质量应符合表 2-8 中的规定。

表 2-6　普通硬质纤维板的名义尺寸与极限偏差

幅面尺寸/mm	板材厚度/mm	极限偏差/mm		
		长度	宽度	厚度
610×1220、915×1830 1000×2000、915×2136 1220×1830、1220×2440	2.50,3.00,3.20,4.00,5.00	±5.0	±3.0	0.30

注：1. 硬质纤维板板面对角线之差，每米板长≤2.5mm；对边长度之差每米≤2.5mm。

2. 板边不直度每米≤1.5mm。

3. 板材缺棱掉角的程度，以长宽极限偏差为限。

表 2-7　硬质纤维板的物理力学性能

指标项目	特级	一级	二级	三级
密度/(g/cm³)	>0.80			
静曲强度/MPa	≥49.0	≥39.0	≥29.0	≥20.0
吸水率/%	≤15.0	≤20.0	≤30.0	≤35.0
含水率/%	3.0～10.0			

表 2-8　硬质纤维板的外观质量

缺陷名称	计量方法	允许限度			
		特级	一级	二级	三级
水渍	占全板面积的百分比/%	不许有	≤2	≤20	≤40
污点	直径/mm	不许有		≤15	≤30 (<15 不计)
	每平方米个数/(个/m²)	不许有		≤2.0	≤2.0
斑纹	占全板面积的百分比/%	不许有			≤5.0
粘痕	占全板面积的百分比/%	不许有			≤1.0
压痕	深度或高度/mm	不许有		≤0.4	≤0.6
	每个压痕的面积/mm²	不许有		≤20	≤40
	任意每平方米个数/(个/m²)	不许有		≤2.0	≤2.0
分层、鼓泡、裂痕、水湿、 炭化、边角、松软	—	不许有			

注：1. 表中缺陷"水渍"，指由于热压工艺掌握不当，以及在湿板坯或板面溅水等原因造成板面颜色有深有浅的缺陷。

2. "污点"指油污和斑点。油污指由于浆料中混入腐浆或其他污物，或板面直接沾染油或污物造成板面出现的深色印痕；斑点指板表面出现的胶点、蜡点，其中树皮造成的斑点不计。

3. "斑纹"又称"志虎皮"，指板面出现的颜色深浅相同的条纹；如斑纹伴随有内部结构不均匀而造成静曲强度明显下降者，应以"裂痕"计。

4. "粘痕"指纤维板与衬板黏结造成板面脱皮或起毛的缺陷。

5. "压痕"指由于各种原因造成板面有局部凹凸不平的缺陷。

6. "分层"指不加外力，板侧边即见裂缝的缺陷。"鼓泡"指由于热压工艺掌握不当，板内部出现空穴，造成板表面局部有凸起的缺陷。"裂痕"指由于板坯内部结构不均匀，造成板表面有裂纹，强度明显下降的缺陷。"水湿"指生产过程中由于水汽、水等原因造成板面鼓起、结构松软的缺陷。"炭化"指由于纤维组分的过度降解，使板局部呈棕黑色并引起强度明显下降的缺陷。"边角松软"指板边角部分粗糙松软，强度明显下降的缺陷。

（二）纤维板的罩面施工

吊顶木龙骨骨架采用木质纤维板罩面的装饰工程，应按具体采用的板材产品，由设计确定其安装固定方法。

1. 硬质纤维板罩面

普通硬质纤维板具有湿胀干缩的特性，故在罩面施工前应先将板材进行加湿处理，即把板块浸入 60℃ 的热水中 30min，或用冷水浸泡 24h，自然阴干后使用，可有效克服施工后板面起鼓翘角弊病。

普通平板在木龙骨上用钉子固定时，钉子的间距为 80～120mm，钉子长度为 20～30mm，钉帽进入板面 0.5mm，钉眼用油性腻子抹平。带饰面的或穿孔吸声装饰板，可用普通木螺钉或配有装饰帽等类的金属螺钉进行固定，钉子间距宜≤120mm。明露的钉子在板面的排列应整齐、美观；普通木螺钉的钉帽应与板面齐平，并用与板面相同颜色的涂料涂饰。

2. 软质纤维板罩面

软质（针孔或不钻孔、贴钛白纸或贴纸印花及静电植绒产品）吸声装饰纤维板，其大幅面板材一般规格尺寸（长×宽）为 1050mm×2420mm、1220mm×2440mm，方形板多为 305mm×305mm、500mm×500mm、610mm×610mm；板块厚度通常为 12～13mm。生产厂家一般会提供配套的塑料花托或金属花托（或称托花、托脚、装饰小花）及垫圈等安装配件，在吊顶木龙骨上安装板材时，于板块的交角处采用花托和钉子，既能固定板块，又能使顶棚饰面具有特殊的装饰效果。

3. 压条固定罩面板

在板与板接缝处设压条一道固定罩面板（木压条、金属压条或硬塑压条），适用于固定式封闭型罩面的多种板材木龙骨装饰顶棚。压条用钉固定要先拉通线，确保将压条固定于表面的龙骨底面中心线上，安装后应平直，接口严密。

纤维板（或胶合板）用木条固定时，钉子间距应≤200mm，钉帽应打扁，并进入木压条表面 0.5～1.0mm，钉眼用油性腻子抹平。

第三节　轻钢龙骨吊顶施工

轻钢龙骨是以优质的连续热镀锌板带为原材料，经冷弯工艺轧制而成的建筑用金属骨架。轻钢龙骨是一种新型的建筑材料，具有自重较轻、强度较高、防火性好、耐蚀性高、抗震性强、防水防震、隔声吸声等功效，同时还具有工期短、施工简便等优点。

轻钢龙骨吊顶以轻钢龙骨作为吊顶的基本骨架，以轻型装饰板材作为饰面层的吊顶体系，常用的饰面板有纸面石膏板、矿棉装饰吸声板、装饰石膏板等。在装饰工程中常见的轻钢龙骨是轻金属龙骨的其中的一个品种，它是以镀锌钢板（带）或彩色喷塑钢板（带）及薄壁冷轧钢板（带）薄质轻金属材料，经冷弯或冲压等加工而成的顶棚装饰支承材料。

工程实践证明，轻钢龙骨不仅可以使龙骨规格标准化，有利于工厂大批量生产，使吊顶工程实现装配化；也可以由大、中、小龙骨与其相配套的吊件、连接件、挂件、挂插件及吊杆等进行灵活组装，能有效地提高施工效率和装饰质量。

轻钢龙骨的分类方法比较多。根据轻钢龙骨承载能力大小，可分为轻型、中型和重型 3 种，或者上人吊顶龙骨和不上人吊顶龙骨；根据轻钢龙骨型材断面形状，可分为 U 型吊顶、C 型吊顶、T 型吊顶和 L 型吊顶及其略变形的其他相应型式；根据轻钢龙骨用途及安装部位，可以分为承载龙骨、覆面龙骨和边龙骨等。

一、吊顶轻钢龙骨的主件和配件

1. 吊顶轻钢龙骨的主件

根据现行国家标准《建筑用轻钢龙骨》（GB/T 11981—2008）的规定（同时参考德国 DIN 标准及美国 ASTM 标准），建筑用轻钢龙骨型材制品是以冷轧钢板（或冷轧钢带）、镀锌钢板（带）或彩色涂层钢板（带）作原料，采用冷弯工艺生产的薄壁型钢。

用作吊顶工程的轻钢龙骨，其钢板厚度一般为 0.27～1.5mm；将吊顶轻钢龙骨骨架及其装配组合，可以归纳为 U 型、T 型、H 型和 V 型 4 种基本类型，如图 2-18～图 2-21 所示。

图 2-18　U 型吊顶龙骨示意

1—吊杆；2—吊件；3—挂件；4—承载龙骨；5—覆面龙骨；6—挂插件；
7—承载龙骨连接件；8—覆面龙骨连接件

图 2-19　T 型吊顶龙骨示意

图 2-20　H 型吊顶龙骨示意

图 2-21　V 型"直卡式"吊顶龙骨示意

　　根据现行国家标准《建筑用轻钢龙骨》（GB/T 11981—2008）的定义，承载龙骨是吊顶龙骨骨架的主要受力构件，覆面龙骨是吊顶龙骨骨架构造中固定罩面层的构件；T 型"主龙骨"是 T 型吊顶骨架的主要受力构件，T 型"次龙骨"是 T 型吊顶骨架中起横撑作用的构件；H 型龙骨是 H 型吊顶骨架中固定饰面板的构件；L 型"边龙骨"通常被用作 T 型或 H 型吊顶龙骨中与墙体相连，并于边部固定饰面板的构件；V 型"直卡式"承载龙骨是 V 型吊顶骨架的主要受力构件；V 型"直卡式"覆面龙骨是 V 型吊顶骨架中固定饰面板的构件。

　　轻钢龙骨产品标记的顺序为：产品名称→代号→断面形状宽度→高度→钢板厚度→标记号。例如，断面形状为 U 型，宽度为 50mm、高度为 15mm、钢板带厚度为 1.2mm 的吊顶承载龙骨标记为：建筑用轻钢龙骨　DU50×15×1.2　GB/T11981。

2. 吊顶轻钢龙骨的配件

　　轻钢龙骨配件根据现行国家标准《建筑用轻钢龙骨》（GB/T 11981—2008）和建材行业标准《建筑用轻钢龙骨配件》（JC/T 558—2007）的规定，用于吊顶轻钢龙骨骨架组合和悬吊的配件，主要有吊件、挂件、连接件及挂插件等，如图 2-22～图 2-24 所示。

图 2-22　吊顶金属龙骨的常用吊件

1～5—U 型承载龙骨吊件（普通吊件）；6—T 型"主龙骨"吊件；7—穿孔金属带吊件（T 型龙骨吊件）；

8—游标吊件（T 型龙骨吊件）；9—弹簧式钢片吊件；10—T 型龙骨吊件

11—C 型"主龙骨"直接固定式吊卡（CSR 吊顶系统）；12—槽形主龙骨吊卡（C 型龙骨吊件）

图 2-23　吊顶金属龙骨挂件

1、2—压筋式挂件（下部勾挂 C 型"覆面龙骨"）；3—压筋式挂件（下部勾挂 T 型"覆面龙骨"）；

4、5、6—平板式挂件（下部勾挂 C 型"覆面龙骨"）；7、8—T 型"覆面龙骨"挂件（T 型龙骨连接钩、挂钩）；

9—快速挂件（下部勾挂 C 型龙骨）

(a) 轻钢龙骨连接件(接长件)

(b) C 型龙骨挂插件

图 2-24　吊顶轻钢龙骨连接件及挂插件

1、2、4、5—U 型承载龙骨连接件；3、6—C 型"覆面龙骨"连接件；7、8—T 型龙骨连接件

　　吊顶轻钢龙骨配件的常用类型及其在吊顶骨架的组装和悬吊结构中的用途如表 2-9 所列。

表 2-9 吊顶轻钢龙骨配件

配件名称	用　　途
普通吊件	用于承载龙骨和吊杆之间的连接
弹簧卡式吊件	
V 型"直卡式"龙骨吊件及其他特制吊件	用于各种配套承载龙骨和吊杆之间的连接
压筋式挂件	用于双层骨架构造吊顶的覆面龙骨和承载龙骨之间的连接，又称吊挂件，
平板式挂件	俗称"挂搭"
承载龙骨连接件	用于 U 型承载龙骨加长时的连接，又称接长件、接插件
覆面龙骨连接件	用于 C 型"覆面龙骨"加长时的连接，又称接长件、接插件
挂插件	用于 C 型"覆面"在吊顶水平面的垂直相接，又称支托、水平件
插件	用于 H 型龙骨（及其他暗式吊顶龙骨）中起横撑作用
吊杆	用于吊件和建筑结构的连接

二、轻钢龙骨的安装施工

（一）轻钢龙骨吊顶的施工工艺

轻钢龙骨吊顶的安装施工还是比较复杂的，现以轻钢龙骨纸面石膏板吊顶安装为例，说明轻钢龙骨吊顶的安装施工工艺。轻钢龙骨纸面石膏板吊顶组成及安装示意如图 2-25 所示。

轻钢龙骨的施工工艺主要包括：交接验收→找规矩→施工放线→进行复检→吊筋的制作安装→主龙骨安装→调平龙骨架→次龙骨安装→固定处理→质量检查→安装面板→质量检查→缝隙处理→饰面。

图 2-25 轻钢龙骨纸面石膏板吊顶组成及安装示意（单位：mm）

1. 交接验收

在正式安装轻钢龙骨吊顶之前，对上一步施工工序进行交接验收，例如结构强度、设备位置、防水管线的铺设等，均要进行认真检查，上一步工序必须完全符合设计和有关规范的标准，否则不能进行轻钢龙骨吊顶的安装。

2. 找规矩

根据设计和工程的实际情况，在吊顶标高处找出一个标准基平面与实际情况进行对比，核实存在的误差并对误差进行调整，确定平面弹线的基准。

3. 施工放线

施工放线是确保吊顶施工质量的关键工序，实际上就是在结构的基层上，按照设计要求进行弹线，准确确定龙骨及吊点的位置。弹线的顺序是先竖向标高、后平面造型细部，竖向标高线弹于墙上，平面造型和细部弹于顶板上。主要应当弹出以下基准线。

（1）弹顶棚标高线　在弹顶棚标高线前，应先弹出施工标高基准线，一般常用 0.5m 为基线，弹于四周的墙面上。以施工标高基准线为准，按设计所定的顶棚标高，用仪器或量具沿着墙面将顶棚高度量出，并将顶棚的高度用墨线弹于墙面上，其水平允许偏差不得大于5mm。如果顶棚为不同标高造型者，其标高均应弹出。

（2）弹出水平造型线　根据吊顶的平面设计，以房间的中心为准，将设计造型按照先高后低的顺序，逐步弹在顶板上，并注意累计误差的调整。

（3）吊点位置线　根据造型线和设计要求，确定"吊筋"吊点的位置，并将吊点位置线弹在顶板上。

（4）弹出吊具位置线　所有设计的大型灯具、电扇等的吊杆位置，应按照具体设计测量准确，并用墨线弹于楼板的板底上。如果吊具、吊杆的锚固件需要用膨胀螺栓固定者，应将膨胀螺栓的中心位置一并弹出。

（5）弹附加吊杆位置线　根据吊顶的具体设计，将顶棚检修走道、检修口、通风口、柱子周边处及其他所有必须加"附加吊杆"之处的吊杆位置——测出，并将位置线弹在混凝土楼板的板底。

4. 进行复检

在弹线完成后，对所有标高线、平面造型线、吊杆位置线等进行全面检查复核，如有遗漏或尺寸错误，均应及时补充和纠正。另外，还应检查所弹顶棚标高线与四周设备、管线、管道等有无矛盾，对大型灯具的安装有无妨碍，应当确保准确无误。

5. 吊筋的制作安装

"吊筋"应用钢筋制作，吊筋的固定做法视楼板种类不同而不同。具体做法如下。

（1）预制钢筋混凝土楼板设"吊筋"，应在主体施工时预埋吊筋。如无预埋时应用膨胀螺栓固定，并保证连接强度。

（2）现浇钢筋混凝土楼板设"吊筋"，一是预埋"吊筋"，二是用膨胀螺栓或用射钉固定"吊筋"，以便保证其强度满足要求。

"吊筋"无论采取何种做法，均应当满足吊顶设计位置和强度的要求。

6. 安装轻钢龙骨架

（1）安装轻钢主龙骨　主龙骨按照弹出的位置线就位，利用吊件悬挂在吊筋上，待全部主龙骨安装就位后进行调直、调平定位，将"吊筋"上的调平螺母拧紧，龙骨中间部分按具体设计起拱（一般起拱的高度不得小于房间短向跨度的3‰）。

（2）调平轻钢主龙骨　主龙骨安装就位后，以一个房间为单位进行调平。调平的方法可采用木方按主龙骨间距钉圆钉，将龙骨卡住先进行临时固定，按房间的十字和对角线拉线，根据拉线进行龙骨的调平调直。根据吊件的品种，拧动螺母或通过弹簧钢片，或调整钢丝，待主龙骨确实调平后再进行固定。

使用镀锌铁丝作吊杆者宜采取临时支撑措施，可以设置方木，上端顶住吊顶基体底面，下端顶稳主龙骨，待安装吊顶板前进将其拆除。

轻钢主龙骨调平应在每个房间和中间部位，用吊杆螺栓进行上下调节，预先给予 5～20mm 的起拱量，待水平度全部调好后，逐个拧紧吊杆螺帽，如吊顶需要开孔，先在开孔的部位划出开孔的位置，将龙骨加固好，再用钢锯切割龙骨和石膏板，保持稳固牢靠。

（3）安装副龙骨。主龙骨安装完毕即安装副龙骨（也称为次龙骨）。副龙骨有通长和截断两种。通长者与主龙骨垂直，截断者（也叫横撑龙骨）与通长者垂直。副龙骨紧贴主龙骨安装，通长布置，并与主龙骨扣牢，利用配套的挂件与主龙骨连接，在吊顶平面上与主龙骨相垂直，如图 2-26 所示。主、副龙骨连接不得有松动及歪曲不直之处。副龙骨安装时应从主龙骨一端开始，不同标高的顶棚，应先安装较高标部分，后安装较低标高部分。副龙骨的位置要准确，特别是板缝处，要充分考虑缝隙尺寸。

图 2-26　主、副龙骨连接示意
（单位：mm）

（4）安装附加龙骨、角龙骨、连接龙骨等　靠近柱子周边，增加"附加龙骨"或角龙骨时，按具体设计安装。凡标高不同的顶棚、灯槽、灯具、窗帘盒等处，根据具体设计应增加"连接龙骨"。

7. 骨架安装质量检查

上列工序安装完毕后，应对整个龙骨架的安装质量进行严格检查。

（1）龙骨架荷重检查　在顶棚检修孔周围、高低不同处、吊灯吊扇等处，根据设计荷载规定进行加载检查。加载后如龙骨架有翘曲、颤动等现象，应增加"吊筋"予以加强。增加的"吊筋"数量和具体位置，应通过计量而定。

（2）龙骨架安装及连接质量检查　对整个龙骨架的安装质量及连接质量进行彻底检查。连接件应错位安装，龙骨连接处的偏差不得超过相关规范规定。

（3）各种龙骨的质量检查　对主、副龙骨、附加龙骨、角龙骨、连接龙骨等进行详细质量检查。如发现有翘曲或扭曲之处以及位置不正、部位不对等处，均应彻底纠正。

8. 安装石膏板

（1）选择石膏板　石膏板在正式安装之前，应根据设计的规格尺寸、花色品种进行选板，凡是有裂纹、破损、缺棱、掉角、受潮、以及护面纸损坏的石膏板，应当一律剔除不用。选好的板应平放于有垫板的木架上，以免沾水受潮产生损坏。

（2）纸面石膏板安装　在进行纸面石膏板安装时，应使纸面石膏板长边（即包封边）与主龙骨平行，从顶棚的一端向另一端开始错缝安装，逐块排列，余量放在最后安装。石膏板与墙面之间应留 6mm 间隙。板与板之间的接缝宽度不得小于板厚。每块石膏板用 3.5mm×35mm 自攻螺钉固定在次龙骨上，固定时应从石膏板中部开始，向两侧展开，螺钉间距 150～200mm；螺钉距纸面石膏板板边（面纸包封的板边）不得小于 10mm，不得大于 15mm；距切割后的板边不得小于 15mm，不得大于 20mm。钉头应略低于板面，但不得将纸面钉破。钉头应作防锈处境，并用石膏腻子抹平。

（3）装饰石膏板可采用黏结安装法　对于 U、C 型轻钢龙骨，可采用胶黏剂将装饰石膏板直接粘贴在龙骨上。胶黏剂应涂刷均匀，不得有漏刷现象，粘贴应牢固。胶黏剂未完全固化前，对板材不得有强烈振动。

（4）吸声穿孔石膏板与 U 型（或 C 型）轻钢龙骨配合使用　龙骨吊装找平后，在每 4 块板的交角点和板的中心，用塑料小花以自攻螺钉固定在龙骨上。采用胶黏剂将吸声穿孔石膏板直接粘贴在龙骨上。在进行安装石膏板时，应注意使吸声穿孔石膏板背面的箭头方向和白线方向一致。

（5）嵌式装饰石膏板可采用企口暗缝咬接安装法　将石膏板加工成企口暗缝的形式，龙骨的两条肢插入暗缝中，靠两条肢将石膏板托住。石膏板的安装宜由吊顶中间向两边对称进行，墙面与吊顶接缝应交圈一致；在安装过程中，在接插板的企口时用力要轻，避免硬插硬撬而造成企口处开裂。

9. 安装质量检查

纸面石膏板安装完毕后，应对其安装质量进行认真检查，并应达到以下要求：如整个石膏板顶棚表面平整度偏差超过 3mm、接缝平直度偏差超过 3mm、接缝高低度偏差超过 1mm，石膏板有钉接缝处不牢固，应彻底纠正。

10. 缝隙处理

纸面石膏板安装质量检查合格或修理合格后，根据纸面石膏板板边类型及嵌缝规定进行嵌缝。但要注意，无论使用什么腻子，均应保证有一定的膨胀性。施工中常用石膏腻子。一般施工做法如下。

（1）直角边纸面石膏板顶棚嵌缝　直角边纸面石膏板顶棚之缝，均为平缝，嵌缝时应用刮刀将嵌缝腻子均匀饱满地嵌入板缝之内，并将腻子刮平（与石膏板面齐平）。石膏板表面如需进行装饰，应在腻子完全干燥后施工。

（2）楔形边纸面石膏板顶棚嵌缝　楔形边纸面石膏板顶棚嵌缝，一般应用采用三道腻子。

第一道腻子：第一道腻子应用刮刀将嵌缝腻子均匀饱满地嵌入缝内，将浸湿的穿孔纸带贴于缝处，用刮刀将纸带用力压平，使腻子从孔中挤出，然后再薄薄抹压一层腻子。用嵌缝腻子将石膏板上所有钉孔填平。

第二道腻子：第一道嵌缝腻子完全干燥后，再覆盖第二道嵌缝腻子，使之略高于石膏板表面，腻子宽度为 200mm 左右，另外在钉孔上亦应再覆盖腻子一道，宽度要比钉孔扩大出 25mm 左右。

第三道腻子：第二道嵌缝腻子完全干燥后，再薄薄抹压 300mm 宽嵌缝腻子一层，用清水刷湿边缘后用抹刀拉平，使石膏板面交接平滑，钉孔第二道腻子上也应再覆盖嵌缝腻子一层，并用力拉平使与石膏板面交接平滑。

待第三道腻子完全干燥后，用 2 号砂纸安装在手动或电动打磨器上，将嵌缝腻子仔细打磨光滑，打磨时千万不准将护纸磨破。嵌缝后的纸面石膏板顶棚应妥善保护，不得损坏、碰撞，不得有任何污染。如石膏板表面另有饰面时，应按具体设计进行装饰。

（二）轻钢龙骨吊顶施工注意事项

（1）顶棚施工前，顶棚内所有管线，如智能建筑弱电系统工程全部线路（包括综合布线、设备自控系统、保安监控管理系统、自动门系统、背景音乐系统等）、空调管道、消防管道、供水管道等必须全部安装就位并基本调试完成。

（2）为确保吊顶工程的设计使用年限和使用中不被污染，吊筋、膨胀螺栓应当全部做防锈处理。

（3）为保证吊顶骨架的整体性和牢固性，龙骨接长的接头应错位安装，相邻三排龙骨的接头不应接在同一直线上。

（4）顶棚内的灯槽、斜撑、剪刀撑等，应按具体设计施工。轻型灯具可吊装在主龙骨或附加龙骨上，重型灯具或电扇则不得与吊顶龙骨连接，而应另设吊钩吊装。

（5）嵌缝石膏粉（配套产品）系由精细的半水石膏粉加入一定量的缓凝剂等加工而成，主要用于纸面石膏板填充缝隙和钉孔填平等。

（6）温度变化对纸面石膏板的线膨胀系数影响不大，但空气湿度则对纸面石膏板的线性膨胀和收缩产生较大影响。为了保证装修质量，避免干燥时出现裂缝，在湿度特大的环境下一般不宜嵌缝。

（7）大面积的纸面石膏板吊顶，为避免温度变化产生裂缝，应注意设置膨胀缝。

第四节　其他吊顶工程施工

在建筑装饰吊顶工程中，除以上最常用的吊顶材料和形式外，还有金属装饰板吊顶、开敞式吊顶等。这些新型的吊顶材料和形式，具备许多优异的特点，是现代吊顶装饰发展的趋势，深受设计人员和用户的喜爱。

一、金属装饰板吊顶施工

金属装饰板是指用一种以金属为表面材料复合而成的新颖室内装饰材料，是以金属板、块装饰材料通过镶贴或构造连接安装等工艺与墙体表面形成的装饰层面。金属装饰板吊顶是配套组装式吊顶中的一种，由于采用较高级的金属板材，所以属于高级装修顶棚。主要特点是质量较轻、安装方便、施工速度快，安装完毕即可达到装修效果，集吸声、防火、装饰、色彩等功能于一体。金属装饰板材类型基本分为两大类：一是条形板，其中有封闭式、扣板式、波纹式、重叠式等；二是方块形板或矩形板，其中方形板有藻井式、内圆式、龟板式等。

（一）吊顶龙骨的安装

金属装饰板吊顶的主龙骨仍采用 U 型承载轻钢龙骨，其悬吊固定方法与轻钢龙骨基本相同，固定金属板的纵横龙骨也如前述固定于主龙骨之下。当金属板为方形或矩形时，其纵横龙骨用专用特制嵌龙骨，呈纵横十字平面相交布置，组成与方形或矩形板长宽尺寸相配合的框格，与活动式吊顶的纵横龙骨一样。

当金属板为条形时，其纵向龙骨用普通 U 型或 C 型的轻钢龙骨或专用特制带卡口的槽形龙骨，并垂直于主龙骨安装固定。因条形金属板有褶边，本身有一定的刚度，所以只需与条形互相垂直布置纵龙骨，纵龙骨的间距不大于 1500mm。用带卡口的专用槽形龙骨，为使龙骨卡在下平面按卡口式龙骨间距钉上小钉，制成"卡规"，安装龙骨时将其卡入"卡规"的钉子间距内。

"卡规"垂直于龙骨，在其两端经过抄平整后，临时固在墙面上，并从"卡规"两端的第一个钉上斜拉对角线，使两根"卡规"本身既相互平行又方正，然后再拉线将所有龙骨卡口棱边缘调整至一直线上，再与主龙骨最后逐点连接固定。这样，当金属条形板安装时，才能很容易地将板的褶边嵌卡入龙骨卡口内。

(二) 吊顶层面板安装

1. 铝合金方形金属板安装

铝合金方形金属饰面板有两种安装方法：一种是吊钩悬挂式或自攻螺钉固定式安装，如图 2-27 所示，与活动式吊顶顶棚罩面安装方法相同；另一种采用铜丝扎结安装，如图 2-28 所示。

(a) 自攻螺钉式　　　　　　(b) 吊钩悬挂式

图 2-27　铝合金方形金属饰面板安装方法之一

吊顶平面

图 2-28　铝合金方形金属饰面板安装方法之二（单位：mm）

2. 长条形金属板安装

长条形金属板沿边分为"卡边"与"扣边"两种。

卡边式长条形金属板安装时，只需利用板的弹性，将板按顺序卡入特制的带夹齿状的龙骨卡口内，进行调平、调直，不需要任何连接件。此种板形有板缝，故称为"开敞式"吊顶顶棚。板缝有利于顶棚通风，可以不进行封闭，也可按设计要求加设配套的嵌条予以封闭。

扣边式长条金属板，可与"卡边"的金属板一样安装在带夹齿状龙骨卡口内，利用金属板的本身弹性相互卡紧。由于此种板有一平伸出的板肢，正好把板缝封闭，故又称封闭式吊顶顶棚。另一种"扣边式"长条形金属板即常称的扣板，则采用 C 型或 U 型金属龙骨，用自攻螺钉将第一块板的扣边固定于龙骨上，将此扣边调平调直后，再将下一块板的扣边压入已先固定好的前一块的扣槽内，依此顺序相互接起来即可。长条形金属板的安装均应从房间的一边开始，按照顺序一块金属板接着一块金属板安装。

（三）吊顶的细部处理

1. 墙柱边部连接处理

方形板或条形金属板与墙柱面连接处可以离缝平接，也可以采用 L 型边龙骨或半嵌入龙骨同平面搁置搭接或高低错落搭接，如图 2-29 所示。

图 2-29　墙柱边部连接处理方式（单位：mm）

2. 与隔断的连接处理

隔断沿顶龙骨必须与其垂直的顶棚主龙骨连接牢固。当顶棚主龙骨不能与隔断沿顶龙骨相垂直布置时，必须增设短的主龙骨，此短的主龙骨再与顶棚承载龙骨连接固定。总之，隔断沿顶龙骨与顶棚骨架系统连接牢固后，再安装罩面板。

3. 变标高处连接处理

方形金属板可按图 2-30 所示的做法进行处理。当为条形板时，亦可参照该图处理，关键是根据变标高的高度设置相应的竖立龙骨，此竖向立龙骨必须分别与不同标高的主龙骨连接可靠（每节点不少于两个自攻螺钉或铝铆钉或小螺栓连接，使其不会变形或焊接）。在主龙骨和竖立龙骨上安装相应的覆面龙骨及条形金属板。如采用"卡边式"条形金属板，则应安装专用特制的带夹齿状的龙骨（卡条式龙骨）作覆面龙骨，如果用扣板式条形金属板，则可采用普通 C 型或 U 型的轻钢来制作覆面龙骨，以自攻螺钉固定在覆面龙骨上。

4. 窗帘盒等构造处理

以方形金属板为例，可按图 2-31 所示对窗帘盒与送风口的连接进行处理。当采用长条形金属板时，换上相应的龙骨即可。

5. 吸声或隔热材料布置

当金属板为穿孔板时，在穿孔板上铺壁毡，再将吸声隔热材料（如玻璃棉、矿棉等）满

图 2-30　方形金属吊顶板变标高构造做法

(a) 窗帘盒与吊顶连接节点　　　　　　　　(b) 送风口节点做法

图 2-31　方形金属板吊顶窗帘盒与送风口构造做法示意（单位：mm）

铺其上，以防止吸声材料从孔中漏出。当金属板无孔时，可将隔热材料直接满铺在金属板上。在铺时应边安装金属板边铺吸声隔热材料，最后一块则先将吸声隔热材料铺在金属板上再进行安装。

（四）金属装饰板施工注意事项

（1）龙骨框格必须方正、平整，龙骨框格的尺寸必须与罩面板的实际尺寸相吻合。当采用普通 T 型龙骨直接搁置时，T 型龙骨中点至中点的框格尺寸，应比方形板或矩形板的尺寸稍大些，以每边留有 2mm 间隙为准；当采用专用特制嵌龙骨时，龙骨中至中的框格尺寸，应与方形板或矩形板尺寸相同，不再留间隙。无论何种龙骨均应先试验安装一块板，最后确定龙骨准确安装尺寸。

（2）龙骨弯曲变形者不能用于工程，特别是专用特制嵌龙骨的嵌口处弹性不好、弯曲变形不直时不得使用。

（3）纵向龙骨和横向龙骨的十字交叉处，必须连接牢固、平整、交角方正。

二、开敞式吊顶的施工工艺

开敞式吊顶又称格栅式吊顶，是指在吊顶龙骨下不铺钉罩面板，而是通过将特定形状的单体构件进行巧妙组合，通过龙骨或不通过龙骨而直接悬吊在结构基体下，达到既改善顶部照明、通风、声学功能，又打破单一平面的视觉感受，造成单体构件的韵律感，从而取得既遮又透的独特效果的一种新型吊式顶棚。如果再嵌装一些高雅的灯饰，能使整个室内显得光彩丰富、韵味十足，开敞式吊顶特别适用于大厅、大堂。

开敞式吊顶的饰面是开敞的，主要采用标准化定型单体构件，一般有金属构件式、木质构件式和塑料构件式等，用这些标准化定型单体构件可以制作成各种造型，吊顶的装饰效果较好。由于金属单元构件质轻耐用、防火防潮、色彩鲜艳，是开敞式吊顶工程中最常用的材料，主要有铝合金、彩色镀锌钢板、镀锌钢板等。金属单元构件又分为格片型和格栅型两类。

（一）木质开敞式吊顶施工工艺

1. 安装准备工作

安装准备工作除与前边的吊顶相同外，还需对结构基底底面及顶棚以上墙柱面进行涂黑处理，或按设计要求涂刷其他深色涂料。

2. 弹线定位工作

由于结构基底及吊顶以上墙柱面部分已先进行涂黑或其他深色处理，所以弹线应采用白色或其他反差强烈的色液。根据吊顶顶棚标高，用"水柱"法在墙柱面部位测出标高，弹出各安装件的水平控制线，再根据顶棚设计平面布置图，将单元体吊点位置及分片安装线弹到结构上。分片安装线一般先从顶棚一个直角位置开始排布，逐步展开。

在正式弹线前应核对顶棚结构基体实际尺寸，是否与吊顶顶棚设计平面布置图所注尺寸相符，顶棚结构基体与柱面阴阳角是否方正，如有问题应及时进行调整处理。

3. 单体构件拼装

木质单体构件拼装成单元体形式多种多样，有板与板组合框格式、方木骨架与板组合框格式、盒式与方板组合式、盒与板组合式等，分别如图2-32、图2-33所示。

图2-32　木板方格式单体拼装　　　　图2-33　木骨架与木单板方格式单体拼装

木质单体构件所用板条规格通常厚9～15mm、宽120～200mm，长度按照设计定；方木一般规格为50mm×50mm。一般均为优质实木板或胶合板。板条及方木均需干燥，含水量控制严一些（不大于8%，质量分数），不得使用易变形翘曲的树种加工的板条及方木。板条及方木均需经刨平、刨光、砂纸打磨，使规格尺寸一致后方能开始拼装。拼装后的吊顶形式如图2-34～图2-36所示。

图 2-34　盒子板与方板拼　　　　　图 2-35　木条板拼装的开　　　　图 2-36　多边形与方形单
　　　　装的吊顶形式　　　　　　　　　　　敞吊顶　　　　　　　　　　　体组合构造示意

木质单体构件拼装方法可按一般木工操作方法进行，即开槽咬接、加胶钉接、开槽开榫加胶拼接或配以金属连接件加木螺钉连接等。拼装后的木质单元体的外表应平整光滑、连接牢固、棱角顺直、不显接缝、尺寸一致，并在适当位置留出单元体与单元体连接用的直角铁或异形连接件，连接件的形式如图 2-37 所示。其中盒子板组装时应注意四角方正、对缝严密、接头处胶结牢固，对缝处最好采用加胶加钉的固定连接方式，使其不易产生变形，如图 2-38 所示。

图 2-37　分片组装的端头连接件形式　　　　　　图 2-38　矩形板对缝固定示意

单元体的大小以方便安装而又能减少安装接头为准。木质单元体在地面组装成型后，宜逐个按设计要求做好防腐、防火的表面涂饰工作，并对外露表面面层按设计要求进行刮腻子、刷底层油、中层油等工作，最后一道饰面层待所有单元体拼装完成后，统一进行施工。

4. 单元安装固定

（1）吊杆固定　吊点的埋设方法与前面各类吊顶原则上相同，但吊杆必须垂直于地面，且能与单元体无变形的连接，因此吊杆的位置可移动调整，待安装正确后再进行固定。吊杆左右位置调整构造如图 2-39 所示，吊杆高低位置调整构造如图 2-40 所示。

（2）单元体安装固定　木质单元体之间的连接，可在其顶面加铁板或角部加角钢，以木螺钉进行固定。安装悬吊方式可视实际情况选择间接安装或直接安装。间接安装是将若干个（片）单元体在地面通过卡具和钢管临时组装成整体，将组装的整体全部举起穿上吊杆螺栓调平后固定。直接安装是举起单元体，直接一个一个地穿上吊杆并进行调平固定。

单元体的安装应从一个角边开始，循序安装到最后一个角边为止。较难安装的最后一个单元体，事先预留几块单体构件不拼装，留一定空间将一个单元体或预留的几块单体构件用钉加胶补上，最后将整个吊顶顶棚沿墙柱面连接固定，防止产生晃动。

5. 饰面成品保护

木质开敞式吊式顶棚均需要进行表面终饰。最终涂饰一般是涂刷高级清漆，露出自然木纹。当完成最终涂饰后安装灯饰等物件时，工人必须带干净的手套进行仔细操作，对成品进行认真保护，以防止污染最终饰面层。必要时应覆盖塑料布、编织布加以保护。

图 2-39　吊杆左右位置调整构造示意（单位：mm）　　　图 2-40　吊杆高低位置调整构造示意

（二）金属格片型开敞式吊顶施工

格片型金属板单体构件拼装方式较为简单，只需将金属格片按排列图案先裁锯成规定长度，然后卡入特制的格片龙骨卡口内即可，如图 2-41 所示。

图 2-41　格片型金属板单体构件安装及悬吊示意

需要注意的是格片斜交布置式的龙骨需长短不一，每根均不相同，宜先放样后下料，另在地面上搭架拼成方形或矩形单元体，然后进行吊装；格片纵横布置式及十字交叉布置式可先拼成方形或矩形单元体，然后一块块进行吊装，也可先将龙骨安装好，一片片往龙骨卡口内卡入。十字交叉式格片安装时，必须采用专用特制的十字连接件，并用龙骨骨架固定其十字连接件，其连接示意如图 2-42 所示。

(a) 十字连接件　　　(b) 格片型金属板的十字形连接

图 2-42　格片型金属板的单体十字连接示意

(三) 金属复合单板网络格栅型开敞式吊顶施工

1. 单体构件拼装

复合单板网络格栅型金属单体构件拼装一般以金属复合吸声单板，通过特制的网络支架嵌插而组成不同的平面几何图案，如三角形、纵横直线形、四边形、菱形、工字形、六角形等，或将两种以上几何图形组成复合图案，如图 2-43～图 2-46 所示。

图 2-43　铝合金圆筒形天花板构造示意

图 2-44　铝合金圆筒形天花板吊顶基本构造示意

2. 单元安装固定

格片型金属单元体安装固定一般用圆钢吊杆及专门配套的吊挂件（见图 2-41）与龙骨连接。此种吊挂件可沿吊杆上下移动（压紧两片簧片即松、放松簧片即卡紧），对调整龙骨平整度十分方便。

安装时可先组成单元体（圆形、方形或矩形体），再用吊挂的构件将龙骨与吊杆连接固定并调平即可。也可将龙骨先安装好，一片片单独卡入龙骨口内。无论采用何种方法安装，均应将所有龙骨相互连接成整体，且龙骨两端应与墙柱面连接固定，避免整个吊顶棚晃动。安装宜从角边开始，最后一个单元体留下数个格片先不勾挂，等待固定龙骨后再挂。

3. 单元安装固定

（1）吊顶吊杆固定　此种吊顶顶棚吊点位置即吊杆位置亦十分准确，如图 2-39 所示方法。网络支架所用吊杆两端均应有螺纹，上端用于和结构基体上连接件固定，下端用于和网络支架连接，吊杆规格按网络体的单位面积重量经计算确定，一般可用直径为 10mm 左右的圆钢制成。

（2）单元安装固定　此种网络格栅单元体整体刚度比较好，一般可以逐个单元体直接用人力抬举至结构基体上进行安装。安装时应从一个角边开始，循序展开。应注意控制调整单元体与单元体之间的连接板，接头处的间距及方向应准确，否则插不到网络支架的插槽内。

图 2-45　网络格栅型吊顶平面效果示意
（a、b 尺寸由设计决定）

(a) 三角形图案

(b) 三角形图案　　(c) 六角形图案

图 2-46　利用网络支架作不同的插接形式

在具体操作时，可待第一个网络单元体按照弹出线的位置安装固定，再临时固定第二个网络单元体的中间一个网络支架，下面用人扶着，使其可稍做转动和移动，同时将数块接头的板向第一个单元体及第二个单元体相连接的两个网络支架槽插口内由下往上插入，边插入、边调平第二个单元体并将之固定好，随之将此数块接头板往上推到位，再分别安装上连接件及下封盖，并补上其他接头板。

（四）铝合金格栅型开敞式吊顶施工

金属格栅型开敞式吊式顶棚施工中，应用较广泛的铝合金格栅，系用双层 0.5mm 厚的薄铝板加工而成，其表面色彩多种多样，形式如图 2-47 所示，规格尺寸如表 2-10 所列。单元体组合尺寸一般为 610mm×610mm 左右。有多种不同格片形状的，但组成开敞式吊顶的平面图案大同小异，目前有 GD1、GD2、GD3、GD4 四种，分别如图 2-48～图 2-51 所示及相应的表 2-11～表 2-13 所列。其中 GD1 型铝合金条并不能组成吊顶顶棚的网格效果，又与前述格片金属单体构件形状相异，但组装为开敞式吊顶顶棚后仍呈光栅形式，故也列入格栅型单体构件组合类别之中。

图 2-47　常用的铝合金格栅形式

表 2-10　常用的铝合金格栅单体构件尺寸

规格	宽度 W/mm	长度 L/mm	高度 H/mm	体积质量/(kg/m³)
Ⅰ	78	78	50.8	3.9
Ⅱ	113	113	50.8	2.9
Ⅲ	143	143	50.8	2.0

图 2-48　GD1 型铝合金格条吊顶组合形式

图 2-49　GD2 型格栅吊顶组装形式

表 2-11　GD1 格条式顶棚规格

型号	规格 $L\times H\times W$/mm	厚度/mm	遮光角 α	型号	规格 $L\times H\times W$/mm	厚度/mm	遮光角 α
GD1-1	1260×60×90	10	3°~37°	GD1-3	1260×60×126	10	3°~27°
GD1-2	630×60×90	10	5°~37°	GD1-4	630×60×126	10	5°~27°

图 2-50　GD3 型格栅吊顶组装形式

图 2-51　GD4 型格栅吊顶组装形式

表 2-12　GD2 格条式顶棚规格

型号	规格 $W\times L\times H$/mm	遮光角 α	厚度/mm	分格/mm
GDl-1	25×25×25	45°	0.80	600×1200
GDl-2	40×40×40	45°	0.80	600×600

表 2-13　GD3、GD4 格条式顶棚规格

型号	规格 $W\times H\times W_1\times H_1$/mm	分格/mm	型号	规格 $W\times L\times H$/mm	厚度/mm	遮光角 α
GD3-1	26×30×14×22	600×600	GD4-1	90×90×60	10	37°
GD3-2	48×50×14×36	—	GD4-2	125×125×60	10	27°
GD3-3	62×60×18×42	1200×1200	GD4-3	158×158×60	10	22°

1. 施工准备工作

铝合金格栅型开敞式吊顶施工准备工作与前述各类开敞式吊顶顶棚基本相同。由于铝合金格栅形单元比前述木质、格片质、网络型单元体整体刚度较差，所以吊装时多用通长钢管和专用卡具，或不用卡具而采用带卡口的吊管，或预先加工好悬吊骨架，将多个单元体组装在一起吊装。此时吊点位置及相应吊杆数量较少，所以，应按事先选定的吊装方案，设计好吊点位置，并埋设或安装好吊点连接件。

2. 单体构件拼装

当格栅型铝合金板采用标准单体构件（普通铝合金板条）时，其单体构件之间的连接拼装，使用与网络支架作用相似的托架及专用十字连接件连接，如图 2-52 所示。当采用如表 2-11～表 2-13 所列铝合金格栅式的标准单体构件时，通常是采用插接、挂接或榫接的方法，如图 2-53 所示。

图 2-52　铝合金格栅以十字连接件
进行组装示意

图 2-53　铝合金格栅型吊顶板拼装示意

3. 单元安装固定

（1）吊杆固定　按照图 2-39 所示方法安装吊杆，此种方法可以调准吊杆位置。

（2）单元体安装　铝合金格栅型吊顶顶棚安装一般有两种方法。

第一种方法是将组装后的格栅单元体直接用吊杆与结构基体相连，不另设骨架支承。此种方法使用吊杆较多，施工速度较慢。第二种方法是将数个格栅单元体先固定在骨架上，并相互连接调平形成一局部整体，再将整个举起，将骨与结构基体相连。

第二种方法使用吊杆较少，施工速度较快，使用专门的卡具先将数个单元体连成整体，再用通长的钢管将其与吊杆连接固定，如图 2-54 所示；再用带有卡口的"吊管"和插管，将数个单元体承担住，从而连成一个整体，用吊杆将"吊管"固定于结构的基体下，如图 2-55 所示。单体构件拼装时即把悬吊骨架与其连成局部整体、而后悬吊固定于结构基体下，如图 2-56 所示。不论采用何种安装方式，均应及时与墙柱面连接。

（3）龙骨架分片间的连接　当两个分片骨架在同一平面对接时，骨架的端头要对正，然后用短木方进行加固。对于一些重要部位或有附加荷载的吊顶，骨架分片可以先用一根木方将上下两平面的龙骨斜拉就位，再将上下平面的龙骨用垂直的木方条连接固定。

（4）吊顶骨架的整体调整　各分片木龙骨连接固定后，在整个吊顶面的下面拉十字交叉线，以便检查吊顶龙骨架的整体平整度。吊顶龙骨架如果有不平整之处，则应再调整吊杆与龙骨架的距离。

图 2-54　使用卡具和通长钢管安装示意

横插管(1200)

单体网格四周贴面

单体网格四周封盖

与墙交接处用角
铝收口

横插管(600)
单体网格构件(600×600)

吊管(1800)　　吊点中心距离900

图 2-55　不用卡具的吊顶安装构造示意

悬吊骨架

吊杆

单体构件

吊杆

同墙交接口收条

图 2-56　预先加工好悬挂构造的吊顶安装示意

对于一些面积较大的木骨架吊顶，为有利于平衡饰面的重力以及减少视觉上的下坠感，通常要有一定的起拱。在一般情况下，吊顶的起拱可以按照其中间部分的起拱高度，尺寸略大于房间短向跨度的1/200即可。

第五节　吊顶装饰工程质量控制

吊顶工程质量控制是指对建筑装饰吊顶工程产品，按照国家现行标准和设计要求，使用国家规定的检验方法，对规定的验收项目，进行质量检测验收和质量等级评定等工作。吊顶工程质量控制的方法有观察、触摸、听声等方式，常用的检测工具有钢尺、卷尺、塞尺、靠尺或靠板、托线板、直角卡尺及水平尺等。

根据现行国家标准《建筑装饰装修工程质量验收规范》（GB 50210—2001）中的有关规定，吊顶工程施工应按照整体面层吊顶工程、板块面层吊顶工程和格栅吊顶工程等进行验收。

一、吊顶工程质量控制一般规定

（1）吊顶工程验收时应检查下列文件和记录：①吊顶工程的施工图、设计说明及其他设计文件；②吊顶工程所用材料的产品合格证书、性能检验报告、进场验收记录和复验报告；③隐蔽工程验收记录；④施工记录。

（2）吊顶工程应对人造木板等材料的甲醛释放量进行复验，必须符合《民用建筑工程室内环境污染控制规范》（GB 50325—2010）中的规定。

（3）为了既保证吊顶工程的使用安全，又做到竣工验收时不破坏饰面，吊顶工程的隐蔽工程验收非常重要。吊顶工程应对下列隐蔽工程项目进行验收：①吊顶内管道、设备的安装及水管试压；②木龙骨防火、防腐处理；③预埋件或拉结筋；④吊杆安装；⑤龙骨安装；⑥填充材料的设置。

（4）各分项工程的检验批应按下列规定划分：同一个品种的吊顶工程每50间（大面积房间和走廊按吊顶面积30m² 为一间）应划分为一个检验批，不足50间也应当划分为一个检验批。

（5）吊顶工程检查数量应符合下列规定：每个检验批应至少抽查10%，并不得少于3间；不足3间时应全数检查。

（6）吊顶工程在安装龙骨前，应按照设计要求对房间净高、洞口标高和吊顶内管道、设备及其支架的标高进行交接检验。

（7）吊顶工程的木吊杆、木龙骨和木饰面板必须进行防火处理，并应符合《建筑内部装修设计防火规范》（GB 50222—2001）规定中 A 级或 B1 级的标准。

（8）吊顶工程中的预埋件、钢筋吊杆和型钢吊杆均应当进行防锈处理。

（9）在安装吊顶饰面板前，应当完成吊顶内管道和设备的调试及验收。

（10）吊杆距主龙骨端部距离不得大于300mm，当大于300mm时，应根据实际情况增加吊杆。当吊杆长度大于1.5m时，应设置反支撑。当吊杆与设备相遇时，应当调整并增设适量的吊杆。

（11）为了保证吊顶工程的使用安全，重型灯具（≥3kg）、电扇及其他重型设备严禁安装在吊顶工程的龙骨上。

（12）吊顶系统与主体结构的连接必须安全可靠，对于顶部有空间网架或钢屋架的主体结构，应当设有钢结构转换层。吊顶内部预埋件、后置连接件与吊杆连接，以及龙骨与吊杆、龙骨及饰面材料的连接必须安全可靠，满足吊顶设计及安全承载的要求，以确保吊顶固定的安全性。

（13）大面积或狭长形吊顶面层的伸缩缝及分格的缝隙，应符合设计中的要求。

二、整体面层吊顶工程质量控制

整体面层吊顶工程质量控制主要适用于以轻钢龙骨、铝合金龙骨、木龙骨等为骨架，以石膏板、水泥纤维板、金属板、木板等为饰面材料的整体面层吊顶工程的质量验收。

1. 整体面层吊顶工程质量控制的主控项目

（1）吊顶的标高、尺寸、起拱度和造型均应符合设计和现行施工标准的要求。检验方法：观察；仪器测量或尺量检查。

（2）吊顶饰面材料的材质、品种、规格、图案、颜色和性能等，应符合设计要求及国家现行标准、规范的有关规定。检验方法：观察；检查产品合格证书、性能检验报告、进场验收记录和复验报告。

（3）整体面层吊顶工程的吊杆、龙骨和饰面材料的安装必须牢固。检验方法：观察；手扳检查；检查隐蔽工程验收记录和施工记录。

（4）吊杆、龙骨的材质、规格、安装间距及连接方式应符合设计要求。金属吊杆、龙骨应经过表面防腐处理；木吊杆、龙骨应进行防腐、防火处理。检验方法：观察；尺量检查；检查产品合格证书、性能检测报告、进场验收记录和隐蔽工程验收记录。

（5）石膏板、水泥纤维板的接缝应按其施工工艺标准进行板缝防裂处理。安装双层饰面板时，面层板与基层板的接缝应错开，并不得在同一根龙骨上接缝。检验方法：观察。

2. 整体面层吊顶工程质量控制的一般项目

（1）饰面材料表面应洁净、色泽一致，不得有翘曲、裂缝及缺损。压条应平直、宽窄一致。检验方法：观察；尺量检查。

（2）饰面板上的灯具、烟感器、喷淋头、风口箅子、检修口等设备设施的位置应合理、美观，与饰面板的交接应吻合、严密。检验方法：观察。

（3）吊顶龙骨的接缝应均匀一致，角缝隙处应吻合，表面应平整，无翘曲、锤印。木质吊杆、龙骨应顺直，无劈裂、变形。检验方法：检查隐蔽工程验收记录和施工记录。

（4）吊顶内填充吸声材料的品种和铺设厚度应符合设计要求，并应有防散落措施。检验方法：检查隐蔽工程验收记录和施工记录。

（5）整体面层吊顶工程安装的允许偏差和检验方法应符合表 2-14 的规定。

表 2-14　整体面层吊顶工程安装的允许偏差和检验方法

项次	项目	允许偏差/mm 纸面石膏板、水泥纤维板等	检验方法
1	表面平整度	3.0	用 2m 靠尺和塞尺检查
2	缝格、凹槽顺直	2.0	拉 5m 线，不足 5m 拉通线，用钢直尺检查

三、板块面层吊顶工程质量控制

板块面层吊顶工程质量控制主要适用于以轻钢龙骨、铝合金龙骨、木龙骨等为骨架，以石膏板、金属板、矿棉板、木板、塑料板、玻璃板、石材板、复合板等为饰面材料的板块面层吊顶工程的质量验收。

1. 板块面层吊顶工程质量控制的主控项目

（1）吊顶的标高、尺寸、起拱和造型应符合设计和现行施工标准的要求。检验方法：观察；尺量检查。

（2）吊顶工程饰面材料的材质、品种、规格、图案和颜色应符合设计要求及国家现行标准、规范的有关规定。当饰面材料为玻璃板时，应使用安全玻璃或采取可靠的安全措施。检验方法：观察；检查产品合格证书、性能检验报告、进场验收记录和复验报告。

（3）吊顶工程饰面材料的安装应稳固严密。饰面材料与龙骨的搭接宽度应大于龙骨受力面宽度的 2/3。检验方法：观察；手扳检查；尺量检查。

（4）吊顶工程吊杆、龙骨的材质、规格、安装间距及连接方式应符合设计要求。金属吊杆、龙骨应进行表面防腐处理；木龙骨应进行防腐、防火处理。检验方法：观察；尺量检查；检查产品合格证书、进场验收记录和隐蔽工程验收记录。

（5）板块面层吊顶工程的吊杆和龙骨安装必须牢固。检验方法：手扳检查；检查隐蔽工程验收记录和施工记录。

2. 板块面层吊顶工程质量控制的一般项目

（1）吊顶工程饰面材料表面应洁净、色泽一致，不得有翘曲、裂缝及缺损。饰面板与龙骨的搭接应平整、吻合，压条应平直、宽窄一致。检验方法：观察；尺量检查。

（2）吊顶工程饰面板上的灯具、烟感器、喷淋头、风口篦子、检修口等设备设施的位置应合理、美观，与饰面板的交接应吻合、严密。检验方法：观察。

（3）吊顶工程金属龙骨的接缝应平整、吻合、颜色一致，不得有划伤、擦伤等表面缺陷。木质龙骨应平整、顺直，无劈裂。检验方法：观察。

（4）吊顶内填充吸声材料的品种和铺设厚度应符合设计要求，并应有防散落措施。检验方法：检查隐蔽工程验收记录和施工记录。

（5）板块面层吊顶工程安装的允许偏差和检验方法应符合表 2-15 的规定。

表 2-15　板块面层吊顶工程安装的允许偏差和检验方法

项次	项目	允许偏差/mm				检验方法
		石膏板	金属板	矿棉板	木板、塑料板、玻璃板、石材板、复合板	
1	表面平整度	3.0	2.0	3.0	3.0	用 2m 靠尺和塞尺检查
2	接缝直线度	3.0	2.0	3.0	3.0	拉 5m 线，不足 5m 拉通线，用钢直尺检查
3	接缝高低差	1.0	1.0	2.0	1.0	用钢直尺和塞尺检查

四、格栅吊顶工程质量控制

格栅吊顶工程质量控制适用于以轻钢龙骨、铝合金龙骨、木龙骨等为骨架，以金属、木材、塑料、复合材料等为饰面材料的格栅吊顶工程的质量验收。

1. 格栅吊顶工程质量控制的主控项目

（1）吊顶标高、尺寸、起拱和造型应符合设计和现行施工标准的要求。检验方法：观察；尺量检查。

(2) 吊顶工程格栅的材质、品种、规格、图案和颜色应符合设计要求及国家现行标准、规范的有关规定。检验方法：观察；检查产品合格证书、性能检验报告和进场验收记录和复验报告。

(3) 吊顶工程的吊杆和龙骨的材质、规格、安装间距及连接方式应符合设计要求。金属吊杆、龙骨应进行表面防腐处理；木龙骨应进行防腐、防火处理。检验方法：观察；尺量检查；检查产品合格证书、进场验收记录和隐蔽工程验收记录。

(4) 格栅吊顶工程的吊杆、龙骨和格栅的安装必须牢固。检验方法：观察；手扳检查；检查隐蔽工程验收记录和施工记录。

2. 格栅吊顶工程质量控制的一般项目

(1) 吊顶工程格栅表面应洁净、色泽一致，不得有翘曲、裂缝及缺损。栅条的角度应一致，边缘整齐，接口无错位。压条应平直、宽窄一致。检验方法：观察；尺量检查。

(2) 吊顶的灯具、烟感器、喷淋头、风口篦子、检修口等设备设施的位置应合理、美观，与格栅"套割"的交接处应吻合、严密。检验方法：观察。

(3) 吊顶工程金属龙骨的接缝应平整、吻合、颜色一致，不得有划伤、擦伤等表面缺陷。木质龙骨应平整、顺直，无劈裂。检验方法：观察。

(4) 吊顶内填充吸声材料的品种和铺设厚度应符合设计要求，并应有防散落措施。检验方法：检查隐蔽工程验收记录和施工记录。

(5) 格栅吊顶内楼板、管线设备等饰面处理应符合设计要求，吊顶内各种设备管线布置应合理、美观。检验方法：观察。

(6) 格栅吊顶工程安装的允许偏差和检验方法应符合表 2-16 的规定。

表 2-16　格栅吊顶工程安装的允许偏差和检验方法

项次	项目	允许偏差/mm		检验方法
		金属格栅	木格栅、塑料格栅、复合材料格栅	
1	表面平整度	2.0	3.0	用 2m 靠尺和塞尺检查
2	接缝直线度	2.0	3.0	拉 5m 线，不足 5m 拉通线，用钢直尺检查
3	接缝高低差	1.0	1.0	用钢直尺和塞尺检查

五、吊顶工程施工注意事项

(1) 吊顶工程中所用材料的品种、规格、颜色以及基层构造、固定方法等，均应符合设计和现行国家标准《建筑装饰装修工程质量验收规范》(GB 50210—2001) 的要求。

(2) 吊顶龙骨在运输、装卸、存放和安装时不得扔摔、碰撞。龙骨应平放，防止产生变形。罩面板在运输、装卸和安装时，应轻拿轻放，不得损坏板材的表面和边角。在运输时应采取相应的保护措施，防止受潮变形。

(3) 吊顶龙骨宜存放在地面平整、比较干燥的室内，并采取相应的保护措施，防止变形和生锈。罩面板应按品种、规格存放于地面平整、干燥、通风处，并根据不同罩面板的性质，分别采取相应的保护措施，防止受潮变形。

(4) 吊顶工程安装具体要求。在吊顶工程安装中应符合下列规定。

① 在现浇混凝土板或预制混凝土板缝中，按设计要求设置预埋件或吊杆。

② 吊顶内的通风、水电管道及上人吊顶内的人行或安装通道，均按设计要求安装完毕，同时消防管道安装并试压合格。

③ 吊顶内的灯槽、斜撑、剪刀撑等，应根据工程实际情况适当布置。轻型灯具应吊在主龙骨或附加龙骨上，重型灯具、电扇及其他重型设备严禁安装在吊顶工程的龙骨上。

④ 吊顶工程的罩面板应按规格、颜色、质量等进行分类选配。

（5）在正式安装吊顶的龙骨前，应按照设计要求对房间净高、洞口标高和吊顶内管道、设备及其支架的标高进行交接检验。

（6）吊顶工程中所用的木吊杆、木龙骨和木饰面板，必须进行防火防腐处理，并应符合现行国家标准《建筑内部装修设计防火规范》（GB 50222—2001）中的防火规定。

（7）吊顶工程中所用的预埋件、钢筋吊杆和型钢吊杆等，均应进行防锈处理。

（8）吊杆距主龙骨端部的距离不得大于300mm，当大于300mm时应增加吊杆。当吊杆的长度大于1.5m时，应设置反支撑。当吊杆与设备相遇时应适当调整并增设吊杆。

（9）在罩面板正式安装前，应根据构造需要分块进行弹线。带装饰图案罩面板的布置应符合设计要求；当设计中无具体要求时，应进行罩面板排列设计；罩面板宜由顶棚的中间向两边对称排列，墙面与顶棚的接缝应交圈一致；吊顶外露的灯具、风口、消防烟感报警装置、喷洒头等，应在罩面板排列设计时统一布置，做到排列整齐美观。

（10）吊顶的罩面板与墙面、窗帘盒、灯具等交接处应十分严密，不得出现漏缝现象。

（11）搁置式的轻质罩面板，应按照设计要求设置压卡装置，以防止罩面板坠落伤人。

（12）罩面板边缘应搁置于龙骨上，不得有悬臂现象，有悬臂时应增设附加龙骨固定。

（13）在吊顶施工中所用的临时马道，应架设或吊挂在结构受力构件上，严禁以吊顶龙骨作为支撑点。

（14）在吊顶工程施工的过程中，土建与电气设备等安装专业应密切配合，特别是预留孔洞、吊灯等处的补强应符合设计要求，以保证施工安全。

（15）吊顶工程的罩面板安装完毕后，应立即采取可靠的保护措施，防止产生损坏。

第三章 ▶▶▶
轻质隔墙工程施工技术

在室内装饰装修是对建筑空间做进一步分割与完善的过程，是建筑室内工程设计的深入和发展。进行室内装饰装修的施工，就是为了进行建筑物室内空间的划分，既要满足功能要求，又要满足现代人们的生活和审美的需求，实现这些需求主要是采用各种玻璃或罩面板与龙骨骨架组成隔墙或隔断。隔墙或隔断结构虽然不能承重，但由于其墙身薄、自重小，不仅可以提高平面利用系数，增加使用面积，拆装非常方便，而且还具有隔声、防潮、防火等功能，所以在室内装饰装修中经常采用。

轻质隔墙是分隔建筑物内部空间的非承重构件，要求其自重小、厚度薄，以便减轻楼板荷载和增加房间的有效面积，而且便于安装和拆除。轻质隔墙施工技术是建设部要求推广的新技术之一，在现代建筑装饰装修工程中得到了广泛应用。

第一节 骨架隔墙工程施工

骨架隔墙也称龙骨隔墙，主要用木料或钢材构成骨架，再在两侧做面层。简单地说，是指在隔墙龙骨两侧安装面板以形成的轻质隔墙。骨架式隔墙一般由骨架和面层材料组成，大多以轻钢龙骨（或铝合金龙骨）为骨架，常用的面层材料有纤维板、纸面石膏板、胶合板、钙塑板、塑铝板、玻璃纤维增强水泥板、纤维水泥板等轻质薄板等。

在建筑装饰装修工程中，骨架隔墙结构的型式很多，常见的有轻钢龙骨石膏板隔墙、轻钢龙骨 GRC 板隔墙、轻钢龙骨 FC 板隔墙、轻钢龙骨硅钙板隔墙和木板隔墙等。

一、轻钢龙骨纸面石膏板隔墙施工

轻钢龙骨石膏板隔墙是以轻钢龙骨为骨架，以纸面石膏板为面板材料，在室内现场组装的分户或分室非承重墙。工程实践证明，轻钢龙骨纸面石膏板隔墙，具有操作比较方便、施工速度快、工程成本低、劳动强度小、装饰美观、防火性强、隔声性能好等特点，是目前应用较为广泛的一种轻质隔墙。轻钢龙骨纸面石膏板隔墙的施工方法不同于传用传统材料，应合理地使用材料，正确使用施工机具，以达到高效率、高质量的目的。

（一）轻钢龙骨隔墙材料及工具

1. 轻钢龙骨隔墙材料

轻钢龙骨隔墙所用的材料，主要包括龙骨材料、紧固材料、垫层材料和面板材料。

（1）龙骨材料　轻钢隔墙龙骨按照截面形状的不同，可以分为 C 型和 U 型两种；按照使用功能不同，可分为横龙骨、竖龙骨、通贯龙骨和加强龙骨 4 种；按照规格尺寸不同，主要可分为 C50 系列、C75 系列和 C100 系列等。用于层高 3.5m 以下的隔墙，可以采用 C50 系列；对于施工要求及使用需求较高的空间，可以采用 C70 或 C100 系列。

（2）紧固材料　轻钢隔墙龙骨主要通过射钉、膨胀螺钉、自攻螺钉、普通螺钉等进行连接加固，紧固材料的质量、规格、数量等，应符合设计和现行产品标准的要求。

（3）垫层材料　轻钢龙骨隔墙安装所用的垫层材料，主要有橡胶条、填充材料等，垫层材料的质量、规格、数量等，应符合设计和现行产品标准的要求。

（4）面板材料　轻钢龙骨隔墙的面板材料，一般宜选用纸面石膏板。纸面石膏板分为普通纸面石膏板和防水纸面石膏板两类，纸面石膏板是以建筑石膏为主要原料制成的一种材料，它们具有轻质、高强、抗震、防火、防蛀、隔热保温、隔声性能好、可加工性良好等特点，是当前着重发展的新型轻质板材之一。干燥的空间宜采用普通纸面石膏板，潮湿和有防水要求的空间宜采用防水纸面石膏板。

2. 轻钢龙骨隔墙工具

在轻钢龙骨隔墙施工中，根据所采用的面板材料不同，所使用施工机具设备也不相同。

（1）安装复合轻质墙板机具设备　台式切割机、锋钢锯和普通手锯、固定式摩擦夹具、转动式摩擦夹具、电动慢速钻、无齿锯、撬棍、开八字槽工具、镂槽、扫帚、水桶、钢丝刷、橡皮锤、木楔、扁铲、射钉枪、小灰槽、2m 托线板、靠尺等。

（2）安装石膏空心墙板机具设备　搅拌器、滑梳、胶料铲、平抹板、嵌缝枪、橡皮锤、电动自攻钻、电动剪、2m 靠尺、快装钳、安全多用刀、滚锯、山花钻、丁字尺、板锯、针锉、平锉、边角刨、曲线锯、圆孔锯、射钉枪、拉枪、电动冲击钻、羊角锤、打磨工具、刮刀、贴线带折角器、角抹子、木楔等。

（3）安装钢丝网水泥板机具设备　切割机、电剪刀、电动冲击钻、射钉枪、气动钳、电锤、电动螺丝刀、电动扳手、活动扳手、砂轮锯、手电钻、小功率电焊机、抹灰工具、钢丝刷、小灰槽、靠尺、卷尺、2m 托线板、钢尺等。

（二）轻钢龙骨隔墙的施工工艺

1. 施工条件

（1）轻钢龙骨石膏罩面板隔墙在施工前，应先完成墙体的质量验收工作，石膏罩面板安装应待屋面、顶棚和墙抹灰完成后进行。

（2）潮湿处安装轻质隔墙应做防潮处理，如设计有要求时，可在扫地龙骨下设置用混凝土或砖砌的"地枕带"，一般地枕带的高度为 120mm，宽度与隔墙宽度一致。轻钢龙骨隔墙应待"地枕带"施工完毕，并达到设计要求的强度后，方可进行轻钢龙骨的安装。

（3）当主体结构墙（柱）为砖砌体时，应在隔墙的交接处，按照 1000mm 的间距预埋防腐木砖，以便于主体结构墙和隔墙的连接。

（4）将轻钢龙骨石膏罩面板隔墙所用的材料，按照要求数量运至楼层的安装地点；在墙面上已弹出＋500mm 标高线；经测试操作地点的环境温度不低于 5℃。

2. 施工工艺

轻钢龙骨纸面石膏板隔墙的施工工艺流程为：基层处理与清理→墙体位置放线→墙体垫层施工→轻钢龙骨安装→铺设活动地板面层→安装石膏板→暗接缝处理。

（1）基层处理与清理　清理隔墙板与顶面、地面和墙面的结合部位，凡是凸出墙面的砂浆、混凝土块等必须剔除并扫净，所有的结合部应找平。

（2）墙体位置放线　根据设计图纸，在室内地面确定隔墙的位置线，并将引至顶棚和侧墙。在地上放出的墙线应为双线，即隔墙两个垂直面在地面上的投影线。

（3）墙体垫层施工　当设计要求设置墙垫时，应先对楼地面基层进行清理，并涂刷YJ302型界面处理剂一遍，然后再浇筑 C20 素混凝土墙垫。墙体垫的上表面应平整，两侧面应垂直。墙垫内是否配置构造钢筋或埋设预埋件，应根据设计要求确定。

（4）安装沿地面、沿顶部及沿边龙骨　固定沿地面、沿顶部及沿边龙骨，可采用射钉或钻孔用膨胀螺栓，固定点的距离一般以 900mm 为宜，最大不应超过 1000mm。轻钢龙骨与建筑基体表面的接触处，一般要求在龙骨接触面的两边各粘贴一根通长的橡胶密封条，以起防水和隔声作用。射钉的位置应避开已敷设的暗管。沿地、沿顶和沿边龙骨的固定方法，如图 3-1 所示。

图 3-1　沿地、沿顶和沿墙龙骨固定示意
（单位：mm）

图 3-2　竖龙骨与沿地、沿顶横龙骨的固定示意

（5）轻钢竖向龙骨的安装　轻钢竖向龙骨的安装，应按下列要求进行。

① 竖龙骨按设计确定的间距就位，通常根据罩面板的宽度尺寸而定。对于罩面板材较宽者，需在其中间加设一根竖龙骨，竖龙骨中间距离最大不应超过 600mm。对于隔断墙的罩面层较重时（如表面贴瓷砖）的竖龙骨中距，应以不大于 420mm 为宜；当隔断墙体的高度较大时其竖龙骨布置应适当加密。

② 竖龙骨安装时应由隔断墙的一端开始排列，设有门窗的要从门窗洞口开始分别向两侧展开。当最后一根竖龙骨距离沿墙（柱）龙骨的尺寸大于设计规定的龙骨中距时，必须增加一根竖龙骨。将预先截好长度的竖龙骨推向沿顶部、地龙骨之间，翼缘朝罩面板方向就位。龙骨的上、下端如为刚性连接，均用自攻螺钉或抽心铆钉与横龙骨固定，如图 3-2 所示。

注意当采用有冲孔的竖龙骨时，其上下方向千万不能颠倒。竖龙骨现场截断时，应一律从其上端切割，并应保证各条龙骨的贯通孔洞高度必须在同一水平面上。

门窗洞口处的竖龙骨安装应按照设计要求进行，采用双根并用或扣盒子加强龙骨。当门的尺寸较大且门扇较重时应在门框外的上下左右增设斜撑。在安装门窗洞口竖龙骨的同时应将门口与竖龙骨一并就位固定。

（6）水平龙骨的连接　当隔墙的高度超过石膏板的长度时，应适当增设水平龙骨。水平龙骨的连接方式：可采用沿地、沿顶龙骨与竖龙骨连接方法，或采用竖龙骨用卡托连接，或采用"角托"连接于竖龙骨等方法。连接龙骨与龙骨的连接卡件如图3-3所示。

（7）安装通贯龙骨　通贯横撑龙骨的设置，一种是低于3m的隔断墙安装1道；另一种是高3～5m的隔断墙安装2～3道。通贯龙骨横穿各条竖龙骨上的贯通冲孔，需要接长时使用其配套的连接件。在竖龙骨开口面安装卡托或"支撑卡"与通贯横撑龙骨连接锁紧，根据需要在竖龙骨背面可加设"角托"与通贯龙骨固定。采用"支撑卡"系列的龙骨时，应当先将"支撑卡"安装

图3-3　连接龙骨与龙骨的连接卡件

于竖龙骨开口面，卡距一般为400～600mm，距龙骨两端的距离为20～25mm。

（8）固定件的安装　当隔墙中设置配电盘、消火栓、脸盆、水箱等设施时，各种附墙的设备及吊挂件，均应按照设计要求在安装骨架时预先将连接件与骨架连接牢固。

（9）安装纸面石膏板　安装纸面石膏板是轻钢龙骨纸面石膏板隔墙施工中重要的工序，关系到隔墙的使用功能和装饰美观，在安装中可按照下列要求进行操作。

① 石膏板安装应用竖向排列，龙骨两侧的石膏板错缝排列。石膏板宜采用自攻螺钉固定，顺序是从板的中间向两边进行固定。

② 12mm厚的石膏板用长25mm螺钉、两层12mm厚的石膏板用长35mm螺钉。自攻螺钉在纸面石膏板上的固定位置：离纸包边的板边大于10mm，小于16mm，离切割边的板边至少15mm。板边的螺钉距250mm，边中的螺钉距300mm。螺丝钉帽应略埋入板内，并不得损坏纸面。

③ 隔墙下端的石膏板不应直接与地面接触，应留出10～15mm的缝隙，缝用密封膏充填密实严。

④ 卫生间及湿度较大的房间隔墙，应设置墙体垫层并采用防水石膏板。石膏板下端与墙垫间留出5mm缝，并用密封膏充填密实。

⑤ 纸面石膏板上开孔处理。开圆孔较大时应用由螺旋钻开孔，开方孔时应用钻钻孔后再用锯条修边。

（10）暗接缝处理　暗接缝的处理采用嵌接腻子方法，即将缝中浮尘和杂物彻底清理干净，再用小开刀将腻子嵌入缝内与板面抹平。待嵌入腻子凝固后，刮约1mm厚的腻子并粘贴玻璃纤维接缝带，再在开刀处往下一个方向施压、刮平，使多余的腻子从"接缝带"网眼中挤出。随即用大开刀刮腻子，将"接缝带"埋入腻子中，用腻子将石膏板的楔形棱角处填满找平。

二、木龙骨轻质隔墙施工

在室内隔断墙的设计和施工中，木龙骨轻质隔断墙也是广泛应用的一种形式。这种隔断墙主要采用木龙骨和木质罩面板、石膏板及其他一些轻质板材组装而成，其具有壁薄质轻、安装方便、便于拆卸、成本较低、利用率高、使用价值高等优点，可广泛用于家庭装修及普通房间。但是，这种隔墙也具有耐火性差、耐水性低和隔声性能差、耗用木材较多等缺点。

（一）木龙骨架结构形式

木龙骨轻质隔断墙的木龙骨由上槛、下槛、主柱（墙筋）和斜撑组成。按照立面构造不

同，木龙骨隔断墙分为全封隔断墙、有门窗隔断墙和半高隔断墙3种类型。不同类型的隔断墙，其结构形式也不尽相同。

1. 大木方结构

如图3-4所示，大木方结构的木隔断墙，通常用50mm×80mm或50mm×100mm的大木方制作主框架，框体的规格为500mm×500mm左右的方框架或5000mm×800mm左右的长方框架，再用4~5mm厚的木夹板作为基面板。大木方结构多用于墙面较高、较宽的木龙骨隔断墙。

2. 小木方双层结构

如图3-5所示，为了使木隔断墙有一定的厚度，增加隔断墙的稳定性和隔声性能，常用25mm×30mm的带凹槽木方作成两片龙骨的框架，每片规格为300mm×300mm或400mm×400mm的框架，再将两个框架用木方横杆相连接，小木方双层结构适用于宽度为150mm左右的木龙骨隔断墙。

3. 小木方单层结构

小木方单层结构常用25mm×30mm的带凹槽木方组装，常用的框架规格为300mm×300mm。小木方单层结构的木隔断墙稳定性不如小木方双层结构，多用于高度在3m以下的全封隔断或普通半高矮隔断。

图3-4　大木方结构骨架

图3-5　短隔断墙的固定

（二）隔墙木龙骨架的安装

隔墙木龙骨架所用木材的树种、材质等级、含水率以及防腐、防虫、防火处理等，必须符合设计要求和现行国家标准《木结构工程施工质量验收规范》（GB 50206—2012）的有关规定。接触砖、石、混凝土的骨架和预埋木砖，应当经过防腐处理，连接用的铁件必须进行镀锌或防锈处理。

1. 弹线打孔

根据设计图纸的要求，在楼地面和墙面上弹出隔墙的位置线（中心线）和隔墙厚度线（边线）。同时按照300~400mm的间距确定固定点的位置，用直径7.8mm或10.8mm的钻头在中心线上打孔，孔的深度一般为45mm左右，向孔内放入M6或M8的膨胀螺栓。注意打孔的位置与骨架竖向木方错开位。如果用木楔铁钉固定，就需打出直径为20mm左右的孔，孔的深度为50mm左右，然后再向孔内打入木楔。

2. 木龙骨的固定

木龙骨是家庭室内装修中最为常用的骨架材料，被广泛地应用于吊顶、隔墙、实木地板骨架制作中。木龙骨固定的方式有很多种。为了保证装饰工程的结构安全，在室内装饰装修工程施工中，通常应遵循不破坏原建筑结构的原则进行龙骨的固定。木龙骨的固定，一般可按照以下步骤进行。

（1）木龙骨固定的位置，设计时通常在沿地、沿墙、沿顶等处。

（2）在木龙骨进行固定前，应按照对应地面和顶面的隔墙固定点的位置，在木龙骨架上画线，标出固定点的位置，进而在固定点进行打孔，打孔的直径应当略微大于膨胀螺栓的直径。

（3）对于半高的矮隔墙来说，主要靠地面固定和端头的建筑墙面的固定。如果矮隔断墙的端头处无法与墙面固定时，常采用铁件来加固端头处。加固部分主要是地面与竖向方木之间，半高矮隔断墙的木龙骨加固可参见图3-5。

3. 木骨架与吊顶的连接

在一般情况下，隔墙木骨架的顶部与建筑楼板底的连接可有多种选择，采用射钉固定连结件，或采用膨胀螺栓，或采用木楔圆钉等做法均可。如若隔墙上部的顶端不是建筑结构，而是与装饰吊顶相接触，其处理方法需要根据吊顶结构而确定。

对于不设开启门扇的隔墙，当其与铝合金或轻钢龙骨吊顶接触时，只要求与吊顶间的缝隙要小而平直，隔墙木骨架可独自通过吊顶内与建筑楼板以木楔圆钉固定。当其与吊顶的木龙骨接触时，应将吊顶木龙骨与隔墙木龙骨的沿顶龙骨钉接起来，如果两者之间有接缝，还应垫实接缝后再钉钉子。

对于设有开启门扇的隔墙，考虑到门的启闭产生振动及人的往来碰撞，其顶端应采取较牢靠的固定措施，一般做法是其竖向龙骨穿过吊顶的面与建筑楼板底面进行固定，并需要采用斜角支撑。斜角支撑的材料可以是方木，也可以是角钢，斜角支撑杆件与楼板底面的夹角以60°为宜。斜角支撑与基体的固定方法，可以用木楔铁钉或膨胀螺栓，如图3-6所示。

斜支撑

吊顶面

顶面的连接固定

图3-6　带木门隔墙与建筑

（三）固定板材

木龙骨隔断墙的饰面基层板，通常采用木夹板、中密度纤维板等木质板材。现以木夹板的用钉安装固定为例，介绍木龙骨隔断墙饰面基层板的固定方法。

木龙骨隔断墙上固定木夹板的方式，主要有"明缝固定"和"拼缝固定"两种。

"明缝固定"是在两板之间留一条有一定宽度的缝隙，当施工图无明确规定宽度时，预留的缝宽度以8～10mm为宜。如果"明缝"处不用垫板，则应将木龙骨面刨光，使"明缝"的上下宽度一致。在锯割木夹板时，用靠尺来保证锯口的平直度与尺寸的准确性，锯切完后要用0号木砂纸打磨修边。

在进行"拼缝固定"时，要求木夹板正面四边进行倒角处理（边倒角为45°），以便在以后的基层处理时可将木夹板之间的缝隙补平。其钉板的方法是用25mm枪钉或圆铁钉，把木夹板固定在木龙骨上。要求布置的钉子要均匀，钉子的间距掌握在100mm左右。通常厚度5mm以下的木夹板用长25mm钉子进行固定，厚度9mm左右的木夹板用长30～35mm的钉子进行固定。

对钉入木夹板的圆钉钉头，有两种处理方法：一种是先将圆钉钉头打扁，再将钉头打入木夹板内；另一种是先将钉头与木夹板钉平，待木夹板全部固定后，再用尖头冲子逐个将钉头冲入木夹板平面以内1mm。枪钉的钉头可以直接埋入木夹板内，所以不必再进行处理。但在使用枪钉时，要注意把枪嘴压在板面上后再扣动扳机打钉，这样能保证钉头埋入木夹板内。

（四）木隔墙门窗的构造做法

1. 门框构造

木隔墙的门框是以门洞口两侧的竖向木龙骨为基体，配以挡位框、装饰边板或装饰边线组合而成的。传统的大木方骨架的隔墙门洞竖龙骨断面大，挡位框的木方可直接固定于竖向木龙骨上。对于小木方双层构架的隔墙，由于其木方断面较小，应该先在门洞内侧钉固12mm厚的胶合板或实木板之后，才可在其上固定挡位框。

(a) 用胀铆螺栓固定　　(b) 用螺钉固定

图 3-7　木隔墙门框采用铁件
加固的构造做法

如果对木隔墙的门设置要求较高，其门框的竖向木方应具有较大断面，并需采取铁件加固法，如图 3-7 所示，这样做可以保证不会由于门的频繁启闭振动而造成隔墙的颤动或松动。

木质隔墙门框在设置挡位框的同时，为了收边、封口和装饰美观，一般都采取包框饰边的结构形式，常见的有厚胶合板加木线包边、阶梯式包边、大木线条压边等。安装固定时可使用胶黏剂和钉，这样装设比较牢固，同时要注意将铁钉打入面层中。

2. 窗框构造

木隔断中的窗框是在制作木隔断时预留出的，然后用木夹板和木线条进行压边或定位。木隔断墙的窗有固定式和活动窗扇式，固定窗是用木条把玻璃定位在窗框中，活动窗扇式与普通活动窗的构造基本相同。

（五）饰面处理

木质隔墙的饰面处理其实就是使板材表面达到装饰美观和保护板材的目的，将板材用适宜的材料覆盖，不暴露在空气之中。在木龙骨夹板墙身的基面上，可以进行饰面的种类很多，在实际工程中主要有涂料饰面、裱糊饰面、镶嵌各种罩面板等。其施工工艺可参见相关章节内容。

第二节　板材隔墙工程施工

板材隔墙是隔墙与隔断中最常用的一种形式，工程上常用的条板材料有：加气混凝土条板、石膏条板、石膏复合条板、石棉水泥板面层复合板、"泰柏板"、压型金属板面层复合板及各种面层的蜂窝板等。板材隔墙的主要特点是：不需要设置墙体龙骨骨架，采用高度等于室内净高的条形板材进行拼装，室内建筑使用率高，可节省材料和降低工程造价。

一、板材隔墙工程材料质量要求

板材隔墙工程的施工质量如何，关键在于选择符合设计质量要求的材料。材料的质量要求主要包括以下几个方面。

（1）板材隔墙工程所用的复合轻质墙板、石膏空心板、预制钢丝网水泥板等板材，采购及验收时应检查出厂合格证，并按照其产品质量标准进行验收，不合格的板材不得用于隔墙工程中。

（2）板材隔墙工程所用的罩面板应表面平整、边缘整齐，不应有污垢、裂纹、缺角、翘曲、起皮、色差、图案不完整等质量缺陷。胶合板、木质纤维板不应有脱胶、变色和腐朽等问题。

（3）板材隔断墙用的龙骨和罩面板等材料的材质，均应当符合现行国家标准和行业标准的规定。

（4）罩面板的安装宜使用镀锌的螺丝、钉子。接触砖石、混凝土的木龙骨和预埋的木砖应进行防腐处理，所有的木材制品均应进行防火处理。

（5）人造板及其制品应符合现行国家标准《住宅装饰装修工程施工规范》（GB 50327—2001）和《民用建筑工程室内环境污染控制规范》（GB 50325—2010）中的规定，甲醛释放试验方法及限量值如表 3-1 所列。

表 3-1　人造板及其制品甲醛释放试验方法及限量值

产品名称	试验方法	限量值	使用范围	限量标志
中密度纤维板、高密度纤维板、刨花板、定向刨花板等	穿孔萃取法	≤9mg/100g	可直接用于室内	E_1
		≤30mg/100g	必须饰面处理后可允许用于室内	E_2
胶合板、装饰单板贴面胶合板、细木工板等	干燥器法	≤1.5mg/L	可直接用于室内	E_1
		≤5.0mg/L	必须饰面处理后可允许用于室内	E_2
饰面人造板（包括浸渍纸层压木质地板、实木复合地板、竹地板、浸渍胶膜纸饰面人造板等）	气候箱法	≤0.12mg/m³	可直接用于室内	E_1
	干燥器法	≤1.5mg/L		

注：1. 仲裁机关在仲裁工作中需要做试验时，可采用气候箱法。

2. E_1 为可直接用于室内的人造板，E_2 为必须饰面处理后才允许用于室内的人造板。

二、石膏板隔墙施工工艺

随着科学技术的发展，石膏板在建筑装饰工程中应用越来越广泛，品种也越来越多。如纸面石膏板、装饰石膏板、石膏空心条板、纤维石膏板和石膏复合墙板等。其中应用最广泛的是石膏空心条板和石膏复合墙板。

石膏板是以建筑石膏（$CaSO_4 \cdot 1/2H_2O$）为主要原料生产制成的一种质量轻、强度高、厚度薄、加工方便、隔声、隔热和防火性能较好的建筑材料。我国常用石膏空心条板。它是以天然石膏或化学石膏为主要原料，掺加适量水泥或石灰、粉煤灰为辅助胶结料，并加入少量增强纤维，经加水搅拌制成料浆，再经浇注成型，抽芯、干燥而成。

（一）石膏条板隔墙一般构造

石膏条板的一般规格，长度为 2500～3000mm，宽度为 500～600mm，厚度为 60～90mm。石膏条板表面平整光滑，且具有质量较轻（表观密度为 600～900kg/m³）、比强度高（抗折强度为 2～3MPa），隔热 [热导率为 0.22W/(m²·K)]、隔声（隔声指数＞300dB）、防火（耐火极限 1～2.25h）、加工性好（可锯、刨、钻）、施工简便等优点。其品种按照原材料不同，可分为石膏粉煤灰硅酸盐空心条板、磷石膏空心条板和石膏空心条板；按照防潮性能不同，可分为普通石膏空心条板和防潮石膏空心条板。

石膏空心条板一般用单层板作分室墙和隔墙，也可用双层空心条板，内设空气层或矿棉组成分户墙。单层石膏空心板隔墙，也可用割开的石膏板条做骨架，板条宽为150mm，整个条板的厚度约为100mm，墙板的空心部位可穿电线，板面上固定开关及插销等，可按需要钻成小孔，将圆木固定于上。

石膏空心条板隔墙板与梁（板）的连接，一般采用下楔法，即下部与木楔楔紧后，然后再填充干硬性混凝土。其上部固定方法有两种：一种为软连接；另一种为直接顶在楼板或梁下。为施工方便较多采用后一种方法。墙板之间，墙板与顶板以及墙板侧边与柱、外墙等之间均用108胶水泥砂浆黏结。凡墙板宽度小于条板宽度时，可根据需要随意将条板锯开再拼装黏结。空心板隔墙的隔声性能及外观和尺寸允许偏差如表3-2和表3-3所列。

表3-2　石膏珍珠岩空心条板隔墙隔声性能

构　造	厚度 /mm	单位面积质量 /(kg/m²)	隔声性能/dB 指数	隔声性能/dB 平均值
单层石膏珍珠岩空心板	60	38	31	31.35
双层石膏珍珠岩空心板,中间加空气层	60+50+60	76	40	40.76
双层石膏珍珠岩空心板,中间填棉毡	60+50+60	83	46	46.95

表3-3　石膏空心条板外观和质量允许偏差

项次	项目	技术指标
1	对角线偏差/mm	<5
2	抽空中心线位移/mm	<3
3	板面平整度	长度2mm、翘曲不大于3mm
4	掉角	掉角的两直角边长度不得同时大于60mm×40mm,若小于60mm×40mm,同板面不得有两处
5	裂纹	裂纹长度不得大于100mm,若小于100mm,在同一板面不得有两处
6	气孔	不得有三个以上大于10mm的气孔

（二）石膏空心板隔墙的施工工艺

石膏空心板隔墙的施工工艺流程为：结构墙面、地面和顶面清理找平→墙体位置放线、分档→配板、修补→架立简易支架→安装U型钢板卡（有抗震要求时）→配制胶黏剂→安装隔墙板→安装门窗框→安装设备和电气→板缝处理→板面装修。

（1）结构墙面、地面和顶面清理找平　清理隔墙板与顶面、地面、墙体的结合部位，凡凸出墙面的砂浆、混凝土块和其他杂物等必须剔除并扫净，隔墙板与所有的结合部位应找平。

（2）墙体位置放线、分档　在建筑室内的地面、墙面及顶面，根据隔墙的设计位置，弹好隔墙的中心线、两边线及门窗洞口线，并按照板的宽度进行分档。

（3）配板、修补　隔墙所用的石膏空心板应按下列要求进行配板和修补：①板的长度应按楼层结构净高尺寸减20～30mm；②计算并测量门窗洞口上部及窗口下部的隔板尺寸，按此尺寸进行配板；③当板的宽度与隔墙的长度不适应时，应将部分板预先拼接加宽（或锯窄）成合适的宽度，放置在适当的位置；④隔板安装前要进行选板，如有缺棱掉角者，应用与板材材性相近的材料进行修补，未经修补的坏板不得使用。

（4）架立简易支架　按照放线位置在墙的一侧（即在主要使用房间墙的一面）架立一简单木排架，其两根横杠应在同一垂直平面内，作为竖立墙板的靠架，以保证墙体的平整度。简易支架支撑后，即可安装隔墙板。

（5）安U型钢板卡（有抗震要求时）　当建筑结构有抗震要求时，应按照设计中的具体规定，在两块条板顶端的拼缝处设U型或L型钢板卡，将条板与主体结构连接。U型或L型钢板卡用射钉固定在梁和板上，随安板随固定U型或L型钢板卡。

（6）配制胶黏剂　条板与条板拼缝、条板顶端与主体结构黏结，宜采用 1 号石膏型胶黏剂。胶黏剂要随配随用，在常温下应在 30min 内用完，过时不得再加水加胶重新配制和使用。

（7）安装隔墙板　非地震区的条板连接，可采用刚性黏结，如图 3-8 所示；地震地区的条板连接，可采用柔性结合连接，如图 3-9 所示。

图 3-8　刚性黏结（单位：mm）

图 3-9　柔性结合连接（单位：mm）

隔墙板的安装顺序，应从与结构墙体的结合处或门洞口处向两端依次进行安装，安装的步骤如下。

① 为使隔墙条板与墙面、顶面和地面黏结牢固，在正式安装条板前，应当认真清刷条板侧面上的浮灰和杂物。

② 在结构墙面、顶面、条板顶面、条板侧面涂刷一层 1 号石膏型胶黏剂，然后将条板立于预定的位置，用木楔（木楔背高为 20～30mm）顶在板底两侧各 1/3 处，再用手平推条板，使条板的板缝冒浆，一人用特制的撬棍（山字夹或脚踏板等）在条板底部向上顶，另一人快速打进木楔，使条板顶部与上部结构底面贴紧。

在条板安装的过程中，应随时用 2m 靠尺及塞尺测量隔墙面的平整度，同时用 2m 托线板检查条板的垂直度。

③ 隔墙条板黏结固定后，在 24h 后用 C20 干硬性细石混凝土将条板下口堵严，细石混凝土的坍落度控制在 0～20mm 为宜，当细石混凝土的强度达到 10MPa 以上时，可撤去条板下的木楔，并用同等强度的干硬性水泥砂浆灌实。

④ 双层板隔断的安装，应先立好一层条板，再安装第二层条板，两层条板的接缝要错开。隔声墙中需要填充轻质隔声材料时，可在第一层条板安装固定后，把吸声材料贴在墙板内侧，然后再安装第二层条板。

（8）安装门窗框　石膏空心板隔墙上的门窗框应按照下列规定进行安装。

① 门框安装应在墙条板安装的同时进行，依照顺序立好门框，当板材按顺序安装至门口位置时，应当将门框立好、挤严，缝隙的宽度一般控制在 3～4mm，然后再安装门框的另一侧条板。

② 金属门窗框必须与门窗洞口板中的预埋件焊接，木质门窗框应采用 L 型连接件，一端用木螺钉与木框连接，另一端与门窗口板中的预埋件焊接。

③ 门窗框与门窗口条板连接应严密，它们之间的缝隙不宜超过 3mm，如缝隙超过 3mm 时应加木垫片进行过渡。

④ 将所有缝隙间的浮灰清理干净，用 1 号石膏型胶黏剂嵌缝。嵌缝一定要严密，以防止门窗开关时碰撞门窗框而造成裂缝。

（9）安装设备和电气　在石膏空心板隔墙中安装必要的设备和电气是一项不可缺少和复杂的工作，可按照下列要求进行操作。

① 安装水暖、煤气管卡　按照水暖和煤气管道安装图，找准其标高和竖向位置，划出管卡的定位线，然后在隔墙板上钻孔扩孔（不允许剔凿孔洞），将孔内的碎屑清理干净，用 2 号石膏型胶黏剂固定管卡。

② 安装吊挂埋件　隔墙板上可以安装碗柜、设备和装饰物，在每一块条板上可设两个吊点，每个吊点的吊重不得大于 80kg。先在隔墙板上钻孔扩孔（不允许猛击条板），将孔内的碎屑清理干净，用 2 号石膏型胶黏剂固定埋件，待完全干燥后再吊挂物体。

③ 铺设电线管、稳接线盒　按电气安装图找准位置并划出定位线，然后铺设电线管、稳接线盒。所有电线管必须顺着空心石膏板的板孔铺设，严禁横铺和斜铺。稳接线盒，先在板面钻孔（防止猛击），再用扁铲扩孔，孔径应大小适度方正。将孔内的碎屑清理干净，用 2 号石膏型胶黏剂稳住接线盒。

（10）板缝处理和板面装修　石膏空心板隔墙的板缝处理和板面装修应符合下列要求。

① 板缝处理　石膏空心板隔墙条板在安装 10d 后，检查所有的缝隙是否黏结良好，对已黏结良好的板缝、阴角缝，先清理缝中的浮灰，用 1 号石膏型胶黏剂粘贴 50mm 宽玻璃纤维网格带，转角隔墙在阳角处粘贴 200mm 宽（每边各 100mm）玻璃纤维布一层。

② 板面装修　用石膏腻子将板面刮平，打磨后再刮第二道腻子，再打磨平整，最后做

饰面层。在进行板面刮腻子时，要根据饰面要求选择不同强度的腻子。

③ 隔墙踢脚处理　在板的根部刷一道胶液，再做水泥或水磨石踢脚；如做塑料、木踢脚，可先钻孔打入木楔，再用圆钉钉在隔墙板上。

④ 粘贴瓷砖　墙面在粘贴瓷砖前，应将板面打磨平整，为加强黏结力，先刷 108 胶水泥浆一道，再用 108 胶水泥砂浆粘贴瓷砖。

（三）石膏复合墙板隔墙的施工工艺

1. 石膏复合墙板隔墙一般构造

石膏面层的复合墙板是指用两层纸面石膏板或纤维石膏板和一定断面的石膏龙骨或木龙骨、轻钢龙骨，经过黏结、干燥而制成的轻质复合板材。常用石膏板复合墙板如图 3-10 所示。

图 3-10　常用石膏板复合墙板示意（单位：mm）

石膏板复合墙板按照其面板不同，可分为纸面石膏板与无纸面石膏复合板；石膏板复合墙板按照其隔声性能不同，可分为空心复合板与实心复合板；石膏板复合墙板按照其用途不同，可分为一般复合板与固定门框复合板。纸面石膏复合板的一般规格为：长 1500～3000mm，宽 800～1200mm，厚 50～200mm。无纸面石膏复合板的一般规格为：长 3000mm，宽 800～900mm，厚 74～120mm。

2. 石膏复合墙板的安装施工

石膏板复合板一般用作分室墙或隔墙，也可用两块复合板中设空气层组成分户墙。隔墙墙体与梁或楼板连接，一般常采用下楔法，即墙板下端垫木楔，填干硬性混凝土。隔墙下部构造，可根据工程需要做墙基或不做墙基，墙体和门框的固定，一般选用固定门框用复合板，钢木门框固定于预埋在复合板的木砖上，木砖的间距为 500mm，可采用黏结和钉钉结合的固定方法。墙体与门框的固定如图 3-11～图 3-14 所示。

图 3-11　石膏板复合板墙与木门框的固定
1—固定门框用复合板；2—黏结料；3—木门框

图 3-12　石膏板复合板墙与钢门框的固定
1—固定门框用复合板；2—钢门框；
3—黏结料；4—水泥刨花板

图 3-13　石膏板复合板墙端部与木门框固定　　　　图 3-14　石膏板复合板墙端部与钢门框固定
1—用108胶水泥砂浆粘贴木门口并用铁钉固牢；　　　　1—粘贴12×105水泥刨花板，并用螺丝固定；
2—用厚石膏板封边；3—固定门框用复合板　　　　　2—用厚石膏板封边；3—用木螺丝固定门框

石膏板复合墙的隔声标准要按设计要求选定隔声方案。墙体中应尽量避免设电门、插座、穿墙管等，如必须设置时，则应采取相应的隔声构造，如表3-4所列。

表 3-4　石膏板复合墙体的隔声、防火和限制高度

类别	墙厚/mm	质量/(kg/m²)	隔声指数/dB	耐火极限/h	墙体限制高度/mm
非隔声墙	50	26.6	—	—	—
	92	27~30	35	0.25	3000
隔声墙	150	53~60	42	1.5	3000
	150	54~61	49	>1.5	3000

石膏板复合板隔墙的安装施工顺序为：墙体位放线→墙基施工→安装定位架→复合板安装、并立门窗口→墙底缝隙填充干硬性细石混凝土。

在墙体放线以后，先将楼地面适度凿毛，将浮灰清扫干净，洒水湿润，然后现浇混凝土墙基；复合板安装应当从墙的一端开始排放，按排放顺序进行安装，最后剩余宽度不足整板时，必须按照所缺尺寸补板，补板的宽度大于450mm时，在板中应增设一根龙骨，补板时在四周粘贴石膏板条，再在板条上粘贴石膏板；隔墙上设有门窗口时，应先安装门窗口一侧较短的墙板，同时随即立口，再安装门窗口的另一侧墙板。

一般情况下，门口两侧墙板宜使用边角比较方正的整板，在拐角两侧的墙板也应使用整板，如图3-15所示。

图 3-15　石膏板复合板
隔墙安装次序示意
1、3—整板（门口板）；2—门口；
4、5—整板；6—补板

在复合板安装时，在板的顶面、侧面和门窗口外侧面，应清除浮土后均匀涂刷胶黏料成"Λ"状，安装时侧向面要严密，上下要顶紧，接缝内胶黏剂要饱满（要凹进板面5mm左右）。接缝宽度为35mm，板底部的空隙不大于25mm，板下所塞木楔上下接触面应涂抹胶黏料。为保证位置和美观，木楔一般不撤除，但不得外露于墙面。

第一块复合板安装后，要认真检查垂直度，按照顺序进行安装时，必须将板上下靠紧，并用检查尺进行找平，如发现板面接缝不平，应及时用夹板校正如图3-16所示。

双层复合板中间留空气层的墙体，其安装要求为：先安装一道复合板，暴露于房间一侧的墙面必须平整；在空气层一侧的墙板接缝，要用胶黏剂勾严密封。安装另一面复合板前，插入电气设备管线的安装工作，第二道复合板的板缝要与第一道墙板缝错开，并使暴露于房间一侧的墙面平整。

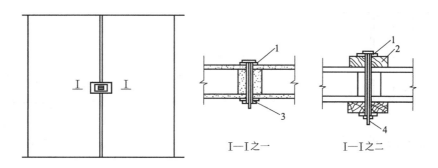

图 3-16　复合板墙板板面接缝夹板校正示意
1—垫圈；2—木夹板；3—销子；4—M6 螺栓

三、加气混凝土板隔墙施工工艺

1. 条板构造及规格

加气混凝土条板是以钙质材料（水泥、石灰）、含硅材料（石英砂、尾矿粉、粉煤灰、粒化高炉矿渣、页岩等）和加气剂作为原料，经过磨细、配料、搅拌、浇注、切割和压蒸养护（8 或 15 个大气压下养护 6～8h）等工序制成的一种多孔轻质墙板。条板内配有适量的钢筋，钢筋宜预先经过防锈处理，并用点焊加工成网片。

加气混凝土条板可以做室内隔墙，也可作为非承重的外墙板。由于加气混凝土能利用工业废料，产品成本比较低，能大幅度降低建筑物的自重，生产效率较高，保温性能较好，因此具有较好的技术经济效果。具体来讲，加气混凝土条板具有以下优点。

（1）比较经济　能增加建筑面积的使用面积，降低地基造价，缩短建设工期，减少暖气、空调成本，达到节能效果。

（2）施工方便　加气混凝土产品尺寸准确、质量轻，可大大地减少人力物力投入。板材在安装时多采用干式施工法，工艺简便、效率高，可有效地缩短建设工期。

（3）绿色环保　在生产过程中，没有污染和危险废物产生。使用时，也绝没有放射性物质和有害气体产生，即使在高温下和火灾中。各个独立的微气泡，使加气混凝土产品具有一定的抗渗性，可防止水和气体的渗透。

加气混凝土条板，按照其原材料不同，可分为水泥-矿渣-砂、水泥-石灰-砂和水泥-石灰-粉煤灰加气混凝土条板；加气混凝土隔墙条板的规格：厚 75mm、100mm、120mm、125mm；宽度一般为 600mm；长度根据设计要求而定。条板之间黏结砂浆层的厚度，一般为 2～3mm，要求饱满、均匀，以使条板与条板黏结牢固。条板之间的接缝可做成平缝，也可做成倒角缝。

2. 加气混凝土条板的安装

加气混凝土条板隔墙一般采用垂直安装，板的两侧应与主体结构连接牢固，板与板之间用黏结砂浆黏结，沿板缝上下各 1/3 处按 30°角钉入金属片，在转角墙和丁字墙交接处，在板高上下 1/3 处，应斜向钉入长度不小于 200mm、直径 8mm 的铁件，如图 3-17～图 3-19所示。加气混凝土条板上下部的连接，可采用刚性节点做法：在板的上端抹黏结砂浆，与梁或楼板的底部黏结，下部两侧用木楔顶紧，最后在下部的缝隙用细石混凝土填实，如图 3-20 所示。

图 3-17　加气混凝土条板
用铁销、铁钉横向连接示意
1—铁销；2—铁钉；3—木楔

图 3-18　转角墙节点构造
1—八字缝；2—用直径 8mm
钢筋打尖；3—黏结砂浆

图 3-19　丁字墙节点构造
1—用直径 8mm 钢筋打尖；
2—黏结砂浆

图 3-20　隔墙板上下连接构造方法
1—木楔；2—细石混凝土；3—地面；4—黏结砂浆

　　加气混凝土条板内隔墙安装顺序，应从门洞处向两端依次进行，门洞两侧宜用整块条板。无门洞时，应按照从一端向另一端顺序安装。板间黏结砂浆的灰缝宽度以 2~3mm 为宜，一般不得超过 5mm。板底部的木楔需要经过防腐处理，按板的宽度方向楔紧。门洞口过梁块连接如图 3-21 所示。

(a) 倒八字做法　　　　　　(b) 正八字做法　　　　　(c) 靠混凝土柱边的做法

图 3-21　门洞口过梁块的连接构造做法
1—过梁挟（用墙板切据）；2—黏结砂浆；3—钢筋混凝土柱

　　加气混凝土条板隔墙安装，要求墙面垂直，表面平整，用 2m 靠尺来检查其垂直度和平整度，偏差最大不应超过规定 4mm。隔墙板的最小厚度，不得小于 75mm；当厚度小于 125mm 时，其最大长度不应超过 3.5m。对双层墙板的分户墙，两层墙板的缝隙应相互错开。

　　由于加气混凝土墙板的强度一般比较低，所以在墙板上不宜吊挂重物，否则宜损坏墙板，如果确实需要吊挂重物，则应采取有效的措施进行加固。

　　装卸加气混凝土板材应使用专用工具，运输时应对板材做好绑扎措施，避免松动、碰撞。板材在现场的堆放点应靠近施工现场，避免二次搬运。堆放场地应坚实、平坦、干燥，不得使板材直接接触地面。堆放时宜侧立放置，注意采取覆盖保护措施，避免雨淋。

加气混凝土条板隔墙施工主要机具及主要配套材料，如表 3-5 所列。

表 3-5　加气混凝土条板隔墙施工主要机具及主要配套材料

项目	名　称	用　途
主要施工机具	电动式的台锯	用于板材纵横切锯
	锋钢锯和普通手锯	用于局部锯切或异形构件切锯
	固定式摩擦夹具	用于吊装横向墙板、窗过梁（主要用于外墙施工）
	转动式摩擦夹具	用于吊装竖向墙板（用于外墙）
	电动慢速钻（按钻杆和钻头分扩孔钻、直孔钻、大孔钻）	钻墙面孔穴：扩孔钻用于埋设铁件、暖气片挂钩等；直孔钻用于穿墙铁件或管道敷设；大孔钻用于预埋锚固铁件的垫板、螺栓或接线盒及电开关盒等
	撬棍	用于调整、挪动墙板位置
	镂槽器	用于墙面上镂槽
主要配套材料	塑料胀管、尼龙胀管、钢胀管	用于固定挂衣钩、壁柜搁板、木护墙龙骨以及木门窗框等
	铝合金钉、铁销	用于隔墙板之间的连接
	螺栓夹板	用于隔墙板悬挂重物，如厕所水箱、配电箱、洗脸盆支架等

四、钢丝网水泥板隔墙的施工工艺

钢丝网水泥板是以钢丝网或钢丝网和加筋为增强材，以水泥砂浆为基材组合而成的一种薄壁结构材料。室内隔墙所用钢丝网水泥板，其质量和技术性能应符合现行国家标准《钢丝网水泥板》（GB/T 16308—2008）中的规定。

1. 钢丝网水泥板隔墙的施工工艺流程

钢丝网水泥板隔墙的施工工艺流程为：结构墙面、顶面、地面清理和找平→进行施工放线→配夹心板及配套件→安装夹心板→安装门窗框→安埋件、敷设线管、稳接线盒→检查校正补强→面层喷刷处理剂→制备砂浆→抹一侧底灰→喷防裂剂→抹另一侧底灰→喷防裂剂→抹中层灰→抹罩面灰→面层装修。

2. 钢丝网水泥板隔墙的施工操作要点

（1）施工放线　按照设计的隔墙轴线位置，在地面、顶面、侧面弹出隔墙的中心线和墙体的厚度线，划出门窗洞口的位置。当设计有要求时，按设计要求确定埋件的位置，当设计无明确要求时，按 400mm 间距划出连接件或锚筋的位置。

（2）配钢丝网架夹心板及配套件　当设计有要求时，按设计要求配钢丝网架夹心板及配套件；当设计无明确要求时，可按以下原则进行配置。

① 当隔墙的高度小于 4m 时，宜整板上墙。拼板时应错缝拼接。当隔墙高度或长度超过 4m 时，应按设计要求增设加劲柱。

② 对于有转角的隔墙，在墙的拐角处和门窗洞口处应采用折板；裁剪的配板，应放在与结构墙、加劲柱的结合处；所裁剪的板的边缘，宜为一根整钢丝，拼缝时应用 22 号镀锌钢丝绑扎固定。

③ 各种配套用的连接件、加固件和埋件要配齐。凡是采用未镀锌的铁件，要刷防锈漆两道进行防锈处理。

（3）安装网架夹心板　当设计对钢丝网架夹心板的安装、连接、加固补强有明确要求时，必须按设计要求进行；当设计无明确要求时，可按以下原则施工。

① 连接件的设置　a. 对墙、梁、柱上已预埋锚筋（一般为直径 10mm、6mm，长度为300mm，间距为 400mm）应顺直，并刷防锈漆两道；b. 地面、顶板、混凝土梁、柱、墙面

未设置锚固筋时，可按 400mm 的间距埋膨胀螺栓或用射钉固定 U 型连接件。也可打孔插筋作为连接件，即紧贴钢丝网架两边打孔，孔距为 300mm，孔径为 6mm，孔深为 50mm，两排孔应错开，孔内插入直径为 6mm 的钢筋，下部埋入 50mm，上部露出 100mm。地面上的插筋可以不用环氧树脂锚固，其余的孔应先进行清孔，再用环氧树脂锚固插筋。

② 安装夹心板　按照放线的位置安装钢丝网架夹心板，板与板的接缝处用箍码或 22 号镀锌钢丝绑扎牢固。

③ 夹心板与混凝土墙、柱、砖墙连接处，以及阴角要用钢丝网加固，阴角角网总宽 300mm，一边用箍码或 22 号镀锌钢丝与钢丝网架连接，另一边用钢钉与混凝土墙、柱固定或用骑马钉与砖墙固定。

④ 夹心板与混凝土墙、柱连接处的平缝，可用 300mm 宽的平网加固，一边用箍码或 22 号镀锌钢丝与钢丝网架连接，另一边用钢钉与混凝土墙、柱固定。

⑤ 用箍码或 22 号镀锌钢丝连接的，箍码或扎点的间距为 200mm，并呈梅花形进行布点。

（4）门窗洞口加固补强及门窗框安装　当设计有明确要求的，必须按设计要求进行；当设计无明确要求时，可按以下原则施工。

① 门窗洞口加固补强　门窗洞口的加固补强，应按以下方法进行：a. 门窗洞口各边用通长槽网和 2 根直径 10mm 钢筋加固补强，槽网总宽为 300mm，直径 10mm 钢筋长度为洞边加 400mm；b. 门洞口的下部，用 2 根直径 10mm 钢筋与地板上的锚筋或膨胀螺栓焊接；c. 窗洞四角、门洞的上方两个角，用长度为 500mm 的之字条按 45°方向双面加固。网与网用箍码或 22 号镀锌钢丝连接，直径 10mm 钢筋用 22 号镀锌钢丝绑扎。

② 门窗框的安装　根据门窗框的安装要求，在门窗洞口处按设计要求安放预埋件，以便连接门窗框。

（5）安装埋件、敷设线管、稳接线盒

① 按照图纸要求埋设各种安埋件、敷设线管、稳接线盒等，并应与夹心板的安装同步进行，要确实固定牢固。

② 预埋件、接线盒等的埋设方法是按所需大小的尺寸抠去聚苯或岩棉，在抠洞的部位要喷一层 EC-1 表面处理剂，然后用 1∶3 水泥砂浆固定预埋件或稳住接线盒。

③ 电线管等管道应用 22 号镀锌钢丝与钢丝网架绑扎牢固。

（6）检查校正补强　在正式抹灰前，要详细检查夹心板、门窗框、各种预埋件、管道、接线盒的安装和固定是否符合设计要求。安装好的钢丝网架夹心板要形成一个稳固的整体，并做到基本平整、垂直。达不到设计要求的要校正补强。

（7）制备水泥砂浆　水泥砂浆要用搅拌机搅拌均匀，稠度应合适。搅拌好的水泥砂浆应在初凝前用完，已凝固的砂浆不得二次掺水搅拌使用。

（8）抹一侧底灰　抹底灰应按以下规定进行。

① 抹一侧底灰前，先在夹心板的另一侧进行适当支顶，以防止抹底灰时夹心板出现晃动。抹灰前在夹心板上均匀喷一层 EC-1 表面处理剂，随即抹底灰。

② 抹底灰应按照现行国家标准《建筑装饰装修工程质量验收规范》（GB 50210—2001）中抹灰工程的规定进行。底灰的厚度为 12mm 左右，底灰应基本平整，并用带齿的抹子均匀拉槽。抹完底灰后随即均匀喷一层 EC-1 表面防裂剂。

（9）抹另一侧底灰　在常温情况下，抹一侧底灰 48h 后可拆去支顶，抹另一侧底灰，其操作方法同上。

（10）抹中层灰、罩面灰　在常温情况下，当两层底灰抹完 48h 后可抹中层灰。操作应严格按抹灰工序的要求进行，按照阴角和阳角找方、设置标筋、分层赶平、进行修整、表面压光等工序的工艺作业。底灰、中层灰和罩面灰的总厚度为25～28mm。

（11）进行面层装修　按照设计要求和饰面层的施工操作工艺，进行面层装修。

五、石棉水泥复合板隔墙的施工工艺

石棉是指具有高抗张强度、高挠性、耐化学和热侵蚀、电绝缘和具有可纺性的矿物产品。石棉由纤维束组成，而纤维束又由很长很细的能相互分离的纤维组成。石棉具有高度耐火性、电绝缘性和绝热性，是重要的防火、绝缘和保温材料。目前，石棉制品或含有石棉的制品有近3000种，主要用于机械传动、制动以及保温、防火、隔热、防腐、隔声、绝缘等方面，其中较为重要的是汽车、化工、电器设备、建筑业等制造部门。

用于建筑隔墙的石棉水泥板的种类很多，按其表面形状不同有平板、波形板、条纹板、花纹板和各种异形板；除普通的素色板外，还有彩色石棉水泥板和压出各种图案的装饰板。石棉水泥面板的复合板，有夹带芯材的夹层板、以波形石棉水泥板为芯材的空心板、带有骨架的空心板等。

石棉水泥板是以石棉纤维与水泥为主要原料，经制坯、压制、养护而制成的薄型建筑装饰板材。这种复合板具有防水、防潮、防腐、耐热、隔声、绝缘等性能，板面质地均匀，着色力强，并可进行锯割、钻孔和钉固加工，施工比较方便。主要适用于现场装配板墙、复合板隔墙及非承重复合隔墙。

用石棉水泥板制作复合隔墙板，一般采用石棉水泥板与石膏板复合的方式，主要用于居室与厨房、卫生间之间的隔墙。靠居室的一面用石膏板，靠厨房、卫生间的一面用经过防水处理的石棉水泥板，复合板用的龙骨可用石膏龙骨或石棉水泥龙骨，两面板材用胶黏料黏结。现装石棉水泥板面层的复合墙板安装工艺，基本上与石膏板复合板隔墙相同。

以波形石棉水泥板为芯材的复合板，是用合成树脂黏结料黏结起来的，采用石棉水泥小波板时，复合板的最小厚度一般为28mm。

图3-22为几种石棉水泥板面层的复合板构造。图3-22中所示复合板的面层是3mm厚的石棉水泥柔性板，其夹芯材料分别为泡沫塑料、加气混凝土、岩石棉板、石棉水泥波形板和木屑水泥板。

图3-22　石棉水泥板面层复合板构造示意（单位：mm）

我国生产的石棉水泥面层复合板规格很多，其总厚度一般为26～80mm，其外形尺寸和质量差别很大，最大尺寸为1210mm×3000mm，单位面积质量最大为54.5kg/m²，单位面积质量最轻仅为6.0kg/m²。

石棉水泥板在装运时，要用立架进行堆放，并用草垫塞紧，装饰时不得抛掷、碰撞，长距离运输需要钉箱包装，每箱不超过60张；堆放石棉水泥板的场地，应当坚实平坦，板应码垛堆放，堆放的高度不得超过1.2m，板的上面要用草垫或苫布进行覆盖，严禁在阳光下暴晒和雨淋。

第三节　玻璃隔墙工程施工

玻璃是一种透明度、强度及硬度均比较高，不透气的材料。由于玻璃在日常环境中呈化学惰性，不会与其他物质发生化学作用，所以玻璃的用途非常广泛。在建筑装饰工程中，玻璃常用于门窗、内外墙饰面、隔墙等部位，利用它作为围护结构，如门窗、屏风、隔墙及玻璃幕墙等。从装饰的角度来讲，大多数玻璃品种均可用于建筑装饰工程，玻璃在满足使用要求的前提下，都具有一定的艺术装饰效果。

一、玻璃隔墙施工要求

玻璃隔墙又称为玻璃隔断，其主要作用就是使用玻璃作为隔墙将空间根据需求划分，更加合理地利用好空间，满足各种居家和办公用途。

(一) 对各种材料的要求

1. 玻璃砖隔墙的材料要求

(1) 玻璃空心砖　玻璃隔墙所用的玻璃空心砖应透光不透明，具有良好的隔声效果，其产品主要规格及性能如表 3-6 所列。玻璃空心砖的质量要求为棱角整齐、规格相同、对角线基本一致、表面无裂痕和磕碰。

表 3-6　玻璃空心砖主要规格及性能

规格/mm			抗压强度 /MPa	热导率 /[W/(m²·K)]	重量 /(kg/块)	隔声性能 /dB	透光率 /%
长度	宽度	高度					
190	190	80	6.0	2.35	2.40	40	81
240	115	80	4.8	2.50	2.10	45	77
240	240	80	6.0	2.30	4.00	40	85
300	90	100	6.0	2.55	2.40	45	77
300	190	100	6.0	2.50	4.50	45	81
300	300	100	7.5	2.50	6.70	45	85

(2) 玻璃隔墙中所用的金属型材规格应符合下列规定

① 用于厚度为 80mm 玻璃空心砖的金属型材框，其最小截面应为 90mm×50mm×3.0mm。

② 用于厚度为 100mm 玻璃空心砖金属型材框，其最小截面应为 108mm×50mm×3.0mm。

(3) 水泥质量要求　用于玻璃砖隔墙的水泥，应当采用硅酸盐白色水泥，水泥的强度等级应不低于 42.5MPa。

(4) 砂子质量要求　用于玻璃砖隔墙的砂浆，分为砌筑砂浆和勾缝砂浆，配制砂浆的砂子应符合下列要求。

① 砂子的粒径　配制砌筑砂浆用的河砂砂子粒径不得大于 3mm；配制勾缝砂浆用的河砂砂子粒径不得大于 1mm。

② 砂的质量　配制砌筑砂浆所用河砂的质量应符合现行国家标准《建设用砂》(GB/T

14684—2011）中的规定，不得含泥及其他颜色的杂质。

③玻璃砖隔墙的砌筑砂浆强度等级应为 M5，勾缝砂浆的水泥与河砂的比例应为 1：1。

（5）掺合料　玻璃砖隔墙所用生石灰粉的质量要求应符合现行行业标准《建筑生石灰粉》（JC/T 480—2013）中的规定。

（6）胶黏剂　玻璃砖隔墙所用胶黏剂的质量要求应符合国家现行相关技术标准的规定。

（7）钢筋　用于玻璃砖隔墙的钢筋，应采用 HPB235 级钢筋，其质量要求应符合现行国家标准《钢筋混凝土用钢 第 1 部分：热轧光圆钢筋》（GB 1499.1—2008）中的规定。

2. 玻璃板隔墙的材料要求

（1）平板玻璃　玻璃的厚度、边长应符合设计要求，表面无划痕、气泡和斑点等缺陷，也不得有裂缝、缺角、爆边等缺陷。玻璃板隔墙中常用的玻璃应分别符合现行国家标准《平板玻璃》（GB 11614—2009）、《钢化玻璃 第 2 部分：建筑用安全玻璃》（GB 15763.2—2005）、《压花玻璃》（JC/T 511—2002）、《夹丝玻璃》（JC 433—1996）、《夹层玻璃 第 3 部分：建筑用安全玻璃》（GB 15763.3—2009）、《中空玻璃》（GB/T 11944—2012）等有关规定。

（2）玻璃支撑骨架　玻璃板隔墙用的支撑骨架有金属材料和木材料，目前最常用的是建筑轻钢骨架，其技术性能应符合《建筑用轻钢龙骨》（GB/T 11981—2008）中的要求。

（3）玻璃连接件和转接件　玻璃板隔墙用的玻璃连接件和转接件，产品进场应提供合格证。产品的外观应平整，不得有裂纹、毛刺、凹坑、变形等缺陷。当采用碳素钢制作的产品时，其表面应进行热浸镀锌处理。

（二）玻璃隔墙施工机具设备

（1）玻璃砖隔墙施工机具设备　主要有大铲、托线板、线坠、钢卷尺、铁水平尺、皮数杆、小水桶、存灰槽、橡皮锤、扫帚、透明塑料胶带条等。

（2）玻璃板隔墙施工机具设备　主要有工作台、玻璃刀、玻璃吸盘器、直尺、1m 长折尺、粉线包、钢丝钳、毛笔、刨刀等。

（三）施工作业条件

（1）根据玻璃砖的排列已将基础底脚做好，底脚的通常厚度为 40mm 或 70mm，即略小于玻璃砖的厚度。

（2）与玻璃砖（板）隔墙相连接的建筑墙面的侧面，已按照设计和施工要求进行修整，垂直度完全符合玻璃砖（板）隔墙施工要求。

（3）玻璃砖（板）隔墙砌体中埋设的拉结筋、木砖已进行隐蔽验收。

二、玻璃板隔墙施工工艺

玻璃板隔墙主要用骨架来镶嵌玻璃。玻璃板隔墙按照骨架材料不同，一般可分为木骨架和金属骨架两种类型；隔墙按玻璃所占比例不同，一般可分为半玻型和全玻型。

玻璃板隔墙所用的玻璃应符合设计要求，一般有钢化玻璃、平板玻璃、磨砂玻璃、压花玻璃和彩色玻璃等。在施工中常用的机具有电焊机、冲击电钻、切割机、手枪钻、玻璃吸盘、直尺、水平尺、注胶枪等。

玻璃板隔墙的施工工艺流程：弹线放样→木龙骨或金属龙骨下料组装→固定框架→安装玻璃→缝隙注胶→清理墙面。

（1）弹线放样　先按照图纸弹出玻璃板隔墙的地面位置线，再用垂直法弹出墙（柱）上的位置线、高度线和沿顶位置线。墙位放线应清晰，位置应准确。隔墙的基层应平整、牢固。

（2）木龙骨或金属龙骨下料组装　按照施工图尺寸和实际情况，用专业工具对木龙骨或金属龙骨进行切割与组装。

（3）固定框架　木质框架与墙和地面的固定，可通过预埋木砖或安装木楔使框架与之固定。铝合金框架与墙和地面的固定，可通过铁脚件完成。固定金属型材框架用的镀锌膨胀螺栓直径不得小于8mm，间距不得大于500mm。

（4）安装玻璃及固定压条　用玻璃吸盘把玻璃吸牢，并将玻璃插入框架的上框槽口内，然后轻轻地落下放入下框槽口内。如果为多块玻璃组装，玻璃之间接缝时应留2～3mm缝隙，或留出与玻璃肋厚度相同的缝，防止玻璃由于热胀冷缩而开裂。

① 玻璃板与木基架的安装固定　玻璃板与木基架安装时应符合下列要求：a. 用木框安装玻璃板时，在木框上要裁口或挖槽，校正好木框内侧后定出玻璃安装的位置线，并固定好玻璃板靠位线条，木框内玻璃安装方式如图3-23所示；b. 把玻璃装入木框内，其两侧距木框的缝隙应相等，并在缝隙中注入玻璃胶，然后钉上固定压条，固定压条宜用钉枪钉；c. 对于面积较大的玻璃板，安装时应用玻璃吸盘器将玻璃提起来安装，大面积玻璃用吸盘器安装如图3-24所示。

图 3-23　木框内玻璃安装方式

图 3-24　大面积玻璃用吸盘器安装

② 玻璃板与金属方框架的安装固定　玻璃板与金属方框架的安装固定应符合下列要求：a. 玻璃板与金属方框架安装时，先要安装玻璃靠住线条，靠住线条可以是金属角线或金属槽线，固定靠住线条通常是采用自攻螺钉；b. 根据金属框架的尺寸裁割玻璃，玻璃与金属框架的结合不宜太紧密，应当按小于金属框架3～5mm的尺寸裁割玻璃；c. 在玻璃安装前，应在框架下部的玻璃放置面上，涂一层2mm厚的玻璃胶。玻璃靠位线条及底边涂玻璃胶如图3-25所示。玻璃安装后，玻璃的底边就压在玻璃胶层上；也可放置一层橡胶垫，玻璃安装后，底边就压在橡胶垫上；d. 把玻璃放入金属方框内，并靠在靠位线条上。如果玻璃面积比较大，应用玻璃吸盘器安装。玻璃板距两侧的缝隙应相等，并在缝隙中注入玻璃胶，然后安装封边压条。

如果封边压条是金属槽条，且要求不得直接用自攻螺钉固定时，可先在金属框上固定木条，然后在木条上涂环氧树脂胶（万能胶），把不锈钢槽条或铝合金槽条卡在木条上。如果无特殊要求，可用自攻螺钉直接将压条固定在框架上，常用的自攻螺钉为M4或M5。在进行安装时，先在槽条上打孔，然后通过此孔在框架上打孔。打孔的钻头直径要小于自攻螺钉直径 0.8mm。当全部槽条的安装孔位都打好后，再进行玻璃的安装。金属框架上的玻璃安装如图 3-26 所示。

图 3-25　玻璃靠位线条及底边涂玻璃胶　　　图 3-26　金属框架上的玻璃安装

③ 玻璃板与不锈钢圆柱框的安装固定　玻璃板与不锈钢圆柱框的安装固定应符合下列要求。

a. 玻璃板四周是不锈钢槽，其两边为不锈钢圆柱，如图 3-27(a) 所示。

先在内径宽度略大于玻璃厚度的不锈钢槽上划线，并在角位处开出对角口，对角口用专用的剪刀剪出，并用什锦锉进行修边，使对角口合缝严密。

在对好角位的不锈钢槽框两侧，相隔 200～300mm 的间距钻孔。钻头直径要小于自攻螺钉直径 0.8mm。在不锈钢圆柱上面划出定位线和孔位线，并用同一钻头在不锈钢圆柱上的孔位处钻孔。

用平头自攻螺钉把不锈钢槽框固定在不锈钢圆柱上。

b. 玻璃板的两侧是不锈钢槽与柱，上下是不锈钢管，且玻璃的底边由不锈钢管托住，如图 3-27(b) 所示。这种组合形式的安装方法与以上基本相同。

图 3-27　玻璃板与不锈钢圆柱的安装形式

（5）嵌缝打胶、清理墙面　玻璃就位后，应校正其平整度、垂直度，同时用聚苯乙烯泡沫条嵌入槽口内，使玻璃与金属沟槽结合平顺、紧密，然后在缝隙处打硅酮结构胶。当注入的结构胶具有一定强度后，应将玻璃表面上的杂物清除干净。

三、空心玻璃砖隔墙施工

目前，在装饰装修工程中，正在大力推广空心玻璃砖隔墙，这种隔墙具有强度很高、外观整洁、清洗方便、防火性好、光洁明亮、透光不透明等特点。玻璃砖主要用于室内隔墙或其他局部墙体，它不仅能分割室内空间，而且还可以作为一种采光的墙壁，具有较强的装饰效果。尤其是玻璃砖隔墙透光与散光现象，使装饰部位具有别具风格的视觉效果。

1. 隔墙施工材料与施工机具

玻璃砖有实心砖和空心砖之分，当前应用最广泛的是空心玻璃砖。空心玻璃砖是采用箱式模具压制而成的两块凹形玻璃熔接或胶结成整体的具有一个或两个空腔的玻璃制品，空腔中充以干燥空气或其他绝热材料，经退火后涂饰侧面而成。

空心玻璃砖的规格很多，装饰工程中常见的有 190mm×190mm×80mm、240mm×115mm×80mm、240mm×240mm×80mm、300mm×90mm×100mm、300mm×190mm×100mm、300mm×300mm×100mm 等，有白、茶、蓝、绿、灰等色彩及各种精美条纹图案。

在空心玻璃砖隔墙施工中，常用的施工机具有电钻、水平尺、靠尺、橡胶榔头、砌筑和勾缝用的工具等。

2. 空心玻璃砖隔墙施工要点

（1）固定金属型材框用的镀锌钢膨胀螺栓的直径不得小于 8mm，间距不得大于 500mm。用于厚度 95mm 厚的空心玻璃砖的金属型材框，最小截面应为 100mm×50mm×3.0mm；用于厚度 100mm 厚的空心玻璃砖的金属型材框，最小截面应为 108mm×50mm×3.0mm。

（2）空心玻璃砖隔墙的砌筑砂浆等级为 M5，一般宜采用 42.5 的白色硅酸盐水泥和粒径小于 3mm 洁净砂子拌制。

（3）室内空心玻璃砖隔墙的高度和长度均超过 1.5m 时，应在垂直方向上每 2 层空心玻璃砖水平设置 2 根直径为 6mm 的钢筋；当只有隔墙的高度超过 1.5m 时，每 2 层砖水平设置 2 根钢筋。当不采用错缝砌筑方式时，在水平方向上每 3 个缝隙中至少垂直设置 1 根钢筋，钢筋每端伸入金属型材框的尺寸不得小于 35mm。最上层的空心玻璃砖应深入顶部的金属型材框中，深入尺寸不得小于 10mm，且不得大于 25mm。

（4）各空心玻璃砖之间应留有适宜的缝隙，许可的情况下要尽量均匀，接缝最小不得小于 10mm，同时也不得大于 30mm。

（5）空心玻璃砖与金属型材框两翼接触的部位应留有"滑缝"，缝隙宽度不得小于 4mm，腹面接触的部位应留有胀缝，缝隙宽度不得小于 10mm。"滑缝"和胀缝应用沥青油毡和硬质泡沫塑料填充。金属型材框与建筑墙体和屋顶的结合部，以及空心玻璃砖砌体与金属型材框端部的结合部位，应用弹性密封材料封闭。

（6）如果空心玻璃砖墙没有外框，应根据装饰效果要求设置饰边。饰边通常有木质饰边和不锈钢饰边。木质饰边可根据设计要求做成各种线型，常见的形式如图 3-28 所示。不锈钢饰边常用的有单柱饰边、双柱饰边、不锈钢板槽饰边等，常见的形式如图 3-29 所示。

图 3-28　玻璃砖墙常见的木质饰边

图 3-29　玻璃砖墙常见的不锈钢饰边

四、玻璃隔墙施工中的注意事项

玻璃隔墙的施工，关键是龙骨骨架和平板玻璃的安装。龙骨骨架的安装，按照所用材料不同，又可分为金属龙骨骨架和木质龙骨骨架两种。

1. 金属龙骨骨架安装的注意事项

室内隔墙骨架的安装质量如何，关系到整个平板玻璃隔墙的安全，所以安装必须确保牢固。在安装玻璃（包括各种轻质饰面罩面）前，应检查隔墙骨架的牢固程度，同时检查墙内管线及填充材料是否符合设计要求，如有不符合要求应采取纠正措施。

对于一些有特殊结构要求的隔墙，如双排或多排骨架隔墙以及曲面、斜面、折线等形式的隔墙，必须按照设计要求进行龙骨的安装。在金属龙骨骨架安装的过程中，应当注意如下几个方面。

1）应当严格按照弹线位置进行沿地面龙骨、沿顶棚龙骨及边框龙骨的固定，龙骨的边线应与弹线重合。龙骨的端部应安装牢固。龙骨与基体的固定点间距点应不大于1m。

2）安装的竖向龙骨应垂直，龙骨的间距应符合设计要求。

3）在安装支撑龙骨时，支撑卡应安装在竖向龙骨的开口方向，相邻支撑卡件之间的上下距离一般为400～600mm，端部支撑卡件距竖向龙骨端头尺寸宜为20～25mm。

4）在安装贯通系列龙骨时，高度低于3m的隔墙安装一道，高度3～5m的隔墙一般应安装两道。

5）门窗洞口、设备管线安装或其他受力部位的特殊节点处，应当安装加强龙骨，其构造做法应符合设计要求，必须确保在门窗开启使用或有其他受力时隔墙的稳定。

2. 木龙骨骨架的安装注意事项

在进行木龙骨骨架安装时应当注意如下事项。

1）为保证木质材料的使用年限，接触砖、石、混凝土的龙骨和埋置的木楔等，应进行防腐处理。

2）平板玻璃隔墙所用的木龙骨，其横截面面积及纵向、横向的间距，均应符合设计的要求。

3）为确保木龙骨骨架连接牢固，木龙骨的横向龙骨和竖向龙骨，宜采用开半榫、加胶和加钉的方法连接。

4）木龙骨骨架安装完毕后，应对龙骨进行防火处理。

3. 平板玻璃安装的注意事项

平板玻璃在安装施工过程中，应注意以下事项。

1）墙体放线应按设计要求进行，沿地、墙（柱）、顶弹出隔墙的中心线和宽度线，弹线应清晰，位置应准确。

2）骨架边框的安装应当符合设计和产品组合的具体要求。

3）压条应与边框确实贴紧，不得出现弯棱、凸鼓等现象。

4）在进行安装玻璃前，应对骨架、边框的牢固程度进行认真检查，如果有不够牢固之处，应进行加固处理。

5）隔墙平板玻璃的安装，应符合现行行业标准《建筑玻璃应用技术规程》（JGJ 113—2015）等有关标准的规定，如玻璃安装尺寸、安装材料选用、人体冲击安全以及门窗玻璃安装工程的有关规定等。

第四节 其他隔断工程施工

一、铝合金隔墙与隔断的施工

铝合金隔断使用铝合金框架为装饰和固定材料，将整块玻璃（单层或双层）安装在铝合金框架内，从而形成整体隔墙的效果。工程实践证明，铝合金和钢化玻璃墙体组合极具现代风格，体现简约、时尚、大气的风格。尤其钢化玻璃的采光性极好，实现室内明亮通透的效果，并可灵活组成任意角度。

（一）铝合金龙骨材料要求

铝合金型材是在纯铝中加入锰、镁等合金元素经轧制而制成，其具有质轻、耐蚀、耐磨、美观、韧性好等诸多特点。铝合金型材表面经氧化着色处理后，可得到银白色、金色、青铜色和古铜色等几种颜色，其色泽雅致，造型美观，经久耐用，具有制作简单、连接牢固等优点。主要适合于写字楼办公室间隔、厂房间隔和其他隔断墙体。铝合金隔墙与隔断常用的铝合金型材有大方管、扁管、等边槽和等边角四种，铝合金隔断墙用铝型材如表 3-7 所列。

表 3-7　铝合金隔墙与隔断用铝型材

序号	型材名称	外形截面尺寸 长×宽/(mm×mm)	单位质量 /(kg/m)	产品编号
1	大方管	76.20×44.45	10.894	4228
2	扁管	76.20×25.40	0.661	4217
3	等边槽	12.7×12.7	0.10	5302
4	等边角	31.8×31.8	0.503	6231

（二）铝合金龙骨施工工艺

铝合金隔墙与隔断是用铝合金型材组成框架。其主要施工工序：弹线定位→铝合金材料划线下料→固定及组装框架。

1. 弹线定位

（1）弹线定位内容　铝合金龙骨弹线定位主要包括：①根据施工图确定隔墙在室内的具体位置；②确定隔墙的高度；③竖向型材的间隔位置等。

（2）弹线定位顺序　铝合金龙骨弹线定位的顺序为：①首先弹出地面位置线；②再用垂直法弹出墙面位置和高度线，并检查与铝合金隔墙相接墙面的垂直度；③然后标出竖向型材的间隔位置和固定点位置。

2. 划线下料

铝合金龙骨的划线下料是要求非常细致的一项工作，如果划线不准确，不仅使接口缝隙不美观，而且还会造成不必要的浪费。所以，划线的准确度很高，其精度要求为长度误差±0.5mm。

划线时，通常在地面上铺一张干净的木夹板，将铝合金型材放在木夹板上，用钢尺和钢针对型材划线。同时，在划线操作时注意不要碰伤型材表面。划线下料应注意以下几点。

（1）应先从隔断墙中最长的型材开始，逐步到最短的型材，并应将竖向型材与横向型材分开进行划线。

（2）划线前，应注意复核一下实际所需尺寸与施工图中所标注的尺寸有否误差。如误差小于 5mm，则可按施工图尺寸下料，如误差较大，则应按实量尺寸施工。

（3）在进行铝合金龙骨划线时，要以沿顶部和沿地面所用型材的一个端头为基准，划出与竖向型材的各连接位置线，以保证顶、地之间竖向型材安装的垂直度和对位准确性。要以竖向型材的一个端头为基准，划出与横向型材各连接位置线，以保证各竖向龙骨之间横档型材安装的水平度。在划连接位置线时，必须划出连接部位的宽度，以便在连接宽度范围以内安置连接铝角。

（4）铝合金型材的切割下料，主要用专门的铝材切割机，切割时应夹紧铝合金型材，锯片缓缓与铝合金型材接触，切不可猛力下锯。切割时应根据画线切割，或留出线痕，以保证尺寸的准确。在进行切割中，进刀要用力均匀才能使切口平滑。在快要切断时，进刀用力要轻，以保证切口边部的光滑。

3. 安装固定

半高铝合金隔断墙，通常是先在地面组装好框架后，再竖立起来固定；全封铝合金隔断墙通常是先固定竖向型材，再安装横档型材来组装框架。铝合金型材相互连接主要是用铝角和自攻螺丝。铝合金型材与地面、墙面的连接则主要是用铁脚固定法。

（1）型材间的相互连接件　隔断墙的铝合金型材，其截面通常是矩形长方管，常用规格为 $76mm×45mm$ 和 $101mm×45mm$（截面尺寸）。铝合金型材组装的隔墙框架，为了安装方便及美观效果，其竖向型材和横向型材一般都采用同一规格尺寸的型材。

型材的安装连接主要是竖向型材与横向型材的垂直结合，目前所采用的方法主要是铝角件连接法。铝角件连接的作用有两个方面：一方面是将两件型材通过第三者——铝角件互相接合；另一方面起到定位的作用，防止型材完装后产生转动现象。

所用的铝角通常是厚铝角，其厚度为 3mm 左右，在一些非承重的位置也可以用型材的边角料来做铝角连接件。对连接件的基本要求是：有一定的强度，尺寸要准确，铝角件的长度应是型材的内径长，铝角件正好装入型材管的内腔之中。铝角件与型材的固定，通常采用自攻螺丝。

（2）铝合金型材的相互连接方法　铝合金型材的相互连接方法，是沿竖向型材，在与横向型材相连接的划线位置上固定铝角，具体连接方法如下。

① 在固定之前，先在铝角件上钻直径 3～4mm 的两个孔，孔中心距铝角件端头 10mm。然后用一小截型材（厚约 10mm）放入竖向型材上，即固定横向型材的划线位置上。再将铝角件放入这一小截型材内，并用手电钻和用相同于铝角件上小孔直径的钻头，通过铝角件上小孔在竖向型材上打出两孔，如图 3-30 所示。最后用 M4 或 M5 自攻螺丝，把铝角件固定在竖向型材上。用这种方法固定铝角件，可使两型材在相互连接后，保证垂直度和对缝的准确性。

图 3-30　铝角件与竖向型材的连接

图 3-31　两型材的接合形式

② 横向铝合金型材与竖向铝合金型材连接时，先要将横向铝合金型材的端头插入竖向铝合金型材上的铝角件，并使其端头与竖向铝合金型材侧面靠紧。再用手电钻将横向铝合金型材与铝角件一齐打两个孔，然后用自攻螺丝固定，一般方法是钻好一个孔位后马上用自攻

螺丝固定，再接着打下一个孔。

两铝种合金型材接合的形式，如图 3-31 所示。所用的自攻螺丝通常为半圆头 M4×20 或 M5×20。

（3）为了保证对接处的美观，自攻螺丝的安装位置应设置在较隐蔽处。通常的处理方法为：如果对接处在 1.5m 以下，自攻螺丝头安装在型材的下方；如果对接处在 1.8m 以上，自攻螺丝安装在型材的上方。这在固定铝角件时将其弯角的方向加以改变即可。

4. 框架与墙地面的固定

铝合金框架与墙、地面的固定，通常用铁脚件。铁脚件的一端与铝合金框架连接，另一端与墙面或地面固定。其具体的固定方法如下。

（1）在固定之前，先找好墙面上和地面上的固定点位置，避开墙面的重要饰面部分和设备及线路部分，如果与木质墙面固定，固定点必须安装在有木龙骨的位置处。然后，在墙面或地面的固定位置上，做出可埋入铁脚件的凹槽。如果墙面或地面还将进行抹灰处理时，可不必做出此凹槽。

（2）按墙面或地面的固定点位置，在沿墙、沿地或沿顶型材上划线，再用自攻螺栓把铁脚件固定在划线的位置上。

（3）铁脚件与墙面或地面的固定，可用膨胀螺栓或铁钉木楔方法，但前者的固定稳固性优于后者。如果是与木质墙面固定，铁脚件可用木螺钉固定于墙面内木龙骨上。铝框架与墙地面的固定如图 3-32 所示。

图 3-32　铝框架与墙地面的固定

5. 铝合金隔断框架组装方法

铝合金隔断框架有两种组装方式：一种是先在地面上进行平面组装，然后将组装好的框架竖起进行整体安装；另一种是直接对隔断墙框架进行安装。但不论哪一种组装方式，在组装时都是从隔断墙框架的一端开始。通常，先将靠墙的竖向型材与铝角件固定，再将横撑型材通过铝角件与竖向型材连接，并以此方法组成框架。

以直接安装方法组装隔墙骨架时，要注意竖向型材与墙地面的安装固定。通常是先定位，再与横撑型材连接然后再与墙地面固定。

（三）安装饰面板和玻璃

铝合金型材隔墙在 1m 以下的部分，通常采用铝合金饰面板，其余部分通常是安装安全玻璃，其具体安装方法可参见相关的章节。

二、彩色压型金属板面层复合板隔断施工

彩色压型钢板复合墙板是以波形彩色压型钢板为面层板，以轻质保温材料为芯层，经复合而制成的轻质保温墙板，它具有质量较轻、保温性能好、立面美观、施工速度快等优点，使用的压型钢板敷有各种防腐耐蚀涂层，所以还具有耐久性好、抗蚀性强等特性。这种复合墙板的尺寸，可根据压型板的长度、宽度、保温设计要求及选用保温材料，而制作不同长度、宽度和厚度的复合板。

彩色压型钢板复合板的接缝构造，基本上有两种形式：一种是在墙板的垂直方向设置企

口边；另一种是不设置企口边。按照其夹芯保温材料的不同，可以分为聚苯乙烯泡沫塑料板、岩棉板、玻璃棉板、聚氨酯泡沫塑料板等不同芯材的复合板。压型钢板复合板的构造如图 3-33 所示。

(a) 带企口边板　　　　　　　　　　　　　　(b) 无企口边板

图 3-33　压型钢板复合板的构造
1—压型钢板；2—保温材料；3—企口边

我国生产的铝合金压型板（图 3-34），一般规格为 3190mm×870mm×0.6mm，多与半硬质岩棉板（或其他轻质保温材料）和纸面石膏板组成复合墙板，主要用于预制和现场组装外墙板，有的也可以用于室内隔墙。其复合墙板有两种构造形式：一是带空气间层板，即以铝合金压型板的大波向外，形成 25mm 厚的空气间层；二是不带空气间层板，即以铝合金压型板小波向外。

图 3-34　铝合金压型板（单位：mm）

铝合金复合板构造如图 3-35 所示，墙板四周以轻钢龙骨为骨架，龙骨间距为：纵向 870mm，横向 1500m（带空气间层板）和 3000mm（不带空气间层板）；石膏板和轻钢龙骨间用自攻螺钉固定，石膏板和岩棉板之间用白乳胶黏结，岩棉板与铝合金压型板之间用胶黏料黏结，铝合金板与轻钢龙骨之间用抽芯铆钉固定；板的纵向自攻螺钉、抽芯铆钉的间距，应将长度平均分开，一般为 250～300mm；板两端的自攻螺、抽芯铆钉按铝合金压型板的波均匀分布。

彩色压型钢板复合墙板是用两层压型钢板中间填放轻质保温材料作为保温层，在保温层中放两条宽 50mm 的带钢筋箍，在保温层的两端各放三块槽形冷弯连接件和两块冷弯角钢串挂件，然后用自攻螺丝把压型板与连接件固定，钉距一般为 100～200mm。彩色压型钢板复合板的构造如图 3-36 所示。

三、石棉水泥板面层的复合板隔墙施工

用于隔墙的石棉水泥板种类很多，按其表面形状不同有：平板、波形板、条纹板、花纹板和各种异形板；除素色板外，还有彩色板和压出各种图案的装饰板。石棉水泥面板的复合板，有夹带芯材的夹层板、以波形石棉水泥板为芯材的空心板、带有骨架的空心板等。

石棉水泥板是以石棉纤维与水泥为主要原料，经抄坯、压制、养护而制成的薄型建筑装饰板材，具有防水、防潮、防腐、耐热、隔声、绝缘等性能，板面质地均匀，着色力强，并可进行锯割、钻钉加工，施工比较方便。它适用于现场装配板墙、复合板隔墙及非承重复合隔墙。

用石棉水泥板制作复合隔墙板，一般采用石棉水泥板与石膏板复合的方式，主要用于居

图 3-35　铝合金复合墙板构造（单位：mm）

1—铝合金板；2—空气间层；3—岩棉板；4—石膏板；5—50×50×0.63轻钢龙骨；

6—抽芯铆钉；7—自攻螺钉；8—铝合金板小波；9—75×40×0.63轻钢龙骨

图 3-36　彩色压型钢板复合板的构造（单位：mm）

1—冷弯角钢吊挂件；2—压型钢板；3—钢箍；4—聚苯乙烯泡沫保温板；

5—自攻螺丝钉牢；6—冷弯槽钢；7—压型钢板

室与厨房、卫生间之间的隔墙。靠居室的一面用石膏板，靠厨房、卫生间的一面用经过防水处理的石棉水泥板，复合板用的龙骨可用石膏龙骨或石棉水泥龙骨，两面板材用胶黏料黏结。现装石棉水泥板面层的复合墙板安装工艺，基本上与石膏板复合板隔墙相同。

　　以波形石棉水泥板为芯材的复合板，是用合成树脂黏结料黏结起来的，采用石棉水泥小波板时，复合板的最小厚度为 28mm。

图 3-37 为几种石棉水泥板面层的复合板构造。图中所示复合板的面层是 3mm 厚的石棉水泥柔性板，其夹芯材料分别为泡沫塑料、加气混凝土、岩石棉板、石棉水泥波形板和木屑水泥板。复合板的总厚度为 26～80mm，其外形尺寸和重量差别很大，最大尺寸为 1210mm×3000mm，最重为 54.5kg/m²，最轻仅 6.0kg/m²。

石棉水泥板在装运时，要立垛堆放，并用草垫塞紧，装饰时不得抛掷、碰撞，长距离运输需要钉箱包装，每箱不超过 60 张；堆放场地应当坚实平坦，码垛堆放，堆高不得超过 1.2m，并要用草垫或苫布覆盖，严禁在阳光下暴晒。

图 3-37　石棉水泥板面层复合
板构造示例（单位：mm）

四、活动隔墙的施工工艺

活动隔墙又称为活动隔断、活动展板、活动屏风、移动隔断、移动屏风、移动隔声墙、移动墙、推拉门等。活动隔墙是一种根据实际需要，随时把大空间分割成小空间或把小空间连成大空间、具有一般墙体功能的活动墙，成为独立的空间区域，能起到一厅多能、一房多用的作用。另外，活动隔墙还具有容易安装、便于拆除、重复利用、可工业化生产、防火性好、绿色环保等特点。

活动隔墙按照其操作方式不同，主要可分为拼装式活动隔墙、直滑式活动隔墙和折叠式活动隔墙。

（一）活动隔墙的材料要求

（1）隔墙板材的质量要求　活动隔墙施工中所用的板材应根据设计要求选用，各种板材的技术指标应符合相关现行国家和行业标准中的规定。

（2）活动隔墙施工中所用的导轨槽、滑轮及其他五金配件应配套齐全，各种产品均应具有出厂合格证。

（3）活动隔墙施工中所用的防腐材料、填缝材料、密封材料、防锈漆、水泥、砂子、连接铁脚、连接板等，均应符合设计要求和现行标准的规定。

（二）活动隔墙施工机具设备

活动隔墙施工中所用的机具设备主要有：电锯、木工手锯、手提电钻、电动冲击钻、射钉枪、量尺、角尺、水平尺、线坠、钢丝刷、小灰槽、2m 靠尺、开刀、2m 托线板、专用撬棍、扳手、螺丝刀、剪钳、橡皮锤、木楔、钻、扁铲等。

（三）活动隔墙的作业条件

（1）建筑主体结构已验收，屋面防水工程试验合格。

（2）室内与活动隔墙相接的建筑墙面侧边已清理并修整平整，垂直度符合设计要求。按照施工规定已弹出＋500mm 标高线。

（3）设计无轨道的活动隔墙，室内抹灰工程（包括墙面、地面和顶棚）应施工完毕。

（四）活动隔墙的施工工艺

1. 活动隔墙的施工工艺流程

活动隔墙的施工工艺流程为：定位放线→隔墙板两侧壁龛施工→上导轨安装→隔扇制作→隔扇安放→隔扇间连接→密封条安装→活动隔墙调试。

2. 活动隔墙的施工操作要点

（1）拼装式活动隔墙　拼装式活动隔墙是用可装拆的壁板或隔扇拼装而成，不设滑轮和导轨。隔扇可用木材、铝合金、塑料做框架，两侧粘贴胶合板及其他各种硬质装饰板、防火板、镀膜铝合金板，也可以在硬纸板上衬泡沫塑料，外包人造革或各种装饰性纤维织物，再镶嵌各种金属和彩色玻璃饰物制成美观高雅的隔扇。

①　定位放线　按照设计确定的活动隔墙位置，在楼地面上进行弹线，并将线引测至顶棚和侧面墙上，作为活动隔墙的施工依据。

②　隔墙板两侧壁龛施工　活动隔墙的一端要设一个槽形的补充构件。其形状见图 3-38 中节点③。它与槽形上槛的大小和形状完全相同，以便于安装和拆卸隔扇，并在安装后掩盖住端部隔扇与墙面之间的缝隙。

③　上导轨安装　为便于隔扇的装拆，隔墙的上部有一通长的上槛，上槛的形式有两种：一种是槽形；另一种是"T"形。用螺钉或钢丝固定在平顶上。

④　隔扇的制作　拼装式活动隔墙中隔扇的制作应符合下列要求。

a. 拼装式活动隔墙的隔扇多用木框架，两侧粘贴木质纤维板或胶合板，有的还贴上一层塑料贴面或覆以一层人造革。隔声要求比较高的隔墙，可在两层面板之间设置隔声层，并将隔扇的两个垂直边做成企口缝，以便使相邻的隔扇能紧密地咬合在一起，达到隔声的目的。

b. 根据设计中的要求，在隔扇的下部照常做踢脚。

c. 隔墙板的两侧均做成企口缝等形式的盖缝、平缝。

d. 隔墙板的上侧采用槽形时，隔扇的上部可以做成平齐的；采用"T"形时，隔扇的上部应设置较深的凹槽，以便隔扇能够卡到"T"形上槛的腹板上。

⑤　隔扇间安放与连接　分别将隔墙扇两端嵌入上下槛导轨槽内，利用活动卡子连接固定，同时拼装成隔墙。不用时可以拆除重叠放入壁龛内，以免占用室内使用面积。隔墙的顶面与平顶之间保持 50mm 左右的空隙，以便于安装和拆卸。图 3-38 所示为拼装式隔墙的立面图与节点图。

⑥　密封条安装　当楼地面上铺有地毯时，隔扇可以直接坐落在地毯上，否则，应在隔扇的底下另加隔声密封条，靠隔扇的自重将密封条紧紧地压在楼地面上。

（2）直滑式活动隔墙　直滑式隔墙是指将拼装式隔墙中的独立隔扇用滑轮挂置在轨道上，可以沿着轨道推拉移动的隔墙。轨道可布置在顶棚或梁上，隔扇顶部安装滑轮，并与轨道相连；隔扇下部地面不设轨道，主要为避免轨道积灰损坏。对于面积较大的隔墙，当把活动扇收拢后会占据较多的建设空间，影响使用和美观，所以直滑式活动隔墙多采取设贮藏壁柜或贮藏间的形式加以隐蔽。直滑式活动隔墙应按照以下工艺进行施工。

①　定位放线　按照设计确定的活动隔墙位置，在楼地面上进行弹线，并将线引测至顶棚和侧面墙上，作为直滑式活动隔墙的施工依据。

②　隔墙板两侧壁龛施工　活动隔墙的一端要设一个槽形的补充构件，补充构件的两侧各有一个密封条，与隔扇的两侧紧密地相接触，其形状见图 3-38 中的③、④节点。

③　上轨道安装　轨道与滑轮的形式多种多样，轨道的断面多数为槽形。滑轮多为四轮

图 3-38　拼装式隔墙的立面图与节点图

小车组。四轮小车组可以用螺栓固定在隔扇上，也可以用连接板固定在隔扇上。隔扇与轨道之间用橡胶密封刷进行密封，也可将密封刷固定在隔扇上，或者将密封刷固定在轨道上。

④ 隔扇的制作　图 3-39 所示为直滑式隔墙隔扇的构造，其主体是一个木框架，两侧各贴一层木质纤维板，两层板的中间夹着隔声层，板的外面覆盖着聚乙烯饰面。隔扇的两个垂直边，用螺钉固定铝镶边。镶边的凹槽内，嵌有隔声用的泡沫聚乙烯密封条。直滑式隔墙的隔扇尺寸比较大，其宽度为 1000mm，厚度为 50~80mm，高度为 1000~3500mm。

⑤ 隔扇间安放、连接及密封条安装　图 3-40 为直滑式隔墙的立面图与节点图，后边的半扇隔扇与边缘构件用铰链连接着，中间各扇隔扇则是单独的。当隔扇关闭时，最前面的隔扇自然地嵌入槽形补充构件内。

图 3-39　直滑式隔墙隔扇的构造

隔扇与楼地面之间的缝隙采用不同的方法来遮掩：一种方法是在隔扇的下面设置两行橡胶做的密封刷；另一种方法是将隔扇的下部做成凹槽形，在凹槽所形成的空间内，分段设置密封槛。密封槛的上面也有两行密封刷，分别与隔扇凹槽的两个侧面相接触。密封槛的下面另设密封垫，靠密封槛的自重与楼地面紧紧地相接触。

（3）折叠式活动隔墙　折叠式隔墙是由多扇可以折叠的隔扇、轨道和滑轮组成。多扇隔扇用铰链连在一起，可以随意展开和收拢，推拉快速方便。但由于隔扇本身重量、连接铰链五金重量以及施工安装、管理维修等诸多因素造成的变形会影响隔扇的活动自由度，所以可将相邻两隔扇连在一起，此时每个隔扇上只需装一个转向滑轮，先折叠后推拉收拢，更增加了活动隔墙的灵活性。

折叠式活动隔墙按照所使用的材料不同，可以分为硬质和软质两类。硬质折叠式活动隔

图 3-40　直滑式隔墙的立面图与节点图

墙由木隔扇或金属隔扇构成，隔扇利用铰链连接在一起；软质折叠式活动隔墙用棉、麻织品或橡胶、塑料等制品制作。折叠式活动隔墙应按照以下工艺进行施工。

①　单面硬质折叠式活动隔墙的施工

a. 定位放线　按照设计确定的活动隔墙位置，在楼地面上进行弹线，并将线引测至顶棚和侧面墙上，作为单面硬质折叠式活动隔墙的施工依据。

b. 隔墙板两侧壁龛施工　隔扇的两个垂直边常做成凸凹相咬的企口缝，并在槽内镶嵌橡胶或毡制的密封条。隔扇之间的密封如图 3-41 所示。最前面一个隔扇与洞口侧面接触处，可以设密封管或缓冲板。隔扇与洞口之间的密封如图 3-42 所示。

图 3-41　隔扇之间的密封　　　　图 3-42　隔扇与洞口之间的密封

室内装修要求较高时，可在隔扇折叠起来的地方做一段空心墙，将墙扇隐蔽在空心墙内。空心墙外面设一双扇小门，不论隔断展开或收拢，都能关起来，使洞口保持整齐美观。隐蔽隔墙的空心墙如图 3-43 所示。

c. 轨道的安装　上部的滑轮形式很多。隔扇较重时，可以采用带有滚珠轴承的滑轮，轮缘是钢的或尼龙的；隔扇较轻时，可以采用带有金属轴套的尼龙滑轮或滑钮。滑轮的不同类型如图 3-44 所示。与滑轮的种类相适应，上部轨道的断面可呈箱形或 T 形，轨道均为钢或铝合金材料制成。

图 3-43　隐蔽隔墙的空心墙　　　　　　　图 3-44　滑轮的不同类型

楼地面上一般不设置轨道和导向槽，当上部滑轮设在隔扇顶面的一端时，楼地面上要相应地设置轨道，构成下部支承点。这种轨道的断面多数都是 T 形，如图 3-45（a）所示。如果隔扇的高度较高，可在楼地面上设置导向槽。

图 3-45　隔墙的下部装置示意

d. 隔墙扇制作、安装及连接　隔扇的构造与直滑式活动隔墙的隔扇基本相同，仅仅是其宽度比较小，约 500～1000mm。

隔扇的上部滑轮可以设在顶面的一端，即设在隔扇的边梃上；也可以设置在顶面的中央。

当隔扇较窄时，滑轮设在顶面的一端，平顶与楼地面上同时设轨道，隔扇底面要相应地设滑轮，以免隔扇受水平推力的作用而产生倾斜。隔扇的数目不限，但要做成偶数，以便使首尾两个隔扇都能依靠滑轮与上下轨道连起来。

滑轮设在隔扇顶面的正中央，由于支撑点与隔扇的重心位于同一条直线上，楼地面上就不必再设置轨道。隔扇可以每隔一扇设置一个滑轮，隔扇的数目必须为奇数（不含末尾处的半扇）。采用手动开关的，可取五扇或七扇，当扇数过多时，需采用机械开关。

作为上部支承点的滑轮小车组，与固定隔扇垂直轴要保持自由转动的关系，以便隔扇能够随时改变自身的角度。垂直轴内可酌情设置减震器，以保证隔扇能在不太平整的轨道上平稳地移动。

地面设置为导向槽时，在隔扇的底面相应地设置中间带凸缘的滑轮或导向杆，如图 3-45（b）、（c）所示。

隔扇之间用铰链连接，少数隔墙也可两扇一组地连接起来。滑轮和铰链的位置如图 3-46 所示。

铰链

滑轮

图 3-46　滑轮和铰链的位置

e. 密封条的安装　隔扇的底面与楼地面之间的缝隙（约 25mm）可用橡胶或毡制密封条遮盖。当楼地面上不设置轨道时，可在隔扇的底面设一个富有弹性的密封垫，并相应地采取专门装置，使隔墙于封闭状态时能够稍稍下落，从而将密封垫紧紧地压在楼地面上。

② 双面硬质折叠式活动隔墙的施工

a. 定位放线　按照设计确定的活动隔墙位置，在楼地面上进行弹线，并将线引测至顶棚和侧面墙上，作为双面硬质折叠式活动隔墙的施工依据。

b. 隔墙板两侧壁龛施工　双面硬质折叠式活动隔墙的隔墙板两侧壁龛施工，与单面硬质折叠式活动隔墙相同。

c. 轨道安装　双面硬质折叠式活动隔墙的轨道安装应符合下列要求。有框架双面硬质折叠式活动隔墙的控制导向装置有两种：一种是在上部的楼地面上设作为支承点的滑轮和轨道，也可以不设，或者设置一个只起导向作用而不起支承作用的轨道；另一种是在隔墙下部设作为支承点的滑轮，相应的轨道设在楼地面上，平顶上另设一个只起导向作用的轨道。

当采用第二种装置时，楼地面上宜采用金属槽形轨道，其上表面应与楼地面相平。平顶上的轨道可用一个通长的方木条，而在隔墙框架立柱的上端相应地开缺口，在隔墙启闭时，立柱能始终沿着轨道滑动。

无框架双面硬质折叠式活动隔墙应在平顶上安装箱形截面的轨道。隔墙的下部一般可不设滑轮和轨道。

d. 隔墙扇制作、安装　双面硬质折叠式活动隔墙的隔墙扇制作与安装，应符合下列要求：有框架双面硬质折叠式活动隔墙的中间设置若干个立柱，在立柱之间设置数排金属伸缩架。伸缩架的数量依照隔墙的高度而定，一般为 1～3 排。有框架的双面硬质折叠式活动隔墙如图 3-47 所示。

框架两侧的隔板一般由木板或胶合板制成。当隔板采用木质纤维板时，表面宜粘贴塑料饰面层。隔板的宽度一般不超过 300mm。相邻隔板多靠密实的织物（如帆布带、橡胶带等）沿整个高度方向连接在一起，同时将织物或橡胶带等固定在框架的立柱上。隔板与隔板的连接如图 3-48 所示。

隔墙的下部宜采用成对的滑轮，并在两个滑轮的中间设置一个扁平的导向杆。导向杆插在槽形轨道的开口内。

无框架双面硬质折叠式活动隔墙，其隔板用硬木或者带有贴面的木质纤维板制成，其尺寸最小宽度可达到 100mm，常用截面尺寸为 140mm×12mm。隔板的两侧设凹槽，凹槽中镶嵌同高的纯乙烯条带，纯乙烯条带分别与两侧的隔板固定在一起。

图 3-47　有框架的双面硬质折叠式活动隔墙（单位：mm）

图 3-48　隔板与隔板的连接（单位：mm）

　　隔墙的上下各设置一道金属伸缩架，与隔板用螺钉连接在一起。上部伸缩架上安装作为支承点的小滑轮，无框架双面硬质折叠式活动隔墙的高度不宜超过 3m，宽度不宜超过 4.5m 或 2×4.5m（在一个洞口内装两个 4.5m 宽的隔墙，分别向洞口的两侧开启）。

　　③ 软质折叠式活动隔墙的施工

　　a. 定位放线。按照设计确定的活动隔墙位置，在楼地面上进行弹线，并将线引测至顶棚和侧面墙上，作为软质折叠式活动隔墙的施工依据。

　　b. 隔墙板两侧壁龛施工。软质折叠式活动隔墙的隔墙板两侧壁龛施工，与单面硬质折叠式活动隔墙完全相同。

　　c. 轨道安装。在楼地面上设置一个较小的轨道，在平顶上设置一个只起导向作用的方木；也可只在平顶上设置轨道，楼地面不加任何设施。

　　d. 隔扇制作与安装。软质折叠式活动隔墙大多数为双面，面层为帆布或人造革，面层的里面加设内衬。

　　软质折叠式活动隔墙的内部宜设框架，采用木立柱或金属杆。木立柱或金属杆之间设置伸缩架，面层固定在立柱或立杆上。软质双面隔墙内的立柱（杆）与伸缩架示意如图 3-49 所示。

图 3-49　软质双面隔墙内的
立柱（杆）与伸缩架示意

第五节 轻质隔墙工程质量控制

轻质隔墙隔断按照其组成结构不同，主要可分为骨架隔墙、板材隔墙、活动隔墙、玻璃隔墙等分项工程。为了确保轻质隔墙隔断的质量符合设计要求，必须按照现行国家标准《建筑装饰装修工程质量验收规范》（GB 50210—2001）中的规定进行施工质量控制和验收。

一、轻质隔墙质量控制的一般规定

轻质隔墙工程的质量控制适用于板材隔墙、骨架隔墙、活动隔墙、玻璃隔墙等分项工程的质量验收。

（1）轻质隔墙工程验收时应检查下列文件和记录：①轻质隔墙工程的施工图、设计说明及其他设计文件；②材料的产品合格证书、性能检验报告、进场验收记录和复验报告；③隐蔽工程验收记录；④施工记录。

（2）轻质隔墙工程应对人造木板的甲醛释放量进行复验，必须符合《民用建筑工程室内环境污染控制规范》（GB 50325—2010）中的规定。

（3）轻质隔墙工程应对下列隐蔽工程项目进行验收：①骨架隔墙中设备管线的安装及水管试压；②木龙骨防火、防腐处理；③预埋件或拉结筋；④龙骨安装；⑤填充材料的设置。

（4）各分项工程的检验批应按下列规定划分：同一品种的轻质隔墙工程每 50 间（大面积房间和走廊按轻质隔墙的墙面 30m² 为一间）应划分为一个检验批，不足 50 间也应划分为一个检验批。

（5）轻质隔墙与顶棚和其他墙体的交接处，应当采取有效的防止开裂的技术措施。

（6）民用建筑轻质隔墙工程的隔声性能应符合现行国家标准《民用建筑隔声设计规范》（GB 50118—2010）的规定。

二、骨架隔墙工程质量控制

骨架隔墙工程质量控制适用于以轻钢龙骨、木龙骨等为骨架，以纸面石膏板、人造木板、金属板、铝塑板、水泥纤维板等为墙面板的隔墙工程的质量验收。

骨架隔墙工程的检查数量应符合下列规定：每个检验批应至少抽查 10％，并不得少于 3 间；不足 3 间时应全数检查。

1. 骨架隔墙工程质量的主控项目

（1）骨架隔墙所用龙骨、配件、墙面板、填充材料及嵌缝材料的品种、规格、性能和木材的含水率应符合设计要求。有隔声、隔热、阻燃、防潮等特殊要求的工程，材料应有相应性能等级的检验报告。检验方法：观察；检查产品合格证书、进场验收记录、性能检验报告和复验报告。

（2）骨架隔墙地基梁所用材料、尺寸及位置等应符合设计要求。骨架隔墙的沿地、沿顶及边框龙骨必须与基体结构连接牢固。检验方法：手扳检查；尺量检查；检查隐蔽工程验收记录。

（3）骨架隔墙中龙骨间距和构造连接方法应符合设计要求。骨架内设备管线的安装、门窗洞口等部位加强龙骨的安装应牢固、位置正确。填充材料的品种、厚度和设置，均应符合设计的要求。检验方法：检查隐蔽工程验收记录。

（4）木龙骨及木墙面板的防火和防腐处理必须符合设计要求。检验方法：检查隐蔽工程验收记录。

（5）骨架隔墙的墙面板应安装牢固，无脱层、翘曲、折裂及缺损。检验方法：观察；手扳检查。

（6）墙面板所用接缝材料的接缝方法应符合设计要求。检验方法：观察。

2. 骨架隔墙工程质量的一般项目

（1）骨架隔墙表面应平整光滑、色泽一致、洁净、无裂缝，接缝应均匀、顺直。检验方法：观察；手摸检查。

（2）骨架隔墙上的孔洞、槽、盒，应当位置正确、套切割吻合、边缘整齐。检验方法：观察。

（3）骨架隔墙内的填充材料应干燥，填充应密实、均匀、无下坠。检验方法：轻敲检查；检查隐蔽工程验收记录。

（4）骨架隔墙安装的允许偏差和检验方法应符合表 3-8 的规定。

表 3-8　骨架隔墙安装的允许偏差和检验方法

项次	项　目	允许偏差/mm		检验方法
		纸面石膏板	人造木板、水泥纤维板	
1	立面垂直度	3.0	4.0	用 2m 垂直检测尺检查
2	表面平整度	3.0	3.0	用 2m 靠尺和塞尺检查
3	阴阳角方正	3.0	3.0	用直角检测尺检查
4	接缝直线度	—	3.0	拉 5m 线，不足 5m 拉通线，用钢直尺检查
5	压条直线度	—	3.0	拉 5m 线，不足 5m 拉通线，用钢直尺检查
6	接缝高低差	1.0	1.0	用钢直尺和塞尺检查

三、板材隔墙工程质量控制

板材隔墙工程质量控制适用于复合轻质墙板、石膏空心板、预制或现制的钢丝网水泥板等板材隔墙工程的质量验收。

板材隔墙工程的检查数量应符合下列规定：每个检验批应至少抽查 10%，并不得少于 3 间；不足 3 间时应全数检查。

1. 板材隔墙工程质量的主控项目

（1）隔墙板材的品种、规格、性能、颜色应符合设计要求。有隔声、隔热、阻燃、防潮等特殊要求的工程，板材应有相应性能等级的检验报告。检验方法：观察；检查产品合格证书、进场验收记录和性能检验报告。

（2）安装隔墙板材所需预埋件、连接件的位置、数量及连接方法应符合设计要求。检验方法：观察；尺量检查；检查隐蔽工程验收记录。

（3）隔墙板材安装必须牢固。现制钢丝网水泥隔墙与周边墙体的连接方法应符合设计要求，并应连接牢固。检验方法：观察；手扳检查。

（4）隔墙板材所用接缝材料的品种及接缝方法应符合设计要求。检验方法：观察；检查产品合格证书和施工记录。

（5）隔墙板材安装位置应正确，板材不应有裂缝或缺损。检验方法：观察；尺量检查。

2. 板材隔墙工程质量的一般项目

（1）板材隔墙表面应光洁、平顺、色泽一致，接缝应均匀、顺直。检验方法：观察；手摸检查。

（2）隔墙上的孔洞、槽、盒，应当位置正确、套切割吻合、边缘整齐。检验方法：观察。

板材隔墙安装的允许偏差和检验方法应符合表 3-9 的规定。

表 3-9　板材隔墙安装的允许偏差和检验方法

项次	项目	允许偏差/mm				检验方法
		复合轻质墙板		石膏空心板	钢丝网水泥板	
		金属夹芯板	其他复合板			
1	立面垂直度	2.0	3.0	3.0	3.0	用 2m 垂直检测尺检查
2	表面平整度	2.0	3.0	3.0	3.0	用 2m 靠尺和塞尺检查
3	阴阳角方正	3.0	3.0	3.0	4.0	用直角检测尺检查
4	接缝高低差	1.0	2.0	2.0	3.0	用钢直尺和塞尺检查

四、活动隔墙工程质量控制

活动隔墙工程质量控制适用于各种活动隔墙工程的质量验收。活动隔墙工程的检查数量应符合下列规定：每个检验批应至少抽查 20%，并不得少于 6 间；不足 6 间时应全数检查。

1. 活动隔墙工程质量的主控项目

（1）活动隔墙所用墙板、轨道、配件等材料的品种、规格、性能和人造木板甲醛释放量、燃烧性能应符合设计要求。检验方法：观察；检查产品合格证书、进场验收记录、性能检验报告和复验报告。

（2）活动隔墙轨道必须与基体结构连接牢固，并且位置应正确。检验方法：尺量检查；手扳检查。

（3）活动隔墙用于组装、推拉和制动的构配件必须安装牢固、位置正确，推拉必须安全、平稳、灵活。检验方法：尺量检查；手扳检查；推拉检查。

（4）活动隔墙的组合方式、安装方法应符合设计要求。检验方法：观察。

2. 活动隔墙工程质量的一般项目

（1）活动隔墙表面应色泽一致、平整光滑、洁净，线条应顺直、清晰。检验方法：观察；手摸检查。

（2）活动隔墙上的孔洞、槽、盒，应当位置正确、套切割吻合、边缘整齐。检验方法：观察；尺量检查。活动隔墙推拉时应无噪声。检验方法：推拉检查。

（3）活动隔墙安装的允许偏差和检验方法应符合表 3-10 的规定。

表 3-10　活动隔墙安装的允许偏差和检验方法

项次	项目	允许偏差/mm	检验方法
1	立面垂直度	3.0	用 2m 垂直检测尺检查
2	表面平整度	2.0	用 2m 靠尺和塞尺检查
3	接缝直线度	3.0	拉 5m 线,不足 5m 拉通线,用钢直尺检查
4	接缝高低差	2.0	用钢直尺和塞尺检查
5	接缝的宽度	2.0	用钢直尺检查

五、玻璃隔墙工程质量控制

玻璃隔墙工程质量控制适用于玻璃板、玻璃砖隔墙工程的质量验收。玻璃隔墙工程的检查数量应符合下列规定：每个检验批应至少抽查 20%，并不得少于 6 间；不足 6 间时应全数检查。

1. 玻璃隔墙工程质量的主控项目

（1）玻璃隔墙工程所用材料的品种、规格、性能、图案和颜色应符合设计要求。玻璃板隔墙应使用安全玻璃。检验方法：观察；检查产品合格证书、进场验收记录和性能检验报告。

（2）玻璃板安装及玻璃砖砌筑方法应符合设计要求。检验方法：观察。

（3）有框玻璃板隔墙的受力杆件应与基体结构连接牢固，玻璃板安装橡胶垫位置应正确。玻璃板安装应牢固，受力应均匀。检验方法：观察；手推检查；检查施工记录。

（4）无框玻璃板隔墙的受力"爪件"应与基体结构连接牢固，"爪件"的数量、位置应正确，"爪件"与玻璃板的连接应牢固。检验方法：观察；手推检查；检查施工记录。

（5）玻璃板隔墙的安装必须牢固。玻璃板隔墙胶垫的安装应正确。检验方法：观察；手推检查；检查施工记录。

（6）玻璃门与玻璃墙板的连接、地弹簧的安装位置应符合设计要求。检验方法：观察；开启检查；检查施工记录。

（7）玻璃砖隔墙砌筑中埋设的拉结筋，必须与基体结构连接牢固，数量、位置正确。检验方法：手扳检查；尺量检查；检查隐蔽工程验收记录。

2. 玻璃隔墙工程质量的一般项目

（1）玻璃隔墙表面应色泽一致、平整洁净、清晰美观。检验方法：观察。

（2）玻璃隔墙接缝应横平竖直，玻璃应无裂痕、缺损和划痕。检验方法：观察。

（3）玻璃板隔墙嵌缝及玻璃砖隔墙勾缝应密实平整、均匀顺直、深浅一致。检验方法：观察。

（4）玻璃隔墙安装的允许偏差和检验方法应符合表 3-11 的规定。

表 3-11　玻璃隔墙安装的允许偏差和检验方法

项次	项目	允许偏差/mm		检验方法
		玻璃砖	玻璃板	
1	立面垂直度	2.0	3.0	用 2m 垂直检测尺检查
2	表面平整度	—	3.0	用 2m 靠尺和塞尺检查
3	阴阳角方正	2.0	—	用直角检测尺检查
4	接缝直线度	2.0	—	拉 5m 线,不足 5m 拉通线,用钢直尺检查
5	接缝高低差	2.0	3.0	用钢直尺和塞尺检查
6	接缝的宽度	1.0	—	用钢直尺检查

第四章 ▶▶▶
楼地面装饰工程施工技术

地面装饰的目的是保护地面结构的安全，增强地面的美化功能，使地面脚感舒适、使用安全、清理方便、易于保持。随着人们对地面装饰要求的不断提高，新型地面装饰材料和施工工艺的不断应用，地面装饰已由过去单一的混凝土或砖，逐渐被多品种、多工艺的各类地面所代替。目前，在地面装饰工程中常用的三大类地面材料分别是瓷砖类、大理石类、地毯和地垫软面料类。这些地面装饰材料和相应的施工工艺，对保护地面、室内美化、改善环境、服务人类等起着决定性作用。

第一节 楼地面装饰工程概述

建筑室内空间由地面、墙面、顶面的围合限定而成，从而确定了室内空间的大小和形状。进行室内装饰的目的是创造适用、美观的室内环境，室内空间的地面和墙面是衬托人和家具、陈设的背景，而顶面的差异使室内空间更富有变化。工程实践充分证明，建筑地面装饰工程是完善建筑使用功能、美化和提高环境质量的一种建筑修饰，是建筑装饰装修工程中不可缺少的重要组成部分。

一、地面工程主要功能

地面工程是房屋建筑底层地坪与楼层地坪的总称，它必须满足使用条件，满足一定的装饰要求。建筑物的楼地面所应满足的基本使用条件是具有必要的强度、耐磨、耐磕碰，表面平整光洁，便于清扫等。对于首层地坪尚须具有一定的防潮性能，对于楼面还必须保证一定的防渗漏能力。对于标准比较高的建筑，还必须考虑以下各方面的使用要求。

（1）隔声要求　这一使用要求包括隔绝空气声和隔绝撞击声两个方面。空气声的隔绝主要与楼地面的质量有关；对撞击声的隔绝，效果较好的是弹性地面。

（2）吸声要求　这一要求对控制室内噪声具有积极意义。一般硬质楼地面的吸声效果较差，而各种软质地面做法有较大的吸声作用，例如化纤地毯平均吸声的系数可达到55％。

（3）保温性能要求　一般石材楼地面的热传导性较高，而木地板之类的热传导性较低，宜结合材料的导热性能和人的感受等综合因素加以考虑。

（4）弹性要求　弹性地面可以缓冲地面反力，让人感到舒适，一般装饰标准高的建筑多采用弹性地面。

楼地面的装饰效果是整个室内装饰效果的重要组成部分，要结合室内装饰的整体布局和要求加以综合考虑。

二、楼地面工程的组成

楼地面按其构造由面层、垫层和基层等部分组成。

地面的基层多为土。地面下的填土应采用合格的填料分层填筑与夯实，土块的粒径不宜大于 50mm，每层的铺土厚度：机械压实厚度不大于 300mm，人工夯实厚度不大于 200mm。回填土的含水量应按最佳含水量控制，太干的土要洒水湿润，太湿的土应晾干后使用，每层夯实后的干密度应符合设计要求。

楼面的基层为楼板，垫层施工前应作好板缝的灌浆、堵塞工作和板面的清理工作。

基层施工应当抄平、弹线，统一施工的标高。一般在室内四壁上弹离地面高 500mm 的标高线作为统一控制线。

地面工程的垫层可分为刚性垫层、半刚性垫层及柔性垫层。

刚性垫层是指水泥混凝土、碎砖混凝土、水泥矿渣混凝土和水泥灰炉渣混凝土等各种低强度等级混凝土。刚性垫层厚度一般为 70~100mm，混凝土强度等级不宜低于 C10，粗骨料的粒径不应超过 50mm。施工方法与一般混凝土施工方法相近，工艺过程为清理基层、检测弹线→基层洒水湿润→浇筑混凝土垫层→养护。

半刚性垫层一般有灰土垫层、碎砖三合土垫层和石灰炉渣垫层等。其中：灰土垫层由熟石灰、黏土拌制而成，比例为 3∶7，铺设时，应分层铺设、分层夯实拍紧，并应在其晾干后，再进行面层施工；碎砖三合土垫层，采用石灰、碎砖和砂（可掺少量黏土）按比例配制而成，铺设时，应拍平夯实，硬化期间应避免受水浸湿；石灰炉渣层是用石灰、炉渣拌和而成，炉渣粒径不应大于 40mm，且不超过垫层厚的 1/2。粒径在 5mm 以下者，不得超过总体积的 40%，炉渣施工前应用水加以闷透，拌和时严格控制加水量，分层铺筑夯实平整。

柔性垫层包括用土、砂石、炉渣等散状材料经压实的垫层。砂垫层厚度不小于 60mm，适当浇水后用平板振动器振捣密实。砂石垫层厚度不小于 100mm，要求粗细颗粒混合摊铺均匀，浇水使砂石表面湿润，碾压或夯实不少于 3 遍至不松动为止。

地面工程中各种不同的基层和垫层，都必须具备一定的强度及表面平整度，以确保面层的施工质量。

三、地面面层的分类

楼地面按照面层结构不同主要可分为整体式地面（如灰土、菱苦土、水泥砂浆、混凝土、现浇水磨石、三合土等）、块材地面（如缸砖、釉面砖、陶瓷锦砖、拼花木板花砖、预制水磨石块、大理石板材、花岗石板材、硬质纤维板等）和涂布地面。

第二节　整体地面的施工

整体地面也称为整体面层，是指一次性连续铺筑而成的面层，这种地面的面层直接与人或物接触，是直接承受各种物理和化学作用的建筑地面表面层。整体面层的种类很多，在工程中主要有水泥混凝土面层、水泥砂浆面层、水磨石面层、水泥钢（铁）屑面层、防油渗面层、不发火面层等。

一、水泥混凝土面层施工

（一）对组成材料的要求

水泥混凝土面层组成材料主要包括水泥、砂子、石子、外加剂和水。为确保面层的施工质量，对所用的材料均应符合设计和现行标准的要求。

（1）水泥　水泥宜采用硅酸盐水泥、普通硅酸盐水泥或矿渣硅酸盐水泥，其强度等级不低于 42.5MPa，具有出厂合格证和复试报告。水泥的技术性能应符合现行国家标准《通用硅酸盐水泥》（GB 175—2007）中的要求。

（2）砂子　砂子应采用粗砂或中粗混合砂，砂中的含泥量不应大于 3%。砂的其他技术性能应符合现行国家标准《建设用砂》（GB/T 14684—2011）中的要求。

（3）石子　石子应采用碎石或卵石，其最大粒径不应大于面层厚度的 2/3，级配应符合设计要求；当采用细石混凝土面层时，石子的粒径不应大于 15mm，石子的含泥量不应大于 2%。石子的其他技术性能应符合现行国家标准《建设用卵石、碎石》（GB/T 14685—2011）中的规定。

（4）外加剂　外加剂的种类、性能应根据施工条件和要求选用，应具有出厂合格证，并经复验性能符合产品标准和施工要求。外加剂的具体技术性能应符合现行国家标准《混凝土外加剂》（GB 8076—2008）中的规定。

（5）水　混凝土所用的拌合水应采用符合饮用标准的水，其具体技术性能应符合现行行业标准《混凝土用水标准》（JGJ 63—2006）中的规定。

（二）施工主要机具

（1）机械设备　水泥混凝土面层施工所用的机械设备主要有混凝土搅拌机、混凝土输送泵、平板式振动器、机动翻斗车、混凝土切缝机等。

（2）主要工具　水泥混凝土面层施工所用的工具主要有平锹、铁滚筒、木抹子、铁抹子、长刮杠、2m 靠尺、水平尺、小桶、筛孔为 5mm 的筛子、钢丝刷、笤帚、手推车等。

（三）施工作业条件

（1）建筑主体结构已完毕并经验收，室内墙面上已弹好＋500mm 的水平线，这是进行地面和顶棚进行施工的依据。

（2）地面或楼面的垫层（基层）已按照设计要求施工完成，混凝土的强度已达到 5MPa 以上，预制空心楼板已嵌缝并经养护达到规定的强度。

（3）建筑室内门框、预埋件、各种管线及地漏等已安装完毕，并经质量检查合格，地漏口已遮盖，并已办理预检和作业层结构的隐蔽验收手续。

（4）建筑室内的各种立管和套管通过楼地面面层的孔洞，已用细石混凝土灌好并封实。

（5）顶棚、墙面的抹灰工程已施工完毕，经质量验收合格，地漏处已找水泛水及标高。

（6）地面基层已验收合格，墙面和柱面镶贴工作已完成。对卫生间等有瓷砖的墙面，应留下最下面一皮砖不贴，等地面施工完成后再进行镶贴。

（四）施工操作工艺

1. 水泥混凝土面层施工工艺流程

水泥混凝土面层施工工艺流程为：清理基层→弹标高和面层水平线→洒水湿润（绑扎钢筋网片）→做找平墩→配制混凝土→铺筑混凝土→振捣或滚压混凝土→撒干水泥砂→压光面层表面→养护混凝土。

2. 水泥混凝土面层施工操作要点

（1）清理基层　将基层表面上的泥土、浮浆块等杂物清理冲洗干净，若楼板的表面有油污，应用5%～10%浓度的氢氧化钠溶液清洗干净。铺设面层混凝土前1d浇水湿润，面层表面的积水应予扫除。

（2）弹标高和面层水平线　根据已室内墙面已弹好的+500mm水平标高线，测量出地面面层的水平线，将其弹在四周的墙面上，并要与房间以外的楼道、楼梯平台、踏步的标高相互一致。

（3）绑扎钢筋网片　地面面层内设计有钢筋网片时，应先进行钢筋网片的绑扎，钢筋网片要按设计图纸的要求进行制作和绑扎。

（4）做找平标志　在混凝土正式铺筑前，按照标准水平线用木板隔成相应的区段，以便控制混凝土面层的厚度。地面上有地漏时，要在地漏四周做出0.5%的泛水坡度。

（5）配制混凝土　地面面层混凝土的强度等级不应低于C20，水泥混凝土垫层兼做面层时，其混凝土的强度等级不应低于C15。混凝土的施工配合比应严格按照设计要求进行试配，用机械进行搅拌，搅拌时间不于90s，要求拌和均匀，随拌随用。当采用泵送混凝土时，坍落度应满足泵送的要求；当采用非泵送混凝土时，坍落度不宜大于30mm。

（6）铺筑混凝土　地面面层所用的混凝土有细石混凝土、普通混凝土和泵送混凝土，不同的混凝土所采用的铺筑方法也是不同的。

① 当采用细石混凝土铺筑时，预先应在湿润的基层表面上均匀涂刷一道（1:0.40)～（1:0.45)（水泥:水）的素水泥浆，随刷水泥浆随铺筑混凝土。按照分段顺序铺筑混凝土，随铺筑随用刮杠刮平混凝土表面，然后用平板振动器振捣密实；如用铁滚筒人工滚压时，滚筒要交叉滚压3～5遍，直至混凝土表面泛浆为止。

② 当采用普通混凝土铺筑时，在混凝土铺筑后，先用平板振动器进行振捣，再用刮杠将表面刮平，最后用木抹子揉搓提浆抹平。

③ 当采用泵送混凝土铺筑时，在满足泵送要求的前提下，尽量采用较小的坍落度，布料口要来回摆动布料，禁止靠混凝土自然流淌布料。随布料随用大杠粗略找平后，用平板振动器振动密实，然后用大杠进一步刮平，多余的浮浆要随即削除。如因含水量过大而出现表面泌水，可采用表面撒一层拌和均匀的干水泥砂子，水泥砂子的体积比为1:2，待表面水分吸收后即可抹平压光。

（7）抹平压光　水泥混凝土振捣密实后，必须做好面层的抹平和压光工作。水泥混凝土初凝前，应完成面层抹平、揉搓均匀，待混凝土开始凝结即分遍抹压面层。

① 第一遍抹压　先用木抹子揉搓提浆并将表面抹平，再用铁抹子轻压。然后将表面的脚印抹平，至混凝土表面压出水光为止。

② 第二遍抹压　当混凝土面层开始凝结，地面用脚踩有脚印但不下陷时，先用木抹子揉搓出浆，再用铁抹子进行第二遍抹压，把凹坑、砂眼填实、抹平，应注意不要漏压。

③ 第三遍抹压　当面层上人用脚踩稍布脚印，而抹压无抹纹时，应用铁抹子进行第三遍抹压，抹压时要用力稍大，抹平压光不留抹纹为止，压光时间应控制在混凝土终凝前

完成。

（8）养护混凝土　混凝土面层第三遍抹压完 24h 内要加以覆盖并浇水养护，有条件的也可分间、分块蓄水养护。在常温条件下连续养护时间不得少于 7d。养护期间应进行封闭，严禁上人和其他作业。

（9）施工缝处理　地面混凝土面层应连续浇筑，一般不留施工缝。当施工间歇超过规定允许时间时，应对已凝结的混凝土接槎处进行处理，剔除松散的石子和砂浆，湿润并铺设与混凝土配合比相同的水泥砂浆再浇筑混凝土，应特别重视接缝处的捣实压平，不应显出接槎。

（10）浇筑钢筋混凝土楼板或水泥混凝土垫层兼做地面面层时，可以采用随浇筑随抹平的施工方法，可节约水泥、加快施工进度、提高施工质量。

（11）踢脚线施工　水泥混凝土地面面层一般用水泥砂浆做踢脚线，并在地面面层完成后施工。底层和面层砂浆宜分两次抹成。抹底层砂浆前应先清理基层，洒水湿润，然后按标高线量出踢脚线的标高，拉通线确定底层厚度，在适当的位置贴灰饼，抹配合比为 1∶3 的水泥砂浆，用刮板刮平并搓毛，然后洒水养护。抹面层砂浆应在底层砂浆硬化后，拉线粘贴尺杆，抹配合比为 1∶2 的水泥砂浆，用刮板紧贴尺杆垂直地面刮平，用铁抹子压光，阴阳角、踢脚线的上口，用角抹子溜直压光。踢脚线的出墙厚度宜为 5～8mm。

3. 水泥混凝土面层施工注意事项

（1）在铺设混凝土整体面层时，其水泥类基层的抗压强度不得低于 1.2MPa；表面应平整、粗糙、洁净、湿润并不得有积水。铺设前宜涂刷界面处理剂，或涂刷一层水泥浆，水泥浆的水灰比宜为 0.4～0.5，并且做到随刷随铺。

（2）铺设混凝土整体面层，应符合设计中的要求。结合层和板块面层的填缝采用的水泥砂浆，应符合下列规定。

① 配制水泥砂浆应采用硅酸盐水泥、普通硅酸盐水泥，其强度等级不应低于 42.5MPa。采用矿渣硅酸盐水泥，其强度等级不应低于 32.5MPa。

② 水泥砂浆采用的砂的技术性能应符合现行国家标准《建设用砂》（GB/T 14684—2011）和《普通混凝土用砂、石质量标准及检验方法》（JGJ 52—2006）中的要求。

③ 配制水泥砂浆的体积比、相应的强度等级和调度，应符合设计要求。当设计无具体要求时应按表 4-1 中的规定采用。

表 4-1　水泥砂浆的体积比、相应的强度等级和调度

面层种类	构造层	水泥砂浆体积比	相应的强度等级	砂浆稠度/mm
条石、无釉陶瓷地砖面层	结合层和面层的填缝	1∶2	≥M15	25～35
水泥钢(铁)屑面层	结合层	1∶2	≥M15	25～35
整体水磨石面层	结合层	1∶3	≥M10	30～35
预制水磨石、大理石板、花岗石板、陶瓷马赛克、陶瓷地砖面层	结合层	1∶2	≥M15	25～35
水泥花砖、预制混凝土板面层	结合层	1∶3	≥M10	30～35

（3）水泥混凝土整体面层施工完毕后，养护时间不应少于 7d；抗压强度应达到 5MPa 后，方准上人行走；抗压强度应达到设计要求后，方可正常使用。

（4）配制混凝土面层、结合层用的水泥应采用硅酸盐水泥、普通硅酸盐水泥或矿渣硅酸盐水泥及白色硅酸盐水泥。结合层配制水泥砂浆的体积比、相应的强度等级应按表 4-1 采用。

（5）当采用掺有水泥的拌合料做踢脚线时，不得用石灰砂浆进行打底。踢脚线宜在建筑

地面面层基本完工后进行，同时要注意对已完工面层的保护。

（6）厕浴间和有防水要求的建筑地面的结构层标高，应结合房间内外标高差、坡度流向以及隔离层能裹住地漏等进行施工，地面面层铺设后不应出现倒泛水现象。

（7）楼梯踏步的高度，应以楼梯间结构层的标高结合楼梯上、下级踏步与平台、走道连接处面层的做法，进行合理划分，以保证每级踏步高度符合设计要求，且其高度差达到国家规范的规定。

（8）铺设水泥类地面面层需进行分格时，其面层一部分分格缝应与水泥混凝土垫层的缩缝相应对齐。水磨石面层与垫层对齐的分格缝宜设置双分格条。

（9）室内水泥类地面面面层与走道邻接的门口处应设置分格缝；大开间楼层的水泥类面层在结构易变形的位置应设置分格缝。

（10）整体水泥混凝土面层的抹平工作，应在混凝土初凝前完成，压光工作应混凝土终凝前完成。

（11）室外散水、明沟、踏步、台阶、坡道等各构造层均应符合设计要求，施工时应符合现行国家或行业标准中对基层（基土、同类垫层和构造层）、同类面层的规定。

（12）当低于以下规定的环境温度控制时，建筑地面工程施工应采取相应的冬期技术措施：①采用掺有水泥、石灰的拌合料铺设以及用石油沥青胶结料铺设时，不应低于 5℃；②采用有机胶黏剂粘贴时，不应低于 10℃；③采用砂子、石材、碎砖料铺设时，不应低于 0℃。

二、水泥砂浆面层施工

水泥砂浆地面面层是应用最普遍的一种面层，是直接在现浇混凝土垫层的水泥砂浆找平层上施工的一种传统整体地面。水泥砂浆楼地面属低档地面面层，造价较低，施工方便，但不耐磨，易起砂起灰。

（一）对组成材料的要求

水泥混凝土面层组成材料主要包括水泥、砂子、石屑和水。为确保面层的施工质量，对所用的材料均应符合设计和现行标准的要求。

（1）水泥　水泥宜采用硅酸盐水泥、普通硅酸盐水泥或矿渣硅酸盐水泥，其强度等级不低于 42.5MPa，具有出厂合格证和复试报告。不同品种、不同强度等级的水泥严禁混用，已结块或受潮的水泥不得使用。水泥的技术性能应符合现行国家标准《通用硅酸盐水泥》（GB 175—2007）中的要求。

（2）砂子　砂子应采用中砂或粗砂，砂中的含泥量不应大于 3%。砂的其他技术性能应符合现行国家标准《建设用砂》（GB/T 14684—2011）中的要求。

（3）石屑　石屑的粒径宜为 1～5mm，其含粉量（含泥量）不应大于 3%。

（4）水　混凝土所用的拌合水应采用符合饮用标准的水，其具体技术性能应符合现行行业标准《混凝土用水标准》（JGJ 63—2006）中的规定。

（二）施工主要机具

（1）机械设备　水泥砂浆面层施工所用的机械设备主要有砂浆搅拌机、机动翻斗车等。

（2）主要工具　水泥砂浆面层施工所用的工具主要有平铁锹、木刮尺、刮杠、木抹子、铁抹子、角抹子、喷壶、小水桶、钢丝刷、扫帚、毛刷、筛子（5mm 网眼）、手推车等。

（三）施工作业条件

（1）建筑主体结构已完毕并经验收，室内墙面上已弹好＋500mm 的水平线，这是进行地面和顶棚进行施工的依据。

（2）地面或楼面的垫层（基层）已按照设计要求施工完成，混凝土的强度已达到 5MPa 以上，预制空心楼板已嵌缝并经养护达到规定的强度。

（3）建筑室内门框、预埋件、各种管线及地漏等已安装完毕，并经质量检查合格，地漏口已遮盖，并已办理预检和作业层结构的隐蔽验收手续。

（4）建筑室内的各种立管和套管通过楼地面面层的孔洞，已用细石混凝土灌好并封实。

（5）顶棚、墙面的抹灰工程已施工完毕，经质量验收合格，地漏处已找水泛水及标高。

（6）地面基层已验收合格，墙面和柱面镶贴工作已完成。对卫生间等有瓷砖的墙面，应留下最下面一皮砖不贴，等地面施工完成后再进行镶贴。

（四）施工操作工艺

1. 水泥砂浆面层施工工艺流程

水泥砂浆面层施工工艺流程为：清理基层→弹面层线→贴灰饼→配制砂浆→铺筑砂浆→表面找平→面层压光→洒水养护。

2. 水泥砂浆面层施工操作要点

（1）清理基层　将基层表面上的积灰、泥土、浮浆、油污及杂物清扫干净，明显凹陷处应用水泥砂浆或细石混凝土填平，表面光滑处应凿毛处理并清刷干净。在铺筑水泥砂浆前一天浇水湿润，表面积水应予排除。当表面不平，且低于铺设标高 30mm 的部位，应在铺设细石混凝土找平。

（2）弹标高和面层水平线　根据墙面已弹出的＋500mm 水平标高线，测量出地面面层的水平线，将其弹在四周的墙面上，并要与房间以外的楼道、楼梯平台、踏步的标高相互一致。

（3）贴灰饼　根据墙面弹出的标高线，用配合比为 1：2 的干硬性水泥砂浆在基层上做灰饼，灰饼的大小约 50mm 见方，纵横间距约 1.5m。有坡度的地面，为便于排水，应坡向地漏。如局部厚度小于 10mm 时，应调整其厚度或将局部高出的部分凿除。对于面积较大的地面，应用水准仪测出基层的实际标高，并计算出面层的平均厚度，确定面层的标高，然后再按要求做灰饼。

（4）配制水泥砂浆　地面面层水泥砂浆的体积配合比宜为 1：2（水泥：砂），稠度不大于 35mm，强度等级不应低于 M15。水泥砂浆应用机械进行搅拌，投料完毕后的搅拌时间应不少于 2min，要求拌和均匀，颜色一致。

（5）铺筑水泥砂浆　水泥砂浆面层的厚度应符合设计要求，且不应小于 20mm。在铺筑砂浆前先在基层上均匀刷一遍水泥浆，水泥浆的水灰比为 0.4～0.5，随刷水泥浆随铺筑砂浆。注意水泥砂浆的虚铺厚度宜高于灰饼 3～4mm。

（6）表面找平、第一遍压光　水泥砂浆铺筑后，随即用刮杠按照灰饼的高度，将水泥砂浆刮平，同时把灰饼剔掉，并用水泥砂浆填平。然后用木抹子揉搓压实，用刮杠检查表面平整度。待水泥砂浆收水后，随即用铁抹子进行第一遍抹平压实，抹压时应用力均匀，并向后倒退操作。如局部水泥砂浆过干，可用毛刷稍微洒水；如局部水泥砂浆过稀，可均匀撒一层配合比为1：2干水泥砂吸水，随手用木抹子用力搓平，使其互相混合并与水泥砂浆结合紧密。

（7）第二遍压光　在水泥砂浆达到初凝后进行第二遍压光，用铁抹子边抹边压，把死坑、砂眼填实压平，使面层表面平整，要求不得有漏压。

（8）第三遍压光　在水泥砂浆达到终凝前进行第三遍压光，即人踩上去稍有脚印时进行。在要求用抹子压光无痕时，用铁抹子把前遍留的抹纹全部压平、压实、压光。

（9）进行养护　根据水泥砂浆铺筑时的环境温度确定开始养护时间。一般在第三遍压光结束24h后，在面层上洒水保持湿润，养护时间不少于7d。

（10）分格缝的设置　当水泥砂浆面层需分格时，即做成假缝，应在水泥砂浆初凝后进行弹线分格。宜先用木抹子沿线搓出一条一抹子宽的面层，用铁抹子压光，然后采用分格器进行压缝。分格缝要求平直，深浅一致。大面积水泥砂浆面层，其分格缝的一部分位置应与水泥混凝土垫层的缩缝相应对齐。

（11）踢脚线施工　水泥混凝土地面面层一般用水泥砂浆做踢脚线，并在地面面层完成后施工。底层和面层砂浆宜分两次抹成。抹底层砂浆前应先清理基层，洒水湿润，然后按标高线量出踢脚线的标高，拉通线确定底层厚度，在适当的位置贴灰饼，抹配合比为1：3的水泥砂浆，用刮板刮平并搓毛，然后洒水养护。抹面层砂浆应在底层砂浆硬化后，拉线粘贴尺杆，抹配合比为1：2的水泥砂浆，用刮板紧贴尺杆垂直地面刮平，用铁抹子压光，阴阳角、踢脚线的上口，用角抹子溜直压光。踢脚线的出墙厚度宜为5～8mm。

（12）楼梯水泥砂浆面层施工　楼梯水泥砂浆面层可按以下方法和要求进行施工。

①弹控制线　根据楼层和休息平台（或下一楼层）面层标高，在楼梯侧面墙上弹出一条斜线，然后在休息平台（或下一楼层）的楼梯起点处的侧面墙弹出一条垂直线，再根据两面层的标高差除以本楼梯段的踏步数（要求精确到毫米），平均分配标在这条垂线上，每个标点与斜线的水平相交点，即为每个踏步水平标高和竖直位置的交点。根据这个交点向下、向内分别弹出垂直和水平线，形成的锯齿线即为每个踏步的面层位置控制线。

②清理基层　将基层表面上的积灰、泥土、浮浆、油污及杂物清扫干净，明显凹陷处应用水泥砂浆或细石混凝土填平，表面光滑处应凿毛处理并清刷干净。

③预埋踏步阳角钢筋　根据弹好的控制线，将调直的直径为10mm钢筋沿踏步长度方向每300mm焊两根直径为6mm的固定锚筋，用配合比1：2水泥砂浆牢固固定，直径10mm钢筋的上表面同踏步阳角面层持平。固定牢靠后洒水养护24h。

④抹找平层　根据弹出的控制线，留出面层厚度（6～8mm），在粘贴靠尺、抹找平砂浆前，基层要提前进行湿润，并随刷水泥浆随抹找平打底砂浆一遍，找平打底砂浆的体积比宜为1：2.5（水泥：砂），找平打底的顺序为：先做踏步立面，再做踏步平面，后做踏步侧面，依次顺序做完整个楼梯段的打底找平工序，最后粘贴尺杆将楼梯板下滴水沿找平、打底灰抹完，并把表面压实搓毛，洒水养护，待找平打底砂浆硬化后，再进行面层施工。

⑤抹面层水泥砂浆并压第一遍　在抹面层水泥砂浆前，按照设计要求，镶嵌防滑条。抹面层砂浆时，要随刷水泥浆随抹水泥砂浆，水泥砂浆的体积比宜为1：2（水泥：砂）。抹完水泥砂浆后，用刮尺杆将砂浆表面进行找平，并用木抹子搓揉压实，待水泥砂浆收水后，随即用铁抹子进行第一遍抹平压实至表面起浆为止，抹压的顺序为：先踏步立面，再踏步平面，后踏步侧面。

⑥第二遍压光　在水泥砂浆达到初凝后进行第二遍压光，用铁抹子边抹边压，把死坑、砂眼填实压平，使面层表面平整，要求不得有漏压。

⑦第三遍压光　在水泥砂浆达到终凝前进行第三遍压光，即人踩上去稍有脚印时进行。

在要求用抹子压光无痕时，用铁抹子把前遍留的抹纹全部压平、压实、压光。

⑧ 抹楼板下滴水沿及截水槽　在楼梯面层抹完后，随即进行楼梯板下滴水沿抹面，粘贴尺杆抹体积比为1：2（水泥：砂）的水泥砂浆面层，抹时要随刷水泥浆随抹水泥砂浆，并用刮尺杆将砂浆找平，用木抹子搓揉压实，待水泥砂浆收水后，随即用铁抹子进行第一遍压光，并将截水槽处分格条取出，用溜缝抹子进行溜压，使缝边顺直、线条清晰。在砂浆初凝后进行第二遍压光，将砂眼抹平压光。在砂浆达到终凝前，进行第三遍压光，直至表面无抹纹，平整光滑为止。

⑨ 进行养护　根据水泥砂浆铺筑时的环境温度确定开始养护时间。一般在第三遍压光结束24h后，在面层上洒水保持湿润，养护时间一般不得少于7d。

⑩ 抹防滑条金刚砂砂浆　将楼梯面层水泥砂浆初凝后，取出防滑条预埋的木条，养护7d后，清理干净槽内的杂物，浇水湿润，在槽内抹体积比为1：2（水泥：金刚砂）水泥金刚砂砂浆，高出踏步面4～5mm，用圆阳角抹子将其捋实压光。待完活24h后，洒水养护，保持湿润养护时间不得少于7d。

三、水磨石面层施工

水磨石是指将碎石拌入水泥制成混凝土制品后表面磨光的制品。水磨石面层是属于较高级的建筑地面工程之一，也是目前工业与民用建筑中采用较广泛的楼面与地面面层的类型，其特点是表面平整光滑、外观美、不起灰，又可以按照设计和使用要求做成各种彩色图案，因此应用范围较广。在民用建筑和公共建筑中，使用非常广泛，如机场候机楼、宾馆门厅和医院、宿舍走道、卫生间、饭厅、会议室、办公室等。

（一）对组成材料的要求

水磨石面层组成材料主要包括水泥、石粒、颜料、分格条、水和其他材料。为确保面层的施工质量，对所用的材料均应符合设计和现行标准的要求。

（1）水泥　本色或深色的水磨石面层，宜采用强度等级不低于42.5MPa的硅酸盐水泥、普通硅酸盐水泥，或强度等级不低于32.5MPa的矿渣硅酸盐水泥，不得使用粉煤灰硅酸盐水泥。白色或浅色的水磨石面层，宜采用白色硅酸盐水泥，其技术性能应符合现行国家标准《白色硅酸盐水泥》（GB/T 2015—2005）中的规定。水泥必须有出厂合格证和复试报告，同一颜色的面层应使用同一批水泥。

（2）石粒　水磨石面层所用的石粒应符合下列要求：①石粒宜采用坚硬可磨的白云石、大理石等岩石加工而成；②石粒应当有棱角、洁净无杂物，其粒径除有了特殊要求外应为6～15mm；③石粒在运输、装卸、堆放和配制的过程中，应防止混入杂质，并应当按照产地、种类和规格分别堆放；④石粒应分批按不同品种、规格、色彩堆放在席上保管，使用前应用清水冲洗干净、晾干待用。

（3）颜料　水磨石面层所用的矿物颜料，应具有良好的耐光、耐碱性能，不得使用酸性颜料，颜料颗粒均匀且无结块。同一彩色水磨石面层应使用同厂、同批的颜料，以避免造成颜色深浅不一；其掺入应通过试验确定，一般宜为水泥质量的3%～6%。所用颜料的技术性能应符合现行标准《混凝土和砂浆用颜料及其试验方法》中的规定。

（4）分格条　水磨石面层所用的分格条应符合下列要求：①铜条厚1～1.2mm，铝合金条厚1～2mm，玻璃条厚3mm，彩色塑料条厚2～3mm；②分格条宽度根据石粒粒径确定，当采用小八厘（粒径10～12mm）时为8～10mm，当采用中八厘（粒径12～15mm）、大八厘（粒径 12～18mm）时均为 12mm；③分格条长度以分块尺寸确定，一般为 1000～1200mm。铜条、铝合金条应经调直后使用，下部 1/3 处每米钻 4 个直径 2mm 的孔，穿钢丝备用。

（5）草酸、白蜡、钢丝　草酸为白色结晶，块状、粉状均可；白蜡用川蜡和地板蜡成品；钢丝为 22 号钢丝。

（6）水　水磨石施工中所用的拌合水应采用符合饮用标准的水，其具体技术性能应符合现行行业标准《混凝土用水标准》（JGJ 63—2006）中的规定。

（二）施工主要机具

（1）机械设备　水磨石面层施工所用的机械设备主要有混凝土搅拌机、平面磨石机、立面磨石机等。

（2）主要工具　水磨石面层施工所用的工具主要有平铁锹、滚筒（直径 150mm，长 800mm，重 70kg 左右）、铁抹子、水平尺、木刮杠、粉线包、靠尺、60～240 号金刚石、240～300 号油石、手推胶轮车等。

（三）施工作业条件

（1）顶棚和墙面的抹灰工程已经完成，门框已经立好，各种管线已经埋设完毕，地漏口已经遮盖。

（2）混凝土垫层已浇筑完毕，按照标高留出水磨石底灰和面层的厚度，并经养护混凝土的强度达到 5MPa 以上。

（3）水磨石施工所用的材料已经备齐，按要求运到施工现场，经检查质量符合设计要求。材料的数量可以满足连续作业的需要。

（4）为保证水磨石色彩均匀，水泥和颜料已按工程需要一次配够，干拌均匀过筛装入袋中，袋子要扎好口，防止湿润变质，然后堆放在仓库中备用。

（5）水磨石施工所用的石粒应分别过筛，并去掉杂质、洗净晾干备用。

（6）在水磨石正式铺筑前，在墙面上弹好或设置控制面层标高和排水坡度的水平基准线或标志。

（7）彩色水磨石当采用白色硅酸盐水泥掺色粉配制时，应当事先按照不同的配比做出样板，供设计人员和业主选定。

（四）施工操作工艺

1. 水磨石面层施工工艺流程

水磨石面层施工工艺流程为：清理、湿润基层→弹控制线、做灰饼→抹找平层→镶嵌分格条→铺抹石粒浆→滚压密实→铁抹子压平、养护→试磨→粗磨→刮浆→中磨→刮浆→细磨→草酸清洗→打蜡抛光。

2. 水磨石面层施工操作要点

（1）水磨石面层的厚度除有特殊要求外，一般为 12～18mm，且按石粒粒径的大小确定。其颜色和图案应符合设计要求。

（2）基层处理　水磨石面层的基层处应符合下列要求：①把黏结在混凝土基层上的浮浆、松动混凝土和砂浆等剔掉，用钢丝刷刷掉水泥浆皮，然后用扫帚打扫干净；②有防水要求的建筑地面工程，铺设前必须对立管、套管和地漏与楼板节点之间进行密封处理，排水坡度应符合设计要求。

（3）抹水泥砂浆找平层　基层处理完毕后，以统一标高线为准确定面层的标高。施工时提前 24h 将基层面洒水润湿后，满刷一遍水泥浆黏结层，其水泥浆稠度应根据基层湿润程度而定，水灰比以 0.4～0.5 为宜，涂刷厚度控制在 1mm 以内。应做到边刷水泥浆边铺设水泥砂浆找平层。找平层应采用体积比为 1∶3 水泥砂浆或 1∶3.5 干硬性水泥砂浆。水泥砂浆找平层铺好后应养护 24h，水磨石面层施工应在找平层的抗压强度达到 1.2MPa 后方可进行。

（4）镶嵌分格条　水磨石面层的分格条应按以下方法和要求进行镶嵌。

① 按照设计分格和图案的要求，用色线包在基层上弹出清晰的线条，在进行弹线时，先根据墙面位置及镶边尺寸弹出镶边线，然后复核内部分格与设计是否相符，如有余量或不足，则按照实际进行调整。分格间距以 1m 为宜，面层分格的一部分分格位置必须与基层（包括垫层和结合层）的缩缝对齐，以便使上下各层能同步收缩。

② 按弹线用稠水泥浆把分格条黏结固定，镶嵌分格条方法如图 4-1 所示。分格条应先粘一侧，再粘另一侧，当分格条为铜、铝合金材料时，应用长 60mm 的 22 号钢丝从分格条孔中穿过，并埋固在水泥浆中，水泥浆粘贴高度应比分格条顶面低 4～6mm，并将水泥浆做成 45°。镶嵌分格条时应先把需镶嵌分格条部位基层湿润，涂刷结合层，然后再镶分格条。待水泥浆达到初凝后，用毛刷沾水将其表面刷毛，并将分格条交叉接头部位的水泥浆掏空。

(a) 镶嵌分格条　　　　　　(b) 镶嵌分格条平面图

图 4-1　镶嵌分格条方法

1—混凝土垫层；2—水泥砂浆底灰；3—分格条；4—水泥浆；5—40～50mm 内不抹水泥浆区

③ 分格条应粘贴牢固、平直，接头严密，应用靠尺板将分格条比齐，使其上部平齐一致，作为铺设水磨石面层的标志，并拉 5m 通线检查直度，其偏差不得超过 1mm。

④ 在常温环境下镶嵌分格条 12h 后，开始洒水进行养护，养护时间不得少于 2d。

（5）铺筑石粒浆　水磨石面层的石粒浆应按以下方法和要求进行铺筑。

① 水磨石面层应采用水泥与石粒的拌合料进行铺筑。如几种颜色的石粒浆应注意不可同时铺抹，要先铺抹深色的，后铺抹浅色的，先做大面，后做镶边，待前一种凝固后，再铺筑后一种，以免产生串色、界限不清，影响水磨石的施工质量。

② 地面水磨石石粒浆体积配合比为（1∶1.5）～（1∶2.5）（水泥∶石粒）；要求计量准确，拌和均匀，宜采用机械搅拌，其稠度不得大于 60mm。彩色水磨石应加入一定量的颜料，颜料以水泥质量的百分比计，事先将调配好过筛的物料过筛装袋备用。

③ 地面在铺筑石粒浆前应先将积水扫干净，然后刷一层水灰比为 0.4～0.5 的水泥浆黏结层，并随刷随铺筑石粒浆。在铺筑石粒浆时，用铁抹子把石粒由中间向四周摊铺，并用刮尺刮平，虚铺厚度比分格条高 5mm，再在其上面均匀撒一层石粒，拍平压实、提浆，对分格条两边及交角处要特别注意拍平压实。石粒浆铺抹后高出分格条的高度应一致，厚度以拍实压平后高出分格条 1～2mm 为宜。石粒浆整平后如发现石粒过稀处，可以在其表面上再适当撒一层石粒，对石粒过密处可适当剔除一些石粒，使表面石粒显露均匀，无缺石粒现

象，接着用滚子进行滚压。

（6）滚压石粒浆　水磨石面层的石粒浆应按以下方法和要求进行滚压。

① 面层石粒浆滚压应从横竖两个方向轮换进行。磙子两边应大于分格至少100mm，在滚压前应将分格条顶面的石粒清除干净，以避免压坏分格条。

② 在滚压时用力应均匀，防止压倒或压坏分格条，注意分格条附近浆多石粒少时，要随手补上。滚压到表面平整、泛浆且石粒均匀排列、磙子表面不沾浆为止。

（7）抹平与养护　水磨石面层的抹平与养护应按以下方法和要求进行。

① 待石粒浆基本收水后（即滚压2h），用铁抹子将滚压留下的波纹抹平压实。如还发现有石粒过稀处，仍需要补撒石粒抹平。

② 石粒面层完成后，在常温下应于次日进行浇水养护，养护时间不得少于5d。

（8）面层试磨　水磨石面层应按以下方法和要求进行试磨。

① 水磨石面层在开磨前应进行试磨，试磨开磨时间以石粒不松动、不掉粒为准，经检查确认可磨后，方可正式开磨。一般开磨时间可参考表4-2。

表4-2　开磨时间参考

平均气温/℃	开磨时间/d	
	机械磨	人工磨
20～30	2～3	1～2
10～20	3～4	1.5～2.5
5～10	5～6	2～3

② 普通水磨石面层的磨光遍数不应少于3遍，高级水磨石面层的厚度和磨光遍数由设计确定。

（9）面层粗磨　水磨石面层应按以下方法和要求进行粗磨：①水磨石面层粗磨用60～90号金刚石，磨石机在地面上呈横"8"字形移动，边研磨边加水，随时清扫磨出的泥浆，并用靠尺不断检查水磨石表面的平整度，直至将表面磨平，全部显露出分格条与石粒后，再将表面清理干净；②待面层稍干再满涂同色水泥浆一道，以填补砂眼和细小的凹痕，脱落的石粒应补齐。

（10）面层中磨　水磨石面层应按以下方法和要求进行中磨：①水磨石面层的中磨应在粗磨结束并待第一遍水泥浆养护2～3d后进行；②水磨石面层中磨用90～120号金刚石，机磨方法与粗磨相同，磨至表面光滑后，同样将表面清洗干净，再满涂第二遍同色水泥浆，然后再养护2～3d。

（11）面层细磨　水磨石面层应按以下方法和要求进行细磨：①面层细磨即第三遍磨光，应在中磨结束并养护完成后进行；②水磨石面层细磨用180～240号金刚石，机磨方法与粗磨相同，磨至表面平整光滑，石子显露均匀，无细孔磨痕为止；③面层边角等磨石机磨不到的地方，可用人工手磨；④当为高级水磨石面层时，在第三遍细磨后，经过满涂水泥浆和养护，用240～300号油石继续进行第四、第五遍磨光，直至完全符合设计要求。

（12）草酸清洗　水磨石面层应按以下方法和要求进行草酸清洗：①在水磨石面层磨光完成后，要注意对成品的保护，涂草酸和上蜡前，其表面不得污染；②用热水溶化草酸，其质量比为1∶0.35，冷却后在清洗干净的面层上用布均匀涂抹，每涂抹一段用240～300号油石磨出水泥浆及石粒本色，再冲洗干净，用棉纱或软布擦干；③亦可采用面层磨光后，在表面上撒草酸粉洒水，再进行擦洗，露出面层的本色，再用清水冲洗干净，最后用拖布拖干。

（13）打蜡抛光　水磨石面层应按以下方法和要求进行打蜡抛光：①经过草酸清洗后的

水磨石面层，将其擦净晾干、打蜡工作应在不影响水磨石面层质量的其他工序全部完成后进行；②地板蜡市场上有成品供应，可根据实际进行选用，当采用自制时，其方法是：将蜡、煤油按 1∶4 的重量比放入桶内加热、溶化，温度控制在约 120～130℃，再掺入适量松香水后调成稀糊状，凉透后即可使用；③用布或干净麻丝蘸蜡薄薄均匀地涂在水磨石面上，待蜡完全干透后，用包有麻布或细帆布的木块代替油石，装在磨石机的磨盘上进行磨光，或者用打蜡机进行打磨，直到水磨石表面光滑洁亮为止。高级水磨石应打两遍蜡，抛光两遍。打蜡后铺上锯末进行养护。

（14）踢脚线施工　水磨石的踢脚线应按以下方法和要求进行施工：①踢脚线在地面水磨石磨后进行，施工时应先进行基层清理和抹找干层，踢脚线的操作要点与水泥混凝土面层中的踢脚线施工相同；②踢脚线抹石粒浆的面层，所用材料的配合比为 (1∶1)～(1∶1.5)（水泥∶石粒），出墙厚度宜为 8mm，石粒宜采用小八厘的；在进行铺抹时，先将底子灰用水湿润，在阴阳角及上口，用靠尺按水平线找好规矩，贴好尺杆，刷纯水泥浆一遍后，随即抹石粒浆，然后抹平、压实；待石粒浆达到初凝时，用毛刷沾水刷去表面的灰浆，次日喷水养护；③踢脚线面层可采用立面磨石机进行磨光，也可采用角向磨光机进行粗磨、手工细磨或全部采用手工磨光；采用手工磨光时，开磨时间可以适当提前；④踢脚线施工的磨光、刮浆、养护、酸洗、打蜡等工序和要求，与地面水磨石面层相同。但应特别注意踢脚线上口必须仔细磨光。

（15）楼梯踏步施工　楼梯踏步应按以下方法和要求进行施工：①楼梯踏步的基层处理及找平层施工操作要点，可参考水泥砂浆面层中的"楼梯水泥砂浆面层施工"。②楼梯踏步面层应先做立面、再做平面，后做侧面及滴水线。每一梯段应自上而下进行施工，踏步施工要有专用模具，楼梯踏步面层的模板如图 4-2 所示，踏步平面应按设计要求留出防滑条的预留槽，应采用红松或白松制作嵌条提前 2d 镶好。③楼梯踏

图 4-2　楼梯踏步面层的模板图

步立面、楼梯踢脚线的施工方法同踢脚线，平面施工方法同地面水磨石面层。但大部分需要手工操作，每遍必须仔细磨光、磨平，磨出石粒的大面，并应特别注意阴阳角部位的顺直、清晰和光洁。④现制水磨石楼梯踏步的防滑条，一般可采用水泥金刚砂防滑条，其做法同水泥砂浆楼梯面层；也可采用镶嵌成品铜条或 L 型铜防滑护板等做法，应根据成品铜条的规格在面层上留槽或固定埋件。

（16）现浇整体水磨石地面面层的踢脚线、楼梯踏步，最好采用预制水磨石或大理石（或花岗石）制品，其品种规格应经设计或业主认可。预制水磨石或大理石（或花岗石）制品的施工方法可参见第三节"块料地面铺贴施工"。

（五）安全与环保措施

（1）在剔凿地面操作中，施工人员一定要戴防护眼镜；抹灰浆的操作人员应戴手套等必要的劳动保护用品。

（2）磨石机在使用前应试机检查，确认电线插头牢固、无漏电才能使用；开磨时磨石机的电线、配电线、配电箱应架空绑牢，以防受潮漏电。磨石机配电箱内应设置漏电保护器、漏电掉闸开关和可靠的保护接零。非机电人员不准乱动机电设备。

（3）两台以上磨石机在同一部位操作时，应保持 3m 以上的安全距离，操作中应时刻注意不要出现碰撞。

（4）在熬制地面面层的上光蜡时，应有确实可靠的防火措施，最好由专人负责此项工作。

（5）卷扬机井架作为垂直运输时，要注意联络信号的畅通，待吊笼平层稳定后再进行装饰操作。

（6）调制水磨石的颜料不得随便丢弃，应按要求集中收集和销毁，或送固定的废弃地点。

（7）磨水磨石时产生的废浆不得随便排放，在施工现场应设置沉淀池。

四、水泥钢（铁）屑面层施工

水泥钢（铁）屑面层是用水泥与钢（铁）屑加水拌和后铺设在水泥砂浆结合层上而成的。水泥钢（铁）屑面层具有强度高、硬度大、良好的抗冲击性能和耐磨损性等特点，适用于工业厂房中有较强磨损作用的地段，如滚动电缆盘、钢丝绳车间、履带式拖拉机装配车间以及行驶铁轮车或拖运尖锐金属物件等的建筑地面工程。

（一）对组成材料的要求

水泥钢（铁）屑面层的组成材料主要有钢（铁）屑、水泥、砂子和水，各种材料的技术性能应分别符合下列要求。

（1）钢（铁）屑　水泥钢（铁）屑面层所用的钢（铁）屑，应符合以下要求：①钢（铁）屑的粒径宜为 1～5mm，颗粒大的应予以破碎，颗粒小于 1mm 的应筛去。②用于面层的钢（铁）屑中不得含有杂质和油脂，如含有油脂可用 10% 浓度的氢氧化钠溶液煮沸去掉油脂，再用热水清洗干净并进行干燥处理。如有锈蚀，可用稀酸溶液除锈，再以清水冲洗并经干燥处理后使用。

（2）水泥　水泥钢（铁）屑面层所用的水泥宜采用硅酸盐水泥或普通硅酸盐水泥，其强度等级不低于 42.5MPa，具有出厂合格证和复试报告。其技术性能应符合现行国家标准《通用硅酸盐水泥》（GB 175—2007）中的要求。

（3）砂子　水泥钢（铁）屑面层所用的砂子应采用中砂或粗砂，砂中的含泥量不应大于 3%。砂的其他技术性能应符合现行国家标准《建设用砂》（GB/T 14684—2011）中的要求。

（4）水　水泥钢（铁）屑面层所用的拌合水应采用符合饮用标准的水，其具体技术性能应符合现行行业标准《混凝土用水标准》（JGJ 63—2006）中的规定。

（二）施工主要机具

（1）机械设备　水泥钢（铁）屑面层所用的机械设备主要有搅拌机、机动翻斗车等。

（2）主要工具　水泥钢（铁）屑面层施工所用的工具主要有平铁锹、筛子、木刮杠、木抹子、铁抹子、钢丝刷、磅秤、手推胶轮车等。

（三）施工作业条件

（1）混凝土基层（垫层）已按照设计要求施工完毕，混凝土的强度达到 5.0MPa 以上。

（2）厂房内抹灰、门窗框、预埋件及各种管道、地漏等已安装完毕，经质量检查合格，地漏口已遮盖，以上各项已办理预检手续。

（3）已在墙面或结构面上弹出或设置控制面层标高和排水坡度的水平基准线或标志；分格线也按照设计要求设置，地漏处已找好泛水及标高。

（4）地面按照设计的要求做好防水层，并且具有可靠的防雨措施。

（5）水泥钢（铁）屑面层所用的材料已进场，并经质量检查符合设计要求，试验室根据现场的材料，通过规定的试验，已确定配合比。

（四）施工操作工艺

1. 水泥钢（铁）屑面层施工工艺流程

水泥钢（铁）屑面层施工工艺流程为：清理基层→弹控制线→找平层→拌合料配制→铺面层料→找平压光→面层养护→表面处理。

2. 水泥钢（铁）屑面层施工操作要点

（1）清理基层　将基层表面上的积灰、泥土、浮浆、油污及杂物清扫干净，明显凹陷处应用水泥砂浆或细石混凝土填平，表面光滑处应凿毛处理并清刷干净。在铺筑水泥砂浆前一天浇水湿润，表面积水应予排除。

（2）弹标高和面层水平线　根据墙面已弹出的 +500mm 水平标高线，测量出地面面层的水平线，将其弹在四周的墙面上。

（3）抹水泥砂浆找平层　基层处理完毕后，以统一标高线为准确定面层的标高。施工时提前 24h 将基层面洒水润湿后，满刷一遍水泥浆黏结层，其水泥浆稠度应根据基层湿润程度而定，水灰比以 0.4～0.5 为宜，涂刷厚度控制在 1mm 以内。

（4）拌合料配制　水泥钢（铁）屑面层的拌合料配制应符合下列要求：①水泥钢（铁）屑面层的配合比应通过试验或按设计要求确定，以水泥浆能够填满钢（铁）屑的空隙为准；②水泥钢（铁）屑面层的强度等级不应低于 40MPa，水泥的强度等级不低于 42.5MPa，施工参考重量配合比为：1:1.8:0.31（水泥:钢屑:水），密度不应小于 2.0t/m³，拌合料的稠度不大于 10mm。采用机械拌制，其投料程序为：钢屑→水泥→水。配制中要严格控制用水量，要求搅拌均匀、颜色一致。搅拌时间不少于 2min，配制好的拌合料要在 2h 内用完。

（5）面层铺设　水泥钢（铁）屑面层的铺设应符合下列要求：①水泥钢（铁）屑面层的厚度一般为 5mm 或按设计要求。水泥钢（铁）屑面层在铺设时应先铺一层厚 20mm 的水泥砂浆结合层，面层的铺设应在结合层的水泥初凝前完成。水泥砂浆结合层采用体积比为 1:2（水泥:砂），稠度为 25～35mm，强度等级不应低于 M15。②待结合层初步抹平压实后，接着在其上面铺抹 5mm 厚水泥钢屑拌合物，并用刮杠刮平，随铺随振（拍）实，待表面收水后，随即用铁抹子抹平、压实至起浆为止。在水泥砂浆达到初凝前进行第二遍压光，用铁抹子边抹边压，将表面的死坑、孔眼填实压平，使表面平整，要求不出现漏压。在水泥砂浆达到终凝前进行第三遍压光，用铁抹子把前一遍留下的抹纹抹痕全部压平、压实，至表面光滑平整。③结合层和水泥钢屑砂浆铺设宜一次连续操作完成，并按照要求分次抹压密实。

（6）较大楼地面面层的施工　较大楼地面面层应分仓进行施工，分仓伸缩缝间距和形式应符合设计或相关要求。

（7）面层养护　水泥钢（铁）屑面层铺好后 24h，应洒水进行湿养护，用草袋覆盖浇水养护，养护时间一般不得少于 7d。

（8）表面处理　水泥钢（铁）屑面层表面处理是提高面层的耐磨性和耐腐蚀性能，防止外露钢（铁）屑遇水生锈。表面处理可用环氧树脂胶泥喷涂或涂刷，在进行表面处理中应按照以下方法和要求进行：①环氧树脂胶泥采用环氧树脂及胺固化剂和稀释剂配制而成，其配方根据产品说明书和施工时的气温情况经过试验确定，一般为100∶80∶30＝环氧树脂∶乙二胺∶丙酮；②在进行表面处理时，应当待水泥钢（铁）屑面层基本干燥后进行；③在喷涂或涂刷环氧树脂胶泥前，先用砂纸打磨面层的表面，然后将表面上的杂质清扫干净，在室内温度不低于20℃情况下，涂刷环氧树脂胶泥一层；④喷涂或涂刷应均匀，不得出现漏涂。涂刷后可用橡皮刮板或油漆刮刀轻轻地将多余的胶泥刮去，在室内温度不低于20℃情况下，养护48h即可。

（五）安全与环保措施

（1）在进行钢（铁）屑去油脂、去锈，基层去油污使用稀碱液和酸溶液时，应戴防护胶皮手套和眼镜。

（2）施工中所使用的稀碱液和酸溶液等腐蚀性物质，必须有专门的贮存仓库，并对各种物品有明显的标识。

（3）在进行施工前应制定有效的安全、防护措施，并应严格遵照安全技术及劳动保护制度执行。

（4）所有的施工机械用电必须采用一机一闸一保护；在正式作业前，检查电源线路应无破损，漏电保护装置应灵活可靠，机具各部连接应紧固，旋转方向应正确，并要防止机械漏油污染施工现场。

（5）要加强对施工人员的安全教育，特别是在施工中机械操作人员必须戴绝缘手套和穿绝缘鞋，以防止漏电伤人。

（6）施工中应注意对机械的噪声控制，要遵守施工所在地的规定。在一般情况下，白天不应超过75dB，夜间不应超过55dB。

（7）在水泥钢（铁）屑面层施工中，应特别注意对粉状材料（如水泥等）的覆盖，防止扬尘和运输过程中的遗漏。

（8）水泥钢（铁）屑面层拌合料搅拌司机，在每天操作前应对机械进行例行检查，并对搅拌机进行相应围护；在倾倒所有材料时要文明作业，防止产生粉尘；粉状材料进料时要及时打开喷淋装置；严禁敲击料斗，防止产生噪声；清洗料斗的废水应排入沉淀池；夜间超过10点禁止搅拌作业；水泥袋等包装物，应回收利用并设置专门的场地堆放，及时收集处理。

五、防油渗面层施工

防油渗面层适用于楼层地面经常受油类直接作用的地段。防油渗面层应在水泥类基层上采用防油渗混凝土铺设或采用防油渗涂料涂刷。在铺设防油渗面层前，当设计需要时，还应设置防油渗隔离层。防油渗混凝土应在普通混凝土中掺入外加剂或防油渗剂。防油渗混凝土的强度等级和厚度必须符合设计要求，且强度等级不应低于C30，其厚度宜为60～70mm。面层内配置的钢筋应根据设计确定，并应在分区段处断开。

防油渗混凝的抗渗性应符合设计要求，其抗渗性能的检测方法应符合现行国家标准《普通混凝土长期性能和耐久性能试验方法标准》（GB/T 50082—2009）中的规定。用10号机油为介质，以试件不出现渗油的最大不透油压力达到设计要求为合格。防油渗面层设置防油渗隔离层（包括与墙、柱连接处的构造）时应符合设计要求。防油渗混凝土的配合比应按设计要求的强度等级和抗渗性能通过试验确定。防油渗混凝土试配配合比如表4-3所列。

表 4-3　防油渗混凝土试配配合比

材料	水泥	石子	砂子	拌合水	防油渗剂
配合比	1	2.996	1.79	0.50	B 型防油渗剂

注：B 型防油渗剂按产品质量标准和生产厂说明使用。

防油渗混凝土面层应按厂房柱网分区段进行浇筑，区段划分及分区段缝应符合设计要求。防油渗混凝土面层内不得敷设管线。凡露出面层的电线管、接线盒、预埋套管和地脚螺栓等的处理，以及与墙、柱、变形缝、孔洞等连接处泛水均应符合设计要求。防油渗面层采用防油渗涂料时，涂料应按设计要求选用，涂层的厚度宜为 5～7mm。

（一）对组成材料的要求

水泥钢（铁）屑面层的组成材料主要有：钢（铁）屑、水泥、砂子和水，各种材料的技术性能应分别符合下列要求。

（1）水泥　防油渗面层所用的水泥宜采用硅酸盐水泥，其强度等级不低于 42.5MPa，具有出厂合格证和复试报告。其技术性能应符合现行国家标准《通用硅酸盐水泥》（GB 175—2007）中的要求。

（2）砂子　防油渗面层所用的砂子应采用中砂，砂中的含泥量不应大于 3%。砂的其他技术性能应符合现行国家标准《建设用砂》（GB/T 14684—2011）中的要求。

（3）石子　防油渗面层所用的石子应采用花岗石或石英石碎石，粒径为 5～15mm，最大不应超过 20mm；含泥量不应大于 1%。石子的其他技术性能应符合现行国家标准《建设用卵石、碎石》（GB/T 14685—2011）中的规定。

（4）防油渗涂料　防油渗面层所用的防油渗涂料应符合下列要求。

① 涂料的品种应按设计的要求进行选用，一般宜采用树脂乳液涂料，其产品的主要技术性能应符合现行有关产品质量标准。

② 树脂乳液涂料的品种很多，在防油渗面层采用的主要有聚乙酸乙烯乳液涂料、苯丙-环氧乳液涂料等。

③ 防油渗涂料应具有耐油、耐磨、耐火和较高的黏结性能，其抗拉黏结强度不应低于 0.3MPa。

④ 防油渗涂料的配制及施工，应按照防油渗涂料的产品特点、性能等要求进行。

⑤ 防油渗胶泥应符合产品质量标准，并按照使用说明书进行配制。

（5）蜡　防油渗面层所用的可用石油蜡、地板蜡、200 号溶剂油、煤油、颜料、调配剂等配制而成；也可选用液体型、糊型和水乳化型等多种地板蜡。

（二）施工主要机具

（1）机械设备　防油渗面层所用的机械设备主要有混凝土搅拌机、平板式振动器、砂浆搅拌机、机动翻斗车等。

（2）主要工具　防油渗面层施工所用的工具主要有平铁锹、木刮杠、木抹子、铁抹子、钢丝刷、扫帚、磅秤、天平、料桶、量筒、打蜡刷、刮刀、手推胶轮车等。

（三）施工作业条件

（1）混凝土基层（垫层）已按照设计要求施工完毕，混凝土的强度达到 5.0MPa 以上。

（2）防油渗面层施工所用的材料已经备齐，按要求运到施工现场，经检查质量符合设计要求，配合比已通过试验确定。

（3）建筑室内的各种立管和套管通过楼地面面层的孔洞，已用细石混凝土灌好并封实。设备与建筑地面交接处应做密封处理，安装设备造成的地面损坏已用基层材料找平；在所有墙柱与地面的阴角处做半径不小于50mm的圆角。

（4）建筑室内门框、预埋件、各种管线及地漏等已安装完毕，并经质量检查合格，地漏口已遮盖，并已办理预检和作业层结构的隐蔽验收手续。

（5）基层面不得有起灰、脱皮、空鼓、裂缝、麻面等质量问题，面层的凸出物应铲除干净，否则会造成面层地面的厚薄不一等质量问题；基层上如有浮灰、油污时应清除干净，油污可用酒精进行擦洗。

（6）顶棚、墙面的抹灰工程已施工完毕，经质量验收合格，地漏处已找水泛水及标高。

（7）地面基层已验收合格，墙面和柱面镶贴工作已完成。对卫生间等有瓷砖的墙面，应留下最下面一皮砖不贴，等地面施工完成后再进行镶贴。

（四）施工操作工艺

1. 防油渗混凝土面层施工工艺流程

防油渗混凝土面层施工工艺流程为：清理基层→找平层施工→防油渗水泥浆结合层配置与涂刷→（防油渗隔离层设置→防油渗水泥浆结合层配置与涂刷）→防油渗混凝土面层配置与铺设→分隔缝处理→面层养护。

2. 防油渗混凝土面层施工操作要点

（1）清理基层　将基层表面的泥土、浆皮、灰渣及杂物清理干净，同时将油污清洗掉。在铺抹找平层前一天将基层湿润，但表面不得有积水。

（2）找平层施工　在基层表面刷素水泥浆一度，然后在上面抹一层厚15～20mm、体积配合比为1∶3的水泥砂浆找平层，使基层表面平整、粗糙。

（3）防油渗水泥浆结合层配置与涂刷　防油渗面层的防油渗水泥浆结合层配置与涂刷应按以下方法和要求进行施工。

① 氯乙烯-偏氯乙烯混合乳液的配制：用10％浓度的磷酸三钠水溶液中和氯乙烯-偏氯乙烯共聚乳液，使其pH值为7～8，加入配合比要求的浓度为40％的OP（表面活性剂）溶液，搅拌均匀，然后再加入少量消泡剂（以消除表面的泡沫为度）。

② 防油渗水泥浆的配制，应将氯乙烯-偏氯乙烯混合乳液和水，按照1∶1配合比搅拌均匀后，边搅拌边加入水泥，待加到规定的加入量后，充分拌和均匀即可使用。

③ 在防油渗混凝土面层铺设前，在基层的表面上满涂防油渗水泥浆结合层。

（4）防油渗隔离层设置　当设计中无防油渗隔离层时，则无此道工序。防油渗隔离层的设置可按以下方法和要求进行施工。

① 防油渗隔离层一般采用"一布二胶"防油渗胶泥玻璃纤维布，其厚度为4mm。采用的防油渗胶泥（或弹性多功能聚胺酯类涂膜材料），其厚度为1.5～2.0mm。

② 防油渗胶泥底子油的配制：先将已熬制好的防油渗胶泥自然冷却至85～90℃，边搅拌边缓慢地加入按配合比所需要的二甲苯和环己酮的混合溶液，搅拌至胶泥全部溶解即制成底子油。如需暂时存放，应放置在有盖的容器中，以防止溶剂挥发。

③ 在铺设隔离层时先在洁净的基层上涂刷防油渗胶泥底子油一遍，然后再将加温的防油渗胶泥均匀涂抹一遍，随后用玻璃纤维布粘贴覆盖，其搭接宽度不得小于100mm；与墙、柱连接处的涂刷应向上翻边，其高度不得小于30mm，表面再涂抹一遍胶泥，"一布二胶"防油渗隔离层完成后，经检查质量符合设计要求，即可进行面层的施工。

④ 防油渗面层设置防油渗隔离层（包括与墙、柱连接处的构造）时，应符合设计要求。

（5）防油渗混凝土的配制　防油渗面层所用的防油渗混凝土应按以下方法和要求配制。

① 防油渗混凝土面层的厚度应符合设计要求，防油渗混凝土的配合比应按设计要求的强度等级和抗渗性能通过试验确定，强度等级不应低于 C30。

② 防油渗混凝土的配制：防油渗混凝土的配合比应通过试验确定。组成材料应严格计量，用机械进行搅拌，投料的顺序为：碎石→水泥→砂子→水和 B 型防油渗剂（稀释溶液），将混合料拌和均匀，颜色一致；搅拌时间不少于 2min，浇筑时混凝土的坍落度不宜大于 10mm。

（6）防油渗混凝土面层的铺设　防油渗混凝土面层的铺设可按以下方法和要求进行施工。

① 在防油渗混凝土面层的铺设前，应按照设计要求的尺寸进行弹线，然后支设分格缝模板，并找好面层的标高。

② 在整浇水泥基层上或做隔离层的表面上铺设防油渗混凝土面层时，其表面必须平整、洁净、干燥，不得有起砂等质量问题。铺设前应满涂刷防油渗水泥结合层一遍，然后随刷随铺设防油渗混凝土面层，用刮杠将表面刮平，并用振动器振捣密实，不得出现漏振，然后再用铁抹子将混凝土表面抹平压光，在混凝土表面收水后，终凝前再压光 2～3 遍，至表面确实压光压实为止。

图 4-3　防油渗面层构造
1—防油渗混凝土；2—防油渗隔离层；
3—水泥砂浆找平层；
4—钢筋混凝土楼板式结构整浇层

（7）面层分格缝的处理　防油渗混凝土面层的分格缝可按以下方法和要求进行施工。

① 防油渗混凝土的面层应按厂房柱网分区段进行浇筑。区段的划分及分区段分格缝应符合设计要求。

② 当设计中无具体要求时，每区段面积不宜大于 50m；分格缝应设置纵、横向伸缩缝，纵向分格缝间距为 3～6m，横向分格缝间距为 6～9m，并应与建筑轴线对齐。分格缝的深度为面层的总厚度，缝应上下贯通，其宽度为 15～20mm。防油渗面层构造和分格缝构造做法可参考图 4-3 和图 4-4 所示的方法设置。

图 4-4　分格缝构造做法（单位：mm）
1—水泥基层；2—一布二胶隔离层；3—防油渗混凝土面层；4—防油渗胶泥；5—膨胀水泥砂浆

③ 分格条应在混凝土达到终凝后取出并修好，当防油渗混凝土面层的强度达到 5MPa时，将分格缝中杂物清理干净并干燥，涂刷一遍防油渗胶泥底子油后，应趁热灌注防油渗胶泥材料，也可以采用弹性多功能聚胺酯类涂膜材料嵌缝，缝的上部留 20～25mm 深度采用

膨胀水泥砂浆进行封缝。

（8）面层养护　防油渗混凝土面层在浇筑完12h后，表面应覆盖草袋进行浇水养护，养护时间不少于14d。

3. 防油渗涂料面层施工工艺流程

防油渗涂料面层施工工艺流程为：基层处理→防油渗水泥砂浆结合层配制与涂刷（打底）→涂刷防油渗涂料→面层罩面→打蜡养护。

4. 防油渗涂料面层施工操作要点

（1）当防油渗面层采用防油渗涂料时，所用材料应按照设计要求选用，涂层的厚度宜为5～7mm。

（2）基层处理　防油渗涂料面层的基层应按以下方法和要求进行处理。

① 水泥类的基层强度应达到5.0MPa以上，基层表面应平整、坚实、洁净，无酥松、粉化、脱皮等现象，并且不空鼓、不起砂、不开裂、无油脂。用2m靠检查表面平整度不大于2mm。基层表面如有质量缺陷，应提前2～3d用聚合物水泥砂浆修补。

② 防油渗涂料面层的基层必须充分干燥，含水率不应大于9％，施工前7d内不得溅水。

（3）防油渗水泥砂浆结合层配制与涂刷（打底）　防油渗水泥砂浆结合层配制与涂刷应按以下方法和要求进行施工。

① 按照防油渗混凝土面层中"防油渗水泥浆结合层配置与涂刷"方法进行防油渗水泥砂浆的配制和结合层的施工。

② 或者用水泥胶黏剂腻子进行打底。所使用的水泥胶黏剂腻子应坚实牢固，不粉化、不起皮和无裂纹，并按基层底涂料和面层涂料的性能配套应用。将水泥胶黏剂腻子用刮板均匀涂刷于面层上，满刮1～3遍，每遍厚度为0.5mm。待最后一遍干燥后，用0号砂纸打磨平整光滑，最后清除面层上的粉尘。

（4）涂刷防油渗涂料　防油渗涂料面层的防油渗涂料应按以下方法和要求进行涂刷。

① 防油渗涂料面层所用的防油渗涂料宜采用树脂乳液涂料，涂料的涂刷（喷涂）一般不得少于3遍。

② 应按所选用的原材料品种和设计要求配色，涂刷顺序为由前逐渐向后退。涂刷的方向、距离应一致，要采用勤沾短刷的涂刷方法。如果所用涂料干燥较快时，应缩短涂刷距离。在前一遍涂料达到表干后方可涂刷下一遍。每遍的间隔时间，一般为2～4h，或通过试验确定。

（5）待涂料层完全干燥后，可采用树脂乳液涂料涂刷1～2遍罩面，罩面层涂刷不宜太厚，并要求涂刷均匀。

（6）待涂料干燥后，在面层上打蜡上光，然后进行养护，养护时间不应少于7d。养护中应保持清洁，防止产生污染。夏天一般4～8h可固化，冬天则需要1～2d。

（五）安全与环保措施

（1）防油渗面层施工所用的乙二胺、苯类等多有机溶剂、组分物质都有不同程度的毒性，有的在配制过程中会有烟雾，所以施工人员在施工前应进行体检，对患有气管炎、心脏病、肝炎、高血压以及对此类物质有过敏性反应者均不得参加施工。

（2）苯涂料中的有机溶剂在施工中易产生挥发，并且具有一定的刺激性，在操作时应注意通风。每班连续工作时间不宜超达1h，工作完毕后用水冲洗干净。施工现场应有良好的通风换气条件，以降低有毒物质在空间中的浓度。

（3）油性环氧地面涂料中的溶剂和固化剂会挥发出难闻的气味，并且具有刺激性，施工中应特别注意通风和防护。

（4）由于苯类、丙酮、稀释溶剂等材料中的有机溶剂多数为易燃品，施工现场应严禁烟火，同时还要设置必要的消防器材。

（5）在清理基层的过程中，不允许从窗口、洞口等处向外乱扔杂物，以免伤人。

（6）施工操作人员下班时，在室外用二甲苯清洗所用的机具，醋酸乙烯擦洗手及被涂料沾污处，最后要用净水、肥皂、或乙醇洗涤干净，并用油脂进行润肤。

（7）施工操作人员在施工中应戴好手套、防护眼镜、穿好工作服等必要的劳动保护用品，并切忌将溶液溅入眼内。

（8）为防止施工中静电效应产生电火花，在使用高压无空气喷涂时应接地线。

（9）防油渗面层施工所用的产品含有易燃溶剂，因此在运输、装卸、施工和贮藏时应当远离明火。配料及施工场地应有良好的通风条件。施工期间应打开门窗通风，下班时应及时关闭门窗。

（10）防油渗面层施工所用的涂料、溶剂多数有毒，使用前和使用后均应及时封闭，以避免和减少挥发至空气中。使用后的废弃料不得随意丢弃，应有专门的存放器具回收废料。

（11）防油渗面层施工时各种配料宜在专用器具中进行搅拌，禁止直接在楼地面上配料和搅拌，以避免污染周围的环境。

（12）其他安全与环保措施可参见"水泥混凝土面层"中的相关内容。

六、不发火面层施工

不发火面层也称为防爆面层，是指在生产和使用的过程中，地面受到外界物体的撞击、摩擦而不发生火花的面层。按现行国家标准《建筑设计防火规范》（GB 50016—2014）中的规定，散发较空气重的可燃气体、可燃蒸汽的甲类厂房，以及有粉尘、纤维爆炸危险的乙类厂房，应采用不发生火花的地面。不发火（防爆的）面层，主要用于有防爆要求的精苯车间、精馏车间、氢气车间、钠加工车间、钾加工车间、胶片厂棉胶工段、人选橡胶的链状聚合车间、造丝工厂的化学车间以及生产爆破器材的车间和火药仓库、汽油库等建筑地面工程。

不发火（防爆的）面层应具有一定的强度、弹性和耐磨性，并应防止有可能因摩擦产生火花的材料黏结在面层上或材料的空隙中。不发火（防爆的）建筑面层工程的选型应经济合理，并要因地制宜、就地选材、便于施工。不发火（防爆的）面层是用水泥类或沥青类拌合料铺设在建筑地面工程的基层上而组成，也有采用菱苦土、木砖、塑料板、橡胶板、铅板和铁钉不外露的空铺木板、实铺木板、拼花木板面层作为不发火（防爆的）建筑地面。不发火（防爆的）面层一般宜选用细石混凝土、水泥石屑、水磨石等水泥类的拌合料铺设。施工时尚应符合下列要求。

（1）选用的所有组成原材料和其拌合料必须是不发火的，并应事先做好试验鉴定工作，这是最重要和最基本的要求。

（2）不发火（防爆的）混凝土、水泥石屑、水磨石等水泥类面层的厚度和强度均应符合设计要求。

（3）不发火（防爆的）水泥类面层的构造做法应符合图4-5中的规定。

（一）对组成材料的要求

工程实践充分证明，作为不发火（防爆的）地面面层材料选择的正确合理与否，以及试验方法的严密性，都会影响到面层材料的合理选用范围，及其试验结果的准确性和可靠性，从而直接影响到不发火（防爆的）地面工程及其建筑物的安全。因此，应该严肃认真对待这种具有高度安全防爆要求的地面工程。

不发火（防爆的）地面面层的组成材料主要有：水泥、砂子、石子、嵌条和水。各种材料的技术性能应分别符合下列要求。

图4-5　不发火（防爆的）水泥类面层
的构造做法示意
1—水泥类面层；2—结合层；
3—找平层；4—垫层；5—基土

（1）水泥　不发火（防爆的）地面面层所用的水泥宜采用普通硅酸盐水泥，其强度等级不低于42.5MPa，具有出厂合格证和复试报告。其技术性能应符合现行国家标准《通用硅酸盐水泥》（GB 175—2007）中的要求。

（2）砂子　不发火（防爆的）地面面层所用的砂子应采用质地坚硬、多棱角、表面粗糙并有颗粒级配的砂，其粒径宜为0.15～5mm，砂中的含泥量不应大于3%，有机物的含量不应大于0.5%，经检验不发火性合格。砂的其他技术性能应符合现行国家标准《建设用砂》（GB/T 14684—2011）中的要求。

（3）石子　不发火（防爆的）地面面层所用的石子应采用大理石、白云石或其他石料加工而成，并以金属或石料撞击时不发生火花为合格。其最大粒径不应超过20mm；含泥量不应大于1%。当采用水磨石面层时可采用石粒。石子的其他技术性能应符合现行国家标准《建设用卵石、碎石》（GB/T 14685—2011）中的规定。

（4）嵌条　不发火（防爆的）地面面层所用的嵌条应采用不发生火花的材料制成。

（5）水　不发火（防爆的）面层所用的拌合水应采用符合饮用标准的水，其具体技术性能应符合现行行业标准《混凝土用水标准》（JGJ 63—2006）中的规定。

（二）施工主要机具

（1）机械设备　不发火（防爆的）面层所用的机械设备主要有混凝土搅拌机、机动翻斗车等。

（2）主要工具　不发火（防爆的）面层所用的主要工具有大小平锹、铁辊筒、木抹子、铁抹子、木刮杠、水平尺、磅秤、手推胶轮车等。

（三）施工作业条件

（1）混凝土基层（垫层）已按照设计要求施工完毕，混凝土的强度达到5.0MPa以上。

（2）不发火（防爆的）面层施工所用的材料已经备齐，按要求运到施工现场，经检查质量符合设计要求（特别是不发火性能合格），配合比已通过试验确定。

（3）建筑室内的各种立管和套管通过楼地面面层的孔洞，已用细石混凝土灌好并封实。设备与建筑地面交接处应做密封处理，安装设备造成的地面损坏已用基层材料找平。

（4）建筑室内门框、预埋件、各种管线及地漏等已安装完毕，并经质量检查合格，地漏口已遮盖，并已办理预检和作业层结构的隐蔽验收手续。

（5）基层面不得有起灰、脱皮、空鼓、裂缝、麻面等质量问题，面层的凸出物应铲除干净，否则会造成面层地面的厚薄不一等质量问题；基层上如有浮灰、油污时应清除干净，油污可用酒精进行擦洗。

（6）顶棚、墙面的抹灰工程已施工完毕，经质量验收合格。

（7）地面基层已验收合格，墙面和柱面镶贴工作已完成。对卫生间等有瓷砖的墙面，应留下最下面一皮砖不贴，等地面施工完成后再进行镶贴。

（四）施工操作工艺

1. 不发火（防爆的）面层施工工艺流程

不发火（防爆的）面层施工工艺流程为：基层处理→抹找平层→拌合料配制→面层铺设→面层养护。

2. 不发火（防爆的）面层施工操作要点

（1）不发火（防爆的）面层应采用水泥类（如水泥混凝土、水泥砂浆等）的拌合料铺设，其厚度应符合设计要求

（2）不发火（防爆的）面层施工所用的材料应在试验合格后使用，在施工过程中不得任意更换材料和配合比。

（3）将基层表面的泥土、浆皮、灰渣及杂物清理干净，同时将油污清洗掉。在铺抹找平层前一天将基层湿润，但表面不得有积水。

（4）找平层施工 在基层表面刷素水泥浆一度，然后在上面抹一层厚 15～20mm、体积配合比为 1∶3 的水泥砂浆找平层，使基层表面平整、粗糙。如基层表面比较平整，也可不抹找平层，直接在基层上铺设不发火（防爆的）面层。

（5）拌合料配制 不发火（防爆的）面层所用的拌合料应按下列方法和要求进行配制。

① 不发火混凝土面层的强度等级应符合设计要求，当设计中无具体要求时可采用 C20。其施工配合比可按水泥∶砂子∶碎石∶水＝1∶1.74∶2.83∶0.58（质量比）进行试配。所用的材料应严格计量，用机械搅拌，配制投料程序为：碎石、水泥、砂子、水。要求搅拌均匀，混凝土灰浆颜色一致，搅拌时间不少于 90s，配制好的拌合物应在 2h 内用完。

② 采用不发火（防爆的）水磨石面层时，其拌合料的配料可参见"水磨石面层"中的相关内容。

（6）铺设面层 不发火（防爆的）面层应按下列方法和要求进行铺设。

① 不发火（防爆的）各类面层的铺设，应符合设计和相关现行标准的规定。

② 不发火（防爆的）混凝土面层铺设时，先在已湿润的基层表面上均匀地涂刷一道素水泥浆，随即按分仓顺序进行摊铺，随铺随用木刮杠刮平，用铁辊筒纵横交错来回滚压 3～5 遍至表面出浆为止，用木抹子拍实搓平，然后用铁抹子压光。待表面收水后再压光 2～3 遍，至抹平压光为止。

（7）面层养护 当最后一遍压光完成后，应根据现场气温（常温下 24h），开始对面层洒水养护，养护时间不少于 7d。

（8）不发火（防爆的）面层，其试件应按照以下要求进行不发火性试验合格后，方可用于工程中。

① 试验前的准备工作 材料不发火的鉴定，可采用砂轮来进行。试验的房间应当是完全黑暗的，以便在试验时容易看见火花。试验用的砂轮直径为 150mm，试验时砂轮的转速应为 600～1000r/min，并在暗室内检查其分离火花的能力。检查试验所用的砂轮是否合格，可在砂轮旋转时用工具钢、石英岩或含有石英岩的混凝土等能发生火花的试件进行摩擦，摩擦时应加 10～20N 的压力，如果发生清晰的火花，则该砂轮则认为合格。

② 粗骨料的试验　从不少于 50 个试件中选出做不发生火花试验的试件 10 个。被选出的试件，应当是不同表面、不同颜色、不同结晶体、不同硬度的。每个试件重 50～250g，准确度应达到 1g。试验时也应在完全黑暗的房间内进行。每个试件在砂轮上进行摩擦时，应加 10～20N 的压力，将试件任意部分接触砂轮后，仔细观察试件与砂轮摩擦的部位有无火花发生。必须在每个试件上摩擦掉的质量不少于 20g 后才能结束试验。在试验中如没有发生任何瞬时的火花，则判这材料为合格。

③ 粉状骨料的试验　粉状骨料除了着重试验其制造的原料外，并应将这些细粒材料用胶结料（如水泥或沥青）制成块状材料来进行试验，以便于以后发现制品不符合不发火的要求时，能检查原因，同时，也可以减少制品不符合要求的可能性。

④ 不发火水泥砂浆、水磨石和水泥混凝土的试验，其试验方法同上。

（五）安全与环保措施

不发火（防爆的）面层在施工中的安全与环保措施可参见"水泥混凝土面层"中的相关内容。

第三节　块料地面铺贴施工

块料地面是指用天然大理石板、花岗石板、预制水磨石板、陶瓷锦砖、墙地砖、镭射玻璃砖及钛金不锈钢复面墙地砖等装饰板材，铺贴在楼面或地面上。块料地面铺贴材料花色品种多样，能满足不同的装饰要求。块料地面特点是花色品种多、耐磨损性能优良、很容易清洁、强度比较高、块料刚性大，但其造价偏高、功效偏低，一般适用于人流活动较大、楼地面磨损频率高的地面及比较潮湿的场所。

一、块料材料的种类与要求

（1）陶瓷锦砖与地砖　陶瓷锦砖与地砖均为高温烧制而成的小型块材，表面致密、耐磨、不易变色，其规格、颜色、拼花图案、面积大小和技术要求均应符合国家有关标准，也应符合设计规定。

（2）大理石与花岗石板材　大理石和花岗石板材是比较高档的装饰材料，其品种、规格、外形尺寸、平整度、外观及放射性物质应符合设计要求。

（3）混凝土块或水泥砖　混凝土块和水泥砖是采用混凝土压制而制成的一种普通地面材料，其颜色、尺寸和表面形状应根据设计要求而确定，其成品要求边角方正，无裂纹、掉角等缺陷。

（4）预制水磨石平板　预制水磨石平板是用水泥、石粒、颜料、砂等材料，经过选配制坯、养护、磨光、打蜡而制成，其色泽丰富、品种多样、价格较低，其成品质量标准及外观要求应符合设计规定。

二、砖面层施工

砖面层是指采用陶瓷马赛克、水泥花砖和陶瓷锦砖在水泥砂浆、沥青胶结材料或胶黏剂结合层上铺设而成。有防腐蚀要求的砖面层采用耐酸瓷砖、浸渍沥青砖等在胶泥或砂浆结合层上铺设而成，其材质要求、铺设方法及施工工艺和质量验收，应符合现行国家标准《建筑防腐蚀工程施工及验收规范》（GB 50212—2002）的规定。砖面层适用于工业及民用建筑铺设缸砖、水泥花砖、陶瓷锦砖面层的地面工程，如有较高清洁要求的车间、工作间、门厅、盥洗室、厕浴间、厨房和化验室等。

（一）对组成材料的要求

砖面层的组成材料主要有水泥、砂子、颜料、沥青胶结料、胶黏剂、陶瓷马赛克、陶瓷砖、水泥花砖等。各种材料的技术性能应分别符合下列要求。

（1）水泥　砖面层所用的水泥宜采用普通硅酸盐水泥（强度等级不低于 42.5MPa）或矿渣硅酸盐水泥（强度等级不低于 32.5MPa），具有出厂合格证和复试报告。其技术性能应符合现行国家标准《通用硅酸盐水泥》（GB 175—2007）中的要求。

（2）砂子　砖面层所用的砂子应采用洁净无杂质的中砂或粗砂，砂中的含泥量不应大于3％。砂的其他技术性能应符合现行国家标准《建设用砂》（GB/T 14684—2011）中的要求。

（3）颜料　颜料用于砖面层的擦缝，颜色可根据饰面板的色泽而确定。同一面层应使用同厂、同批的颜料，以避免造成颜色深浅不一；其掺入量宜为水泥重量的 3％～6％，或者由试验确定。

（4）沥青胶结料　砖面层所用的沥青胶结料宜采用石油沥青与纤维、粉状或纤维和粉状混合的填充料配制。这些组成材料的技术性能应符合现行的相关标准要求。

（5）胶黏剂　砖面层所用的胶黏剂应符合防水、防菌的要求，另外其选用应按基层材料和面层材料使用的相容性要求，通过试验确定，并符合现行国家标准《民用建筑工程室内环境污染控制规范》（GB 50325—2010）中的规定。胶黏剂产品应有出厂合格证和技术质量指标检验报告。超过生产期三个月的产品，应取样重新检验，合格后方可使用；超过保质期的产品不得使用。

（6）陶瓷马赛克　俗称纸皮砖，又称马赛克，它是由边长不大于 50mm、具有多种色彩和不同形状的小块砖，镶拼成各种花色图案的陶瓷制品。陶瓷马赛克的生产工艺是采用优质瓷土烧制成方形、长方形、六角形等薄片小块瓷砖后，按设计图案反贴在牛皮纸上组成一联。

陶瓷锦砖以瓷化好，吸水率小，抗冻性能强为特色而成为外墙装饰的重要材料。特别是有釉和磨光制品以其晶莹、细腻的质感，更加提高了耐污染能力和材料的高贵感。

① 陶瓷马赛克的品种　陶瓷马赛克分类方法很多，工程上常按以下几种方法分类：按表面性质可分为有釉陶瓷马赛克、无釉陶瓷马赛克；按砖联可分为单色陶瓷马赛克和拼花陶瓷马赛克两种；按其尺寸允许偏差和外观质量可分为优等品和合格品两个等级。

② 陶瓷马赛克的基本形状和规格　陶瓷马赛克的形状很多，常见的有正方形、长方形、对角形、六角形、半八角形、长条对角形和斜长条形等。

③ 陶瓷马赛克的拼花图案　在陶瓷马赛克出厂前，应将不同形状、不同颜色的边长不大于 50mm 的小瓷砖单品成块组合成种种图案，用牛皮纸贴在正面拼成，作为成品供应。在具体使用时，联与联可连续铺贴形成连续图案饰面。

④ 陶瓷马赛克的技术质量要求　根据现行行业标准《陶瓷马赛克》（JC/T 456—2005）中规定，陶瓷马赛克的技术质量要求，主要包括尺寸允许偏差、外观质量、技术指标等。

a. 尺寸允许偏差。单块砖的尺寸和每联陶瓷马赛克线路、联长的尺寸及其允许偏差应符合表 4-4 中的规定。

表 4-4　陶瓷马赛克的尺寸允许偏差　　　　　　　　　　单位：mm

项　　目		允许偏差		项　　目		允许偏差	
		优等品	合格品			优等品	合格品
单块陶瓷马赛克	长度和宽度	±0.5	±1.0	每联陶瓷马赛克	线路	±0.6	±1.0
	厚度	±0.3	±0.4		联长	±1.5	±2.0

注：特殊要求由供需双方商定。

b. 外观质量。陶瓷马赛克边长≤25mm 的外观质量缺陷允许范围应符合表 4-5 中的规定，陶瓷马赛克边长＞25mm 的外观质量缺陷允许范围应符合表 4-6 中的规定。

表 4-5　边长≤25mm 陶瓷马赛克的外观质量

缺陷名称	表示方法	缺陷允许范围				备注
		优等品		合格品		
		正面	反面	正面	反面	
夹层、釉裂、开裂	—	不允许				—
斑点、粘疤、起泡、坯粉、麻面、波纹、缺釉、桔釉、棕眼、落脏、熔洞	—	不明显		不严重		—
缺角/mm	斜边长	<2.0	<4.0	2.0～3.5	4.0～5.5	正、背面缺角不允许在同一角部，正面只允许缺角 1 处
	深度	不大于砖厚的 2/3				
缺边/mm	长度	<3.0	<6.0	3.0～5.0	6.0～8.0	正、背面缺边不允许出现在同一侧面；同一侧面不允许有 2 处缺边，正面只允许 2 处缺边
	宽度	<1.5	<2.5	1.5～2.0	2.5～3.0	
	深度	<1.5	<2.5	1.5～2.0	2.5～3.0	
变形/mm	翘曲	不明显				—
	大小头	0.2		0.4		

表 4-6　边长＞25mm 陶瓷马赛克的外观质量

缺陷名称	表示方法	缺陷允许范围				备注
		优等品		合格品		
		正面	反面	正面	反面	
夹层、釉裂、开裂	—	不允许				—
斑点、粘疤、起泡、坯粉、麻面、波纹、缺釉、桔釉、棕眼、落脏、熔洞	—	不明显		不严重		—
缺角/mm	斜边长	<2.3	<4.5	2.3～4.3	4.5～6.5	正、背面缺角不允许在同一角部，正面只允许缺角 1 处
	深度	不大于砖厚的 2/3				
缺边/mm	长度	<4.5	<8.0	4.5～7.0	8.0～10.0	正、背面缺边不允许出现在同一侧面；同一侧面不允许有 2 处缺边，正面只允许 2 处缺边
	宽度	<1.5	<3.0	1.5～2.0	3.0～3.5	
	深度	<1.5	<2.5	1.5～2.0	2.5～3.5	
变形/mm	翘曲	0.3		0.5		—
	大小头	0.6		1.0		

c. 陶瓷马赛克的技术指标。陶瓷马赛克的技术指标应符合表 4-7 中的要求。

表 4-7　陶瓷马赛克的技术指标

项　　目		质　量　指　标
吸水率/%	无釉	≤0.2
	有釉	≤1.0
耐磨性	无釉	耐深度磨损体积不大于 175mm³
	有釉	用于铺地的釉陶瓷马赛克表面耐磨性报告磨损等级和转数
抗热震性		经 5 次抗热震性试验后不出现炸裂或裂纹

项　目	质　量　指　标
抗冻性	由供需双方协商
耐化学腐蚀性	由供需双方协商

成联陶瓷马赛克	色差	单色陶瓷马赛克及联间同色砖色差优等品目测基本一致，合格品目测稍有色差
	铺贴衬材的黏结性	陶瓷马赛克与铺贴衬材黏结性试验后，不允许有陶瓷马赛克脱落
	铺贴衬材的剥离性	表贴陶瓷马赛克的剥离时间不大于 40min
	铺贴衬材的露出	表贴、背贴陶瓷马赛克铺贴后，不允许有铺贴衬材露出

（7）陶瓷砖　现行国家标准《陶瓷砖》（GB/T 4100—2015）中规定，陶瓷砖系指由黏土砖和其他无机非金属原料制造的用于覆盖墙面和地面的薄板制品。陶瓷砖是在室温下通过挤压或干压或其他方法成型、干燥后，在满足性能要求的温度下烧制而成。陶瓷砖主要用于装饰与保护建筑物、构筑物的墙面和地面。

陶瓷砖按吸水率不同可分为五大类，即瓷质砖、炻瓷砖、细炻砖、炻质砖、陶质砖。吸水率大于 10% 的称为陶瓷砖，市场上一般称内墙砖，广泛用于居民住宅、宾馆饭店、公共场所等建筑物的墙面装饰，是室内装修的主要产品。

陶瓷砖可分为有釉（GL）和无釉（UGL），而且是不可燃、不怕光的。陶瓷砖按成型方法和吸水率分类如表 4-8 所列，陶瓷砖的技术要求如表 4-9～表 4-13 所列。

表 4-8　陶瓷砖按成型方法和吸水率分类

成型方法＼吸水率	低吸水率 Ⅰ类 E≤3%	中吸水率 Ⅱa 类	Ⅱb 类	高吸水率 类
A（挤压）	AⅠ类	AⅡa1 类[①]	AⅠb1 类[①]	AⅢ类
		AⅡa2 类	AⅠb2 类	
B（干压）	BⅠa 类，瓷质砖 E≤0.5%	BⅡa 类	BⅡb 类	BⅢ类[②]
	BⅠb 类，瓷质砖 0.5%＜E≤0.5%			
C（其他）[③]	CⅠ类[③]	CⅡa 类[③]	CⅡb 类[③]	CⅢ类[③]

① AⅡa 类和 AⅡb 类按照产品不同性能分为两个部分。
② BⅢ类仅包括有釉砖，此类不包括吸水率大于 10% 的干压成型无釉砖。
③ 《陶瓷砖》（GB/T 4100—2015）标准中不包括这类砖。

表 4-9　挤压陶瓷砖技术要求（E≤3%，AⅠ类）

尺寸和表面质量		精细	普通
长度和宽度	每块砖（2 条或 4 条边）的平均尺寸相对于工作尺寸（W）的允许偏差	±1.0% 最大±2mm	±2.0% 最大±4mm
	每块砖（2 条或 4 条边）的平均尺寸相对于 10 块砖（20 条或 40 条边）平均尺寸的允许偏差	±1.0%	±1.5%
	制造商选择工作尺寸应满足以下要求：（1）模数砖名义尺寸连接宽度允许在 3～11mm[①]；（2）非模数砖工作尺寸与名义尺寸之间的偏差不大于±3mm		
厚度：（1）厚度由制造商确定；（2）每块砖厚度的平均值相对于工作尺寸厚度的允许偏差		±10%	±10%
边直度[②]（正面）相对于工作尺寸的最大允许偏差		±0.5%	±0.6%
直角度相对于工作尺寸的最大允许偏差		±1.0%	±1.0%

尺寸和表面质量		精细	普通
表面平整度最大允许偏差/%	相对于由工作尺寸计算的对角线的中心弯曲度	±0.5%	±1.5%
	相对于工作尺寸的边弯曲度	±0.5%	±1.5%
	相对于由工作尺寸计算的对角线的中心翘曲度	±0.8%	±1.5%
表面质量③		至少95%的砖主要区域无明显缺陷	
物理性能		精细	普通
吸水率⑧(质量分数)		平均值≤3.0%，单值≤3.3%	平均值≤3.0%，单值≤3.3%
破坏强度/N	厚度≥7.5mm	≥1100	≥1100
	厚度<7.5mm	≥600	≥600
断裂模数/(N/mm²),不适用于破坏强度≥3000N的砖		平均值≥23，单值≥18	平均值≥23，单值≥18
耐磨性	无釉地砖耐磨损体积/mm³	≤275	≤275
	有釉地砖表面耐磨性④	报告陶瓷砖耐磨性级别和转数	
线性热膨胀系数⑤	从环境温度到100℃	见《陶瓷砖》(GB/T 4100—2015)附录Q	
抗热震性⑤		见《陶瓷砖》(GB/T 4100—2015)附录Q	
有釉砖抗釉裂性⑥		经试验应无釉裂	
抗冻性⑤		见《陶瓷砖》(GB/T 4100—2015)附录Q	
地砖摩擦因数		制造商应报告陶瓷地砖的摩擦因数和地砖试验方法	
湿膨胀/(mm/m)		见《陶瓷砖》(GB/T 4100—2015)附录Q	
小色差⑤		见《陶瓷砖》(GB/T 4100—2015)附录Q	
抗冲击性⑤		见《陶瓷砖》(GB/T 4100—2015)附录Q	
化学性能		精细	普通
耐污染性	有釉砖	最低3级	最低3级
	无釉砖⑦	见《陶瓷砖》(GB/T 4100—2015)附录Q	
抗化学腐蚀性	耐低浓度酸和碱 有釉砖 无釉砖⑦	制造商应报告耐化学腐蚀性等级	制造商应报告耐化学腐蚀性等级
	耐高浓度酸和碱⑤	见《陶瓷砖》(GB/T 4100—2015)附录Q	
	耐家庭化学试剂和游泳池盐类 有釉砖 无釉砖⑦	不低于GB级 不低于UB级	不低于GB级 不低于UB级
铅和镉的溶出量⑧		见《陶瓷砖》(GB/T 4100—2015)附录Q	

① 以非公制尺寸为基础的习惯用法也可用在同类型砖的连接宽度上。

② 不适用于有弯曲形状的砖。

③ 在烧成过程中，产品与标准板之间的微小色差是难免的。本条款不适用于在砖的表面有意制造的色差（表面可能是有釉的、无釉的或部分有釉的）或在砖的部分区域内为了突出产品的特点而希望的色差。用于装饰目的的斑点或色斑不能看作为缺陷。

④ 有釉地砖耐磨性分级可参照《陶瓷砖》(GB/T 4100—2015)附录P的规定。

⑤ 表中所列"附录Q"涉及项目不是所有产品都必检的，是否有必要对这些项目进行检验应按《陶瓷砖》(GB/T 4100—2015)附录Q的规定确定。

⑥ 制造商对于为装饰效果而产生的裂纹应加以说明，这种情况下，标准规定的釉裂试验不适用。

⑦ 如果色泽有微小变化，不应算是化学腐蚀。

⑧ 吸水率最大单个值为0.5%的砖是全玻的砖（常被认为是不吸水的）。

表 4-10 挤压陶瓷砖技术要求（3％＜E≤6％，AⅡa 类——第 1 部分）

尺寸和表面质量		精细	普通
长度和宽度	每块砖(2 条或 4 条边)的平均尺寸相对于工作尺寸(W)的允许偏差	±1.25％ 最大±2mm	±2.00％ 最大±4mm
	每块砖(2 条或 4 条边)的平均尺寸相对于 10 块砖(20 条或 40 条边)平均尺寸的允许偏差	±1.0％	±1.5％
	制造商选择工作尺寸应满足以下要求：模数砖名义尺寸连接宽度允许在 3～11mm①；非模数砖工作尺寸与名义尺寸之间的偏差不大于±3mm		
厚度： 厚度由制造商确定； 每块砖厚度的平均值相对于工作尺寸厚度的允许偏差		±10％	±10％
边直度②(正面) 相对于工作尺寸的最大允许偏差		±0.5％	±0.6％
直角度 相对于工作尺寸的最大允许偏差		±1.0％	±1.0％
表面平整度最大允许偏差/％	相对于由工作尺寸计算的对角线的中心弯曲度	±0.5％	±1.5％
	相对于工作尺寸的边弯曲度	±0.5％	±1.5％
	相对于由工作尺寸计算的对角线的中心翘曲度	±0.8％	±1.5％
表面质量③		至少 95％的砖主要区域无明显缺陷	
物理性能		精细	普通
吸水率⑧(质量分数)		3.0＜平均值≤6.0％， 单值≤6.5％	3.0＜平均值≤6.0％， 单值≤6.5％
破坏强度/N	厚度≥7.5mm	≥950	≥950
	厚度＜7.5mm	≥600	≥600
断裂模数/(N/mm²)，不适用于破坏强度≥3000N 的砖		平均值≥20， 单值≥18	平均值≥20， 单值≥18
耐磨性	无釉地砖耐磨损体积/mm³	≤393	≤393
	有釉地砖表面耐磨性④	报告陶瓷砖耐磨性级别和转数	
线性热膨胀系数⑤	从环境温度到 100℃	见《陶瓷砖》(GB/T 4100—2015)附录 Q	
抗热震性⑤		见《陶瓷砖》(GB/T 4100—2015)附录 Q	
有釉砖抗釉裂性⑥		经试验应无釉裂	
抗冻性⑤		见《陶瓷砖》(GB/T 4100—2015)附录 Q	
地砖摩擦因数		制造商应报告陶瓷地砖的摩擦因数和地砖试验方法	
湿膨胀/(mm/m)		见《陶瓷砖》(GB/T 4100—2015)附录 Q	
小色差⑤		见《陶瓷砖》(GB/T 4100—2015)附录 Q	
抗冲击性⑤		见《陶瓷砖》(GB/T 4100—2015)附录 Q	
化学性能		精细	普通
耐污染性	有釉砖	最低 3 级	最低 3 级
	无釉砖⑦	见《陶瓷砖》(GB/T 4100—2015)附录 Q	

尺寸和表面质量		精细	普通
抗化学腐蚀性	耐低浓度酸和碱 有釉砖 无釉砖⑦	制造商应报告耐化学 腐蚀性等级	制造商应报告耐化学 腐蚀性等级
	耐高浓度酸和碱⑤	见《陶瓷砖》(GB/T 4100—2015)附录 Q	
	耐家庭化学试剂和游泳池盐类 有釉砖 无釉砖⑦	不低于 GB 级 不低于 UB 级	不低于 GB 级 不低于 UB 级
	铅和镉的溶出量	见《陶瓷砖》(GB/T 4100—2015)附录 Q	

① 以非公制尺寸为基础的习惯用法也可用在同类型砖的连接宽度上。

② 不适用于有弯曲形状的砖。

③ 在烧成过程中,产品与标准板之间的微小色差是难免的。本条款不适用于在砖的表面有意制造的色差(表面可能是有釉的、无釉的或部分有釉的)或在砖的部分区域内为了突出产品的特点而希望的色差。用于装饰目的的斑点或色斑不能看作为缺陷。

④ 有釉地砖耐磨性分级可参照《陶瓷砖》(GB/T 4100—2015)附录 P 的规定。

⑤ 表中所列"附录 Q"涉及项目不是所有产品都必检的,是否有必要对这些项目进行检验应按《陶瓷砖》(GB/T 4100—2015)附录 Q 的规定确定。

⑥ 制造商对于为装饰效果而产生的裂纹应加以说明,这种情况下,标准规定的釉裂试验不适用。

⑦ 如果色泽有微小变化,不应算是化学腐蚀。

表 4-11 挤压陶瓷砖技术要求 ($3\% < E \leqslant 6\%$,AⅡa 类——第 2 部分)

尺寸和表面质量		精细	普通
长度和宽度	每块砖(2 条或 4 条边)的平均尺寸相对于工作尺寸(W)的允许偏差	±1.5% 最大±2mm	±2.00% 最大±4mm
	每块砖(2 条或 4 条边)的平均尺寸相对于 10 块砖(20 条或 40 条边)平均尺寸的允许偏差	±1.5%	±1.5%
	制造商选择工作尺寸应满足以下要求: (1)模数砖名义尺寸连接宽度允许在 3～11mm①;(2)非模数砖工作尺寸与名义尺寸之间的偏差不大于±3mm		
厚度: (1)厚度由制造商确定; (2)每块砖厚度的平均值相对于工作尺寸厚度的允许偏差		±10%	±10%
边直度②(正面) 相对于工作尺寸的最大允许偏差		±0.5%	±0.6%
直角度 相对于工作尺寸的最大允许偏差		±1.0%	±1.0%
表面平整度最大允许偏差	相对于由工作尺寸计算的对角线的中心弯曲度	±1.0%	±1.5%
	相对于工作尺寸的边弯曲度	±1.0%	±1.5%
	相对于由工作尺寸计算的对角线的中心翘曲度	±1.5%	±1.5%
表面质量③		至少 95%的砖主要区域无明显缺陷	
物理性能		精细	普通
吸水率⑧(质量分数)		3.0<平均值≤6.0%, 单值≤6.5%	3.0<平均值≤6.0%, 单值≤6.5%
破坏强度/N	厚度≥7.5mm	≥800	≥800
	厚度<7.5mm	≥600	≥600
断裂模数/(N/mm²),不适用于破坏强度≥3000N 的砖		平均值≥13, 单值≥11	平均值≥13, 单值≥11
耐磨性	无釉地砖耐磨损体积/mm³	≤541	≤541
	有釉地砖表面耐磨性④	报告陶瓷砖耐磨性级别和转数	

尺寸和表面质量		精细	普通
线性热膨胀系数⑤	从环境温度到100℃	见《陶瓷砖》(GB/T 4100—2015)附录Q	
	抗热震性⑤	见《陶瓷砖》(GB/T 4100—2015)附录Q	
	有釉砖抗釉裂性⑥	经试验应无釉裂	
	抗冻性⑤	见《陶瓷砖》(GB/T 4100—2015)附录Q	
	地砖摩擦因数	制造商应报告陶瓷地砖的摩擦因数和地砖试验方法	
	湿膨胀/(mm/m)	见《陶瓷砖》(GB/T 4100—2015)附录Q	
	小色差⑤	见《陶瓷砖》(GB/T 4100—2015)附录Q	
	抗冲击性⑤	见《陶瓷砖》(GB/T 4100—2015)附录Q	
化学性能		精细	普通
耐污染性	有釉砖	最低3级	最低3级
	无釉砖⑦	见《陶瓷砖》(GB/T 4100—2015)附录Q	
抗化学腐蚀性	耐低浓度酸和碱 有釉砖 无釉砖⑦	制造商应报告耐化学腐蚀性等级	制造商应报告耐化学腐蚀性等级
	耐高浓度酸和碱⑤	见《陶瓷砖》(GB/T 4100—2015)附录Q	
	耐家庭化学试剂和游泳池盐类 有釉砖 无釉砖⑦	不低于 GB 级 不低于 UB 级	不低于 GB 级 不低于 UB 级
铅和镉的溶出量		见《陶瓷砖》(GB/T 4100—2015)附录Q	

① 以非公制尺寸为基础的习惯用法也可用在同类型砖的连接宽度上。

② 不适用于有弯曲形状的砖。

③ 在烧成过程中，产品与标准板之间的微小色差是难免的。本条款不适用于在砖的表面有意制造的色差（表面可能是有釉的、无釉的或部分有釉的）或在砖的部分区域内为了突出产品的特点而希望的色差。用于装饰目的的斑点或色斑不能看作为缺陷。

④ 有釉地砖耐磨性分级可参照《陶瓷砖》（GB/T 4100—2015）附录P的规定。

⑤ 表中所列"附录Q"涉及项目不是所有产品都必检的，是否有必要对这些项目进行检验应按《陶瓷砖》（GB/T 4100—2015）附录Q的规定确定。

⑥ 制造商对于为装饰效果而产生的裂纹应加以说明，这种情况下，标准规定的釉裂试验不适用。

⑦ 如果色泽有微小变化，不应算是化学腐蚀。

⑧ 吸水率最大单个值为 0.5% 的砖是全玻化砖（常被认为是不吸水的）。

表 4-12　有釉地砖耐磨性分级

级别	说　明
0	该级有釉砖不适用铺贴地面
1	该级有釉砖适用于柔软的鞋袜或不带有划痕灰尘的光脚使用的地面(例如，没有直接通向室外通道的卫生间或卧室使用的地面)
2	该级有釉砖适用于柔软的鞋袜或普通鞋袜使用的地面。大多数情况下，偶尔有少量划痕灰尘(例如，家中起居室，但不包括厨房、入口处和其他有较多来往的房间)，该等级的砖不能用特殊的鞋，例如带平头钉的鞋
3	该级有釉砖适用于平常的鞋袜，带有少量划痕灰尘的地面(例如，家庭的厨房、客厅、走廊、阳台、凉廊和平台)。该等级的砖不能用特殊的鞋，例如带平头钉的鞋
4	该级有釉砖适用于有划痕灰尘，来往行人频繁的地面，使用条件比3类地面砖恶劣(例如，入口处、饭店的厨房、旅店、展览馆和商店等)
5	该级有釉砖适用于行人非常频繁并能经受划痕灰尘的地面，甚至于在使用环境较恶劣的场所(例如，公共场所如商务中心、机场大厅、旅馆门厅、公共过道和工业应用场所等)

表 4-13　部分非强制性试验项目的说明

试验方法	说　明
GB/T 3810.5 陶瓷砖试验方法　第 5 部分：用恢复系数确定砖的抗冲击性	该试验使用在抗冲击性有特别要求的场所。一般轻负荷场所要求的恢复系数为 0.55,重负荷场所则要求更高的恢复系数
GB/T 3810.8 陶瓷砖试验方法　第 8 部分：线性热膨胀的测定	大多数陶瓷砖都有微小的线性膨胀,如果陶瓷砖安装在高热变性的情况下,应进行该项试验
GB/T 3810.9 陶瓷砖试验方法　第 9 部分：抗热震性的测定	所有的陶瓷砖都应当具有耐高温性,凡是有可能经受热震应力的陶瓷砖都应当进行该项试验
GB/T 3810.10 陶瓷砖试验方法　第 10 部分：湿膨胀的测定	大多数有釉砖和无釉砖都有微小的自然湿膨胀,当正确铺贴或安装时,不会引起铺贴问题,但在不规范安装和一定的湿度条件下,当湿膨胀大于 $0.06\%(0.66mm/m)$,就有可能出问题
GB/T 3810.12 陶瓷砖试验方法　第 12 部分：抗冻性的测定	对于明示并准备用在受冻环境中的产品,必须通过该项试验,一般对明示不用于受冻环境中的产品,不要求该项试验
GB/T 3810.13 陶瓷砖试验方法　第 13 部分：耐化学腐蚀性的测定	陶瓷砖通常都具有抗普通化学药品的性能,若准备将陶瓷砖在有可能受腐蚀的环境下使用时,应按进行高浓度酸和碱的耐化学腐蚀性试验
GB/T 3810.14 陶瓷砖试验方法　第 14 部分：耐污染性的测定	该标准要求对有釉砖是强制的。对于无釉砖,若在有污染的环境下使用,建议制造商考虑耐污染性的问题。对于某些有釉砖因釉层下的坯体吸水而引起的暂时色变,《陶瓷砖试验方法　第 14 部分：耐污染性的测定》不适用
GB/T 3810.15 陶瓷砖试验方法　第 15 部分：有釉砖铅和镉溶出量的测定	当有釉砖是用加工食品的工作台或墙面,且砖的釉面与食品有可能接触的场所时,则要求进行该项试验
GB/T 3810.16 陶瓷砖试验方法　第 16 部分：小色差的测定	《陶瓷砖试验方法　第 16 部分：小色差的测定》只适用于在特定环境下的单色有釉砖,而且仅在认为单色有釉砖之间的小色差是重要的特定情况下采用本标准方法

在现行国家标准《陶瓷砖》（GB/T 4100—2015）中，具体规定了挤压陶瓷砖和干压陶瓷砖的技术要求，在设计、采购、施工和验收时，必须严格按照《陶瓷砖》（GB/T 4100—2015）中的要求核查其质量。

（8）水泥花砖　水泥花砖又称水泥花阶砖，其主要原料为普通硅酸盐水泥或白色硅酸盐水泥，并掺加适量的各种颜料，经机械拌和、压制成型并在其上雕刻花纹，经充分养护而制成。水泥花砖质地硬、光滑耐磨、色彩鲜亮、价格低廉，适用于做楼地面面层和台阶面层。

① 水泥花砖的花色、品种、规格按图纸设计要求并符合有关标准的规定，产品应有出厂合格证和技术质量性能指标的试验报告。

② 水泥花砖按其所使用部位不同，可分为地面花砖（F）和墙面花砖（W）两类。

③ 水泥花砖按其外观质量、尺寸偏差与物理力学性能不同，可分为一等品（B）和合格品（C）。

④ 水泥花砖的外观质量应符合设计要求，不得有严重的缺棱、掉角、掉底、越线和图案偏差等缺陷，不允许有裂纹、露底和起鼓，也不得有明显的色差、污迹和麻面。水泥花砖外观质量偏差应符合表 4-14 的规定。

表 4-14　水泥花砖外观质量偏差　　　　　　　　　　　　　　单位：mm

项目		一等品	合格品
正面	缺棱	长×宽>10×2,不允许	长×宽>20×2,不允许
	掉角	长×宽>2×2,不允许	长×宽>4×4,不允许
掉底		长×宽<20×20,深 1/3 砖厚,允许 1 处	长×宽<30×30,深 1/3 砖厚,允许 1 处
越线		越线距离<1.0,长度<10.0,允许 1 处	越线距离<2.0,长度<20.0,允许 1 处
图案偏差		≤1.0	≤3.0

⑤ 水泥花砖的尺寸和规格应符合产品规定的标准要求，水泥花砖的尺寸允许偏差见表 4-15，水泥花砖的平度、角度和厚度差应符合表 4-16 中的规定。

表 4-15　水泥花砖的尺寸允许偏差　　　　　　　　　单位：mm

水泥花砖品种	一等品			合格品		
	长度	宽度	厚度	长度	宽度	厚度
F、W	±0.5	±0.5	±1.0	±0.5	±0.5	±1.0

表 4-16　水泥花砖的平度、角度和厚度差　　　　　　　单位：mm

水泥花砖品种	平度		角度		厚度差	
	一等品	合格品	一等品	合格品	一等品	合格品
F	0.7	1.0	0.4	0.8	0.5	1.0
W	0.7	1.0	0.5	1.0	0.5	1.0

⑥ 水泥花砖的吸水率不得大于 14％；地面水泥花砖的耐磨性能不得大于表 4-17 中的规定值；抗折破坏荷载不得小于表 4-18 中的规定值。

表 4-17　地面水泥花砖的耐磨性能规定值　　　　　　　单位：g

水泥花砖品种	一等品		合格品	
	平均磨耗量	最大磨耗量	平均磨耗量	最大磨耗量
F	5.0	6.0	7.5	9.0

表 4-18　水泥花砖的抗折破坏荷载规定值　　　　　　　单位：N

水泥花砖品种	规格/mm	一等品		合格品	
		平均值	单块最小值	平均值	单块最小值
F	200×200	900	760	700	600
W		600	500	500	420
F	200×200	680	580	520	440
W		460	380	380	320
F	150×150	1080	920	840	720
W		720	610	600	500

⑦ 地面所用的水泥花砖面层厚度的最小值，一等品应不低于 1.6mm，合格品应不低于 1.3mm。墙面所用的水泥花砖面层厚度的最小值不应低于 0.5mm。

⑧ 地面所用水泥花砖的一等品不允许有分层现象，合格品只允许有不明显的分层现象。

(二) 施工主要机具

(1) 机械设备　水泥花砖面层施工所用的机械设备主要有砂浆搅拌机、小型台式砂轮机、切割机、机动翻斗车等。

(2) 主要工具　水泥花砖面层施工所用的主要工具有水平尺、木锤、手推胶轮车、合金尖錾子、合金扁錾子、拨缝开刀、平铁锹、木刮杠、扁铁、钢丝刷、铁抹子等。

(三) 施工作业条件

(1) 建筑室内的墙体和柱子饰面、顶棚装饰、吊顶工程已施工完毕，并经工程验收质量完全合格。

(2) 门窗框、室内各种管线和埋件已安装完毕，并经质量检验完全合格。

(3) 楼地面的各种孔洞、缝隙应用细石混凝土灌填密实，细小的缝隙也可用水泥砂浆进行灌填，并经质量检查无渗漏现象。

(4) 建筑主体结构已完毕并经验收，室内已弹好＋500mm 的水平线和各开间中心（十字线）及图案分格线，这是进行水泥花砖面层施工的依据。

(5) 砖面层施工所用的材料已经备齐，按照要求运到施工现场，经检查质量符合设计要求，所用砂浆配合比已通过试验确定。

（6）砖面层所用的花砖应严格进行挑选，按照规格、颜色和图案组合分类堆放备用，有裂纹、掉角和表面有缺陷的水泥花砖应剔除不用。

（7）在进行砖面层施工前，对陶瓷锦砖、水泥花砖应提前 1d 将其浸透、晾干备用。

（四）施工操作工艺

1. 砖面层施工工艺流程

砖面层施工工艺流程为：清理基层→弹控制线→贴灰饼→找规矩、排砖、弹线→铺贴面层→拨缝调整→勾缝、擦缝→面层养护。

2. 砖面层施工操作要点

（1）在水泥砂浆结合层上铺贴无釉陶瓷地砖、陶瓷地砖和水泥花砖面层时，应当符合下列规定。

① 在正式铺贴面砖前，应对面砖的规格尺寸、外观质量、色泽等进行预选，并浸水湿润晾干待用。

② 面砖的勾缝或擦缝应采用同品种、同强度等级、同颜色的水泥，并做好成品的养护和保护工作。

（2）基层处理　将混凝土基层上的杂物清理掉，并用錾子剔掉砂浆落地灰，用钢丝刷刷净浮浆层。如基层有油污时，应用 10％火碱水刷净，并用清水及时将其上的碱液冲净。

（3）弹控制线　根据房间＋500mm 的水平线和各开间中心（十字线）及排砖方案图，弹出排砖控制线。

（4）无釉陶瓷地砖、陶瓷地砖和水泥花砖的铺贴　无釉陶瓷地砖、陶瓷锦砖和水泥花砖可按下列方法和要求进行铺贴。

① 根据排砖控制线先铺贴好左右靠边基准行（封路）的块料，以后再根据基准行由内向外挂线逐行进行铺贴。并随时做好各道工序的检查和复验工作，以保证铺贴的质量。

② 块料铺贴时宜采用干硬性水泥砂浆，厚度为 10～15mm，然后用纯水泥膏（厚约 2～3mm）满涂块料的背面，对准挂线和缝隙，将块料铺贴在水泥砂浆表面上，用小木锤着力敲击至平整。挤出的水泥膏应及时清理干净，并做到随铺水泥砂浆随铺贴块料。

③ 块料面砖的缝隙宽度。当采用紧密铺贴时，面砖间的缝隙宽度不宜大于 1mm；当采用虚缝铺贴时，面砖间的缝隙宽度为 5～10mm，或按设计要求。

④ 块料面砖在铺贴 24h 内，根据各类块料砖面层的要求，分别进行擦缝、勾缝或压缝工作。勾缝的深度比砖面凹 2～3mm 为宜，擦缝和勾缝应采用同品种、同强度、同颜色的水泥。

⑤ 无釉陶瓷地砖、陶瓷地砖和水泥花砖铺贴完成后，要做好面层的养护和保护工作。

（5）陶瓷马赛克的铺贴　陶瓷马赛克的面层可按下列方法和要求进行铺贴。

① 在水泥砂浆结合层上铺贴陶瓷马赛克面层时，马赛克的底面应洁净，每联陶瓷马赛克之间、陶瓷马赛克与结合层之间，以及在墙边、镶边和靠墙的部位，均应紧密贴合，并不得留有空隙，在靠墙处不得采用砂浆填补。

② 根据房间＋500mm 的水平线和各开间中心（十字线）铺贴各开间左右的两侧标准行，以后根据标准行结合分格缝控制线，由里向外逐行挂线进行铺贴。

③ 用软毛刷将陶瓷马赛克的表面（沿未贴纸的一面）灰尘扫净并润湿，在陶瓷马赛克上均匀抹一层厚度为 2～2.5mm 的水泥浆，按照弹出的控制线或挂线铺贴，并用平整木板压在陶瓷马赛克上，用木锤着力敲击。同时，将挤出的水泥膏及时清理干净。

④ 待陶瓷马赛克铺贴 15～30min 后，在纸面上刷水湿润，缓慢地将纸揭去，并及时将上面的纸屑清理干净；用拨缝开刀拨正歪斜的缝子，再铺上平整木板，用木锤拍平拍实。

(6) 踢脚线施工　踢脚线宜采用与地面同品种、同规格、同颜色的板块（不包括陶瓷马赛克地面）进行铺贴。其立缝应与地面缝对齐，铺贴时先在房间阴角两头各铺一块砖，出墙厚度和高度一致，并以此砖上口为标准，挂线铺贴其他块料。铺设时采用粘贴法，将砖的背面朝上，满涂配合比为 1∶2（水泥∶砂子）的水泥砂浆后，立即粘贴到已刮水泥膏的底灰上，将砖挤平、敲实，其砖的上口跟线，并随时把挤出砖面多余的水泥砂浆刮除，将砖面清理干净。阳角处的板块宜采用 45°角进行对缝。

(7) 楼梯板块面层施工　楼梯板块面层可按下列方法和要求进行施工。

① 根据标高控制线，把楼梯每一梯段的所有踏步的误差均分，并在墙面上放样予以标识，作为检查和施工控制板块标高、位置的标准。

② 楼梯面层板块材料应根据设计要求挑选，踏步处应当选用满足防滑的块材，并将挑选好的材料按照颜色和花纹分类堆放备用，铺贴前应根据材质情况浸水湿润，但正式铺贴时材料的表面应晾干。

③ 将基层上的泥土、浮灰、灰渣和其他杂质清理干净，如局部有凹凸不平，应在铺贴块材前将凸处凿平，凹处用体积配合比为 1∶3 的水泥砂浆补平。

④ 在正式铺贴面层块材前，对每级踏步立面、平面板块，按图案、颜色、拼花纹理进行试拼、试排，试排好后编号放好备用。

⑤ 铺抹结合层半干硬性水泥砂浆，一般采用体积配合比为 1∶3 的水泥砂浆。铺抹前应洒水湿润基层，随刷素水泥浆随铺抹水泥砂浆，铺抹好后用刮尺杆刮平、拍实，用抹子压拍平整密实，铺抹的顺序一般按照先踏步立面，后踏步平面，再铺抹楼梯栏杆和靠墙部位色带处。

⑥ 楼梯板块料面层铺贴的顺序，一般是从下向上逐级铺贴，先粘贴立面，后铺贴平面，铺贴时应按试拼和试排的板块编号对号铺贴。

⑦ 在进行铺贴前，将板块预先浸润晾干备用，铺贴时将板块四周同时放置在铺抹好的半干硬性水泥砂浆层上，在试铺合适后，翻开板块在背面满刮一层水灰比为 0.50 的素水泥浆，然后将板块轻轻对准原位铺贴好，用小木锤或橡皮锤敲击板块，使其四角平整、对缝、对花符合设计要求，铺贴应接缝均匀，色泽一致，面层与基层结合牢固。及时擦干净面层上多余的水泥浆，缝内清理干净。常温下铺贴完 12h 开始养护，3d 后即可勾缝或擦缝。

⑧ 当设计要求用白色硅酸盐水泥和其他有颜色的胶结料勾缝时，用白水泥和颜色调制成与板块色调相近的带色水泥浆，用专用工具勾缝压实至平整光滑。

⑨ 面层板块在勾缝或擦缝 24h 后，用干净湿润的锯末覆盖或喷水进行养护，养护时间不得少于 7d。

⑩ 楼梯踢脚板镶贴的方法，与楼梯面层铺贴操作要点相同。施工时应按楼梯放样图加工套割，并进行试排编号，以备镶贴时用。

(8) 卫生间等有防水要求的房间面层施工　卫生间等有防水要求的房间面层可按下列方法和要求进行施工。

① 根据标高控制线，从房间四角向地漏处按设计要求的坡度进行找坡，并确定四角及地漏顶部的标高，用体积配合比为 1∶3 的水泥砂浆找平，找平打底灰的厚度一般为 10～15mm，铺抹时用铁抹子将灰浆摊平拍实，用木刮杠将表面刮平，并做成毛面，再用 2m 靠尺检查找平层表面平整度和地漏坡度。找平打底灰铺抹完毕后，于次日洒水养护 2d。

② 对已铺贴的房间检查其净室尺寸，找好方正，定出四角及地漏处的标高，根据控制

线先铺贴好靠边基准行的板块，然后由内向外挂线逐行铺贴，并注意房间四边第一行板块铺贴必须平整，找坡应从第二行板块开始依次向地漏处找坡。

③ 根据地面板块的规格尺寸，排好其模数，非整砖的板块对称铺贴于靠墙边处，且不小于 1/4 整砖，与墙边距离应保持一致，严禁出现"大小头现象"，保证铺贴好的板块地面标高低于走廊和其他房间不少于 20mm。卫生间等有防水要求的房间地面坡度应符合设计要求，无倒泛水和积水现象。

④ 地漏位置在符合设计要求的前提下，宜结合地面面层排板设计进行适当调整，并用整块板块进行套割，地漏双向中心线应与整块板块的双向中心线重合；用四块板块套割时，地漏中心应与四块板块的交点重合。套割尺寸宜比地漏面板外围每侧大 2～3mm，周边均匀一致。在进行镶贴时，套割的板块内侧与地漏面板平，且比外侧低（找坡）5mm。待镶贴凝结后，清理地漏周围的缝隙，用密封胶进行封闭，防止地漏周围渗漏。

⑤ 在正式铺贴前，在找平层上刷素水泥浆一遍，随刷水泥浆随铺抹黏结层水泥砂浆，水泥砂浆的体积比为（1：2）～（1：2.5），厚度为 10～15mm，铺贴前对准控制线及缝子，将板块铺贴好后，再用小木锤或橡皮锤敲击至表面平整，板块的缝隙应当均匀一致，将挤出的水泥浆要及时擦干净。

⑥ 面层板块在铺贴完成后，应在 24h 内进行擦缝或勾缝。勾缝宜采用配合比为 1：1 的水泥砂浆（细砂），要求缝隙密实平整光洁。勾缝的深度为 2～3mm。擦缝或勾缝应采用同一品种、同一强度等级、同一颜色的水泥。

⑦ 在面层板块铺贴完毕 24h 后，应洒水养护 2d，用防水材料临时封闭地漏，放水深20～30mm 进行 24h 蓄水试验，经监理、施工单位和业主共同检查验收签字确认无渗漏后，地面铺贴工作方可完工。

(9) 在胶黏剂结合层上铺贴砖面层　在胶黏剂结合层上铺贴砖面层可按下列方法和要求进行施工。

① 采用胶黏剂在结合层上铺贴砖面层时，胶黏剂的选用应符合现行国家标准《民用建筑工程室内环境污染控制规范》（GB 50325—2010）中的规定。胶黏剂产品应有出厂合格证和技术质量指标检验报告。

② 水泥基层的表面应平整、坚硬、干燥、无油脂及砂粒，含水率不大于 9%。如表面有麻面起砂、裂缝等质量缺陷时，宜采用乳液腻子等材料修补平整，每次涂刷的厚度不大于0.8mm，干燥后用 0 号铁砂布进行打磨，再涂刷第二遍乳液腻子，直至表面平整后，再用水稀释的乳液涂刷一遍，以增加基层的整体性和黏结能力。

③ 铺贴应先进行编号，将基层的表面清扫干净，涂刷一层薄而匀的底胶，待底胶干燥后，再在其上面进行弹线，以便对板块分格定位。

④ 板块铺贴应由内向外进行。涂刷的胶黏剂必须均匀，并超出分格线 10mm，涂刷厚度控制在 1mm 以内，板块面层背面应均匀涂刮胶黏剂，待胶黏剂干燥不粘手（一般 10～20min）即可铺贴板块，涂胶面积不应超过胶的晾量时间内可以粘贴的面积，铺贴的板块应一次就位准确，粘贴密实。

(10) 在沥青胶结料结合层上铺贴无釉陶瓷地砖面层　在沥青胶结料结合层上铺贴无釉陶瓷地砖面层可按下列方法和要求进行施工。

① 找平层的表面应洁净、干燥，其含水率不大于 9%，并应涂刷基层处理剂。基层处理剂应采用与沥青胶结料同类材料加稀释剂溶剂配制。涂刷基层处理剂的相隔时间应通过试验确定，一般在涂刷 24h 后即可铺贴面层。

② 沥青胶结料组成材料的质量要求、熬制方法和温度控制，可见本节"五、料石面层

施工"中的相关内容。

③ 无釉陶瓷地砖要干净，铺贴时应在摊铺热沥青胶结料后随即进行，并一定要在沥青胶结料凝固前完成。

④ 无釉陶瓷地砖之间的缝隙宽度为 3～5mm，采用挤压方法使沥青胶结料挤入，再用沥青胶结料填满。在进行填缝前，缝隙内应予清扫并使其干燥。

（五）安全与环保措施

（1）在进行砖面层施工前，首先应制定有关的安全和防护措施，并应严格遵照国家现行的有关安全技术及劳动保护方面的规范。

（2）施工机械用电必须采用一机一闸一保护，非施工机械操作人员不得任意使用机械。

（3）任何一项作业开始前，应检查电源线路有无破损，漏电保护装置是否灵活可靠，机具各部连接应紧固，旋转方向应正确。

（4）凡是进行用电的施工作业时，机械操作人员必须戴绝缘手套和穿绝缘鞋，以防止出现漏电伤人。

（5）施工的室内照明线路必须使用绝缘导线，并采用瓷瓶、瓷（塑）夹敷设，距地面高度不得小于 2.5m。

（6）在施工光线不足的地方操作时，应采电压低于 36V 的照明设备，地下室照明用电电压不宜超过 12V。

（7）机械电路故障排除、线路架设和灯具安装等，必须由专业持证电工完成，非专业持证电工不得随意处理。

（8）施工中电源线路要悬空移动，应注意避免电源线与地面相摩擦及车辆的辗压。经常检查电源线的完好情况，发现破损应立即进行处理。

（9）施工照明系统中的每一单项回路上，灯具或插座数量不宜超过 25 个，并应装设熔断电流为 15A 及 15A 以下的熔断器保护。

（10）施工中应按照有关规定，设置必要的消防器材，制定可靠的防火规章制度；在施工现场绝对禁止任何人吸烟，以防引起火灾。

（11）施工中加工板块时，操作者必须戴防护眼镜及绝缘胶手套。操作中脸部不得正对或靠近加工的板材。采用砂轮切割机时，操作者身体要侧立，防止砂轮片破裂伤人。

（12）在清理基层时，不允许从窗口、阳台、洞口等处向外乱扔杂物，以免伤人。

（13）使用钢井架作为垂直运输时，要规定好升降中的联系信号，吊笼平层稳定后，才能进行装卸作业。

（14）施工工程废水的控制措施　施工中产生的废水可采取如下控制措施：浸砖等产生的废水，可以用来拌和水泥砂浆；砂浆搅拌机清洗产生的废水，应经沉淀池沉淀后，排到室外的管网中。

（15）大气污染的控制措施　施工中产生的大气污染可采取以下具体措施。

① 在施工现场中产生的垃圾，应按要求分拣分放并及时进行清运。处理时由专人负责用毡布覆盖，并洒水降尘，以防止产生环境污染。

② 在施工过程中应特别注意对粉状材料（如水泥、石粉、砂子等）的管理，防止扬尘和运输过程中的遗洒。砂子使用时，应先用水喷洒，防止粉尘的飞扬。

③ 进出工地使用柴油、汽油的机动机械，必须使用无铅汽油和优质的柴油做燃料，以减少对大气的污染。

④ 施工中所用的胶黏剂应符合现行国家标准《建筑胶黏剂有害物质限量》（GB 30982—

2014）的规定。胶黏剂用后应立即盖严，不能随意敞放，如有洒漏，应及时清除，所用的器具应及时清洗，保持清洁。

（16）施工噪声控制措施　对于施工中的噪声可采取以下具体措施。

① 所有的施工机械进场必须先进行试车，确定运转正常、润滑良好、各紧固件无松动、无不良噪声后方可使用。

② 机械设备操作人员应熟悉设备的性能和操作规程，了解机械噪声对环境造成的影响。

③ 各种工种的操作人员必须坚持文明施工，按照要求进行操作，作业时做到轻拿轻放。

④ 在进行切割板块时，应尽量安排在白天进行，同时最好设置在室内并应加快作业进度，以减少噪声排放时间和频次。

⑤ 注意对施工噪声的控制，白天不应超过75dB，夜间不应超过55dB。定期对施工噪声进行测量，并注明测量时间、地点、方法，做好噪声测量记录，以验证施工噪声排放是否符合要求，超标时应及时采取措施，立即加以纠正。

（17）固体废弃物的控制措施　对于施工中产生的固体废弃物可采取以下具体措施。

① 施工中产生的各种固体废弃物，应按照"可利用""不可利用""有毒害"等进行标识。可利用的分类存放在适当的地方，不可利用的垃圾应存放在垃圾场及时运走，有毒害的（如胶黏剂等）应密封存放。

② 各种施工固体废弃物在现场进行装卸运输时，应用水加以喷洒，卸到堆放地后及时覆盖或用水喷洒。

③ 对施工机械进行保养时，应防止机油发生泄漏，在使用和维修保养中要避免因漏油污染地面。

（18）对能源的控制措施　施工中对能源可采取以下具体措施。

① 需要养护的面层应尽量采用湿麻袋片或湿锯末养护，不仅可以节省大量的养护用水，而且还可防止废水横流产生污染。

② 加强对施工人员节约能源的教育，提高全体员工"节材、节水、节能、节地"的意识。

③ 加强施工过程中的检查监督，制定切实可行的能源控制措施，避免"跑、冒、滴、漏"和长流水、长明灯现象。

④ 加强对施工现场机械设备的管理，努力提高施工的利用率和生产效率，减少空转时间。

（六）施工注意事项

（1）在铺设板块面层时，其水泥类基层的抗压强度不得低于1.2MPa。在正式铺设板块前，应先涂刷一道水灰比为0.4～0.5的水泥浆，并做到随刷浆随铺板。

（2）铺设板块面层的结合层和板块之间的填缝采用水泥砂浆，配制水泥砂浆的体积比、相应的强度等级和稠变，应符合设计要求。当设计中无具体要求时应按表5-1采用。

（3）当采用沥青胶结料材料铺设板块面层时，其下一层表面应坚固、密实、平整、洁净、干燥，并应涂刷基层处理剂。基层处理剂及沥青胶结料表面均应保持洁净。

（4）结合层、板块面层填缝的沥青胶结料以及隔离层的沥青胶结料，应采用同类沥青与纤维、粉状或纤维和粉状混合的填充料配制，沥青的软化点应符合设计要求。沥青胶结料组成材料的质量要求、熬制方法、熬制和铺设的温度，应根据使用部位、施工气温和材料性能等不同条件按有关规定选用。

（5）板块的铺贴应符合设计要求，当设计中无具体要求时，宜避免出现板块小于1/4边长的边角料。施工前应根据板块的大小，结合房间尺寸进行排砖设计。非整砖应对称布置，并且应排在不明显的地方。

（6）铺贴板块面层的结合层和填缝的水泥砂浆，在板块面层铺设后应覆盖、湿润养护，其养护的时间不应少于 7d。当板块面层水泥砂浆结合层的抗压强度达到设计要求后，方可正常使用。

（7）踢脚板施工时，除执行以上所述同类面层的规定外，还应符合下列规定。

① 在进行板块类踢脚板施工时，一般应采用水泥浆或水泥砂浆打底，而不得采用石灰砂浆进行打底。

② 踢脚板宜在板块面层基本完工及墙面最后一遍抹灰（或刷涂料）前完成。

③ 板块面层的踢脚板出墙的厚度一般宜为 10mm，最大不宜大于 12mm；如遇到剪力墙且不能抹灰的墙面（如清水混凝土墙），宜选用厚度较薄的板材做踢脚线，结合层宜用胶粘贴。

④ 厕浴间及设有地漏（含清扫口）的建筑地面面层，地漏（含清扫口）的位置除应符合设计要求外，板块规格不宜过大，过大不易进行找坡。如用大板块铺贴时，地漏处应放样套割铺贴，使铺贴好的板块地面略高于地漏 2mm，与地漏结合处严密牢固，不得有渗漏。

在板块面层大面积铺贴前应确定样板间，样板间的选择应具有代表性，不同的材料应分别有样板，经业主和监理认可后，方可大面积施工。

三、石材面层施工

天然石材是一种有悠久历史的建筑装饰材料，它不仅具有较高的强度、硬度、耐久性、耐磨性等优良性能，而且经表面处理后可获得优良的装饰性，对建筑物起着保护和装饰双重作用。建筑装饰用的饰面石材，是从天然岩体开采、可加工成各种块状或板状材料。建筑装饰石材包括天然石材和人造石材两类。用于建筑装饰工程中的天然饰面石材品种繁多，主要分为大理石和花岗石两大类。

（一）对组成材料的要求

石材面层施工的组成材料主要包括天然石材板块、水泥、砂子、石粒、矿物颜料和胶黏剂等，它们的质量应分别符合下列具体要求。

1. 天然大理石建筑板材

天然大理石是一种变质岩，它是由石灰岩、白云岩、方解石、蛇纹石等在高温、高压作用下变质而生成，其结晶主要由方解石和白云石组成，其成分以碳酸钙为主。

根据现行国家标准《天然大理石建筑板材》（GB/T 19766—2005）中的规定，本标准适用于建筑装饰用天然大理石建筑板材，其他用途的天然大理石建筑板材可参照采用。

天然大理石建筑板材的规格尺寸允许偏差，应符合表 4-19 中的规定。

表 4-19　天然大理石建筑板材的规格尺寸允许偏差

项　　目			允许偏差/mm		
			优等品	一等品	合格品
规格尺寸允许偏差	普通型板材	长度、宽度	0，−1.0		0，−1.5
		厚度/mm ≤12	±0.5	±1.0	±1.0
		厚度/mm >12	±1.0	±1.5	±2.0
		干挂板材厚度/mm	+2.0，0		+3.0，0
	圆弧型板材	壁厚	≥20		
		弦长	0，−1.0		0，−1.5
		高度	0，−1.0		0，−1.5

项　　目				允许偏差/mm		
				优等品	一等品	合格品
平面度允许偏差	普通型板材	板材长度/mm	≤400	0.2	0.3	0.5
			400~800	0.5	0.6	0.8
			>800	0.7	0.8	1.0
	圆弧型板材	直线度（按板材高度）	≤800	0.6	0.8	1.0
			>800	0.8	1.0	1.2
		线轮廓度		0.8	1.0	1.2
角度允许偏差	普通型板材	板材长度/mm	≤400	0.3	0.4	0.5
			>400	0.4	0.5	0.7
		拼缝板正面与侧面夹角		<90°		
	圆弧型板材	角度允许公差/(°)		0.4	0.6	0.8
		侧面角		≥90°		

天然大理石建筑板材的正面外观质量，应符合表 4-20 中的规定。

表 4-20　天然大理石建筑板材的正面外观质量

缺陷名称	规定内容	优等品	一等品	合格品
裂纹	长度超过 10mm 的允许条数/条	0	0	0
缺棱	长度≤8mm、宽度≤1.5mm（长度≤4mm、宽度≤1mm 不计），每米长度允许个数/个	0	1	2
缺角	沿板材边长顺延方向，长度≤3mm、宽度≤3mm（长度≤2mm、宽度≤2mm 不计），每块板的允许个数/个			
色斑	面积≤6mm²（面积<2mm² 不计），每块板的允许个数/个			
砂眼	直径在 2mm 以下		不明显	有，不影响装饰效果

注：1. 同一批板材的色调应基本调和，花纹应基本一致。

　　2. 板材允许黏结和修补，黏结和修补后不影响板材的装饰效果和物理性能。

天然大理石建筑板材的物理力学性能应符合表 4-21 中的规定。

表 4-21　天然大理石建筑板材的物理力学性能

项　　目		技术指标	项　　目	技术指标
体积密度/(g/cm³)		≥2.30	吸水率/%	≤0.50
干燥压缩强度/MPa		≥50.0	耐磨度①/cm³	≥10
弯曲强度/MPa	干燥	7.0	镜面板材的镜向光泽度	不低于 70 光泽度或供需双方协商
	水饱和	7.0		

① 为了颜色和设计效果，以两块或多块天然大理石板材组合拼接时，耐磨度差异应不大于 5cm³，建议适用于经受严重踩踏的阶梯、地面和月台使用的石材耐磨度最小为 12cm³。

2. 天然花岗石建筑板材

天然花岗石是火成岩，也称为酸性结晶深成岩，是火成岩中分布最广的一种岩石，属于硬石材，由长石、石英和云母组成，其成分以二氧化硅为主，约占 60%~75%。岩质坚硬密实，按其结晶颗粒大小可分为"伟晶"、"粗晶"和"细晶"三种。根据现行国家标准《天然花岗石建筑板材》（GB/T 18601—2009）中规定，天然花岗石建筑板材的加工质量要求，应符合表 4-22 中的规定。

表 4-22　天然花岗石建筑板材的加工质量　　　　　　　　单位：mm

项　　目			具体要求					
			镜面和细面板材			粗面板材		
			优等品	一等品	合格品	优等品	一等品	合格品
规格尺寸允许偏差	毛光板	平面度	0.80	1.00	1.50	1.50	2.00	3.00
		厚度 ≤12	±0.5	±1.0	+1.0，−1.5	—	—	—
		厚度 >12	±1.0	±1.5	±2.0	+1.0，−2.0	±2.0	+2.0，−3.0
	普通型板	长度、宽度	0，−1.0		0，−1.5	0，−1.0		0，−1.5
		厚度 ≤12	±0.5	±1.0	+1.0，−1.5	—	—	—
		厚度 >12	±1.0	±1.5	±2.0	+1.0，−2.0	±2.0	+2.0，−3.0
	干挂板厚度		+3.0～−1.0					
	圆弧板	壁厚	≥18					
		弦长	0，−1.0		0，−1.5	0，−1.5	0，−2.0	0，−2.0
		高度				0，−1.0	0，−1.0	0，−1.5
平面度的允许公差	普通型板	板材长度 L　L≤400	0.20	0.35	0.50	0.60	0.80	1.00
		400<L<800	0.50	0.65	0.80	1.20	1.50	1.80
		≥800	0.70	0.85	1.00	1.50	1.80	2.00
	圆弧板	直线度（按板材高度）≤800	0.80	1.00	1.20	1.00	1.20	1.50
		>800	1.00	1.20	1.50	1.50	1.50	2.00
	线轮廓度		0.80	1.00	1.20	1.00	1.50	2.00
角度允许公差	普通型板	板材长度 L　L≤400	0.30	0.50	0.80	0.30	0.50	0.80
		L>400	0.40	0.60	1.00	0.40	0.60	1.00
	拼缝板正面与侧面夹角		≤90°					
	圆弧板	角度允许偏差/（°）	0.40	0.60	1.00	0.40	0.60	1.00
		侧面角 α	≥90°					
镜面板材的镜向光泽度			不低于80光泽单位，特殊需要和圆弧板由供需双方协商确定					

天然花岗石建筑板材正面外观质量，应符合表 4-23 中的规定。

表 4-23　天然花岗石建筑板材正面外观质量

缺陷名称	规定内容	具体要求		
		优等品	一等品	合格品
裂纹	长度不超过两端顺延至板边总长度的 1/10（长度<20mm 的不计），每块板的允许条数/条	不允许	1	2
缺棱	长度≤10mm，宽度≤1.2mm（长度≤5mm、宽度≤1mm 不计），周边每米长度允许个数/个			
缺角	沿板材边长，长度≤3mm，宽度≤3mm（长度≤2mm、宽度≤2mm 不计），每块板的允许个数/个			
色斑	面积≤15mm×30mm（面积<10mm×10mm 不计），每块板的允许个数/个	不允许	2	3
色线	长度不超过两端顺延至板边总长度的 1/10（长度<40mm 的不计），每块板的允许条数/条			

注：干挂板材不允许有裂纹存在。

天然花岗石建筑板材的物理性能及放射性，应符合表 4-24 中的规定。

表 4-24　天然花岗石建筑板材的物理性能及放射性

项　　目	技术指标	
	一般用途	功能用途
体积密度/（g/cm³）	≥2.56	≥2.56
吸水率/%	≤0.60	≤0.40

项　目		技术指标	
		一般用途	功能用途
压缩强度/MPa	干燥	≥100.0	≥131.0
	水饱和		
弯曲强度/MPa	干燥	≥8.0	≥8.3
	水饱和		
耐磨性①/cm³		25	25
特殊要求		工程对物理性能指标有特殊要求的,按工程要求执行	
放射性		应符合《建筑材料放射性核素限量》(GB 6566—2010)的规定	

① 使用地面面层、楼梯踏步、台面等严重踩踏或磨损部位的应检查此项。

3. 水泥

石材面层施工所用的水泥宜采用普通硅酸盐水泥（强度等级不低于 42.5MPa）或矿渣硅酸盐水泥（强度等级不低于 32.5MPa），具有出厂合格证和复试报告。其技术性能应符合现行国家标准《通用硅酸盐水泥》（GB 175—2007）中的要求。水泥结块不得再用于工程中。

4. 砂子

石材面层所用的砂子应采用洁净无杂质的中砂或粗砂,砂子要过筛,颗粒要均匀,最大粒径不大于 5mm,砂中的含泥量不应大于 3%。砂的其他技术性能应符合现行国家标准《建设用砂》（GB/T 14684—2011）中的要求。

5. 颜料

颜料用于石材面层的擦缝,颜色可根据饰面板的色泽而确定。同一面层应使用同厂、同批的颜料,以避免造成颜色深浅不一;其掺入量宜为水泥重量的 3%~6%,或者由试验确定。

6. 石粒

石材面层所用的石粒应用坚硬可磨的岩石（如白云石）加工而成。石粒应有棱角、洁净、无杂质,粒径可根据接缝宽度选用,碎块间缝宜为 20~30mm。色彩可按设计要求选择,也可在水泥砂浆中掺入颜料,按要求配成各种不同的色彩。石粒应分批按不同品种、规格、色彩堆放在席上保管,使用时应用水冲洗干净、晾干待用。

7. 胶黏剂

石材面层所用的胶黏剂应符合防水、防菌的要求,另外其选用应按基层材料和面层材料使用的相容性要求,通过试验确定,并符合现行国家标准《民用建筑工程室内环境污染控制规范》（GB 50325—2010）中的规定。胶黏剂产品应有出厂合格证和技术质量指标检验报告。超过生产期三个月的产品,应取样重新检验,合格后方可使用;超过保质期的产品不得使用。

按照现行国家标准《室内装饰装修材料　胶黏剂中有害物质限量》（GB 18583—2008）中的规定,室内装饰装修用的胶黏剂可分为溶剂型、水基型和本体型 3 类,对它们各自有害物质的限量并有明确规定。溶剂型胶黏剂中的有害物质的限量如表 4-25 所列,水基型胶黏剂中的有害物质的限量如表 4-26 所列。

表 4-25　溶剂型胶黏剂中的有害物质的限量

项　目	指　标			
	氯丁橡胶胶黏剂	SBS 胶黏剂	聚氨酯类胶黏剂	其他胶黏剂
游离甲醛/(g/kg)	≤0.50		—	—
苯/(g/kg)	≤5.0			
甲苯+二甲苯/(g/kg)	≤200	≤150	≤150	≤150

项　目	指　标			
	氯丁橡胶胶黏剂	SBS胶黏剂	聚氨酯类胶黏剂	其他胶黏剂
甲苯二乙氰酸酯/(g/kg)	—	—	≤10	—
二氯甲烷/(g/kg)		≤50		
1,2-二氯乙烷/(g/kg)	总量≤5.0			≤50
1,2,2-三氯甲烷/(g/kg)		总量≤5.0		
三氯乙烯(g/kg)				
总挥发性有机物/(g/L)	≤700	≤650	≤700	≤700

注：若产品规定了稀释比例或产品有双组分或多组分组成时，应分别测定稀释剂和各组分中的含量，再按产品规定的配比计算混合后的总量。如稀释剂的使用量为某一范围时，应按推荐的最大稀释量进行计算。

表 4-26　水基型胶黏剂中的有害物质的限量

项　目	指　标				
	缩甲醛类胶黏剂	聚乙酸乙烯酯胶黏剂	橡胶类胶黏剂	聚氨酯类胶黏剂	其他胶黏剂
游离甲醛/(g/kg)	≤1.0	≤1.0	≤1.0	—	≤1.0
苯/(g/kg)			≤0.20		
甲苯＋二甲苯/(g/kg)			≤10		
总挥发性有机物/(g/L)	≤350	≤110	≤250	≤100	≤350

（二）施工主要机具

（1）机械设备　石材面层施工所用的机械设备主要有砂浆搅拌机、小型台式砂轮机、磨石机、石材切割机、砂轮切割机、机动翻斗车等。

（2）主要工具　石材面层施工所用的主要工具有水平尺、木锤、手推胶轮车、合金扁錾子、拨缝开刀、平铁锹、直板尺、靠尺、硬木拍板、橡皮锤、铁抹子等。

（三）施工作业条件

（1）建筑室内的墙体和柱子饰面、顶棚装饰、吊顶工程已施工完毕，并经工程验收质量完全合格。

（2）门窗框、室内各种管线和埋件已安装完毕，并经质量检验完全合格。

（3）楼地面的各种孔洞、缝隙应用细石混凝土灌填密实，细小的缝隙也可用水泥砂浆进行灌填，并经质量检查无渗漏现象。

（4）建筑主体结构已完毕并经验收，室内已弹好＋500mm的水平线和各开间中心（十字线）及图案分格线，这是进行石板面层施工的依据。

（5）石材面层施工所用的材料已经备齐，按照要求运到施工现场，经检查质量符合设计要求，所用石粒砂浆配合比已通过试验确定。

（6）石材面层所用的板材应严格进行挑选，按照规格、颜色和图案组合分类堆放备用，有裂纹、分层、掉角和表面有缺陷的石板材应剔除不用。

（四）施工操作工艺

1. 石材面层施工工艺流程

砖面层施工工艺流程为：基层处理→找标高、弹线→试拼、试排→贴饼、铺设找平层→铺贴板块→灌缝、擦缝→面层养护→面层打蜡。

2. 石材面层施工操作要点

（1）大理石、花岗石面层采用天然大理石、天然花岗石（或碎拼大理石、碎拼花岗石）

板材在结合层上进行铺设。大理石板材不得用于室外地面的面层。

（2）基层处理　石材面层的基层应按照以下方法和要求进行处理。

① 把黏结在混凝土基层上的浮浆、松动混凝土、砂浆等剔掉，用钢丝刷刷掉水泥浆皮，然后再用扫帚扫干净。

② 有防水要求的建筑地面工程，在铺设前必须对立管、套管和地漏与楼板节点之间进行密封处理；排水坡度应符合设计要求。

（3）根据弹出的水平控制线，用干硬性砂浆贴灰饼，灰饼的标高应按地面标高减板厚再减 2mm，并在铺贴前弹出排板的控制线。

（4）在铺贴石板前先将板材背面洗刷干净，使板铺贴时保持湿润，并将板阴干或擦干后备用。

（5）根据弹出的控制线，按预排编号铺好每一开间及走廊左右两侧标准行后，再拉线铺贴其他板材，并由里向外进行铺贴。

（6）铺贴大理石或花岗石板材　在铺贴大理石或花岗石板材丹寸可按下列方法和要求进行操作。

① 在铺贴大理石或花岗石板材面层前，板材应浸湿、晾干；结合层与板材应分段同时进行铺贴。

② 正式铺贴前，先将基层浇水湿润，然后刷水灰比为 0.50 的素水泥浆一遍，并随刷水泥浆随铺底灰，底灰采用配合比为 1∶2 的水泥砂浆，其稠度以手握成团不出浆为准，铺灰厚度以拍实抹平与灰饼同高为准，用铁抹子拍实抹平。铺灰后进行试铺，检查结合层砂浆的饱满度，如不饱满，应用砂浆填补，然后将石板背面均匀地刮上 2mm 厚的素水泥膏，再用毛刷沾水湿润砂浆表面，把石板对准铺贴位置，使板块四周同时落下，用小木锤或橡皮锤敲击平实，随即清理石板缝内的水泥浆。

③ 同一房间、开间应按照石板的配花、品种，挑选尺寸基本一致、色泽均匀，纹理通顺的进行预排编号，分类堆放，待铺贴时按编号取用。必要时可绘制石板铺贴大样图，按大样图进行铺贴。分块排列布置要求对称，客厅、房间与走廊的连通处，缝隙应贯通；走廊、厅房如采用不同颜色和花样时，分色线应设置在门框裁口线的内侧；靠墙柱一侧的板块，离开墙柱的宽度应一致。

（7）石板之间的缝隙宽度如设计无规定时，对于花岗石和大理石板材不应大于 1mm。相邻两块高低差应在允许偏差范围内，严禁二次磨光板边。

（8）石板在铺贴完成 24h 后，可开始洒水养护。3d 后用水泥浆（颜色与石板块调和）擦缝，缝中的水泥浆应饱满，并随即用干布擦净至表面无残灰、污迹为止。铺贴好的石板地面禁止行人和堆放物品。

（9）镶贴踢脚板　石材面层在镶贴踢脚板时应按以下方法和要求进行施工。

① 踢脚板应在石板地面施工完成后进行，施工方法有镶贴法和灌浆法两种，施工前均应进行基层处理，镶贴时先将石板块刷水湿润并晾干。踢脚板的阳角按设计要求，一般宜做成海棠角或割成 45°角。

② 当石板的厚度小于 12mm 时，采用镶贴法施工；当石板的厚度大于 15mm 时，采用灌浆法施工。

③ 当采用灌浆法施工时，先在墙的两端用石膏（或胶黏剂）各固定一块石板，其上上口高度应在同一水平线上，突出墙面厚度应控制在 8～12mm。然后沿两块踢脚板上口拉通线，用石膏（或胶黏剂）逐块依顺序固定踢脚板。最后灌入配合比为 1∶2 的水泥砂浆，水泥砂浆的稠度视缝隙大小而定，以能灌密实为准。

④ 在镶贴踢脚板的过程中，应随时检查踢脚板的平直度和垂直度，以便发现质量问题及时进行纠正。

⑤ 踢脚板间的接缝应当与地面缝贯通（对缝），其擦缝的做法与石板面层相同。

（10）楼梯踏步石板面层的做法，可参见"砖面层"中的楼梯板块面层施工方法。防滑条突出踏步面的高度不宜超过 3mm。

（11）碎拼大理石或碎拼花岗石面层施工　碎拼大理石或碎拼花岗石面层应按下列方法和要求进行施工。

① 碎拼大理石或碎拼花岗石面层施工可以分仓或不分仓铺砌，也可以镶嵌分格条。为了边角整齐，应选用有直边的一边板材沿分仓或分格线进行铺砌，并控制面层标高和基准点。碎拼大理石或碎拼花岗石面层采用干硬性水泥砂浆铺贴，施工方法与大理石面层相同。在进行铺贴时，按碎块形状大小相同自然排列，缝隙控制在 15～25mm，并随铺贴随清理缝内挤出的砂浆，然后嵌填水泥石粒浆，嵌缝应高出块材面 2mm。待达到一定强度后，用细磨石将凸缝磨平。如果设计中要求拼缝采用灌水泥砂浆时，其厚度应与块材的上面齐平，并将表面抹平压光。

② 碎块石板材面层磨光，在常温下一般 2～4d 即可开磨，第一遍用 80～100 号金刚石，要求磨匀磨平磨光滑，然后将渣浆冲洗干净，用同色水泥浆填补表面所呈现的细小空隙和凹痕，适当养护后再磨。第二遍用 100～160 号金刚石磨光，要求磨至石粒显露，表面平整光滑，无砂眼细孔，用清水冲洗后，涂抹草酸溶液（热水：草酸＝1：0.35，溶化冷却后用）一遍。如设计中有要求，第三遍用 240～280 号金刚石磨光，研磨至表面光滑为止。

（12）当石板板材采用胶黏剂进行结合层黏结时，尚应满足以下要求。

① 双组分胶黏剂的拌和程序及配合比例，应严格按照产品说明书中的要求执行。

② 根据石板、胶黏剂及粘贴基层的情况确定胶黏剂涂抹厚度，粘接的胶层厚度不宜超过 3mm。应注意产品说明书对胶黏剂标注的最大使用厚度，同时应考虑基层材料种类和操作环境条件对使用厚度的影响。

③ 石板胶黏剂的晾置时间一般为 15～20min，涂胶面积不应超过胶黏剂的晾置时间内可以粘贴的面积。

（13）面层打蜡　踢脚线打蜡同地面面层打蜡一起进行。应在结合层水泥砂浆达到强度要求、各道工序完工、不再上人时，可以开始打蜡操作，打蜡应达到光滑亮洁。打蜡的方法与水磨石面层相同。

（五）安全与环保措施

石材面层在施工中的安全与环保措施，可参见"砖面层施工"中的相关内容。

（六）施工注意事项

石材面层在施工中的施工注意事项，可参见"砖面层施工"中的相关内容。

四、预制板块面层施工

预制板块面层应采用混凝土板、水磨石板块等在结合层上铺设的一种施工工艺，具有施工简单、质量良好、现场省时、造价较低等优点。

（一）对组成材料的要求

预制板块面层施工的组成材料主要包括水泥、砂子、石膏粉、石灰、水磨石板块、混凝土板块等。

1. 水泥

预制板块面层施工所用的水泥宜采用普通硅酸盐水泥（强度等级不低于42.5MPa）或矿渣硅酸盐水泥（强度等级不低于32.5MPa），具有出厂合格证和复试报告。其技术性能应符合现行国家标准《通用硅酸盐水泥》（GB 175—2007）中的要求。水泥结块不得再用于预制板块面层工程中。

2. 砂子

预制板块面层所用的砂子应采用洁净无杂质的中砂或粗砂，砂子要过筛，颗粒要均匀，最大粒径不大于5mm，砂中的含泥量不应大于3%。砂的其他技术性能应符合现行国家标准《建设用砂》（GB/T 14684—2011）中的要求。

3. 石膏粉、石灰

预制板块面层所用的石膏粉宜为Ⅱ级建筑石膏，细度通过0.15mm筛孔，筛余量应不大于10%。预制板块面层所用的石灰宜为Ⅱ级以上块灰，含氧化钙在在70%以上，使用前经1～2d消解并过筛其颗粒应不大于5mm。

4. 水磨石预制板块

水磨石预制板块的规格、颜色、技术性能应符合设计要求和有关标准的规定，并有出厂合格证；板块要强度满足、尺寸准确、色泽鲜明、颜色一致。凡有裂纹、掉角、翘曲和表面上有缺陷的板块应予剔除，强度和品种不同的板块不得混杂使用。水磨石预制板块的质量应符合以下规定。

① 外观质量　水磨石的外观缺陷见表4-27中的规定；水磨石磨光面越线和图案偏差应符合表4-28中的规定。同批水磨石磨光面上的石碴级配和颜色应基本一致。

表4-27　水磨石的外观缺陷　　　　　　　　　　　　　　　　　单位：mm

缺陷名称	优等品	一等品	合格品
返浆、杂质	不允许	不允许	长×宽≤10×10 不超过2处
色差、划痕、杂石、漏砂、气孔	不允许	不明显	不明显
缺口	不允许	不允许	长×宽>5×3的缺口不应有；长×宽≤5×3的缺口周边上不超过4处，但同一条棱上不得超过2处

表4-28　水磨石磨光面越线和图案偏差　　　　　　　　　　　　单位：mm

缺陷名称	优等品	一等品	合格品
图案偏差	≤2	≤3	≤4
越线	不允许	越线距离≤2,长度≤10,允许2处	越线距离≤3,长度≤20,允许2处

② 尺寸偏差　水磨石规格尺寸、平面度、角度允许极限公差应符合表4-29中的规定；厚度小于或等于15mm的单面磨光水磨石，同块水磨石的厚度极差不得大于1mm；厚度大于15mm的单面磨光水磨石，同块水磨石的厚度极差不得大于2m；侧面不磨光的拼缝水磨石，正面与侧面的夹角不得大于90°。

表4-29　水磨石的规格尺寸允许极限公差　　　　　　　　　　　单位：mm

水磨石类别	等级	长度、宽度	厚度	平面度	角度
Q	优等品	0～−1	±1	0.6	0.6
	一等品	0～−1	+1～−2	0.8	0.8
	合格品	0～−2	+1～−3	1.0	1.0
D	优等品	0～−1	+1～−2	0.6	0.6
	一等品	0～−1	±2	0.8	0.8
	合格品	0～−2	±3	1.0	1.0

水磨石类别	等级	长度、宽度	厚度	平面度	角度
T	优等品	±1	+1～−2	1.0	0.8
	一等品	±2	±2	1.5	1.0
	合格品	±3	±3	2.0	1.5
G	优等品	±2	+1～−2	1.5	1.0
	一等品	±3	±2	2.0	1.5
	合格品	±4	±3	3.0	2.0

③ 出石率　水磨石磨光面的石碴分布应均匀。石碴粒径大于或等于3mm的水磨石，其出石率应不小于55%。

④ 物理力学性能　水磨石磨光面的物理力学性能应符合下列要求。

a. 抛光水磨石的光泽度，优等品不得低于45.0光泽单位；一等品不得低于35.0光泽单位；合格品不得低于25.0光泽单位。

b. 水磨石的吸水率应符合现行行业标准《建筑装饰用水磨石》（JC/T 507—2012）中的规定，不得大于8.0%。

c. 水磨石的抗折强度平均值不得低于5.0MPa，且单块最小值不得低于4.0MPa。

5. 混凝土板块

混凝土板块的边长通常为250～500mm，板厚等于或大于60mm，混凝土强度等级应不低于C20。其余质量要求同水磨石板块。

（二）施工主要机具

（1）机械设备　预制板块面层施工所用的机械设备主要有砂浆搅拌机、小型台式砂轮机、磨石机、石材切割机、砂轮切割机、机动翻斗车、打蜡机等。

（2）主要工具　预制板块面层施工所用的主要工具有平铁锹、合金扁錾子、拨缝开刀、硬木拍板、木锤、铁抹子、橡皮锤、水平尺、直板尺、木靠尺、手推胶轮车、筛子等。

（三）施工作业条件

（1）预制板块面层的地面垫层已做好，经质量检查合格，其强度达到1.2MPa以上。

（2）在墙面上已按施工要求弹好或设置控制面层标高和排水坡度的水平基准线或标志。

（3）在面层正式铺设前，对预制水磨石板或混凝土板块的规格、颜色、品种和数量等，进行清理、检查、核对和挑选。同一房间、开间应按配花、颜色、品种挑选尺寸基本一致、色泽均匀、花纹通顺的进行预编，安排编号，待铺贴时按号取用。凡是规格和颜色不符合设计要求，有裂纹、掉角、窜角、翘曲等缺陷的应挑出，不得用于面层。

（4）预制板块面层正式铺设施工所用的机具设备准备就绪，经检修、维护、试用，处于完好状态；施工中所用的水电已接通，可满足施工使用要求。

（5）施工图纸及技术要求、安全注意事项等方面，已向操作工人进行详细技术交底。

（6）预制板块面层施工的其他作业条件可参见"砖面层"中的相关内容。

（四）施工操作工艺

1. 预制板块面层施工工艺流程

预制板块面层施工工艺流程为：清理基层→弹控制线→定位、排板→板块浸水湿润→砂浆拌制→基层湿润→刷黏结层→铺贴板块→嵌缝、养护→镶踢脚板→面板打蜡。

2. 预制板块面层施工操作要点

(1) 预制板块面层可采用预制水泥混凝土板块、预制水磨石板块，并应在结合层上进行铺设。

(2) 预制水泥混凝土板块面层，应采用水泥浆或水泥砂浆进行填缝；预制彩色混凝土板块和预制水磨石板块应用同色水泥浆或水泥砂浆进行擦缝。

(3) 清理基层、弹控制线、定位、排板　预制板块面板的清理基层、弹控制线、定位和排板，应按以下方法和要求进行施工。

① 将面板基层表面上的浮土、浆皮、杂质等清理干净，并将油污彻底清除掉，基层混凝土的强度应达到 1.5MPa 以上。

② 依据室内弹出的 +500mm 标高线和房间中心十字线，铺设好分块标准板块，与走道直接连通的房间应拉通线，分块布置应对称。走道与房间使用不同颜色的预制水磨石板，分色线应留在门框裁口处。

③ 按房间长宽尺寸和预制板块的规格、缝宽进行排板，确定铺设所需块数，必要时，绘制施工大样图，以避免正式铺设时出现错缝、缝隙不匀、四周靠墙不匀称等缺陷。

(4) 板块浸水湿润和砂浆拌制　预制板块面板的板块浸水湿润和砂浆拌制，应按以下方法和要求进行施工。

① 在铺砌预制板块前，板块的背面应预先浸水湿润，并将其晾干码放，使板块在铺砌时达到面干内潮的要求。

② 结合层用体积配合比 1：2 或 1：3（水泥：砂子）的干硬性水泥砂浆，砂浆应用机械进行搅拌，要求严格控制加水量，并要搅拌均匀。搅拌好的水泥砂浆以手捏成团、落地即散为合格；砂浆应随拌随用，一次不宜拌制过多。

(5) 基层湿润和刷黏结层　预制板块面板的基层湿润和刷黏结层，应按以下方法和要求进行施工。

① 将面层的基层按要求清理干净后，在铺砌预制板块前一天洒水湿润，但基层表面上不得有积水。

② 在铺设水泥砂浆时随着要刷一度水灰比为 0.50 左右的素水泥浆黏结层，涂刷要均匀，随刷水泥浆随铺水泥砂浆。

(6) 刷黏结层和铺贴板块　预制板块面板的刷黏结层和铺贴板块，应按以下方法和要求进行施工。

① 根据排板时的控制线，贴好四角处的第二块板，作为铺砌的标准块，然后由内向外挂线铺砌其他板块。

② 在铺砌板块时，先铺上干硬性水泥砂浆，厚度以 25～30mm 为宜，用铁抹子拍实抹平，然后进行预制板试铺，对好纵向和横向的缝，用橡皮锤敲击板块的中间，振实砂浆至铺设高度后，将板掀起移至一边，检查水泥砂浆的表面，如有空隙应用砂浆填补，满浇一层水灰比为 0.40～0.50 的素水泥浆，或稠度为 60～80mm、体积配合比为 1：1.5 的水泥砂浆，随刷水泥浆随铺板块。铺砌时要使板块四角同时落下，用橡皮锤轻敲使其平整密实，防止在四角处出现空鼓，并随时用水平尺或直尺进行找平。

③ 预制板块间的缝隙宽度应符合设计要求。当设计中无具体要求时，应符合下列规定：预制混凝土板块面层缝宽不宜大于 6mm；预制水磨石板块面层缝宽不宜大于 2mm。在铺砌时要拉通长线对板缝的平直度进行控制，横竖缝均应对齐通顺。

(7) 面板的嵌缝与养护　预制板块面层铺砌完 24h 后，用素水泥浆或水泥砂浆进行灌缝，一般缝高应达 2/3 板厚，再用同色水泥浆进行嵌缝，并用干锯末将板块擦亮，再铺上湿锯末覆盖养护，常温下养护时间不少于 7d，养护期间禁止上人。

（8）镶贴踢脚板　预制板块面层铺砌完成后，便开始镶贴踢脚板，镶贴时可按以下方法和要求进行施工。

1）在正式镶贴前先将踢脚板背面预刷水湿润并晾干。踢脚板的阳角处应按照设计要求，做成海棠角或割成 45°角。

2）踢脚板镶贴的方法主要有灌浆法和粘贴法，应分别按以下方法和要求进行施工。

① 灌浆法。将镶贴踢脚板的墙面清扫干净浇水湿润，镶贴时在墙的两端各镶贴一块踢脚板，其上端高度在同一水平线上，出墙的厚度应一致。然后沿两块踢脚板上端拉通线，逐块依顺序进行镶贴，随镶贴随检查踢脚板的平直度和垂直度，使踢脚板表面平整、接缝严密。在相邻两块踢脚板之间、踢脚板与地面和墙面之间用石膏做临时固定，待石膏凝固后，随即用稠度 8～12cm 的 1：2 稀水泥砂浆灌缝，并随时将溢出的水泥砂浆擦净，待灌入的水泥砂浆凝固后，把石膏剔除，清理干净后，用与踢脚板颜色一致的水泥砂浆填补擦缝。踢脚板之间的缝宜与地面预制板对缝镶贴。

② 粘贴法。根据墙面上的灰饼和标准控制线，用配合比为 1：2.5 或 1：3 的水泥砂浆打底、找平、搓毛，待打底砂浆干硬后，将已湿润、晾干的踢脚板背面抹上 5～8mm 厚的水泥砂浆，水泥砂浆中宜掺加 10％的 801 胶，然后逐块由一端向另一端向底灰上进行粘贴，并随手用木锤敲实，按线找平找直，24h 后用同色水泥浆擦缝，并将余浆擦净。

（9）楼梯踏步的施工操作工艺，可参见"砖面层施工"中的有关做法。

（10）水磨石板块面层的打蜡上光，可参见"石材面层施工"中的有关内容。

五、料石面层的施工

料石也称为条石，是由人工或机械开采和加工出来的较规则的六面体石块，用来砌筑建筑物各部位用的石料。按照其加工的程度不同，可分为毛料石、粗料石、半细料石和细料石四种；按照其加工的形状不同，可分为条石、方石和拱石等。

料石面层应采用天然石料进行铺设。工程中料石面层的石料宜为条石或块石两类。采用条石做面层应铺设在砂、水泥砂浆或沥青胶结料结合层上；采用块石做面层应铺设在基土或砂垫层上。

（一）对组成材料的要求

料石面层施工的组成材料主要包括料石、水泥、砂子、沥青胶结料等。

1. 料石

料石面层施工所用的料石，应符合下列具体要求。

（1）料石面层施工所用的条石和块石，其规格、技术等级、技术性能和厚度等应符合设计要求。

（2）条石应采用质量均匀、强度等级不低于 Mu60 的岩石加工而成。条石的形状接近矩形六面体，厚度为 80～120mm。

（3）块石应采用质量均匀、强度等级不低于 Mu30 的岩石加工而成。块石的形状接近直棱柱体或有规则的四边形或多边形，其底面为截锥体，顶面粗琢平整，底面积不应小于顶面积的 60％，厚度为 100～150mm。

（4）不导电料石应采用辉绿岩石制成。填缝材料也应采用辉绿岩加工的砂嵌实。耐高温的料石面层所用的石料，应按设计要求选用。

2. 水泥

料石面层施工所用的水泥宜采用普通硅酸盐水泥（强度等级不低于 42.5MPa）或矿渣硅酸盐水泥（强度等级不低于 32.5MPa），具有出厂合格证和复试报告。其技术性能应符合现行国家标准《通用硅酸盐水泥》（GB 175—2007）中的要求。

3. 砂子

料石面层所用的砂子应采用洁净无杂质的中砂或粗砂，砂子要过筛，颗粒要均匀，最大粒径不大于 5mm，砂中的含泥量不应大于 3%。砂的其他技术性能应符合现行国家标准《建设用砂》（GB/T 14684—2011）中的要求。

4. 沥青胶结料

沥青胶结料宜用石油沥青与纤维、粉状或纤维和粉状混合的填充料配制，其组成材料的质量要求、熬制方法和温度控制应符合下列规定。

（1）纤维填充料宜采用 6 级石棉和锯木屑，使用应将填充料通过 2.5mm 筛孔的筛子。石棉的含水率不应大于 7%，锯木屑的含水率不应大于 12%。

（2）粉状填充料应为松散的材料，粒径不应大于 0.3mm，应为磨细的石料、砂子、炉灰、粉状煤灰、页岩灰以及其他粉状的矿物材料。不得采用石灰、石膏、泥岩灰或黏土作为粉状填充料。粉状填充料中小于 0.8mm 的细颗粒含量不应小于 85%。采用振动法使粉状填充料密实时，其空隙率不应大于 45%。粉状填充料中的含泥量不应大于 3%。配制高耐水性的沥青类面层采用的粉状填充料，其亲水系数应小于 1.0。

（3）沥青在沥青胶结料中的重量，当采用纤维填充料时，不应大于 90%；当采用粉状填充料时，不应大于 75%。

（4）沥青胶结料中所用沥青的软化点应符合设计要求。沥青胶结料熬制和铺设时的温度，应根据使用部位、施工温度和材料性能等不同条件按表 4-30 选用。

表 4-30　沥青软化点以及沥青胶结料熬制和铺设时的温度

地面受热的最高温度	按"环球法"测定的最低软化点/℃		沥青胶结料的温度/℃		
			熬制时		铺设时温度
	石油沥青	沥青胶结料	夏季	冬季	
30℃以下	60	80	180～200	200～220	≥160
31～40℃	70	90	190～210	210～225	≥170
41～60℃	95	110	200～220	210～225	≥180

注：1. 取 100cm³ 的沥青胶结料加热至铺设所需温度时，应能在平坦的面上自动流动，其厚度等于或小于 4mm。当温度为 18℃±2℃时，沥青胶结料应凝结，且呈均匀而无明显的杂物和无填充料颗粒。

2. 地面受热的最高温度，应根据设计要求选用。

（二）施工主要机具

（1）机械设备　料石面层施工所用的机械设备主要有砂浆搅拌机、小型台式砂轮机、磨石机、石材切割机、砂轮切割机等。

（2）主要工具　料石面层施工所用的主要工具有平铁锹、拨缝开刀、硬木拍板、木锤、铁抹子、橡皮锤、水平尺、直板尺、木靠尺、手推胶轮车、筛子等。

（三）施工作业条件

（1）建筑室内的墙体和柱子饰面、顶棚装饰、吊顶工程已施工完毕，并经工程验收质量完全合格。

（2）门窗框、室内各种管线和埋件已安装完毕，并经质量检验完全合格。

（3）楼地面的各种孔洞、缝隙应用细石混凝土灌填密实，细小的缝隙也可用水泥砂浆进行灌填，并经质量检查无渗漏现象。

（4）建筑主体结构已完毕并经验收，室内已弹好＋500mm的水平线和各开间中心（十字线）及图案分格线，这是进行料石面层施工的依据。

（5）料石面层施工所用的材料已经备齐，按照要求运到施工现场，经检查质量符合设计要求，所用砂浆配合比已通过试验确定。

（6）料石面层所用的石料应严格进行挑选，不符质量要求的石料应剔除不用。

（四）施工操作工艺

1. 料石面层施工工艺流程

料石面层施工工艺流程为：基层清理→铺设结合层→拉线→铺砌料石→料石嵌缝→面层养护。

2. 料石面层施工操作要点

（1）料石面层采用天然条石和块石，应在结合层上进行铺设。采用块石做面层应铺在基土或砂垫层上；采用条石做面层应铺在砂、水泥砂浆或沥青胶结料结合层上。料石面层的构造做法如图4-6所示。

(a) 条石面层   (b) 块石面层

图 4-6 料石面层构造做法

1—条石；2—块石；3—结合层；4—垫层；5—基土

（2）料石面层采用的石料应洁净。在水泥砂浆结合层上铺设时，石料在铺砌前应洒水湿润，并在基层上涂刷素水泥浆，铺贴完成后应进行养护。

（3）料石面层在铺砌时不得出现十字缝。条石应按品种、规格尺寸进行分类挑选，铺砌时缝必须随着长线加以控制，并垂直于行走方向拉线铺砌成行。相邻两行的错缝应为条石长度的1/3～1/2。铺砌时方向和坡度要正确。

（4）铺砌在砂垫层上的块石面层，基土应均匀密实或进行夯实，砂垫层的厚度不应小于60mm。石料的大面应朝上，缝隙要互相错开，通缝不得超过两块石料。块石嵌入砂垫层的深度不应小于石料厚度的1/3。

（5）块石面层铺设后应先将其夯平，并以15～25mm粒径的碎石嵌缝，然后用碾压机进行碾压，再填以5～15mm粒径的碎石，继续碾压至石粒不松动为止。

（6）在砂结合层上铺砌条石面层时，缝隙的宽度不宜大于5mm。当采用水泥砂浆或沥青胶结料嵌缝时，应预先用砂填缝至1/2高度，再用水泥砂浆或沥青胶结料填缝抹平。

（7）在水泥砂浆结合层上铺砌条石面层时，混凝土垫层必须清理干净，然后均匀涂刷素水泥浆，随涂刷水泥浆，随铺水泥砂浆结合层。结合层的水泥砂浆必须用干硬性砂浆，厚度为15～20mm。条石间的缝隙应采用同类水泥砂浆嵌缝抹平，缝隙宽度不应大于5mm。

（8）结合层和嵌缝的水泥砂浆应符合下列要求：水泥砂浆的体积比为1：2；相应的水泥砂浆强度等级≥M15；水泥砂浆的稠度为25～35mm。

（9）在沥青胶结料结合层上铺砌条石面层时，下一层的表面应洁净、干燥，其含水率不应大于9％，并应涂刷基层处理剂。所用沥青胶结料及基层处理剂的配合比应通过试验确定。一般基层处理剂涂刷24h后即可进行面层的施工。条石表面应洁净，铺贴时应在摊铺热沥青胶结料后随即进行，并应在沥青胶结料凝结之前完成。进行条石间填缝时，缝隙内应予清扫并使其干燥。

（五）安全与环保措施

（1）料石面层施工中所用的石料材质坚硬、单块重量较大，在搬运、装卸和施工铺设过程中一定要特别注意安全，防止伤人。

（2）料石面层施工中的其他安全与环保措施，可参见"砖面层施工"中的相关内容。

（六）施工注意事项

料石面层施工注意事项，可参见"砖面层施工"中的相关内容。

第四节 木地面施工技术

木地板具有质量很轻、弹性较好、热导率低等优异性能，又具有易于加工、不易老化、脚感舒适等特点，因而已成为家庭地面装饰中常用的材料。但是，木地板容易受温度、湿度变化的影响而导致裂缝、翘曲、变形、变色、腐朽，尤其不耐高温、容易燃烧是其最大的缺陷，在设计、施工和使用中应当引起高度重视。

一、木地面施工准备

木地板地面的施工准备工作，与其他地面基本相同，主要包括地板材料准备、作业条件准备和施工机具准备。

1. 木地板材料准备

木地板地面施工所用的材料，主要有龙骨材料、毛板材料、面板材料、黏结材料、地面防潮防水剂、地板油漆等。

（1）龙骨材料　木地板所用的龙骨材料，通常采用50mm×（30～50）mm的松木、杉木等不易变形和开裂的树种，木龙骨和踢脚板的背后均应进行防腐处理，必要时也要进行防火处理。龙骨必须顺直、干燥，其含水率应小于16％。

（2）毛板材料　毛板材料是面板材料的基层，一般用于高级木地板铺设。铺设毛板是为面板找平和过度，因此毛板不需要设置企口。一般可选用实木板、厚胶合板、大芯板或刨花板，板的厚度为12～20mm。

（3）面板材料　木地板地面所用的面板材料，通常采用普通实木地板面层材料，面板和踢脚板材料，一般是工厂加工好的成品，应使用具有商品检验合格证的产品。按设计要求进行挑选，剔除有明显质量缺陷的不合格品。

选择的面板和踢脚板的质量应当符合设计要求，达到板面平直、无断裂、不翘曲、尺寸准确、颜色一致、光泽明亮、企口完好、质地相同，板的正面无明显疤痕、孔洞，板材的含水率应在8%～12%之间。

所有的木地板运到施工安装现场后，应拆包在铺贴的室内存放7d以上，使木地板与居室的温度、湿度相适应后方可铺设。为使整个木地板铺设一致，购买时应按实际铺设面积增加5%～10%的损耗一次备齐。

（4）黏结材料　铺设木地板所用的黏结材料，关系到木地板粘贴是否牢固，也关系到木地板的使用寿命和人体健康。因此，在选用木地板的黏结材料时，一方面是要选择环保型材料；另一方面是要科学地选择黏结材料的品种。木地板与地面直接黏结时，宜选用环氧树脂胶和石油沥青；木地板与木质基面板黏结时，可用8123胶、立时得等万能胶。

（5）地面防潮防水剂　木地板通常铺设在混凝土或水泥砂浆的基层上，基层中均含有一定的水分，因此对木地板的地面要进行防潮和防水处理。常用的防水剂有：再生橡胶-沥青防水涂料、JM-811防水涂料及其他高级防水涂料。

（6）地板油漆　地板油漆是地板表面的装饰材料，其颜色、光泽、亮度和质量均对木地板有很大影响；其甲醛等物质的含量是否符合国家的现行规定，也是选择的重要标准。目前用于木地板的油漆有虫胶漆和聚氨酯清漆。一般虫胶漆用于打底，聚氨酯清漆用于罩面。高级地板也可采用进口的水晶漆等。

2. 作业条件准备

在木地板地面正式施工前，应当完成顶棚、墙面等各种需要湿作业的工程，这些工程的干燥程度在80%以上，对铺板的地面基层应做好防潮、防水和防腐等方面处理，且在铺设前要使房间干燥，并避免在气候潮湿的情况下进行施工。

在木地板地面正式施工前，水暖管道、电器设备及其他室内的固定设施，应全部安装和油漆完毕，并进行试水、试压等方面的检查；对电源、通信、电视、网络等管线进行必要的测试，并达到设计的要求。

复合木地板地面在施工前，应检查室内门扇与地面间的缝隙，看其能否满足复合木地板的施工。通常门扇与地面间的缝隙为10～15mm，否则应刨削门扇下边以适应地板的安装。

3. 施工机具准备

木地板地面的施工需要准备的施工机具和工具有电动圆锯、冲击钻、手电钻、磨光机、刨平机、普通锯、斧头、锤子、凿、螺丝刀、直角尺、量尺、墨斗、铅笔、撬杆、扒钉等。

二、木地板施工工艺

木地面的铺设可分为"空铺式"木地板、"实铺式"木地板、硬木锦砖地面和"实铺式"复合式木地板4种。在实际工程中常见的是"实铺式"木地板。

有龙骨"实铺式"木地板的施工工艺流程为：基层处理→弹线、找平→修理预埋铁件→安装木龙骨、剪刀撑→弹线、钉毛板→找平、刨平→墨斗弹线、钉硬木面板→找平、刨平→弹线、钉踢脚板→刨光、打磨→油漆。

无龙骨"实铺式"木地板的施工工艺流程为：基层处理→弹线、试铺→铺贴→面层刨光打磨→安装踢脚板→刮腻子→油漆。

1. "实铺式"木地板龙骨安装

按照龙骨弹线的位置，用双股12号镀锌铁丝将龙骨绑扎在预埋Ω形铁件上，所用的垫层木料应做防腐处理，垫层木的宽度不得小于50mm，长度一般为70～100mm。龙骨调平后用铁钉和垫层木钉牢。

龙骨铺钉完毕，检查水平度合格后，横向木或剪刀撑用钉固定，间距一般600mm。

2. 进行弹线、钉毛板

在龙骨顶面弹出毛地板铺设的位置线，铺设的位置线与龙骨一般成30°～45°角。在进行毛板铺钉时，使毛地板留出约3mm的缝隙。接头设在龙骨上并留2～3mm缝隙，板的接头应相互错开。

毛板铺钉完毕后，弹出方格网线，按网点进行抄平，并用刨子修平，达到要求的标准后，方能钉硬木地板。

3. 铺面层板

拼花木地板的拼花形式有席纹、人字纹、方格和阶梯式等，如图4-7所示。

(a) 方格　　　　　　　(b) 人字纹　　　　　　　(c) 席纹

图4-7　拼花木地板的拼花形式

木地板正式铺钉前，应在毛地板弹出花纹施工线和圈边线。在铺钉时，先拼缝铺钉上标准条，铺出几个方块后作为标准。再向四周按顺序拼缝铺钉。每条地板钉2颗钉子。钉孔预先钻好。当铺钉一个方块，应将方块找方一次。中间钉好后，最后再圈边。末尾不能拼接的地板应加胶钉牢。

粘贴式铺设地板，拼缝可为裁口处接缝或平头接缝，平头接缝施工简单，更适合沥青胶和胶黏剂粘贴。

4. 面层刨光、打磨

拼花木地板宜采用刨光机刨光（转速在5000r/min以上），与木纹成45°角斜刨。边角部分用手刨。刨平后用细刨子净面，最后用磨地板机械装上砂布磨光。

5. 油漆

将地板清理干净，然后补凹坑、刮腻子、着色，最后刷清漆（详见地面涂料施工）。木地板用清漆，有高档、中档、低档三类。高档地板漆是日本水晶油和聚酯清漆。其漆膜强韧，光泽丰富，附着力强、耐水、耐化学腐蚀，不需上蜡。中档清漆为聚氨酯，低档清漆为醇酸清漆、醇醛清漆等。

6. 上软蜡

当木地板为清漆罩面时，可上软蜡进行装饰。软蜡一般有成品供应，只需要用煤油调制成浆糊状后便可使用。小面积的一般采用人工涂抹，大面积可采用抛光机上蜡抛光。

三、木拼锦砖施工工艺

木拼锦砖是用高级木材经工厂精加工制成（150～200）mm×（40～50）mm×（8～14）mm的木条，侧面和端部的企口缝用高级细钢丝穿成方联。这样可组成席纹地板，每联四周均可以用企口缝相连接，然后用白乳胶或强力胶直接粘贴在基层上。

（一）木拼锦砖施工工艺

木拼锦砖的施工工艺比较简单，其主要的施工工艺流程为：基层清理→弹线→刷胶黏剂→铺木拼锦砖（插两边企口缝）→铺木踢脚板→打蜡上光。

（二）具体操作技术

（1）基层清理　在铺贴木拼锦砖之前，应对其基层进行认真处理和清理。基层表面必须抄平、找直，其表面的积灰、油渍、杂物等均清除干净，以保证锦砖与基层黏结牢固。

（2）弹线　弹线是铺贴的依据和标准，先从房间中点弹出十字中心线，再按木拼锦砖方联尺寸弹出分格线。

（3）刷胶黏剂　刷胶黏剂是铺贴木拼锦砖的关键工序，直接影响铺贴质量。刷胶厚度一般掌握在1~1.5mm左右，不宜过厚或过薄，涂刷胶黏剂时，要靠着弹线并整齐，要随涂刷、随粘贴，特别要掌握好粘贴的火候。

（4）铺木拼锦砖　按弹出的分格线在房间中心先铺贴一联木拼锦砖，经找平整、找顺直并压实粘牢，作为粘贴其他木拼锦砖的基准。然后再插好方联四边锦砖，企口缝和底面均涂胶黏剂，校正找平及粘贴顺序，如图4-8所示。

(a) 房心基准方联　　　(b) 第二步铺方联位置

图4-8　木拼锦砖铺贴顺序示意

木拼锦砖的另一种铺贴顺序是：从房间短向墙面开始，两端先铺基准锦砖，拉线控制铺贴面的水平，然后从一端开始，第二联锦砖转90°拼接，如此相间铺贴，等待一行铺完后校正平直，再进行下一行，铺贴3~4行后用3m直尺校平。

（5）铺木踢脚板　木拼锦砖地面一般应铺贴木踢脚板或仿木塑料踢脚板。其固定的方法是用木螺丝固定在墙中预埋木砖上，木踢脚板下皮平直与木拼锦砖表面压紧，缝隙严密。

（6）打磨上蜡　在铺完木拼锦砖和踢脚板后，立即将木拼锦砖地面的杂物等彻底清理干净，等待木拼锦砖粘贴48h以上时，即可用磨光机的砂轮先研磨一遍，再用布砂轮研磨一遍，擦洗干净后便可刷漆打蜡。如木拼锦砖表面已刷涂料，铺贴后就不必磨光，只打一遍蜡即可。

四、复合木地板施工工艺

复合木地板是用原木经粉碎、添加胶黏剂、防腐处理、高温高压制成的中密度板材，表面刷涂高级涂料，再经过切割、刨槽刻榫等加工制成拼块复合木地板。地板规格比较统一，安装极为方便，是国内目前较为广泛应用的地板装饰材料，在国外已有20多年的应用历史。

（一）复合地板规格与品种

1. 复合地板的规格

目前，在市场上销售的复合木地板无论是国产或进口产品，其规格都是统一的，宽度为120mm、150mm和195mm；长度为1500mm和2000mm；厚度为6mm、8mm和14mm；所用的胶黏剂有：白乳胶、强力胶、立时得等。

2. 复合地板的品种

（1）以中密度板为基材，表面贴天然薄木片（如红木、橡木、桦木、水曲柳等），并在其表面涂结晶三氧化二铝耐磨涂料。

（2）以中密度板为基材，底部贴硬质PVC薄板作为防水层，以增强防水性能，在其表面涂结晶三氧化铝耐磨涂料。

（3）表面为胶合板，中间设塑料保温材料或木屑，底层为硬质PVC塑料板，经高压加工制成地板材料，表面涂耐磨涂料。

上述三种板材按标准规格尺寸裁切，经过刨槽、刻榫后制成地板块，每10块为一捆，包装出厂销售。

（二）复合木地板施工工艺

复合木地板铺贴和普通企口缝木地板铺设基本相同，只是其精度更高一些。复合木地板的施工工艺流程为：基层处理→弹线、找平→铺垫层→试铺预排→铺地板→铺踢脚板→清洗表面。

（1）基层处理　复合木地板的基层处理与前面相同，要求平整度3m内误差不得大于2mm，基层应当干燥。铺贴复合木地板的基层一般有：楼面钢筋混凝土基层、水泥砂浆基层、木地板基层等，不符合要求的要进行修补。木地板基层要求毛板下木龙骨间距要密一些，一般情况下不得大于300mm。

（2）铺设垫层　复合木地板的垫层为聚乙烯泡沫塑料薄膜，其宽为1000mm卷材，铺时按房间长度净尺寸加100mm裁切，横向搭接150mm。垫层可增加地板隔潮作用，增加地板的弹性并增加地板稳定性，减少行走时地板产生的噪声。

（3）试铺预排　在正式铺贴复合木地板前，应进行试铺预排。板的长缝隙应顺入射光方向沿墙铺放，槽口对墙，从左至右，两板端头企口插接，直到第一排最后一块板，切下的部分若大于300mm，可以作为第二排的第一块板铺放，第一排最后一块的长度不应小于500mm，否则可将第一排第一块板切去一部分，以保证最后的长度要求。木地板与墙体间留出8~10mm缝隙，用木楔进行调直，暂不涂胶。拼铺三排进行修整、检查平整度，符合要求后，按排编号拆下放好。

（4）铺木地板　按照预排的地板顺序，对缝涂胶拼接，用木锤敲击挤紧。复验平直度，横向用紧固卡带将三排地板卡紧，每隔1500mm左右设置一道卡带，卡带两端有挂钩，卡带可调节长短和松紧度。从第四排起，每拼铺一排卡带移位一次，直至最后一排。每排最后一块地板端部与墙体间仍留8~10mm缝隙。在门的洞口，地板铺至洞口外墙皮与走廊地板平接。如果为不同材料，留出5mm缝隙，用卡口的盖缝条进行盖缝。

（5）清扫擦洗　每铺贴完一个房间并等待胶干燥后，对地板表面进行认真清理，扫净杂物、清除胶痕，并用湿布擦净。

（6）安装踢脚板　复合木地板可选用仿木塑料踢脚板、普通木踢脚板和复合木地板。在安装踢脚板时，先按踢脚板的高度弹出水平线，清理地板与墙缝隙中杂物，标出预埋木砖的位置，按木砖位置在踢脚板上钻孔，孔径应比木螺丝直径小 1~1.2mm，用木螺丝进行固定。踢脚板的接头尽量设在不明显的地方。

（三）复合木地板施工注意事项

（1）按照设计要求购进复合木地板，放入准备铺装的房间，在适应铺设环境 48h 后方可拆包进行铺设。

（2）复合木地板与四周墙之间必须留缝，以备地板伸缩变形，地板面积如果超过 30m²，中间也需要留缝。

（3）如果木地板底面基层有微小的不平，不必用水泥砂浆进行修补，可用橡胶垫垫平。

（4）拼装木地板从缝隙中挤出的余胶，应随时擦净，不得遗漏。

（5）复合木地板铺完后不能立即使用，在常温下 48h 后方可使用。

（6）预排时要计算最后一排板的宽度，如果小于 50mm，应削减第一排板的宽度，以使二者均等。

（7）铺装预排时应将所需用的木地板混放一起，搭配出最佳效果的组合。

（8）铺装时要用 3m 直尺按要求随时找平、找直，发现问题及时纠正。

（9）铺装时板缝涂胶，不能涂在企口槽内，要涂在企口的舌部。

五、木地板施工注意事项

（1）木地板面层下面的木搁栅、垫木、毛地板等采用的木材树种、选材标准和铺设时木材的含水率，以及防腐蚀、防虫蛀处理等，均应符合现行国家标准《木结构工程施工质量验收规范》（GB 50206—2012）中的有关规定。所选用的材料，进场时应对其断面尺寸、含水率等主要技术指标进行抽检，抽检数量应符合产品标准的规定。

（2）与厕浴间、厨房等潮湿场所相邻的木质材料面层连接处，必须按照设计要求进行防水（防潮）处理。

（3）木板面层不宜用于长期或经常潮湿处，并应避免与水和其他液体长期接触，以防止木基层腐蚀和面层变形、开裂、翘曲等质量问题。对多层建筑的底层地面铺设木板面层时，其基层（含墙体）应采取防潮措施。

（4）木地板面板铺设在水泥类基层上，其基层表面应坚硬、平整、洁净、干燥、不起砂。

（5）建筑地面工程的木地板面层搁栅下架空结构卫片（或构造层）的质量检验，应符合相应的现行国家标准规定。

（6）木地板面层的通风构造层主要包括室内通风沟、室外通风窗等，均应符合设计要求。

第五节 塑料地面的施工

由于众多现代建筑物楼地面的特殊使用需求，塑料类装饰地板材料的应用日益广泛。不仅用于现代办公楼及大型公共建筑，而且还可用于有防尘超净、降噪超静、防静电等要求的室内地面。塑料地板以其脚感舒适、不易沾尘、噪声较小、防滑耐磨、保温隔热、色彩鲜艳、图案多样、施工方便等优点，在世界各国得到了广泛应用。在地面工程中常用的塑料地板有半硬质聚氯乙烯塑料地板（简称 PVC 地板）、氯乙烯-乙酸乙烯塑料地板（简称 EAV 地板）、聚氯乙烯卷材（简称 PVC 卷材）、氯化聚乙烯地板（简称 CPE 地板）、塑胶地板等。

一、塑料板的质量要求

塑料板的品种、规格、色泽、花纹应符合设计要求，其质量应满足以下要求。

（1）外观质量　塑料板的外观质量应符合表 4-31 中的规定。

表 4-31　塑料板的外观质量

缺陷名称	塑料板等级		
	优等品	一等品	合格品
裂纹、空洞、疤痕、分层	不允许	不允许	不允许
条纹、气泡、折皱	不允许	不允许	轻微
漏印、缺膜	不允许	不允许	轻微
套印偏差、色差	不允许	不明显	不影响美观
污斑	不允许	不允许	不明显
图案变形	不允许	不允许	不明显
背面有非正常凹坑或凸起	不允许	不明显	不影响使用

（2）尺寸允许偏差　塑料板的尺寸允许偏差应符合表 4-32 中的规定。

表 4-32　塑料板的尺寸允许偏差

项　目	总厚度	长　度	宽　度
允许偏差	总厚度<3mm，不偏离规定尺寸的 0.2mm 总厚度≥3mm，不偏离规定尺寸的 0.3mm	不小于规定尺寸	不小于规定尺寸

（3）每卷的段数和最小段长　塑料板每卷的段数和最小段长应符合表 4-33 中的规定。分段的塑料卷应注明小段的长度，每卷长度至少增加不得少于两个完整的图案和长度。

表 4-33　塑料板每卷的段数和最小段长

项　目	等　级		
	优等品	一等品	合格品
每卷段数	1	1	≤2
最小段长/m	20	20	6

（4）单位面积质量允许偏差　塑料板单位面积质量的单项值与平均值的允许偏差为±10%，平均值与规定值的允许偏差为±10%。

（5）物理性能　塑料板面层所用塑料板的物理性能指标应符合表 4-34 中的规定。

表 4-34　塑料板的物理性能指标

试验项目		塑料板等级		
		优等品	一等品	合格品
耐磨层厚度/mm		≥0.20	≥0.15	≥0.10
残余凹陷度/mm	总厚度<3mm	≤0.20	≤0.25	≤0.30
	总厚度≥3mm	≤0.25	≤0.35	≤0.40

试 验 项 目	塑料板等级		
	优等品	一等品	合格品
加热长度变化率/%	≤0.20	≤0.25	≤0.40
翘曲度/mm	≤2	≤2	≤2
磨耗量/(g/cm³)	≤0.0025	≤0.0030	≤0.0040
褪色性(级)	≥6	≥6	≥5
层间剥离力/N	≥50	≥50	≥25
降低冲击声①/dB	≥15	≥15	≥10

① 仅背涂发泡层的塑料卷材测试该指标。

（6）塑料板面层应平整、光洁、无裂纹、色泽均匀、厚薄一致、边缘平直、密实无孔、无皱纹，板内不允许有杂物和气泡，并应符合产品所规定的各项技术指标。

（7）外观目测600mm距离应看不见有凹凸不平、色泽不匀、纹痕显露等质量缺陷。

二、半硬质聚氯乙烯塑料地板铺贴

半硬质聚氯乙烯塑料地板产品，是由聚氯乙烯共聚树脂为主要原料，加入适量的填料、增塑剂、稳定剂、着色剂等辅料，经压延、挤出或热压工艺所生产的单层和复合半硬质PVC铺地装饰材料。

（一）品种与规格

根据国家标准《半硬质聚氯乙烯块状塑料地板》（GB 4085—2005）的规定，其品种可分为单层和同质复合地板。半硬质聚氯乙烯塑料地板的厚度为1.5mm，长度为300mm，宽度为300mm，也可由供需双方议定其他规格产品。

（二）技术性能要求

（1）外观要求　半硬质聚氯乙烯塑料地板的产品外观要求应符合表4-35中的规定。

表4-35　半硬质聚氯乙烯塑料地板的产品外观要求

外观缺陷的种类	规定指标
缺口、龟裂、分层	不可有
凹凸不平、纹痕、光泽不均、色调不匀、污染、伤痕、异物	不明显

（2）尺寸偏差　半硬质聚氯乙烯塑料地板产品的尺寸偏差应符合表4-36中的规定。

表4-36　半硬质聚氯乙烯塑料地板产品的尺寸偏差　　　　单位：mm

厚度极限偏差	长度极限偏差	宽度极限偏差
±0.15	±0.30	±0.30

（3）垂直度　半硬质聚氯乙烯塑料地板产品的垂直度，是指试件的边与直角尺边的差值，其最大公差值应小于0.25mm，如图4-9(b)所示。

（4）物理性能　半硬质聚氯乙烯塑料地板产品的物理性能必须符合表4-37中规定的指标。

(a) 块状地板的厚度、   (b) 块状地板垂直度测定
长度和宽度尺寸测定

图 4-9　半硬质聚氯乙烯塑料地板的尺寸及垂直度测定方式

表 4-37　半硬质聚氯乙烯塑料地板产品的物理性能

物理性能项目	单层地板	同质复合地板	物理性能项目	单层地板	同质复合地板
热膨胀系数/℃$^{-1}$	≤1.0×10^{-4}	≤1.2×10^{-4}	23℃凹陷度/mm	≤0.30	≤0.30
加热质量损失率/%	≤0.50	≤0.50	45℃凹陷度/mm	≤0.60	≤1.00
加热长度变化率/%	≤0.20	≤0.25	残余凹陷度/mm	≤0.15	≤0.15
吸水长度变化率/%	≤0.15	≤0.17	磨耗量/(g/cm^2)	≤0.020	≤0.015

（三）施工工艺

1. 料具的准备

（1）材料的准备　半硬质聚氯乙烯塑料地板粘贴施工常用的主要材料有：塑料地板、塑料踏脚以及适用于板材的胶黏剂。

① 塑料地板　可以选用单层板或同质复合地板，也可以选用由印花面层和彩色基层复合成的彩色印花塑料地板，它不但具有普通塑料地板的耐磨、耐污染性能，而且图案多样，高雅美观。

② 胶黏剂　胶黏剂的种类很多，但性能各不相同，因此在选择胶黏剂时要注意其特性和使用方法。常用胶黏剂的特点如表 4-38 所列。

表 4-38　常用胶黏剂的特点

胶黏剂名称	性 能 特 点
氯丁胶水	需双面涂胶、速干、初黏力大、有刺激性挥发气味。施工现场要注意防毒、防燃
202胶	速干、黏结强度大，可用于一般耐水、耐酸碱工程。使用双组分要混合均匀，价格较贵
JY-7胶	需双面涂胶、速干、初黏力大、毒性低、价格相对较低
水乳型氯乙胶	不燃、无味、无毒、初黏力大、耐水性好，对较潮湿基层也能施工，价格较低
聚乙酸乙烯胶	使用方便、速干、黏结强度好，价格较低，有刺激性，须防燃，耐水性差
405聚氨酯胶	固化后有良好的黏结力，可用于防水、耐酸碱等工程。初黏力差，黏结时须防止位移
6101环氧胶	有很强的黏结力，一般用于地下室、地下水位高或人流量大的场合。黏结时要预防胺类固化剂对皮肤的刺激，其价格较高
立时得胶	日本产，黏结效果好，干燥速度快
VA黄胶	美国产，黏结效果好

黏结剂在使用前必须经过充分拌和，达到均匀才能使用。对双组分胶黏剂要先将各组分分别搅拌均匀，再按规定的配合比准确称量，然后将两组分混合，再次搅拌均匀后才能使用。胶黏剂不用时，千万不能打开容器盖，以防止溶剂挥发，影响其质量。使用时每次取量不宜过多，特别是双组分胶黏剂配量要严格掌握，一般使用时间不超过 2～4h。另外，溶剂

型胶黏剂易燃和带有刺激性气味，所以在施工现场严禁明火和吸烟，并要求有良好的通风条件。

（2）施工工具准备　塑料地板的施工工具主要有：涂胶刀、划线器、橡胶滚筒、橡胶压边滚筒，如图4-10所示。另外还有裁切刀、墨斗线、钢直尺、皮尺、刷子、磨石、吸尘器等施工工具。

(a) 涂胶刀　　　　(b) 划线器　　　　(c) 橡胶辊筒　　　(d) 橡胶压边辊筒

图 4-10　塑料地板施工工具（单位：mm）

2. 基层处理

基层不平整、含水率过高、砂浆强度不足或表面有油迹、尘灰、砂粒等，均会产生各种质量弊病。塑料地板最常见的质量问题有：地板起壳、翘边、鼓泡、剥落及不平整等。因此，对铺贴的基层要求其平整、坚固、有足够的强度，各个阴角、阳角处必须方正，无污垢灰尘和砂粒，含水率不得大于8％。不同的材料的基层，对其要求是不同的。

（1）水泥砂浆和混凝土基层　在水泥砂浆和混凝土基层上铺贴塑料地板，其基层表面用2m直尺检查的允许空隙不得超过2mm。如果有麻面、孔洞等质量缺陷，必须用腻子进行修补，并涂刷乳液一遍，腻子应采用乳液腻子，其配合比可参考表4-39。

表 4-39　乳液及腻子配合比

名　　称	配合比例（质量比）							
	聚乙酸乙烯乳液	108 胶	水泥	水	石膏	滑石粉	土粉	羧甲基纤维素
108 胶水泥乳液	—	0.5～0.8	1.0	6～8	—	—	—	—
石膏乳液腻子	1.0	—	—	适量	2.0	—	2.0	—
滑石粉乳液腻子	0.20～0.25	—	—	适量	—	1.0	—	0.10

修补时，先用石膏乳液腻子嵌补找平，然后用0号钢丝纱布打毛，再用滑石粉腻子刮第二遍，直至基层完全平整、无浮灰后，刷108胶水泥乳液，以增加胶结层的黏结力。

（2）水磨石和陶瓷锦砖基层　水磨石和陶瓷锦砖基层的处理，应先用碱水洗去其表面污垢后，再用稀硫酸腐蚀表面或用砂轮进行推磨，以增加此类基层的粗糙度。这种地面宜用耐水的胶黏剂进行粘贴。

（3）木质地板基层　木板基层的木搁栅应坚实，地面突出的钉头应敲平，板缝可用胶黏剂加上老粉配制成腻子，进行填补平整。

3. 塑料地板的铺贴工艺

（1）弹线分格　按照塑料地板的尺寸、颜色、图案进行弹线分格。塑料地板的粘贴一般有两种方式：一种是接缝与墙面成45°角，称为对角定位法；另一种是接缝与墙面平行，称为直角定位法，如图 4-11所示。

(a) 对角定位法　　　　(b) 直角定位法

图 4-11　塑料地板铺贴定位方法

① 弹线　以房间中心点为中心，弹出相互垂直的两条定位线，其定位方法如图 4-12 所示。同时，要考虑到板块尺寸和房间实际尺寸的关系，尽量少出现小于 1/2 板宽的窄条。相邻房间之间出现交叉和改变面层颜色，应当设置在门的裁口处，而不能设在门框边缘处。在进行分格时，应距墙边留出 200～300mm 距离作为镶边。

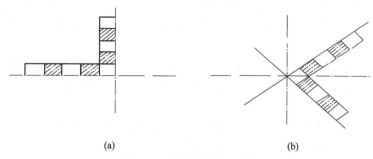

(a)　　　　　　　　(b)

图 4-12　塑料板的定位方法

② 铺贴　以上面的弹线为依据，从房间的一侧向另一侧进行铺贴，这是最常用的铺贴顺序。也可以采用十字形、T 形、对角形等铺贴方式，如图 4-13 所示。

(a) T形　　　　　(b) 十字形　　　　　(b) 对角形

图 4-13　塑料地板的铺贴方式

（2）裁切试铺　为了确保地板粘贴牢固，塑料地板在裁切试铺前，应首先进行脱脂除蜡处理，将其表面的油蜡清除干净。

① 将每张塑料板放进 75℃ 左右的热水中浸泡 10～20min，然后取出晾干，用棉丝蘸溶剂（丙酮∶汽油＝1∶8 的混合溶液）进行涂刷脱脂除蜡，以保证塑料地板在铺贴时表面平整，不变形和粘贴牢固。

② 塑料地板铺贴前，对于靠墙处不是整块的塑料板应加以裁切，其方法是在已铺好的塑料板上放一块塑料板，再用一块塑料板的右边与墙紧贴，沿另一边在塑料板上划线，按线裁下的部分即为所需尺寸的边框。

③ 塑料板脱脂、除蜡，并进行切割以后，即可按照弹线进行试铺。试铺合格后，应按顺序编号，以备正式铺贴。

（3）刮胶　塑料地板粘贴在刮胶前，应将基层清扫干净，并先涂刷一层薄而匀的底子胶。涂刷要均匀一致，越薄越好，且不得漏刷。底子胶干燥后，方可涂胶铺贴。

① 应根据不同的铺贴地点选用相应的胶黏剂。例如象牌 PVA 胶黏剂，适宜于铺贴二层以上的塑料地板；而耐水胶黏剂，则适用于潮湿环境中塑料地板的铺贴，也可用于－15℃ 的环境中。不同的胶黏剂有不同的施工方法。

如用溶剂型胶黏剂，一般应在涂布后晾干到溶剂挥发的手触不沾手，再进行铺贴。用 PVA 等乳液型胶黏剂时，则不需要晾干过程，最后将塑料地板的黏结面打毛，涂胶后即可铺贴。用 E-44 环氧树脂胶黏剂时，则应按配方准确称量固化剂（常用乙二胺）加入调和，涂布后即可铺贴。若采用双组分胶黏剂，如聚氨酯和环氧树脂等，要按组分配比正确称量，预先进行配制，并即时用完。

② 通常施工温度应在 10～35℃ 范围内，暴露时间为 5～15min。低于或高于此温度，不能保证铺贴质量，最好不进行铺贴。

③ 若采用乳液型胶黏剂，应在塑料地板的背面刮胶。若采用溶剂型胶黏剂，只在地面上刮涂上胶黏剂即可。

④ 聚乙酸乙烯溶剂胶黏剂，由于甲醇挥发速度快，所以涂刮面积不能太大，稍加暴露就应马上铺贴。聚氨酯和环氧树脂胶黏剂都是双组分固化型胶黏剂，即使有溶液也含量很少，可稍加暴露铺贴。

（4）铺贴　铺贴塑料地板主要控制 3 个方面的问题：a.塑料地板要粘贴牢固，不得有脱胶、空鼓现象；b.缝隙和分格顺直，避免错缝发生；c.表面平整、干净，不得有凹凸不平及破损与污染。在铺贴中注意以下几个方面。

① 对于塑料地板接缝处理，黏结坡口做成同向顺坡，搭接宽度不小于 300mm。

② 铺贴时，切忌整张一次贴上，应先将边角对齐粘合，轻轻地用橡胶滚筒将地板平伏地粘贴在地面上，在准确就位后，用橡胶滚筒压实将气赶出，如图 4-14 所示，或用锤子轻轻敲实。用橡胶锤子敲打应从一边向另一边依次进行，或从中心向四边敲打。

(a) 地板一端对齐黏合　　　(b) 用橡胶辊筒赶压气泡　　　(c) 压实

图 4-14　铺贴及压实示意

③ 铺贴到墙边时，可能会出现非整块地板，应准确量出尺寸后，在施工现场进行裁割。裁割后再按上述方法一并铺贴。

（5）清理　铺贴完毕后，应及时清理塑料地板表面，特别是施工过程中因手触摸留下的胶印。对溶剂胶黏剂用棉纱蘸少量松节油或 200 号溶剂汽油擦去从缝中挤出来的多余胶，对水乳胶黏剂只需要用湿布擦去，最后上地板蜡。

（6）养护　塑料地板铺贴完毕，要有一定养护时间，一般为 1～3d。养护内容主要有 2 个方面：a.禁止行人在刚铺过的地面上大量行走；b.养护期间避免沾污或用水清洗表面。

三、软质聚氯乙烯塑料地板铺贴

软质聚氯乙烯地面用于需要耐腐蚀、有弹性、高度清洁的房间，这种地面造价高、施工工艺复杂。软质塑料地板可以在多种基层材料上粘贴，基层处理、施工准备和施工程序基本上与半硬质塑料地面相同。

（一）料具准备工作

（1）根据设计要求和国家的有关质量标准，检验软质聚氯乙烯塑料地板的品种、规格、颜色与尺寸。

（2）胶黏剂　胶黏剂应根据基层材料和面层的使用要求，通过试验确定胶黏剂的品种，通常采用 401 胶黏剂。

（3）焊枪　焊枪是塑料地板连接的机具，其功率一般为 400～500W，枪嘴的直径宜与焊条直径相同。

（4）鬃刷　鬃刷是涂刷胶黏剂的专用工具，其规格为 5.0cm 或 6.5cm。

（5）V 形缝隙切口刀　V 形缝隙切口切是切割软质塑料地板 V 形缝隙的专用刀具。

（6）压辊　压辊即指压辊滚筒，是用来专门推压焊缝的工具。

（二）地板铺贴施工

（1）分格弹线　基层分格的大小和形状，应根据设计图案、房间面积大小和塑料地板的具体尺寸确定。在确定分格弹线时应当考虑以下主要因素：①分格时应当尽量减少焊缝的数量，兼顾分格的美观和装饰效果，因此，一般多采用软质聚氯乙烯塑料卷材；②从房间的中央向四周分格弹线，以保证分格的对称和美观。房间四周靠墙的不够整块者，尽量按镶边进行处理。

（2）下料及脱脂　将塑料地板平铺在操作平台上，按照基层上分格的大小和形状，在板面上画出切割线，用 V 形缝隙切口刀进行切割。然后用湿布擦洗干净切割好的板面，再用丙酮涂擦塑料地板的粘贴面，以便脱脂去污。

（3）预铺　在塑料面板正式粘贴的前 1d，将切割好的板材运入待铺设的房间内，按分格弹线进行预铺。预铺时尽量做到板材的色调一致、厚薄相同。铺好的板材一般不得再搬动，待次日粘贴。

（4）粘贴

① 将预铺好的塑料地板翻开，先用丙酮或汽油把基层和塑料板粘贴面上满刷一遍，以便更彻底脱脂去污。待表面的丙酮或汽油挥发后，将瓶装的 401 胶黏剂按 0.8kg/m² 的 2/3 量倒在基层和塑料板粘贴面上，用鬃刷纵横涂刷均匀，待 3~4min 后，将剩余的 1/3 胶液以同样的方法涂刷在基层和塑料板上。待 5~6min 后，将塑料地板四周与基线分格对齐，调整拼缝至符合要求后，再在板面上施加压力，然后由板材的中央向四周来回滚压，排出板下的全部空气，使板面与基层粘贴紧密，最后排放砂袋进行静压。

② 对有镶边者，应当先粘贴大面，后粘贴镶边部分。对无镶边者，可由房间最里侧往门口粘贴，以保证已粘贴好的板面不受人行走的干扰。

③ 塑料地板粘贴完毕后，在 10d 内施工地点的温度要保持在 10~30℃，环境湿度不超过 70%，在粘贴后的 24h 内不能在其上面走动和其他作业。

（5）焊接　为使焊缝与板面的色调一致，应使用同种塑料板上切割的焊条。

① 粘贴好的塑料地板至少要经过 2d 的养护，才能对拼缝施焊。在施焊前，先打开空压机，用焊枪吹去拼缝中的尘土和砂粒，再用丙酮或汽油将表面清洗干净，以便进行施焊。

② 施焊前应检查压缩空气的纯度，然后接通电源，将调压器调节到 100~200V，压缩空气控制在 0.05~0.10MPa，热气流温度一般为 200~250℃，这样便可以施焊。进行焊接时按 2 人一组进行组合，1 人持枪施焊，1 人用压辊推压焊缝。施焊者左手持焊条，右手握焊枪，从左向右依次施焊，持着压辊者紧跟施焊者进行施压。

③ 为使焊条、拼缝同时均匀受热，必须使焊条、焊枪喷嘴保持在拼缝轴线方向的同一垂直面内，且使焊枪喷嘴均匀上下撬动，撬动次数为 1~2 次/s，幅度为 10mm 左右。持着压辊者同时在后边推压，用力和推进速度应均匀。

（三）PVC 地卷材的铺贴

（1）材料准备　根据房间尺寸大小，从 PVC 地卷材上切割料片，由于这种材料切割后会发生纵向收缩，因此下料时应留有一定余地。将切割下来的卷材片依次编号，以备在铺设时按次序进行铺贴，这样相邻卷材片之间的色差不会太明显。对于切割下来的料片，应在平整的地面上放置3～6d，使其充分收缩，以保证铺贴质量。

（2）定位裁切　堆放并静置后的塑料料片，按照其编号顺序放在地面上，与墙面接触处应翻上去2～3cm。为使卷材平伏便于裁边，在转角（阴角）处切去一角，遇阳角时用裁刀在阴角位置切开。裁切刀必须锐利，使用过程中要注意及时磨快，以免影响裁边的质量。裁切刀既要有一定的刚性，又要有一定的弹性，在切墙边部位时可以适当弯曲。

卷材与墙面的接缝有两种做法：如果技术熟练、经验丰富，可直接用切刀沿墙线把翻上去的多余部分切去；如果技术不熟练，最好采用先划线、后裁切的做法。卷材片之间的接缝一般采用对接法。对无规则花纹的卷材比较容易，对有规则图案的卷材，应先把两片边缘的图案对准后再裁切。对要求无接缝的地面，接缝处可采用焊接的方法，即先用坡口直尺切出V形接缝，熔入同质同色焊条，表面再加以修整，也可以用液体嵌缝材料使接缝封闭。

（3）铺贴施工　粘贴的顺序一般是以一面墙开始粘贴。粘贴的方法有两种。一种是横叠法，即把卷材片横向翻起1/2，用大涂胶刮刀进行刮胶，接缝处留下50cm左右暂不涂胶，以留做接缝。粘贴好半片后，再将另半片横向翻起，以同样方法涂胶粘贴。另一种是纵向卷法，即纵向卷起1/2先粘贴，而后再粘贴另1/2。卷材地面接缝裁切如图4-15所示，卷材粘贴方法如图4-16所示。

图4-15　卷材地面接缝裁切

图4-16　卷材的粘贴方法

（四）氯化聚乙烯卷材地面铺贴

（1）在正式铺贴前，应根据房间尺寸及卷材的长度，决定卷材是纵向铺设还是横向铺设，决定的原则是卷材的接缝越少越好。

（2）基层按要求处理后，必须用湿布将其表面的尘土清除干净，然后用二甲苯涂刷基层，清除不利于黏结的污染物。如果没有二甲苯，可用汽油加少量404胶（约10％～20％）搅拌均匀后涂刷，这样不仅可以清除杂物，还能使基层渗入一定量的胶液，起底胶的作用，使黏结更加牢固。

（3）基层和卷材涂胶后要晾干，以手摸胶面不黏为度，否则地面卷材黏结不牢。在常温下，一般不少于20min。

（4）铺贴时4人分4边同时将卷材提起，按预先弹出的线进行搭接。先将一端放下，再逐渐顺线铺贴其余部分，如果产生离线时应立即掀起调整。铺贴的位置准确后，从中间向两边用手或用滚子赶压、铺平，切不可先粘贴四周，这样不易紧密铺贴在基层上，且卷材下部的气体不易赶出，严重影响粘贴质量。如果还有未赶出的气泡，应将卷材前端掀起重新铺贴，也可以采用前面所述PVC卷材的铺贴方法。

（5）卷材接缝处搭接宽度至少20mm，并要居中弹线，用钢尺压线后，用裁切刀将两片叠合的卷材一次切割断，裁刀要非常锋利，尽量避免出现重刀切割。扯下断开的边条，将接缝处的卷材压紧贴牢，再用小铁滚子紧压一遍，保证接缝严密。卷材接缝可采用焊接或嵌缝封闭的方法。

四、塑胶地板的施工工艺

（一）材料及其特点

塑胶地板也称塑胶地砖，它是以 PVC 为主要原料，加入其他材料经特殊加工而制成的一种新型塑料。其底层是一种高密度、高纤维网状结构材料，坚固耐用，富有弹性。表面为特殊树脂，纹路逼真，超级耐磨，光而不滑。这种塑料地板具有耐火、耐水、耐热胀冷缩等特点，用其装饰的地面脚感舒适、富有弹性、美观大方、施工方便、易于保养，一般用于高档地面装饰。

（二）施工准备工作

1. 基层准备工作

在地面上铺设塑胶地板时，应在铺贴之前将地面进行强化硬化处理，一般是在土层夯实后做灰土垫层，然后在灰土垫层上做细石混凝土基层，以保证地面的强度和刚度。细石混凝土基层达到一定强度后，再做水泥砂浆找平层和防水防潮层。在楼地面上铺设塑胶地板时，首先应在钢筋混凝土预制楼板上做混凝土叠合层，为保证地面的平整度，在混凝土叠合层上做水泥砂浆找平层，最后做防水防潮层。

2. 铺贴的准备工作

铺贴的准备工作比较简单，一般主要包括弹线、试铺和编号。

（1）弹线　根据具体设计和装饰物的尺寸，在楼地面防潮层上弹出互相垂直，并分别与房间纵横墙面平行的标准十字线，或分别与同一墙面成 45°角且互相垂直交叉的标准十字线。根据弹出的标准十字线，从十字线中心开始，将每块（或每行）塑胶地板的施工控制线逐条弹出，并将塑胶楼地面的标高线弹于两边墙面上。弹线时还应将楼地面四周的镶边线一并弹出（镶边宽度应按设计确定，设计中无镶边者不必弹此线）。

（2）试铺、编号。按照以上弹出的定位线，将预先选好的塑胶地板按设计规定的组合造型进行试铺，试铺成功后逐一进行编号，堆放合适位置备用。

（三）塑胶地板的铺贴工艺

（1）清理基层　基层表面在正式涂胶前，应将其表面的浮砂、垃圾、尘土、杂物等清理干净，待粘贴的塑胶地板也要清理干净。

（2）试胶黏剂　在塑胶地板铺贴前，首先要进行测试胶黏剂性能工作，确保采用的胶黏剂与塑胶地板相适应，以保证粘贴质量。测试胶黏剂性能时，一般取几块塑胶地板用准备采用的胶黏剂涂于地板背面和基层上，待胶黏剂稍干后（以不粘手为准）进行粘贴。在粘贴 4h 后，如果塑胶地板无软化、翘曲或黏结不牢等现象时，则认为这种胶黏剂与塑胶地板相容，可以用于粘贴，否则应另选胶黏剂。

（3）涂胶黏剂　用锯齿形涂胶板将选用的胶黏剂涂于基层表面和塑胶地板背面，注意涂胶的面积不得少于总面积的 80%。涂胶时应用刮板先横向刮涂一遍，再竖向刮涂一遍，必须刮涂均匀。

（4）粘贴施工　在涂胶稍停片刻后，待胶膜表面稍干些，将塑胶地板按试铺编号水平就位，并与所弹出的位置线对齐，把塑胶地板放平粘铺，用橡胶滚将塑胶地板压平粘牢，同时将气泡赶出，并与相邻各板材抄平调直，彼此不得有高差之处。对应的缝隙应横平竖直，不得有不直之处。

（5）质量检查　塑胶地板粘贴完毕后，应进行严格的质量检查。凡有高低不平、接槎不严、板缝不直、黏结不牢及整个楼地面平整度超过 0.50mm 者，均应彻底进行修正。

（6）镶边装饰　设计有镶边者应进行镶边操作，镶边所用材料及做法按照设计规定进行办理。

（7）打蜡上光　塑胶地板在铺贴完毕经检查合格后，应将表面残存的胶液及其他污迹清理干净，然后用水蜡或地板蜡打蜡上光。

五、塑料地板的成品保护

（1）在工程未进行交工验收前，塑料地面铺贴完成后的房间应设专人看管，非工作人员严禁入内。必须进入室内工作时，应穿洁净的软底鞋，严禁吸烟和烟火，以免损伤和灼伤塑料地面。

（2）塑料地面铺贴完成后，在养护期间（一般养护 1～3d）应避免沾污或用水清洗表面，必要时可用塑料薄膜盖压地面，以防止污染。如遇阳光直接暴晒应予遮挡，以防止局部干燥过快使板变形和褪色。

（3）电工、油漆工在塑料地面上工作时，使用的工作梯、凳脚下要包裹软性材料保护，防止因重压和拖拉划伤地面。

（4）聚氯乙烯塑料地面耐高温性能比较差，不应使烟蒂、热锅、开水壶、火炉、电热器等与地面直接接触，以防止烧焦、烫坏或造成翘曲、变色。

（5）在塑料地板使用的过程中，切忌金属锐器、玻璃、瓷片、鞋钉等坚硬物质磨损、磕碰表面。

（6）塑料地板被油渍及墨水等沾污后，应立即清洗掉，切不可用刀刮，清洗时应用皂液擦洗或用乙酸乙酯、松节油，严禁用酸性洗液。

（7）塑料地板局部受到损坏或出现脱层，应及时调换、修补，重新进行粘贴。重新粘贴时应将原有的胶黏剂刮干净，除去表面浮灰，基层表面保证平整洁净。

第六节　地毯地面铺设施工

地毯是以棉、麻、毛、丝、草等天然纤维或化学合成纤维类原料，经手工或机械工艺进行编结、栽绒或纺织而成的地面铺敷物。它是世界范围内具有悠久历史传统的工艺美术品类之一。主要覆盖于住宅、宾馆、体育馆、展览厅、车辆、船舶、飞机等建筑室内的地面，有减少噪声、隔热和装饰效果。

一、地毯铺贴的施工准备

1. 材料的准备工作

（1）地毯材料　地毯是一种现代建筑地面的装饰材料，其规格与种类繁多，价格和效果差异也很大，因此正确选择地毯十分重要。从材质不同进行分类，可分为羊毛地毯、混纺地毯、化纤地毯、塑料地毯和剑麻地毯等。

按编织工艺不同，可分为手工编织地毯、簇绒地毯和无纺地毯三类。由于簇绒地毯生产时对绒毛高度进行调整，圈绒绒毛的高度一般为 7～10mm，平绒绒毛高度一般为 7～10mm，所以这种地毯纤维密度大，弹性比较好，脚感舒适，加上图案繁多，色彩美丽，价格适中，是一种很受欢迎的中档地面铺装材料。

根据现行国家标准《簇绒地毯》（GB/T 11746—2008）中的规定，按其绒头结构不同，可分为割绒、圈绒和割绒圈绒组合 3 种；按毯基上单位面积绒头质量可分为若干型号，簇绒地毯的型号如表 4-40 所列；按其技术要求评定等级，其技术要求分内在质量和外观质量两个方面，簇绒地毯内在质量技术要求如表 4-41 所列，簇绒地毯外在质量技术要求如表 4-42 所列，地毯有害物质释放量限量如表 4-43 所列。

表 4-40　簇绒地毯的型号　　　　　　　　　　　　　　单位：g/m²

地 毯 型 号	300 型	350 型	400 型	450 型	500
毯基上单位面积绒头质量（标称值）	300～349	350～399	400～449	450～499	500～549
地 毯 型 号	550 型	600 型	650 型	700 型	750 型
毯基上单位面积绒头质量（标称值）	550～599	600～649	650～699	700～749	750～749

注：以上仅列举表内 10 个型号，簇绒地毯其他型号可以此类推，每个型号间距为 50g/m²。

表 4-41　簇绒地毯内在质量技术要求

序号	特性	项　　目		单位	技 术 要 求
1	基本性能	外观保持性[①]：六足 12000 次		级	≥2.0
2		绒簇拔出力[②]		N	割绒：≥10.0，圈绒：≥20.0
3		背衬剥离强力[③]		N	≥20.0
4		耐光色牢度d[④]：氙弧		级	≥5，≥4（浅色）[⑤]
5		耐摩擦色牢度	干	级	≥3～4
6			湿	级	≥4
		耐燃性：水平法（片剂）		mm	最大燃烧长度≤75，至少七块合格
7	结构规格	毯面纤维类型及含量	标称值	%	—
			下限允差	%	−5
8		羊毛或尼龙含量	标称值	mm	—
9		毯基上绒头厚度、绒头高度、总厚度	允差	%	±10
		毯基上单位面积绒头质量、单位面积总质量	标称值	g/m²	—
			允差	%	±10
10		尺寸	标称值	m	—
		幅宽	下限允差	%	−0.5
			标称值	m	—
		卷长	实际长度	%	大于标称值
11		室内有害物质释放量			应符合 GB 18587 中的规定

① 绒头纤维为丙纶或≥50%涤纶混纺簇绒地毯允许低半级。
② 割绒圈绒组合品种，分别测试、判定线绒簇拔出力，割绒：≥10.0N，圈绒：≥20.0N。
③ 发泡橡胶背衬、无背衬簇绒地毯，不考核表中背衬剥离强力。
④ 羊毛或羊毛混纺簇绒地毯允许低半级。
⑤ "浅"标定界限为≤1/12 标准深度。
注：凡是特征值未作规定的项目，由生产企业提供待定数据。

表 4-42　簇绒地毯外在质量技术要求

序号	外观疵点	技术要求		
		优等品	一等品	合格品
1	破损(破洞、撕裂、割伤等)	无	无	无
2	污渍(油污、色渍、胶渍等)	无	不明显	不明显
3	毯面折皱	无	无	无
4	修补痕迹、漏补、漏修	不明显	不明显	稍明显
5	脱衬(背衬黏结不良)	无	不明显	稍明显
6	纵、横向条痕	不明显	不明显	稍明显
7	色条	不明显	稍明显	稍明显
8	毯面不平、毯边不平直	无	不明显	稍明显
9	渗胶过量	无	无	不明显
10	脱毛、浮毛	不明显	不明显	稍明显

注：附加任选特性应符合现行国家标准《簇绒地毯》(GB/T 11746—2008)中附录 A 的规定。

表 4-43　地毯有害物质释放量限量

序 号	有害物质测试项目	限量/[mg/(m²·h)]	
		A 级	B 级
1	总挥发性有机化合物(TVOC)	≤0.500	≤0.600
2	甲醛	≤0.050	≤0.050
3	苯乙烯	≤0.400	≤0.500
4	4-苯基环己烯	≤0.050	≤0.050

(2) 衬垫材料　对于无底垫的地毯，如果采用倒刺板固定，应当准备衬垫材料。衬垫料一般多采用橡胶海绵材料底材料，也可以采用杂毛毡垫。橡胶海绵地毯衬垫按性能可分为 A 类和 B 类，A 类用于家庭的卧室、居室和客厅等，B 类用于公共场合，如会议厅、宾馆走廊等。衬垫的具体规格尺寸应由供需双方协议规定。

地毯衬垫的物理机械性能。A 类衬垫的物理机械性能应符合表 4-44 中的规定，B 类衬垫的物理机械性能应符合表 4-45 中的规定；橡胶海绵地毯衬垫表面质量应符合表 4-46 中的规定；地毯衬垫有害物质释放限量应符合表 4-47 中的规定。

表 4-44　A 类衬垫的物理机械性能

性 能 项 目		指　标	
		一等品	合格品
每平方米衬垫质量/(kg/m²)		≥1.3	≥1.3
密度/(kg/m³)		≥270	≥270
压缩应力/kPa		≥21	≥21
压缩永久变形/%		≤15	≤20
热空气老化	(135±2)℃×24h	弯曲后不折断	—
	(100±1)℃×24h	—	弯曲后不折断
拉伸强度/MPa		≥5.5×10⁻²	≥5.5×10⁻²

表 4-45　B 类衬垫的物理机械性能

性 能 项 目		指　标	
		一等品	合格品
每平方米衬垫质量/(kg/m²)		≥1.3	≥1.3
密度/(kg/m³)		≥270	≥270
压缩应力/kPa		≥21	≥21
压缩永久变形/%		≤15	≤20
热空气老化	(135±2)℃×24h	弯曲后不折断	—
	(100±1)℃×24h	—	弯曲后不折断
拉伸强度/MPa		≥5.5×10⁻²	≥5.5×10⁻²

表 4-46　橡胶海绵地毯衬垫表面质量

缺 陷 名 称	表面质量要求
欠硫	不允许
扁泡	每处面积不大于 $100cm^2$，每 $3m^2$ 允许两处
接头	对接平整，不允许脱层开缝
边缘不齐	每 5m 长度内，每侧不得偏离边缘基准线 ±10mm

表 4-47　地毯有害物质释放量限量

序　　号	有害物质测试项目	限量/[mg/(m^2·h)]	
		A 级	B 级
1	总挥发性有机化合物(TVOC)	≤1.000	≤1.200
2	甲醛	≤0.050	≤0.050
3	苯乙烯	≤0.030	≤0.030
4	4-苯基环己烯	≤0.050	≤0.050

（3）地毯胶黏剂　地毯在固定铺设时，需要用胶黏剂的地方通常有两处：一处是地毯与地面黏结时用；另一处是地毯与地毯连接拼缝用。地毯常用的胶黏剂有两类：一类是聚乙酸乙烯胶黏剂；另一类是合成橡胶胶黏剂。这两类胶黏剂中均有很多不同品种，在选用时宜参照地毯厂家的建议，采用与其他地毯背衬材料配套的胶黏剂。

（4）倒刺钉板条　倒刺钉板条简称倒刺板，是地毯的专用固定件，板条尺寸一般为 6mm×24mm×1200mm，板条上有两排斜向铁钉，为钩挂地毯之用，每一板条上有 9 枚水泥钢钉，以打入水泥地面起固定作用，钢钉的间距为 35～40mm。

（5）铝合金收口　铝合金收口条一般多用于地毯端头露明处，以防止地毯外露毛边影响美观，同时也起到固定作用。在地面有高差的部位，例如室内卫生间或厨房地面，一般均低于室内房间地面 20mm 左右，在这样两种地面的交接处，地毯收口多采用"L"形铝合金收口条，如图 4-17 所示。

图 4-17　"L"形铝合金收口条示意（单位：mm）

2. 基层的准备工作

对于铺设地毯的基层要求是比较高的，因为地毯大部分为柔性材料，有些地毯是价格较高的高级材料，如果基层处理不符合要求，很容易造成对地毯的损伤，也影响地毯的使用和装饰效果。对基层的基本要求有以下方面。

（1）铺设地毯的基层要求具有一定的强度，应等待基层混凝土或水泥砂浆层达到强度后才能进行铺设。

（2）基层表面必须平整，无凹坑、麻面、裂缝，并保持清洁。如果有油污，需用丙酮或松节油擦洗干净。对于高低不平处，应预先用水泥砂浆抹平。

（3）在木地板上铺设地毯时，应注意钉头或其他突出物，以防止损坏地毯。

3. 地毯铺设的机具准备

地毯铺设所用的专用工具和机具主要有裁毯刀、张紧器、扁铲、墩拐和裁边机等。

（1）地毯张紧器　地毯张紧器也称为地毯撑子，分大撑子和小撑子两种，地毯张紧器如图 4-18 所示。

① 大撑子　"大撑子"用于大面积撑紧铺毯，操作时通过可伸缩的杠杆撑头及铰支承脚将地毯张拉平整，撑头与支承脚之间可加长连接管，以适应房间尺寸，使支承脚顶住对面墙。

(b) 大撑子承脚

(a) 大撑子撑头　　(c) 小撑子

图 4-18　地毯张紧器

1—扒齿调节钮；2—扒齿；3—空心橡胶垫；4—杠杆压柄

② 小撑子　"小撑子"用于墙角或操作面狭窄处，操作者用膝盖顶住撑子尾部的空心橡胶垫，两手自由操作。地毯撑子的"扒齿"长短可调，以适应不同厚度的地毯，不用时可将"扒齿"缩回。

（2）裁毯刀　有手握裁刀和手推裁刀，如图 4-19 所示。手握裁刀用于地毯铺设操作时的少量裁割；手推裁刀用于在施工前有较大批量的剪裁下料。

（3）扁铲　扁铲主要用于墙角处或踢脚板下端的地毯掩边，其形状如图 4-20(a) 所示。

(a) 手握裁刀

(b) 手推裁刀

图 4-19　裁毯刀

1—活动式刀片；2—手柄

(a) 扁铲

(b) 墩拐

图 4-20　扁铲与墩拐

（4）裁边机　裁边机用于施工现场的地毯裁边，可以高速转动并以 3m/min 的速度向前推进。地毯裁边机使用非常方便，在切割时不会使地毯边缘处的纤维硬结而影响拼缝连接。

4. 施工作业条件

（1）在地毯铺设之前，室内顶棚和墙体等装饰必须施工完毕。室内所有重型设备均已就位并已调试，运转正常，经专业验收合格。

（2）铺设楼面地毯的基层，一般都是水泥砂浆或混凝土楼面，也可以是木地板或其他材质的楼面。要求基层表面平整、光滑、洁净、坚硬，如表面有油污，应用丙酮或松节油擦净。如为水泥砂浆或混凝土楼面，应具有一定的强度，含水率不大于 9％。

（3）应事先把需要铺设地毯的房间、走道等四周的踢脚板做好。踢脚板下口均应高于地面 10mm 左右，以便将地毯的毛边掩入踢脚板下，保持地毯整体的美观。

二、活动式地毯的铺设

所谓活动式地毯的铺设，是指将地毯明摆浮搁在地面基层上，不需要将地毯同基层固定的一种铺设方式。这种铺设方式施工比较简单，容易更换，但其应用范围有一定的局限性，一般适用于以下几种情况。

（1）装饰性工艺地毯　装饰性工艺地毯主要是为了装饰，铺置于较为醒目部位，以烘托气氛，显示豪华气派，因此需要随时更换。

（2）在人活动不频繁的地方，或四周有重物压住的地方可采用活动式铺设。

（3）小型方块地毯一般基底较厚，其重量较大，人在其上面行走不易卷起，同时也能加大地毯与基层接触面的滞性，承受外力后会使方块地毯之间更为密实，因此也可采用活动式铺设。

根据现行国家标准《建筑地面工程施工质量验收规范》（GB 50209—2010）中的规定，活动式地毯铺设应符合下列规定。

1. 规范规定

（1）地毯拼成整块后直接铺在洁净的地面上，地毯周边应塞入踢脚线下。

（2）与不同类型的建筑地面连接时，应按照设计要求做好收口。

（3）小方块地毯铺设，块与块之间应当挤紧贴牢。

2. 施工操作

（1）地毯在采用活动式铺贴时，尤其要求基层的平整光洁，不能有突出表面的堆积物，其平整度要求用 2m 直尺检查时偏差应≤2mm。

（2）按地毯方块在基层弹出分格控制线，宜从房间中央向四周展开铺排，逐块就位放稳贴紧并相互靠紧，至收口部位按设计要求选择适宜的受口条。

（3）与其他材质地面交接处，如标高一致，可选用铜条或不锈钢条；标高不一致时，一般应采用铝合金收口条，将地毯的毛边伸入收口条内，再将收口条端部砸扁，即起到收口和边缘固定的双重作用。

（4）对于比较重要的部位，也可配合采用粘贴双面黏结胶带等稳固措施。

三、固定式地毯的铺设

地毯是一种质地比较柔软的地面装饰材料，大多数地毯材料都比较轻，将其平铺于地面时，由于受到行人活动等的外力作用，往往容易发生表面变形，甚至将地毯卷起，因此常采用固定式铺设。地毯固定式铺设方法有两种：一种是用倒刺板固定；另一种是用胶黏剂固定。

1. 地毯倒刺板固定方法

用倒刺板固定地毯的施工工艺，主要为尺寸测量→裁毯与缝合→固定踢脚板→固定倒刺板条→地毯拉伸和固定→清扫地毯。

（1）尺寸测量　尺寸测量是地毯固定前重要的准备工作，关系到下料的尺寸大小和房间内铺贴质量。测量房间尺寸一定要精确，长宽净尺寸即为裁毯下料的依据，要按房间和所用地毯型号统一登记编号。

（2）裁毯与缝合　精确测量好所铺地毯部位尺寸及确定铺设方向后，即可进行地毯的裁切。化纤地毯的裁切应在室外平台上进行，按房间形状尺寸裁下地毯。每段地毯的长度要比房间的长度长 20mm，宽度要以裁去地毯边缘线后的尺寸计算。先在地毯的背面弹出尺寸线，然后用手推裁刀从地毯背面剪切。裁好后卷成卷编上号，运进相应的房间内。如果是圈绒地毯，裁切时应是从环毛的中间剪开；如果是平绒地毯，应注意切口处绒毛的整齐。

加设垫层的地毯，裁切完毕后虚铺于垫层上，然后再卷起地毯，在拼接处进行缝合。地毯接缝处在缝合时，先将其两端对齐，再用直针每隔一段先缝上几针进行临时固定，然后再用大针进行满缝。如果地毯的拼缝较长，宜从中间向两端缝，也可以分成几段，几个人同时作业。背面缝合完毕，在缝合处涂刷 5～6cm 宽的白胶，然后将裁剪好的布条贴上，也可用塑料胶纸粘贴于缝合处，保护接缝处不被划破或勾起。将背面缝合完毕的地毯平铺好，再用弯针在接缝处做绒毛密实的缝合，经过弯针缝合后，在表面可以做到不显拼缝。

（3）固定踢脚板　铺设地毯房间的踢脚板，常见的有木质踢脚板和塑料踢脚板。塑料踢脚板一般是由工厂加工成品，用黏结剂将其黏结到基层上。本质踢脚板一般有两种材料：一种是夹板基层外贴柚木板一类的装饰板材，然后表面刷漆；另一种是木板，常用的有柚木板、水曲柳、红白松木等。

踢脚板不仅可以保护墙面的底部，同时也是地毯的边缘收口处理。木质踢脚板的固定，较好的办法是用平头木螺丝拧到预埋木砖上，木螺丝应进入木砖0.5~1mm，然后用腻子补平。如果墙体上未预埋木砖，也可以用高强水泥钉将踢脚板固定在墙上，并将钉的头部敲扁沉入1~1.5mm，后用腻子刮平。踢脚板要离地面8mm左右，以便于地毯掩边。踢脚板的油漆应于地毯铺设前涂刷完毕，如果在地毯铺设后再刷油擦，地毯表面应加以保护。木质踢脚板表面油漆可按设计要求，清漆或混色油漆均可。但要特别注意，在选择油漆做法时，应根据踢脚板材质情况，扬长避短。如果木质较好、纹理美观，宜选用透明的清漆；如果木质较差、节疤较多，宜选用调合漆。

（4）固定倒刺板条　采用或卷地毯铺设地面时，以倒刺板将地毯固定的方法很多。将基层清理干净以后，便可沿踢脚板的边缘用高强水泥钉将倒刺板钉在基层上，钉的间距一般在40cm左右。如果基层空鼓或强度较低，应采取措施加以纠正，以保证倒刺板固定牢固。可加长高强水泥钉，使其穿过抹灰层而固定在混凝土楼板上；也可将空鼓部位打掉，重新抹灰或下木楔，等强度达到要求后，再将高强水泥钉打入。倒刺板条要离开踢脚板面8~10mm，便于用锤子砸钉子。如果铺设部位是大厅，在柱子四周也要钉上倒刺板条，一般的房间沿着墙钉，如图4-21所示，图中@代表钉的间距。

图4-21　倒刺板条固定示意（单位：mm）

（5）地毯拉伸与固定　对于裁切与缝合完毕的地毯，为了保证其铺设尺寸准确，要进行拉伸。先将地毯的一条长边在倒刺板条上，将地毯背面牢挂于倒刺板朝天小钉钩上，把地毯的毛边掩到踢脚下面。为使地毯保持平整，应充分利用地毯撑子（张紧器）对地毯进行拉伸。用手压住地毯撑子，再用膝盖顶住地毯撑子，从一个方向，一步一步推向另一边。如果面积较大，几个人可以同时操作。若一遍未能将地毯拉平，可再重复拉伸，直至拉平为止，然后将地毯固定于倒刺板条上，将毛边掩好。对于长出的地毯，用裁毯刀将其割掉。一个方向拉伸完毕，再进行另一个方向的拉伸，直至将地毯四个边都固定于倒刺板条上。

（6）清扫地毯　在地毯铺设完毕后，表面往往有不少脱落的绒毛和其他东西，待收口条固定后，需用吸尘器认真清扫一遍。铺设后的地毯，在交工前应禁止行人大量走动，否则会加重清理量。

2. 地毯胶黏剂的固定方法

用胶黏剂黏结固定地毯，一般不需要放垫层，只需将胶黏剂刷在基层上，然后将地毯固定在基层上。涂刷胶黏剂的做法有两种：一是局部刷胶；二是满刷胶。人不常走动的房间地毯，一般多采用局部刷胶，如宾馆的地面，家具陈设能占去50%左右的面积，供人活动的地面空间有限，且活动也较少，所以可采用局部刷胶的做法固定地毯。在人活动频繁的公共场所，地毯的铺设固定应采用满刷胶。

使用胶黏剂来固定地毯，地毯一般要具有较密实的基底层，在绒毛的底部粘上一层2mm左右的胶，有的采用橡胶，有的采用塑胶，有的使用泡沫胶。不同的胶底层，对耐磨性影响较大，有些重度级的专业地毯，胶的厚度为4～6mm，在胶的下面贴一层薄毡片。

刷胶可选用铺贴塑料地板用的胶黏剂。胶刷在基层上，隔一段时间后，便可铺贴地毯。铺设的方法应根据房间的尺寸灵活掌握。如果是铺设面积不大的房间地毯，将地毯裁割完毕后，在地面中间涂刷一块小面积的胶，然后将地毯铺放，用地毯撑子往四边撑拉，在沿墙四边的地面上涂刷12～15cm宽的胶黏剂，使地毯与地面粘贴牢固。

刷胶可按0.05kg/m²的涂布量使用，如果地面比较粗糙，涂布量可适当增加。如果是面积狭长的走廊或影剧院观众厅的走道等处地面的地毯铺设，宜从一端铺向另一端，为了使地毯能够承受较大动力荷载，可以采用逐段固定、逐段铺设的方法。其两侧长边在离边缘2cm处将地毯固定，纵向每隔2m将地毯与地面固定。

当地毯需要拼接时，一般是先将地毯与地毯拼缝，下面再衬上一条10cm宽的麻布带，胶黏剂按0.8kg/m的涂布量使用，将胶黏剂涂布在麻布带上，把地毯拼缝粘牢，如图4-22所示。有的拼接采用一种胶烫带，施工时利用电熨斗熨烫使带上的胶熔化而将地毯接缝黏结。两条地毯间的拼接缝隙，应尽可能密实，使其看不到背后的衬布。有的也可采用钉木条与衬条的方法，如图4-23所示。

图4-22　地毯拼缝处的黏结

图4-23　钉木条与衬条

四、楼梯地毯的铺设

铺设在楼梯上的地毯，由于人行来往非常频繁，且上上下下与安全有关，因此楼梯地毯的铺设必须严格施工，使其质量完全符合国家有关标准的规定。

1. 施工准备工作

施工准备的材料和机具主要包括：地毯固定角铁及零件、地毯胶黏剂、设计要求的地毯、铺设地毯用钉及铁锤等工具。如果选用的地毯是背后不加衬的无底垫地毯，则应准备海绵衬垫料。

测量楼梯每级的深度与高度，以便估计所需要地毯的用量。将测量的深度与高度相加乘以楼梯的级数，再加上45cm的余量，即估算出楼梯地毯的用量。准备余量的目的是为了便于在使用时可挪动地毯，转移常受磨损的位置。

对于无底垫地毯，在地毯下面使用楼梯垫料以达到增加吸声功能和使用寿命。衬垫的深度必须自中楼梯竖板，并可延伸至每级踏板外5cm以便包覆。

2. 铺贴的施工工艺

（1）将衬垫材料用倒刺板条分别钉在楼梯阴角两边，两木条之间应留出15mm的间隙，如图4-24所示。用预先切好的挂角条（或称无钉地毯角铁），如图4-25所示，以水泥钉钉在每级踏板与压板所形成的转角衬垫上。如果地面较硬用水泥钉固定比较困难，可在钉位处用冲击钻打孔埋入木楔，将挂角条钉固于木楔上。挂角条的长度应小于地毯宽度 20mm 左右。挂角条是用厚度为 1mm 左右的铁皮制成，有两个方向的"倒刺抓钉"，可将地毯不露痕迹地抓住，如图 4-25 所示。如果不设地毯衬垫，可将挂角条直接固定于楼梯梯级的阴角处。

（2）地毯要从楼梯的最高一级铺起，将始端翻起在顶级的竖板上钉住，然后用扁铲将地毯压在第一条角铁的抓钉上。把地毯拉紧包住楼梯梯级，顺着竖板而下，在楼梯阴角处用扁铲将地毯压进阴角，并使倒刺板木条上的朝天钉紧紧勾住地毯，然后铺设第二条固定角铁。这样连续下来直到最后一个台阶，将多余的地毯朝内摺转钉于底级的竖板上。

（3）所用地毯如果已有海绵衬底，即可用地毯胶黏剂代替固定角铁，将胶黏剂涂抹在压板与踏板面上粘贴地毯。在铺设前，把地毯的绒毛理顺，找出绒毛最为光滑的方向，铺设时以绒毛的走向朝下为准。在梯级阴角处先按照前面所述钉好倒刺板条，铺设地毯后用扁铲敲打，使倒刺钉将地毯紧紧抓住。在每级压板与踏板转角处，最后用不锈钢钉拧紧固定防滑条。楼梯地毯铺设固定方法，如图 4-26 所示。

图 4-24　地毯挂角条

图 4-25　倒刺抓钉

图 4-26　楼梯地毯铺设固定方法（单位：mm）

五、地毯地面施工成品保护

（1）在地毯的施工操作过程中，应保护好门窗框扇、墙面、柱面、踢脚板等成品不被损坏和污染。

（2）地毯等材料进场后，应设专人加强管理，注意堆放、运输和操作过程中的保管工作，特别应避免风吹雨淋，注意防潮、防火等。

（3）要认真贯彻岗位责任制，严格执行工序交接制度。每道工序施工完毕后，应及时清理地毯上的杂物，及时清擦被操作污染的部位，并注意关闭门窗和关闭卫生间的水龙头，严格防止地毯被雨淋和水泡。

第七节 活动地板安装施工

活动地板也称为装配式地板，或称为活动夹层地板，这是一种架空式装饰地面。这种地面由各种规格、型号和材质的块状面板、龙骨（也称为横梁或桁条）、可调支架、底座等，组合拼装而制成的一种新型装饰地面，其一般构件和组装形式，如图 4-27 所示。

活动地板与基层地面或楼面之间所形成的架空空间，不仅可以满足敷设纵横交错的电缆和各种管线的的需要，而且通过设计，在架空地板的适当部位可以设置通风口，即安装通风百页或设置通风型地板，以满足静压送风等空调方面的要求，如图 4-28 所示。

图 4-27 活动地板组装
示意（单位：mm）

图 4-28 活动地板的构造组成
1—面板；2—桁条；3—可调支架；4—管道；5—电线

一般的活动地板具有质量轻、强度大、表面平整、尺寸稳定、面层质感好、装饰效果佳等优点，并具有防火、防虫、防鼠害及耐腐蚀等性能。其防静电地板产品，尤其适宜于计算机房、电化教室、程控交换机房、抗静电净化处理厂房及现代化办公场所的室内地面装饰。

一、活动地板的类型和结构

活动地板的产品种类繁多、档次各异，按照面板的材质不同有：铝合金框基板表面复合塑料贴面、全塑料地板块、高压刨花板贴塑料装饰面层板及竹质面板等不同类别。从构造上可以分为横梁和无横梁两种；从功能上又可分为抗静电和不抗静电两种。

根据此类地板结构的支架形式，大致可将其分为 4 种：①拆装式支架；②固定式支架；③"卡锁搁栅式"支架；④刚性龙骨支架，如图 4-29 所示。

（1）拆装式支架是适用于小型房间地面活动地板装饰的典型支架，其支架高度可在一定范围内自由调节，并可连接电器插座。

（2）固定式支架不另设龙骨桁条，可将每块地板直接固定于支撑盘上，此种活动地板可应用于普通荷载的办公室或其他要求不高的一般房间地面。

（3）"卡锁搁栅式"支架是将龙骨桁条卡锁在支撑盘上，其龙骨桁条所组成的"搁栅"可自由拆装。

(a) 拆装式支架　(b) 固定式支架　(c) 卡锁格栅式支架　(d) 刚性龙骨支架

图 4-29　不同类型的地板支架

（4）刚性龙骨支架是将长度为 1830mm 的主龙骨跨在支撑盘上，用螺栓固定，此种构架的活动地板可以适应较重的荷载。

二、活动地板的材料要求

（1）活动地板的表面要平整、坚实；耐磨、耐污染、耐老化、防潮、阻燃和导静电等性能符合设计要求。

（2）活动地板面层包括标准地板、异形地板和地板附件（即支架和横梁组件）。采用的活动地板块面层的承载力不得小于 7.5MPa，其系统体积电阻率为：A 级板为 $1.0 \times 10^5 \sim 1.0 \times 10^8 \Omega$；B 级板为 $1.0 \times 10^5 \sim 1.0 \times 10^{10} \Omega$。

（3）活动地板所用材料的各项技术性能与技术指标应符合现行有关产品标准的规定，应有出厂合格证及设计要求性能的检测报告。

（4）活动地板所用材料在保管和施工中，应防止受到损伤和污染，产品应贮存在清洁、干燥的包装箱中，板与板之间应放软垫隔离层，包装箱外应结实耐压。产品在运输时，应防止雨淋和曝晒，装卸时应轻拿轻放、防止磕碰损伤。

三、活动地板的安装工序

（1）基层处理　原基层地面或楼面应符合设计要求，即基层表面平整，无明显凹凸不平。如属水泥地面，根据抗静电地板对基层的要求，宜刷涂一层清漆，以益于地面的防尘。

（2）施工弹线　施工弹线是依据设计放线，按活动板块的尺寸打出墨线，从而形成方格网，作为地板铺贴时的依据。

（3）固定支座　在方格网各十字交叉点处固定支座。

（4）调整水平　调整支座托，顶面高度至整个地面达到水平。

（5）龙骨安装　将龙骨桁条安放在支架上，用水平尺校正水平，然后放置面板块。

（6）面板安装　拼装面板块，调整板块水平度及缝隙。

（7）设备安装　安装设备时须注意保护面板，一般是铺设五夹板作为临时保护措施。

四、活动地板的施工要点

（1）基层清理　基层表面应平整、光洁、干燥、不起灰，安装前应将表面清扫干净，并根据需要在其表面涂刷 1～2 遍清漆或防尘剂，涂刷后不允许有脱皮现象。

（2）弹线定位　活动地板在施工前应按照以下方法和要求进行弹线定位。

① 按照设计要求，在基层上弹出支架的定位方格十字线，测量底座的水平标高，将底座就位。同时，在墙面的四周测好支架的水平线。

② 在铺设活动地板面层前，室内四周的墙面上应设置标高控制位置，并按照选定的铺设方向和顺序设基准点。在基层表面上应按活动板块尺寸弹线并形成方格网，标出活动地板块的安装位置和高度，并标明设备预留部位。

（3）固定支架　在地面弹出的方格网十字交叉点固定支架，固定方法通常是在地面打孔埋入膨胀螺栓，用膨胀螺栓将支架固定在地面上。

（4）调整支架　调整方法视产品实际情况而定，有的设有可转动螺杆，有的是锁紧螺钉，用相应的方式将支架进行高低调整，使其顶面与拉线平齐，然后锁紧其活动构造。

（5）安装龙骨　以水平仪逐个点将已安装的支架抄平，并以水平尺校准各支架的托盘后，即可将地板支承桁条架于支架之间。桁条安装，应根据活动地板配套产品的不同类型，依其说明书的有关要求进行。桁条与地板支架的连接方式，有的是用平头螺钉将桁条与支架面固定，有的是采用定位销子进行卡结，有的产品设有橡胶密封垫条，此时可用白乳胶将垫条与桁条胶合。图4-30为螺钉和定位销的连接方式。

(a) 螺钉固定　　(b) 定位销卡结

图4-30　螺钉和定位销的连接方式

（6）安装面板　在组装好的桁条搁栅框架上安放活动地板块，注意地板块成品的尺寸误差，应将规格尺寸准确者安装于显露部位，不够准确者安装于设备及家具放置处或其他较隐蔽部位。对于抗静电活动地板，地板与周边墙柱面的接触部位要求缝隙严密，接缝较小者可用泡沫塑料填塞嵌封。如果缝隙较大，应采用木条镶嵌。有的设计要求桁条搁栅与四周墙或柱子体内的预埋铁件固定，此时可用连接板与桁条以螺栓连接或采用焊接，地板下各种管线就位后再安装活动地板块。地板块的安装要求周边顺直，粘、钉或销接严密，各缝均匀一致并不显高差。

（7）活动地板的四周侧边应用耐磨硬质板材封闭或用镀锌钢板包裹，胶条封边应耐磨。对活动地板块切割或打孔时，可用无齿锯或钻进行加工，但加工后边角应打磨平整，采用清漆或环氧树脂胶加滑石粉按比例调成腻子封边，或用防潮腻子封边，也可以用铝型材镶嵌封边，以防止活动板块吸水、吸潮，造成板块局部膨胀变形。在与墙体的接缝处，应根据接缝宽窄分别采用活动地板或木条镶嵌，窄缝隙宜采用泡沫塑料镶嵌。

（8）在面板与墙边的接缝处，宜做木踢脚线；在通风口处，应选用异形活动地板铺贴。

（9）活动地板下面需要装的线槽和空调管道，应在铺设活动地板前先放在建筑地面上，以便进行下一步的施工。

（10）活动地板块的安装或开启，应使用吸板器或橡胶皮碗，并做到轻拿轻放，不得采用铁器硬撬的方式。

（11）在全部设备就位和地下管、电缆安装完毕后，对活动地板面板还要抄平一次，调整至符合设计要求，最后将板面全面进行清理。

五、活动地板的成品保护

（1）在活动地板上放置重物时，应避免在地板上拖拉重物，重物与地板的接触面也不应太小，重物下应用木板铺垫。重物引起的集中荷载过大时，应在受力点处用支架加强。

（2）在地板上行走或作业，禁止穿带钉子的鞋，最好穿软底的鞋，以免损坏地板表面。

（3）活动地板面的清洁应用软布蘸洗涤剂擦洗，然后再用干软布擦干，严禁用拖把蘸水进行擦洗，以免从边角处进水，影响活动地板的使用寿命。

（4）活动地板日常清扫应使用吸尘器，以免灰尘飞扬及灰尘落入板缝中，影响其抗静电性能。为保证活动地板的清洁和美观，可定期涂擦地板蜡。

第八节　地面装饰工程质量控制

中华人民共和国住房和城乡建设部颁布第 607 号公告，国家标准《建筑地面工程施工质量验收规范》（GB 50209—2010）于 2010 年 12 月 1 日起实施。其中，第 3.0.3、3.0.5、3.0.18、4.9.3、4.10.11、4.10.13、5.7.4 条为强制性条文，必须严格执行。

一、地面工程质量基本规定

（1）建筑地面工程子分部工程、分项工程的划分，应按表 4-48 中的规定执行。

表 4-48　建筑地面工程子分部工程、分项工程的划分

分部工程	子分部工程		分 项 工 程
建筑装饰装修工程	地面工程	整体面层	基层：基土、灰土垫层、砂垫层和砂石垫层、碎石垫层和碎砖垫层、三合土及四合土垫层、炉渣垫层、水泥混凝土垫层、找平层、隔离层、填充层、绝热层
			面层：水泥混凝土面层、水泥砂浆面层、水磨石面层、硬化耐磨面层、防油渗面层、不发火（防爆）面层、自流平面层、涂料面层、塑胶面层、地面辐射供暖的整体面层
		板块面层	基层：基土、灰土垫层、砂垫层和砂石垫层、碎石垫层和碎砖垫层、三合土及四合土垫层、炉渣垫层、水泥混凝土垫层、找平层、隔离层、填充层、绝热层
			面层：砖面层（陶瓷锦砖、缸砖、陶瓷地板砖和水泥花砖面层）、大理石面层和花岗石面层、预制板块面层（水泥混凝土板块、水磨石板块、人造石板块面层）、料石面层（条石、块石面层）、塑料板面层、活动地板面层、金属板面层、地毯面层、地面辐射供暖的板块面层
		竹木面层	基层：基土、灰土垫层、砂垫层和砂石垫层、碎石垫层和碎砖垫层、三合土及四合土垫层、炉渣垫层、水泥混凝土垫层、找平层、隔离层、填充层、绝热层
			面层：实木地板、实木集成地板、竹地板面层（条材、块材面层）、实木复合地板面层（条材、块材面层）、浸渍纸层压木质地板面层（条材、块材面层）、软木类地板面层（条材、块材面层）、地面辐射供暖的木板面层

（2）从事建筑地面工程施工的建筑施工企业，应具有质量管理体系和相应的施工工艺技术标准。

（3）建筑地面工程采用的材料或产品，应符合设计要求和国家现行有关标准的规定。无国家现行标准的，应具有省级住房和城乡建设行政主管部门的技术认可文件。材料或产品进场时还应符合下列规定：①应有质量合格证明文件；②应对型号、规格、外观等进行验收，对重要材料或产品应抽样进行复验。

（4）建筑地面工程采用的大理石、花岗石、料石等天然石材，以及砖、预制板块、地毯、人造板材、胶黏剂、涂料、水泥、砂石、外加剂等材料或产品，应符合国家现行有关室内环境污染和放射性、有害物质限量的规定。材料进场时应具有检测报告。

（5）厕所、浴室间和有防滑要求的建筑地面应符合设计防滑的要求。

（6）有种植要求的建筑地面，其构造做法应符合设计要求和现行的行业标准《种植屋面工程技术规程》（JGJ 155—2013）的有关规定。设计无要求时，种植地面底低于相邻建筑地面 50mm 以上或用槛、台处理。

（7）地面辐射供暖系统的设计、施工及验收，应符合现行的行业标准《地面辐射供暖技术规程》（JGJ 142—2012）中的有关规定。

（8）地面辐射供暖系统施工及验收合格后，方可进行面层的铺设。面层分格缝的做法应符合设计要求。

（9）建筑地面下的沟槽、暗管、保温、隔热、隔声等工程完工后，应经检验合格并做隐藏记录，方可进行建筑地面工程的施工。

（10）建筑地面基层（各构造层）和面层的铺设，均应待其相关专业的分部（子分部）工程、分项工程以及设备管道安装工程之间，应进行交接检验。

（11）在进行建筑地面施工时，各层环境温度的控制应符合材料或产品的技术要求，并应符合下列规定：①采用掺有水泥、石灰的拌合料铺设以及用石油沥青胶结料铺设时，不应低于 5℃；②采用有机胶黏剂粘贴时不应低于 10℃；③采用砂、石材料铺设时，不应低于 0℃；④采用自流平、涂料铺设时，不应低于 5℃，也不应高于 30℃。

（12）铺设有坡度的地面应采用基土高差达到设计要求的坡度；铺设有坡度的楼面（或架空地面），应采用在结构楼层板上变更填充层（或找平层）铺设的厚度或以结构进行起坡而达到设计要求的坡度。

（13）建筑物室内接触基土的首层地面施工应符合设计要求，并符合下列规定：在冻胀性土上铺设地面时，应按设计要求做好防冻胀土的处理后方可施工，并不得在冻胀土层上进行填土施工；在永冻土上铺设地面时，应按建筑节能要求进行隔热、保温处理后方可施工。

（14）建筑室外散水、明沟、踏步、台阶和坡道等，其面层和基层（各构造层）均应符合设计要求。施工时应按《建筑地面工程施工质量验收规范》（GB 50209—2010）的基层铺设中基土和相应垫层以及面层的规定执行。

（15）水泥混凝土散水、明沟应设置伸缩缝，其延长米间距不得大于 10m，对日晒强烈且昼夜温差超过 15℃的地区，其延长米间距为 4～6m。水泥混凝土散水、明沟和台阶等与建筑物连接处，以及房屋转角处应设置缝处理。上述缝的宽度为 15～20mm，缝内应填充柔性密封材料。

（16）建筑地面的变形缝应按设计要求设置，并应符合下列规定：①建筑地面的沉降缝、伸缩缝和防震缝，应与结构相应的缝位置一致，且应贯通建筑地面的各构件层；②沉降缝和防震缝的宽度应符合设计要求，缝内清理干净后，以柔性密封材料填充后用板封盖，并应与面层齐平。

（17）当建筑地面采用镶边时，应按设计要求设置并应符合下列规定：①有强烈机械作用下的水泥类整体面层与其他类型的面层邻接处，应设置金属镶边构件；②具有较大振动或变形的设备基础与周围建筑地面的邻接处，应沿着设备基础周边设置贯通建筑地面各构造层的沉降缝（防震缝），缝的处理应执行《建筑地面工程施工质量验收规范》（GB 50209—2010）中第 3.0.16 条的规定；③采用水磨石整体面层时，应采用同类材料镶边，并用分格条进行分格；④条石面层和砖面层与其他面层邻接处，应用顶向铺的同类材料镶边；⑤采用木、竹面层和塑料面层时，应采用同类材料镶边；⑥地面面层与管沟、孔洞、检查井等邻接处，均应设置镶边；⑦管沟、变形缝等处的建筑地面面层的镶边构件，应当在面层铺设前装设；⑧建筑地面的镶边宜与柱、墙面或踢脚线的变化一致。

（18）厕所、浴室、厨房和有排水（或其他液体）要求的建筑地面面层与连接各类面层的标高差应符合设计要求。

（19）检验同一施工批次、同一个配合比水泥混凝土和水泥砂浆强度的试块，应按每一层（或检验批）建筑地面工程面积大于 1000m² 时，每增加 1000m² 应增做 1 组试块；小于 1000m² 时按 1000m² 计算，取样 1 组；检验同一施工批次、同一个配合比水泥混凝土的散水、明沟、踏步、道坡、台阶的水泥混凝土、水泥砂浆的试块，应按每 150 延长米不少于 1 组。

（20）各类面层的铺设应在室内装饰工程基本完工后进行。竹木面层、塑料板面层、活动地板面层、地毯面层的铺设，应待抹灰工程、管道试压等完工后进行。

（21）建筑地面工程施工质量的检验，应符合下列规定：①基层（各构造层）和各类面层的分项工程的施工质量验收应按每一层次或每层施工段（或变形缝）划分检验批，高层建筑的标准层可按每三层（不足三层按三层计）划分检验批；②每检验批应以各子分部工程的基层（各构造层）和各类面层所划分的分项工程按自然间（或标准间）检验，抽查数量应随机检验应不少于 3 间，不足 3 间，应全数检查；其中走廊（过道）应以 10 延长米为 1 间，工业厂房（按单跨计）、礼堂、门厅应以两个轴线为 1 间；③有防水要求的建筑地面子分部工程的分项工程施工质量，每检验批抽查数量应按其房间总数随机检验不应少于 4 间，不足 4 间的，应全数检查。

（22）建筑地面工程的分项工程施工质量检验的主控项目，应达到《建筑地面工程施工质量验收规范》（GB 50209—2010）中规定的质量标准，认定为合格；一般项目 80% 以上的检查点（处）符合规定的质量要求，其他检查点（处）不得有明显影响使用，且最大偏差不超过允许偏差值的 50% 为合格。凡达不到质量标准时，应按现行国家标准《建筑工程施工质量验收统一标准》（GB 50300—2013）中的规定处理。

（23）建筑地面工程的施工质量验收，应在建筑施工企业自检合格的基础上，由监理单位或建设单位组织有关单位对分项工程、子分部工程进行检验。

（24）检验方法应符合下列规定：①检查建筑地面的允许偏差，应采用钢尺、1m 直尺、2m 直尺、3m 直尺、2m 靠尺、楔形塞尺、坡度尺、游标卡尺和水准仪；②检查建筑地面空鼓，应采用敲击的方法；③检查防水隔离层应采用蓄水方法，蓄水深度最浅处不得小于 10mm，蓄水时间不得少于 24h；检查有防水要求的建筑地面的面层，应采用泼水的方法；④检查各类面层（含不需要铺设部分或局部面层）表面的裂纹、脱皮、麻面和起砂等质量缺陷，应采用观感的方法。

（25）建筑地面完工后，应对面层采取措施加以保护。

二、地面基层铺设质量控制

（一）地面基层铺设的一般规定

（1）地面基层铺设适用于基土、垫层、找平层、隔离层、绝热层和填充层等基层分项工程的施工质量检验。

（2）基层铺设的材料质量、密实度和强度等级（或配合比）等，应符合设计要求和《建筑地面工程施工质量验收规范》（GB 50209—2010）中的规定。

（3）在基层铺设前，其下一层的表面应干净、无积水。

（4）垫层分段施工时，接槎处应做成阶梯形，每层接槎处的水平距离应错开 0.5～1.0m。接槎处不应设在地面荷载较大的部位。

（5）当垫层、找平层、填充层内埋设暗管时，管道应按设计要求予以稳固。

（6）对有防静电要求的整体地面的基层，应清除残留物，将露出基层的金属物应涂绝缘漆两遍晾干。

（7）基层的标高、坡度、厚度等应符合设计要求。基层表面应平整，其允许偏差应符合表 4-49 中的规定。

表 4-49　基层表面允许偏差及检验方法

项目	允许偏差/mm											检验方法
	基土	垫层			找平层			填充层		隔离层	绝热层	
	土	砂子、砂石、碎石、碎砖	灰土、三合土、四合土、炉渣、水泥混凝土、陶粒混凝土	拼花实木地板、拼花实木复合地板、软木类地板面层	用胶结料做结合层铺设板块面层	用水泥砂浆做结合层铺设板块面层	用胶黏剂做结合层铺设拼花木板、浸渍纸层压木质地板、实木复合地板、竹地板、软木地板面层	金属板面层	松散材料	板块材料	防水防潮防油渗	板块材料、浇筑材料、喷涂材料	
表面平整度	15	15	10	3	3	5	2	3	7	5	3	4	用 2m 靠尺和楔形塞尺检查
标高	0，−15	±20	±10	±5	±5	±8	±4	±4	±4	±4	±4	±4	用水准仪进行检查
坡度	不大于房间相应尺寸的 2/1000，且不大于 30												用坡度尺进行检查
厚度	在个别地方不大于设计厚度的 1/10，且不大于 20												用钢尺进行检查

（二）基土铺设的质量控制

1. 基土铺设的一般规定

（1）地面应铺设在均匀密实的基土上。土层结构被扰动的基土应进行换填，并予以压实。压实系数应符合设计要求。

（2）对于软弱土层应按设计要求进行处理。

（3）填土应分层摊铺、分层压（夯）实、分层检查其密实度。填土的质量应符合现行国家标准《建筑地基基础工程施工质量验收规范》（GB 50202—2002）中的有关规定。

（4）填土的土料应为最优含水量。重要工程或大面积的地面填土前，应取土样，按击实试验确定最优含水量和相应的最大干密度。

2. 基土铺设的主控项目

（1）基土不应用淤泥、腐殖土、冻土、耕植土、膨胀土和建筑杂物作为填土，填土土块的粒径不应大于 50mm。检验方法：观察检查和检查土质记录。检查数量：应按《建筑地面工程施工质量验收规范》（GB 50209—2010）中第 3.0.21 条规定的检验批检查。

（2）Ⅰ类建筑基土的氡浓度应符合现行国家标准《民用建筑工程室内环境污染控制规范》（GB 50325—2010）的规定。检验方法：检查检测报告。检查数量：同一工程、同一土源地点检查一组。

（3）基土应均匀密实，压实系数符合设计要求，设计无要求时，不应小于 0.90。检验方法：观察检查和检查试验记录。检查数量：应按《建筑地面工程施工质量验收规范》（GB 50209—2010）中第 3.0.21 条规定检查。

3. 基土铺设的一般项目

基土表面的允许偏差应符合表 4-49 中的规定。检验方法：按表 4-49 中规定的方法检验。检查数量：应按《建筑地面工程施工质量验收规范》（GB 50209—2010）中第 3.0.21 条规定的检验批和第 3.0.22 条的规定进行检查。

（三）灰土垫层的质量控制

1. 灰土垫层的一般规定

（1）灰土垫层应采用熟化石灰与黏土（或粉质黏土、粉土）的拌合料铺设，其厚度不应小于 100mm。

（2）熟化石灰粉可采用磨细生石灰，也可用粉煤灰代替。

（3）灰土垫层应铺设在不受地下水浸泡的基土上，施工后应有防止水浸泡的措施。

（4）灰土垫层应分层夯实，经湿润养护、晾干后方可进行下一道工序的施工。

（5）灰土垫层不宜在冬季施工，必须安排在冬季施工时，应采取可靠的防冻措施。

2. 灰土垫层的主控项目

灰土垫层的质量，关键在于合适的灰土比，灰土体积比应符合设计要求。检验方法：观察检查和检查配合比试验报告。检查数量：同一工程、同一体积比可检查一次。

3. 灰土垫层的一般项目

（1）熟化石灰颗粒的粒径不应大于 5mm；黏土（或粉质黏土、粉土）内不得含有有机物质，颗粒的粒径不应大于 16mm。检验方法：观察检查和检查质量合格证明文件。检查数量：应按《建筑地面工程施工质量验收规范》（GB 50209—2010）中第 3.0.21 条规定检查。

（2）灰土垫层表面的允许偏差应符合表 5-48 中的规定。检验方法：按表 5-48 中规定的方法检验。检查数量：应按《建筑地面工程施工质量验收规范》（GB 50209—2010）中第 3.0.21 条规定的检验批和第 3.0.22 条的规定进行检查。

（四）砂垫层和砂石垫层的质量控制

1. 砂垫层和砂石垫层的一般规定

（1）砂垫层的厚度不应小于 60mm；砂石垫层的厚度不应小于 100mm。

（2）砂石应选用天然级配材料。铺设时不应有粗细颗粒分离现象，一直压（夯）实至不松动为止。

2. 砂垫层和砂石垫层的主控项目

（1）砂和砂石不应含有草根等有机物质；砂子应采用中砂，石子最大粒径不应大于垫层厚度的 2/3。检验方法：观察检查和检查质量合格证明文件。检查数量：应按《建筑地面工程施工质量验收规范》（GB 50209—2010）中第 3.0.21 条规定的检验批检查。

（2）砂垫层和砂石垫层的干密度（或贯入度）应符合设计要求。检验方法：观察检查和检查试验记录。检查数量：应按《建筑地面工程施工质量验收规范》（GB 50209—2010）中第 3.0.21 条规定的检验批检查。

3. 砂垫层和砂石垫层的一般项目

（1）表面不得有砂窝、堆石现象。检验方法：观察检查。检查数量：应按《建筑地面工程施工质量验收规范》（GB 50209—2010）中第 3.0.21 条规定的检验批检查。

（2）砂垫层和砂石垫层表面的允许偏差符合表 4-49 中的规定。检验方法：按表 4-49 中规定的方法检验。检查数量：应按《建筑地面工程施工质量验收规范》（GB 50209—2010）中第 3.0.21 条规定的检验批和第 3.0.22 条的规定进行检查。

（五）碎石垫层和碎砖垫层的质量控制

1. 碎石垫层和碎砖垫层的一般规定

（1）碎石垫层和碎砖垫层的厚度应不小于 100mm。

（2）碎石垫层和碎砖垫层应分层压（夯）实，达到表面坚实、平整。

2. 碎石垫层和碎砖垫层的主控项目

（1）碎石的强度应均匀，最大粒径不应大于垫层厚度的 2/3；碎砖不应采用风化、酥松、夹有有机杂质的砖料，颗粒粒径不应大于 60mm。检验方法：观察检查和检查质量合格证明文件。检查数量：应按《建筑地面工程施工质量验收规范》（GB 50209—2010）中第 3.0.21 条规定的检验批检查。

（2）碎石、碎砖垫层的密实度应符合设计要求。检验方法：观察检查和检查试验记录。检查数量：应按《建筑地面工程施工质量验收规范》（GB 50209—2010）中第 3.0.21 条规定的检验批检查。

3. 碎石垫层和碎砖垫层的一般项目

碎石、碎砖垫层的表面允许偏差符合表 4-49 中的规定。检验方法：按表 4-49 中规定的方法检验。检查数量：应按《建筑地面工程施工质量验收规范》（GB 50209—2010）中第 3.0.21 条规定的检验批和第 3.0.22 条的规定进行检查。

（六）三合土和四合土垫层的质量控制

1. 三合土和四合土垫层的一般规定

（1）三合土垫层应采用石灰、砂（可掺入少量的黏土）与碎砖的拌合料铺设，其厚度不应小于 100mm；四合土垫层应采用水泥、石灰、砂（可掺入少量的黏土）与碎砖的拌合料铺设，其厚度不应小于 80mm。

（2）三合土和四合土垫层均应分层夯实。

2. 三合土和四合土垫层的主控项目

（1）水泥宜采用硅酸盐水泥、普通硅酸盐水泥；熟化石灰颗粒粒径不应大于 5mm；砂应用中砂，并不得含有草根等有机物质；碎砖不应采用风化、酥软和有机杂质的砖料，颗粒粒径不应大于 60mm。检验方法：观察检查和检查质量合格证明文件。检查数量：应按《建筑地面工程施工质量验收规范》（GB 50209—2010）中第 3.0.21 条规定的检验批检查。

（2）三合土和四合土的体积比应符合设计要求。检验方法：观察检查和检查配合比试验报告。检查数量：同一工程、同一体积比可检查一次。

3. 三合土和四合土垫层的一般项目

三合土和四合土垫层的表面允许偏差符合表 4-49 中的规定。检验方法：按表 4-49 中规定的方法检验。检查数量：应按《建筑地面工程施工质量验收规范》（GB 50209—2010）中第 3.0.21 条规定的检验批和第 3.0.22 条的规定进行检查。

（七）炉渣垫层的质量控制

1. 炉渣垫层的一般规定

（1）炉渣垫层应采用炉渣或水泥与炉渣或水泥、石灰与炉渣的拌合料铺设，其厚度不应小于 80mm。

（2）炉渣或水泥炉渣垫层的炉渣，使用前应浇水闷透；水泥石灰炉渣垫层的炉渣，使用前应用石灰浆或熟化石灰浇水拌和闷透；闷透的时间均不得少于 5d。

（3）在垫层铺设前，其下一层应湿润；铺设时应分层进行压实，表面不得有泌水现象。铺设后应养护，待其凝结后方可进行下一道工序的施工。

（4）炉渣垫层施工过程中不宜留施工缝。必须要留施工缝时，应留直槎，并保证间隙处密实，接槎时应先刷水泥浆，再铺设炉渣拌合料。

2. 炉渣垫层的主控项目

（1）炉渣内不得含有有机杂质和未燃尽的煤块，颗粒粒径不应大于40mm，且颗粒粒径在5mm及其以下的颗粒，不得超过总体积的40%；熟化石灰颗粒粒径不应大于5mm。检验方法：观察检查和检查质量合格证明文件。检查数量：应按《建筑地面工程施工质量验收规范》（GB 50209—2010）中第3.0.21条规定的检验批检查。

（2）炉渣垫层的体积比应符合设计要求。检验方法：观察检查和检查配合比试验报告。检查数量：同一工程、同一体积比可检查一次。

3. 炉渣垫层的一般项目

炉渣垫层的表面允许偏差符合表4-49中的规定。检验方法：按表4-49中规定的方法检验。检查数量：应按《建筑地面工程施工质量验收规范》（GB 50209—2010）中第3.0.21条规定的检验批和第3.0.22条的规定进行检查。

（八）水泥混凝土和陶粒混凝土垫层的质量控制

1. 水泥混凝土和陶粒混凝土垫层的一般要求

（1）水泥混凝土和陶粒混凝土垫层应铺设在基土上。当气温长期处于0℃以下，设计无要求时，垫层应设置缩缝，缝的位置、嵌缝方法等与面层伸缩缝相一致，并应符合《建筑地面工程施工质量验收规范》（GB 50209—2010）中第3.0.16条的规定。

（2）水泥混凝土垫层的厚度不应小于60mm；陶粒混凝土垫层的厚度不应小于80mm。

（3）垫层铺设前，当为水泥类基层时，其下一层表面应湿润。

（4）室内地面的水泥混凝土垫层和陶粒混凝土垫层，应设置纵向缩缝和横向缩缝；纵向缩缝、横向缩缝的间距均不得大于6m。

（5）垫层的纵向缩缝应做平头缝或加肋板平头缝。当垫层厚度大于150mm时，可做企口缝。横向缩缝应做假缝。平头缝和企口缝的缝间不得放置隔离材料，浇筑时应互相紧贴。企口缝尺寸应符合设计要求，假缝宽度应为5~20mm，深度宜为垫层厚度的1/3，填缝材料应与地面变形缝的填缝材料相一致。

（6）工业厂房、礼堂、门厅等大面积水泥混凝土、陶粒混凝土垫层应分区段浇筑。分区段应结合变形缝位置、不同类型的建筑地面连接处和设备基础的位置进行划分，并应与纵向、横向缩缝的间距相一致。

（7）水泥混凝土、陶粒混凝土施工质量检验，应符合国家标准《混凝土结构工程施工质量验收规范》（GB 50204—2011）和《轻骨料混凝土技术规程》（JGJ 51—2002）中的有关规定。

2. 水泥混凝土和陶粒混凝土垫层的主控项目

（1）水泥混凝土垫层和陶粒混凝土垫层采用的粗骨料，其最大粒径不应大于垫层厚度的2/3，含泥量不应大于3%；砂为中粗砂，其含泥量不应大于3%。陶粒中粒径小于5mm的颗粒含量不应小于10%；粉煤灰陶粒中大于15mm的颗粒含量不应小于5%；陶粒中不得混夹杂物或黏土块。陶粒宜选用粉煤灰陶粒、页岩陶粒等。检验方法：观察检查和检查质量合格证明文件。检查数量：同一工程、同一强度等级、同一个配合比可检查一次。

（2）水泥混凝土和陶粒混凝土的强度等级应符合设计要求。陶粒混凝土的密度应在

$800\sim1400kg/m^3$ 之间。检验方法：检查配合比试验报告和强度等级检测报告。检查数量：同一工程、同一强度等级、同一个配合比可检查一次。强度等级检测报告应按《建筑地面工程施工质量验收规范》（GB 50209—2010）中第 3.0.19 条规定的检验。

3. 水泥混凝土和陶粒混凝土垫层的一般项目

水泥混凝土和陶粒混凝土垫层的表面允许偏差符合表 4-49 中的规定。检验方法：按表 4-49 中规定的方法检验。检查数量：应按《建筑地面工程施工质量验收规范》（GB 50209—2010）中第 3.0.21 条规定的检验批和第 3.0.22 条的规定进行检查。

（九）找平层的质量控制

1. 找平层的一般要求

（1）找平层宜采用水泥砂浆或水泥混凝土铺设。当找平层厚度小于 30mm 时，宜用水泥砂浆做找平层；当找平层厚度不小于 30mm 时，宜用水泥细石混凝土做找平层。

（2）在进行找平层铺设前，当其下一层有松散充填料时，应予铺平振实。

（3）有防水要求的建筑地面工程，铺设前必须对立管、套管和地漏与楼板节点之间进行密封处理，并进行隐蔽验收；排水坡度应符合设计要求。

（4）在预制钢筋混凝土板上铺设找平层前，板缝嵌填的施工应符合下列要求。

① 预制钢筋混凝土板相邻缝隙底宽不应小于 20mm。板缝填嵌缝隙内应清理干净，保持湿润。

② 填缝材料应采用细石混凝土，其强度等级不应小于 C20。填缝的高度应低于板面 $10\sim20mm$，且振捣密实；填缝后应进行养护。当填缝混凝土的强度等级达到 C15 后方可继续施工。

③ 当板缝的底宽大于 40mm 时，应按设计要求配置钢筋。

（5）在制钢筋混凝土板上铺设找平层时，其板端部应按设计要求做防裂的构造措施。

2. 找平层的主控项目

（1）找平层采用碎石或卵石的粒径不应大于其厚度的 2/3，含泥量不应大于 3%；砂为中砂，其含泥量不应大于 3%。检验方法：观察检查和检查质量合格证明文件。检查数量：配合比试验报告按同一工程、同一强度等级、同一个配合比可检查一次。

（2）水泥砂浆体积比、水泥混凝土强度等级应符合设计要求，且水泥砂浆的体积比不应小于 1∶3（或相应强度等级）；水泥混凝土强度等级不应小于 C15。检验方法：检查配合比试验报告和强度等级检测报告。检查数量：同一工程、同一强度等级、同一个配合比可检查一次。强度等级检测报告应按《建筑地面工程施工质量验收规范》（GB 50209—2010）中第 3.0.19 条规定的检验。

（3）有防水要求的建筑地面工程的立管、套管、地漏处不应渗漏，坡向应正确，无积水现象。检验方法：观察检查和蓄水、泼水检查及坡度尺检查。检查数量：应按《建筑地面工程施工质量验收规范》（GB 50209—2010）中第 3.0.21 条规定的检验批检查。

（4）在有防静电要求的整体面层的找平层施工前，其下敷设的导电地网系统应与接地引下线接电体有可靠连接，经电性能检测且符合相关要求后进行隐蔽工程验收。检验方法：观察检查和检查质量合格证明文件。检查数量：应按《建筑地面工程施工质量验收规范》（GB 50209—2010）中第 3.0.21 条规定的检验批检查。

3. 找平层的一般项目

（1）找平层与下一层结合应牢固，不得有空鼓现象。检验方法：用小锤轻敲击检查。检查数量：应按《建筑地面工程施工质量验收规范》（GB 50209—2010）中第 3.0.21 条规定的检验批检查。

（2）找平层表面应密实，不应有起砂、蜂窝和裂缝等缺陷。检验方法：观察检查。检查数量：应按《建筑地面工程施工质量验收规范》（GB 50209—2010）中第 3.0.21 条规定的检验批检查。

（3）找平层的表面允许偏差符合表 4-49 中的规定。检验方法：按表 4-49 中规定的方法检验。检查数量：应按《建筑地面工程施工质量验收规范》（GB 50209—2010）中第 3.0.21 条规定的检验批和第 3.0.22 条的规定进行检查。

（十）隔离层的质量控制

1. 隔离层的一般要求

（1）隔离层材料的防水、防油渗性能应符合设计要求。

（2）隔离层铺设的层数（或道数）、上翻的高度应符合设计要求。有种植要求的地面隔离层的防止根穿刺等方面，应符合现行的行业标准《种植屋面工程技术规程》（JGJ 155—2013）中的有关规定。

（3）在水泥类找平层上铺设卷材类、涂料类防水、防油渗隔离层时，其表面应坚固、洁净、干燥。在铺设前，应涂刷基层处理剂。基层处理剂应采用与卷材性能相容的配套材料，或采用与涂料性能相容的同类涂料的底子油。

（4）当采用掺有防渗外加剂的水泥类隔离层时，其配合比、强度等级、外加剂的复合掺量等应符合设计要求。

（5）铺设隔离层时，在管道穿过楼板面四周，防水、防油渗的材料应向上铺涂，并超过套管的上口；在靠近柱、墙处，应高出面层 200～300mm 或按设计要求的高度铺涂。阴阳角和管道穿过楼板面的根部，应增加附加防水、防油渗的隔离层。

（6）隔离层兼作面层时，其所用材料不得对人体及环境产生不利影响，并应符合现行国家标准《食品安全国家标准　食品安全性毒理学评价程序》（GB 15193—2014）和《生活饮用水卫生标准》（GB 5749—2006）中的有关规定。

（7）防水隔离层铺设后，应按《建筑地面工程施工质量验收规范》（GB 50209—2010）中第 3.0.24 条规定进行蓄水检验，并做好记录。

（8）隔离层施工质量检验还应符合国家标准《屋面工程质量验收规范》（GB 50207—2012）中的有关规定。

2. 隔离层的主控项目

（1）隔离层所用材料应符合设计要求和国家现行有关标准的规定。检验方法：观察检查和检查型式检验报告、出厂检验报告、出厂合格证。检查数量：同一工程、同一材料、同一生产厂家、同一型号、同一规格、同一批号检查一次。

（2）卷材类、涂料类隔离层的材料进入施工现场，应对材料的主要物理性能指标进行复验。检验方法：检查复验报告。检查数量：应符合现行国家标准《屋面工程质量验收规范》（GB 50207— 2012）中的有关规定。

（3）厕所、浴室和有防水要求的建筑地面必须设置防水隔离层。楼层结构必须采用现浇混凝土或整块预制混凝土板，混凝土强度等级不小于 C20；房间的楼板四周除门洞外应做混凝土翻边，高度不应小于 200mm，其宽度同墙的厚度，混凝土强度等级不小于 C20。施工时结构层标高和预留孔洞位置应正确，严禁乱凿洞。检验方法：观察和钢尺检查。检查数量：应按《建筑地面工程施工质量验收规范》（GB 50209—2010）中第 3.0.21 条规定的检验批检查。

（4）水泥类防水隔离层的防水等级和强度等级应符合设计要求。检验方法：观察检查和检查防水等级检测报告、强度等级检测报告。检查数量：防水等级检测报告、强度等级检测报告均按《建筑地面工程施工质量验收规范》（GB 50209—2010）中第3.0.19条的规定检查。

（5）防水隔离层严禁渗漏，排水的坡向应正确、排水应畅通。检验方法：观察检查和蓄水、泼水检验、坡度尺检查及检查检验记录。检查数量：应按《建筑地面工程施工质量验收规范》（GB 50209—2010）中第3.0.21条规定的检验批检查。

3. 隔离层的一般项目

（1）隔离层的厚度应符合设计要求。检验方法：观察检查和用钢尺、卡尺检查。检查数量：应按《建筑地面工程施工质量验收规范》（GB 50209—2010）中第3.0.21条规定的检验批检查。

（2）隔离层与其下一层应黏结牢固，不应有空鼓；防水涂层应平整、均匀，无脱皮、起壳、裂缝、鼓泡等缺陷。检验方法：用小锤敲击检查和观察检查。检查数量：应按《建筑地面工程施工质量验收规范》（GB 50209—2010）中第3.0.21条规定的检验批检查。

（3）隔离层表面允许偏差符合表4-49中的规定。检验方法：按表4-49中规定的方法检验。检查数量：应按《建筑地面工程施工质量验收规范》（GB 50209—2010）中第3.0.21条规定的检验批和第3.0.22条的规定进行检查。

（十一）填充层的质量控制

1. 填充层的一般要求

（1）填充层所用材料的密度应符合设计要求。

（2）填充层的下一层表面应平整。当为水泥类时，还应洁净、干燥，并且不得有空鼓、裂缝和起砂等质量缺陷。

（3）采用松散材料铺设填充层时，应分层铺平拍实；采用板、块状材料铺设填充层时，应分层错缝进行铺设。

（4）有隔声要求的楼地面，隔声垫在柱、墙面的上翻的高度应超出楼面20mm，且应当收口于踢脚线内。地面上有竖向管道时，隔声材料应包裹在管道四周，高度同卷向柱、墙的高度。隔声垫保护膜之间应错缝搭接，搭接长度应大于100mm，并用胶带等密封。

（5）隔声层的上部应设置保护层，其构造做法应符合设计要求。当设计无要求时，混凝土保护层厚度不小于30mm，内部配置间距不大于200mm×200mm的直径6mm钢筋网片。

（6）有隔声要求的建筑地面工程，还应符合现行国家标准《建筑隔声评价标准》（GB/T 50121—2005）和《民用建筑隔声设计规范》（GB 50118—2010）中的有关规定。

2. 填充层的主控项目

（1）填充层所用材料应符合设计要求和国家现行有关标准的规定。检验方法：观察检查和检查型式检验报告、出厂检验报告、出厂合格证。检查数量：同一工程、同一材料、同一生产厂家、同一型号、同一规格、同一批号检查一次。

（2）填充层的厚度、配合比应符合设计要求。检验方法：用钢尺检查和检查配合比试验报告。检查数量：应按《建筑地面工程施工质量验收规范》（GB 50209—2010）中第3.0.21条规定的检验批检查。

（3）对填充材料接缝有密闭要求的应密封良好。检验方法：观察检查。检查数量：应按《建筑地面工程施工质量验收规范》（GB 50209—2010）中第3.0.21条规定的检验批检查。

3. 填充层的一般项目

(1) 松散材料填充层铺设应严密；板块状材料填充层应压实、无翘曲。检验方法：观察检查。检查数量：应按《建筑地面工程施工质量验收规范》(GB 50209—2010) 中第 3.0.21 条规定的检验批检查。

(2) 填充层的坡度应符合设计要求，不应有倒泛水和积水现象。检验方法：观察和采用泼水或用坡度尺检查。检查数量：应按《建筑地面工程施工质量验收规范》(GB 50209—2010) 中第 3.0.21 条规定的检验批检查。

(3) 填充层表面允许偏差符合表 4-49 中的规定。检验方法：按表 4-49 中规定的方法检验。检查数量：应按《建筑地面工程施工质量验收规范》(GB 50209—2010) 中第 3.0.21 条规定的检验批和第 3.0.22 条的规定进行检查。

(4) 用作隔声的填充层，其表面允许偏差应符合表 4-49 中隔离层的规定。检验方法：按表 4-49 中隔离层规定的检验方法检验。检查数量：应按《建筑地面工程施工质量验收规范》(GB 50209—2010) 中第 3.0.21 条规定的检验批和第 3.0.22 条的规定进行检查。

(十二) 绝热层的质量控制

1. 绝热层的一般要求

(1) 绝热层所用材料的性能、品种、厚度、构造做法，应符合设计要求和国家现行有关标准的规定。

(2) 建筑物室内接触基土的首层地面，应增设水泥混凝土垫层后方可铺设绝热层，垫层的厚度及强度等级应符合设计要求。设计无要求时，水泥混凝土结构层厚度不小于 30mm，层内配置间距不大于 200mm×200mm 的直径 6mm 钢筋网片。

(3) 有地下室的建筑，地上、地下交界部位楼板的绝热层应采用外保温做法，绝热层表面应设有外保护层。外保护层应安全、耐候、表面平整、无裂纹。

(4) 建筑物勒脚处绝热层的铺设应符合设计要求。设计无要求时，应符合下列规定：①当地区冻土深度不大于 500mm 时，应采用外保温做法；②当地区冻土深度大于 500mm，且不大于 1000mm 时，宜采用内保温做法；③当地区冻土深度大于 1000mm 时，应采用内保温做法；④当建筑物的基础有防水要求时，宜采用内保温做法；⑤采用内保温做法的绝热层，宜在建筑物主体结构完成后再施工。

(5) 绝热层的材料不应采用松散型材料或抹灰浆料。

(6) 绝热层施工质量检验还应符合现行国家标准《建筑节能工程施工验收规范》(GB 50411—2007) 中的有关规定。

2. 绝热层的主控项目

(1) 绝热层所用材料应符合设计要求和国家现行标准的有关规定。检验方法：观察检查和检查型式检验报告。检查数量：同一工程、同一材料、同一生产厂家、同一型号、同一规格、同一批号检查一次。

(2) 绝热层所用材料进入施工现场时，应对材料的热导率、表观密度、抗压强度或压缩强度、阻燃性进行复验。检验方法：检查复验报告。检查数量：同一工程、同一材料、同一生产厂家、同一型号、同一规格、同一批号复验一次。

(3) 绝热层的板块材料应采用无缝铺贴法铺设，表面应平整。检验方法：观察检查、楔形塞尺检查。检查数量：应按《建筑地面工程施工质量验收规范》(GB 50209—2010) 中第 3.0.21 条规定的检验批检查。

3. 绝热层的一般项目

（1）绝热层的厚度应符合设计要求，不应出现负偏差，表面应平整。检验方法：直尺或钢尺检查。检查数量：应按《建筑地面工程施工质量验收规范》（GB 50209—2010）中第3.0.21条规定的检验批检查。

（2）绝热层表面无开裂。检验方法：观察检查。检查数量：应按《建筑地面工程施工质量验收规范》（GB 50209—2010）中第3.0.21条规定的检验批检查。

（3）绝热层与地面面层之间的水泥混凝土结合层或水泥砂浆找平层，表面应平整，其允许偏差应符合表4-49中"找平层"的规定。检验方法：按表4-49中找平层规定的检验方法检验。检查数量：应按《建筑地面工程施工质量验收规范》（GB 50209—2010）中第3.0.21条规定的检验批和第3.0.22条的规定进行检查。

三、整体面层铺设质量控制

（一）整体面层铺设的一般规定

（1）整体面层铺设适用于水泥混凝土（含细石混凝土）面层、水泥砂浆面层、水磨石面层、硬化耐磨面层、防油渗面层、不发火（防爆）面层、自流平面层、涂料面层、塑胶面层、地面辐射供暖的整体面层等分项工程的施工质量检验。

（2）铺设整体面层时，水泥类基层的抗压强度不得小于1.2MPa；表面应粗糙、洁净、湿润并不得有积水。铺设前应凿毛或涂刷界面剂。硬化耐磨面层、自流平面层的基层处理，应符合设计及产品的要求。

（3）铺设整体面层时，地面变形缝的位置应符合《建筑地面工程施工质量验收规范》（GB 50209—2010）中第3.0.16条的规定；大面积水泥类面层应设置分格缝。

（4）整体面层施工后，养护时间不应少于7d；抗压强度应达到5MPa后方可允许上人行走；抗压强度达到设计要求后，方可正常使用。

（5）当采用掺有水泥拌合料做踢脚线时，不得使用石灰混合砂浆进行打底。

（6）水泥类整体面层的抹平工作应在水泥初凝前完成，压光工作应在水泥终凝前完成。

（7）整体面层的允许偏差和检验方法应符合表4-50中的规定。

表4-50　整体面层的允许偏差和检验方法

项次	项目	允许偏差/mm									检验方法
		水泥混凝土面层	水泥砂浆面层	普通水磨石面层	高级水磨石面层	硬化耐磨面层	防油渗混凝土和不发火面层	自流平面层	涂料面层	塑胶面层	
1	表面平整度	5	4	3	2	4	5	2	2	2	用2m靠尺和楔形塞尺检查
2	踢脚线上口平直度	4	4	3	3	4	4	3	3	3	拉5m线和用钢尺检查
3	缝隙分格顺直	3	3	3	2	3	3	2	2	2	

（二）水泥混凝土面层质量控制

1. 水泥混凝土面层的一般要求

（1）水泥混凝土面层的厚度应符合设计要求。

（2）水泥混凝土面层铺设不得留施工缝。当施工间隙超过允许时间规定时，应对接槎处进行处理。

2. 水泥混凝土面层的主控项目

（1）水泥混凝土采用的粗骨料，最大粒径不应大于面层厚度的2/3，细石混凝土面层采用的石子粒径不应大于16mm。检验方法：观察检查和检查质量合格证明文件。检查数量：同一工程、同一强度等级、同一个配合比可检查一次。

（2）防水水泥混凝土中掺入的外加剂的技术性能，应符合现行国家有关标准的规定，外加剂的品种和掺量应经试验确定。检验方法：检查外加剂合格证明文件和配合比试验报告。检查数量：同一工程、同一品种、同一掺量可检查一次。

（3）面层的强度等级应符合设计要求，且强度等级不应小于C20。检验方法：检查配合比试验报告和强度等级检测报告。检查数量：同一工程、同一强度等级、同一个配合比可检查一次。强度等级检测报告应《建筑地面工程施工质量验收规范》（GB 50209—2010）中第3.0.19条规定检查。

（4）面层与下一层应结合牢固，且应无空鼓和开裂。当出现空鼓时，空鼓面积不应大于400cm²，且每个自然间或标准间不应多于2处。检验方法：观察和用小锤轻敲击检查。检查数量：应按《建筑地面工程施工质量验收规范》（GB 50209—2010）中第3.0.21条规定的检验批检查。

3. 水泥混凝土面层的一般项目

（1）水泥混凝土面层表面应洁净，不应有裂纹、脱皮、麻面、起砂等缺陷。检验方法：观察检查。检查数量：应按《建筑地面工程施工质量验收规范》（GB 50209—2010）中第3.0.21条规定的检验批检查。

（2）水泥混凝土面层表面的坡度应符合设计要求，不应有倒泛水和积水现象。检验方法：观察和采用泼水或用坡度尺进行检查。检查数量：应按《建筑地面工程施工质量验收规范》（GB 50209—2010）中第3.0.21条规定的检验批检查。

（3）踢脚线与柱、墙面应紧密结合，踢脚线高度和出柱、墙厚度应符合设计要求，且均匀一致。当出现空鼓时，局部空鼓长度不应大于300mm，且每个自然间或标准间不应多于2处。检验方法：用小锤轻敲击、钢尺和观察检查。检查数量：应按《建筑地面工程施工质量验收规范》（GB 50209—2010）中第3.0.21条规定的检验批检查。

（4）楼梯、台阶踏步的宽度、高度应符合设计要求。楼层梯段相邻踏步高度差不应大于10mm，旋转楼梯梯段的每踏步两端的宽度允许偏差不应大于5mm。踏步面层应进行防滑处理，齿角应整齐，防滑条应顺直、牢固。检验方法：观察和用钢尺检查。检查数量：应按《建筑地面工程施工质量验收规范》（GB 50209—2010）中第3.0.21条规定的检验批检查。

（5）水泥混凝土面层的允许偏差应符合表4-50中隔离层的规定。检验方法：按表4-50中规定的检验方法检验。检查数量：应按《建筑地面工程施工质量验收规范》（GB 50209—2010）中第3.0.21条规定的检验批和第3.0.22条的规定进行检查。

（三）水泥砂浆面层质量控制

1. 水泥砂浆面层的一般要求

（1）水泥砂浆面层所用的材料，应符合设计要求和相应有关现行标准的规定。

（2）水泥砂浆面层的厚度，应符合设计要求。

2. 水泥砂浆面层的主控项目

（1）水泥宜采用硅酸盐水泥、普通硅酸盐水泥，不同品种、不同强度等级的水泥不能混用；砂子应采用中粗砂，当采用石屑时，其粒径应为1~5mm，且含泥量不应大于3%；防水水泥砂浆采用的砂子或石屑，其含泥量不应大于1%。检验方法：观察检查和检查质量合格证明文件。检查数量：同一工程、同一强度等级、同一个配合比可检查一次。

（2）防水水泥砂浆中掺入的外加剂的技术性能，应符合现行国家有关标准的规定，外加剂的品种和掺量应经试验确定。检验方法：观察检查和检查质量合格证明文件和配合比试验报告。检查数量：同一工程、同一强度等级、同一外加剂品种、同一配合比、同一掺量可检查一次。

（3）水泥砂浆的体积比（强度等级）应符合设计要求，且体积比应为1:2，强度等级不应小于M15。检验方法：检查强度等级检测报告。检查数量：应按《建筑地面工程施工质量验收规范》（GB 50209—2010）中第3.0.19条规定的检查。

（4）有排水要求的水泥砂浆地面，坡向应正确，排水应畅通；防水水泥砂浆面层不应渗漏。检验方法：观察检查和蓄水、泼水检验或坡度尺检查及检验记录。检查数量：应按《建筑地面工程施工质量验收规范》（GB 50209—2010）中第3.0.21条规定的检验批检查。

（5）面层与下一层应结合牢固，且应无空鼓和开裂。当出现空鼓时，空鼓面积不应大于400cm²，且每个自然间或标准间不应多于2处。检验方法：观察和用小锤轻敲击检查。检查数量：应按《建筑地面工程施工质量验收规范》（GB 50209—2010）中第3.0.21条规定的检验批检查。

3. 水泥砂浆面层的一般项目

（1）水泥砂浆面层表面的坡度应符合设计要求，不应有倒泛水和积水现象。检验方法：观察和采用泼水或坡度尺检查。检查数量：应按《建筑地面工程施工质量验收规范》（GB 50209—2010）中第3.0.21条规定的检验批检查。

（2）水泥砂浆面层表面应洁净，不应有裂纹、脱皮、麻面、起砂等缺陷。检验方法：观察检查。检查数量：应按《建筑地面工程施工质量验收规范》（GB 50209—2010）中第3.0.21条规定的检验批检查。

（3）踢脚线与柱、墙面应紧密结合，踢脚线高度和出柱、墙厚度应符合设计要求，且均匀一致。当出现空鼓时，局部空鼓长度不应大于300mm，且每个自然间或标准间不应多于2处。检验方法：用小锤轻敲击、钢尺和观察检查。检查数量：应按《建筑地面工程施工质量验收规范》（GB 50209—2010）中第3.0.21条规定的检验批检查。

（4）楼梯、台阶踏步的宽度、高度应符合设计要求。楼层梯段相邻踏步高度差不应大于10mm，旋转楼梯梯段的每踏步两端的宽度允许偏差不应大于5mm。踏步面层应进行防滑处理，齿角应整齐，防滑条应顺直、牢固。检验方法：观察和用钢尺检查。检查数量：应按《建筑地面工程施工质量验收规范》（GB 50209—2010）中第3.0.21条规定的检验批检查。

（5）水泥砂浆面层的允许偏差应符合表4-50中的规定。检验方法：按表4-50中规定的检验方法检验。检查数量：应按《建筑地面工程施工质量验收规范》（GB 50209—2010）中第3.0.21条规定的检验批和第3.0.22条的规定进行检查。

（四）水磨石面层质量控制

1. 水磨石面层的一般要求

（1）水磨石面层应采用水泥和石粒拌合料铺设，有防静电要求时，拌合料内应按设计要求掺入导电材料。面层厚度除有特殊要求外，宜为12～18mm，且按石粒的粒径确定。水磨石面层的颜色和图案应符合设计要求。

（2）白色或浅色的水磨石面层应采用白水泥；深色的水磨石面层宜采用硅酸盐水泥、普通硅酸盐水泥或矿渣硅酸盐水泥。同一彩色面层应使用同厂、同批的颜料；其掺入量宜为水泥重量的 3%～5%或由试验确定。

（3）水磨石面层的结合层采用水泥砂浆时，强度等级应符合设计要求，且不应小于 M10，其稠度宜为 30～35mm。

（4）防静电水磨石面层中采用导电金属"分格条"时，"分格条"应经过绝缘处理，且十字交叉处不得有接触。

（5）普通水磨石面层磨光遍数不应少于 3 遍，高级水磨石面层的厚度和磨光遍数应由设计确定。

（6）水磨石面层磨光后，在进行涂草酸和上蜡前，其表面不得有任何污染。

（7）防静电水磨石面层应在表面经清洁、干燥后，在表面均匀涂抹一层防静电剂和地板蜡，并应进行抛光处理。

2. 水磨石面层的主控项目

（1）水磨石面层所用的石粒，应采用大理石、白云石等岩石加工而成，石粒中应洁净无杂物，其粒径除特殊要求外一般应为 6～16mm；颜料应采用耐光、耐碱的矿物原料，不得使用酸性颜料。检验方法：观察检查和检查质量合格证明文件。检查数量：同一工程、同一个体积比可检查一次。

（2）水磨石面层拌合料的体积比应符合设计要求，且水泥与石粒的比例应为（1:1.5）～（1:2.5）。检验方法：检查配合比试验报告。检查数量：同一工程、同一个体积比可检查一次。

（3）防静电水磨石面层应在施工前及施工完成表面干燥后进行接地电阻和表面电阻检测，并做好记录。检验方法：检查施工记录和检测报告。检查数量：应按《建筑地面工程施工质量验收规范》（GB 50209—2010）中第 3.0.21 条规定的检验批检查。

（4）面层与下一层应结合牢固，且应无空鼓和开裂。当出现空鼓时，空鼓面积不应大于 400cm²，且每个自然间或标准间不应多于 2 处。检验方法：观察和用小锤轻敲击检查。检查数量：应按《建筑地面工程施工质量验收规范》（GB 50209—2010）中第 3.0.21 条规定的检验批检查。

3. 水磨石面层的一般项目

（1）水磨石面层表面应光滑，且应无裂纹、砂眼和磨痕；石粒分布应当密实，显露应均匀；颜色图案应一致，不应出现混色；"分格条"应牢固、顺直和清晰。检验方法：观察检查。检查数量：应按《建筑地面工程施工质量验收规范》（GB 50209—2010）中第 3.0.21 条规定的检验批检查。

（2）踢脚线与柱、墙面应紧密结合，踢脚线高度和出柱、墙厚度应符合设计要求，且均匀一致。当出现空鼓时，局部空鼓长度不应大于 300mm，且每个自然间或标准间不应多于 2 处。检验方法：用小锤轻敲击、钢尺和观察检查。检查数量：应按《建筑地面工程施工质量验收规范》（GB 50209—2010）中第 3.0.21 条规定的检验批检查。

（3）楼梯、台阶踏步的宽度、高度应符合设计要求。楼层梯段相邻踏步高度差不应大于 10mm；每踏步两端的宽度允许偏差不应大于 10mm；旋转楼梯梯段的每踏步两端的宽度允许偏差不应大于 5mm。踏步面层应进行防滑处理，齿角应整齐，防滑条应顺直、牢固。检验方法：观察和用钢尺检查。检查数量：应按《建筑地面工程施工质量验收规范》（GB 50209—2010）中第 3.0.21 条规定的检验批检查。

（4）水磨石面层的允许偏差应符合表 4-50 中的规定。检验方法：按表 4-50 中规定的检验方法检验。检查数量：应按《建筑地面工程施工质量验收规范》（GB 50209—2010）中第 3.0.21 条规定的检验批和第 3.0.22 条的规定进行检查。

（五）硬化耐磨面层质量控制

1. 硬化耐磨面层的一般要求

（1）硬化耐磨面层应采用金属渣、屑、纤维或石英砂、金刚砂等，并应与水泥类的胶凝材料拌和铺设或在水泥类基层上撒布铺设。

（2）硬化耐磨面层采用拌合料铺设时，拌合料的配合比应通过试验确定；采用撒布铺设时，耐磨材料的撒布量应符合设计要求，且应在水泥类基层初凝前完成撒布。

（3）硬化耐磨面层采用拌合料铺设时，宜先铺设一层强度等级不小于 M15、厚度不小于 20mm 的水泥砂浆，或水灰比为 0.40 的水混浆结合层。

（4）硬化耐磨面层采用拌合料铺设时，铺设厚度和拌合料强度应符合设计要求。当设计无要求时，水泥钢（铁）屑面层铺设厚度不应小于 30mm，抗压强度不应小于 40MPa；水泥石英砂浆面层铺设厚度不应小于 20mm，抗压强度不应小于 30MPa；钢纤维混凝土面层铺设厚度不应小于 40mm，抗压强度不应小于 40MPa。

（5）硬化耐磨面层采用撒布铺设时，耐磨材料的撒布应均匀，厚度应符合设计要求。混凝土基层或砂浆基层的厚度及强度应符合设计要求。当设计无要求时，混凝土基层的厚度不应小于 50mm，强度等级不应低于 C25；砂浆基层的厚度不应小于 20mm，强度等级不应低于 M15。

（6）硬化耐磨面层的分格缝的间距、缝的深度、缝的宽度、填缝材料应符合设计要求。

（7）硬化耐磨面层铺设后应在湿润的条件下养护，养护期限应符合材料技术要求。

（8）硬化耐磨面层在强度达到设计要求的强度后方可投入使用。

2. 硬化耐磨面层的主控项目

（1）硬化耐磨面层采用的材料应符合设计要求和国家现行有关标准的规定。检验方法：观察检查和检查质量合格证明文件。检查数量：采用拌合料铺设时，按同一工程、同一强度等级可检查一次；采用撒布铺设的按同一工程、同一材料、同一生产厂家、同一型号、同一规格、同一批号检查一次。

（2）硬化耐磨面层采用拌合料铺设时，水泥的强度不应小于 42.5MPa。金属渣、屑、纤维不应有其他杂质，使用前应去油除锈、冲洗干净并干燥；石英砂应采用中粗砂，含泥量不应大于 2%。检验方法：观察检查和检查质量合格证明文件。检查数量：按同一工程、同一强度等级可检查一次。

（3）硬化耐磨面层的厚度、强度等级、耐磨性能应符合设计要求。检验方法：用钢尺检查和检查配合比试验报告、强度等级检测报告、耐磨性能检测报告。检查数量：厚度应按《建筑地面工程施工质量验收规范》（GB 50209—2010）中第 3.0.21 条规定的检验批检查；配合比试验报告按同一工程、同一强度等级、同一个配合比可检查一次；强度等级检测报告应按《建筑地面工程施工质量验收规范》（GB 50209—2010）中第 3.0.19 条的规定检查；耐磨性能检测报告按同一工程抽样检查一次。

（4）面层与基层（或下一层）应结合牢固，且应无空鼓和开裂。当出现空鼓时，空鼓面积不应大于 400cm²，且每个自然间或标准间不应多于 2 处。检验方法：观察和用小锤轻敲击检查。检查数量：应按《建筑地面工程施工质量验收规范》（GB 50209—2010）中第 3.0.21 条规定的检验批检查。

3. 硬化耐磨面层的一般项目

（1）硬化耐磨面层的表面坡度应符合设计要求，不应有倒泛水和积水现象。检验方法：观察和采用泼水或用坡度尺检查。检查数量：应按《建筑地面工程施工质量验收规范》（GB

50209—2010）中第 3.0.21 条规定的检验批检查。

（2）硬化耐磨面层的表面应色泽一致，切缝应顺直，不应有脱皮、裂纹、麻面、起砂等缺陷。检验方法：观察检查。检查数量：应按《建筑地面工程施工质量验收规范》（GB 50209—2010）中第 3.0.21 条规定的检验批检查。

（3）踢脚线与柱、墙面应紧密结合，踢脚线高度和出柱、墙厚度应符合设计要求，且均匀一致。当出现空鼓时，局部空鼓长度不应大于 300mm，且每个自然间或标准间不应多于 2 处。检验方法：用小锤轻敲击、钢尺和观察检查。检查数量：应按《建筑地面工程施工质量验收规范》（GB 50209—2010）中第 3.0.21 条规定的检验批检查。

（4）硬化耐磨面层的允许偏差应符合表 4-50 中的规定。检验方法：按表 4-50 中规定的检验方法检验。检查数量：应按《建筑地面工程施工质量验收规范》（GB 50209—2010）中第 3.0.21 条规定的检验批和第 3.0.22 条的规定进行检查。

（六）防油渗面层质量控制

1. 防油渗面层的一般要求

（1）防油渗面层应采用防油渗混凝土铺设或防油渗涂料涂刷。

（2）防油渗隔离层及防油渗面层与墙、柱的连接处的构造应符合设计要求。

（3）防油渗混凝土面层的厚度应符合设计要求，防油渗混凝土的配合比应按设计要求的强度等级和抗渗性能通过试验确定。

（4）防油渗混凝土面层应按厂房柱网分区段进行浇筑，区段划分及分区段的缝隙应符合设计要求。

（5）防油渗混凝土面层内不得敷设管线。露出面层的电线管、接线盒、预埋套管和地脚螺栓等的处理，以及与墙、柱、变形缝、孔洞等连接处泛水，均应采取防油渗的措施并应符合设计要求。

（6）防油渗面层采用防油渗涂料时，材料应按设计要求选用，涂层厚度宜为 5～7mm。

2. 防油渗面层的主控项目

（1）防油渗混凝土所用的水泥应采用普通硅酸盐水泥；碎石应采用花岗石或石英石，不得使用松散、多孔隙和吸水率大的石子，粒径为 5～16mm，最大粒径不应超过 20mm，含泥量不得大于 1%；砂子应采用中砂，且应洁净无杂物；掺入的外加剂和防油渗剂应符合有关标准规定。防油渗涂料应具有耐油、耐磨、耐火、黏结性能。检验方法：观察检查和检查质量合格证明文件。检查数量：按同一工程、同一强度等级、同一个配合比、同一黏结强度可检查一次。

（2）防油渗混凝土的强度等级和抗渗性能应符合设计要求，且强度等级不应小于 C30；防油渗涂料的黏结强度不应小于 0.3MPa。检验方法：检查配合比试验报告、强度等级检测报告、黏结强度检测报告。检查数量：配合比试验报告按同一工程、同一强度等级、同一个配合比可检查一次；强度等级检测报告应按《建筑地面工程施工质量验收规范》（GB 50209—2010）中第 3.0.19 条的规定检查；黏结强度检测报告按同一工程、同一涂料品种、同一生产厂家、同一型号、同一规格、同一批号检查一次。

（3）防油渗混凝土与下一层应结合牢固、无空鼓。检验方法：用小锤轻敲击检查。检查数量：应按《建筑地面工程施工质量验收规范》（GB 50209—2010）中第 3.0.21 条规定的检验批检查。

（4）防油渗涂料面层与基层应黏结牢固，不应有起皮、开裂和漏涂等缺陷。检验方法：观察检查。检查数量：应按《建筑地面工程施工质量验收规范》（GB 50209—2010）中第

3.0.21 条规定的检验批检查。

3. 防油渗面层的一般项目

（1）防油渗面层表面坡度应符合设计要求，不应有倒泛水和积水现象。检验方法：观察和采用泼水或用坡度尺检查。检查数量：应按《建筑地面工程施工质量验收规范》（GB 50209—2010）中第 3.0.21 条规定的检验批检查。

（2）防油渗混凝土面层表面应洁净，不应有裂纹、脱皮、麻面、起砂等缺陷。检验方法：观察检查。检查数量：应按《建筑地面工程施工质量验收规范》（GB 50209—2010）中第 3.0.21 条规定的检验批检查。

（3）踢脚线与柱、墙面应紧密结合，踢脚线高度和出柱、墙厚度应符合设计要求，且均匀一致。检验方法：用小锤轻敲击、钢尺和观察检查。检查数量：应按《建筑地面工程施工质量验收规范》（GB 50209—2010）中第 3.0.21 条规定的检验批检查。

（4）防油渗面层表面的允许偏差应符合表 4-50 中的规定。检验方法：按表 4-50 中规定的检验方法检验。检查数量：应按《建筑地面工程施工质量验收规范》（GB 50209—2010）中第 3.0.21 条规定的检验批和第 3.0.22 条的规定进行检查。

（七）不发火（防爆）面层质量控制

1. 不发火（防爆）面层的一般要求

（1）不发火（防爆）面层应采用水泥类拌合料及其他不发火材料铺设，其材料和厚度应符合设计要求。

（2）不发火（防爆）各类面层的铺设，应符合《建筑地面工程施工质量验收规范》（GB 50209—2010）中相应面层的规定。

（3）不发火（防爆）面层采用的材料和硬化后的试件，应按《建筑地面工程施工质量验收规范》（GB 50209—2010）中附录 A 进行不发火性试验。

2. 不发火（防爆）面层的主控项目

（1）不发火（防爆）面层中碎石的不发火性必须合格；砂子应质地坚硬、表面粗糙，其粒径为 0.15～5mm，含泥量不应大于 3%，有机物含量不应大于 0.5%；水泥应采用硅酸盐水泥、普通硅酸盐水泥；面层分格的嵌条应采用不发火的材料配制；配制时应随时检查，不得混入金属或其他易发火的杂质。检验方法：观察检查和检查质量合格证明文件。检查数量：应按《建筑地面工程施工质量验收规范》（GB 50209 —2010）中第 3.0.19 条的规定检查。

（2）不发火（防爆）面层的强度等级应符合设计要求。检验方法：检查配合比试验报告和强度检测报告。检查数量：配合比试验报告按同一工程、同一强度等级、同一个配合比可检查一次；强度等级检测报告应按《建筑地面工程施工质量验收规范》（GB 50209 —2010）中第 3.0.19 条的规定检查。

（3）不发火（防爆）面层与下一层应结合牢固、无空鼓。当出现空鼓时，空鼓面积不应大于 400cm²，且每个自然间或标准间不应多于 2 处。检验方法：观察和用小锤轻敲击检查。检查数量：应按《建筑地面工程施工质量验收规范》（GB 50209—2010）中第 3.0.21 条规定的检验批检查。

（4）不发火（防爆）面层的试件应检验合格。检验方法：检查检测报告。检查数量：配合比试验报告按同一工程、同一强度等级、同一个配合比可检查一次。

3. 不发火（防爆）面层的一般项目

（1）不发火（防爆）面层表面应密实，无裂缝、蜂窝、麻面等缺陷。检验方法：观察检查。检查数量：应按《建筑地面工程施工质量验收规范》（GB 50209—2010）中第 3.0.21 条规定的检验批检查。

（2）踢脚线与柱、墙面应紧密结合，踢脚线高度和出柱、墙厚度应符合设计要求，且均匀一致。检验方法：用小锤轻敲击、钢尺和观察检查。检查数量：应按《建筑地面工程施工质量验收规范》（GB 50209—2010）中第 3.0.21 条规定的检验批检查。

（3）不发火（防爆）面层的允许偏差应符合表 4-50 中的规定。检验方法：按表 4-50 中规定的检验方法检验。检查数量：应按《建筑地面工程施工质量验收规范》（GB 50209—2010）中第 3.0.21 条规定的检验批和第 3.0.22 条的规定进行检查。

（八）自流平面层质量控制

1. 自流平面层的一般要求

（1）自流平面层可采用水泥基、石膏基、合成树脂基等拌合物铺设。

（2）自流平面层与墙、柱等连接处的构造做法应符合设计要求，铺设时应分层施工。

（3）自流平面层的基层应平整、洁净，基层的含水率应与面层材料的技术要求相一致。

（4）自流平面层的构造做法、厚度、颜色等应符合设计要求。

（5）有防水、防潮、防油渗、防尘要求的自流平面层，应达到设计要求。

2. 自流平面层的主控项目

（1）自流平面层所用的材料应符合设计要求和国家现行有关标准的规定。检验方法：观察检查和检查型式检验报告、出厂检验报告、出厂合格书。检查数量：同一工程、同一材料、同一生产厂家、同一型号、同一规格、同一批号检查一次。

（2）自流平面层的涂料进入施工现场时，应有以下有害物质限量合格和检测报告：水性涂料中的挥发性有机化合物（VOCs）和游离甲醛；溶剂型涂料中的苯、甲苯、二甲苯、挥发性有机化合物（VOCs）和游离甲苯二异氰酸酯（TDI）。检验方法：观察检验报告。检查数量：同一工程、同一材料、同一生产厂家、同一型号、同一规格、同一批号检查一次。

（3）自流平面层的基层的强度等级不应小于 C20。检验方法：观察强度等级检测报告。检查数量：应按《建筑地面工程施工质量验收规范》（GB 50209 —2010）中第 3.0.19 条的规定检查。

（4）自流平面层的各构造层之间应黏结牢固，层与层之间不应出现分离、空鼓现象。检验方法：用小锤轻敲击检查。检查数量：应按《建筑地面工程施工质量验收规范》（GB 50209—2010）中第 3.0.21 条规定的检验批检查。

（5）自流平面层的表面不应有开裂漏涂和倒泛水、积水等现象。检验方法：观察和泼水检查。检查数量：应按《建筑地面工程施工质量验收规范》（GB 50209—2010）中第 3.0.21 条规定的检验批检查。

3. 自流平面层的一般项目

（1）自流平面层应分层施工，面层找平层施工时不应留有抹痕。检验方法：观察检查和检查施工记录。检查数量：应按《建筑地面工程施工质量验收规范》（GB 50209—2010）中第 3.0.21 条规定的检验批检查。

（2）自流平面层的表面应光滑，色泽应均匀、一致，不应有起泡、起砂现象。检验方法：观察检查。检查数量：应按《建筑地面工程施工质量验收规范》（GB 50209—2010）中第 3.0.21 条规定的检验批检查。

（3）自流平面层的表面允许偏差应符合表 4-50 中的规定。检验方法：按表 4-50 中规定的检验方法检验。检查数量：应按《建筑地面工程施工质量验收规范》（GB 50209—2010）

中第 3.0.21 条规定的检验批和第 3.0.22 条的规定进行检查。

（九）涂料面层质量控制

1. 涂料面层的一般要求

（1）涂料面层应采用丙烯酸、环氧、聚氨酯等树脂型涂料涂刷。

（2）涂料面层的基层应符合下列规定：①应平整、洁净；②强度等级不应小于 C20；③含水率与涂料的技术要求相一致。

（3）涂料面层的厚度、颜色应符合设计要求，铺设时应分层施工。

2. 涂料面层的主控项目

（1）涂料面层所用的涂料应符合设计要求和国家现行有关标准的规定。检验方法：观察检查和检查型式检验报告、出厂检验报告、出厂合格书。检查数量：同一工程、同一材料、同一生产厂家、同一型号、同一规格、同一批号检查一次。

（2）涂料进入施工现场时，应有苯、甲苯、二甲苯、挥发性有机化合物（VOCs）和游离甲苯二异氰醛酯（TDI）限量合格的检测报告。检验方法：检查检验报告。检查数量：同一材料、同一生产厂家、同一型号、同一规格、同一批号检查一次。

（3）涂料面层的表面不应有开裂、漏涂和倒泛水、积水等现象。检验方法：观察和泼水检查。检查数量：应按《建筑地面工程施工质量验收规范》（GB 50209—2010）中第 3.0.21 条规定的检验批检查。

3. 涂料面层的一般项目

（1）涂料面层的找平层应平整，不应有刮的痕迹。检验方法：观察检查。检查数量：应按《建筑地面工程施工质量验收规范》（GB 50209—2010）中第 3.0.21 条规定的检验批检查。

（2）涂料面层的表面应光洁，色泽应均匀、一致，不应有起泡、起皮和起砂现象。检验方法：观察检查。检查数量：应按《建筑地面工程施工质量验收规范》（GB 50209—2010）中第 3.0.21 条规定的检验批检查。

（3）楼梯、台阶踏步的宽度、高度应符合设计要求。楼层梯段相邻踏步高度差不应大于 10mm；每踏步两端的宽度允许偏差不应大于 10mm；旋转楼梯梯段的每踏步两端的宽度允许偏差不应大于 5mm。踏步面层应进行防滑处理，齿角应整齐，防滑条应顺直、牢固。检验方法：观察和用钢尺检查。检查数量：应按《建筑地面工程施工质量验收规范》（GB 50209—2010）中第 3.0.21 条规定的检验批检查。

（4）涂料面层的允许偏差应符合表 4-50 中的规定。检验方法：按表 4-50 中规定的检验方法检验。检查数量：应按《建筑地面工程施工质量验收规范》（GB 50209—2010）中第 3.0.21 条规定的检验批和第 3.0.22 条的规定进行检查。

（十）塑胶面层质量控制

1. 塑胶面层的一般要求

（1）塑胶面层应采用现浇的塑胶材料或塑胶卷材，宜在沥青混凝土或水泥类基层铺设。

（2）基层强度和厚度应符合设计要求，表面应平整、干燥、洁净，无油脂及其他杂质。

（3）塑胶面层在铺设时的环境温度，宜控制在 10～30℃ 范围内。

2. 塑胶面层的主控项目

（1）塑胶面层所用的材料应符合设计要求和国家现行有关标准的规定。检验方法：观察检查和检查型式检验报告、出厂检验报告、出厂合格书。检查数量：现浇型塑胶材料按同一工程、同一个配合比可检查一次；塑胶卷材按同一工程、同一材料、同一生产厂家、同一型号、同一规格、同一批号检查一次。

（2）现浇型塑胶面层的配合比应符合设计要求，成品试件应检测合格。检验方法：检查配合比试验报告、试件检测报告。检查数量：按同一工程、同一个配合比可检查一次。

（3）现浇型塑胶面层与基层应黏结牢固，面层的厚度应一致，表面颗粒应均匀，不应有裂痕、分层、气泡、脱粒等现象；塑胶卷材面层的卷材与基层应黏结牢固，面层不应有断裂、起泡、起鼓、空鼓、脱胶、翘边、溢液等现象。检验方法：观察和用锤敲击检查。检查数量：应按《建筑地面工程施工质量验收规范》（GB 50209—2010）中第 3.0.21 条规定的检验批检查。

3. 塑胶面层的一般项目

（1）塑胶面层的各组合层厚度、坡度、表面平整度，均应符合设计要求。检验方法：采用钢尺、坡度尺、2m 或 3m 水平尺检查。检查数量：应按《建筑地面工程施工质量验收规范》（GB 50209—2010）中第 3.0.21 条规定的检验批检查。

（2）塑胶面层应表面洁净，图案清晰，色泽一致；拼缝处的图案、花纹相吻合，无明显高低差及缝隙，无胶痕；与周围接缝严密，阴阳角方正、收边整齐。检验方法：观察检查。检查数量：应按《建筑地面工程施工质量验收规范》（GB 50209—2010）中第 3.0.21 条规定的检验批检查。

（3）塑胶卷材面层的焊缝应平整、光洁，无焦化变色、斑点、焊瘤、起鳞片等缺陷，焊缝凹凸允许偏差不应大于 0.6mm。检验方法：观察检查。检查数量：应按《建筑地面工程施工质量验收规范》（GB 50209—2010）中第 3.0.21 条规定的检验批检查。

（4）塑胶面层的允许偏差应符合表 4-50 中的规定。检验方法：按表 4-50 中规定的检验方法检验。检查数量：应按《建筑地面工程施工质量验收规范》（GB 50209—2010）中第 3.0.21 条规定的检验批和第 3.0.22 条的规定进行检查。

（十一）地面辐射供暖面层质量控制

1. 地面辐射供暖面层的一般要求

（1）地面辐射供暖的整体面层宜采用水泥混凝土、水泥砂浆等，应在填充层上铺设。

（2）地面辐射供暖的整体面层铺设时不得扰动填充层，不得向填充层内楔入任何物件。面层的铺设还应符合《建筑地面工程施工质量验收规范》（GB 50209—2010）中第 5.2 节和 5.3 节的有关规定。

2. 地面辐射供暖面层的主控项目

（1）地面辐射供暖的整体面层采用的材料或产品，除应符合设计要求和《建筑地面工程施工质量验收规范》（GB 50209—2010）中相应面层的规定外，还应具有耐热性、热稳定性、防水、防潮、防霉变等特点。检验方法：观察检查和检查质量合格证明文件。检查数量：同一工程、同一材料、同一生产厂家、同一型号、同一规格、同一批号检查一次。

（2）地面辐射供暖的整体面层的分格缝隙应符合设计要求，面层与柱、墙之间应留不小于 10mm 的空隙。检验方法：观察和用钢尺检查。检查数量：应按《建筑地面工程施工质量验收规范》（GB 50209—2010）中第 3.0.21 条规定的检验批检查。

（3）其余主控项目及检验方法、检查数量，应符合《建筑地面工程施工质量验收规范》（GB 50209—2010）中第 5.2 节和 5.3 节的有关规定。

3. 地面辐射供暖面层的一般项目

地面辐射供暖面层的一般项目及检验方法、检查数量，应符合《建筑地面工程施工质量验收规范》（GB 50209—2010）中第 5.2 节和 5.3 节的有关规定。

四、板块面层铺设质量控制

（一）板块面层的一般要求

（1）板块面层铺设质量控制适用于砖面层、大理石和花岗石面层、料石面层、塑料地板面层、活动地板面层、金属板面层、地毯面层、地面辐射供暖的板块面层等面层分项工程的施工质量验收。

（2）在铺设板块面层时，其水泥类基层的抗压强度不得小于 1.2MPa。

（3）铺设板块面层的结合层和板块间的填缝采用水泥砂浆时，应符合下列规定：①配制水泥砂浆应采用硅酸盐水泥、普通硅酸盐水泥或矿渣硅酸盐水泥；②配制水泥砂浆的砂子应采用现行的行业标准《普通混凝土用砂、石质量及检验方法标准》（JGJ 52—2006）中的有关规定；③水泥砂浆的体积比（或强度等级）应符合设计要求。

（4）结合层和板块面层填缝的胶结材料，应符合国家现行有关标准规定和设计要求。

（5）铺设水泥混凝土板块、水磨石板块、人造石板块、陶瓷锦砖、缸砖、水泥花砖、料石、大理石、花岗石等面层的结合层和填缝材料采用水泥砂浆时，在面层铺设后，表面应覆盖、湿润，养护时间不应少于 7d。当板块面层的水泥砂浆结合层的抗压强度达到设计要求后，方可正常使用。

（6）大面积板块面层的伸缩缝及分格缝隙应符合设计要求。

（7）板块类踢脚线施工时，不得采用混合砂浆打底。

（8）板块面层的允许偏差与检验方法应符合表 4-51 和表 4-52 中的要求。

表 4-51　板块面层的允许偏差与检验方法（1）

项　　目	允许偏差/mm						检 验 方 法
	陶瓷锦砖面层、高级水磨石板、陶瓷地砖面层	缸砖面层	水泥花砖面层	水磨石板块面层	大理石面层、花岗石面层、人造石面层、金属板面层	塑料板面层	
表面平整度	2.0	4.0	3.0	3.0	1.0	2.0	用 2m 靠尺和楔形尺检查
缝分格平直	3.0	3.0	3.0	3.0	2.0	3.0	拉 5m 线和用钢尺检查
接缝高低差	0.5	1.5	0.5	1.0	0.5	0.5	用钢尺和楔形尺检查
踢脚线上口平直	3.0	4.0	—	4.0	1.0	2.0	拉 5m 线和用钢尺检查
板块间隙宽度	2.0	2.0	2.0	2.0	1.0	—	用钢尺检查

表 4-52　板块面层的允许偏差与检验方法（2）

项　　目	允许偏差/mm					检 验 方 法
	水泥混凝土板块面层	碎拼接大理石面层碎拼接花岗石面层	活动地板面层	条石面层	块石面层	
表面平整度	2.0	4.0	3.0	3.0	1.0	用 2m 靠尺和楔形尺检查
缝分格平直	3.0	3.0	3.0	3.0	2.0	拉 5m 线和用钢尺检查
接缝高低差	0.5	1.5	0.5	1.0	0.5	用钢尺和楔形尺检查
踢脚线上口平直	3.0	4.0	—	4.0	1.0	拉 5m 线和用钢尺检查
板块间隙宽度	2.0	2.0	2.0	2.0	1.0	用钢尺检查

(二）砖面层铺设质量控制

1. 砖面层铺设的一般要求

（1）砖面层可采用陶瓷锦砖、缸砖、陶瓷地砖和水泥花砖，并应在结合层上铺设。

（2）在水泥砂浆结合层上铺设缸砖、陶瓷地砖和水泥花砖面层时，应符合下列规定：①在铺设前应对砖的规格尺寸、外观质量、色泽进行预选；需要时，浸水湿润晾干待用；②在勾缝和压缝时，应采用同品种、同强度等级、同颜色的水泥，并做好养护和保护。

（3）在水泥砂浆结合层上铺贴陶瓷锦砖面层时，砖底面应洁净，每联陶瓷锦砖之间、与结合层之间，以及在墙角、镶边和靠柱、墙处应紧密贴合。在靠柱、墙处不得用砂浆填补。

（4）在胶结料结合层上铺贴缸砖面层时，缸砖应洁净，铺贴时应在胶结料凝结前完成。

2. 砖面层铺设的主控项目

（1）砖面层所用板块产品应符合设计要求和国家现行有关标准的规定。检验方法：观察检查和检查型式检验报告、出厂检验报告、出厂合格书。检查数量：同一工程、同一材料、同一生产厂家、同一型号、同一规格、同一批号检查一次。

（2）砖面层所用板块产品进入施工现场时，应有放射性限量合格的检测报告。检验方法：检查检验报告、出厂检验报告、出厂合格书。检查数量：同一工程、同一材料、同一生产厂家、同一型号、同一规格、同一批号检查一次。

（3）砖面层与下一层的结合（黏结）应牢固，无空鼓（单块砖边角允许有局部空鼓），但每个自然间或标准间的空鼓砖不应超过总数的5%。检验方法：用小锤轻敲击检查。检查数量：应按《建筑地面工程施工质量验收规范》（GB 50209—2010）中第3.0.21条规定的检验批检查。

3. 砖面层铺设的一般项目

（1）砖面层的表面应洁净、图案清晰、色泽一致，接缝应平整，深浅应一致，周边应顺直。检验方法：观察检查。检查数量：应按《建筑地面工程施工质量验收规范》（GB 50209—2010）中第3.0.21条规定的检验批检查。

（2）检验方法：面层邻接处的镶边用料及尺寸应符合设计要求，边角应整齐、光滑。观察和用钢尺检查。检查数量：应按《建筑地面工程施工质量验收规范》（GB 50209—2010）中第3.0.21条规定的检验批检查。

（3）踢脚线表面应洁净，与柱、墙面结合应牢固。踢脚线高度和出柱、墙厚度应符合设计要求，且均匀一致。检验方法：观察和用小锤轻敲击、钢尺检查。检查数量：应按《建筑地面工程施工质量验收规范》（GB 50209—2010）中第3.0.21条规定的检验批检查。

（4）楼梯、台阶踏步的宽度、高度应符合设计要求。楼层梯段相邻踏步高度差不应大于10mm；每踏步两端的宽度允许偏差不应大于10mm；旋转楼梯梯段的每踏步两端的宽度允许偏差不应大于5mm。踏步面层应进行防滑处理，齿角应整齐，防滑条应顺直、牢固。检验方法：观察和用钢尺检查。检查数量：应按《建筑地面工程施工质量验收规范》（GB 50209—2010）中第3.0.21条规定的检验批检查。

（5）砖面层的表面不应有开裂、漏涂和倒泛水、积水等现象；与地漏、管道结合处应严密牢固、无渗漏。检验方法：观察和泼水或用坡度尺及蓄水检查。检查数量：应按《建筑地面工程施工质量验收规范》（GB 50209—2010）中第3.0.21条规定的检验批检查。

（6）砖面层的表面的允许偏差应符合表 4-51 中的规定。检验方法：按表 4-51 中规定的检验方法检验。检查数量：应按《建筑地面工程施工质量验收规范》（GB 50209—2010）中第 3.0.21 条规定的检验批和第 3.0.22 条的规定进行检查。

（三）大理石和花岗石面层质量控制

1. 大理石和花岗石面层的一般要求

（1）大理石和花岗石面层采用天然大理石、花岗石（或碎拼接大理石、碎拼接花岗石）板材，应在结合层上铺设。

（2）板材有裂缝、掉角、翘曲和表面有缺陷时应予剔除，品种不同的板材不得混杂使用；在铺设前，应根据石材的颜色、花纹、图案、纹理等按设计要求，进行试拼接并编号。

（3）在铺设大理石和花岗石面层前，板材应按要求浸湿、晾干；结合层与板材应分段同时进行铺设。

2. 大理石和花岗石面层的主控项目

（1）大理石和花岗石面层所用的板材产品，应符合设计要求和国家现行有关标准的规定。检验方法：观察检查和检查质量合格证明文件。检查数量：同一工程、同一材料、同一生产厂家、同一型号、同一规格、同一批号检查一次。

（2）大理石和花岗石面层所用的板材产品进入施工现场时，应有放射性限量合格的检测报告。检验方法：观察检查检测报告。检查数量：同一工程、同一材料、同一生产厂家、同一型号、同一规格、同一批号检查一次。

（3）大理石和花岗石面层与下一层的结合（黏结）应牢固，无空鼓（单块砖边角允许有局部空鼓），但每个自然间或标准间的空鼓砖不应超过总数的 5%。检验方法：用小锤轻敲击检查。检查数量：应按《建筑地面工程施工质量验收规范》（GB 50209—2010）中第 3.0.21 条规定的检验批检查。

3. 大理石和花岗石面层的一般项目

（1）大理石和花岗石面层在铺设前，板块的背面和侧面应进行防碱处理。检验方法：观察和检查施工记录。检查数量：应按《建筑地面工程施工质量验收规范》（GB 50209—2010）中第 3.0.21 条规定的检验批检查。

（2）大理石和花岗石面层的表面应洁净、平整、无研磨痕迹，且应图案清晰、色泽一致，接缝均匀，周边顺直，镶嵌正确，板块应无裂纹、掉角、缺棱等缺陷。检验方法：观察检查。检查数量：应按《建筑地面工程施工质量验收规范》（GB 50209—2010）中第 3.0.21 条规定的检验批检查。

（3）踢脚线表面应洁净，与柱、墙面结合应牢固。踢脚线高度和出柱、墙厚度应符合设计要求，且均匀一致。检验方法：观察和用小锤轻敲击及钢尺检查。检查数量：应按《建筑地面工程施工质量验收规范》（GB 50209—2010）中第 3.0.21 条规定的检验批检查。

（4）楼梯、台阶踏步的宽度、高度应符合设计要求。踏步板块的缝隙宽度应一致；楼层梯段相邻踏步高度差不应大于 10mm；每踏步两端的宽度允许偏差不应大于 10mm；旋转楼梯梯段的每踏步两端的宽度允许偏差不应大于 5mm。踏步面层应进行防滑处理，齿角应整齐，防滑条应顺直、牢固。检验方法：观察和用钢尺检查。检查数量：应按《建筑地面工程施工质量验收规范》（GB 50209—2010）中第 3.0.21 条规定的检验批检查。

（5）石板面层的表面不应有开裂、漏涂和倒泛水、积水等现象；与地漏、管道结合处应严密牢固、无渗漏。检验方法：观察和泼水或用坡度尺及蓄水检查。检查数量：应按《建筑地面工程施工质量验收规范》（GB 50209—2010）中第 3.0.21 条规定的检验批检查。

（6）大理石和花岗石面层（或碎拼接大理石、碎拼接花岗石面层）允许偏差应符合表4-51 中的规定。检验方法：按表 4-51 中规定的检验方法检验。检查数量：应按《建筑地面工程施工质量验收规范》（GB 50209—2010）中第 3.0.21 条规定的检验批和第 3.0.22 条的规定进行检查。

（四）预制板块面层质量控制

1. 预制板块面层的一般要求

（1）预制板块面层采用水泥混凝土板块、水磨石板块、人造石板块应在结合层上铺设。

（2）在施工现场加工预制板块，应按《建筑地面工程施工质量验收规范》（GB 50209—2010）中第 5 章的有关规定执行。

（3）水泥混凝土板块面层的缝隙中，应采用水泥浆（或砂浆）填缝；彩色混凝土板块、水磨石板块、人造石板块，应用同色的水泥浆（或砂浆）擦缝。

（4）品种和强度等级不同的预制板块不宜混杂使用。

（5）板块间的缝隙宽度应符合设计要求。当设计无要求时，混凝土板块面层的缝隙宽度不应大于 6mm，水磨石板块、人造石板块面层的缝隙宽度不应大于 2mm。预制板块面层在铺设完 24h 后，应用水泥砂浆将缝隙灌至 2/3 高度，再用同色的水泥浆擦（勾）缝。

2. 预制板块面层的主控项目

（1）预制板块面层所用板块产品应符合设计要求和国家现行有关标准的规定。检验方法：观察检查和检查型式检验报告、出厂检验报告、出厂合格书。检查数量：同一工程、同一材料、同一生产厂家、同一型号、同一规格、同一批号检查一次。

（2）预制板块面层所用的板材产品进入施工现场时，应有放射性限量合格的检测报告。检验方法：观察检查检测报告。检查数量：同一工程、同一材料、同一生产厂家、同一型号、同一规格、同一批号检查一次。

（3）预制板块面层与下一层的结合应牢固、无空鼓（单块预制板块边角允许有局部空鼓），但每个自然间或标准间的空鼓板块不应超过总数的 5％。检验方法：用小锤轻敲击检查。检查数量：应按《建筑地面工程施工质量验收规范》（GB 50209—2010）中第 3.0.21 条规定的检验批检查。

3. 预制板块面层的一般项目

（1）预制板块表面应无裂缝、掉角、翘曲等明显缺陷。检验方法：观察检查。检查数量：应按《建筑地面工程施工质量验收规范》（GB 50209—2010）中第 3.0.21 条规定的检验批检查。

（2）预制板块面层应平整洁净、图案清晰、色泽一致、接缝均匀、周边顺直、镶嵌正确。检验方法：观察检查。检查数量：应按《建筑地面工程施工质量验收规范》（GB 50209—2010）中第 3.0.21 条规定的检验批检查。

（3）预制板块面层邻接处的镶边用料尺寸应符合设计要求，边角应整齐、光滑。检验方法：观察和用钢尺检查。检查数量：应按《建筑地面工程施工质量验收规范》（GB 50209—2010）中第 3.0.21 条规定的检验批检查。

（4）踢脚线表面应洁净，与柱、墙面结合应牢固。踢脚线高度和出柱、墙厚度应符合设计要求，且均匀一致。检验方法：观察和用小锤轻敲击及钢尺检查。检查数量：应按《建筑地面工程施工质量验收规范》（GB 50209—2010）中第3.0.21条规定的检验批检查。

（5）楼梯、台阶踏步的宽度、高度应符合设计要求。踏步板块的缝隙宽度应一致；楼层梯段相邻踏步高度差不应大于10mm；每踏步两端的宽度允许偏差不应大于10mm；旋转楼梯梯段的每踏步两端的宽度允许偏差不应大于5mm。踏步面层应进行防滑处理，齿角应整齐，防滑条应顺直、牢固。检验方法：观察和用钢尺检查。检查数量：应按《建筑地面工程施工质量验收规范》（GB 50209—2010）中第3.0.21条规定的检验批检查。

（6）水泥混凝土板块、水磨石板块、人造石板块面层的允许偏差应符合表4-51中的规定。检验方法：按表4-51中规定的检验方法检验。检查数量：应按《建筑地面工程施工质量验收规范》（GB 50209—2010）中第3.0.21条规定的检验批和第3.0.22条的规定进行检查。

（五）料石面层质量控制

1. 料石面层的一般要求

（1）料石面层采用天然条石和块石，并应在结合层上进行铺设。

（2）条石和块石面层所用的石材规格、技术等级和厚度应符合设计要求。条石的质量应均匀，形状为矩形六面体，厚度为80～120mm；块石形状为直棱柱体，顶面粗琢平整，底面面积不宜小于顶面面积的60%，厚度为100～150mm。

（3）不导电的料石面层的石料，应采用辉绿岩石加工制成。填缝材料也应采用辉绿岩石加工的砂子嵌实。耐高温的料石面层的石料，应按设计要求选用。

（4）条石面层的结合面宜采用水泥砂浆，其厚度应符合设计要求；块石面层的结合面宜采用砂垫层，其厚度应不小于60mm；基土层应为均匀密实的基土或夯实的基土。

2. 料石面层的主控项目

（1）料石面层所用的石料应符合设计要求和国家现行有关标准的规定。检验方法：观察检查和检查质量合格证明文件。检查数量：同一工程、同一材料、同一生产厂家、同一型号、同一规格、同一批号检查一次。

（2）料石面层所用的石料进入施工现场时，应有放射性限量合格的检测报告。检验方法：观察检查检测报告。检查数量：同一工程、同一材料、同一生产厂家、同一型号、同一规格、同一批号检查一次。

（3）料石面层与下一层的结合应牢固、无松动。检验方法：观察和用小锤轻敲击检查。检查数量：应按《建筑地面工程施工质量验收规范》（GB 50209—2010）中第3.0.21条规定的检验批检查。

3. 料石面层的一般项目

（1）条石面层应组砌合理，无十字缝，铺砌方向和坡度应符合设计要求；块石面层石料缝隙应相互错开，通缝不应超过两块石料。检验方法：观察和用坡度尺检查。检查数量：应按《建筑地面工程施工质量验收规范》（GB 50209—2010）中第3.0.21条规定的检验批检查。

（2）条石面层和块石面层的允许偏差应符合表4-52中的规定。检验方法：按表4-52中规定的检验方法检验。检查数量：应按《建筑地面工程施工质量验收规范》（GB 50209—2010）中第3.0.21条规定的检验批和第3.0.22条的规定进行检查。

（六）塑料板面层质量控制

1. 塑料板面层的一般要求

（1）塑料板面层应采用塑料板块材、塑料板焊接、塑料卷材，以胶黏剂在水泥类基层上采用满粘法或点粘法铺设。

（2）水泥类基层表面应平整、坚硬、干燥、密实、洁净、无油脂及其他杂质，不应有麻面、起砂、裂缝等质量缺陷。

（3）胶黏剂应按照基层材料和面层材料使用的相容性要求，通过试验确定，其质量应符合现行国家有关标准的规定。

（4）焊条成分和性能应与被焊的塑料板相同，其质量应符合有关技术标准的规定，并应有出厂合格证。

（5）在铺贴塑料板面层时，室内相对湿度不宜大于70%，温度宜在10～32℃之间。

（6）塑料板面板施工完成后静置的时间，应符合产品的技术要求。

（7）防静电塑料板配套的胶黏剂、焊条等，也应具有防静电性能。

2. 塑料板面层的主控项目

（1）塑料板面层所用的塑料板块材、塑料卷材、胶黏剂，应符合设计要求和现行国家有关标准的规定。检验方法：观察和检查型式检验报告、出厂检验报告、出厂合格书。检查数量：同一工程、同一材料、同一生产厂家、同一型号、同一规格、同一批号检查一次。

（2）塑料板面层所采用的胶黏剂进入施工现场时，应有以下有害物质限量合格的检测报告：①溶剂型胶黏剂中的挥发性有机化合物（VOCs）、苯、甲苯＋二甲苯；②水性胶黏剂中的挥发性有机化合物（VOCs）和游离甲醛。检验方法：检查检测报告。检查数量：同一工程、同一材料、同一生产厂家、同一型号、同一规格、同一批号检查一次。

（3）面层与下一层的黏结应牢固，不翘边、不脱胶、无溢胶（单个的板块边角允许有脱胶，但每个自然间或标准间的脱胶板块不应超过总数的5%；卷材局部脱胶的面积不应大于20cm^2，且相隔间距应大于或等于50cm）。检验方法：观察和用小锤轻敲击及用钢尺检查。检查数量：应按《建筑地面工程施工质量验收规范》（GB 50209—2010）中第3.0.21条规定的检验批检查。

3. 塑料板面层的一般项目

（1）塑料板面层应表面洁净，图案清晰，色泽一致，接缝严密、美观。拼缝处的图案、花纹应吻合，无胶痕；与柱、墙边交接应严密，阴阳角的收边应方正。检验方法：观察检查。检查数量：应按《建筑地面工程施工质量验收规范》（GB 50209—2010）中第3.0.21条规定的检验批检查。

（2）塑料板块的焊接，焊缝应平整、光洁，无焦化变色、斑点、焊瘤和起鳞片等缺陷，其凹凸允许偏差不应大于0.6mm。焊缝的抗拉强度应不小于塑料板强度的75%。检验方法：观察检查和检查检测报告。检查数量：应按《建筑地面工程施工质量验收规范》（GB 50209— 2010）中第3.0.21条规定的检验批检查。

（3）镶边用料应尺寸准确、边角整齐、拼缝严密、接缝顺直。检验方法：观察和用钢尺检查。检查数量：应按《建筑地面工程施工质量验收规范》（GB 50209—2010）中第3.0.21条规定的检验批检查。

（4）踢脚线宜与地面面层对缝一致，踢脚线与基层的粘合应密实。检验方法：观察检查。检查数量：应按《建筑地面工程施工质量验收规范》（GB 50209—2010）中第3.0.21

条规定的检验批检查。

(5) 塑料板面层的允许偏差应符合表 4-52 中的规定。检验方法：按表 4-52 中规定的检验方法检验。检查数量：应按《建筑地面工程施工质量验收规范》（GB 50209—2010）中第 3.0.21 条规定的检验批和第 3.0.22 条的规定进行检查。

（七）活动地板面层质量控制

1. 活动地板面层的一般要求

(1) 活动地板面层宜用于有防尘和防静电要求的专业用房的建筑地面。应采用特制的平压刨花板为基材，表面可饰以装饰板，底层应用镀锌经黏结胶合形成活动地板块，配以横梁、橡胶垫条和可供调节高度的金属支架组装成架空板，应在水泥类面层（或基层）上铺设。

(2) 活动地板所有的支座柱和横梁应构成框架一体，并与基层连接牢固；支架调平后高度应符合设计要求。

(3) 活动地板面层应包括标准地板、异形地板和地板附件（即支架和横梁组件）。采用的活动地板块应平整、坚实，面层承载力不应小于 7.5MPa，A 级的板块的系统电阻应为 $1.0×10^5 \sim 1.0×10^8 \Omega$，B 级的板块的系统电阻应为 $1.0×10^5 \sim 1.0×10^{10}\Omega$。

(4) 活动地板面层的金属支架应支承在现浇水泥混凝土基层（或面层）上，基层表面应平整、光洁、不起灰。

(5) 当房间的防静电要求较高、并需要接地时，应将活动地板面层的金属支架、金属横梁连通跨接，并与接地体相连，接地方法应符合设计要求。

(6) 活动板块与横梁接触搁置处，应达到四角平整、严密的要求。

(7) 当活动地板不符合模数时，其不足部分可在现场根据实际尺寸，把板切割后镶补，并应配装相应的可调支撑和横梁，切割边不经处理不得镶补安装，并且不得有局部膨胀变形。

(8) 活动地板在门口处或预留洞口处应符合设置构造要求，四周侧边应用耐磨硬质板材封闭或用镀锌钢板包裹，胶条封边缘后应符合耐磨要求。

(9) 活动地板与柱、墙面接缝处的处理应符合设计要求，设计无要求时应做木踢脚线；通风口处应选用异形活动地板铺贴。

(10) 用于电子信息系统机房的活动地板面层，其施工质量检验应符合现行国家标准《电子信息系统机房施工及验收规范》（GB 50462—2015）中的有关规定。

2. 活动地板面层的主控项目

(1) 活动地板应符合设计要求和国家现行有关标准的规定，且具有耐磨、防潮、阻燃、耐污染、耐老化和导静电等性能。检验方法：观察和检查型式检验报告、出厂检验报告、出厂合格书。检查数量：同一工程、同一材料、同一生产厂家、同一型号、同一规格、同一批号检查一次。

(2) 活动地板面层应安装牢固，无裂纹、掉角和缺棱等缺陷。检验方法：观察和行走检查。检查数量：应按《建筑地面工程施工质量验收规范》（GB 50209—2010）中第 3.0.21 条规定的检验批检查。

3. 活动地板面层的一般项目

(1) 活动地板面层应排列整齐、表面洁净、色泽一致、接缝均匀、周边顺直。检验方法：观察检查。检查数量：应按《建筑地面工程施工质量验收规范》（GB 50209—2010）中第 3.0.21 条规定的检验批检查。

（2）活动地板面层的允许偏差应符合表 4-52 中的规定。检验方法：按表 4-52 中规定的检验方法检验。检查数量：应按《建筑地面工程施工质量验收规范》（GB 50209—2010）中第 3.0.21 条规定的检验批和第 3.0.22 条的规定进行检查。

（八）金属板面层质量控制

1. 金属板面层的一般要求

（1）金属板面层采用镀锌板、镀锡板、复合钢板、彩色涂层钢板、铸铁板、不锈钢板、铜板及其他合成金属板铺设。

（2）金属板面层及其配件宜使用不锈蚀或经过防锈处理的金属制品。

（3）用于通道（走道）和公共建筑的金属板面层，应按设计要求进行防腐、防滑处理。

（4）金属板面层的接地做法应符合设计要求。

（5）具有磁吸性的金属板面层不得用于有磁的场所。

2. 金属板面层的主控项目

（1）金属板应符合设计要求和国家现行有关标准的规定。检验方法：观察和检查型式检验报告、出厂检验报告、出厂合格书。检查数量：同一工程、同一材料、同一生产厂家、同一型号、同一规格、同一批号检查一次。

（2）面层与基层的固定方法、面层的接缝处理，应符合设计要求。检验方法：观察检查。检查数量：应按《建筑地面工程施工质量验收规范》（GB 50209—2010）中第 3.0.21 条规定的检验批检查。

（3）面层及其附件如需焊接，焊缝质量应符合设计要求和国家标准《钢结构工程施工质量验收规范》（GB 50205—2001）中的有关规定。检验方法：观察检查和按《钢结构工程施工质量验收规范》（GB 50205—2001）中规定的方法检验。检查数量：应按《建筑地面工程施工质量验收规范》（GB 50209—2010）中第 3.0.21 条规定的检验批检查。

（4）面层与基层的结合应牢固，无翘曲、松动和空鼓等缺陷。检验方法：观察和用小锤轻敲击检查。检查数量：应按《建筑地面工程施工质量验收规范》（GB 50209—2010）中第 3.0.21 条规定的检验批检查。

3. 金属板面层的一般项目

（1）金属板表面应无裂痕、刮伤、刮痕、翘曲等外观质量缺陷。检验方法：观察检查。检查数量：应按《建筑地面工程施工质量验收规范》（GB 50209—2010）中第 3.0.21 条规定的检验批检查。

（2）金属板面层应平整、洁净、色泽一致，接缝应均匀，周边应顺直。检验方法：观察和用钢尺检查。检查数量：应按《建筑地面工程施工质量验收规范》（GB 50209—2010）中第 3.0.21 条规定的检验批检查。

（3）镶边用料及尺寸应符合设计要求，边角应整齐。检验方法：观察和用钢尺检查。检查数量：应按《建筑地面工程施工质量验收规范》（GB 50209—2010）中第 3.0.21 条规定的检验批检查。

（4）踢脚线表面应洁净，与柱、墙面结合应牢固。踢脚线高度和出柱、墙厚度应符合设计要求，且均匀一致。检验方法：观察和用小锤轻敲击及钢尺检查。检查数量：应按《建筑地面工程施工质量验收规范》（GB 50209—2010）中第 3.0.21 条规定的检验批检查。

（5）金属板面层的允许偏差应符合表 4-52 中的规定。检验方法：按表 4-52 中规定的检验方法检验。检查数量：应按《建筑地面工程施工质量验收规范》（GB 50209—2010）中第

3.0.21 条规定的检验批和第 3.0.22 条的规定进行检查。

（九）地面辐射供暖板块面层质量控制

1. 地面辐射供暖板块面层的一般要求

（1）地面辐射供暖板块面层宜采用缸砖、陶瓷地砖、花岗石、水磨石板块、人造石板块、塑料板等，应在填平层上铺设。

（2）地面辐射供暖板块面层采用胶结材料粘贴铺设时，填充层的含水率应符合胶结材料的技术要求。

（3）地面辐射供暖板块面层铺设时不得扰动填充层，不得向填充层内楔入任何物件。面层铺设还应符合《建筑地面工程施工质量验收规范》（GB 50209—2010）中第 6.2 节、6.3 节、6.4 节和 6.6 节的有关规定。

2. 地面辐射供暖板块面层的主控项目

（1）地面辐射供暖板块面层采用的材料或产品，除应符合设计要求和现行国家有关标准的规定外，还应具有耐热性、热稳定性、防水、防潮、防霉变等特点。检验方法：观察和检查质量合格证明文件。检查数量：同一工程、同一材料、同一生产厂家、同一型号、同一规格、同一批号检查一次。

（2）地面辐射供暖板块面层的伸缩缝及分格缝，应符合设计要求；面层与柱、墙之间应留不小于 10mm 的空隙。检验方法：观察和用钢尺检查。检查数量：应按《建筑地面工程施工质量验收规范》（GB 50209—2010）中第 3.0.21 条规定的检验批检查。

（3）地面辐射供暖板块面层的其余主控项目和检验方法、检查数量，应符合《建筑地面工程施工质量验收规范》（GB 50209—2010）中第 6.2 节、6.3 节、6.4 节和 6.6 节的有关规定。

3. 地面辐射供暖板块面层的一般项目

地面辐射供暖板块面层的一般项目和检验方法、检查数量，应符合《建筑地面工程施工质量验收规范》（GB 50209—2010）中第 6.2 节、6.3 节、6.4 节和 6.6 节的有关规定。

（十）地毯面层质量控制

1. 地毯面层的一般要求

（1）地毯面层应采用地毯块材或卷材，以"空铺法"或"实铺法"铺设。

（2）铺设地毯的地面面层（或基层）应坚实、平整、洁净、干燥，无凹坑、麻面、起砂、裂缝，并不得有油污、钉头及其凸出物。

（3）地毯下面的衬垫，应当满铺平整，地毯接缝处不得露出底衬。

（4）采用"空铺法"施工地毯面层时应符合下列要求：①块材地毯宜先拼成整块，然后按设计要求铺设；②块材地毯的铺设，块与块之间应挤紧服帖；③卷材地毯宜先长向缝合，然后按设计要求铺设；④地毯面层的周边应压入踢脚线下；⑤地毯面层与不同类型的建筑地面面层的连接处，其收口的做法应符合设计要求。

（5）采用"实铺法"施工地毯面层时应符合下列要求：①采用的金属卡条（倒刺板）、金属压条、专用双面胶带、胶黏剂等应符合设计要求；②铺设时，地毯的表面层应张拉适度，四周应采用金属卡条（倒刺板）固定，门口宜用金属压条或双面专用胶带等固定；③地毯四周应塞入金属卡条（倒刺板）或踢脚线下；④地毯面层采用专用双面胶带、胶黏剂黏结时，应与基层黏结牢固。

（6）楼梯地毯面层铺设时，梯段顶级地毯应固定于平台上，其宽度不应小于标准楼梯、台阶踏步尺寸；阴角处应固定牢固；梯段末级地毯与水平段地毯的连接处应顺畅、牢固。

2. 地毯面层的主控项目

（1）地毯面层采用的材料应符合设计要求和国家现行有关标准的规定。检验方法：观察和检查型式检验报告、出厂检验报告、出厂合格书。检查数量：同一工程、同一材料、同一生产厂家、同一型号、同一规格、同一批号检查一次。

（2）地毯面层采用的材料进入施工现场时，应有地毯、衬垫、胶黏剂中的挥发性有机化合物（VOCs）和甲醛限量合格的检测报告。检验方法：检查检验报告。检查数量：同一工程、同一材料、同一生产厂家、同一型号、同一规格、同一批号检查一次。

（3）地毯表面应平服，拼缝处应粘贴牢固、严密平整、图案吻合。检验方法：观察检查。检查数量：应按《建筑地面工程施工质量验收规范》（GB 50209—2010）中第3.0.21条规定的检验批检查。

3. 地毯面层的一般项目

（1）地毯表面不应起鼓、起皱、翘曲、卷边、显拼缝、露线、毛边，绒面毛应顺光一致，毯面立洁净、无污染和损伤。检验方法：观察检查。检查数量：应按《建筑地面工程施工质量验收规范》（GB 50209—2010）中第3.0.21条规定的检验批检查。

（2）地毯同其他面层连接处、收口处和墙边、柱子周围应顺直、压紧。检验方法：观察检查。检查数量：应按《建筑地面工程施工质量验收规范》（GB 50209—2010）中第3.0.21条规定的检验批检查。

五、木竹面层铺设质量控制

（一）木竹地板面层质量的一般规定

（1）木竹地板面层质量控制适用于实木地板面层、实木集成地板面层、竹地板面层、实木复合地板面层、浸渍纸层压木质地板面层、软木类地板面层、地面辐射供暖的木地板面层等（包括免刨、免漆类）面层分项工程的施工质量验收。

（2）木竹地板面层下的木搁栅、垫木、垫层地板等采用木材的树种、选材标准和铺设时木材含水率以及防腐、防蛀处理等，均应符合现行国家标准《木结构工程施工质量验收规范》（GB 50206—2012）中的有关规定。所选用的材料应符合设计要求，进场时应对其断面尺寸、含水率等主要技术指标进行抽验，抽验数量应符合现行国家有关标准的规定。

（3）用于固定和加固用的金属零部件，应采用不锈钢或经过防锈处理的金属件。

（4）与厕所、浴室、厨房等潮湿场所相邻的木、竹面层的连接处应做防水（潮）处理。

（5）木、竹面层铺设在水泥类基层上，其基层表面应坚硬、平整、洁净、不起砂，表面含水率不应大于8%。

（6）建筑地面工程的木、竹面层搁栅下部架空结构层（或构造层）的质量检验，应符合现行相应国家标准的规定。

（7）木、竹面层的通风构造层包括室内通风沟、地面通风沟、室外通风窗等，均应符合设计要求。

（8）木、竹面层的允许偏差和检验方法应符合表4-53的规定。

表 4-53 木、竹面层的允许偏差和检验方法

项　　目	允许偏差/mm				检 验 方 法
	实木地板、实木集成地板、竹地板			实木复合地板、浸渍纸层压木质地板、软木类地板	
	松木地板	硬木地板、竹地板	拼花地板		
板面缝隙宽度	1.0	0.5	0.2	0.5	用钢尺检查
表面平整度	3.0	2.0	2.0	2.0	用2m靠尺和楔形塞尺检查
踢脚线上口平齐	3.0	3.0	3.0	3.0	拉5m线和用钢尺检查
板面拼缝平直	3.0	3.0	3.0	3.0	
相邻板材高差	0.5	0.5	0.5	0.5	用钢尺和楔形塞尺检查
踢脚线与面层接缝	1.0	1.0	1.0	1.0	楔形塞尺检查

（二）实木地板、实木集成地板、竹地板面层质量控制

1. 实木地板、实木集成地板、竹地板面层的一般规定

（1）实木地板、实木集成地板、竹地板面层，应采用条形材或块材或拼花，以"空铺"或"实铺"方式在基层上铺贴。

（2）实木地板、实木集成地板、竹地板面层，可采用双层面层和单层面层铺设，其厚度应符合设计要求；其选材应符合现行国家有关标准的规定。

（3）铺设实木地板、实木集成地板、竹地板面层时，其木搁栅的截面尺寸、间距和稳固方法等均应符合设计要求。木搁栅固定时，不得损坏基层和预埋管线。木搁栅应垫实钉牢，与柱、墙之间留出20mm的缝隙，表面应平整，其间距不宜大于300mm。

（4）当面层下铺设垫层地板时，垫层地板的髓心应向上，板间缝隙不应大于3mm，与柱、墙之间应留8～12mm的空隙，表面应刨平。

（5）实木地板、实木集成地板、竹地板面层铺设时，相邻板材接头位置应错开不小于300mm的距离；与柱、墙之间应留8～12mm的空隙。

（6）采用实木制作的踢脚线，背面应设置沟槽并做防腐处理。

（7）席纹实木地板面层、拼花实木地板面层的铺设，应符合《建筑地面工程施工质量验收规范》（GB 50209—2010）中的有关规定。

2. 实木地板、实木集成地板、竹地板面层的主控项目

（1）实木地板、实木集成地板、竹地板面层采用的地板、铺设时的木（竹）材含水率、胶黏剂等，应符合设计要求和国家现行有关标准的规定。检验方法：观察和检查型式检验报告、出厂检验报告、出厂合格书。检查数量：同一工程、同一材料、同一生产厂家、同一型号、同一规格、同一批号检查一次。

（2）实木地板、实木集成地板、竹地板面层采用的材料进入施工现场时，应有以下有害物质限量合格的检测报告：①地板中的游离甲醛（释放量或含量）；②溶剂型胶黏剂中的挥发性有机化合物（VOCs）、苯、甲苯＋二甲苯；③水性胶黏剂中的挥发性有机化合物（VOCs）和游离甲醛。检验方法：检查检测报告。检查数量：同一工程、同一材料、同一生产厂家、同一型号、同一规格、同一批号检查一次。

（3）木搁栅、垫木、垫层地板等应进行防腐、防蛀处理。检验方法：观察检查和检查验收记录。检查数量：应按《建筑地面工程施工质量验收规范》（GB 50209—2010）中第3.0.21条规定的检验批检查。

（4）木搁栅安装应牢固、平直。检验方法：观察、行走、钢尺测量等检查和检查验收记

录。检查数量：应按《建筑地面工程施工质量验收规范》（GB 50209—2010）中第 3.0.21 条规定的检验批检查。

（5）面层铺设应牢固；黏结应无空鼓、松动。检验方法：观察、行走或用小锤轻击检查。检查数量：应按《建筑地面工程施工质量验收规范》（GB 50209—2010）中第 3.0.21 条规定的检验批检查。

3. 实木地板、实木集成地板、竹地板面层的一般项目

（1）实木地板、实木集成地板面层应刨平、磨光，无明显刨痕和毛刺等现象；图案应清晰、颜色应均匀一致。检验方法：观察、手摸和行走检查。检查数量：应按《建筑地面工程施工质量验收规范》（GB 50209—2010）中第 3.0.21 条规定的检验批检查。

（2）竹地板面层的品种与规格应符合设计要求，板面应无翘曲。检验方法：观察、用 2m 靠尺和楔形塞尺检查。检查数量：应按《建筑地面工程施工质量验收规范》（GB 50209—2010）中第 3.0.21 条规定的检验批检查。

（3）面层缝隙应严密；接头位置应错开，表面应平整、洁净。检验方法：观察检查。检查数量：应按《建筑地面工程施工质量验收规范》（GB 50209—2010）中第 3.0.21 条规定的检验批检查。

（4）面层采用粘、钉工艺时，接缝应对齐，粘贴、钉入应严密；缝隙宽度应均匀一致；表面应洁净，无溢胶现象。检验方法：观察检查。检查数量：应按《建筑地面工程施工质量验收规范》（GB 50209—2010）中第 3.0.21 条规定的检验批检查。

（5）踢脚线应表面光滑，接缝严密，高度一致。检验方法：观察和用钢尺检查。检查数量：应按《建筑地面工程施工质量验收规范》（GB 50209—2010）中第 3.0.21 条规定的检验批检查。

（6）实木地板、实木集成地板、竹地板面层的允许偏差应符合表 4-53 中的规定。检验方法：按表 4-53 中规定的检验方法检验。检查数量：应按《建筑地面工程施工质量验收规范》（GB 50209—2010）中第 3.0.21 条规定的检验批和第 3.0.22 条的规定进行检查。

（三）实木复合地板面层质量控制

1. 实木复合地板面层的一般规定

（1）实木复合地板面层采用的材料、铺设方法、铺设方式、厚度以及垫层地板铺设等，均应符合《建筑地面工程施工质量验收规范》（GB 50209—2010）中第 7.2.1 条～第 7.2.4 条的规定。

（2）实木复合地板面层应采用空铺法或粘贴法（全粘或点粘）铺设。采用粘贴法铺设时，粘贴材料应按设计要求选用，并应具有耐老化、防水、防菌、无毒等性能。

（3）实木复合地板面层下衬垫的材料和厚度应符合设计要求。

（4）实木复合地板面层铺设时，相邻板材接头位置应错开不小于 300mm 的距离；与柱、墙之间留出 20mm 的缝隙。当面层采用无龙骨的空铺法铺设时，应在面层与柱、墙之间的空隙内加设金属弹簧卡或木楔子，其间距宜为 200～300mm。

（5）大面积铺设实木复合地板面层时，应分段进行铺设，分段缝的处理应符合设计要求。

2. 实木复合地板面层的主控项目

（1）实木复合地板面层采用的地板、胶黏剂等，应符合设计要求和国家现行有关标准的规定。检验方法：观察和检查型式检验报告、出厂检验报告、出厂合格书。检查数量：同一工程、同一材料、同一生产厂家、同一型号、同一规格、同一批号检查一次。

（2）实木复合地板面层采用的材料进入施工现场时，应有以下有害物质限量合格的检测报告：①地板中的游离甲醛（释放量或含量）；②溶剂型胶黏剂中的挥发性有机化合物（VOCs）、苯、甲苯＋二甲苯；③水性胶黏剂中的挥发性有机化合物（VOCs）和游离甲醛。检验方法：检查检测报告。检查数量：同一工程、同一材料、同一生产厂家、同一型号、同一规格、同一批号检查一次。

（3）木搁栅、垫木、垫层地板等应进行防腐、防蛀处理。检验方法：观察检查和检查验收记录。检查数量：应按《建筑地面工程施工质量验收规范》（GB 50209—2010）中第3.0.21条规定的检验批检查。

（4）木搁栅安装应牢固、平直。检验方法：观察、行走、钢尺测量等检查和检查验收记录。检查数量：应按《建筑地面工程施工质量验收规范》（GB 50209—2010）中第3.0.21条规定的检验批检查。

（5）面层铺设应牢固；黏结应无空鼓、松动。检验方法：观察、行走或用小锤轻击检查。检查数量：应按《建筑地面工程施工质量验收规范》（GB 50209—2010）中第3.0.21条规定的检验批检查。

3. 实木复合地板面层的一般项目

（1）实木复合地板面层图案和颜色应符合设计要求，图案应清晰，颜色应一致，板面应无翘曲。检验方法：观察、用2m靠尺和楔形塞尺检查。检查数量：应按《建筑地面工程施工质量验收规范》（GB 50209— 2010）中第3.0.21条规定的检验批检查。

（2）面层缝隙应严密；接头位置应错开，表面应平整、洁净。检验方法：观察检查。检查数量：应按《建筑地面工程施工质量验收规范》（GB 50209—2010）中第3.0.21条规定的检验批检查。

（3）面层采用粘、钉工艺时，接缝应对齐，粘贴、钉入应严密；缝隙宽度应均匀一致；表面应洁净，无溢胶现象。检验方法：观察检查。检查数量：应按《建筑地面工程施工质量验收规范》（GB 50209—2010）中第3.0.21条规定的检验批检查。

（4）踢脚线应表面光滑，接缝严密，高度一致。检验方法：观察和用钢尺检查。检查数量：应按《建筑地面工程施工质量验收规范》（GB 50209—2010）中第3.0.21条规定的检验批检查。

（5）实木复合地板面层的允许偏差应符合表4-53中的规定。检验方法：按表4-53中规定的检验方法检验。检查数量：应按《建筑地面工程施工质量验收规范》（GB 50209—2010）中第3.0.21条规定的检验批和第3.0.22条的规定进行检查。

（四）浸渍纸层压木地板面层质量控制

1. 浸渍纸层压木质地板面层的一般规定

（1）浸渍纸层压木质地板面层应采用条形材或块形材，以空铺或粘贴方式在基层上铺贴。

（2）浸渍纸层压木质地板面层可采用有垫层地板和无垫层地板的方式铺设。有垫层地板时，垫层地板的材料和厚度应符合设计要求。

（3）浸渍纸层压木质地板面层铺设时，相邻板材接头位置应错开不小于300mm的距离；衬垫层、垫层地板及面层与柱、墙之间留出不小于10mm的空隙。

（4）浸渍纸层压木质地板面层采用无龙骨的空铺法铺设时，宜在面层与基层之间设置衬垫层，衬垫层的材料和厚度应符合设计要求；并应在面层与柱、墙之间的空隙内加设金属弹簧卡或木楔，其间距宜为 200～300mm。

2. 浸渍纸层压木质地板面层的主控项目

（1）浸渍纸层压木质地板面层采用的地板、胶黏剂等，应符合设计要求和国家现行有关标准的规定。检验方法：观察和检查型式检验报告、出厂检验报告、出厂合格书。检查数量：同一工程、同一材料、同一生产厂家、同一型号、同一规格、同一批号检查一次。

（2）浸渍纸层压木质地板面层采用的材料进入施工现场时，应有以下有害物质限量合格的检测报告：①地板中的游离甲醛（释放量或含量）；②溶剂型胶黏剂中的挥发性有机化合物（VOCs）、苯、甲苯＋二甲苯；③水性胶黏剂中的挥发性有机化合物（VOCs）和游离甲醛。检验方法：检查检测报告。检查数量：同一工程、同一材料、同一生产厂家、同一型号、同一规格、同一批号检查一次。

（3）木搁栅、垫木、垫层地板等应进行防腐、防蛀处理；其安装应牢固、平直。检验方法：观察、行走、钢尺测量等检查和检查验收记录。检查数量：应按《建筑地面工程施工质量验收规范》（GB 50209—2010）中第 3.0.21 条规定的检验批检查。

（4）面层铺设应牢固、平整；黏结应无空鼓、松动。检验方法：观察、行走或用小锤轻击检查。检查数量：应按《建筑地面工程施工质量验收规范》（GB 50209—2010）中第 3.0.21 条规定的检验批检查。

3. 浸渍纸层压木质地板面层的一般项目

（1）浸渍纸层压木质地板面层图案和颜色应符合设计要求，图案应清晰，颜色应一致，板面应无翘曲。检验方法：观察、用 2m 靠尺和楔形塞尺检查。检查数量：应按《建筑地面工程施工质量验收规范》（GB 50209— 2010）中第 3.0.21 条规定的检验批检查。

（2）浸渍纸层压木质地板面层缝隙应严密；接头位置应错开，表面应平整、洁净。检验方法：观察检查。检查数量：应按《建筑地面工程施工质量验收规范》（GB 50209—2010）中第 3.0.21 条规定的检验批检查。

（3）踢脚线应表面光滑，接缝严密，高度一致。检验方法：观察和用钢尺检查。检查数量：应按《建筑地面工程施工质量验收规范》（GB 50209—2010）中第 3.0.21 条规定的检验批检查。

（4）浸渍纸层压木质地板面层的允许偏差应符合表 4-53 中的规定。检验方法：按表 4-53 中规定的检验方法检验。检查数量：应按《建筑地面工程施工质量验收规范》（GB 50209—2010）中第 3.0.21 条规定的检验批和第 3.0.22 条的规定进行检查。

（五）软木类地板面层质量控制

1. 软木类地板面层的一般规定

（1）软木类地板面层应采用软木地板或软木复合地板条形材或块材，在水泥类基层或垫层地板上铺设。软木地板面层应采用粘贴方式铺设，软木复合地板面层应采用空铺方式铺设。

（2）软木类地板面层的厚度应符合设计要求。

（3）软木类地板面层的垫层地板在铺设时，与柱、墙之间应留出不大于 20mm 的空隙，表面应刨平。

（4）软木类地板面层铺设时，相邻板材接头位置应错开不小于 1/3 板长且不小于 200mm 的距离；面层与柱、墙之间应留出 8～12mm 的空隙；软木复合地板面层铺设时，应在面层与柱、墙之间的空隙内加设金属弹簧卡或木楔，其间距宜为 200～300mm。

2. 软木类地板面层的主控项目

（1）软木类地板面层采用的地板、胶黏剂等，应符合设计要求和国家现行有关标准的规定。检验方法：观察和检查型式检验报告、出厂检验报告、出厂合格书。检查数量：同一工程、同一材料、同一生产厂家、同一型号、同一规格、同一批号检查一次。

（2）软木类地板面层采用的材料进入施工现场时，应有以下有害物质限量合格的检测报告：①地板中的游离甲醛（释放量或含量）；②溶剂型胶黏剂中的挥发性有机化合物（VOCs）、苯、甲苯＋二甲苯；③水性胶黏剂中的挥发性有机化合物（VOCs）和游离甲醛。检验方法：检查检测报告。检查数量：同一工程、同一材料、同一生产厂家、同一型号、同一规格、同一批号检查一次。

（3）木搁栅、垫木、垫层地板等应进行防腐、防蛀处理；其安装应牢固、平直。检验方法：观察、行走、钢尺测量等检查和检查验收记录。检查数量：应按《建筑地面工程施工质量验收规范》（GB 50209—2010）中第 3.0.21 条规定的检验批检查。

（4）软木类地板面层铺设应牢固、平整；黏结应无空鼓、松动。检验方法：观察、行走或用小锤轻击检查。检查数量：应按《建筑地面工程施工质量验收规范》（GB 50209—2010）中第 3.0.21 条规定的检验批检查。

3. 软木类地板面层的一般项目

（1）软木类地板面层图案和颜色应符合设计要求，板面应无翘曲。检验方法：观察、用 2m 靠尺和楔形塞尺检查。检查数量：应按《建筑地面工程施工质量验收规范》（GB 50209— 2010）中第 3.0.21 条规定的检验批检查。

（2）软木类地板面层缝隙应均匀；接头位置应错开，表面应洁净。检验方法：观察检查。检查数量：应按《建筑地面工程施工质量验收规范》（GB 50209—2010）中第 3.0.21 条规定的检验批检查。

（3）踢脚线应表面光滑，接缝严密，高度一致。检验方法：观察和用钢尺检查。检查数量：应按《建筑地面工程施工质量验收规范》（GB 50209—2010）中第 3.0.21 条规定的检验批检查。

（4）软木类地板面层的允许偏差应符合表 4-53 中的规定。检验方法：按表 4-53 中规定的检验方法检验。检查数量：应按《建筑地面工程施工质量验收规范》（GB 50209—2010）中第 3.0.21 条规定的检验批和第 3.0.22 条的规定进行检查。

（六）地面辐射供暖的木地板面层质量控制

1. 地面辐射供暖的木地板面层的一般规定

（1）地面辐射供暖的木地板面层宜采用实木复合地板、浸渍纸层压木质地板等，应在填充层上进行铺设。

（2）地面辐射供暖的木地板面层可采用空铺法或胶粘法（全粘或点粘）铺设。当面层设置垫层地板时，垫层地板的材料和厚度应符合设计要求。

（3）与填充层相接触的龙骨、垫层地板、面层地板等，应采用胶粘法铺设。铺设时填充层的含水率应符合胶黏剂的技术要求。

（4）地面辐射供暖的木地板面层铺设时不得扰动填充层，不得向填充层内楔入任何物件。面层铺设还应符合《建筑地面工程施工质量验收规范》（GB 50209—2010）中第 7.3 节、第 7.4 节的有关规定。

2. 地面辐射供暖的木地板面层的主控项目

（1）地面辐射供暖的木地板面层采用的材料或产品，除应符合设计要求和现行国家有关标准的规定外，还应具有耐热性、热稳定性、防水、防潮、防霉变等特点。检验方法：观察和检查质量合格证明文件。检查数量：同一工程、同一材料、同一生产厂家、同一型号、同一规格、同一批号检查一次。

（2）地面辐射供暖的木地板面层与柱、墙之间应留不小于 10mm 的空隙。当采用无龙骨的空铺法铺设时，应在空隙内加设金属弹簧卡或木楔，其间距宜为 200～300mm。检验方法：观察和用钢尺检查。检查数量：应按《建筑地面工程施工质量验收规范》（GB 50209—2010）中第 3.0.21 条规定的检验批检查。

（3）其余主控项目及检验方法、检查数量，应符合《建筑地面工程施工质量验收规范》（GB 50209—2010）中第 7.3 节、第 7.4 节的有关规定。

3. 地面辐射供暖的木地板面层的一般项目

（1）地面辐射供暖的木地板面层采用无龙骨的空铺法铺设时，应在填充层上铺设一层耐热防潮纸（布）。防潮纸应采用胶粘法搭接，搭接尺寸应合理，铺设后表面应平整，无皱褶。

（2）其余一般项目及检验方法、检查数量，应符合《建筑地面工程施工质量验收规范》（GB 50209—2010）中第 7.3 节、第 7.4 节的有关规定。

第五章 ▶▶▶
门窗工程的施工技术

　　门是人们进出建筑物的通道口，窗是室内采光通风的主要洞口，门窗是建筑工程的重要组成部分，被称之为建筑的"眼睛"，同时也是建筑装饰装修工程施工中的重点。门窗在建筑立面造型、比例尺度、虚实变化等方面，对建筑外表的装饰效果有较大影响。

　　近几年来，随着科学技术的不断进步，新材料、新工艺的不断出现，门窗的生产和应用也紧跟随装饰装修行业高速发展。建筑门窗是建筑制品，它的科技水平和技术含量在很大程度上取决于材料的变革和创新。在现代建筑工程中不仅要有满足一般使用功能要求的装饰门窗，而且还要有满足特殊功能要求的特种门窗。

第一节 门窗的基本知识

　　对于门窗的具体要求，在不同的情况下，应根据不同的地区、不同的建筑特点、不同的建筑等级和规定，对门窗的分隔、保温、隔声、防水、防火、防风沙等有着不同的要求。因此，门窗的分类方法、作用及组成、制作与安装的要求也是不同的。

一、门窗的分类方法

　　门窗的种类、形式很多，其分类方法也多种多样。在一般情况下，主要按不同材质、不同功能和不同结构形式进行分类。

　　1. 按不同材质分类

　　门窗按不同材质分类，可以分为木门窗、铝合金门窗、钢门窗、塑料门窗、全玻璃门窗、复合门窗、特殊门窗等。钢门窗又有普通钢窗、彩板钢窗和渗铝钢窗3种。

　　2. 按不同功能分类

　　门窗按不同功能分类，可以分为普通门窗、保温门窗、隔声门窗、防火门窗、防盗门窗、防爆门窗、装饰门窗、安全门窗、自动门窗等。

　　3. 按不同结构分类

　　门窗按不同结构分类，可以分为推拉门窗、平开门窗、弹簧门窗、旋转门窗、折叠门窗、卷帘门窗、自动门窗等。

4. 按不同镶嵌材料分类

窗户按照不同镶嵌材料分类，可分为玻璃窗、纱窗、百叶窗、保温窗、防风沙窗等。玻璃窗能满足采光的功能要求，纱窗在保证通风的同时，可以防止蚊蝇进入室内，百叶窗一般用于只需通风而不需采光的房间。

二、门窗的作用及组成

（一）门窗的作用

1. 门的作用

（1）通行与疏散　门是对内外联系的重要洞口，供人从此处通行，联系室内外和各房间；如果有事故发生，可以供人紧急疏散用。

（2）围护作用　在北方寒冷地区，外门应起到保温防雨作用；门要经常开启，是外界声音的传入途径，关闭后能起到一定的隔声作用；此外，门还起到防风沙的作用。

（3）美化作用　作为建筑内外墙重要组成部分的门，其造型、质地、色彩、构造方式等，对建筑的立面及室内装修效果影响很大。

2. 窗的作用

（1）采光　各类不同的房间，都必须满足一定的照度要求。在一般情况下，窗口采光面积是否恰当，是以窗口面积与房间地面净面积之比来确定的，各类建筑物的使用要求不同，采光的标准也不相同。

（2）通风　为确保室内外空气流通，在确定窗的位置、面积大小及开启方式时，应尽量考虑窗的通风功能。

（二）门窗的组成

1. 门的组成

门一般由门框（门樘）、门扇、五金零件及其他附件组成。门框一般是由边框和上框组成，当其高度大于2400mm时，在上部可加设亮子，需增加中横框。当门宽度大于2100mm时，需增设一根中竖框。有保温、防水、防风、防沙和隔声要求的门应设下槛。

门扇一般由上冒头、中冒头、下冒头、边框、门芯板、玻璃、百叶等组成。

2. 窗的组成

窗是由窗框（窗樘）、窗扇、五金零件等组成。

窗框是由边框、上框、中横框、中竖框等组成，窗扇是由上冒头、下冒头、边框、窗芯子、玻璃等组成。

三、门窗制作与安装的要求

1. 门窗的制作

在门窗的制作过程中，关键在于掌握好门窗框和门窗扇的制作，主要应当把握好以下两个方面。

（1）下料原则　对于矩形门窗，要掌握纵向通长、横向截断的原则；对于其他形状门窗，一般应当需要放大样，所有杆件应留足加工余量。

（2）组装要点　保证各杆件在一个平面内，矩形对角线相等，其他形状应与大样重合。要确实保证各杆件的连接强度，预留好门窗扇与框之间的配合余量和门窗框与洞的间隙余量。

2. 门窗的安装

安装是门窗能否正常发挥作用的关键，也是对门窗制作质量的检验，对于门窗的安装速度和质量均有较大的影响，是门窗施工中的重点。因此，门窗的安装必须把握下列要点。

（1）门窗所有构件要确保在一个平面内安装，而且同一立面上的门窗也必须在同一个平面内，特别是外立面，如果不在同一个平面内，则形成出进不一，颜色不一致，立面失去美观的效果。

（2）确保连接要求。框与洞口墙体之间的连接必须牢固，不得产生变形，这也是门窗密封的保证。门窗框与门窗扇之间的连接必须保证开启灵活、密封，搭接量不小于设计的80%。

3. 防水处理

门窗的防水处理，是施工中必须高度重视的一项工作，应先加强对缝隙的密封，然后再打防水胶进行防水，从而阻断渗水的通路；同时做好排水通路，以防止在长期静水的渗透压力作用下而破坏密封防水材料。

门窗框与墙体是两种不同材料的连接，必须做好缓冲防变形的处理，以免产生裂缝而出现渗水。一般需要在门窗框与墙体之间填充缓冲材料，材料要做好防腐蚀处理。

4. 注意事项

门窗的制作与安装除满足以上要求外，在进行安装时还应注意以下方面。

（1）在门窗正式安装前，应根据设计和厂方提供的门窗节点图、结构图进行全面检查。主要核对门窗的品种、规格与开启形式是否符合设计要求，零件、附件、组合杆件是否齐全，所有部件是否有出厂合格证书等。

（2）门窗在运输和存放时，底部均需垫上200mm×200mm的方枕木，枕木之间距离为500mm，同时枕木应保持水平、表面光洁，并应有可靠的刚性支撑，以保证门窗在运输和存放过程中不受损伤和变形。

（3）金属门窗的存放处不得有酸碱等腐蚀物质，特别不得有易挥发性的酸，如盐酸、硝酸等，并要求有良好的通风条件，以防止门窗被酸碱等物质腐蚀。

（4）塑料门窗在运输和存放时，不能平堆码放，应竖直排放，门窗各樘之间用非金属软质材料（如玻璃丝毡片、粗麻编织物、泡沫塑料等）隔开，并固定牢靠。由于塑料门窗是由聚氯乙烯塑料型材组装而成的，属于高分子热塑性材料，所以存放处应远离热源，以防止产生变形。塑料门窗型材是中空的，在组装成门窗时虽然插装轻钢骨架，但这些骨架未经铆固或焊接，其整体刚性比较差，不能经受外力的强烈碰撞和挤压。

（5）门窗在设计和生产时，由于未考虑作为受力构件使用，仅考虑了门窗本身和使用过程中的承载能力。如果在门窗框和扇上安放脚手架或悬挂重物，轻者引起门窗的变形，重者可能引起门窗的损坏。因此，金属门窗与塑料门窗在安装过程中，都不得作为受力构件使用，不得在门窗框和扇上安放脚手架或悬挂重物。

（6）要切实注意保护铝合金门窗和涂色镀锌钢板门窗的表面。铝合金表面的氧化膜、彩色镀锌钢板表面的涂膜，都有保护金属不受腐蚀的作用，一旦这些薄膜被破坏，就会失去对金属材料的保护作用，使金属产生锈蚀，不仅影响门窗的装饰效果，而且影响门窗的使用功能和寿命。

（7）塑料门窗成品表面平整光滑，具有较好的装饰效果，如果在施工中不加以注意保护，很容易磨损或擦伤其表面，而影响门窗的美观。为保护门窗不受损伤，塑料门窗在搬、吊、运时，应用非金属软质材料衬垫和非金属绳索捆绑。

（8）为了保证门窗的安装质量和使用效果，对金属门窗和塑料门窗的安装，必须采用预留洞口、后安装的方法，严禁采用边安装、边砌筑洞口或先安装、后砌筑洞口的做法。金属门窗和塑料门窗与木门窗不一样，除实腹钢门窗外，其余都是空腹的，门窗的侧壁比较薄，锤击和挤压易引起局部弯曲损坏。

金属门窗表面都有一层保护装饰膜或防锈涂层，如果这层薄膜被磨损，是很难修复的。防锈层磨损后不及时修补，也会失去防锈的作用。

（9）门窗固定可以采用焊接、膨胀螺栓或射钉等方式。但砖墙不能用射钉，因为砖体受到冲击力后易碎。在门窗的固定中，普遍对地脚的锚固重视不够，而是将门窗直接卡在洞口内，用砂浆挤压密实就算固定，这种做法非常错误、十分危险。

门窗安装固定工作十分重要，是关系到在使用中是否安全的大问题，必须要有安装隐蔽工程记录，并应进行手扳检查，以确保安装质量。

（10）门窗在安装过程中，应及时用布或棉丝清理粘在门窗表面的砂浆和密封膏液，以免其凝固干燥后粘附在门窗的表面，影响门窗的表面美观。

第二节　装饰木门窗的制作与安装

自古至今，木门窗在装饰工程中占有重要地位，在建筑装饰装修方面留下了光辉的一页，我国北京故宫就是装饰木门窗应用的典范。尽管新型装饰材料层出不穷，但木材的独特质感、自然花纹、特殊性能，是其他任何材料无法代替的。

一、木门窗的开启方式

1. 木门的开启方式

木门的开启方式主要是由使用要求所决定的，通常有平开门、弹簧门、推拉门、折叠门和转门等，如图 5-1 所示。

| (a) 平开门 | (b) 弹簧门 | (c) 推拉门 | (d) 折叠门 | (e) 转门 |

图 5-1　木门的不同开启方式

（1）平开门　平开门，即水平开启的门。其铰接安装在门的侧边，有单扇和双扇、向内开和向外开之分。平开门的构造简单、开启灵活，制作安装和维修均比较方便，是一般建筑中使用最广泛的门，如图 5-1（a）所示。

（2）弹簧门　弹簧门的形式同平开门，但其侧边用弹簧铰链或下面用地弹簧传动，开启后能自动关闭。多数为双扇玻璃门，能内、外弹动；少数为单扇或单向弹动的，如纱门。弹簧门的构造和安装比平门稍为复杂些，都用于人流出入频繁或有自动关闭要求的场所。门上一般都安装玻璃，如图 5-1(b) 所示。

（3）推拉门　推拉门亦称为拉门，在上下轨道上左右滑行。推拉门有单扇或双扇，可以藏在夹墙内或贴在墙面外，占用面积较少，如图 5-1(c) 所示。推拉门构造较为复杂，一般用于两个空间需要扩大联系的门。在人流众多的地方，还可以采用光电管或触动设施使推拉门自动启闭。

（4）折叠门　折叠门多为扇折叠，可拼合折叠推移到侧边如图 5-1(d) 所示。传动方式简单者可以同平开门一样，只在门的侧边装铰链；复杂者在门的上边或下边需要装轨道及转动五金配件。一般用于两个空间需要更为扩大联系的门。

（5）转门　转门为三或四扇门连成风车形，在两个固定的弧形门套内能够旋转的门如图 5-1(e) 所示。对防止内外空气的对流有一定的作用，可以作为公共建筑及有空气调节房屋的外门。一般在转门的两旁另设平开或弹簧门，以作为不需要空气调节的季节或大量人流疏散之用。转门构造复杂，造价较贵，一般情况下不宜采用。

其他尚有上翻门、升降门、卷帘门等，一般适用于较大活动空间，如车库、车间及某些公共建筑的外门。

2. 木窗的开启方式

窗的开启方式主要决定于窗扇的转动五金的部位和转动方式，它可根据使用要求选用。通常，有以下几种常用的开启方式。

（1）固定窗　固定窗，即不能开启的窗，只作为采光及眺望之用，一般将玻璃直接安装在窗框上，尺寸可较大。

（2）平开窗　平开窗为侧边用铰链转动、水平开启的窗，有单扇、双扇、多扇、及向内开、向外开之分。平开窗构造简单，开启灵活，制作、安装和维修均较方便，在一般建筑中使用最为广泛。

（3）横式悬窗　这类窗户按照其转动铰链和转轴位置的不同，有上悬窗、中悬窗、下悬窗之分。一般上悬窗和中悬窗向外开，其防雨效果较好，可用作为外窗之用；而下悬窗不能防雨，不适宜作为外窗。这三种形式的窗都有利于通风，常被用于高窗及门上窗，其构造上较为简单。

（4）立体转窗　立体转窗，为上、下冒头设转轴，立向转动的窗。转轴可设在中心或偏在一侧。立式转窗外出挑不大时，可用较大块的玻璃，有利于采光和眺望，也便于擦窗，适用于不经常开启的窗扇。但安装纱窗很不方便，而且在构造上也比较复杂，特别要注意密封和防雨措施。

（5）推拉窗　推拉窗分垂直推拉和水平推拉两种。垂直推拉窗需要滑轮和平衡措施。国内用在外窗者较少，用在通风柜或传递窗较多。水平推拉一般上、下放槽轨，开启时两扇或多扇重叠。因为不像其他形式的窗有悬挑部分，所以窗扇及玻璃尺寸均可较平开窗为大，有利于采光和眺望，但国内一般用于外窗的比较少。

（6）百叶窗　百叶窗是构造最简单的窗子，可用木板、塑料或玻璃条制成，有固定百叶和转动百叶两种，主要用于通风和遮阳。

二、木门窗对材料要求

1. 对木材的要求

（1）制作木门窗的木材应选择木质良好、无腐朽、不潮湿、无扭曲变形的材料。所用木材品种、材质等级、规格、尺寸、框扇的线型均应符合设计要求。当设计中未规定材质等级时，所用木材的质量应符合下列规定。

① 制作普通木门窗所用木材的质量应符合表 5-1 中的规定。

表 5-1　普通木门窗所用木材的质量要求

木材缺陷		门窗扇的立梃、冒头、中冒头	窗棂、压条、门窗及气窗的线脚、通风窗立梃	门心板	门窗框
活节	不计个数，直径/mm	<15	<5	<15	<15
	计算个数，直径	≤材宽的1/3	≤材宽的1/3	≤30mm	≤材宽的1/3
	任1延米个数	≤4	≤2	≤3	≤5
死节		允许，计入活节总数	不允许	允许，计入活节总数	
髓心		不露出表面的，允许	不允许	不露出表面的，允许	
裂缝		深度及长度≤厚度及材长的1/5	不允许	允许可见裂缝	深度及长度≤厚度及材长的1/4
斜纹的斜率/%		≤7	≤5	不限	≤12
油眼		非正面，允许			
其他		浪形纹理、圆形纹理、偏心及化学变色，允许			

② 制作高级木门窗所用木材的质量应符合表 5-2 中的规定。

表 5-2　高级木门窗所用木材的质量要求

木材缺陷		门窗扇的立梃、冒头、中冒头	窗棂、压条、门窗及气窗的线脚、通风窗立梃	门心板	门窗框
活节	不计个数，直径/mm	<10	<5	<10	<10
	计算个数，直径	≤材宽的1/4	≤材宽的1/4	≤20mm	≤材宽的1/3
	任1延米个数	≤2	≤0	≤2	≤3
死节		允许，包括在活节总数牛	不允许	允许，包括在活节总数中	不允许
髓心		不露出表面的，允许	不允许	不露出表面的，允许	
裂缝		深度及长度≤厚度及材长的1/6	不允许	允许可见裂缝	深度及长度≤厚度及材长的1/5
斜纹的斜率/%		≤6	≤4	≤15	≤10
油眼		非正面，允许			
其他		浪形纹理、圆形纹理、偏心及化学变色，允许			

（2）木门窗所用的木材含水率应符合表 5-3 中的规定。

表 5-3　木门窗所用木材含水率　　　　　　　　　　单位：%

零部件名称		高级木门窗	普通木门窗
门窗框	针叶材	≤14	≤14
	阔叶材	≤12	≤14
拼接零件		≤10	≤10
门窗及其余零部件		≤10	≤12

（3）木方料的配料，应先用尺测量木方料的长度，然后再按门窗横档、竖撑尺寸放长 30～50mm 截取，以留有加工的余量。木方料的截面尺寸宽、厚为：单面刨光加 3mm，双面刨光加 5mm，以便刨料加工。

2. 木门面板要求

（1）胶合板应该选择不潮湿、无脱胶开裂的板材，饰面胶合板应选择木纹流畅、色调一致、无几节疤点、不潮湿、无脱胶的板材。

（2）各种人造板，包括硬质纤维板、中密度纤维板、胶合板、刨花板等，应符合相应国家标准及设计要求。部分装饰工程中常用面板的技术性能指标如下。

① 中密度纤维板的技术性能　中密度纤维板可分为普通型中密度纤维板、家具型中密度纤维板和承重型中密度纤维板。普通型中密度纤维板。普通型中密度纤维板是指通常不在承重场合使用以及非家具型中密度纤维板，如展览会用的临时展板、隔墙板等。家具型中密度纤维板。家具型中密度纤维板系指作为家具或装饰装修用，通常需要进行表面二次加工处理的中密度纤维板，如家具制造、橱柜制作、装饰装修件、细木工制品等。承重型中密度纤维板。承重型中密度纤维板系指通常用于小型结构部件，或承重状态下使用的中密度纤维板，如室内地面铺设、棚架、室内普通建筑部件等。

以上三类中密度纤维板，按其使用状态又可分为干燥状态、潮湿状态、高湿度状态和室外状态4种情况。中密度纤维板的外观质量要求，应符合表5-4中的规定；中密度纤维板的幅面尺寸、尺寸偏差、密度及偏差和含水率要求，应符合表5-5中的规定；中密度纤维板的甲醛释放限量，应符合表5-6中的规定。

表 5-4　中密度纤维板的外观质量要求

项目名称	质量要求	允许范围	
		优等品	合格品
分层、鼓泡或炭化	—	不允许	不允许
局部松软	单个面积≤2000mm²	不允许	3个
板边缺损	宽度≤10mm	不允许	允许
油污斑点或异物	单个面积≤40mm²	不允许	1个
压痕	—	不允许	允许

注：1. 同一张板不应有两项或以上的外观缺陷。

2. 砂光的表面质量由供需双方协商确定。

表 5-5　中密度纤维板的幅面尺寸、尺寸偏差、密度及偏差和含水率要求

性能名称		单位	公称厚度范围	
			≤12mm	>12mm
厚度偏差	不砂光板	mm	−0.30～+1.50	−0.50～+1.70
	砂光板	mm	±0.20	±0.30
长度与宽度偏差		mm/m	±2.0	±2.0
垂直度		mm/m	<2.0	<2.0
密度		g/cm³	0.65～0.80(允许偏差±10%)	
板内的密度偏差		%	±10.0	±10.0
含水率		%	3.0～13.0	3.0～13.0

表 5-6　中密度纤维板的甲醛释放限量

测试方法	气候箱法	小型容器法	气体分析法	干燥器法	穿孔法
单位	mg/m²	mg/m²	mg/(m²·h)	mg/L	mg/100g
限量值	0.124		3.5	—	8.0

注：1. 甲醛释放限量应符合气候箱法、气体分析法和穿孔法中的任一项限量值，由供需双方协商选择。

2. 如果小型容器法和干燥器法应用于生产控制检验，则应确定其与气候箱法之间的有效相关性。

② 胶合板的技术性能　胶合板是由木段旋切成单板或由木方刨切成薄木，再用胶黏剂胶合而成的三层或多层的板状材料，通常用奇数层单板，并使相邻层单板的纤维方向互相垂直胶合而成。胶合板能有效地提高木材利用率，是节约木材的一个主要途径。可供飞机、船舶、火车、汽车、家具、建筑装饰和包装箱等作用材。

根据现行国家标准《普通胶合板》（GB/T 9846—2015）中的规定，胶合板的尺寸公差应符合表5-7中的要求。普通胶合板通用技术条件应符合表5-8中的要求。

表 5-7　胶合板的尺寸公差

胶合板的幅面尺寸/mm

宽度	长度				
	915	1220	1830	2135	2440
915	915	1220	1830	2135	—
1220	—	1220	1830	2135	2440

注：1. 特殊尺寸可由供需双方协议；2. 胶合板长度和宽度公差为±2.5mm

胶合板的厚度公差/mm

公称厚度 t	未砂光板		砂光板	
	每张板内的厚度允许差	厚度允许偏差	每张板内的厚度允许差	厚度允许偏差
2.7、3.0	0.5	$+0.4，-0.2$	0.3	$±0.2$
$3<t<5$	0.7	$+0.5，-0.3$	0.5	$±0.3$
$5≤t<12$	1.0	$+(0.8+0.03t)$	0.6	$+(0.8+0.03t)$
$12<t≤25$	1.5	$-(0.4+0.03t)$	0.6	$-(0.4+0.03t)$

胶合板的翘曲度限值

厚　度	等级		
	优等品	一等品	合格品
公称厚度（自 6mm 以上）	$≤0.5\%$	$≤1.0\%$	$≤2.0\%$

表 5-8　普通胶合板通用技术条件

胶合板的含水率

胶合板的材种	含水率/%	
	Ⅰ、Ⅱ类	Ⅲ类
阔叶树材(含热带阔叶树材)、针叶树材	6~14	6~16

胶合板的强度指标值

树种名称	类别	
	Ⅰ、Ⅱ类	Ⅲ类
椴木、杨木、拟赤杨、泡桐、柳安、杉木、奥克榄、白梧桐、海棠木	$≥0.70$	$≥0.70$
水曲柳、荷木、枫香、槭木、榆木、柞木、阿必东、克隆、山樟	$≥0.80$	
桦木	$≥1.00$	
马尾松、云南松、落叶松、辐射松	$≥0.80$	

胶合板的甲醛释放限量

级别标志	限量值/(g/L)	备　注	级别标志	限量值/(g/L)	备　注
E₀	$≤0.5$	可直接用于室内	E₂	$≤5.0$	必须饰面处理后方可允许用于室内
E₁	$≤1.5$	可直接用于室内			

③ 刨花模压制品系用木材、竹材及一些农作物剩余物，直接胶黏装饰材料一次压制而成的产品。模压刨花制品根据使用环境不同，可分为室内用和室外用两类，建筑工程中常见的是室内用模压刨花制品。

根据现行国家标准《模压刨花制品 第 1 部分：室内用》（GB/T 15105.1—2006）中的规定，本标准适用于室内用模压刨花制品。模压刨花制品的非装饰面外观质量，应符合表5-9 中的规定；模压装饰层模压刨花制品的理化性能，应符合表 5-10 中的规定；模压装饰层模压刨花制品的甲醛释放限量，应符合表 5-11 中的规定。

表 5-9　模压刨花制品的非装饰面外观质量

缺陷名称	优等品	一等品	合格品
鼓泡	不允许	单个不大于 10cm² 允许 1 处	单个不大于 20cm² 允许 1 处
污斑	小于 5cm² 允许 1 处	单个不大于 20cm² 允许 1 处	单个不大于 20cm² 允许 1 处
分层	不允许	不允许	不大于 5cm² 允许 1 处

表 5-10 模压装饰层模压刨花制品的理化性能

检 验 项 目		优等品	一等品	合格品	备 注
密度/(g/cm³)		0.60~0.85	0.60~0.85	0.60~0.85	
含水率/%		5.0~11.0			
静曲强度/MPa		≥40	≥30	≥25	
内部结合强度/MPa		≥1.00	≥0.80	≥0.70	
吸水厚度膨胀率/%		≤3.0	≤6.0	≤8.0	
握螺钉力/N		≥1000	≥800	≥600	
浸渍剥离性能		任何一边装饰层与基材剥离长度均不得超过25mm			仅适用于本标准中4.2(c)规定的产品
表面耐磨	磨耗值/(mg/100r)	≤80			仅适用于本标准中4.2(a)规定的产品
	表面情况	图案:磨100r后应保留50%以上花纹;素色:磨350r后应无露底现象			
表面耐开裂性能		0	≤1	≤1	
表面耐香烟灼烧		允许有黄斑和光泽有轻微变化			
表面耐干热		无龟裂、无鼓泡,允许光泽有轻微变化			
表面耐污染腐蚀		无污染、无腐蚀			
表面耐水蒸气		不允许有凸起、变色和开裂			
耐光色牢度(灰色样卡)/级		≥4			

注:经供需双方协议,可生产其他耐光色牢度级别的产品。

表 5-11 模压装饰层模压刨花制品的甲醛释放限量

产品名称	单位	甲醛释放限量及级别标志			测定方法
		E₀	E₁	E₂	
无装饰层的模压刨花制品	mg/100r	≤5.0	>5.0~9.0	>9.0~≤30.0	穿孔萃取法
印刷纸装饰模压刨花制品、单板装饰模压刨花制品	mg/L	≤0.5	>0.5~1.5	>1.5~≤5.0	干燥器法
三聚氰胺树脂浸渍胶膜纸装饰模压装饰层模压刨花制品、织物装饰模压刨花制品、聚氯乙烯薄膜装饰模压刨花制品	mg/L	≤0.5	>0.5~1.5	—	

  细木工板系指板芯用木条、蜂窝材料组拼,上下两面各自胶贴一层或二层单板制成的人造板。细木工板与刨花板、中密度纤维板相比,其天然木材特性更顺应人类自然的要求;具有质轻、易加工、钉固牢靠、不易变形等优点,是室内装修和高档家具制作的理想材料。

  根据现行国家标准《细木工板》(GB/T 5849—2006)中的规定。阔叶树材细木工板外观分等的允许缺陷,应符合表5-12中的规定;针叶树材细木工板外观分等的允许缺陷,应符合表5-13中的规定;细木工板外观分等的规格尺寸和偏差,应符合表5-14的规定;细木工板板芯部的质量要求,应符合表5-15的规定;细木工板的含水率、横向静曲强度、浸渍剥离性能要求,应符合表5-16中的规定;细木工板的胶合强度要求,应符合表5-17中的规定。

表 5-12 阔叶树材细木工板外观分等的允许缺陷

缺陷种类	检验项目	技术要求			
		面板			背板
		优等品	一等品	合格品	
针节	—	允许	允许	允许	允许
活节	最大单个直径/mm	10	20	不限	不限
半活节 死节 夹皮	每平方米板面上总个数	不允许	4	6	不限
	半活节 最大单个直径/mm	不允许	15(自5以下不计)	不限	不限
	死节 最大单个直径/mm	不允许	4(自2以下不计)	15	不限
	夹皮 最大单个长度/mm	不允许	20(自5以下不计)	不限	不限

第五章 门窗工程的施工技术 241

缺陷种类	检验项目	技术要求			
		面板			背板
		优等品	一等品	合格品	
木材异常结构	—	允许	允许	允许	允许
裂缝	每米板宽度范围内的条数	不允许	1	2	不际
	最大单个宽度/mm	不允许	1.5	3.0	6.0
	最大单个长为板长的百分比/%	不允许	10	15	30
虫孔、钉孔、孔洞	最大单个直径/mm	不允许	4	8	15
	每平方米板面上的个数	不允许	4	不呈筛孔状不限	
变色①	不超过板面积的/%	不允许	30	不限	不限
腐朽	—	不允许	不允许	允许初腐，面积不超过板面积1%	允许初腐
表面拼接离缝	最大单个宽度/mm	不允许	0.5	1.0	2.0
	最大单个长度为板长的百分比/%	不允许	10	30	50
	每米板宽度内的条数	不允许	1	2	不限
表板叠层	最大单个宽度/mm	不允许	不允许	8	不限
	最大单个长度为板长的百分比/%	不允许	不允许	20	不限
芯板叠层分离	紧贴表板的芯板的叠层分离 最大单个宽度/mm	不允许	2	8	10
	紧贴表板的芯板的叠层分离 每米板长内条数	不允许	2	不限	不限
	其他各层离缝的最大宽度/mm	不允许	10	10	—
鼓泡、分层	—	不允许	不允许	不允许	
凹陷、压痕、鼓包	最大单个面积/mm²	不允许	50	400	不限
	每平方米板面上的个数	不允许	1	20	不限
毛刺沟痕	不超过板面积的百分比/%	不允许	1	20	不限
	深度不超过/mm	不允许	0.4	不允许穿透	
表板砂透	每平方米板面上/mm²	不允许	不允许	400	10000
透胶及其他人为污染	不超过板面积的百分比/%	不允许	0.5	10	30
补片、补条	允许制作适当且填补牢固的，每平方米板面上的个数/个	不允许	3	不限	不限
	不超过板面积的百分比/%	不允许	0.5	3.0	不限
	缝隙不超过/%	不允许	0.5	1.0	2.0
内含铅质书钉	—	不允许	不允许	不允许	不允许
板边缺损	基本幅面内不超过/mm	不允许	不允许	10	10
其他缺损	—	不允许	按最类似缺陷考虑		

注：浅色斑条按变色计：一等品板深色斑条宽度不允许超过2mm，长度不允许超过20mm；桦木除优等品板材外，允许有伪芯材，但一等品板的色泽应调和；桦木一等品板材不允许有密集的褐色或黑色髓斑；优等品和一等品板材的异色边芯材按变色计。

表5-13　针叶树材细木工板外观分等的允许缺陷

缺陷种类	检验项目		技术要求			
			面板			背板
			优等品	一等品	合格品	
针节	—		允许	允许	允许	允许
活节 半活节 死节	每平方米板面上总个数		5	8	10	不限
	活节	最大单个直径/mm	20	30（自10以下不计）	不限	不限
	半活节、死节	最大单个直径/mm	不允许	5	30（自10以下不计）	不限
木材异常结构	—		允许	允许	允许	允许

缺陷种类	检验项目	技术要求			
		面板			背板
		优等品	一等品	合格品	
夹皮 树脂道	每平方米板面上的总个数/个	3	4 （自 10 以下不计）	10 （自 15 以下不计）	不限
	单个最大长度/mm	15	30	不限	不限
裂缝	每米板宽度范围内的条数	不允许	1	2	不际
	最大单个宽度/mm	不允许	1.5	3.0	6.0
	最大单个长为板长的百分比/%	不允许	10	15	30
虫孔、钉 孔、孔洞	最大单个直径/mm	不允许	2	6	15
	每平方米板面上的个数/个	不允许	4	10 （自 3 以下不计）	不呈筛孔 状不限
变色①	不超过板面积的/%	不允许	浅色 10	不限	不限
腐朽	—	不允许	不允许	允许初腐,面积不 超过板面积 1%	允许 初腐
表面拼 接离缝	最大单个宽度/mm	不允许	0.5	1.0	2.0
	最大单个长度为板长的百分比/%	不允许	10	30	50
	每米板宽度内的条数	不允许	1	2	不限
表板砂透	每平方米板面上不超过/mm²	不允许	不允许	400	10000
表板叠层	最大单个宽度/mm	不允许	不允许	2	10
	最大单个长度为板长的百分比/%	不允许	不允许	20	不限
芯板叠 层分离	紧贴表板的芯 板的叠层分离 最大单个宽度/mm	不允许	2	4	10
	每米板长内条数	不允许	2	不限	不限
	其他各层离缝的最大宽度/mm	不允许	10	10	不限
鼓泡、分层		不允许	不允许	不允许	
凹陷、压痕 鼓包	最大单个面积/mm²	不允许	50	400	不限
	每平方米板面上的个数/个	不允许	2	6	不限
毛刺沟痕	不超过板面积的百分比/%	不允许	5	20	不限
	深度不超过/mm	不允许	不允许穿透		
透胶及其他 人为污染	不超过板面积的百分比/%	不允许	0.5	10	30
补片、补条	允许制作适当且填补牢固的,每平方米 板面上的个数	不允许	6	不限	不限
	不超过板面积的百分比/%	不允许	1	5	不限
	缝隙不超过/%	不允许	0.5	1.0	2.0
内含铅质的书钉	—	不允许	不允许	不允许	不允许
板边缺损	基本幅面内不超过/mm	不允许	不允许	10	10
其他缺损	—	不允许	按最类似缺陷考虑		

表 5-14　细木工板外观分等的规格尺寸和偏差

项　目		技　术　指　标				
宽度和长度/mm	宽度	长度				
	915	915	—	1830	2135	—
	1220	—	1220	1830	2135	2440
厚度偏差/mm	基本厚度	不砂光		砂光(单面或双面)		
		每张板厚度公差	厚度偏差	每张板厚度公差	厚度偏差	
	≤16	1.0	±0.6	0.6	±0.4	
	>16	1.2	±0.8	0.8	±0.6	
垂直度		相邻近的边垂直度不超过 1.0mm/m				
边缘的顺直度		不超过 1.0mm/m				
翘曲度		优等品不超过 0.1%,一等品不超过 0.2%,合格品不超过 0.3%				
波纹度		砂光表面波纹度不超过 0.3mm,不砂光表面波纹度不超过 0.5mm				

表 5-15　细木工板板芯部的质量要求

项　目	技　术　指　标
相邻近"芯条"的接缝间距	沿着板材的长度方向,相邻近两排"芯条"的两个端部接缝的距离不小于 50mm
细木工板的"芯条"长度	不小于 100mm
"芯条"的宽厚比	"芯条"的宽度与厚度之比不大于 3.5
"芯条"侧面缝隙和"芯条"端面缝隙	"芯条"的侧面缝隙不超过 1mm,"芯条"的端面缝隙不超过 3mm
板芯的修补	板芯可以允许用木条、木块和单板进行加胶修补

表 5-16　细木工板的含水率、横向静曲强度、浸渍剥离性能要求

检验项目		指标值	检验项目	指 标 值
含水率/%		6.0～14.0	表面胶合强度/MPa	≥0.60
横向静曲强度/MPa	平均值	≥15.0	浸渍剥离性能/mm	试件每个胶层上的每一边剥离长度均不超过 25mm
	最小值	≥12.0		

表 5-17　细木工板的胶合强度要求　　　　　　单位：MPa

树　种	技术指标
椴木、杨木、拟赤杨、泡桐、柳安、杉木、奥克榄、白梧桐、海棠木	≥0.70
水曲柳、荷木、枫香、槭木、榆木、柞木、阿必东、克隆、山樟	≥0.80
桦木	≥1.00
马尾松、云南松、落叶松、辐射松	≥0.80

注：1. 其他国产阔叶树材或针叶树材制成的细木工板,其胶合强度指标值可根据其密度分别比照本表所规定的椴木、水曲柳或马尾松的指标值;其他热带阔叶树材制成的细木工板,其胶合强度指标值可根据树种的密度比照本表的规定。密度自 0.60g/cm³ 以下的采用柳安的指标值,超过的则采用阿必东的指标值。供需双方对树种的密度有争议时,按 GB/T 1933 的规定制定。2. 三层细木工板不进行胶合强度和表面胶合强度检验。3. 当表板的厚度<0.55mm 时,细木工板不进行胶合强度检验;当表板的厚度≥0.55mm 时,五层及多层细木工板不进行表面胶合强度和浸渍剥离检验。4. 对于不同树种搭配制成的细木工板的胶合强度指标值,应取各树种中要求量小的指标值。5. 在确定胶合强度的换算系数时,应根据表板和芯板的厚度。6. 如测定胶合强度试件的平均木材破坏率超过 80% 时,则其胶合强度指标值可比本表所规定的值低 0.20MPa。

（3）各等级门窗所用人造板的等级应符合表 5-18 中的规定。

表 5-18　门窗所用人造板的等级

材 料 名 称	高 级 门 窗	普 通 门 窗	材 料 名 称	高 级 门 窗	普 通 门 窗
胶合板	特级、1级	3	中密度纤维板	优等、1等	合格
硬质纤维板	特级、1级	3	刨花板	A类优、1等	A类2及B类

（4）各种人造板及其制品中甲醛限量值应符合表 5-19 中的规定。

表 5-19　人造板及其制品中甲醛限量值

产品名称	试验方法	限量值	使用范围	限量标志
中密封纤维板、高密度纤维板、刨花板、定向刨花板	穿孔萃取法	≤9.0mg/100g	可直接用于室内	E1
		≤30mg/100g	必须饰面处理后可允许用于室内	E2
胶合板、装饰单板贴面胶合板、细木工板	干燥器法	≤1.5mg/100g	可直接用于室内	E1
		≤5.0mg/100g	必须饰面处理后可允许用于室内	E2

三、木门窗的制作工艺

在现代装饰装修工程中，不仅木门窗的制作占有很大比例，而且木门窗又是室内装饰造型的一个重要组成部分，也是创造装饰气氛与效果的一个重要手段。

木门窗制作的生产操作程序为：配料→截料→刨料→画线、凿眼→开榫、裁口→整理线角→堆放→拼装。

（一）木门窗施工作业条件

（1）建筑结构工程已经验收完毕，工程质量完全符合设计要求和现行施工规范的规定，室内的施工水平线已弹好。

（2）加工木门窗所用的材料和构件已供应到现场，木材的含水率符合设计要求。

（3）墙体上门窗洞口的位置、尺寸留置准确，门窗安装预埋件已通过隐蔽验收。

（4）门窗安装应在室内外抹灰工程前进行；门窗扇安装应在饰面工程完成后进行。

（二）装饰木门的施工

1. 木门的基本构造

门是由门框和门扇两部分组成的。当门的高度超过 2.1m 时，还要增加上窗的结构（又称亮子），门的各部分名称如图 5-2 所示。各种门的门框构造基本相同，但门扇有较大的差别。

（1）门框　门框是门的骨架，主要由冒头（横档）、框梃（框柱）组成。有门的上窗时，在门扇与上窗之间设有中贯横档。门框架各连接部位都是用榫眼连接的。按照传统的做法，框梃和冒头的连接是在冒头上打眼，在框梃上制作榫；框梃与中贯横档的连接，是在框梃上打眼，在中贯横档两端制作榫。

（2）门扇　装饰木门的门扇，有镶板式门扇和蒙板式门扇两类。

① 镶板式门扇　镶板式门扇是在做好门扇框后，将门板嵌入门扇木屋上的凹槽中。这种门扇框的木方用量较大，但板材用量较少。这种门扇的门扇框是由上冒头、中冒头、下冒头和门扇梃组成。门扇梃与上冒头的连接，是在门扇梃上打眼，上冒头的上半部做半榫，下半部做全榫，如图 5-3 所示。

图 5-2　门的基本构造形式

（图中标注）框冒头、上窗梃、门框梃、中贯档、门扇上冒头、门扇梃、门芯板、门扇中冒头、竖枋、横枋、木夹板、门扇下冒头、(a) 蒙板门、(b) 镶板门

门扇梃与中冒头的连接，与上冒头的连接基本一样。门扇梃与下冒头的连接，由于下冒头一般比上冒头和中冒头宽，为了连接牢固，要做两个全榫、两个半榫，在门扇梃上打两个全眼、两个半眼，如图 5-4 所示。

为了将门板安装于门扇梃、门扇冒头之间，而在门扇梃和冒头上开出宽为门板厚度的凹槽，在安装门扇时，可将门芯板嵌入槽中。为了防止门芯板受潮发生膨胀，而使门扇变形或芯板翘鼓，门芯板装入槽内后，还应有 2～3mm 的间隙。

② 蒙板式门扇　蒙板式门扇的门扇框，所使用的木方截面尺寸较小，而且是蒙在两块木夹板之间，所以又称为门扇骨架。门扇骨架是由竖向方木和横向方木组成，竖向方木与横档木方的连接，通常采用单榫结构。在一些门扇较高、宽度尺寸较大，骨

架的竖向与横向方木的连接，可用钉和胶相结合的连接方法。门扇两边的蒙板，通常采用 4mm 厚的夹板。

图 5-3　门扇梃与上冒头的连接　　　　　图 5-4　门扇梃与下冒头的连接

2. 装饰门常见形式

（1）镶板式门扇　目前，在建筑装饰工程中常用的镶板式门扇，主要有全木式和木材与玻璃结合式两类，实际中最常用的是木与玻璃结合式。

（2）蒙板式门扇　蒙板式门扇主要有平板式和木板与木线条组合式两类。将各种图案的木线条钉在板面上，从而组成饰面美观、图案多样的门扇，如图 5-5 所示。

（三）装饰木窗

1. 木窗的基本构造

木窗主要由窗框和窗扇组成，并在窗扇上按设计要求安装上玻璃，如图 5-6 所示。

图 5-5　蒙板式门扇示意

图 5-6　木窗的构造形式

2. 木窗的连接构造

木窗的连接构造与门的连接构造基本相同，都是采用榫式结合。按照传统的规矩，一般是在扇梃上凿眼，冒头上开榫。如果采用先立窗框再砌墙的安装方法，应在上冒头和下冒头两端留出走头（延长端头），走头的长度一般为 120mm。窗框与窗棂的连接，也是在扇梃上凿眼，窗棂上开榫。

3. 装饰窗常见式样

在室内装饰工程中的装饰窗，通常主要有固定式和开启式两大类。

（1）固定式装饰窗　固定式装饰窗没有可以活动的开闭的窗扇，窗棂直与窗框相连接。常见的固定式装饰窗如图 5-7 所示。

（2）开启式装饰窗　开启式装饰窗，分为全开启式和部分开启式两种。部分开启式是装饰窗的一部分是固定的，另一部分是可以开闭的。常见的活动装饰窗如图 5-8 所示。

图 5-7　常见的固定式装饰窗

图 5-8　常见的活动装饰窗

（四）木装饰门窗制作工艺

1. 制作工序

木装饰门窗的制作工艺主要包括：配料→截料→刨料→划线→凿眼→"倒棱"→"裁口"→开榫→"断肩"→组装→加楔→净面→油漆→安装玻璃。

2. 施工工艺

（1）配料与截料　木装饰门窗的配料与截料可按以下方法和要求进行操作。

① 为了进行科学配料，在配料前要熟悉图纸，了解门窗的构造、各部分尺寸、制作数量和质量要求。计算出各部分的尺寸和数量，列出配料单，按照配料单进行配料。如果数量较少，也可以直接配料。

② 在进行配料时，对木方材料要进行选择。不用有腐朽、斜裂、节疤大的木料，不干燥的木料也不能使用。同时，要先配长料后配短料，先配框料后配门窗扇料，使木料得到充分合理的使用。

③ 制作门窗时，往往需要大量刨削，拼装时也会有一定的损耗。所以，在配料时必须加大木料的尺寸，即各种部件的毛料尺寸要比其净料加大些，最后才能达到图纸上规定的尺寸。门窗料的断面，如要两面刨光，其毛料要比其净料加大 4～5mm，如只是一面刨光，要加大 2～3mm。

④ 门窗料的长度，因门窗框的冒头有走头（加长端），冒头（门框上的上冒头，窗框的上、下冒头）两端各需加长 120mm，以便砌入墙内锚固。无走头时，冒头两端各加长 20mm。安装时，再根据门洞或窗洞尺寸决定取舍。需埋入地坪下 60mm，以便入地坪以下使门框牢固。在楼层上的门框梃只加长 20～30mm。一般窗框的梃、门窗冒头、窗棂等可加长 10～15mm，门窗的梃加长 30～50mm。

⑤ 在选配的木料上按毛料尺寸划出截断、锯开线，考虑到锯解木料时的损耗，一般留出 2～3mm 的损耗量。

（2）刨料

① 刨料前，宜选择纹理清晰、无节疤和毛病较少的材面作为正面。对于框料，任选一个窄面为正面。对于扇面，任选一个宽面为正面。

② 刨料时，应看清木料的顺纹和反纹，应当顺着木纹刨削，以免戗茬。刨削中常用尺子量测部件的尺寸是否满足设计要求，不要刨得过量，影响门窗的质量。有弯曲的木料，可

以先加工凹面，把两头刨的基本平整，再用大刨子刨，即可刨平。如果先加工木料凸面，凹面朝下，用力刨削时，凸面向下弯，不刨时，木料的弹性又恢复原状，很难刨平。有扭曲的木料，应先加工木料的高处，直到刨平为止。

③ 正面加工平直以后，要打上记号，再刨垂直的一面，两个面的夹角必须都是90°，一面刨料，一面用角尺测量。然后，以这两个面为准，在木料面上画出所需要的厚度和宽度线。整根材料刨好，这两根线也不能刨掉。

检查木料是否加工好的方法是：取两根木料叠在一起，用手随便按动上面一根木料的一个角，如果这根木料丝毫不动，则证明这根木料已经刨平。检查木料尺寸是否符合要求的方法是：如果每根木料的厚度为40mm，取10根木料叠在一起，量得尺寸为400mm（误差±4mm），其宽度方向两边都不突出。

④ 门、窗的框料靠墙的一面可不刨光，但要刨出两道灰线。扇料必须四面刨光，划线时才能准确。门窗材料在制作好以后，应按门窗框和门窗扇分别进行码放，上下对齐，以便安装时使用。放料的场地，要求平整、坚实，不得出现不均匀沉降。

（3）划线

① 划线前，先要弄清楚榫、眼的尺寸和形式，即什么地方做榫，什么地方凿眼。眼的位置应在木料的中间，宽度不超过木料厚度的1/3，由凿子的宽度而确定。榫头的厚度是根据眼的宽度确定的，半榫长度应为木料宽度的1/2。

② 对于成批的料，应选出两根加工好的木料，大面相对放在一起，划上榫与眼的位置。要注意，使用角尺、画线竹笔、勒子时，都应靠在大号的大面和小面上。划的位置线经检查无误后，以这两根木料为样板再成批划线。要求划线一定要清楚、准确、齐全。

（4）凿眼

① 凿眼时，要选择与眼的宽度相等的凿子，这是保证榫、眼尺寸准确的关键。凿的刃要锋利，刃口必须磨齐平，中间不能突起成弧形。先凿透眼，然后再凿半眼，凿透眼时先凿背面，凿到1/2～2/3眼深，把木料翻起来再凿正面，直至将眼凿透。这样凿眼，可避免木料出现劈裂。另外，眼的正面边线要凿去半条线，留下半条线，榫头开榫时也要留下半条线，榫与眼合起来成为一条整线，这样榫与眼的结合才能紧密。眼的背面按划线凿，不留线，使眼比面略宽，这样在眼中插入榫头时，可避免挤裂眼的四周。

② 加工好的眼，要求形状方正、两侧平直。眼内要清洁，不留木渣。千万不要把中间部分凿凹。凿凹的眼在加楔时，一般不容易夹紧，榫头很容易松动，这是门窗出现松动、关不上、下垂等质量问题的主要原因之一。

（5）"倒棱"和"裁口"

①"倒棱"和"裁口"是在门框梃上做出的，"倒棱"主要起到装饰作用，"裁口"是对门扇在关闭时起到限位作用。

②"倒棱"要平直，宽度要均匀；"裁口"要求方正平直，不能有戗茬起毛、凹凸不平的现象。最忌讳是口根处有台，即"裁口"的角上木料没有刨净。也有不在门框梃木方上做"裁口"，而是用一条小木条钉在门框梃木方上。

（6）开榫与断肩

① 开榫也称为倒卯，就是按榫的纵向线锯开，锯到榫的根部时，要把锯竖直锯几下，但不能切割过线。开榫时要留半线，其半榫长为木料宽度的1/2，应比半眼的深度小1～2mm，以备榫头因受潮而伸长。为确保开榫尺寸的准确，开榫时要用锯小料的细齿锯。

②"断肩"就是把榫两边的肩膀锯断。"断肩"时也要留线，快锯掉时要慢些，防止伤了榫眼。"断肩"时要用小锯。

③ 榫头锯好后插进眼里，以不松不紧为宜。切割好的半榫应比眼稍微大些。组装时在四面棱角处抹上胶用锤敲进去，这样的榫使用比较长久，一般不易松动。如果半榫切割得过薄，插入眼中有松动，可在半榫上加两个破头楔，抹上胶打入半眼内，使破头楔把半榫头撑开借以补救。

④ 锯成的榫头要求方正平直，不能歪歪扭扭，不能伤榫眼。如果榫头不方正、不平直，会影响到门窗不能组装得方正、结实。

（7）组装与净面

① 组装门窗框、扇之前，应选出各部件的正面，以便使组装后正面在同一侧，把组装后加工不到的面上的线用砂纸打磨干净。门框组装前，先在两根框梃上量出门的高度，用细锯锯出一道锯口，或用记号笔划出一道线，这就是室内地坪线，作为立门框的标记。

② 门、窗框的组装，是把一根边梃平放，将中贯档、上冒头（窗框还有下冒头）的榫插入梃的眼里，再装上另一边的梃，用锤轻轻敲打拼合，敲时要垫上木块，防止打伤榫头或留下敲打的痕迹。待整个门窗框拼好并归方后，再将所有的榫头敲实，锯断露出的榫头。

③ 门窗扇的组装方法与门窗框基本相同。但门扇中有门板时，应当先把门芯部按照尺寸裁好，一般门芯板应比门扇边上量得的尺寸小 3~5mm，门芯板的四边去棱、刨光。然后，先把一根门梃平放，将冒头逐个装入，门芯板嵌入冒头与门梃的凹槽内，再将另一根门梃的眼对准榫装入，并用锤击木块敲紧。

④ 门窗框、扇组装好后，为使其成为一个坚固结实的整体，必须在眼中加适量木楔，将榫在眼中挤紧。木楔的长度与榫头一样长，宽度比眼宽窄 2~3mm，楔子头用扁铲顺木纹铲尖。加楔时，应先检查门框、扇的方正，掌握其歪扭情况，以便再加楔时调整、纠正。

⑤ 一般每个榫头内必须加两个楔子。加楔时，用凿子或斧头把榫头凿出一道缝，将楔子两面抹上胶插进缝内，敲打楔子要先轻后重，逐步撑入，不要用力太猛。当楔子已打不动，孔眼已卡紧饱满时，不要再敲打，以防止将木料撑裂。在加楔过程中，对门窗框和门窗扇要随时用角尺找方正，并校正框、扇的不平整处。

⑥ 组装好的门窗框、扇用细刨子加工好后，再用细砂纸打磨平整、光滑。双扇门窗要配好对，对缝的"裁口"加工好。安装前，门窗框靠墙的一面要刷一道沥青，以增加其防腐能力。

⑦ 为了防止校正好的门窗框再发生变形，应在门框下端钉上拉杆，拉杆下皮正好是锯口或记号的地坪线。大一些的门窗框在中贯档与梃间要钉八字撑杆。

⑧ 门窗框组装好后，要采取措施加以保护，防止日晒雨淋，防止碰撞损伤。

四、木门窗的安装工艺

（一）门窗框的安装

1. 安装方法

门窗框有两种安装方法，即先"立口"法和后塞口法，其施工工序如下。

（1）先"立口"法　先"立口"法，即在砌墙前把门窗框按施工图纸立直、找正，并固定好。这种施工方法必须在施工前把门窗框做好运到施工现场。

（2）后塞口法　后塞口法　即在砌筑墙体时预先按门窗尺寸留好洞口，在洞口两边预埋木砖，然后将门窗框塞入洞口内，在木砖处垫好木片，并用钉子钉牢（预埋木砖的位置应避开门窗扇安装铰链处）。

2. 施工要点

(1) 先"立口"安装施工

① 当砌墙砌到室内地坪时，应当立门框；当砌筑到窗台时，应当立窗框。

② 在"立口"之前，按照施工图纸上门窗的位置、尺寸，把门窗的中线和边线画到地面或墙面上。然后，把窗框立在相应的位置上，用支撑临时支撑固定，用线锤和水平测尺找平、找直，并检查框的标高是否正确，如有不平不直之处应随即纠正。不垂直可以挪动支撑加以调整，不平处可以垫木片或砂浆进行调整。支撑不要过早地拆除，应在墙身砌完后拆除比较适宜。

③ 在砌墙施工过程中，千万不要碰动支撑，并应随时对门窗框进行校正，防止门窗框出现位移和歪斜等现象。砌到放木砖的位置时，要校核是否垂直，如有不垂直，在放木砖时随时纠正。否则，木砖砌入墙内，将门窗框固定，就难以纠正。在一般情况下，每边的木砖不得少于2～3块。

④ 木门窗安装是否整齐，对建筑物的装饰效果有很大影响。同一面墙的木门窗框应安装整齐，并在同一个平、立面上。可先立两端的门窗框，然后拉一通线，其他的门窗框按照拉的通线进行竖立。这样可以保证门框的位置和窗框的标高一致。

⑤ 在立框时，一定注意以下2个方面：a. 特别注意门窗的开启方向，防止一旦出现错误很难以进行纠正；

图 5-9　门窗框在墙里皮的做法

b. 注意施工图纸上门窗框是在墙中，还是靠墙的里皮。如果与里皮相平，门窗框应出里皮墙面（即内墙面）20mm，这样，在灰浆涂抹后，门窗框正好和墙面相平，如图 5-9 所示。

(2) 后塞口安装施工　后塞口安装施工应符合下列要求。

① 门窗洞口要按施工图纸上的位置和尺寸预先留出。洞口应比窗口大 30～40mm（即每边大 15～20mm）。

② 在砌墙时，洞口两侧按规定砌入木砖，木砖大小约为半砖，间距不大于 1.2m，每边 2～3块。

③ 在安装门窗框时，先把门窗框塞进门窗洞口内，用木楔临时固定，用线锤和水平测尺进行校正。待校正无误后，用钉子把门窗框钉牢在木砖上，每个木砖上应钉两颗钉子，并将钉帽砸扁冲入梃框内。

④ 在"立口"时，一定要注意以下2个方面：a. 特别注意门窗的开启方向；b. 整个大窗更要注意上窗的位置。

(二) 门窗扇的安装

1. 施工准备

(1) 在安装门窗扇前，先要检查门窗框上、中、下三部分是否一样宽，如果相差超过 5mm 就应当进行修整。

(2) 核对门窗的开启方向是否正确，并打上记号，以免将门窗扇安错。

(3) 安装扇前，预先量出门窗框口的净尺寸，考虑风缝（松动）的大小，再好进一步确定扇的宽度和高度，并进行修刨。应将门扇定于门窗框中，并检查与门窗框配合的松紧度。由于木材有干缩湿胀的性质，而且门窗扇、门窗框上都需要有油漆及打底层的厚度，所以在安装时要留缝。一般门扇对口处的竖向缝隙留 1.5～2.5mm，窗的竖向缝隙留 2.0mm，并按此尺寸进行修整刨光。

2. 施工要点

（1）将修理加工好的门窗扇，用木楔临时固定于门窗框中，排好缝隙后画出铰链位置。铰链位置距上、下边的距离，一般宜为门扇宽度的 1/10，这个位置对铰链受力比较有利，又可以避开榫头。然后把扇取下来，用铲剔出门窗框铰链页槽。铰链页槽应外边较浅、里边较深，其深度应当是把铰链合上后与框、扇平正为准。

在用加工好铰链页槽后，将铰链放入页槽内，上下铰链各拧进一颗螺丝钉把扇挂上，检查缝隙是否符合要求，门窗扇与门窗框是否齐平，门窗扇能否关住。检查合格后，再将剩余螺丝钉全部上齐。

（2）双扇门窗扇安装方法与单扇的安装方法基本相同，只是增加一道"错口"的工序。双扇应按开启方向看，右手是门的盖口，左手是门的等口。

（3）门窗扇安装好后要试开，其达到的标准是：以开到什么地方就能停到这个地方为合格，不能存在自开或自关现象。如果发现门窗扇在高、宽上有短缺的情况，高度上应补钉的板条钉在下冒头下面，宽度上应在安装铰链一边的梃上补钉板条。

（4）为了开关方便，平开扇的上冒头、下冒头，最好刨成斜面。

五、木门窗的成品保护

（1）加工成型的门框在运输和存放过程中要特别注意保护，以免饰面部分受到损坏，装拼完后有条件的应入库保管。门扇宜存放在库房内，避免风吹、日晒、雨淋和其他侵害。不论是入库或露天存放，下面均应垫起 200mm 以上，所有构件应码放整齐，露天存放上面应用塑料布遮盖。镶门芯板的门扇，门的端部各放一件厚薄相等的木板，以防止吸潮腐烂。

（2）为确保门窗框扇完整，在装卸和码放时应平稳轻放，不得重力猛扔和磕碰，防止损坏表面或缺棱掉角。

（3）为防止门窗框扇吸潮变形，在平放时门窗框扇的端部应离开墙面 200~300mm。

（4）安装门窗扇时下面应用木卡将门窗卡牢，上面用硬质木块垫着门窗边，然后用力进行锤打，这样可避免损坏门窗边。

（5）胶合板门封边时，流出门表面的胶水应及时用湿布抹干净，修刨胶合板门时应用木卡将门边垫起卡牢，以免损坏边缘。

（6）木门窗在制作完成后，不得在其表面站人或放置重物，以免压坏门窗；外窗安装完毕后，应立即将风钩挂好或插上插销。

（7）严禁从已安装好的窗框中向外扔建筑垃圾和模板、架板等物件，避免窗框下冒头及边梃下部棱角破坏。

六、木门窗施工注意事项

门窗作为建筑物外立面的装饰，关乎居住环境的舒适与否，因而，建筑门窗的施工受到了人们的关注，在木门窗施工中应注意如下事项。

（1）在门窗安装前，应对门窗洞口的位置和尺寸进行认真检验，如与设计不符合应及时予以纠正和处理。

（2）门窗进场前必须进行预验收，验收合格后方可进场。安装前应根据门窗图纸，仔细核对门窗的品种、规格、开启方向及组合杆、附件，并对其外形及平整度进行检查校正，待完全合格后方可安装。

（3）门窗的运输、装卸、存放应采取可靠的措施，防止受潮、碰伤、变形、污染和曝晒。

（4）门窗框扇在安装的过程中，应符合下列规定：不得在门窗框扇上安装脚手架、悬挂重物或在框扇内穿物起吊，以防门窗变形和损坏；在吊运时，门窗表面应用非金属软质材料衬垫，选择牢靠平稳的着力点，以免门窗表面擦伤。

（5）在门窗安装过程中，应及时清理门窗表面的水泥砂浆和密封膏等杂物，以保护门窗的表面质量。

（6）推拉门窗扇必须有防止脱落的措施，扇与框的搭接量应符合设计要求。

（7）建筑外门窗的安装必须牢固，在砌体上安装门窗严禁用射钉进行固定。

（8）木门窗与砖石砌体、混凝土或抹灰层的接触处，应进行防腐处理并设置防潮层；埋入砌体或混凝土中的木砖应进行防腐处理。

第三节　金属门窗的制作与安装

金属门窗是建筑工程中最常见的一种门窗形式，具有材料广泛、强度较高、刚度较好、制作容易、安装方便、维修简单、经久耐用等特点。

一、铝合金门窗质量性能要求

（一）铝合金门质量性能要求

铝合金门质量性能要求主要包括铝合金门的外观质量、铝合金门的尺寸偏差、玻璃与槽口的配合、铝合金门的性能要求等。

1. 铝合金门的外观质量

铝合金门的表面不应有铝屑、毛刺、油污或其他污迹，连接处不应有外溢的胶黏剂。表面平整，没有明显的色差、凹凸不平、擦伤、碰伤等质量缺陷。

2. 铝合金门的尺寸偏差

铝合金门的尺寸允许偏差，应符合表 5-20 中的规定。

表 5-20　铝合金门的尺寸允许偏差　　　　　　单位：mm

项目	尺寸范围	偏差值
门框槽口高度、宽度	≤2000	±2.0
	>2000	±3.0
门框槽口对边尺寸之差	≤2000	≤2.0
	>2000	≤3.0
门框对角线尺寸之差	≤3000	≤3.0
	>3000	≤4.0
门框与门扇搭接宽度	—	±2.0
同一平面的高低差	—	≤0.3
装配间隙	—	≤0.2

3. 玻璃与槽口的配合

（1）平板玻璃与玻璃槽口的配合如图 5-10 所列，平板玻璃厚度与玻璃槽口的尺寸如表5-21 所列。

(2) 中空玻璃与玻璃槽口的配合如图 5-11 所列，中空玻璃厚度与玻璃槽口的尺寸如表 5-22 所列。

图 5-10　铝合金门平板玻璃装配图
a—玻璃前部余隙或后部余隙；*b*—玻璃嵌入深度；
c—玻璃边缘余隙

图 5-11　铝合金门中空玻璃装配图
a—玻璃前部余隙或后部余隙；*b*—玻璃嵌入深度；
c—玻璃边缘余隙；*A*—空气层厚度

表 5-21　平板玻璃厚度与玻璃槽口的尺寸　　　　　　　单位：mm

玻璃厚度	密封材料					
	密封胶			密封条		
	a	*b*	*c*	*a*	*b*	*c*
5、6	≥5	≥10	≥7	≥3	≥8	≥4
8	≥5	≥10	≥8	≥3	≥10	≥5
10	≥5	≥12	≥8	≥3	≥10	≥5
3＋3	≥7	≥10	≥7	≥3	≥8	≥4
4＋4	≥8	≥10	≥8	≥3	≥10	≥5
5＋5	≥8	≥12	≥8	≥3	≥10	≥5

表 5-22　中空玻璃厚度与玻璃槽口的尺寸　　　　　　　单位：mm

玻璃厚度	密封材料					
	密封胶			密封条		
	a	*b*	*c*	*a*	*b*	*c*
4＋A＋4	≥5	≥15	≥7	≥5	≥15	≥7
5＋A＋5	≥5	≥15	≥7	≥5	≥15	≥7
6＋A＋6	≥5	≥15	≥7	≥5	≥15	≥7
8＋A＋8	≥7	≥17	≥7	≥5	≥15	≥7

4. 铝合金门的性能要求

铝合金门的性能要求，应根据建筑物所在地区的地理、气候和周围环境以及建筑物的高度、体型、重要性等选定。铝合金门的性能在无要求的情况下应符合其性能最低值的要求。

(1) 抗风压性能　抗风压性能实际上考核的是门在外力作用下的受力杆件达到规定变形量即挠度值时的风压值。在一定的压力或强度下门的受力杆件挠度值越小则说明产品的抗风压性能就越好。抗风压性能分级指标值 P_3 如表 5-23 所列。

表 5-23　抗风压性能分级　　　　　　　　　　　　　单位：kPa

分级	1	2	3	4	5
指标值	$1.0{\leqslant}P_3{<}1.5$	$1.5{\leqslant}P_3{<}2.0$	$2.0{\leqslant}P_3{<}2.5$	$2.5{\leqslant}P_3{<}3.0$	$3.0{\leqslant}P_3{<}3.5$
分级	6	7	8	9	
指标值	$3.5{\leqslant}P_3{<}4.0$	$4.0{\leqslant}P_3{<}4.5$	$4.5{\leqslant}P_3{<}5.0$	$P_3{>}5.0$	

(2) 水密性能　《建筑外门窗气密、水密、抗风压性能分级及检测方法》（GB/T 7106—2008）中明确规定：确定门窗水密性能分级指标值时，记录每个试件的严重渗漏压力差值，以严重渗漏压力差值的前一级检测压力差值作为该试件水密性能的检测值。水密性能分级指标值 ΔP 如表 5-24 所列。

表 5-24　水密性能分级

分级	1	2	3	4	5	6
指标值	100≤ΔP<150	150≤ΔP<250	250≤ΔP<350	350≤ΔP<500	500≤ΔP<700	ΔP≥700

（3）气密性能　门的气密性能是指门单位开启缝长度或单位面积上的空气渗透量。它考核的是门在关闭状态下，阻止空气渗透的能力。门气密性能的高低，对热量的损失影响极大，气密性能越好，则热交换就越少，对室温的影响也越小。所以说，提高门窗的气密性能是门节能的关键。气密性能分级指标值 q_1、q_2 如表 5-25 所列。

表 5-25　气密性能分级　　　　　　　　　　单位:m³/(m²·h)

分级	1	2	3	4	5	6	7	8
单位缝长指标值 q_1	4.0≥q_1 >3.5	3.5≥q_1 >3.0	3.0≥q_1 >2.5	2.5≥q_1 >2.0	2.0≥q_1 >1.5	1.5≥q_1 >1.0	1.0≥q_1 >0.5	q_1≥0.5
单位面积指标值 q_2	12≥q_2 >10.5	10.5≥q_2 >9.0	9.0≥q_2 >7.5	7.5≥q_2 >6.0	6.0≥q_2 >4.5	4.5≥q_2 >3.0	3.0≥q_2 >1.5	q_2≥1.5

（4）保温性能　根据现行国家标准《建筑外门窗保温性能分级及检测方法》（GB/T 8484—2008）中的规定，建筑门窗的保温性能分为 10 级，保温性能分级指标值 K 如表 5-26 所列。

表 5-26　保温性能分级　　　　　　　　　　单位：W/m²

分级	1	2	3	4	5
指标值	K≥5.0	5.0>K≥4.0	4.0>K≥3.5	3.5>K≥3.0	3.0>K≥2.5
分级	6	7	8	9	10
指标值	2.5>K≥2.0	2.0>K≥1.6	1.6>K≥1.3	1.3>K≥1.1	K<1.1

（5）空气声隔声性能　根据现行国家标准《建筑门窗空气声隔声性能分级及检测方法》（GB/T 8485—2008）中的规定，建筑门窗的空气声隔声分为 6 级，外门窗以"计权隔声量和交通噪声频谱修正量之和（R_w+C_w）"作为分级指标；内门窗以"计权隔声量和粉红频谱修正量之和（R_w+C）"作为分级指标。空气声隔声性能分级如表 5-27 所列。

表 5-27　空气声隔声性能分级　　　　　　　　单位:dB

分级	外门窗的分级指标值	内门窗的分级指标值
1	20≤R_w+C_w<25	20≤R_w+C<25
2	25≤R_w+C_w<30	25≤R_w+C<30
3	30≤R_w+C_w<35	30≤R_w+C<35
4	35≤R_w+C_w<40	35≤R_w+C<40
5	40≤R_w+C_w<45	40≤R_w+C<45
6	R_w+C_w≥25	R_w+C≥25

（6）门撞击后应符合下列要求：门框、扇无变形，连接处无松动现象；插销、门锁等附件应完整无损，启闭正常；玻璃无破损；门扇下垂量应不大于 2mm。

（7）门的启闭力不大于 50N，反复启闭应不少于万次，启闭无异常，使用无障碍；当施加 30kg 荷载，门扇卸荷后的下垂量应不大于 2mm。

（二）铝合金窗质量性能要求

1. 铝合金窗的外观质量

铝合金窗的表面不应有铝屑、毛刺、油污或其他污迹，连接处不应有外溢的胶黏剂。表面平整，没有明显的色差、凹凸不平、擦伤、碰伤等质量缺陷。

2. 铝合金窗的尺寸偏差

铝合金窗的尺寸允许偏差，应符合表5-28中的规定。

表 5-28　铝合金窗的尺寸允许偏差　　　　　　　　　　　单位：mm

项目	尺寸范围	偏差值
窗框槽口高度、宽度	≤2000	±2.0
	>2000	±2.5
窗框槽口对边尺寸之差	≤2000	≤2.0
	>2000	≤3.0
窗框对角线尺寸之差	≤2000	≤2.5
	>2000	≤3.5
窗框与窗扇搭接宽度	—	±1.0
同一平面的高低差	—	≤0.3
装配间隙	—	≤0.2

3. 玻璃与槽口的配合

（1）平板玻璃与玻璃槽口的配合如图5-12所示，平板玻璃厚度与玻璃槽口的尺寸如表5-29所列。

（2）中空玻璃与玻璃槽口的配合如图5-13所示，中空玻璃厚度与玻璃槽口的尺寸如表5-30所列。

图 5-12　铝合金窗平板玻璃装配图

a—玻璃前部余隙或后部余隙；b—玻璃嵌入深度；
c—玻璃边缘余隙；

图 5-13　铝合金窗中空玻璃装配图

a—玻璃前部余隙或后部余隙；b—玻璃嵌入深度；
c—玻璃边缘余隙；A—空气层厚度

表 5-29　平板玻璃厚度与玻璃槽口的尺寸　　　　　　　　单位：mm

玻璃厚度	密封材料					
	密封胶			密封条		
	a	b	c	a	b	c
5、6	≥5	≥10	≥7	≥3	≥8	≥4
8	≥5	≥10	≥8	≥3	≥10	≥5
10	≥5	≥12	≥8	≥3	≥10	≥5
3＋3	≥7	≥10	≥7	≥3	≥8	≥4
4＋4	≥8	≥10	≥8	≥3	≥10	≥5
5＋5	≥8	≥12	≥8	≥3	≥10	≥5

表 5-30　中空玻璃厚度与玻璃槽口的尺寸　　　　　　　　单位：mm

玻璃厚度	密封材料					
	密封胶			密封条		
	a	b	c	a	b	c
4＋A＋4	≥5	≥15	≥7	≥5	≥15	≥7
5＋A＋5						
6＋A＋6						
8＋A＋8	≥7	≥17				

4. 铝合金窗的性能要求

铝合金窗的性能要求，如抗风压性能、水密性能、气密性能、保温性能、空气声隔声性能，可参见铝合金门的性能要求。铝合金窗的采光性能分级如表 5-31 所列。

表 5-31　铝合金窗的采光性能分级

分级	1	2	3	4	5
指标值 T_r	$0.20 \leqslant T_r < 0.30$	$0.30 \leqslant T_r < 0.40$	$0.40 \leqslant T_r < 0.50$	$0.50 \leqslant T_r < 0.60$	$T_r \geqslant 0.60$

二、铝合金门窗的制作与安装

铝合金门窗是经过表面处理的型材，通过下料、打孔、铣槽等工序，制作成门窗框料构件，然后再与连接件、密封件、开闭五金件等组合装配而成。尽管铝合金门窗的尺寸大小及式样有所不同，但是同类铝合金型材门窗所采用的施工方法却相同。由于铝合金门窗在造型、色彩、玻璃镶嵌、密封材料和耐久性等方面，都比钢门窗、木门窗有着明显的优势，因此，铝合金门窗在高层建筑和公共建筑中获得了广泛的应用。

(一) 铝合金门窗的主要特点

铝合金门窗是最近十几年发展起来的一种新型门窗，与普通木门窗和钢门窗相比，具有以下特点。

(1) 质轻高强　铝合金是一种质量较轻、强度较高的材料，在保证使用强度的要求下，门窗框料的断面可制成空腹薄壁组合断面，使其减轻了铝合金型材的质量，一般铝合金门窗质量与木门窗差不多，比钢门窗轻 50% 左右。

(2) 密封性好　密封性能是门窗质量的重要指标，铝合金门窗和普通钢、木门窗相比，其气密性、水密性和隔声性均比较好。推拉门窗要比平开门窗的密封性稍差，因此推拉门窗在构造上加设尼龙毛条，以增加其密封性。

(3) 变形性小　铝合金门窗的变形比较小，一是因为铝合金型材的刚度好；二是由于其制作过程中采用冷连接。横竖杆件之间及五金配件的安装，均是采用螺钉、螺栓或铝钉，通过角铝片或其他类型的连接件，使框、扇杆件连成一个整体。冷连接与钢门窗的电焊连接相比，可以避免在焊接过程中因受热不均而产生的变形现象，从而能确保制作的精度。

(4) 表面美观　一是造型比较美观，门窗面积大，使建筑物立面效果简洁明亮，并增加了虚实对比，富有较强的层次感；二是色调比较美观，其门窗框料经过氧化着色处理，可具有银白色、金黄色、青铜色、古铜色、黄黑色等色调或带色的花纹，外观华丽雅致，不需要再涂漆或进行表面维修装饰。

(5) 耐蚀性好　铝合金材料具有很高的耐蚀性，不仅可以抵抗一般酸碱盐的腐蚀，而且在使用中不需要涂漆，表面不褪色、不脱落，不必要进行维修。

(6) 使用价值高　铝合金门窗具有刚度好、强度高、耐腐蚀、美观大方、坚固耐用、开闭轻便、无噪声等优异性能，特别是对于高层建筑和高档的装饰工程，无论从装饰效果、正常运行、年久维修，还是从施工工艺、施工速度、工程造价等方面综合权衡，铝合金门窗的总体使用价值优于其他种类的门窗。

(7) 实现工业化　铝合金门、窗框料型材加工、配套零件的制作，均可以在工厂内进行大批量的工业化生产，有利于实现门窗设计的标准化、产品系列化和零配件通用化，也能有力推动门窗产品的商业化。

（二）铝合金门窗的组成与制作

1. 铝合金门窗的组成

铝合金门窗的组成比较简单，主要由型材、密封材料和五金配件组成。

（1）铝合金型材　铝合金型材是铝合金门窗的骨架，其质量如何关系到门窗的质量。除必须满足铝合金的元素组成外，型材的表面质量应满足下列要求。

① 铝合金型材表面应当清洁，无裂纹、起皮和腐蚀现象，在铝合金的装饰面上不允许有气泡。

② 普通精度铝合金型材装饰面上碰伤、擦伤和划伤，其深度不得超过 0.2mm；由模具造成的纵向挤压痕迹深度不得超过 0.1mm。对于高精度型材的表面缺陷深度，装饰面应不大于 0.1mm，非装饰面应不大于 0.25mm。

③ 铝合金型材经过表面处理后，其表面应有一层氧化膜保护层。在一般情况下，氧化膜厚度应不小于 20μm，并应色泽均匀一致。

（2）密封材料

铝合金门窗安装密封材料品种很多，其特性和用途也各不相同。铝合金门窗安装密封材料品种、特性和用途如表 5-32 所列。

表 5-32　铝合金门窗安装密封材料

品种	特性与用途
聚氨酯密封膏	高档密封膏变形能力为 25%，适用于 ±25% 接缝变形位移部位的密度。
"聚硫"密封膏	高档密封膏变形能力为 25%，适用于 ±25% 接缝变形位移部位的密度。寿命可达 10 年以上
硅酮密封膏	高档密封膏、性能全面、变形能力达 50%，高强度、耐高低温（-54～260℃）
水膨胀密封膏	遇水后膨胀将缝隙填满
密封垫	用于门窗框与外墙板接缝密封
膨胀防火密封件	主要用于防火门，遇火后可膨胀密封其缝隙
底衬泡沫条	可以和密封材料配合使用，在缝隙中能随密封胶变形而变形
防污纸质胶带纸	用于保护门窗料表面，防止表面污染

（3）五金配件　五金配件是组装铝合金门窗不可缺少的部件，也是实现门窗使用功能的重要组成。铝合金门窗的配件如表 5-33 所列。

表 5-33　铝合金门窗五金配件

品　名		用　途
门锁（双头通用门锁）		配有暗藏式弹子锁，可以内外启闭，适用于铝合金平开门
勾锁（推拉门锁）		有单面和双面两种，可做推拉门、窗的拉手和锁闭器使用
"暗插锁"		适用于双扇铝合金地弹簧门
滚轮（滑轮）		适用于推拉门窗（如 70、90、55 系列）
"滑撑铰链"		能保持窗扇在 0°～60° 或 0°～90° 开启位置自行定位
执手	铝合金平开窗执手	适用于平开窗，上悬铝合金窗开启和闭锁
	联动执手	适用于密闭型平开窗的启闭，在窗上下两处联动扣紧
	推拉窗执手（半月形执手）	有左右两种形式，适用于推拉窗的启闭
地弹簧		装于铝合金门下部，铝合金门可以缓速自动闭门，也可在一定开启角度位置定位

① 门的地弹簧为不锈钢面或铜面，使用前应进行开闭速度的调整，液压部分不得出现漏油。暗插可为锌的合金压铸件，表面镀铬或覆膜。门锁应为双面开启的锁，门的拉手可因设计要求而有所差异，除了满足推、拉的使用要求外，其装饰效果占有较大比重。拉手一般常用铝合金和不锈钢等材料制成。

② 推拉窗的拉锁，其规格应与窗的规格配套使用，常用锌的合金压铸制品，表面镀铬或覆膜；也可以用铝合金拉锁，其表面应当进行氧化处理。滑轮常用尼龙滑轮，滑轮架为镀锌的钢制品。

③ 平开窗的窗铰应选用不锈钢制品，钢片厚度不宜小于 1.5mm，并且有松紧调节装置。滑块一般为铜制品，窗的执手可为锌的合金压铸制品，表面镀锌或覆膜，也可以用铝合金制品，其表面应当进行氧化处理。

2. 铝合金门的制作与组装

铝合金门窗的制作的施工比较简单，其工艺主要包括：选料→断料→钻孔→组装→保护或包装。

（1）铝合金门料具的准备

① 材料的准备　主要准备制作铝合金门的所有型材、配件等，如铝合金型材、门锁、滑轮、不锈钢、螺钉、铝制拉铆钉、连接铁板、地弹簧、玻璃尼龙毛刷、压条、橡皮条、玻璃胶、木楔子等。

② 工具的准备　主要准备制作和安装中所用的工具，如曲线刷、切割机、手电锯、扳手、半步扳手、角尺、吊线锤、注胶筒、锤子、水平尺、玻璃吸盘等。

（2）铝合金门扇的制作

① 选料与下料　在进行选料与下料时，应当注意以下几个问题：a. 选料时要充分考虑到铝合金型材的表面色彩、壁的厚度等因素，以保证符合设计要求的刚度、强度和装饰性；b. 每一种铝合金型材都有其特点和使用部位，如推拉、开启、自动门等所用的型材规格是不相同的，在确认材料规格及其使用部位后，要按设计的尺寸进行下料；c. 在一般建筑装饰工程中，铝合金门窗无详图设计，仅仅给出洞口尺寸和门扇划分尺寸；在门扇下料时，要注意在门洞口尺寸中减去安装缝、门框尺寸；要先计算，画简图，然后再按图下料；d. 切割时，切割机安装合金锯片，严格按下料尺寸切割。

② 门扇的组装　在组装门扇时，应当按照以下工序进行：a. 竖梃钻孔，在上竖梃拟安装横档部位用手电钻进行钻孔，用钢筋螺栓连接钻孔，孔径应大于钢筋的直径；"角铝"连接部位靠上或靠下，视角部铝合金的规格而定，角铝规格可用 22mm×22mm，钻孔可在上下 10mm 处，钻孔直径小于"自攻螺栓"的直径；两边框的钻孔部位应一致，否则将使横档不平；b. 门扇节点固定，上、下横档（上冒头、下冒头）一般用套螺纹的钢筋固定；中横档（中冒头）用"自攻螺栓"固定；先将"角铝"用"自攻螺栓"连接在两边梃上，上、下冒头中穿入套扣钢筋；套扣钢筋从钻孔中深入边梃，中横档套在"角铝"上；用半步扳手将上冒头和下冒头用螺母拧紧，中横档再用手电钻上下钻孔，用自攻螺钉拧紧；c. 锁孔和拉手安装，在拟安装的门锁部位用手电钻钻孔，再伸入曲线锯将安装门锁部位切割成锁孔形状，门锁两侧要对正，为了保证安装精度，一般在门扇安装后再装门锁。

（3）门框的制作

① 选料与下料　根据门的大小选用 50mm×70mm、50mm×100mm 等铝合金型材作为门框梁，并按设计尺寸下料。具体做法与门扇的制作相同。

② 门框钻孔组装　在安装门的上框和中框部位的边框上，钻孔安装角铝，方法与安装门扇相同。然后将中框和上框套在"角铝"上，用"自攻螺栓"进行固定。

③ 设置连接件　在门框上，左右设置"扁铁连接件"，"扁铁连接件"与门框用"自攻螺栓"拧紧，安装间距为 150～200mm，根据门料情况与墙体的间距。"扁铁连接件"做成平的，一般为一字形，连接方法应根据墙体内预埋件情况而定。

（4）铝合金门的安装

铝合金门的安装主要包括：安框→塞缝→装门扇→装玻璃→注胶→清理等工序。

① 安装门框　将组装好的门框在抹灰前立于门口处，用吊线锤将门框吊直，然后再将其调整方正，以两条对角线相等为标准。在认定门框水平、垂直均符合要求后，用射钉枪将射钉打入柱、墙、梁上，将连接件与门框固定在墙、梁、柱上。门框的下部要埋入地下，埋入深度为 30～150mm。

② 填塞缝隙　门框固定好以后，应进一步复查其平整度和垂直度，确实无误后，清扫边框处的浮土，洒水湿润基层，用 1∶2 的水泥砂浆将门口与门框间的缝隙分层填实。待填入的灰浆达到一定强度后，再除掉固定用的木楔，抹平其表面。

③ 安装门扇　门扇与门框是按同一门洞口尺寸制作的，在一般情况下都能顺利安装上，但要求周边密封、开启灵活。对于固定的门可以不另做门扇，而是在靠地面处与竖框之间安装踢脚板。开启的门扇分内外平开门、弹簧门、推拉门和自动推拉门。内外平开门在门上框钻孔伸入门轴，门下地里埋设地脚、装置门轴。

弹簧门上部的做法同平开门，而在下部埋地弹簧，地面需预先留洞或后开洞，地弹簧埋设后要与地面平齐，然后灌细石混凝土，再抹平地面层。地弹簧的摇臂与门扇下冒头两侧拧紧。推拉门要在上框内做导轨和滑轮，也有的在地面上做导轨，在门扇下冒头处做滑轮。自动门的控制装置有脚踏式，一般装在地面上，其光电感应控制开关设备装于上框上。

④ 安装玻璃　根据门框的规格、色彩和总体装饰效果选用适宜的玻璃，一般选用 5～10mm 厚度的普通玻璃或彩色玻璃及 10～22mm 厚中空玻璃。首先，按照门扇的内口实际尺寸合理计划用料，尽量减少玻璃的边角废料，切割时应比实际尺寸少 2～3mm，这样有利于顺利安装。切割后应分类进行堆放，对于小面积玻璃，可以随切割、随安装。安装时先撕去门框上的保护胶纸，在型材安装玻璃部位塞入胶带，用玻璃吸手将玻璃安装，前后应垫实，缝隙应一致，然后再塞入橡胶条密封，或用铝压条和十字圆头螺丝固定。

⑤ 注胶并清理　大片玻璃与门框扇接缝处，要用玻璃胶筒打入玻璃胶，整个门安装好后，以干净抹布擦洗表面，清理干净后交付使用。

（5）安装拉手

最后，用双手螺杆将门拉手上在门扇边框两侧。至此，铝合金门的安装操作基本完成。安装铝合金的关键是主要保持上、下两个转动部分在同一轴线上。

3. 铝合金窗的制作与组装

在建筑装饰装修工程中，使用铝合金型材制作窗户较为普遍。目前，常用的铝型材有 90 系列推拉窗铝材和 38 系列平开窗铝材。

（1）铝合金窗的组成材料

铝合金窗户主要分为推拉窗和平开窗两类。所使用的铝合金型材规格完全不同，所采用的五金配件也完全不同。

1）推拉窗的组成材料　推拉窗由窗框、窗扇、五金件、连接件、玻璃和密封材料组成。

① 窗框由上滑道、下滑道和两侧边封所组成，这三部分均为铝合金型材。

② 窗扇由上横、下横、边框和带钩的边框组成，这四部分均为铝合金型材，另外在密封边上有毛条。

③ 五金件主要包括装于窗扇下横之中的导轨滚轮，装于窗扇边框上的窗扇钩锁。

④ 连接件主要用于窗框与窗扇的连接，有厚度 2mm 的"铝角"型材及 M4×15 的"自攻螺丝"。

⑤ 窗扇玻璃通常用 5mm 厚的茶色玻璃、普通透明玻璃等，一般古铜色铝合金型材配茶色玻璃，银白色铝合金型材配透明玻璃、宝石蓝和海水绿玻璃。

⑥ 窗扇与玻璃的密封材料有塔形橡胶封条和玻璃胶两种。这两种材料不但具有密封作用，而且兼有固定材料的作用。用塔形橡胶封条固定窗扇玻璃，安装拆除非常方便，但橡胶条老化后，容易从密封口处掉出；用玻璃胶固定窗扇玻璃，黏结比较牢固，不受封口形状的限制，但更换玻璃时比较困难。

2）平开窗的组成材料　平开窗所组成材料与推拉窗大同小异。

① 窗框　用于窗框四周的窗框边部铝合金型材，用于窗框中间的工字型窗料型材。

② 窗扇　有窗扇框料、玻璃压条以及密封玻璃用的橡胶压条。

③ 五金件　平开窗常用的五金件主要有窗扇拉手、"风撑"和窗扇扣紧件。

④ 连接件　窗框与窗扇的连接件有 2mm 厚的"铝角"型材，以及 M4×15 的"自攻螺钉"。

⑤ 玻璃　窗扇通常采用 5mm 厚的玻璃。

（2）施工机具

铝合金窗的制作与安装所用的施工机具，主要有铝合金切割机、手电钻、$\phi8$ 圆锉刀、R20 半圆锉刀、十字螺丝刀、划针、铁脚圆规、钢尺和铁角尺等。

（3）施工准备

铝合金窗户施工前的主要准备工作有：检查复核窗的尺寸、样式和数量→检查铝合金型材的规格与数量→检查铝合金窗五金件的规格与数量。

1）检查复核窗的尺寸、样式和数量　在装饰工程中一般都采用现场进行铝合金窗的制作与安装。检查复核窗的尺寸与样式工作，即根据施工对照施工图纸，检查有否不符合之处，有否安装问题，有否与电器、水暖卫生、消防等设备相矛盾的问题。如果发现问题要及时上报，与有关人员商讨解决的方法。

2）检查铝合金型材的规格与数量　目前，我国对铝合金型材的生产虽然有标准规定，但由于生产厂家很多，即使是同一系列的型材，其形状尺寸和壁厚尺寸也会有一定差别。这些误差会在铝合金窗的制作与安装中产生麻烦，甚至影响工程质量。所以，在制作之前要检查铝合金型材的规格尺寸，主要是检查铝合金型材相互接合的尺寸。

3）检查铝合金窗五金件的规格与数量　铝合金窗的五金件，分为推拉窗和平开窗两大类，每一类中又有若干系列，所以在制作以前要检查五金件与所制作的铝合金窗子是否配套。同时，还要检查各种附件是否配套，如各种密封边部的毛条、橡胶边封条、碰口处的垫等，能否正好与铝合金型材衔接安装。如果与铝合金型材不配套，会出现过紧或过松现象。过紧，在铝合金窗子制作时安装困难；过松，安装后会自行脱出。

此外，采用的各种自攻螺钉要长短结合，螺钉的长度通常为 15mm 左右比较适宜。

（4）推拉窗的制作与安装

推拉窗有带上窗及不带上窗之分。下面以带上窗的铝合金推拉窗为例，介绍其制作方法。

1）按图下料　下料是铝合金窗进行制作的第一道工序，也是非常重要、关键的工序。如果下料不准确，会造成尺寸误差、组装困难，甚至无法安装成为废品。所以，下料应按照施工图纸进行，尺寸必须准确，其误差值应控制在 2mm 范围内。下料时，用铝合金切割机切割型材，切割机的刀口位置应在划线以外，并留出划线痕迹。

2）连接组装

① 上窗连接组装　上窗部分的扁方管型材，通常采用"铝角"和"自攻螺钉"进行连接如图 5-14 所示。这种方法既可隐蔽连接件，又不影响外表美观，连接非常牢固，比较简单实用。"铝角"多采用 2mm 厚的直角铝条，每个"铝角"按需要切割其长度，长度最好

能同扁方管内宽相符，以免发生接口松动现象。

两条扁方管在用"铝角"固定连接时，应先用一段同样规格的扁方管做模子，长 20mm 左右。在横向扁方管上要衔接的部位用模子定好位，将角码放在模子内并用手捏紧，用手电钻将"铝角"与横向扁方管一并钻孔，再用"自攻螺丝"或"抽芯铝铆钉"固定，如图 5-15 所示。然后取下模子，再将另一条竖向扁方管放到模子的位置上，在"铝角"的另一个方向上打孔，固定便成。一般的"铝角"每个面上打两个孔也就够了。

图 5-14 窗扇方管连接

图 5-15 安装前的钻孔方法
1—角码；2—模子；3—横向扁方管

上窗的铝型材在四个角处衔接固定后，再用截面尺寸为 12mm×12mm 的铝合金板条来固定玻璃的压条。安装压条前，先在扁方管的宽度上画出中心线，再按上窗内侧长度切割四条铝槽条。按上窗内侧高度减去两条铝合金槽截面高的尺寸，切割四条铝槽条。安装压条时，先用"自攻螺丝"把铝合金条紧固在中线外侧，然后再留出大于玻璃厚度 0.5mm 距离，安装内侧铝槽，但"自攻螺丝"不需要上紧，最后安装上玻璃时再进行固紧。

② 窗框连接　首先测量出在上滑道上面两条铝合金条的孔至侧边的距离和高低位置尺寸，然后按这个尺寸在窗框边封上部衔接处划线打孔，孔径在 φ5mm 左右。钻好孔后，用专用的"碰口胶垫"，放在边封的槽口内，再将 M4×35mm 的"自攻螺丝"，穿过边封上打出的孔和"碰口胶垫"上的孔，旋进下滑道下面的固紧槽孔内，如图 5-16 所示。在旋紧螺钉的同时，要注意上滑道与边封对齐，各槽对正，最后再上紧螺丝，然后在边封内装毛条。

按照同样的方法先测量出下划道下面的固紧槽孔距、侧边距离和其距上边的高低位置尺寸。然后按这三个尺寸在窗框边封下部衔接处划线打孔，孔径在 5mm 左右。钻好孔后，用专用的"碰口胶垫"，放在边封的槽口内，再将 M4×35mm 的"自攻螺丝"，穿过边封上打出的孔和"碰口胶垫"上的孔，旋进下滑道下面的固紧槽孔内，如图 5-17 所示。注意固定时不得将下滑道的位置装反，下滑道的滑轨面一定要与上滑道相对应才能使窗扇在上下滑道上滑动。

图 5-16 窗框下滑部分的连接安装（一）
1—上滑道；2—边封；3—"碰口胶垫"；
4—上滑道上的固紧槽；5—自攻螺钉

图 5-17 窗框下滑部分的连接安装（二）
1—下滑道的滑轨；2—下滑道的固紧槽孔

窗框的四个角衔接起来后，用直角尺测量并校正一下窗框的直角度，最后上紧各角上的衔接"自攻螺丝"。将校正并紧固好的窗框立放在墙边，以防止碰撞损坏。

③ 窗扇的连接　窗扇的连接按照以下步骤进行。

a. 在连接装拼窗扇前，要先在窗框的边框和带钩边框上、下两端处进行切口处理，以便将上、下横档插入其切口内进行固定。上端开切长51mm，下端开切长76.5mm，如图5-18所示。

b. 在下横档的底槽中安装滑轮，每条下横档的两端各装一只滑轮。其安装方法如下。

把铝窗滑轮放进下横档一端的底槽中，使滑轮框上有调节螺钉的一面向外，该面与下横档端头边平齐，在下横档的底槽板上划线定位，再按划线位置在下横档的底槽板上打两个直径为4.5mm的孔，然后再用滑轮配套螺丝，将滑轮固定在下横档内。

c. 在窗扇边框和带钩边框与下横档衔接端划线打孔。孔有三个，上下两个是连接固定孔，中间一个是留出进行调节滑轮框上调整螺丝的工艺孔。这三个孔的位置，要根据固定在下横档内的滑轮框上孔位置来划线，然后再打孔，并要求固定后边框下端与下横档底边平齐。边框下端固定孔的直径为4.5mm，并要用直径6mm的钻头划窝，以便固定螺钉与侧面基本齐平。工艺孔的直径为8mm左右。钻好后，再用圆锉在边框和带钩边框固定孔位置下边的中线处，用钢锉制出一个直径8mm的半圆凹槽。此半圆凹槽是为了防止边框与窗框下滑道上的滑轨相碰撞。窗扇下横档与窗扇边框的连接如图5-19所示。

需要说明，旋转滑轮上的调节螺丝，不仅能改变滑轮从下横档中外伸的高低尺寸，而且也能改变下横档内两个滑轮之间的距离。

d. 安装上横档的"铝角"和窗扇钩锁。其基本方法是截取两个"铝角"，将"铝角"放入横档的两头，使一个面与上横档的端头面平齐，并钻两个孔（"铝角"与上横档一并钻通），用M4"自攻螺丝"将"铝角"固定在上横档内。再在"铝角"的另一个面上（与上横档端头平齐的那个面）的中间打一个孔，根据此孔的上下左右尺寸位置，在扇的边框与带钩边框上打孔并划窝，以便用螺丝将边框与上横档固定，其安装方式如图5-20所示。注意所打的孔一定要与"自攻螺丝"相配。

安装窗钩锁前，先要在窗扇边框开锁口，开口的一面必须是窗扇安装后，面向室内的一面。而且窗扇有左右之分，所以开口位置要特别注意不要开错，窗钩锁通常是安装于边框的中间高度处，如果窗扇高大于1.5m，装窗钩锁的位置也可以适当降低一些。开窗钩锁长条形锁口的尺寸，要根据钩锁可装入边框的尺寸来确定。

图 5-18　窗扇的连接　　　　图 5-19　窗扇下横档安装　　　　图 5-20　窗扇上横档安装
1—调节滑轮；2—固定孔；3—半圆槽；　　　　1—上横档；2—角码；
4—调节螺丝；5—滑轮固定螺丝；　　　　3—窗扇边框；4—窗锁洞
6—下横档；7—边框

开锁口的方法是：先按钩锁可装入部分的尺寸，在边框上划线，用手电钻在划线框内的角位打孔，或在划线框内沿线打孔，再把多余的部分取下，用平锉修平即可。然后，在边框侧面再挖一个直径 25mm 左右的锁钩插入孔，孔的位置应正对内钩之处，最后把锁身放入长形口内。

通过侧边的锁钩插入孔，检查锁内钩是否正对圆插入孔的中线，内钩向上提起后，用手按紧锁身，再用手电钻，通过钩锁上、下两个固定螺钉孔，在窗扇边封的另一面打孔，以便用窗锁固定螺杆贯穿边框厚度来固定窗钩锁。

e. 上密封毛条及安装窗扇玻璃。窗扇上的密封毛条有两种：一种是长毛条；另一种是短毛条。长毛条装于上横档的顶边的槽内和下横档底边的槽内，而短毛条是装于带钩边框的槽内。另外，窗框边封的凹槽两侧也需要装短毛条。毛条与安装槽有时会出现松脱现象，可用万能胶或玻璃胶局部粘贴。在安装窗扇玻璃时，要先检查复核玻璃的尺寸。通常，玻璃尺寸长宽方向均比窗扇内侧长宽尺寸大 25mm。然后，从窗扇一侧将玻璃装入窗扇内侧的槽内，并紧固连接好边框，其安装方法如图 5-21 所示。

最后，在玻璃与窗扇槽之间用塔形橡胶条或玻璃胶进行密封如图 5-22 所示。

④ 上窗与窗框的组装　先切两小块 12mm 的厘米板，将其放在窗框上滑的顶面，再将口字形上窗框放在上滑道的顶面，并将两者前后左右的边对正。然后，从上滑道向下打孔，把两者一并钻通，用"自攻螺丝"将上滑道与上窗框扁方管连接起来，如图 5-23 所示。

图 5-21　安装窗扇玻璃

图 5-22　玻璃与窗扇槽的密封

图 5-23　上窗与窗框的连接
1—上滑道；2—上窗扁方管；
3—"自攻螺丝"；4—木质垫块

3）推拉窗的安装　推拉窗常安装于砖墙中，一般是先将窗框部分安装固定在砖墙洞内，再安装窗扇与上窗玻璃。

① 窗框安装　砖墙的洞口先用水泥修平整，窗洞尺寸要比铝合金窗框尺寸稍大些，一般四周各边均大 25～35mm。在铝合金窗框安装"角码"或木块，在每条边上应各安装两个，"角码"需要用水泥钉钉固在窗洞墙内，如图 5-24 所示。

对安装于墙洞中的铝合金窗框，进行水平和垂直度的校正。校正完毕后用木楔块把窗框临时固紧在窗洞中，然后用保护胶带纸把窗框周边贴好，以防止用水泥在周边塞口时造成铝合金表面损伤。该保护胶带可在周边塞口水泥工序完成及水泥浆固结后再撕去。

图 5-24　窗框与
砖墙的连接安装

窗框周边填塞水泥浆时，水泥浆要有较大的稠度，以能用手握成团为准。水泥浆要填塞密实，将水泥浆用灰刀压入填缝中，填好后窗框周边要抹平。

② 窗扇的安装　塞口水泥浆固结后，撕下保护胶带纸，便可进行窗扇的安装。窗扇安装前，先检查一下窗扇上的各条密封毛条，是否有少装或脱落现象。若有脱落现象，应用玻璃胶或橡胶类胶水进行粘贴，然后用螺丝刀拧紧边框侧滑轮调节螺丝，使滑轮向下横档内回缩。这样即可托起窗扇，使其顶部插入窗框的上滑槽中，使滑轮

卡在下滑的滑轮轨道上，再拧紧滑轮调节螺丝，使滑轮从下横档内外伸。外伸量通常以下横档内的长毛刚好能与窗框下滑面接触为准，以便使下横档上的毛条起到较好的防尘效果，同时窗扇在轨道上也可移动顺畅。

③ 上窗玻璃安装　上窗玻璃的尺寸必须比上窗内框尺寸小 5mm 左右，不能安装得与内框相接触。因为玻璃在阳光的照射下，会因受热而产生体积膨胀。如果安装玻璃与窗框接触，受热膨胀后往往造成玻璃开裂。

上窗玻璃的安装比较简单，安装时只要把上窗的铝压条取下一侧（内侧），安装上玻璃后，再装回窗框上，拧紧螺丝即可。

图 5-25　窗锁钩的安装位置

④ 窗锁钩挂钩的安装　窗锁钩的挂钩安装于窗框的边封凹槽内，如图 5-25 所示。挂钩的安装位置尺寸要与窗扇上挂钩锁洞的位置相对应。挂钩的钩平面一般可位于锁洞孔的中心线处。根据这个对应位置，在窗框边封凹槽内划线打孔。钻孔直径一般为 4mm，用 M5 "自攻螺丝" 将 "锁钩" 临时固紧，然后移动窗扇到窗框边封槽内，检查窗扇锁可否与 "锁钩" 相接锁定。如果不行，则需检查是否存在 "锁钩" 位置高低，或 "锁钩" 左右偏斜的问题，只要将 "锁钩" 螺丝拧松，向上或向下调整好再拧紧螺丝即可。偏斜问题则需要测量一下偏斜量，再重新打孔固定，直至能将窗扇锁定。

（5）平开窗的制作与安装

平开窗主要由窗框和窗扇组成。如果有上窗部分，可以是固定玻璃，也可以是顶窗扇。但上窗部分所用材料，应与窗框所用铝合金型材相同，这一点与推拉窗上窗部分是有区别的。

平开窗根据需要也可以制成单扇、双扇、带上窗单扇、带上窗双扇、带顶窗单扇和带顶窗双扇 6 种形式。下面以带顶双扇平开窗为例介绍其制作方法。

1）窗框的制作　平开窗的上窗边框是直接取于窗的边框，所以上窗边框和窗框为同一框料，在整个窗边上部的适当位置（大约 1.0m），横向加一条窗的工字料，即构成上窗的框架，而横向的工字料的以下部位，就构成了平开窗的窗框。

① 按图下料　窗框加工的尺寸应比已留好的砖墙洞略小 20～30mm。按照这个尺寸将窗框的宽度与高度方向材料裁切好。窗框四个角是按 45°对接方式，故在裁切时四条框料的端头应裁成 45°角。然后，再按窗框宽尺寸，将横向的工字料截下来。竖向工字料的尺寸，应按窗扇高度加上 20mm 左右榫头尺寸截取。

② 窗框连接　窗框的连接采用 45°角拼接，窗框的内部插入铝角，然后每边钻两个孔，用 "自攻螺丝" 上紧，并注意对角要对正对平。另外一种连接方法为 "撞角法"，即利用铝材较软的特点，在连接 "铝角" 的表面冲压或几个较深的毛刺。因为所用的 "铝角" 是采用专用型材，"铝角" 的长度又按窗框内腔宽度裁割，能使其几何形状与窗框内腔相吻合，故能使窗框和 "铝角" 挤紧，进而使窗框对角处连接。

横向的工字料连接，一般采用榫接方法。榫接方法有两种：一种是平榫肩方式；另一种是斜角榫肩方式。这两种榫结构均是在竖向的窗中间的工字料上做榫，在横向的工字料上做榫眼，如图 5-26 所示。

横向的工字料与竖向工字料在连接前，先在横向的工字料长度中间处开一个长条形榫眼孔，其长度为 20mm 左右，宽度略大于工字料的壁厚。如果是斜角榫肩结合，需要在榫眼所对的工字料上横档和下横档的一侧开裁出 90°角的缺口，如图 5-27 所示。

竖向的工字料的端头应先裁出凸字形榫头，榫头长度在 8～10mm 左右，宽度比榫眼长度大 0.5～1.0mm，并在凸字榫头两侧倒出一点斜口，在榫头顶端中间开一个 5mm 深的槽口。然后，再裁切出与横向的工字料上相对的榫肩部分，并用细锉将榫肩修理平整。需要注意的是：榫头、榫肩、榫眼三者间的尺寸应准确，加工要细致。

图 5-26　横、竖向工字的连接　　　　　图 5-27　竖向的工字料凸字形榫头做法

榫头、榫眼部分加工完毕后，将榫头插进榫眼，把榫头的伸出部分，以开槽口为界分别向两个方向拧歪，使榫头结构部分锁紧，将横向工字形窗料与竖向工字形窗料连接起来。

横向的工字料与窗边框的连接，同样也用榫接方法，其做法与前述相同。但在榫接时，是以横向的工字料两端为榫头，窗框料上做榫眼。

在窗框料上所有榫头、榫眼加工完毕后，先将窗框料上的密封胶条上好，再进行窗框的组装连接，最后在各对口处上玻璃胶进行封口。

2）平开窗扇的制作　制作平开窗扇的型材有窗扇框、窗玻璃压条和连接铝角 3 种。

① 按图下料　下料前，先在型材上按图纸尺寸划线。窗扇横向框料尺寸，要按窗框中心竖向工字型料中间至窗框边框料外边的宽度尺寸来切割。窗扇竖向框料要按窗框上部横向的工字型料中间至窗框边框料外边的高度尺寸来切割，使得窗扇组装后，其侧边的密封胶条能压在窗框架的外边。

横、竖窗扇料切割下来后，还要将两端再切成 45°角的斜口，并用细锉修正飞边和毛刺。连接"铝角"是用比窗框"铝角"小一些的窗扇"铝角"，其裁切方法与窗框"铝角"相同。窗的压线条板应按窗框尺寸裁割，端头也切成 45°的角，并整修好切口。

② 窗扇连接　窗扇连接主要是将窗扇框料连接一个整体。连接前，需将密封胶条植入槽内。连接时的"铝角"安装方法有两种：一种是"自攻螺丝"固定法；另一种是撞角法。其具体方法与窗框"铝角"安装方法相同。

3）安装固定窗框

① 安装平开窗的砖墙窗洞，首先用水泥浆修平，窗洞尺寸大于铝合金平开窗框 30mm 左右。然后，在铝合金平开窗框的四周安装镀锌锚固板，每边至少两边，应根据其长度和宽度确定。

② 对装入窗洞中的铝合金窗框，进行水平度和垂直度的校

图 5-28　平开窗框与墙身的固定

正，并用木楔块把窗框临时固紧在墙的窗洞中，再用水泥钉将锚固板固定在窗洞的墙边，如图 5-28 所示。

③ 铝合金窗框边贴好保护胶带纸，然后再进行周边水泥浆塞口和修平，待水泥浆固结后再撕去保护胶带纸。

4）平开窗的组装　平开窗组装的内容有上窗安装、窗扇安装、装窗扇拉手、安装玻璃、

装执手和风撑。

① 上窗安装　如果上窗是固定的，可将玻璃直接安放在窗框的横向工字形铝合金上，然后用玻璃压线条固定玻璃，并用塔形橡胶条或玻璃胶进行密封。如果上窗是可以开启的一扇窗，可按窗扇的安装方法先装好窗扇，再在上窗的窗顶部安装两个铰链，下部安装一个"风撑"和一个拉手即可。

② 安装执手和"风撑"基座　执手是用于将窗扇关闭时的扣紧装置，"风撑"则是起到窗扇的铰链和决定窗扇开闭角度的重要配件，"风撑"有90°和60°两种规格。

执手的把柄装在窗框中间竖向工字形铝合金料的室内一侧，两扇窗需要安装两个执手。执手的安装位置尺寸一般在窗扇高度的中间位置。执手与窗框竖向工字料的连接用螺丝固定。与执手相配的扣件装于窗扇的侧边，扣件用螺丝与窗扇框固定。在扣紧窗扇时，执手连动杆上的钩头，可将安装在窗扇框边的相应位置上的扣件钩住，窗扇便能扣紧锁住。有的窗扇高度大于1.0m时，也可以安装两个执手。

图 5-29　窗扇与"风撑"的连接安装

"风撑"的基座装于窗框架上，使"风撑"藏在窗框架和窗扇框架之间的空位中，"风撑"基底用"抽芯铝铆钉"与窗框的内边固定，每个窗扇的上、下边都需装一只风撑，所以与窗扇对应窗框上、下都要装好风撑。安装"风撑"的操作应在窗框架连接后，即在窗框架与墙面窗洞安装前进行。

在安装"风撑"基座时，先将基座放在窗框下边靠墙的角位上，用手电钻通过"风撑"基座上的固定孔洞在窗框上按要求钻孔，再用与"风撑"基座固定孔洞相同直径的"铝抽芯铆钉"，将"风撑"基座进行固定。

③ 窗扇与"风撑"连接　窗扇与"风撑"连接有两点：一处是与"风撑"的小滑块，一处是"风撑"的支杆。这两点又是定位在一个连杆上，与窗扇框连接固定。该连杆与窗扇固定时，先移动连杆，使风撑开启到最大位置，然后将窗扇框与连杆固定。"风撑"安装后，窗扇的开启位置如图5-29所示。

④ 装拉手及玻璃　拉手是安装在窗扇框的竖向边框中部，窗扇关闭后，拉手的位置与执手靠近。装拉手前先在窗扇竖向边框中部，用锉刀或铣刀把边框上压线条的槽锉一个缺口，再把装在该处的玻璃压线条切一个缺口，缺口大小按拉手尺寸而定。然后，钻孔用"自攻螺丝"将把手固定在窗扇边框上。

玻璃的尺寸应小于窗扇框内边尺寸15mm左右，将切割好的玻璃放入窗扇框内边，并马上把玻璃压线条装卡到窗扇框内边的卡槽上。然后，在玻璃的内边缘各压上一周边的塔形密封橡胶条。

在平开窗的安装工作中，最主要的是掌握好斜角对口的安装。斜角对口要求尺寸、角度准确，加工细致。如果在窗框、扇框连接后，仍然有些角位对口不密合，可用与铝合金相同色的玻璃胶补缝。

平开窗与墙面窗洞的安装，有先装窗框架，再安装窗扇的方法，也有的先将整个平开窗完全装配好之后，再与墙面窗洞安装。具体采用哪种方法，可根据不同情况而确定。一般大批量的安装制作时，可用前一种方法；少量的安装制作，可用后一种方法。

三、钢门窗的制作与安装

根据现行国家标准《钢门窗》（GB/T 20909—2007）中的规定，钢门系指用钢质型材或板材制作门框、门扇或门扇骨架结构的门；钢窗系指用钢质型材、板材（或以钢质型材、板材为主）制作窗框、窗扇结构的窗。

（一）钢门窗材料的要求

（1）各种门窗用材料应符合现行国家标准、行业标准的有关规定，其具体要求可参见《钢门窗》（GB/T 20909—2007）中的附录 A。

（2）钢门窗的型材和板材

① 钢门窗所用的型材应符合下列规定：a. 彩色涂层钢板门窗型材应符合《彩色涂层钢板及钢带》（GB/T 12754—2006）和《彩色涂层钢板门窗型材》（JG/T 115—1999）的规定；b. 使用碳素结构钢冷轧钢带制作的钢门窗型材，材质应符合《碳素结构钢冷轧钢带》（GB 716 —1991）的规定，型材壁厚不应小于 1.2mm；c. 使用镀锌钢带制作的钢门窗型材材质应符合《连续热镀锌钢板及钢带》（GB/T 2518 —2008）的规定，型材壁厚不应小于 1.2mm；d. 不锈钢门窗型材应符合《不锈钢建筑型材》（JG/T 73—1999）的规定。

② 使用板材制作的门，门框板材厚度不应小于 1.5mm，门扇面板厚度不应小于 0.6mm，具有防盗、防火等要求的，应符合相关标准的规定。

（3）钢门窗对所用玻璃的要求。钢门窗应根据功能要求选用玻璃。玻璃的厚度、面积等应经过计算确定，计算方法按《建筑玻璃应用技术规程》（JGJ 113—2009）中的规定。

（4）钢门窗对所用密封材料的要求。钢门窗所用密封材料应按功能要求选用，并应符合《建筑门窗、幕墙用密封胶条》（GB/T 24498—2009）及相关标准的规定。

（5）钢门窗对所用五金件、附件和紧固件的要求 钢门窗所用的启闭五金件、连接插接件、紧固件、加强板等配件，应按功能要求选用。配件的材料性能应与门窗的要求相适应。

（二）钢门窗的施工工艺

1. 施工准备工作

（1）技术准备 在钢门窗正式施工前，应仔细熟悉施工图纸，依据施工技术交底和安全交底做好各方面的技术准备工作。

（2）材料准备 ①应选用厂家生产的合格的钢门窗，型号品种符合设计要求；②水泥应选用 32.5 级以上普通硅酸盐水泥，砂子应选洁净坚硬的中砂或粗砂；③按照设计要求选择玻璃和油灰；④选择符合设计要求的电焊条。

进场前应先对钢门窗进行验收，不合格的不准进场。运到现场的钢门窗应分类堆放，不能参差挤压，以免变形。堆放场地应干燥，并有防雨、排水措施。运时轻拿轻放，严禁扔摔。

（3）机具准备 钢门窗施工中所用的机具主要有电钻、电焊机、手锤、螺丝刀、活扳手、钢卷尺、水平尺、线坠等。应根据施工进度和施工人员安排，准备相应数量的施工机具。

2. 施工作业条件

（1）主体结构经有关质量部门验收合格，达到安装条件。工种之间已办好交接手续。

（2）弹好室内+50cm 水平线，并按建筑平面图中所示尺寸弹好门窗中线。

（3）检查钢筋混凝土过梁上连接和固定钢门窗用的预埋铁件预埋、位置是否正确，对于预埋和位置不准者，按照钢门窗安装要求补装齐全。

（4）检查埋置钢门窗铁脚的预留孔洞是否正确，门窗洞口的高、宽尺寸是否合适。未留或留的不准的孔洞应校正后剔凿好，并将其清理干净。

（5）检查钢门窗，对由于运输、堆放不当而导致门窗框扇出现的变形、脱焊和翘曲等，应进行校正和修理。对表面处理后需要补焊的，焊后必须刷防锈漆。

（6）对组合钢门窗，应先做出试拼装样板，经有关部门鉴定合格后，再正式大量组装。

3. 主要施工工艺

钢门窗的施工工艺流程为：划线定位→钢门窗就位→钢门窗固定→五金配件安装。

（1）划线定位　钢门窗的划线定位可按以下方法和要求进行。

① 图纸中门窗的安装位置、尺寸和标高，以门窗中线为准向两边量出门窗边线。如果工程为多层或高层时，以顶层门窗安装位置线为准，用线坠或经纬仪将顶层分出的门窗边线标划到各楼层相应位置。

② 从各楼层室内＋50cm 水平线量出门窗的水平安装线。

③ 依据门窗的边线和水平安装线，做好各楼层门窗的安装标记。

（2）钢门窗就位　钢门窗的就位可按以下方法和要求进行。

① 按图纸中要求的型号、规格及开启方向等，将所需要的钢门窗搬运到安装地点，并垫靠稳当。

② 将钢门窗立于图纸要求的安装位置，用木楔临时固定，将其铁脚插入预留孔中，然后根据门窗边线、水平线及距离外墙皮的尺寸进行支垫，并用托线板靠紧吊垂直。

③ 钢门窗就位时，应保证钢门窗上框距过梁要有 20mm 缝隙，框的左右缝隙宽度应一致，距离外墙皮尺寸符合图纸要求。

（3）钢门窗固定　钢门窗的固定可按以下方法和要求进行。

① 钢门窗就位后，校正其水平和正、侧面垂直，然后将上框铁脚与过梁预埋件焊牢，将框两侧铁脚插入须留孔内，用水把预留孔内湿润，用 1∶2 较硬的水泥砂浆或 C20 细石混凝土将其填实后抹平。终凝前不得碰动框扇。

② 3 天后取出四周木楔，用 1∶2 水泥砂浆把框与墙之间的缝隙填实，与框的平面抹平。

③ 若为钢大门时，应将合页焊到墙中的预埋件上。要求每侧预埋件必须在同一垂直线上，两侧对应的预埋件必须在同一水平位置上。

（4）五金配件的安装　五金配件的安装可按以下方法和要求进行。

① 检查窗扇开启是否灵活，关闭是否严密，如有问题必须调整后再安装。

② 在开关零件的螺孔处配置合适的螺钉，将螺钉拧紧。当螺丝拧不进去时，检查孔内是否有多余物。若有多余物，将其剔除后再拧紧螺丝。当螺钉与螺孔位置不吻合时，可略挪动位置，重新攻丝后再安装。

③ 钢门锁的安装，应按说明书及施工图要求进行，安装完毕后锁的开关应非常灵活。

四、涂色镀锌钢板门窗的安装

涂色镀锌钢板门窗，又称彩板钢门窗、镀锌彩板门窗，是一种新型的金属门窗。涂色镀锌钢板门窗是以涂色镀锌钢板和 4mm 厚平板玻璃或双层中空玻璃为主要材料，经过机械加工而制成的，色彩有红、绿、乳白、棕、蓝等。其门窗四角用插接件插接，玻璃与门窗交接处以及门窗框与门窗扇之间的缝隙，全部用橡皮密封条和密封胶密封。

涂色镀锌钢板门窗具有质量轻、强度高、采光面积大、防尘、防水、隔声、保温、密封性能好、造型美观、色彩鲜艳、质感均匀柔和、装饰性好、耐腐蚀等特点。使用过程中不需任何保养，解决了普通钢门窗耗料多、易腐蚀、隔声、密封、保温性能差等缺陷。

涂色镀锌钢板门窗适用于商店、超级市场、试验室、教学楼、高级宾馆、影剧院及民用住宅高级建筑的门窗工程。

（一）涂色镀锌钢板门窗的施工准备

1. 涂色镀锌钢板门窗对材料要求

（1）型材原材料应为建筑门窗外用涂色镀锌钢板，涂膜材料为外用聚酯，基材类型为镀锌平整钢带，其技术性能要求应符合《彩色涂层钢板及钢带》（GB/T 12754—2006）中的有关规定。

（2）涂色镀锌钢板门窗所用的五金配件，应当与门窗的型号相匹配，并应采用五金喷塑铰链。

（3）涂色镀锌钢板门窗密封采用橡胶密封胶条，断面尺寸和形状均应符合设计要求。门窗的橡胶密封胶条安装后，接头要严密，表面要平整，玻璃密封条不存在咬边缘的现象。

（4）涂色镀锌钢板门窗表面漆膜坚固、均匀、光滑，经盐雾试验 480h 无起泡和锈蚀现象。相邻构件漆膜不应有明显色差。

（5）涂色镀锌钢板门窗的外形尺寸允许偏差应符合表 5-34 中的规定。

表 5-34　涂色镀锌钢板门窗的外形尺寸允许偏差

项目	门窗等级	允许偏差/mm		项目	门窗等级	允许偏差/mm	
		≤1500mm	>1500mm			≤2000mm	>2000mm
宽度 B 和高度 H	I	+2.0，−1.0	+3.0，−1.0	对角线长度 L	I	≤4	≤5
	II	+2.5，−1.0	+3.5，−1.0		II	≤5	≤6
搭接量	≥8			≥6，<8			
等级	I		II	I		II	
允许偏差/mm	±2.0		±3.0	±1.5		±2.5	

（6）涂色镀锌钢板门窗的连接与外观应满足下列要求

① 门窗框、扇四角处交角的缝隙不应大于 0.5mm，平开门窗缝隙处应用密封膏密封严密，不应出现透光现象。

② 门窗框、扇四角处交角同一平面高低差不应大于 0.3mm。

③ 门窗框、扇四角组装应牢固，不应有松动、锤击痕迹、破裂及加工变形等缺陷。

④ 门窗的各种零附件位置应准确，安装应牢固；门窗启闭灵活，不应有阻滞、回弹等缺陷，并应满足使用功能要求。平开窗的分格尺寸允许偏差为 ±2mm。

⑤ 门窗装饰表面涂层不应有明显脱漆、裂纹，每樘门窗装饰表面局部擦伤、划伤等级应符合表 5-35 中的规定，并对所有缺陷进行修补。

表 5-35　每樘门窗装饰表面局部擦伤、划伤等级

项目	等级		项目	等级	
	I	II		I	II
擦伤划伤深度	不大于面漆厚度	不大于底漆厚度	每处擦伤面积/mm²	≤100	≤150
擦伤总面积/mm²	≤500	≤1000	划伤总长度/mm	≤100	≤150

（7）涂色镀锌钢板门窗的抗风压性能、空气渗透性能和雨水渗透性能，应按《建筑外门窗气密、水密、抗风压性能分级及其检测方法》（GB/T 7106—2008）中规定的方法测定，其性能应符合表 5-36 和表 5-37 中的规定。

表 5-36　涂色镀锌钢板窗的抗风压性能、空气渗透性能和雨水渗透性能

开启方式	等级	抗风压性能/Pa	空气渗透性能/[m³/(m²·h)]	雨水渗透性能/Pa
平开	I	≥3000	≤0.5	≥350
	II	≥2000	≤1.5	≥250
推拉	I	≥2000	≤1.5	≥250
	II	≥1500	≤2.5	≥150

表 5-37　涂色镀锌钢板门的抗风压性能、空气渗透性能和雨水渗透性能

开启方式	等级	抗风压性能/Pa	空气渗透性能/[m³/(m²·h)]	雨水渗透性能/Pa
平开	I	≥3500	≤0.5	≥500
	II	≥3000	≤1.5	≥350
	III	≥2500	≤2.5	≥250

（8）涂色镀锌钢板外窗的保温性能，应按《建筑外门窗保温性能分级及检测方法》（GB 8484—2008）中规定的方法测定，分级值应符合表 5-38 中的规定。凡传热阻 $R_0 \geq 0.25 m^2 \cdot k/W$ 者为保温窗。

表 5-38　保温窗的外窗保温性能分级值　　　　　　　单位：m²·k/W

等级	I	II	III
传热阻 R_0	≥0.500	≥0.333	≥0.250

（9）涂色镀锌钢板外门的保温性能，应按《建筑外门窗保温性能分级及检测方法》（GB 8484—2008）中规定的方法测定，分级值应符合表 5-39 中的规定。

表 5-39　建筑外门保温性能分级值

等级	传热系数 $K/[W/(m^2 \cdot K)]$	等级	传热系数 $K/[W/(m^2 \cdot K)]$
I	≤1.50	IV	>3.60 且≤4.80
II	>1.50 且≤2.50	V	>4.80 且≤6.20
III	>2.50 且≤3.60	—	—

（10）所用焊条的型号和规格，应根据施焊铁件的材质和厚度确定，并应有产品出厂合格证。

（11）建筑密封膏或密封胶以及嵌缝材料，其品种、性能应符合设计和现行国家或行业标准的规定。

（12）水泥采用 32.5 级以上的普通硅酸盐水泥或矿渣硅酸盐水泥，进场时应有材料合格证明文件，并应进行现场取样检测。砂子应选用干净的中砂，含泥量不得大于 3%，并用 5mm 的方孔筛子过筛备用。

（13）安装用的膨胀螺栓或射钉、塑料垫片、自攻螺钉等，应当符合设计和有关标准的规定。

2. 涂色镀锌钢板门窗的施工机具

涂色镀锌钢板门窗在安装过程中所用的施工机具如表 5-40 所列。

表 5-40　涂色镀锌钢板门窗在安装过程中所用的施工机具

序号	工机具名称	规格	序号	工机具名称	规格	序号	工机具名称	规格
1	水准仪	DS1	7	电锤	ZIC-22 型	13	粉线包	—
2	托线板	2m	8	线坠	—	14	塞尺	—
3	水平尺	1m	9	扳手	—	15	钢直尺	—
4	铝合金检测尺	2m	10	手锤	—	16	电焊机	BX-200
5	钢卷尺	5m	11	螺丝刀	—	17	扁铲	—
6	电钻	直径 4～6mm	12	射钉枪	SDT-A301	18	毛刷	—

(二) 涂色镀锌钢板门窗的作业条件

(1) 安装涂色镀锌钢板门窗的主体结构施工完毕并通过验收,或者多层、高层建筑物按预定计划分层(段)验收,分层(段)可以投入安装。

(2) 对照施工图纸,门窗洞口的位置、标高、尺寸及预埋件或预留洞,经过逐一、全面地检查验收,且检查中发现的问题已妥善处理,并且已办理工种或工序之间的交验手续。

(3) 涂色镀锌钢板门窗经过进场验收,数量、规格、型号、外观质量、材质合格证明文件,均符合施工图、标准图、相关标准和质量验收规范的要求。

(4) 实施监理的门窗工程,涂色镀锌钢板门窗的进场报验工作、安装方案和报验审批工作已完成。

(5) 门窗施工中的现场质量管理体系已建立,并且已开始对施工环节实施监控。

(6) 涂色镀锌钢板门窗施工中所用的脚手架、安全网等安全防护设施,已经过复检验收,能够满足安全施工的要求。

(7) 涂色镀锌钢板门窗安装的主要作业人员,必须有三项以上同类型工程分项工程成功作业的经历。机运工、电工必须持证上岗,其他人员应经过安全、质量、技能培训,能满足作业的各项要求。

(三) 涂色镀锌钢板门窗的施工工艺

1. 涂色镀锌钢板门窗的工艺流程

涂色镀锌钢板门窗的工艺流程为:涂色镀锌钢板门窗进场验收→门窗洞口尺寸、位置、预埋件核查与验收→弹出门窗安装线→门窗就位、找平、找直、找方正→连接并固定门窗→塞缝密封→清理、验收。

2. 涂色镀锌钢板门窗的施工工艺

(1) 门窗洞口尺寸、位置、预埋件核查

① 涂色镀锌钢板门窗分为带副框门窗和不带副框门窗。一般当室外为饰面板面层装饰时,需要安装副框。室外墙面为普通抹灰和涂料罩面时,采用直接与墙体固定的方法,可以不安装副框。

② 对于带副框的门窗应在洞口抹灰前将副框安装就位,并与预埋件连接固定。

③ 对于不带副框的门窗,一般是先进行洞口抹灰,抹灰完成并具有一定的强度后,再用冲击钻打孔,用膨胀螺栓将门窗框与洞口墙体固定。

④ 带副框门窗与不带副框门窗对洞口条件的要求是不同的:带副框门窗应根据到现场门窗的副框实际尺寸及连接位置,核查洞口尺寸和预埋件的位置及数量;而对于不带副框门窗,洞口抹灰后预留的净空尺寸必须准确。所以要求必须待门窗进场后测量其实际尺寸,并按此实际尺寸对洞口弹安装线后,方可进行洞口的先行抹灰。

(2) 弹出门窗的安装线

① 先在顶层找出门窗的边线，用 2kg 重的线锤将门窗的边线引到楼房各层，并在每层门窗口处划线、标注，对个别不直的洞口边要进行处理。

② 高层建筑应根据层数的具体情况，可利用经纬仪引垂直线。

③ 门窗洞口的标高尺寸，应以楼层＋500mm 水平线为准往上反，找出窗下皮的安装标高及门洞顶标高位置。

（3）门窗安装就位

① 对照施工图纸上各门窗洞口位置及门窗编号，将准备安装的门窗运至安装位置洞口处，注意核对门窗的规格、类型、开启方向。

② 对于带副框的门窗，安装分两步进行：在洞口及外墙做装饰面打底面，将副框安装好；待外墙面及洞口的饰面完工并清理干净后，再安装门窗的外框和扇。

（4）带副框门窗安装

① 按门窗图纸尺寸在工厂组装好副框，按安装顺序运至施工现场，用 M5×12 的自攻螺栓将连接件铆固在副框上。

② 将副框安装于洞口并与安装位置线齐平，用木楔进行临时固定，然后校正副框的正、侧面垂直度及对角线长度无误后，将其用木楔固定牢固。

③ 经过再次校核准确无误后，将副框的连接件，逐个采用电焊方法焊牢在门窗洞口的预埋铁件上。

④ 副框的固定作业完成后，填塞密封副框的四周缝隙，并及时将副框四周清理干净。

⑤ 在副框与门窗外框接触的顶面、侧面贴上密封胶条，将门窗装入副框内，适当进行调整后，用 M5×12 的自攻螺栓将门窗外框与副框连接牢固，并扣上孔盖；在安装推拉窗时，还应调整好滑块。

⑥ 副框与外框、外框与门窗之间的缝隙，应用密封胶充填密实。最后揭去型材表面的保护膜层，并将表面清理干净。

（5）不带副框门窗安装

① 根据到场门窗的实际尺寸，进行规方、找平、找方正洞口。要求洞口抹灰后的尺寸尽可能准确，其偏差控制在＋8.0mm 范围内。

② 按照设计图的位置，在洞口侧壁弹出门窗安装位置线。

③ 按照门窗外框上膨胀螺栓的位置，在洞口相应位置的墙体上钻安装膨胀螺栓的孔。

④ 将门窗安装在洞口的安装线上，调整门窗的垂直度、标高及对角线长度合格后用木楔临时固定。

⑤ 经检查门窗的位置、垂直度、标高等无误后，用膨胀螺栓将门窗与洞口固定，然后盖上螺钉盖。

门窗与洞口之间的缝隙，按设计要求的材料进行充填密封，表面用建筑密封胶密封。最后揭去型材表面的保护膜层，并将表面清理干净。

（四）涂色镀锌钢板门窗的施工要点

涂色镀锌钢板门窗按其结构组成不同，又可分为带副框涂色镀锌钢板门窗和不带副框涂色镀锌钢板门窗两类，它们在施工中的操作要点也不同。

1. 带副框涂色镀锌钢板门窗的施工要点

（1）要按照设计确定的固定点位置，用自攻螺钉将连接件固定在钢板门窗的副框上。

（2）将已固定好连接件的副框塞入门窗洞口内，根据已经弹好的安装线，使副框大致就位，用对拔木楔初步加以固定。

（3）认真校正副框的垂直度、水平度和对角线，并用对拔木楔将其固定牢。

（4）将副框上的连接件与门窗洞口上的预埋件逐个焊接牢固。当门窗洞口中没有预埋件时，可采用射钉或膨胀螺栓进行固定。带副框涂色镀锌钢板门窗的安装节点示意如图5-30所示。

（5）进行室内、外墙面及门窗洞口侧面抹灰或粘贴装饰面层。在副框的两侧应留出槽口，待其干透后注入密封膏封严。

（6）室内、外墙面及门窗洞口的抹灰干燥后，先在副框与门窗外框接触的两个侧面及顶面上粘贴密封条，再将门窗外框放入副框内，进行校正和调整，并用自攻螺钉将门窗外框与副框进行固定，然后盖上塑料螺钉盖。

（7）为防止因密封不严密而出现透风和渗水，应用建筑密封膏将门窗外框与副框之间的缝隙加以封严。

（8）在建筑工程验收完毕交工前，揭去门窗表面上的保护膜，擦干净门窗框扇、玻璃、洞口及窗台上的灰尘和污物。

2. 不带副框涂色镀锌钢板门窗施工要点

（1）不带副框涂色镀锌钢板门窗，一般宜在室内外及门窗洞口粉刷完毕后进行。

（2）按照门窗外框上膨胀螺栓的位置，在洞口内相应的墙体上钻出各个膨胀螺栓的孔，为安装不带副框涂色镀锌钢板门窗做好准备工作。

（3）将门窗樘装入洞口内的安装位置线上，并认真调整其垂直度、水平度、对角线及进深位置，然后用对拔木楔塞紧。

（4）膨胀螺栓插入门窗外框及洞口上钻出的孔洞内，拧紧膨胀螺栓，将门窗外框与洞口墙体牢固固定。不带副框涂色镀锌钢板门窗的安装节点示意如图5-31所示。

（5）为防止因密封不严密而出现透风和渗水，应用建筑密封膏将门窗外框与副框之间的缝隙加以封严。

（6）在建筑工程验收完毕交工前，揭去门窗表面上的保护膜，擦干净门窗框扇、玻璃、洞口及窗台上的灰尘和污物。

图5-30　带副框涂色镀锌钢板
门窗的安装节点示意

1—预埋铁板；2—预埋件直径10mm的圆钢；
3—连接件；4—水泥砂浆；5—密封膏；6—垫片；
7—自攻螺钉；8—副框；9—自攻螺钉

五、金属门窗的成品保护和安全环保措施

1. 金属门窗成品保护措施

（1）金属门窗运输和搬运时要轻拿轻放，并采取可靠的保护措施，避免出现碰撞和摔压，防止门窗损坏变形。铝合金门窗运输时应妥善捆扎，樘与樘之间用非金属软质材料隔垫开。

（2）门窗进场后，应按规格、型号分类堆放，底层应垫平、垫高，露天堆放应用塑料布遮盖好，不得乱堆乱放，防止钢门窗变形和生锈。铝合金门窗进场后，应在室内竖直排放，产品不得接触地面，底部用枕木垫平，一般应高于地面100mm以上，严禁与酸碱材料一起存放，室内应清洁、干燥、通风。

（3）严禁以门窗为支点，在门窗框和窗扇上支承各类架板，防止门窗移位和变形。铝合

金门窗框定位后，不得撕掉保护胶带或包扎布。在填嵌缝隙需要撕掉时，切不可用刀等硬物刮撕，以免划伤铝合金门窗的表面。

图 5-31　不带副框涂色镀锌钢板门窗的安装节点示意（单位：mm）
1—塑料盖；2—膨胀螺钉；3—密封膏；4—水泥砂浆

（4）在拆除脚手架时，应注意将开启的门窗关好后再进行操作，防止碰坏金属门窗。

（5）在进行焊接作业时，应采取必要的防护措施，防止电焊火花损坏周围的门窗型材、玻璃等材料。

（6）严格严止施工人员踩踏门窗，不得在门窗框架上悬挂重物，经过出入的门洞口处，应及时用木板将门框保护好，严禁擦碰门窗产品，防止门窗变形损坏。

（7）墙体粉刷完毕后，应及时清除残留在金属门窗框、扇上的砂浆，并彻底清理干净。

2. 金属门窗安全环保措施

（1）施工人员进入施工现场必须佩戴安全帽，穿防滑的工作鞋，严禁穿拖鞋或光脚。

（2）进行室外高空作业时必须设置安全网、防护栏等防护措施，同时必要系好安全带。

（3）焊接机具的使用要符合《施工现场临时用电安全技术规范》（JGJ 46—2005）中的规定，并应注意电焊火花的防火安全。电动螺丝刀、手电钻、冲击钻、曲线锯等必须选用二类手持式电动工具，严格遵守《手持电动工具的管理、使用、检查和维修安全技术规程》。

（4）使用射钉枪的操作人员应进行培训，严格按规定程序操作，严禁枪口对人。射钉弹要按有关爆炸和危险物品的规定进行搬运、储存和使用，存放环境要整洁、干燥、通风良好，温度不高于 40℃，不得碰撞、用火烘烤或高温加热射钉弹，出现的哑弹不得随地乱扔。

（5）在使用射钉枪时，墙体必须稳固、坚实，并具有承受射击冲力的刚度。在薄墙和轻质墙上射钉时，墙体的另一面不得有人，以防止射穿后伤人。

（6）铝合金门窗及钢门窗的加工场地，必须用隔声效果比较好的材料进行封闭围护，以免影响周围居民的正常生活和休息。

（7）钢门窗现场油漆时，应注意保持室内空气流通，并控制空气中甲醛的含量。

（8）钢门窗安装应尽量避免在夜间进行焊接作业；如果必须在夜间进行，则应采取可靠的围护措施。

第四节　塑料门窗的施工

塑料门窗是以聚氯乙烯或其他树脂为主要原料，以轻质碳酸钙为填料，添加适量助剂和改性剂，经过双螺杆挤压机挤压成型的各种截面的空腹门窗异型材，再根据不同的品种规格选用不同截面异型材组装而成。

塑料门窗是目前最具有气密性、水密性、耐腐蚀性、隔热保温、隔声、耐低温、阻燃、电绝缘性、造型美观等优异综合性能的门窗制品。另外，塑料本身的耐腐蚀性和耐潮湿性优异，在化工建筑、地下工程、卫生间及浴室内都能使用，是一种应用广泛的建筑节能产品。

一、塑料门窗的性能和材料质量

（一）塑料门窗性能要求

1. 塑料门的性能要求

（1）塑料门的外观　塑料门的表面应平滑，颜色应基本均匀一致，无裂纹、无气泡，焊缝处平整，不得有影响使用的伤痕、杂质等缺陷。

（2）塑料门的力学性能

① 平开塑料门的力学性能：开关力、悬端吊重、翘曲、开关疲劳、大力关闭、角强度、软物冲击、硬物冲击等应符合表 5-41 中的要求。

表 5-41　平开塑料门的力学性能

项目	技术要求
开关力	不大于 80N
悬端吊重	在 500N 力作用下，残余变形不大于 2mm，试件不损坏，仍保持使用功能
翘曲	在 300N 力作用下，允许有不影响使用的残余变形，试件不损坏，仍保持使用功能
开关疲劳	经不少于 10000 次的开关试验，试件及五金件不损坏，固定处及玻璃压条等不松脱，试验后无损坏，启闭功能正常
大力关闭	经模拟 7 级风开关 10 次，试件不损坏，仍保持开关功能
角强度	平均值不低于 3000N，最小值不低于平均值的 70%
软物冲击	无破损，开关功能正常
硬物冲击	试验后无损坏

注：全玻璃门不检测软、硬物体的冲击性能。

② 推拉塑料门的力学性能　开关力、弯曲、扭曲、对角线变形、开关疲劳、角强度、软物冲击、硬物冲击等应符合表 5-42 中的要求。

表 5-42　推拉塑料门的力学性能

项目	技术要求
开关力	不大于 80N
弯曲	在 300N 力作用下，允许有不影响使用的残余变形，试件不损坏，仍保持使用功能
扭曲	在 200N 力作用下，试件不损坏，允许有不影响使用的残余变形
对角线变形	在 200N 力作用下，试件不损坏，允许有不影响使用的残余变形
开关疲劳	经不少于 10000 次的开关试验，试件及五金件不损坏，固定处及玻璃压条等不松脱，试验后无损坏，启闭功能正常
角强度	平均值不低于 3000N，最小值不低于平均值的 70%
软物冲击	无破损，开关功能正常
硬物冲击	试验后无损坏

注：1. 无凸出把手的推拉门不作扭曲试验。

2. 全玻璃门不检测软、硬物体的冲击性能。

2. 塑料窗的性能要求

（1）塑料窗的外观　塑料窗的表面应平滑，颜色应基本均匀一致，无裂纹、无气泡，焊缝处平整，不得有影响使用的伤痕、杂质等缺陷。

（2）塑料窗的力学性能

① 平开塑料窗的力学性能　锁紧器（执手）的开关力、窗的开关力、悬端吊重、翘曲、开关疲劳、大力关闭、角强度及窗撑试验等应符合表 5-43 中的要求。

表 5-43　平开塑料窗的力学性能

项目	技术要求			
锁紧器(执手)的开关力	不大于 100N(力矩不大于 10N·m)			
开关力	平铰链	不大于 80N	滑撑铰链	不小于 30N,不大于 80N
悬端吊重	在 500N 力作用下,残余变形不大于 2mm,试件不损坏,仍保持使用功能			
翘曲	在 300N 力作用下,允许有不影响便用的残余变形,试件不损坏,仍保持使用功能			
开关疲劳	经不少于 10000 次的开关试验,试件及五金件不损坏,固定处及玻璃压条等不松脱,试验后无损坏,启闭功能正常			
大力关闭	经模拟 7 级风开关 10 次,试件不损坏,仍保持开关功能			
角强度	平均值不低于 3000N,最小值不低于平均值的 70%			
窗撑试验	在 200N 力作用下,不允许位移,连接处型材不破裂			

② 推拉塑料窗的力学性能　开关力、弯曲、扭曲、对角线变形、开关疲劳、角强度等应符合表 5-44 中的要求。

表 5-44　推拉塑料窗的力学性能

项目	技术要求
开关力	不大于 100N
弯曲	在 300N 力作用下,允许有不影响便用的残余变形,试件不损坏,仍保持使用功能
扭曲	在 200N 力作用下,试件不损坏,允许有不影响便用的残余变形
对角线变形	在 200N 力作用下,试件不损坏,允许有不影响便用的残余变形
开关疲劳	经不少于 10000 次的开关试验,试件及五金件不损坏,固定处及玻璃压条等不松脱
角强度	平均值不低于 3000N,最小值不低于平均值的 70%

（二）塑料门窗材料质量

1. 塑料异型材及密封条

塑料门窗采用的塑料异型材、密封条等原材料，应符合现行的国家标准《门、窗用未增塑聚氯乙烯（PVC-U）型材》（GB/T 8814—2004）和《塑料门窗用密封条》（GB 12002—1989）的有关规定。

2. 塑料门窗配套件

塑料门窗采用的紧固件、五金件、增强型钢、金属衬板及固定片等，应符合以下要求。

（1）紧固件、五金件、增强型钢、金属衬板及固定片等，应进行表面防腐处理。

（2）紧固件的镀层金属及其厚度，应符合国家标准《紧固件　电镀层》（GB 5267.1—2002）的有关规定；紧固件的尺寸、螺纹、公差、十字槽及机械性能等技术条件，应符合国家标准《十字槽盘头自攻螺钉》（GB 845—1985）、《十字槽沉头自攻螺钉》（GB 846—1985）的有关规定。

（3）五金件的型号、规格和性能，均应符合国家现行标准的有关规定；"滑撑铰链"不得使用铝合金材料。

（4）全防腐型塑料门窗，应采用相应的防腐型五金件及紧固件。

（5）固定片的厚度应≥1.5mm，最小宽度应≥15mm，其材质应采用 Q235-A 冷轧钢板，其表面应进行镀锌处理。

（6）组合窗及连窗门的拼樘料，应采用与其内腔紧密吻合的增强型钢作为内衬，型钢两端应比拼樘长出 10～15mm。外窗的拼樘料截面尺寸及型钢形状、壁厚，应能使组合窗承受瞬时风压值。

3. 玻璃及玻璃垫块

塑料门窗所用的玻璃及玻璃垫块的质量，应符合以下规定。

（1）玻璃的品种、规格及质量，应符合国家现行产品标准的规定，并应有产品出厂合格证，中空玻璃应有检测报告。

（2）玻璃的安装尺寸，应比相应的框、扇（梃）内口尺寸小4～6mm，以便于安装并确保阳光照射下出现膨胀而不开裂。

（3）玻璃垫块应选用邵氏硬度为70～90（A）的硬橡胶或塑料，不得使用硫化再生橡胶、木片或其他吸水性材料；其长度宜为80～150mm，厚度应按框、扇（梃）与玻璃的间隙确定，一般宜为2～6mm。

4. 门窗洞口框墙间隙密封材料

门窗洞口框墙间隙密封材料，一般常为建筑密封胶，应具有良好的弹性和黏结性。

5. 材料的相容性

与聚氯乙烯型材直接接触的五金件、紧固件、密封条、玻璃垫块、嵌缝膏等材料，其性能与PVC塑料具有相容性。

二、塑料门窗的安装施工

（一）塑料门窗的制作

塑料门窗的制作一般都是在专门的工厂进行的，很少在施工工地现场组装。在国外，甚至将玻璃都在工厂中安装好才送往施工现场安装。在国内，一些较为高档的产品也常常采取这种方式供货。但是，由于我国的塑料门窗组装厂还很少，而且组装后的门窗经长途运输损耗太大，因此，很多塑料门窗装饰工程仍然存在着由施工企业自行组装的情况，这对于确保制作质量还是有一定难度的。

（二）安装施工准备工作

1. 安装材料

（1）塑料门窗　塑料门窗一般多为工厂制作的成品，并有齐全的五金配件。

（2）其他材料　主要有木螺丝、平头螺丝、塑料胀管螺丝、自攻螺钉、钢钉、木楔、密封条、密封膏、抹布等。

2. 安装机具

塑料门窗在安装时所用的主要机具有：型材切割机、组装工作台、注胶枪、水平尺、拉铆枪、冲击钻、射钉枪、电动螺丝刀、锤子、吊线锤、钢尺、灰线包等。

3. 作业条件

（1）建筑结构工程质量验收符合门窗安装要求，工种之间已办好交接手续，室内的施工水平线已弹好。

（2）塑料门窗进场后已进行检查核对，表面损伤、变形及松动等质量问题，已进行修整、校正等处理。

（3）经检查墙上门窗洞口位置、尺寸留置准确，门窗安装预埋件已通过隐蔽验收。

4. 现场准备

（1）门窗洞口质量检查。按设计要求检查门窗洞口的尺寸，若无具体的设计要求，一般应满足下列规定：门洞口宽度为门框宽度加50mm，门洞口高度为门框高加20mm；窗洞口宽度为窗框宽度加 40mm，窗洞口高度为窗框高加 40mm。

门窗门洞口尺寸的允许偏差值为：洞口表面平整度允许偏差 3mm；洞口正、侧面垂直度的允许偏差为 3mm；洞口对角线允许偏差为 3mm。

（2）检查洞口的位置、标高与设计要求是相符合，若不符合应立即进行改正。

（3）检查洞口内预埋木砖的位置、数量是否准确。

（4）按设计要求弹好门窗安装位置线，并根据需要准备好安装用的脚手架。

（三）塑料门窗的安装方法

由于塑料门窗的热膨胀性较大，且弯曲弹性模量较小，加之又是成品现场安装，如果稍不注意，就可能造成塑料门窗的损伤变形，影响使用功能、装饰效果和耐久性。因此，安装塑料门窗的技术难度比钢门窗、木门窗大得多，在施工过程中应当特别注意。

塑料门窗安装施工工艺流程为：门窗洞口处理→找规矩→弹线→安装连接件→塑料门窗安装→门窗四周嵌缝→安装五金配件→清理。其主要的施工要点如下。

1. 门窗框与墙体的连接

塑料门窗框与墙体的连接固定方法很多，常见的有连接件固定法、直接固定法和假框固定法 3 种。

（1）连接件固定法　这是一种专门制作的铁件将门窗框与墙体相连接，是我国目前运用较多的一种方法。其优点是比较经济，且基本上可以保证门窗的稳定性。连接件法的做法是：先将塑料门窗放入门窗洞口内，找平对中后用木楔临时固定。然后，将固定在门窗框型材靠墙一面的锚固铁件用螺钉或膨胀螺钉固定在墙上，如图 5-32 所示。

（2）直接固定法　在砌筑墙体时，先将木砖预埋于门窗洞口设计位置处，当塑料门窗安装于洞口并定位后，用木螺钉直接穿过门窗框与预埋木砖进行连接，从而将门窗框直接固定于墙体上，如图 5-33 所示。

图 5-32　框与墙间连接件固定法

图 5-33　框与墙间直接固定法

（3）假框法　先在门窗洞口内安装一个与塑料门窗框配套的镀锌铁皮金属框，或者当木门窗换成塑料门窗时，将原来的木门窗框保留不动，待抹灰装饰完成后，再将塑料门窗框直接固定在原来框上，最后再用盖口条对接缝及边缘部分进行装饰，如图 5-34 所示。

2. 连接点位置的确定

在确定塑料门窗框与墙体之间的连接点的位置和数量时，应主要从力的传递和 PVC 窗的伸缩变形需要两个方面来考虑，如图 5-35 所示。

图 5-34　框与墙间"假框"固定法

图 5-35　框与墙连接点布置图（单位：mm）

（1）在确定连接点的位置时，首先应考虑能使门窗扇通过合页作用于门窗框的力，尽可能直接传递给墙体。

（2）在确定连接点的数量时，必须考虑防止塑料门窗在温度应力、风压及其他静荷载作用下可能产生的变形。

（3）连接点的位置和数量，还必须适应塑料门窗变形较大的特点，保证在塑料门窗与墙体之间微小的位移，也不会影响门窗的使用功能及连接本身。

（4）在合页的位置应设连接点，相邻两个连接点的距离不应大于 700mm。在横档或竖框的地方不宜设连接点，相邻的连接点应在距其 150mm 处。

3. 框与墙间缝隙的处理

（1）由于塑料的膨胀系数较大，所以要求塑料门窗与墙体间应留出一定宽度的缝隙，以适应塑料伸缩变形。

（2）框与墙间的缝隙宽度，可根据总跨度、膨胀系数、年最大温差计算出最大膨胀量，再乘以要求的安全系数求得，一般可取 10～20mm。

（3）框与墙间的缝隙，应用泡沫塑料条或油毡卷条填塞，填塞不宜过紧，以免框架发生变形。门窗框四周的内外接缝缝隙应用密封材料嵌填严密，也可用硅橡胶嵌缝条，但不能采用嵌填水泥砂浆的做法。

（4）不论采用何种填缝方法，均要做到以下两点。

① 嵌填的密封缝隙材料应当能承受墙体与框之间的相对运动，并且保持其密封性能，雨水不得在嵌填的密封隙缝材料处渗入。

② 嵌填的密封缝隙材料不应对塑料门窗有腐蚀、软化作用，尤其是沥青类材料对塑料有不利作用，不宜采用。

（5）嵌填密封完成后，则可进行墙面抹灰。当工程有较高要求时，最后还需加装塑料盖口条。

4. 五金配件的安装

塑料门窗安装五金配件时，必须先在杆件上进行钻孔，然后用"自攻螺丝"拧入，严禁在杆件上直接锤击钉入。

5. 安装完毕后的清洁

塑料门窗扇安装完毕后，应暂时将其取下，并编号单独保管。门窗洞口进行粉刷时，应将门窗表面贴纸保护。粉刷时如果在表面沾上水泥浆，应立即用软质抹布擦洗干净，切勿使用金属工具擦刮。粉刷完毕后，应及时清除玻璃槽口内的渣灰。

三、塑料门窗的成品保护

（1）塑料门窗成品在运输、装卸、保管、安装过程中及工程验收前，均应采取有效的防护措施，不得损坏和污染。

（2）已安装好的门窗框、扇的洞口，不得再作为施工运料的通道，以防止对门窗损坏。

（3）严禁在门窗框、扇上架设脚手架、悬挂重物；外脚手架不得顶压在门窗框、扇或者窗撑上，并严禁蹬踩窗框、窗扇或窗撑。

（4）应采取必要的防护措施，防止利器划伤门窗的表面，并防止电、气焊火花烧伤或烫伤门窗的面层。

（5）当立体交叉作业时，应特别注意对已安装好门窗的保护，严禁产生对门窗的碰撞。

第五节　自动门的施工

自动门是指可以将人接近门的动作（或将某种入门授权）识别为开门信号的控制单元，通过驱动系统将门开启，在人离开后再将门自动关闭，并对开启和关闭的过程实现控制的系统。自动门从理论上理解应该是门的概念的延伸，是门的功能根据人的需要所进行的发展和完善。

一、自动门品种和规格

自动门是一种新型金属门，主要用于高级建筑装饰。自动门按启闭形式不同，可分为推拉门、平开门、重叠门、折叠门、弧形门和旋转门；按使用的场合及功能的不同，可分为自动平移门、自动平开门、自动旋转门、自动圆弧门和自动折叠门等；按门体的材料不同，有铝合金自动门、无框的全玻璃自动门及异型薄壁钢管自动门等；按门的扇型区分，有双扇型、四扇型和六扇型等自动门；按自动门所使用的探测传感器的不同，可分为超声波传感器、红外线探头、微波探头、遥控探测器、开关式传感器、拉线开关式传感器和手动按钮式传感器等。

目前，我国比较有代表性的自动门品种与规格如表 5-45 所列。

表 5-45　国产自动门品种与规格

品种	规格尺寸/mm		生产单位
	宽度	高度	
TDLM-100 系列铝合金推拉自动门	2050～4150	2075～3575	沈阳黎明航空铝窗公司
ZM-E 型铝合金中分式微波自动门	分 2、4、6 扇型，除标准尺寸外，可由用户提出尺寸订制		上海红光建筑五金厂
100 系列铝合金自动门	950	2400	哈尔滨有色金属材料加工厂

注：表中所列自动门品种均含无框的全玻璃自动门。

在建筑工程中最常用的是微波自动门，我国生产的微波自动门，具有外观新颖、结构精巧、启动灵活、运行可靠、功耗较低、噪声较小等特点，适用于高级宾馆、饭店、医院、候机楼、车站、贸易楼、办公大楼等建筑物。

微波自动门不但能带来人员进出方便、节约空调能源、防风、防尘、降低噪声等好处，更令大门增添了不少高贵典雅的气息。下面重点介绍微波自动门的结构与安装施工。

二、微波自动门施工工艺

（一）微波自动门的结构

微波自动门的传感系统采用微波感应方式，当人或其他活动目标进入微波传感器的感应范围时，门扇便自动开启，当活动目标离开感应范围时，门扇又会自动关闭。门扇的自动运行，有快速和慢速两种自动变换，使起动、运行、停止等动作达到良好的协调状态，同时可确保门扇之间的柔性合缝。当自动门意外地夹住行人或门体被异物卡阻时，自控电路具有自动停机的功能，所以使用起来安全可靠。

微波自动门最常见的形式是自动门机及门内外两侧加感应器，当人走近自动门时，感应器感应到人的存在，给控制器一个开门信号，控制器通过驱动装置将门打开。当人通过门之后，再将门关闭。由于自动平移门在通电后可以实现无人管理，既方便又提高了建筑的档次，于是迅速在国内外建筑市场上得到大范围的普及。

1. 微波自动门的门体结构

以上海红光建筑五金厂生产的 ZM-E2 型微波自动门为例，微波自动门体结构分类如表 5-46 所列。

表 5-46　ZM-E2 型微波自动门体结构分类系列

门体的材料	表面处理（颜色）	
铝合金	银白色	古铜色
无框的全玻璃门	白色全玻璃	茶色全玻璃
异型薄壁钢管	镀锌	油漆

微波自动门一般多为中分式，标准立面主要分为两扇型、四扇型、六扇型等，如图 5-36 所示。

2. 自动门的控制电路结构

微波自动门的控制电路是自动门的指挥系统由两部分组成：其一是用来感应开门目标讯号的微波传感；其二是进行讯号处理的二次电路控制。微波传感器采用 X 波段微波讯号的"多普勒"效应原理，对感应范围内的活动目标反应的作用讯号进行放大检测，从而自动输出开门或关门控制讯号。一档自动门出入控制一般需要用 2 只感应探头、1 台电源器配套使用。二次电路控制箱是将微波传感器的开关门讯号转化成为控制电动机正、逆旋转的讯号处理装置，它由逻辑电路、触发电路、可控硅主电路、自动报警停机电路及稳压电路等组成。

(a) 两扇型　　(b) 四扇型　　(c) 六扇型

图 5-36　微波自动门标准立面示意

微波自动门的主要电路采用集成电路技术，使整机具有较高的稳定性和可靠性。微波传感器和控制箱均使用标准插件连接，因而同机种具有互换性和通用性。微波传感器和控制箱在自动门出厂前均已安装在机箱内。

（二）微波自动门的技术指标

以 ZM-E2 型微波自动门为例，微波自动门的技术参数如表 5-47 所列。

表 5-47　ZM-E2 型微波自动门的技术参数

项　目	指　标	项　目	指　标
电　源	AC220V/50Hz	感应灵敏度	现场调节至用户需要
功　耗	150W	报警延时时间	10～15s
门速调节范围	0～350mm/s(单扇门)	使用环境温度	−20～+40℃
微波感应范围	门前 1.5～4m	断电时手推力	<10N

（三）微波自动门的安装施工

1. 微波自动门施工工艺流程

微波自动门施工工艺流程为：测量、放线→地面轨道埋设→安装横梁→门扇安装→安装调整测试→机箱饰面板安装→检查、清理。

2. 微波自动门施工操作要点

（1）测量、放线：准确测量室内、外地坪的标高。按照设计图纸上规定的尺寸复核土建施工预埋件等的位置。

（2）地面轨道埋设

铝合金自动门和玻璃自动门地面上装有导向性下轨道。异型钢管自动门无下轨道。有下轨道的自动门在土建做地坪时，须在地面上预埋 50mm×75mm 方木条 1 根。微波自动门在安装时，撬出方木条以后，便可埋设下轨道，下轨道长度为开门宽的 2 倍。图 5-37 为自动门下轨道埋设示意图。

（3）安装横梁

自动门上部机箱层主梁是安装中的重要环节。由于机箱内装有机械及电控装置，因此，对支承横梁的土建支承结构有一定的强度及稳定性要求。常用的两种支承节点如图 5-38 所示，一般砖结构宜采用图 5-38（a）形式，混凝土结构宜采用图 5-38（b）形式。

图 5-37　自动门下轨道
埋设示意图（单位：mm）　　图 5-38　机箱横梁支
承节点（单位：mm）

（4）安装调整测试：自动门安装完毕后，对探测传感系统和机电装置应进行反复多次调试，直至感应灵敏度、探测距离、开闭速度等技术指标完全达到设计要求为止。

（5）机箱饰面板安装：横梁上机箱和机械传动装置等安装调试好后，用饰面板将结构和设备包装起来，以增加其美观。

（6）检查、清理：自动门经调试各项技术性能满足设计要求后，应对安装施工现场进行全面清理，以便准备交工验收。

3. 微波自动门使用与维修

自动门的使用性能与使用寿命，与施工及日常维护有密切关系，因此，必须做好下列各个方面工作。

（1）门扇地面滑行轨道应经常进行清洗，槽内不得留有异物。结冰季节要严格防止有水流进下轨道，以免阻碍活动门扇转动。

（2）微波传感器及控制箱等一旦调试正常，就不能再任意变动各种旋钮的位置，以防止失去最佳工作状态，而达不到应有的技术性能。

（3）铝合金门框、门扇及装饰板等，是经过表面化学防腐氧化处理的，产品运抵施工现场后应妥善保管，并注意门体不得与石灰、水泥及其他酸、碱性化学物品接触。

（4）对使用比较频繁的自动门，要定期检查传动部分装配紧固零件是否有松动、缺损等现象。对机械活动部位要定期加油，以保证门扇运行润滑、平稳。

第六节　全玻璃门的施工

在现代建筑装饰工程中，全玻门是高等级建筑中常见的全玻璃门。所采用玻璃多为厚度在 12mm 的厚质平板白玻璃、雕花玻璃及彩印图案玻璃等，有的设有金属扇框，有的活动门扇除了用玻璃之外，只有局部的金属边条。其门框部分通常以不锈钢、黄铜或铝合金饰面，从而展示出高级豪华气派，如图 5-39 所示。

图 5-39　全玻璃装饰门的形式示例

一、全玻门所用玻璃的技术性能

全玻门主要组成材料是玻璃，采用的主要有平板玻璃、钢化玻璃、压花玻璃、夹层玻璃、中空玻璃等。玻璃的技术性能在很大程度上决定了全玻门的整体质量，因此，应根据全玻门的实际情况，选择适宜合格的玻璃品种。

1. 普通平板玻璃的技术性能

普通平板玻璃具有透光、隔热、隔声、耐磨、耐气候变化的性能，有的还有保温、吸热、防辐射等特征，因而广泛应用于镶嵌建筑物的门窗、墙面、室内装饰等。平板玻璃的规格按厚度通常分为 2mm、3mm、4mm、5mm、6mm、8mm 和 10mm。

（1）普通平板玻璃的尺寸偏差、对角线差、厚度偏差和厚薄差。普通平板玻璃的尺寸偏差、对角线差、厚度偏差和厚薄差，应符合表 5-48 中的规定。

表 5-48 普通平板玻璃的尺寸偏差、对角线差、厚度偏差和厚薄差

	公称厚度	尺寸偏差	
		尺寸≤3000	尺寸>3000
尺寸偏差 /mm	2～6	±2	±3
	8～10	+2,-3	+3,-4
	12～15	±3	±4
	19～25	±5	±5
	注:普通平板玻璃应切裁成矩形,其长度和宽度的尺寸偏差应不超过表中的规定		
对角线差	对角线差应不大于其平均长度的0.2%		
	公称厚度	厚度偏差	厚薄差
厚度偏差 和厚薄差 /mm	2～6	±0.2	0.2
	8～12	±0.3	0.3
	15	±0.5	0.5
	19	±0.7	0.7
	22～25	±1.0	1.0

（2）普通平板玻璃的外观质量要求　普通平板玻璃按质量等级不同，可分为合格品、一等品和优等品，各等级玻璃的外观质量要求，应分别符合表 5-49 中的各项规定。

表 5-49 普通平板玻璃的外观质量要求

	缺陷种类	质量要求			
平板玻璃合格 品外观质量	点状缺陷	尺寸(L)/mm	允许个数限定	尺寸(L)/mm	允许个数限定
		0.5≤L≤1.0	2.0S	2.0<L≤3.0	0.5S
		1.0<L≤2.0	1.0S	L>3.0	0
	点状缺陷 密集度	尺寸≥0.5mm 的点状缺陷最小间距不小于 300mm,直径≥100mm 圆内尺寸 0.3mm 的点状缺陷不超过 3 个			
	线道和裂纹	不允许			
	划伤	允许范围		允许条数限度	
		宽度≤0.5mm,长度≤60mm		3.0S	
	光学变形	公称厚度	无色透明平板玻璃	本色透明平板玻璃	
		2mm	≥40°	≥40°	
		3mm	≥45°	≥40°	
		≥4mm	≥50°	≥45°	
	断面缺陷	公称厚度不超过 8mm 时,不超过玻板的厚度;8mm 以上时,不超过 8mm			
	注:点状缺陷中的光畸变点视为 0.5～1.0mm 的缺陷				
平板玻璃一等 品外观质量	缺陷种类	质量要求			
	点状缺陷	尺寸(L)/mm	允许个数限定	尺寸(L)/mm	允许个数限定
		0.3≤L≤0.5	2.0S	1.0<L≤1.5	0.2S
		0.5<L≤1.0	0.5S	L>1.5	0
	点状缺陷 密集度	尺寸≥0.3mm 的点状缺陷最小间距不小于 300mm,直径≥100mm 圆内尺寸 0.2mm 的点状缺陷不超过 3 个			
	线道和裂纹	不允许			
	划伤	允许范围		允许条数限度	
		宽度≤0.2mm,长度≤40mm		2.0S	
	光学变形	公称厚度	无色透明平板玻璃	本色透明平板玻璃	
		2mm	≥50°	≥45°	
		3mm	≥55°	≥50°	
		4～12mm	≥60°	≥55°	
		≥15mm	≥55°	≥50°	
	断面缺陷	公称厚度不超过 8mm 时,不超过玻板的厚度;8mm 以上时,不超过 8mm			
	注:点状缺陷中不允许有光畸变点				

	缺陷种类	质量要求			
平板玻璃优等品外观质量	点状缺陷	尺寸(L)/mm	允许个数限定	尺寸(L)/mm	允许个数限定
		0.3≤L≤0.5	1.0S	L>1.0	0
		0.5<L≤1.0	0.2S		
	点状缺陷密集度	尺寸≥0.3mm 的点状缺陷最小间距不小于 300mm，直径≥100mm 圆内尺寸0.1mm 的点状缺陷不超过 3 个			
	线道和裂纹	不允许			
	划伤	允许范围		允许条数限度	
		宽度≤0.1mm，长度≤30mm		2.0S	
	光学变形	公称厚度	无色透明平板玻璃	本色透明平板玻璃	
		2mm	≥50°	≥50°	
		3mm	≥55°	≥50°	
		4～12mm	≥60°	≥55°	
		≥15mm	≥55°	≥50°	
	断面缺陷	公称厚度不超过 8mm 时，不超过玻板的厚度；8mm 以上时，不超过 8mm			
	注:点状缺陷中不允许有光畸变点				

注：表中 S 是以平方米为单位的玻璃板面积数值，按《数值修约规则与极限数值的表示和判定》（GB/T 8170—2008）修约，保留小数点后两位，点状缺陷的允许个数限度及划伤允许条数限度为各系数与 S 相乘所得的数值，按《数值修约规则与极限数值的表示和判定》（GB/T 8170—2008）修约。

（3）普通平板玻璃的光学特征要求　普通平板玻璃的透光率是衡量其透光能力的重要指标，它是光线透过玻璃后的光通量占透过前光通量的百分比。普通平板玻璃的光学特征要求，应符合表 5-50 中的规定。

表 5-50　普通平板玻璃的光学特征

无色透明平板玻璃的可见光透射比					
公称厚度/mm	可见光透射比最小值/%	公称厚度/mm	可见光透射比最小值/%	公称厚度/mm	可见光透射比最小值/%
2	89	6	85	15	76
3	88	8	83	19	72
4	87	10	81	22	69
5	86	12	79	25	67
本色透明平板玻璃的可见光透射比、太阳光直接透射比、太阳能总透射比偏差					
种类	偏差/%	种类	偏差/%	种类	偏差/%
可见光(380～780mm)透射比	2.0	太阳光(380～780mm)直接透射比	3.0	太阳能(300～2500mm)总透射比	4.0

注：1. 玻璃可见光透射比：为光线透过玻璃后的光通量与光线透过玻璃前的光通量比值。

2. 本色透明平板玻璃的颜色均匀性，同一批产品色差应符合 $\Delta E_{ab} \leq 2.5$。

3. 特殊的厚度和光学特征要求，由供需双方协商。

2. 钢化玻璃的技术性能

钢化玻璃属于安全玻璃。钢化玻璃其实是一种预应力玻璃，为提高玻璃的强度，通常使用化学或物理的方法，在玻璃表面形成压应力，玻璃承受外力时首先抵消表层应力，从而提高了承载能力，增强玻璃自身抗风压性、耐急冷急热性、冲击性等。试验结果表明，同等厚度的钢化玻璃抗冲击强度是普通玻璃的 3～5 倍，抗弯强度是普通玻璃的 3～5 倍。

（1）钢化玻璃的尺寸允许偏差　钢化玻璃的尺寸允许偏差应符合表 5-51 中的规定。

表 5-51　钢化玻璃的尺寸允许偏差

长方形平面钢化玻璃边长允许偏差/mm

玻璃厚度/mm	边长 L			
	L≤1000	1000<L≤2000	2000<L≤3000	L>3000
3、4、5、6	+1，-2	±3	±4	±5
8、10、12	+2，-3			
15	±4	±4		
19	±5	±5	±6	±7
>19	由供需双方协商确定			

长方形平面钢化玻璃对角线允许偏差/mm

玻璃厚度/mm	边长 L		
	L≤2000	2000<L≤3000	L>3000
3、4、5、6	±3.0	±4.0	±5.0
8、10、12	±4.0	±5.0	±6.0
15、19	±5.0	±6.0	±6.0
>19	由供需双方协商确定		

钢化玻璃厚度允许偏差/mm

厚度	3、4、5、6	8、10	12	15	19	>19
允许偏差	±0.2	±0.3	±0.4	±0.6	±1.0	供需双方协商确定

玻璃边部及圆孔加工质量

边部加工质量		由供需双方协商确定	
圆孔的边部加工质量		由供需双方协商确定	
孔径及其 允许偏差 /mm	公称孔径(D)	允许偏差	公称孔径(D)	允许偏差
	D<4	由供需双方协商确定	50<D≤100	±2.0
	4≤D≤50	±1.0	D>100	由供需双方协商确定
孔的位置	孔的边部距玻璃边部	≥2d(d 为公称厚度)	孔的边部距玻璃角部	≥6d
	两孔孔边之间的距离	≥2d	圆孔圆心的 位置允许偏差	同玻璃边长允许偏差应 符合表中的要求

注：1. 其他形状的钢化玻璃的尺寸及其允许偏差，由供需双方协商确定。

2. 对于上表中未做规定的公称厚度的玻璃，其厚度允许偏差可采用上表中与其邻近的较薄厚度的玻璃的规定，或由供需双方协商确定。

（2）钢化玻璃的外观质量要求　钢化玻璃的外观质量要求应符合表 5-52 中的规定。

表 5-52　钢化玻璃的外观质量要求

缺陷名称	说明	允许缺陷数量
边部爆裂	每片玻璃每米边长上允许有长度不超过 10mm，自玻璃边部向玻璃表面延伸深度不超过 2mm，从板的表面向玻璃厚度延伸深度不超过厚度 1/3 的爆裂边	1 处
划伤	宽度在 0.1mm 以下的轻微划伤，每平方米面积内允许存在条数	长度≤100mm 时，允许 4 条
	宽度在 0.1mm 以上的划伤，每平方米面积内允许存在条数	宽度 0.1～1mm，长度 ≤100mm 时，允许 4 条
夹钳印	夹钳印中心与玻璃边缘的距离	≤20mm
	边部的变形量	≤2mm
裂纹、缺角	不允许存在	

（3）钢化玻璃的物理力学性能　钢化玻璃的物理力学性能，应符合表 5-53 中的规定。

表 5-53　钢化玻璃的物理力学性能

项目	质量指标			
弯曲度	平面钢化玻璃的弯曲度不应超过 0.3%，波形弯曲度不应超过 0.2%			
抗冲击性	取 6 块钢化玻璃试样进行试验，试样破坏数不超过 1 块为合格，多于或等于 3 块为不合格。破坏数为 2 块时，再另取 6 块进行试验，6 块必须全部不被破坏为合格			
碎片状态	取 4 块钢化玻璃试样进行试验，每块试样在 50mm×50mm 区域内的最少碎片数			
	玻璃品种	公称厚度/mm	最少碎片数/片	备注
	平面钢化玻璃	3	30	允许有少量长条碎片，其长度不超过 75mm
		4~12	40	
		≥15	30	
	曲面钢化玻璃	≥4	30	
霰弹袋的冲击性能	取 4 块平面钢化玻璃试样进行试验，必须符合下列①或②中任意一条的规定。 ①玻璃破碎时，每块试样的最大 10 块碎片质量的总和，不得超过相当于试样 65cm² 面积的质量，保留在框内的任何无贯穿裂纹的玻璃碎片的长度不能超过 120mm。 ②霰弹袋的下落高度为 1200mm 时，试样不破坏			
表面应力	钢化玻璃的表面应力不应小于 90MPa。以制品为试样，取 3 块试样进行试验，当全部符合规定为合格，2 块试样不符合则为不合格，当 2 块试样符合时，再追加 3 块试样，如果 3 块全部符合规定，则为合格			
耐热冲击性能	钢化玻璃应耐 200℃温差不破坏。 取 4 块试样进行试验，当全部符合规定为合格，2 块试样不符合则为不合格。当 1 块试样不符合时，重新追加 1 块试样，如果它符合规定，则认为该性能合格。当有 2 块不符合时，则重新追加 4 块试样，全部符合规定时则为合格			

3. 压花玻璃的技术性能

压花玻璃又称花纹玻璃或滚花玻璃，是采用压延方法制造的一种平板玻璃，一般分为压花玻璃、真空镀膜压花玻璃和彩色膜压花玻璃几类。压花玻璃的理物化学性能基本与普通平板玻璃相同，仅在光学上具有透光而不透视的特点，具有很好的私密性，作为浴室、卫生间门窗玻璃时应注意将其压花面朝外。

（1）压花玻璃的尺寸要求　压花玻璃的尺寸要求应符合表 5-54 中的规定。

表 5-54　压花玻璃的尺寸要求

项目		质量指标				
厚度/mm	基本尺寸	3	4	5	6	8
	允许偏差	±0.3	±0.4	±0.4	±0.5	±0.6
长度和宽度/mm	玻璃厚度	3	4	5	6	8
	允许偏差	±2				±3
弯曲度/%	≤0.3					
对角线差	小于两对角线平均长度的 0.2%					

（2）压花玻璃的外观质量要求　压花玻璃的外观质量要求应符合表 5-55 中的规定。

表 5-55　压花玻璃的外观质量要求

缺陷类型	说明	一等品			合格品		
图案不清	目测可见	不允许			不允许		
气泡	长度范围/mm	2≤L<5	5≤L<10	L≥10	2≤L<5	5≤L<15	L≥15
	允许个数	6.0S	3.0S	0	9.0S	4.0S	0
杂物	长度范围/mm	2≤L<3		L≥3	2≤L<3		L≥3
	允许个数	1.0S		0	2.0S		0
线条	长宽范围/mm	不允许			长度 100≤L<200，宽度 W<0.5		
	允许个数				3.0S		
皱纹	目测可见	不允许			边部 50mm 以内轻微的允许存在		

缺陷类型	说明	一等品	合格品	
压痕	长度范围/mm	允许	$2\leqslant L<5$	$L\geqslant 5$
	允许个数		2.0S	0
划伤	长宽范围/mm	不允许	长度 $60\leqslant L$，宽度 $W<0.5$	
	允许个数		3.0S	
裂纹	目测可见	不允许		
断面缺陷	爆边、凹凸、缺角等	不应超过玻璃板的厚度		

注：1. 表中 L 表示相应缺陷的长度，W 表示其宽度，S 是以平方米为单位的玻璃板的面积，气泡、杂物、压痕和划伤的数量允许上限值，是以 S 乘以相应系数所得的数值，此数值应按 GB/T 8170 修约到整数。

2. 对于 2mm 以下的气泡，在直径为 100mm 的圆内不允许超过 8 个。

3. 破坏性的杂物不允许存在。

4. 夹层玻璃的技术性能

夹层玻璃是由两片或多片玻璃之间夹了一层或多层有机聚合物中间膜，经过特殊的高温预压（或抽真空）及高温高压工艺处理后，使玻璃和中间膜永久粘合为一体的复合玻璃产品。按中间膜的熔点不同，可分为低温夹层玻璃、高温夹层玻璃；按夹层间的黏结方法不同，可分为湿法夹层玻璃、干法夹层玻璃、中空夹层玻璃；按夹层的层类不同，可分为一般夹层玻璃和防弹夹层玻璃。

在欧美，大部分建筑玻璃都采用夹层玻璃，这不仅为了避免伤害事故，还因为夹层玻璃有极好的抗震入侵能力。

（1）夹层玻璃的尺寸允许偏差　夹层玻璃的尺寸允许偏差，应符合表 5-56 中的规定。

表 5-56　夹层玻璃的尺寸允许偏差

项目	技术指标			
	公称尺寸（边长 L）	公称厚度≤8	公称厚度>8	
			每块玻璃公称厚度<10	每块玻璃公称厚度≥10
长度和宽度允许偏差/mm	$L\leqslant 1100$	+2.0，−2.0	+2.5，−2.0	+3.5，−2.5
	$1100<L\leqslant 1500$	+3.0，−2.0	+3.5，−2.0	+4.5，−3.0
	$1500<L\leqslant 2000$	+3.0，−2.0	+3.5，−2.0	+5.0，−3.5
	$2000<L\leqslant 2500$	+4.5，−2.5	+5.0，−3.0	+6.0，−4.0
	$L>2500$	+5.0，−3.0	+5.5，−3.5	+6.5，−4.5
最大允许的叠加差	长度或宽度 L			
	$L<1000$	$1000\leqslant L<2000$	$2000\leqslant L<4000$	$L\geqslant 4000$
	2.0	3.0	4.0	6.0
厚度允许偏差/mm	干法夹层玻璃厚度偏差：干法夹层玻璃的厚度偏差，不能超过构成夹层玻璃的原片厚度允许偏低和中间层材料厚度允许偏差总和。中间层的总厚度<2mm 时，不考虑中间层的厚度偏差；中间层的总厚度≥2mm 时，其厚度允许偏差为±0.2mm。			
	湿法夹层玻璃厚度偏差：湿法夹层玻璃的厚度偏差，不能超过构成夹层玻璃的原片厚度允许偏低和中间层材料厚度允许偏差总和。湿法中间层厚度允许偏差应符合以下规定			
	中间层厚度 d	$d<1.0$	$1\leqslant d<2$	$2\leqslant d<3$	$d\geqslant 3$
	允许偏差	±0.4	±0.5	±0.6	±0.7
	注：对于三层原片以上（含三层）制品、原片材料总厚度超过 24mm 及使用钢化玻璃作为原片时，其厚度允许偏差由供需双方商定			
对角线差	矩形夹层玻璃制品，长边长度不大于 2400mm 时，对角线差不得大于 4mm；长边长度大于 2400mm 时，对角线差由供需双方商定			

（2）夹层玻璃的外观质量要求。夹层玻璃的外观质量要求应符合表 5-57 中的规定。

表 5-57　夹层玻璃的外观质量要求

项目				技术要求				
可视区缺陷	允许点状缺陷数	缺陷尺寸 λ/mm		0.5＜λ≤1.0	1.0＜λ≤3.0			
		板面的面积 S/m²		S 不限	S≤1	1＜S≤2	2＜S≤8	8＜S
		允许缺陷数/个	玻璃层数 2 层	不得密集存在	1	2	1.0/m²	1.2/m²
			3 层		2	3	1.5/m²	1.8/m²
			4 层		3	4	2.0/m²	2.4/m²
			≥5 层		4	5	2.5/m²	3.0/m²
		注：(1)≤0.5mm 的缺陷不予以考虑,不允许出现大于 3mm 的缺陷; (2)当出现下列情况之一时,视为密集存在:①两层玻璃时,出现 4 个或 4 个以上的缺陷,且彼此相距＜200mm;②三层玻璃时,出现 4 个或 4 个以上的缺陷,且彼此相距＜180mm;③四层玻璃时,出现 4 个或 4 个以上的缺陷,且彼此相距＜150mm;④五层以上玻璃时,出现 4 个或 4 个以上的缺陷,且彼此相距＜100mm; (3)单层中间层单层厚度大于 2mm 时,上表中的允许缺陷总数增加 1						
	允许线状缺陷数	缺陷尺寸(长度 L,宽度 B)/mm		L≤30 且 B≤0.2	L＞30 或 B＞0.2			
		玻璃面积(S)/m²		S 不限	S≤5	5＜S≤8		8＜S
		允许缺陷数/个		允许存在	不允许	1		2
周边区的缺陷		使用时装有边框的夹层玻璃周边区域,允许直径不超过 5mm 的点状缺陷存在;如点状缺陷是气泡,气泡面积之和不应超过边缘区面积的 5%;使用时不带边框的夹层玻璃周边区域,由供需双方商定						
裂口、脱胶、皱痕、条纹等缺陷		不允许存在						
边部爆裂		长度或宽度不得超过玻璃的厚度						

（3）夹层玻璃的物理力学性能　夹层玻璃的物理力学性能应符合表 5-58 中的规定。

表 5-58　夹层玻璃的物理力学性能

项目	技术指标
弯曲度	平面夹层玻璃的弯曲度,弓形时应不超过 0.3%,波形时应不超过 0.2%。原片材料使用有非无机玻璃时,弯曲度由供需双方商定
可见光透射比	由供需双方商定
可见光反射比	由供需双方商定
抗风压性能	应由供需双方商定是否有必要进行本项试验,以便合理选择给定风载条件下适宜的夹层玻璃材料、结构和规格尺寸等,或验证所选定夹层玻璃材料、结构和规格尺寸等能否满足设计风压值的要求
耐热性	试验后允许试样存在裂口,超出边部或裂口 13mm 部分不能产生气泡或其他缺陷
耐湿性	试验后试样超出原始边 15mm、切割边 25mm、裂口 10mm 部分不能产生气泡或其他缺陷
耐辐照性	玻璃试样试验后不应产生显著变色、气泡及浑浊现象,并且试验前后可见光透射比相对变化率 ΔT 应不大于 3%
下落球的冲击剥离性能	试验后中间层不得断裂,不得因碎片剥离而暴露
霰弹袋的冲击性能	在每一冲击高度试验后,试样均未破坏和/或安全破坏。破坏时试样同时符合下列要求为安全破坏: ①破坏时允许出现裂缝或开口,但是不允许出现使直径 75mm 的球在 25N 力作用下通过裂缝或开口; ②冲击后试样出现碎片剥离时,称量冲击后 3min 内从试样上剥落下的碎片;碎片总质量不得超过相当于 100cm² 试样的质量,最大剥离碎片质量应小于 44cm² 面积试样的质量; II-1 类夹层玻璃,3 组试样在冲击高度分别为 300mm、750mm 和 1200mm 时冲击后,试样未破坏和/或安全破坏;但另 1 组试样在冲击高度为 1200mm 时,任何试样非安全破坏; II-2 类夹层玻璃,2 组试样在冲击高度分别为 300mm、750mm 时冲击后,试样未破坏和/或安全破坏;但另 1 组试样在冲击高度为 1200mm 时,任何试样非安全破坏; III 类夹层玻璃,2 组试样在冲击高度分别为 300mm 时冲击后,试样未破坏和/或安全破坏;但另 1 组试样在冲击高度为 750mm 时,任何试样非安全破坏; I 类夹层玻璃,对霰弹袋的冲击性能不作要求; 分级后的夹层玻璃适用场所建议,见《建筑用安全玻璃 第三部分:夹层玻璃》(GB 15763.3—2009)中的附录 A

5. 中空玻璃的技术性能

中空玻璃是由两层或多层平板玻璃构成。四周用高强高气密性复合黏结剂，将两片或多片玻璃与密封条、玻璃条粘接、密封。中间充入干燥气体，框内充以干燥剂，以保证玻璃片间空气的干燥度。中空玻璃是一种良好的隔热、隔声、美观适用、并可降低建筑物自重的新型建筑材料。

（1）中空玻璃的规格和最大尺寸　中空玻璃的规格和最大尺寸应符合表 5-59 中的规定。

表 5-59　中空玻璃的规格和最大尺寸

玻璃厚度	间隔厚度 /mm	长边的最大尺寸 /mm	短边的最大尺寸 /mm	最大面积 /m²	正方形边长最大尺寸 /mm
3	6	2110	1270	2.4	1270
	9～12	2110	1270	2.4	1270
4	6	2420	1300	2.85	1300
	9～10	2440	1300	3.17	1300
	12～20	2440	1300	3.17	1300
5	6	3000	1750	4.00	1750
	9～10	3000	1750	4.80	2100
	12～20	3000	1815	5.10	2100
6	6	4550	1980	5.88	2000
	9～10	4550	2280	8.54	2440
	12～20	4550	2440	9.00	2440
10	6	4270	2000	8.54	2440
	9～10	5000	3000	15.00	3000
	12～20	5000	3180	15.90	3250
12	12～20	5000	3180	15.90	3250

注：短边的最大尺寸不包括正方形。

（2）中空玻璃的尺寸偏差　中空玻璃的尺寸允许偏差应符合表 5-60 中的规定。

表 5-60　中空玻璃的尺寸允许偏差　　　　　　　　单位：mm

长度及宽度		厚度		两对角线之差	胶层厚实
基本尺寸 L	允许偏差	公称厚度 t	允许偏差	正方形和矩形中空玻璃对角线之差，不应大于对角线平均长度的 0.2%	单道密封胶的厚度为(10±2)mm；双道密封胶的厚度为 5～7mm。胶条密封胶层的厚度为(8±2)mm，特殊规格或有特殊要求的产品，由供需双方商定
$L<1000$	±2.0	$t\leqslant17$	±1.0		
$1000\leqslant L<2000$	+2,-3	$17\leqslant t<22$	±1.5		
$\geqslant2000$	±3.0	$t\geqslant22$	±2.0		

注：中空玻璃的公称厚度为玻璃原片的公称厚度与间隔厚度之和。

二、全玻门的施工工艺

（一）全玻门的施工工艺流程

1. 固定门扇的工艺流程

固定门扇的工艺流程为：测量、放线→门框顶部玻璃限位槽→安装底部底托→安装玻璃板安装→包面、注胶→检查、清理。

2. 活动门扇的工艺流程

活动门扇的工艺流程为：裁割玻璃→装配、固定上下横档→顶轴套、回转轴套安装→顶轴、底座安装→门扇安装→调整校正→安装拉手。

（二）全玻门固定部分的安装

1. 施工准备工作

在正式安装玻璃之前，地面的饰面施工应已完成，门框的不锈钢或其他饰面包覆安装也应完成。门框顶部的玻璃限位沟槽已经留出，其沟槽宽度应大于玻璃厚度2～4mm，沟槽深度为10～20mm，如图5-40所示。

不锈钢、黄铜或铝合金饰面的木底托，可采用木方条将其固定于地面安装位置，然后再用黏结剂将金属板饰面黏结卡在木方上如图5-41所示。如果采用铝合金方管，可采用木螺丝将方管固定于木底托上，也可采用"角铝"连接件将铝合金方管固定在框架柱上。

图5-40　顶部门框玻璃限位槽构造

图5-41　固定玻璃扇下部底托做法

厚玻璃的安装尺寸，应从安装位置的底部、中部和顶部进行测量，选择最小尺寸为玻璃板宽度的切割尺寸。如果上、中、下测得的尺寸一致，其玻璃宽度的切割应比实测尺寸小2～3mm。玻璃板的高度方向裁割，应小于实测尺寸3～5mm。玻璃板切割后，应将其四周进行倒角处理，倒角宽度为2mm，如若在施工现场自行倒角，应手握细砂轮作缓慢细磨操作，防止出现崩角崩边现象。

2. 安装固定玻璃板

用玻璃吸盘将玻璃板吸起，由2～3人合力将其抬至安装位置，先将上部插入门顶部框的限位沟槽内，下部落于底托之上，而后校正安装位置，使玻璃板的边部正好封住侧向框的金属板饰面对准缝口，如图5-42所示。在底托上固定玻璃板时，可先在底托木方上钉木条，一般距玻璃4mm左右；然后在木条上涂刷胶黏剂，将不锈钢板或铜板粘卡在木方上。固定部分的玻璃安装构造如图5-43所示。

3. 注胶封口

在玻璃准确就位后，在顶部限位沟槽处和底托固定处，以及玻璃板与框的对缝处，均注入玻璃密封胶。首先将玻璃胶开封后装入胶枪内，即用胶枪的后压杆端头板顶住玻璃胶罐体的底部；然后用一只手托着玻璃胶的枪身，另一只手握着注胶压柄，不断松、压循环地操作压柄，将玻璃胶注于需要封口的缝隙

图5-42　固定玻璃与框的配合示意

端，如图5-44所示。由需要注胶的缝隙端头开始，顺着缝隙匀速移动，使玻璃胶在缝隙处形成一条均匀的直线，最后用塑料片刮去多余的玻璃胶，用棉布擦净胶迹。

4. 玻璃板之间的对接

门上固定部分的玻璃需要对接时，其对接缝应有2～4mm的宽度，玻璃板的边部都要

进行倒角处理。当玻璃块之间留缝定位并安装稳固后，即将玻璃胶注入其对接的缝隙，用塑料片在玻璃板对缝的两边把玻璃胶搞平，并用棉布将胶迹擦干净。

（三）玻璃活动门扇的安装

玻璃活动门扇的结构是不设门扇框，活动门扇的启闭由地弹簧进行控制。地弹簧同时又与门扇的上部、下部金属横档进行铰接，如图 5-45 所示。

图 5-43　玻璃门竖　　　　图 5-44　注胶封口　　　　图 5-45　活动门扇
向安装构造示意　　　　　　操作示意　　　　　　　　的安装示意

玻璃活动门扇的安装方法与步骤如下。

（1）测量、放线　依据施工图纸中的要求，在门洞口处弹出全玻门的安装位置线。

（2）活动门扇在安装前，应先将地面上的地弹簧和门扇顶面横梁上的定位销安装固定完毕，两者必须在同一轴线上，安装时应用吊锤进行检查，做到准确无误，地弹簧转轴与定位销为同一中心线。

（3）在玻璃门扇的上、下金属横档内划线，按线固定转动销的销孔板和地弹簧的转动轴连接板。具体操作可参照地弹簧产品安装说明书。

（4）裁割玻璃　玻璃门扇的高度尺寸，在裁割玻璃时应注意包括插入上、下横档的安装部分。在一般情况下，玻璃高度尺寸应小于门扇的实测尺寸 3～5mm，这样便于安装时进行定位调节。

（5）装配、固定上、下横档　把上、下横档（多采用镜面不锈钢成型材料）分别固定在厚玻璃门扇的上下端，并进行门扇高度的测量。如果门扇高度不足，即其上下边距门横及地面的缝隙超过规定值，可在上下横档内加垫胶合板条进行调节，如图 5-46所示。如果门扇高度超过安装尺寸，只能由专业玻璃工将门扇多余部分切割去，但要特别小心加工。

（6）顶轴套、回转轴套安装　顶轴套装于门扇的顶部，回转轴套装于门扇的底部，两者的轴孔中心线必须在同一直线上，并与门扇地面垂直。

（7）顶轴、底座安装　将顶轴装于门框的顶部，顶轴面板与门框面干齐。在安装底座时，先从顶轴中心吊一垂线到地面，找出底座回转轴的中心位置，同时保持底座同门扇垂直，以及底座面板与地面保持同一标高，然后将底座外壳用混凝土浇筑固定。

（8）门扇高度确定后，即可固定上下横档，在玻璃板与金属横档内的两侧空隙处，由两边同时插入小木条，轻敲稳实，然后在小木条、门扇玻璃及横档之间形成的缝隙中注入玻璃胶，如图 5-47 所示。

图 5-46　加垫胶合板
条调节玻璃门扇高度尺寸

图 5-47　门扇玻璃
与金属横档的固定

图 5-48　门扇的定位安装

（9）进行门扇定位的安装　先将门框横梁上的定位销子本身的调节螺钉调出横梁平面1～2mm，再将玻璃门扇竖起来，把门扇下横档内的转动销连接件的孔位对准地弹簧的转动销轴，并转动门扇将孔位套在销轴上。然后把门扇转动 90°使之与门框横梁成直角，把门扇上横档中的转动连接件的孔对准门框横梁上的定位销，将定位销插入孔内 15mm 左右（调动定位销上的调节螺钉），如图 5-48 所示。

（10）安装门拉手　全玻璃门扇上扇拉手孔洞一般是事先订购时就加工好的，拉手连接部分插入孔洞时不能太紧，应当略有松动。安装前在拉手插入玻璃的部分涂少量的玻璃胶；如若插入过松可在插入部分裹上软质胶带。在拉手组装时，其根部与玻璃贴靠紧密后再拧紧螺钉，如图 5-49 所示。

图 5-49　玻璃门
拉手安装示意

第七节　特种门的施工

随着社会发展和现代建筑技术的进步，对于建筑门窗的特种功能要求也越来越多，除以上已介绍的自动门、全玻门等外，在建筑工程中常见的还有防火门、防盗门、旋转门、金属卷帘门等特种门。

一、防火门的安装施工

防火门是指在一定时间内能满足耐火稳定性、完整性和隔热性要求的门。它是设在防火分区间、疏散楼梯间、垂直竖井等具有一定耐火性的防火分隔。防火门除了具有普通门的作用外，更具有阻止火势蔓延和烟气扩散的作用，可以在一定时间内阻止火势的蔓延，确保人员有一定疏散时间。防火门是具有防火特殊功能的一种新型门，是为了解决高层建筑的消防问题而发展起来的，目前在现代高层建筑中应用比较广泛，并深受使用单位的欢迎。

（一）防火门的种类

1. 根据耐火极限不同分类

根据国际标准（ISO），防火门可分为甲、乙、丙3个等级。

（1）甲级防火门　甲级防火门以防止扩大火灾为主要目的，它的耐火极限为1.2h，一般为全钢板门，无玻璃窗。

（2）乙级防火门　乙级防火门以防止开口部火灾蔓延为主要目的，它的耐火极限为0.9h，一般为全钢板门，在门上开一个小玻璃窗，玻璃选用5mm厚的夹丝玻璃或耐火玻璃。性能较好的木质防火门也可以达到乙级防火门。

（3）丙级防火门　它的耐火极限为0.6h，为全钢板门，在门上开一小玻璃窗，玻璃选用5mm厚夹丝玻璃或耐火玻璃。大多数木质防火门都在这一范围内。

2. 根据门的材质不同分类

根据防火门的材质不同，可以分为木质防火门、钢质防火门、钢木质防火门和其他材质防火门等。在工程中最常用的是钢质防火门。

（1）木质防火门　木质防火门是指用难燃木材或难燃木材制品作为门框、门扇骨架、门扇面板，门扇内若填充材料，则填充对人体无毒无害的防火隔热材料，并配以防火五金配件组成的具有一定耐火性能的门。

（2）钢质防火门　钢质防火门是指用钢质材料制作门框、门扇骨架和门扇面板，门扇内若填充材料，则填充对人体无毒无害的防火隔热材料，并配以防火五金配件组成的具有一定耐火性能的门。

（3）钢木质防火门　钢木质防火门是指用钢质和难燃木材或难燃木材制品作为门框、门扇骨架、门扇面板，门扇内若填充材料，则填充对人体无毒无害的防火隔热材料，并配以防火五金配件组成的具有一定耐火性能的门。

（4）其他材质防火门　其他材质防火门是指采用除钢质和难燃木材或难燃木材，或部分采用钢质、难燃木材、难燃木材制品制作门框、门扇骨架、门扇面板，门扇内若填充材料，则填充对人体无毒无害的防火隔热材料，并配以防火五金配件组成的具有一定耐火性能的门。

（二）防火门的主要特点

防火门具有表面平整光滑、美观大方、开启灵活、坚固耐用、使用方便、安全可靠等特点。防火门的规格有多种，除按国家建筑门窗洞统一模数制规定的门洞尺寸外，还可依用户的要求而订制。

（三）防火门的技术要求

1. 木质防火门的技术要求

（1）木质防火门按照其耐火极限不同，可分为甲级、乙级和丙级，它们的耐火极限分别为 1.2h、0.9h 和 0.6h。

（2）木质防火门用木材选材标准应符合表 5-61 中的规定。

（3）木质防火门应采用窑干法干燥的木材，其含水率不应大于 12%。当受条件限制时，除东北落叶松、云南松、马尾松、桦木等易变形的树种外，可以采用气干木材，其制作时的含水率不应大于当地的平衡含水率。

（4）木质防火门采用的填充材料，应符合《建筑材料不燃性试验方法》（GB/T 5464—2010）中的规定。

表 5-61　木质防火门用木材的选材标准

制品名称			门扇的立梃、冒头、中冒头		压条、门的线条		门心板		门板	
等级 木材缺陷			Ⅰ	Ⅱ	Ⅰ	Ⅱ	Ⅰ	Ⅱ	Ⅰ	Ⅱ
活节	节径	不计个数时应小于/mm	10	15	5	5	10	15	10	15
		计算个数时不应大于	材宽的		材宽的		尺寸/mm		材宽的	
			1/4	1/3	1/4	1/3	20	30	1/3	1/2
	个数	任何 1 延米中不应超过	2	3	0	2	2	3	3	5
死节			允许，包括在活节总数中		不允许		不允许			
髓心			不露出表面的，允许		不允许		不允许			
裂缝			深度及长度不得大于厚度及材长的		不允许		允许可见裂缝		深度及长度不得大于厚度及材长的	
			1/6	1/5					1/5	1/4
斜纹：斜率不大于/%			6	7	4	5	15	不限	10	12
油眼			Ⅰ、Ⅱ级非正面允许							
其他			浪形纹理、圆形纹理、偏心及化学变色允许							

注：1. Ⅰ级品不允许有虫眼，Ⅱ级品允许有表面的虫眼。

2. 木质防火门如有允许限值以内的死节及直径较大的虫眼等缺陷时，应用同一树种的木塞加胶填补，对于清油木制品，木塞的色泽和木纹应与木制品一致。

3. 在木质防火门的结合处和安装小五金处，均不得有木节或经填补的木节。

（5）玻璃应采用不影响木质防火门耐火性能试验合格的产品。

（6）木质防火门所用的五金配件，应是经国家消防检测机构检测合格的定型配套产品。

（7）木质防火门宜为平开式，必须启闭灵活（在不大于 80N 的推力作用下即可打开），并具有自行关闭的功能。

（8）用于疏散通道的木质防火门应具有在发生火灾时能迅即关闭的功能，且向疏散方向开启，不易装锁和插销。

（9）带有子口的双扇或多扇木质火门必须能按照顺序进行关闭。

（10）木质防火门应具有足够的整体强度，经砂袋撞击试验后，仍应保持良好的完整性。门内的填充料不应出现开裂或脱落现象。

（11）木质防火门表面涂刷油漆，应符合《建筑装饰装修工程质量验收规范》（GB 50210 —2001）中的有关规定。

（12）木质防火门的耐火极限，应符合《建筑设计防火规范》（GB 50016—2014）中的有关规定。

（13）用作建筑物外门的木质防火门，其耐风压变形性能应符合《建筑外门窗气密、水密、抗风压性能分级及检测方法》（GB/T 7106—2008）中的有关规定。

（14）用作建筑物外门的木质防火门，其空气渗透性能和雨水渗透性能，应符合《建筑外门窗气密、水密、抗风压性能分级及检测方法》（GB/T 7106—2008）中的有关规定。

（15）在选用木质防火门时，防火门的生产厂家必须是经当地消防部门批准，并颁发给生产许可证的厂家。

（16）木质防火门必须在显著位置设置永久性标志铭牌。注明生产厂家、产品名称、耐火等级、产品代号及出厂日期。

（17）木质防火门发货时，必须将出厂检验单随同发货单寄给用户，其中应注明：①证明书编号；②生产厂家名称、厂址；③产品名称、级别、规格、数量及生产日期；④产品性能检验结果；⑤生产厂家质检部门及检验人员签名、盖章。

（18）木质防火门的包装应采用草绳捆扎或包装箱包装。采用包装箱包装时应符合《包装储运图示标志》（GB/T 191—2008）和《运输包装收发货标志》（GB 6388—1986）中的有关规定。

（19）木质防火门运输应符合铁路、公路、航运、水运等部门的有关规定。在运输过程中要捆扎牢。不允许挤压、碰撞，并应有防雨、防潮标志。装卸时严禁碰、摔、撬、拖。

（20）木质防火门应存放在库房或敞棚内，防止日晒、雨淋。存放时应平放或测立于垫木上，垫木高度距地面应大于 400mm，库房中应保持良好的通风。

2. 钢质防火门的技术要求

（1）门框、门扇面板及其加固件应采用冷轧薄钢板制作。门框宜采用厚度为 1.2～1.5mm 钢板，门扇面板宜采用厚度为 0.8～1.2mm 钢板，加固件宜采用厚度为 1.2～1.5mm 钢板，加固件如设有螺孔，钢板的厚度应不低于 3.0mm。

（2）钢质防火的门扇和门框内的填充材料，应选用不燃性材料进行填实。

（3）安装在钢质防火门上的锁、合页和插销等五金配件的熔融温度不得低于 950℃。

（4）安装在钢质防火门上的合页，不得使用双向弹簧，单扇门应设置闭门器。

（5）钢质防火门的双扇间必须有带盖缝板，并装有闭门器和顺序器等（常闭的防火门除外）。

（6）钢质防火门的门框宜设置密封槽，槽内应嵌装由不燃性材料制成的密封条。

（7）钢质防火门的耐火极限，甲级为 1.2h，乙级为 0.9h，丙级为 0.6h。

（四）钢质防火门的施工

1. 钢质防火门施工工艺流程

钢质防火门施工工艺流程为：弹线→立框→临时固定、找正→固定门框→门框填缝→门扇安装→镶配五金→检查、清理。

2. 钢质防火门施工操作要点

（1）弹线　按照设计要求，在门洞口内弹出钢质防火门门框的位置线和水平线，作为钢质防火门施工时的依据。

（2）立框、临时固定、找正　钢质防火门的立框、临时固定和找正应按以下方法和要求进行施工：①按照门洞口弹出的门框的位置线和水平线，将钢质门框放入门洞口内，并用木楔将门框进行临时固定；②调整钢质门框的前后、左右、上下位置，使门框准确地安置于设计地点，经校核确实无误后，将木楔塞紧。

（3）固定门框　钢质防火门门框可按以下方法和要求进行固定：①将钢质门框上的连接铁件与门洞口内的预埋铁件或凿出的钢筋焊接在一起；②门框安装宜将框埋入地面以下 20mm，需要保证框口上下的尺寸相同，允许误差应小于 1.5mm，对角线允许误差应小于

2mm，然后再将门框与预埋件焊牢。

（4）门框填缝　在门框的两上角墙上开洞，向门框内灌入 M10 水泥素浆，水泥素浆浇筑后要进行养护，养护时间不得少于 21d。

（5）门扇安装　待填缝的水泥浆凝固后即可安装门扇，把合页临时固定在钢质门扇的合页槽中，将钢门扇塞入门框内，合页的另一页嵌入钢门框上的合页槽内，经调整无误后，将合页上的螺钉逐个拧紧。

安装门扇的防火门，要求门框与门扇配合部位内侧宽度尺寸偏差不得大于 2mm，高度尺寸偏差也不得大于 2mm，两对角线长度之差应小于 3mm。门扇关闭后，其配合间隙应小于 3mm。门扇与门框表面要平整，无明显的凹凸现象，焊点应牢固，门体表面喷漆无喷花、斑点等缺陷。门扇启闭自如，无阻滞、反弹等现象。

（6）镶配五金　钢质防火门应采用防火门锁，门锁在 950℃ 的高温下仍可以照常开启。

（五）防火门注意事项

（1）为了防止火灾蔓延和扩大，防火门必须在构造上设计有隔断装置，即装设保险丝，一旦火灾发生，热量使保险丝熔断，自动关锁装置就开始动作进行隔断，达到防火目的。

（2）金属防火门，由于火灾时的温度使其产生较大膨胀，可能不好关闭；或是因为门框阻止门膨胀而产生翘曲，从而引起间隙；或是使门框破坏。必须在构造上采取技术措施，不使这类现象产生，这是很重要的。

二、金属旋转门的施工

（一）金属旋转门的特点

金属旋转门有铝质、钢质两种金属型材结构。铝质结构是采用铝镁硅合金挤压型材，经阳极氧化成银白、古铜等色，其外形美观，耐蚀性强，质量较轻，使用方便。钢质结构是采用 20 号碳素结构钢无缝异型管，选用 YB431-64 标准，冷拉成各种类型转门、转门的框架，然后喷涂各种油漆而成。

金属旋转门具有密闭性好、抗震性能优良、耐老化能力强、转动平稳、使用方便、坚固耐用等特点。金属转门主要适用于宾馆、机场、商店等高级民用及公共建筑。旋转门集聚各种门体优点于一身，其宽敞和高格调的设计营造出奢华的气氛，堪称门类的点睛之笔。旋转门增强了抗风性，减少了空调能源消耗，是隔离气流和节能的最佳选择。

（二）金属转门的技术要求

（1）金属转门的门扇和护帮，应用轧制铝合金型材或不锈钢型材制作，门的旋转柱用不锈钢钢管制成，顶架用型钢焊成。

（2）为了增加装饰效果，可在门扇边框和冒头等敞露部分包上不锈钢外皮，也可通过喷粉熔烧成彩色涂层，这样可大大提高金属转门的美观。

（3）金属转门的四周边角，均应装上橡胶密封条和特制毛刷，将门边框与转壁、门扇上冒头与吊顶，以及门扇下冒头与地坪表面之间的密隙封堵严密，以提高其防尘、隔声、节约能源等效果。

（4）金属转门应设置防夹系统。当行人或物体通过转门不小心受到夹挤时，防夹系统便会立即动作，将转门停止转动，待消除夹挤状态后，再改令金属转门以 0.3r/min 的转速重新启动旋转。

（5）金属转门应设置防冲撞装置。当门扇在回转过程中触及行人腿足或遇到某种障碍，受到大小相当于 60～110N 的反力时，转门便会进入紧急停车状态，停止转动 4s 以消除故障。

（6）监控望停系统。在转门进出口处的门楣上装设有电子传感聚焦系统，在察得有人在离门扇 20～30cm 处停步不前时，便会自动停止门扇的转动，并发出催促人们迅速前进勿再停留的信号。

（7）在转门出入口处装有带残疾人轮椅标志的电钮开关，残疾人员只要按下电钮，转门就会自动减少转速，由原来的 4～5r/min 降至 2～3r/min，待轮椅全部通过之后，转门便又自动恢复到原来的正常转速。

（8）现代化建筑的转门还应当具有火警、安全疏散功能。大门控制部分可与建筑物的消防系统相连，当有火警时，大门会自动处于疏散位置，形成一条通过旋转门的无阻碍通道；当火警信号消除后，转门恢复正常的运转。

（9）新型的自动转门还应装有制动器和不间断电源，这样可保证转门在紧急情况下立即停止转动，并在电源发生故障时，仍能连续运转 2h。

（三）金属转门的施工工艺

1. 金属转门的施工工艺流程

金属转门的施工工艺流程为：门框安装→装转轴→安装门顶与转壁→转壁调整→焊座定壁→镶嵌玻璃→油漆或揭膜→检查、清理。

2. 金属转门的施工操作要点

（1）门框安装　金属转门的门框按设计要求门洞口左右、前后位置尺寸与预埋件固定，并使其保持水平。转门与弹簧门或其他门型组合时，可先安装其他组合部分。

（2）装转轴　在转轴安装前首先固定底座，底座下面必须垫实，不允许有下沉现象发生，临时点焊上轴承座，使转轴垂直于地坪面。

（3）安装门顶与转壁　先安装圆门顶和转壁，但不要固定转壁，以便调整它与活门扇的间隙。安装门扇，应保持 90°夹角，且上下留一定的空隙，门扇下皮距地面 5～10mm，并装拖地橡胶条密封。

（4）转壁调整　将转壁初步安装好后，应进一步调整转壁位置，使门扇与转壁之间有适当的缝隙，尼龙毛条能起到有效的密封作用。

（5）焊座定壁　待以上各部件调整好后，焊上轴承座，用混凝土固定底座。然后，埋设插销的下壳，固定转壁。

（6）镶嵌玻璃　根据工程实践，铝合金转门可采用橡胶条方法固定镶嵌玻璃，钢结构转门可采用油面腻子固定镶嵌玻璃。

（7）油漆或揭膜　旋转门安装结束后，钢质旋转门应喷涂面漆，铝合金旋转门要揭掉表面保护膜。

（8）检查、清理　在以上各工序完成后，施工单位应对金属转门的施工质量进行全面检查，以便发现问题、及时纠正。经检查全部符合设计要求后，可清理施工现场，做好工程验收的准备工作。

三、金属卷帘门的施工

金属卷帘门具有造型美观新颖、结构紧凑先进、操作方便简单、坚固耐用、刚性较强、密封性好、不占地面面积、启闭灵活、防风防尘、防火防盗等优良特点。主要适用于各类商店、宾馆、银行、医院、学校、机关、厂矿、车站、码头、仓库、工业厂房及变电室等。

（一）金属卷帘门的主要类型

（1）根据传动方式的不同，卷帘门可分为电动卷帘门、遥控电动卷帘门、手动卷帘门和电动手动卷帘门。

（2）根据外形的不同，卷帘门可分为全鳞网状卷帘门、直管横格卷帘门、"帘板"卷帘门和压花卷帘门4种。

（3）根据材质的不同，卷帘门可分为铝合金卷帘门、电化铝合金卷帘门、镀锌铁板卷帘门、不锈钢钢板卷帘门和钢管及钢筋卷帘门5种。

（4）根据门扇结构的不同，卷帘门可分为"帘板"结构的卷帘门和"通花"结构卷帘门。

①"帘板"结构的卷帘门：其门扇由若干"帘板"组成，根据门扇"帘板"的形状，卷帘门的型号有所不同。其特点是防风、防砂、防盗，并可制成防烟、防火的卷帘门窗。

②"通花"结构卷帘门：其门扇由若干圆钢、钢管或扁钢组成。这种卷帘门窗的特点是美观大方，轻便灵活，启闭方便。

（5）根据性能的不同　卷帘门窗可分为普通型金属卷帘门、防火型金属卷帘门和抗风型金属卷帘门3种。

（二）金属卷帘门施工工艺流程

金属卷帘门施工工艺流程为：测量与弹线→安装卷筒→安装传动设备→安装电控系统→进行空载试车→安装卷帘导轨→安装卷帘板→安装限位块→进行负载试车→进行锁具安装→粉刷面层、检查、清理。

（三）金属卷帘门施工操作要点

（1）测量与弹线　按照设计规定的位置，测量洞口标高，找好规矩，弹出两条导轨的铅直线和卷筒体的中心线。

（2）安装卷筒　经检查弹线准确无误后，将连接垫板焊接固在墙体预埋铁件上，用螺栓固定卷筒体的两端支架，并安装卷筒。

（3）安装传动设备　即安装减速器和驱动部分，将紧固件镶紧，不得有松动现象。

（4）安装电控系统　在正安装电控系统前，要熟悉并掌握电气原理图，根据产品说明书安装电气控制装置。

（5）进行空载试车　安装好传动设备和电气控制系统后，在还未装上帘板之前，应接线进行空载试验。卷筒必须转动灵活，调试减速器使其转速适宜。

（6）安装卷帘导轨　在安装中必须注意以下事项：①首先进行找直、吊正工作，槽口的尺寸必须准确，且上下保持一致，对应槽口应在同一平面内；②根据已弹好的导轨安装位置线，将导轨焊牢于洞口的两侧及上方的预埋铁件上，并焊接成为一体，各条导轨必须在同一垂直平面上。

（7）安装卷帘板　经空载试车调试运转正常后，便可将事先已装配好的卷帘门帘板，安装到卷筒上与轴连接。要特别注意：卷帘板两端的缝隙应均等，不得有擦边现象。

（8）安装限位块　即安装限位装置和行程开关，并调整弹簧盒，使其松紧程度合适。

（9）进行负载试车　先通过手动试运行，再用电动机启动卷帘门数次。在试车要根据实际进行相应的调整，直至启闭中无卡住、无阻滞、无异常噪声等弊病为止。待全部调试符合要求后，再安装上护罩。

（10）进行锁具安装　锁具的安装位置有两种，轻型卷帘门的锁具应安装在座板上，也可安装在距地面约1m处。

（11）粉刷面层、检查、清理　装饰门洞口面层，检查金属卷帘门的施工质量是否符合设计要求，并将门体周围全部擦、扫干净，为工程竣工验收做好准备。

第八节　门窗工程施工质量控制

门窗工程是建筑工程中的重要组成部分，从某种角度上讲，门窗工程的施工质量影响着建筑物的使用功能、外表美观和使用寿命。因此，如何抓好塑料门窗工程质量，减少质量通病的发生，是施工、监理、质量监督工作者面临的紧迫问题。门窗工程的质量控制适用于木门窗、金属门窗、塑料门窗和特种门的安装，以及门窗玻璃安装等分项工程的质量验收。门窗工程验收时采用的检验方法，可参照现行的行业标准《建筑门窗工程检测技术规程》（JGJ/T 205—2010）中的规定。

一、门窗工程质量控制一般规定

门窗工程质量控制应按照以下一般规定。

（1）门窗工程验收时应检查下列文件和记录：①门窗工程的施工图、设计说明及其他设计文件；②材料的产品合格证书、性能检验报告、进场验收记录和复验报告；③特种门及其附件的生产许可文件；④门窗隐蔽工程验收记录；⑤门窗工程施工记录。

（2）门窗工程应对下列材料及其性能指标进行复验：①人造木板的甲醛释放量；②建筑外墙金属窗、塑料窗的气密性、水密性、耐风压性能。

（3）门窗工程应对下列隐蔽工程项目进行验收：①预埋件和锚固件；②隐蔽部位的防腐、填嵌处理。

（4）各分项工程的检验批应按下列规定划分：①同一品种、类型和规格的木门窗、金属门窗、塑料门窗及门窗玻璃每100樘应划分为一个检验批，不足100樘也应划分为一个检验批；②同一品种、类型和规格的特种门每50樘应划分为一个检验批，不足50樘也应划分为一个检验批。

（5）检查数量应符合下列规定：①木门窗、金属门窗、塑料门窗及门窗玻璃，每个检验批应至少抽查5%，并不得少于3樘，不足3樘时应全数检查；高层建筑的外窗，每个检验批应至少抽查10%，并不得少于6樘，不足6樘时应全数检查；②为确保特种的质量，特种门的每个检验批应至少抽查50%，并不得少于10樘，不足10樘时应全数检查。

（6）门窗安装前，应对门窗洞口尺寸及相邻洞口的位置偏差进行检验。对于同一类型的门窗洞口，其垂直、水平方向的位置应对齐。位置允许偏差应符合下列要求：①垂直方向的相邻洞口相对偏差不应大于10mm；全楼高度内的最大相对偏差不应大于15mm（全楼高度<30m）或20mm（全楼高度≥30m）；②水平方向的相邻洞口相对偏

差不应大于 10mm；全楼长度内的最大相对偏差不应大于 15mm（全楼长度＜30m）或 20mm（全楼长度≥30m）。

（7）金属门窗和塑料门窗安装应采用预留洞口的方法施工，不得采用边安装边砌筑洞口或先安装后砌筑洞口的方法施工。

（8）木门窗与砖石砌体、混凝土或抹灰层的接触处，应进行防腐处理并应设置防潮层；埋入砌体或混凝土中的木砖应进行防腐处理。

（9）当金属窗或塑料窗组合时，其拼樘料的尺寸、规格、壁厚应符合设计要求。

（10）建筑外门窗的安装必须牢固。在砌体上安装门窗严禁用射钉固定。

（11）特种门安装除应符合设计要求和本规范规定外，还应符合有关专业标准和主管部门的规定。

（12）门窗工程出现下列情况之一时，必须使用安全玻璃：①面积大于 1.5m² 的窗玻璃；②距离可踏面高度 900mm 以下的窗玻璃；③与水平面夹角不大于 75°的倾斜窗、各类天棚（含天窗、采光顶）；④7 层及 7 层以上建筑外开窗。

二、木门窗工程安装质量控制

木门窗工程安装质量控制适用于木门窗安装工程的质量验收。

1. 木门窗工程安装的主控项目

（1）木门窗的品种、类型、规格、尺寸、性能、开启方向、安装位置、连接方式及性能应符合设计要求及国家现行标准、规范的有关规定。检验方法：观察；尺量检查；检查产品合格证书、性能检验报告、进场验收记录和复验报告；检查隐蔽工程验收记录。

（2）木门窗的防火、防腐、防虫处理应符合设计要求。检验方法：观察；检查材料进场验收记录。

（3）木门窗框的安装必须牢固可靠。预埋木砖的防腐处理、木门窗框固定点的数量、位置及固定方法应当符合设计要求。检验方法：观察；手扳检查；检查隐蔽工程验收记录和施工记录。

（4）木门窗扇必须安装牢固，并应开关灵活，关闭严密，无倒翘。检验方法：观察；开启和关闭检查；手扳检查。

（5）木门窗配件的型号、规格、数量应符合设计要求，安装应牢固，位置应正确，功能应满足使用要求。

检验方法：观察；开启和关闭检查；手扳检查。

2. 木门窗工程安装的一般项目

（1）木门窗表面应洁净，不得有刨切的痕迹、锤印。检验方法：观察。

（2）木门窗的割角、拼缝应严密平整。门窗框、扇的裁割口应顺直，刨切面应平整。检验方法：观察。

（3）木门窗上的槽、孔应边缘整齐，无毛刺。检验方法：观察。

（4）木门窗与墙体间缝隙的填塞材料应符合设计要求，填塞应饱满。寒冷地区外门窗（或门窗框）与砌体间的空隙应填充保温材料。检验方法：轻敲门窗框检查；检查隐蔽工程验收记录和施工记录。

（5）木门窗批水、盖口条、压缝条、密封条安装应顺直，与门窗结合应牢固、严密。检验方法：观察；手扳检查。

（6）木门窗安装的留缝限值、允许偏差和检验方法应符合表 5-62 的规定。

表 5-62　木门窗安装的留缝限值、允许偏差和检验方法

项次	项目		留缝限值/mm		允许偏差/mm		检验方法
			普通	高级	普通	高级	
1	门窗槽口对角线长度差		—	—	3	2	用钢尺检查
2	门窗框的正、侧面垂直度		—	—	2	1	用1m垂直检测尺子检查
3	框与扇、扇与扇接缝高低差		—	—	2	1	用钢直尺和塞尺检查
4	门窗扇对口缝		1～2.5	1.5～2	—	—	用塞尺检查
5	工业厂房双扇大门对口缝		2～5	—	—	—	
6	门窗扇与上框间留缝		1～2	1～1.5	—	—	
7	门窗扇与侧框间留缝		1～2.5	1～1.5	—	—	
8	窗扇与下框间留缝		2～3	2～2.5	—	—	
9	门扇与下框间留缝		3～5	3～4	—	—	
10	双层门窗内外框间距		—	—	4	3	用钢尺检查
11	无下框时门扇与地面间留缝	外门	4～7	5～6	—	—	用塞尺检查
		内门	5～8	6～7	—	—	
		卫生间门	8～12	8～10	—	—	
		厂房大门	10～20	—	—	—	

三、金属门窗工程安装质量控制

金属门窗工程安装质量控制适用于钢门窗、铝合金门窗、涂色镀锌钢板门窗等金属门窗安装工程质量的验收。

1. 金属门窗工程安装的主控项目

（1）金属门窗的品种、类型、规格、尺寸、性能、开启方向、安装位置、连接方式及铝合金门窗的型材壁厚应符合设计要求及国家现行标准、规范的有关规定。金属门窗的防腐处理及填嵌、密封处理应符合设计要求。检验方法：观察；尺量检查；检查产品合格证书、性能检验报告、进场验收记录和复验报告；检查隐蔽工程验收记录。

（2）铝合金门窗的型材主要受力杆件的壁厚应符合设计要求，其中门用型材主要受力部位截面最小壁厚不应小于2.0mm，窗用型材主要受力部位截面最小壁厚不应小于1.4mm。检验方法：观察，游标卡尺检查，查进场验收记录。

（3）金属门窗框和副框的安装必须牢固。预埋件的数量、位置、埋设方式、与框的连接方式必须符合设计要求。检验方法：手扳检查；检查隐蔽工程验收记录。

（4）金属门窗扇必须安装牢固，并应开关灵活、关闭严密，无倒翘。由于推拉门窗扇意外脱落容易造成安全方面的伤害，对高层建筑情况更为严重，因此推拉门窗扇必须有防脱落措施。检验方法：观察；开启和关闭检查；手扳检查。

（5）金属门窗配件的型号、规格、数量应符合设计要求，安装应牢固，位置应正确，功能应满足使用要求。检验方法：观察；开启和关闭检查；手扳检查。

2. 金属门窗工程安装的一般项目

（1）金属门窗表面应洁净、平整、光滑、色泽一致，无锈蚀。大面应无划痕、碰伤。漆膜或保护层应连续。检验方法：观察。

（2）铝合金门窗推拉门窗扇开关力应不大于50N。检验方法：用测力计检查。

（3）金属门窗框与墙体之间的缝隙应填嵌饱满，并采用密封胶密封。密封胶表面应光滑、顺直、无裂纹。检验方法：观察；轻敲门窗框检查；检查隐蔽工程验收记录。

（4）金属门窗扇的橡胶密封条或毛毡密封条装配应平整、完好，不得脱槽，交角处应平

顺。检验方法：观察；开启和关闭检查。

（5）有排水孔的金属门窗，排水孔应畅通，位置和数量应符合设计要求。检验方法：观察。钢门窗安装的留缝限值、允许偏差和检验方法应符合表5-63的规定。铝合金门窗安装的允许偏差和检验方法应符合表5-64的规定。涂色镀锌钢板门窗安装的允许偏差和检验方法应符合表5-65的规定。

表5-63　钢门窗安装的留缝限值、允许偏差和检验方法

项次	项目		留缝限值/mm	允许偏差/mm	检验方法
1	门窗槽口的宽度、高度	≤1500mm	—	2.5	用钢尺进行测量检查
		>1500mm	—	3.5	
2	门窗槽口对角线长度差	≤2000mm	—	5.0	用钢尺进行测量检查
		>2000mm	—	6.0	
3	门窗框的正、侧面垂直度		—	3.0	用1m垂直检测尺子检查
4	门窗横框的水平度		—	3.0	用1m水平尺和塞尺检查
5	门窗横框标高		—	5.0	用钢尺进行检查
6	门窗竖向偏离中心		—	4.0	用钢尺进行检查
7	双层门窗内外框间距		—	5.0	用钢尺进行检查
8	门窗框、门窗扇配合间隙		≤2.0	—	用塞尺进行检查
9	无下框时门扇与地面间留缝		4～8	—	用塞尺进行检查

表5-64　铝合金门窗安装的允许偏差和检验方法

项次	项目		允许偏差/mm	检验方法
1	门窗槽口的宽度、高度	≤1500mm	1.5	用钢尺进行测量检查
		>1500mm	2.0	
2	门窗槽口对角线长度差	≤2000mm	3.0	用钢尺进行测量检查
		>2000mm	4.0	
3	门窗框的正、侧面垂直度		2.5	用1m垂直检测尺子检查
4	门窗横框的水平度		2.0	用1m水平尺和塞尺检查
5	门窗横框标高		5.0	用钢尺进行检查
6	门窗竖向偏离中心		5.0	用钢尺进行检查
7	双层门窗内外框间距		4.0	用钢尺进行检查
8	推拉门窗扇与框搭接量		1.5	用钢直尺进行检查

表5-65　涂色镀锌钢板门窗安装的允许偏差和检验方法

项次	项目		允许偏差/mm	检验方法
1	门窗槽口的宽度、高度	≤1500mm	2.0	用钢尺进行测量检查
		>1500mm	3.0	
2	门窗槽口对角线长度差	≤2000mm	4.0	用钢尺进行测量检查
		>2000mm	5.0	
3	门窗框的正、侧面垂直度		3.0	用1m垂直检测尺子检查
4	门窗横框的水平度		3.0	用1m水平尺和塞尺检查
5	门窗横框标高		5.0	用钢尺进行检查
6	门窗竖向偏离中心		5.0	用钢尺进行检查
7	双层门窗内外框间距		4.0	用钢尺进行检查
8	推拉门窗扇与框搭接量		2.0	用钢直尺进行检查

四、塑料门窗工程安装质量控制

塑料门窗工程安装质量控制适用于塑料门窗安装工程的质量验收。

1. 塑料门窗工程安装的主控项目

（1）塑料门窗的品种、类型、规格、尺寸、性能、开启方向、安装位置、连接方式及填嵌密封处理应符合设计要求及国家现行标准、规范的有关规定，内衬增强型钢的壁厚和设置，应符合国家现行产品标准的质量要求。

检验方法：观察；尺量检查；检查产品合格证书、性能检验报告、进场验收记录和复验报告；检查隐蔽工程验收记录。

（2）塑料门窗框、门窗的副框和门窗扇的安装必须牢固。固定片或膨胀螺栓的数量与位置应正确，连接方式应符合设计要求。固定点应距离窗角、中横框、中竖框为 150～200mm，固定点间距不得大于 600mm。检验方法：观察；手扳检查；尺量检查；检查隐蔽工程的验收记录。

（3）塑料组合门窗使用的拼樘料截面尺寸及内衬增强型钢的形状、壁厚应符合设计要求。承受风荷载的拼樘料应采用与其内腔紧密吻合的增强型钢作为内衬，其两端必须与洞口固定牢固。窗框必须与拼樘料连接紧密，固定点间距应不大于 600mm。检验方法：观察；手扳检查；尺量检查；吸铁石检查；检查进场验收记录。

（4）窗框与洞口之间的伸缩缝内应采用聚氨酯发泡胶填充，发泡胶填充应均匀、密实。发泡胶成型后不宜切割。表面应采用密封胶密封。所用的密封胶，应当性能优良、黏结牢固，表面应光滑、顺直、无裂纹。检验方法：观察；检查隐蔽工程验收记录。

（5）"滑撑铰链"的安装必须牢固，紧固螺钉必须使用不锈钢材质。螺钉与门窗框扇的连接处，应进行防水密封处理。检验方法：观察；手扳检查；吸铁石检查；检查隐蔽工程验收记录。

（6）推拉门窗扇必须有防脱落措施。检验方法：观察。

（7）门窗扇关闭应严密，开关应灵活。推拉门窗安装后，门窗框和门窗扇应无可视的变形，窗扇与窗框上下搭接量的实测值（导轨顶部装滑轨时，应减去滑轨高度）均不应小于 6mm。门扇与门框上下搭接量的实测值（导轨顶部装滑轨时，应减去滑轨高度）均不应小于 8mm。检验方法：观察；尺量检查；开启和关闭检查。

（8）塑料门窗配件的型号、规格、数量应符合设计的要求，安装应牢固，位置应正确，使用应灵活，功能应满足各自使用要求。平开窗的窗扇高度大于 900mm 时，窗扇锁闭点不应少于 2 个。检验方法：观察；手扳检查；尺量检查。

2. 塑料门窗工程安装的一般项目

（1）安装后的门窗关闭时，密封面上的密封条应处于压缩状态，密封层数应符合设计要求。密封条应是连续完整的，装配后应均匀、牢固，无脱槽、收缩、未压实等现象；密封条接口应严密，且应位于窗的上方。检验方法：观察。

（2）塑料门窗扇的开关力应符合下列规定：①平开门窗扇平铰链的开关力应不大于 80N；"滑撑铰链"的开关力应不大于 80N，但也不应小于 30N；②推拉门窗扇的开关力应不大于 100N。检验方法：观察；用测力计检查。

（3）门窗表面应洁净、平整、光滑，颜色应均匀一致。可视面应无划痕、碰伤等影响外观质量的缺陷，门窗不得有焊接开裂、型材断裂等损坏现象。检验方法：观察。

（4）旋转窗间隙应均匀。检验方法：观察。

（5）排水孔应畅通，位置和数量应符合设计要求。检验方法：观察。

（6）塑料门窗安装的允许偏差和检验方法应符合表 5-66 的规定。

表 5-66　塑料门窗安装的允许偏差和检验方法

项次	项目		允许偏差/mm	检验方法
1	门窗框外形（宽度、高度）尺寸的长度差	≤1500mm	2.0	用钢尺进行测量检查
		>1500mm	3.0	
2	门窗框两对角线长度差	≤2000mm	3.0	用钢尺进行测量检查
		>2000mm	5.0	
3	门窗框（含拼樘料）的正、侧面垂直度		3.0	用1m垂直检测尺子检查
4	门窗框（含拼樘料）的水平度		3.0	用1m水平尺和塞尺检查
5	门窗下横框标高		5.0	用钢尺进行检查
6	双层门窗内外框间距		4.0	用钢尺进行检查
7	门窗竖向偏离中心		5.0	用钢直尺进行检查
8	平开门窗及上悬、下悬、中悬窗	门窗扇与框搭接量	2.0	用深度尺或钢直尺检查
		同樘门、窗相邻扇的水平高度差	2.0	用靠尺和钢直尺检查
		门窗框扇四周的配合间隙	1.0	用楔形塞尺检查
9	推拉门窗	门窗扇与框搭接量	2.0	用深度尺或钢直尺检查
		门窗扇与框或相邻扇的竖边平行度	2.0	用钢直尺检查
10	组合门窗	门窗的平面度	2.5	用2m靠尺和钢直尺检查
		竖向缝的直线度	2.5	用2m靠尺和钢直尺检查
		横向缝的直线度	2.5	用2m靠尺和钢直尺检查

五、特种门工程安装质量控制

特种门工程安装质量控制适用于防火门、防盗门、自动门、全玻门、旋转门、金属卷帘门等特种门安装工程的质量验收。

1. 特种门工程安装的主控项目

（1）特种门的质量和各项性能应符合设计要求。检验方法：检查生产许可证、产品合格证书和性能检验报告。

（2）特种门的品种、类型、规格、尺寸、开启方向、安装位置及防腐处理应符合设计要求。检验方法：观察；尺量检查；检查进场验收记录和隐蔽工程验收记录。

（3）带有机械装置、自动装置或智能化装置的特种门，其机械装置、自动装置或智能化装置的功能应符合设计要求和有关标准的规定。检验方法：启动机械装置、自动装置或智能化装置，观察。

（4）特种门的安装必须牢固。预埋件的数量、位置、埋设方式、与框的连接方式必须符合设计要求。检验方法：观察；手扳检查；检查隐蔽工程验收记录。

（5）特种门的配件应齐全，位置应正确，安装应牢固，功能应满足使用要求和特种门的各项性能要求。检验方法：观察；手扳检查；检查产品合格证书、性能检测报告和进场验收记录。

2. 特种门工程安装的一般项目

（1）特种门的表面装饰应符合设计要求。检验方法：观察。

（2）特种门的表面应洁净，无划痕、碰伤。检验方法：观察。

（3）推拉自动门安装的留缝限值、允许偏差和检验方法应符合表 5-67 的规定。

表 5-67　推拉自动门安装的留缝限值、允许偏差和检验方法

项次	项目		留缝限值/mm	允许偏差/mm	检验方法
1	门槽口的宽度、高度	≤1500mm	—	1.5	用钢尺进行测量检查
		>1500mm	—	2.0	
2	门槽口对角线长度差	≤2000mm	—	2.0	用钢尺进行测量检查
		>2000mm	—	2.5	
3	门框的正、侧面垂直度		—	1.0	用1m垂直检测尺子检查
4	门构件装配间隙		—	0.3	用塞尺进行检查
5	门梁导轨的水平度		—	1.0	用1m水平尺和塞尺进行检查
6	下导轨与门梁导轨的平行度		—	1.5	用钢尺进行检查
7	门扇与侧向框之间的留缝		1.2～1.8	—	用塞尺进行检查
8	门扇的对口缝		1.2～1.8	—	用塞尺进行检查

（4）推拉自动门的感应时间限值和检验方法应符合表5-68的规定。

表 5-68　推拉自动门的感应时间限值和检验方法

项次	项目	感应时间限值/s	检验方法
1	开门响应时间	≤0.5	用秒表进行检查
2	堵门保护延时	16～20	用秒表进行检查
3	门扇在全开启后保持时间	13～17	用秒表进行检查

（5）旋转门安装的允许偏差和检验方法应符合表5-69的规定。

表 5-69　旋转门安装的允许偏差和检验方法

项次	项目	允许偏差/mm		检验方法
		金属框架玻璃旋转门	木质旋转门	
1	门扇正、侧面垂直度	1.5	1.5	用1m垂直检测尺子检查
2	门扇对角线长度差	1.5	1.5	用钢尺进行检查
3	相邻扇高度差	1.0	1.0	用钢尺进行检查
4	门扇与圆弧边留缝	1.5	2.0	用塞尺进行检查
5	门扇与上顶的留缝	2.0	2.5	用塞尺进行检查
6	门扇与地面间留缝	2.0	2.5	用塞尺进行检查

六、门窗玻璃安装工程安装质量控制

门窗玻璃安装工程安装质量控制适用于平板、吸热、反射、中空、夹层、夹丝、磨砂、钢化、压花玻璃等玻璃安装工程的质量验收。

1. 门窗玻璃安装工程安装主控项目

（1）玻璃的品种、规格、尺寸、色彩、图案和涂膜朝向应符合设计要求。设计无要求时，单面镀膜玻璃的镀膜层及磨砂玻璃的磨砂面应朝向室内。中空玻璃的单面镀膜玻璃应在最外层，镀膜层应朝向室内。单面镀膜玻璃的镀膜层及磨砂玻璃的磨砂面应朝向室内。中空玻璃的单面镀膜玻璃应在最外层，镀膜层应朝向室内。检验方法：观察；检查产品合格证书、性能检验报告和进场验收记录。

（2）门窗玻璃裁割尺寸应正确。安装后的玻璃应牢固，不得有裂纹、损伤和松动。检验方法：观察；轻敲检查。

（3）玻璃的安装方法应符合设计要求。固定玻璃的钉子或钢丝卡的数量、规格应保证玻璃安装牢固。检验方法：观察；检查施工记录。

（4）镶钉木压条接触玻璃处，应与裁割口边缘平齐。木压条应互相紧密连接，并与裁割口的边缘紧贴，切割角处应整齐。检验方法：观察。

（5）密封条与玻璃、玻璃槽口的接触应紧密、平整。密封胶与玻璃、玻璃槽口的边缘应黏结牢固、接缝平齐。检验方法：观察。

（6）玻璃压条必须与玻璃全部贴紧，压条与型材的接缝处应无明显缝隙，压条角部对接缝隙应小于1mm，不得在一边使用2根（含2根）以上压条，且压条应在室内侧。带密封条的玻璃压条，其密封条封条必须与玻璃全部贴紧，压条与型材之间应无明显缝隙。检验方法：观察；尺量检查。

2. 门窗玻璃安装工程安装一般项目

（1）玻璃表面应洁净，不得有腻子、密封胶、涂料等污渍。中空玻璃内外表面均应洁净，玻璃中空层内不得有灰尘和水蒸气。检验方法：观察。

（2）玻璃内外表面均应洁净，玻璃的层数、品种及规格应符合设计要求。门窗玻璃不应直接接触型材。检验方法：观察。

（3）腻子及密封材料应充填饱满、黏结牢固；腻子及密封胶边缘与裁割口应平齐。固定玻璃的卡子不应在腻子表面显露。检验方法：观察。

（4）密封条与玻璃及玻璃槽口的接触应平整，不得卷边、脱槽，密封条断口接缝应粘接。检验方法：观察。

第六章 ▶▶▶
饰面装饰工程施工技术

饰面装饰工程是室内外装饰的主要组成部分，是指由大理石、花岗石等天然石材和木材加工而成的板材，或由面砖、瓷砖等烧制而成的陶瓷制品，通过构造连接安装或镶贴于墙体表面形成装饰层。饰面装饰工程按所在部位不同，可以分为外墙饰面工程和内墙饰面工程两大部分。在一般情况下，外墙饰面主要起着保护墙体、美化建筑、美化环境和改善墙体性能等作用；内墙饰面主要起着保护墙体、改善室内使用条件和美化室内环境等作用。

第一节　饰面材料及施工机具

随着材料科学技术的快速发展，用于饰面工程的装饰材料种类很多，常用的有天然饰面材料和人工合成饰面材料两大类，如天然石材、微薄木、实木板、人造板材、饰面砖、合成树脂饰面板材、复合饰面板材等。近几年来，新型高档的饰面材料更是层出不穷，如铝塑装饰板、彩色涂层钢板、铝合金复合板、彩色压型钢板、彩色玻璃面砖、釉面玻璃砖、文化石和艺术砖等，为饰面装饰工程增添了艳丽的色彩。

一、饰面材料及适用范围

在饰面装饰工程中，最常用的饰面材料主要有：木质护墙板、天然石材饰面板、人造石饰面板、饰面砖、金属饰面板等。

1. 木质护墙板

室内墙面装饰的木质护墙板（也称装饰木壁板），按其饰面方式不同，分为全高护墙板和局部护墙裙；根据罩面材料特点不同，分为实木装饰板、木胶合板、木质纤维板和其他人造木板。

我国传统的室内木质护墙板多采用实木板，或再配以精致的木雕图案装饰，具有高雅华贵的艺术效果。目前，新型人造板罩面材料是经过高技术加工处理的板材，具有防潮、耐火、防蛀、防霉和耐久的优异性能，其表面不仅具有丰富的色彩、质感和花纹，而且不需要安装后再进行表面装饰，是室内墙面装饰的最佳选择材料。

2. 天然石材饰面板

建筑装饰饰面用的天然石材饰面板，主要有天然大理石饰面板和天然花岗石饰面板两类。

（1）天然大理石饰面板　天然大理石饰面板是室内墙面装饰的高档材料，用途比较广泛，主要用于建筑物室内的墙面、柱面、台面等部位的装饰。

（2）天然花岗石饰面板　天然花岗石饰面板也是建筑物饰面装饰的高档材料，根据其加工方法不同，可分为剁斧板材、机刨板材、粗磨板材、磨光板材和蘑菇石5种。天然花岗石饰面板主要适用于高级民用建筑或永久性纪念建筑的墙面、地面、台面、台阶及室外装饰。

3. 人造石饰面板

人造石饰面板主要有机人造石饰面和无机人造石饰面板。有机人造石饰面板又称聚酯型人造石饰面板，具有质量轻、强度高、耐化学侵蚀等优点，宜用于室内饰面；无机人造石饰面板，按胶结料的不同，分为铝酸盐水泥类和氯氧镁水泥类两种，其中氯氧镁人造石饰板具有质轻、高强、不燃、易二次加工等特点，是一种防火隔热多功能装饰人造石板材。

4. 饰面砖

饰面砖就是建筑物里内外墙面以及地面的所用到的瓷砖的统称，也称为墙面装饰面砖，可分为釉面砖、全瓷砖、陶砖和玻璃锦砖等。饰面砖的品种、规格、图案和颜色繁多，色彩鲜艳，制作精致，价格适宜，是一种新型的墙面装饰材料。

（1）外墙面砖　外墙面砖是用于建筑物外墙表面的半瓷质饰面砖，分有釉和无釉两种，外墙面砖主要适用于商店、餐厅、旅馆、展览馆、图书馆、公寓等民用建筑的外墙装饰。

（2）内墙面砖　内墙面砖通常均施釉，有正方形和长方形两种，阴阳角处有特制的配件，表面光滑平整，按外观质量分为一级、二级和三级，适用于室内墙面装饰、粘贴台面等。

（3）陶瓷锦砖　陶瓷锦砖有挂釉及不挂釉两种，具有质地坚硬、色泽多样、耐酸、耐碱、耐火、耐磨、不渗水、抗压强度高的特点，按外观质量分为一级和二级。这种饰面砖可用于地面，也可用于内、外墙的装饰。

（4）玻璃锦砖　玻璃锦砖又称"玻璃马赛克"，是以玻璃烧制而成的贴于纸上的小块饰面材料，施工时用掺胶水的水泥浆作胶黏剂，镶贴在外墙上。它花色品种多，透明光亮，性能稳定，具有耐热、耐酸碱、不龟裂、不易污染等特点，玻璃锦砖主要适用于商场、宾馆、影剧院、图书馆、医院等建筑外墙装饰。

5. 金属饰面板

金属饰面板是一种以金属为表面材料复合而成的新颖室内装饰材料，也是最近几年发展起来的一种新型轻质薄壁饰面材料，由于这类饰面板具有质量较轻、色泽艳丽、强度较高、易于加工、寿命较长等优良特点，是深受人们喜爱的装饰材料，具有很强的生命力和广阔的发展前景。金属外墙板一般悬挂或粘贴在承重骨架和外墙上，施工方法多为预制装配，节点结构复杂，施工精度要求高。

金属饰面板按照其组成材料不同，可分为单一材料饰面板和复合材料饰面板两种。单一材料饰面板是只有一种质地的材料，如钢板、铝板、铜板、不锈钢板等。复合材料饰面板是由两种或两种以上质地的材料组成，如铝塑板、搪瓷板、烤漆板、镀锌板、彩色塑料膜板、金属夹心板等。

二、饰面装饰的常用机具

1. 饰面装饰施工的手工机具

湿作业贴面装饰施工除一般抹灰常用的手工工具外，根据饰面的不同，还需要一些专用的手工工具，如镶贴饰面砖缝用的开刀、镶贴陶瓷锦砖用的木垫板、安装或镶贴饰面板敲击振实用的木锤和橡胶锤、用于饰面砖和饰面板手工切割剔槽用的錾子、磨光用的磨石、钻孔用的合金钻头等，如图6-1所示。

(a) 开刀　　(b) 木锤　　(c) 橡胶锤　　(d) 铁铲　　(e) 小手锤

面层三合板

底盘架
四边包铁皮

(f) 合金錾子　(g) 扁錾　(h) 方头錾　(i) 硬木板　　　(j) 木垫板

图 6-1　饰面装饰施工的手工机具

2. 饰面装饰施工的机械机具

饰面装饰施工用的机械机具有专门切割饰面砖用的手动切割器，如图 6-2 所示，饰面砖打眼用的打眼器，如图 6-3 所示，钻孔用的手电钻，切割大理石饰面板用的台式切割机和电动切割机，以及饰面板安装在混凝土等硬质基层上钻孔安放膨胀螺栓用的电锤等。

手压把
胶头
压板
合金刀片　标尺
滑道
底盘
胶板　　　　轴

图 6-2　手动切割器

摇

金属架

调整螺栓
合金钢尖

图 6-3　手动打眼器

第二节 木质护墙板的施工

在建筑装饰饰面工程中所用的木质饰面材料板，除天然的木质板材之外，木质人造板是使用量最大的一种板材。木质人造板是以木材、木质纤维、木质碎料或其他植物纤维为原料，用机械方法将其分解成不同的单元，经干燥、施胶、铺装、预压、热压、锯边、砂光等一系列工序加工而成的板材。木质人造板的主要品种有单板、胶合板、细木工板、纤维板和刨花板，这些板材是室内装饰和家具中使用最多的材料之一。

实践充分证明，木质人造板可合理地利用木材，大大提高木材的利用率，是对木材进行综合利用的主要途径。木质人造板材与天然木板材相比，具有幅面较大、质地均匀、变形很小、强度较高等优点，在现代建筑装饰装修、家具制造等方面被广泛应用。

一、施工准备及材料要求

木质护墙板，又称墙裙、壁板，是近年来发展起来的室内新型墙体装饰材料，一般采用木材等为基材。由于木质护墙板具有隔声保暖、高端洋气的特性，已经开始备受人们的瞩目。护墙装饰板具有质轻、防蛀、施工简便，造价低廉、使用安全、装饰效果明显、维护保养方便等优点。工程实践证明，这种护墙板既可代替木墙裙，又可代替壁纸、墙砖等墙体材料，因此使用十分广泛。

室内木质护墙板饰面铺装施工，应在墙面隐蔽工程、抹灰工程及吊顶工程已完成，并经过验收合格后进行。当墙体有防水要求时，还应对防水工程进行验收。

1. 施工准备工作

在室内饰面装饰装修工程中，木质护墙板的龙骨固定应在安装好门框和窗台板后进行。护墙板安装的施工准备工作，主要应注意以下事项。

（1）对于未进行饰面处理的半成品实木护墙板及其配套的细木装饰制品（如装饰线脚、木雕图案镶板、横档冒头及边框或压条等），应预先涂刷一遍干性底油，以防止受潮变形，影响装饰装修工程的施工质量。

（2）木质护墙板制品及其安装配件在包装、运输、堆放和搬动过程中，要轻拿轻放，不得曝晒和受潮，防止产生开裂变形。

（3）检查结构墙面质量，其强度、稳定性及表面的垂直度、平整度应符合装饰面的要求。有防潮要求的墙面，应按设计要求进行防潮处理。

（4）根据饰面工程的设计要求，安装木质护墙板骨架需要预埋防腐木砖时，应当事先埋入墙体中；当工程需要有其他后设置的埋件时，也应当准确到位、数量满足。预埋件的位置和数量，应符合龙骨布置的要求。

（5）对于采用木楔进行安装的工程，应按设计弹出标高和竖向控制线、分格线，打孔埋入木楔，木楔的埋入深度一般应大于或等于 50mm，并应作防腐处理。

2. 材料选用工作

木质护墙板工程所用木材如何，不仅关系到饰面工程的装饰效果，而且还关系到饰面工程的使用寿命，因此，要认真地进行选择，保证所用木材的树种、材质及规格等，均符合设计的要求。特别应避免木材的以次充优、大材小用、长材短用、优材劣用等现象。采用配套成品或半成品时，要按现行国家质量标准进行验收。

（1）工程中使用的人造木板和胶黏剂等材料，应检测甲醛及其他有害物质含量。甲醛释放量应符合国家标准《室内装饰装修材料　人造板及其制品中甲醛释放限量》（GB/T 18580—2001）的规定。

（2）各种木制品材料的含水率，应符合国家标准的有关规定。木材的含水率应按照《木材含水率测定方法》（GB/T 1931—2009）中的规定进行。

（3）所用木龙骨骨架以及人造木板的板背面，均应涂刷防火涂料（防火涂料一般也具有防潮性能），按具体产品的使用说明确定涂刷方法。

二、木材饰面板施工工艺

（一）木材饰面板的工艺流程

木材饰面板的工艺流程为：墙体表面处理→墙体表面涂防潮（水）层→安装木龙骨→选择饰面板→饰面板试拼、下料、编号→安装饰面板→检查、修整→封边、收口→油漆饰面。

（二）墙面木骨架的安装施工

1. 基层检查及处理

在墙面木骨架安装前，应对建筑结构主体及其表面质量进行认真检查和处理，基体质量应符合安装工程的要求，墙面基层应平整、垂直、阴阳角方正。

（1）结构基体和基层表面质量，对于护墙板龙骨与罩面的安装方法及安装质量有着重要关系，特别是当不采用预埋木砖而采用木楔圆钉、水泥钢钉及射钉等方式方法固定木龙骨时，要求建筑墙体基面层必须具有足够的刚性和强度，否则应采取必要的补强措施。

（2）对于有特殊要求的墙面，尤其是建筑外墙的内立面护墙板工程，应首先按设计规定进行防潮、防渗漏等功能性保护处理，如做防潮层或抹防水砂浆等；内墙面底部的防潮、防水，应与楼地面工程相结合进行处理，严格按照设计要求和有关规定封闭立墙与楼地面的交接部位；同时，建筑外窗的窗台流水坡度、洞口窗框的防水密封等，均对该部位护墙板工程具有重要影响，在工程实践中，该部位由于雨水渗漏、墙体泛潮或结露而造成木质护墙板发霉变黑的现象时有发生。

（3）对于有预埋木砖的墙体，应检查防腐木砖的埋设位置是否符合安装的要求。木砖间距按龙骨布置的具体要求进行设置，并且位置一定要正确，以利于木龙骨的就位和固定。对于未设预埋木砖的二次装修工程，目前较普遍的做法是在墙体基面钻孔打入木楔，将木龙骨用圆钉与木楔连接固定；或者用较厚的胶合板条作为龙骨，直接用水泥钢钉将其固定于结构墙体基面。

2. 木龙骨的固定

墙面有预埋防腐木砖的，即将木龙骨钉固于木砖部位，并且要钉平、钉牢，使其立筋（竖向龙骨）保证垂直。罩面分块或整幅板的横向接缝处，应设水平方向的龙骨；饰面斜向分块时，应斜向布置龙骨；应确保罩面板的所有拼接缝隙均落在龙骨的中心线上，以便使罩面板铺钉牢固，不得使罩面板块的端部处于悬空状态。龙骨间距应符合设计要求，一般竖向间距宜为400mm，横向间距宜为300mm。

当采用木楔圆钉法固定龙骨时，可用16~20mm的冲击钻头在墙面上钻孔，钻孔深度最小应等于40mm，钻孔位置按事先所做的龙骨布置分格弹线确定，在孔内打入防腐木楔，再将木龙骨与木楔用圆钉固定。

在龙骨安装操作过程中，要随时吊垂线和拉水平线校正骨架的垂直度及水平度，并检查木龙骨与基层表面的靠平情况，空隙过大时应先采取适当的垫平措施（对于平整度和垂直度偏差过大的建筑结构表面应抹灰找平、找规矩），然后再将木龙骨钉牢。

（三）木材饰面板铺装施工

（1）采用显示木纹图案的饰面板作为罩面时，安装前应进行选配板材，使其颜色、木纹自然协调、基本一致；有木纹拼花要求的罩面应按设计规定的图案分块试排，按照预排编号上墙就位铺装。

（2）为确保罩面板块接缝落在龙骨上，罩面铺装前可在龙骨上弹好中心控制线，板块就位安装时其边缘应与控制线吻合，并保持接缝平整、顺直。

（3）胶合板用圆钉固定时，钉长根据胶合板的厚度选用，一般为25~35mm，钉子间距宜为80~150mm，钉帽应敲扁冲入板面0.5~1mm，钉眼用油性腻子抹平。当采用射钉进行固定时，射钉的长度一般采用15~20mm，钉子间距宜为80~100mm。

（4）硬质纤维板应预先用水浸透，自然晾干后再进行安装。纤维板用圆钉固定时，钉长一般为20~30mm，钉子间距宜为80~120mm，钉帽应敲扁冲入板面内0.5mm，钉眼用油性腻子抹平。

（5）当采用胶黏剂来固定饰面板时，应按照胶黏剂产品的使用要求进行操作。

（6）在安装封边缘的收口条时，钉的位置应在线条的凹槽处或背视线的一侧，以保证其装饰的美观。

（7）在曲面墙或弧形造型体上固定胶合板时（一般选用材质优良的三夹板），应先进行试铺。如果胶合板弯曲有困难或设计要求采用较厚的板块（如五夹板）时，可在胶合板背面用刀割出竖向卸力槽，等距离划割槽深 1mm，在木龙骨表面涂胶，将胶合板横向（整幅板的长边方向）围住龙骨骨架进行包覆粘贴，而后用圆钉或射钉从一侧开始向另一侧顺序铺钉。圆柱体罩面铺装时，圆曲面的包覆应准确交圈。

（8）采用木质企口装饰板罩面时，可根据产品配套材料及其应用技术要求进行安装，使用其异形板卡或带槽口的压条（上下横板、压顶条、冒头板条）等对板块进行嵌装固定。对于硬木压条或横向设置的腰带，应先钻透眼，然后再用钉固定。

第三节　饰面砖的镶贴施工

随着建筑装饰业的快速发展，陶瓷制品在保留原有使用功能的同时，更大量地向建筑装饰材料领域发展，现在已经成为其中重要的一员，如陶瓷墙地砖、卫生陶瓷、琉璃制品、园林陶瓷、陶瓷壁画等。随着人民生活水平的不断提高，建筑装饰陶瓷的应用更加广泛。其中以陶瓷墙体饰面砖使用最为广泛，它以外形美观、色彩丰富、成本低廉、施工简易、耐久性好、容易清洁等特点，体现出建筑装饰设计所追求的"实用、经济、美观"的基本原则。

一、饰面砖施工准备工作

工程实践充分证明，饰面砖在镶贴前要做好充分的施工准备工作，才能确保顺利施工和工程质量。最起码做到饰面砖材料的选择准备、机具工具的准备、饰面墙砖镶贴的基层处理。

1. 饰面砖材料的准备

在饰面砖正式施工前，应对进场的饰面砖按厂牌、型号、规格和颜色进行选配分类，对所用的饰面砖、胶黏材料进行质量检查。饰面墙砖表面应平整，边缘整齐，棱角不被破坏。检测饰面材料所含污染物是否符合规定。对异型或特殊形状的饰面墙砖的装饰砖，应绘制加工详细图纸，按照使用部位编号，提出加工任务单。在确定加工数量时应考运输和施工中的损耗，适当增加加工和购置数量。

应当强调的是，以上检查必须开箱进行全数检查，不得抽样或部分检查，防止以劣充优。因为大面积装饰贴面，如果有一块不合格，就会破坏整个装饰面的装饰效果。

饰面砖镶贴所用的水泥，一般应采用强度等级不低于 32.5 的普通水泥或矿渣水泥及强度等级 32.5 的白色硅酸盐水泥，水泥的出场时间不能超过 3 个月。饰面砖镶贴所用的砂，一般用中砂或粗砂，使用前应过筛（筛孔 5mm），含泥量不能超过 3%。

2. 机具工具的准备

饰面砖镶贴除使用一般抹灰的手工工具和常用的切割工具外，还根据饰面的不同工艺，使用下列各种专用工具：①开刀，饰面砖镶贴中调整缝隙用；②木垫板，镶贴陶瓷锦砖专用；③木锤和橡皮锤，安装或镶贴饰面砖敲击振实用；④硬木拍板，镶贴饰面砖振实用；⑤铁铲，涂抹砂浆用；⑥各种簪子和手锤，用于饰面墙砖施工时手工切割剔凿。

此外，还应准备施工中所用的水平仪、水平尺、墨斗、线坠、方尺、钢卷尺、拖线板以及拌制石膏用的器具等。

二、内墙面砖镶贴施工工艺

内墙面砖镶贴的施工工艺流程为：基层处理→抹底中层灰找平→弹线分格→选面砖→浸砖→做标志块→铺贴→勾缝→清理。

（一）基层处理

镶贴饰面砖需先做找平层，而找平层的质量是保证饰面层镶贴质量的关键，基层处理又是做好找平层的前提，要求基层不产生空鼓而又满足面层粘贴要求。以下为各种材质基层表面处理方法，主要解决的是找平层与基层的粘贴问题，同时为初步找平打下基础。

1. 混凝土表面处理

当镶贴饰面砖的基体为混凝土时，先剔凿混凝土基体上凸出的部分，使基体基本保持平整、毛糙，然后刷一道界面剂，在不同材料的交接处或表面有孔洞处，需用 1：2 或 1：3 水泥砂浆找平。填充墙与混凝土地面结合处，还要用钢丝网压盖接缝，并用射钉钉牢。

2. 加气混凝土表面处理

加气混凝土砌块墙应在基体清理干净后，先刷一道界面剂，为保证块料镶贴牢固，再满铺钢丝直径 0.7mm，孔径 32mm×32mm 或以上的机制镀锌钢丝网一道。钉子用直径 6mm 的 U 形钉，钉子的间距不大于 600mm，呈梅花形布置。

3. 砖墙表面处理

当镶贴饰面砖的基体为砖砌体时，应用钢錾子剔除砖墙面多余灰浆，然后用钢丝刷清除浮土，并用清水将墙体充分湿水，使润湿深度约为 2～3mm。

另外，基体表面处理的同时，需将穿墙洞眼封堵严实。尤其光滑的混凝土表面，须用钢尖或扁錾凿毛处理，使基体的表面粗糙。打点凿毛应注意两点：一是受凿面的面积应不小于总面积的 70%（即每平方米面积打点 200 个以上），绝不能象征性地打点；二是基层表面在打点凿毛完毕后，必须用钢丝刷清洗一遍，并用清水冲洗干净，防止产生隔离层。

总之，基层表面要求达到"净、干、平、实"。对于表面凸凹明显部位，要事先将这些部位整平或用水泥砂浆补平，处理后的基层表面必须平整而粗糙。

（二）做找平层

1. 抹底中层灰找平

抹灰前需先挂线、贴"灰饼"。内墙面应在四角吊垂线、拉通线，确定抹灰厚度后，再贴灰饼、连通灰饼（竖向、水平向）进行冲筋，作为墙面找平层砂浆垂直度和平整度的标准。

2. 进行打底

用体积配合比 1：3（水泥：砂）的水泥砂浆或 1：1：4（水泥：石灰膏：砂）混合砂浆，在已充分湿润的基层上涂抹。涂抹时应注意控制砂浆的稠度，且基本不得干燥，因为干燥的基体容易将紧贴它的砂浆层的水分吸收，使砂浆失水，形成抹灰层与基体的隔离层而水化不充分，无强度，引起基层抹灰脱壳和出现裂缝而影响质量。

3. 抹找平层

找平层的质量关键是控制好镶贴饰面砖的平整度和垂直度，为镶贴饰面层提供一个良好的基层（垂直而平整）。当抹灰厚度较大时，应分层进行涂抹，一般一次抹灰厚度≤7mm，当局部太厚时加钢丝网片。

（三）弹线分格

弹线分格是在找平层上用墨线弹出饰面砖分格线。弹线前应根据镶贴墙面长、宽尺寸（找平后的精确尺寸），将纵、横面砖的进行分层，定出水平标准。

1. 弹水平线

对要求面砖贴到顶的墙面，应先弹出顶棚边或龙骨下面的标高线，以便确定面砖铺贴的上口线，然后从上往下按照整块饰面砖的尺寸分划到最下面的饰面砖。当最下面砖的高度小于半块砖时，最好重新进行分划，使最下面一层面砖高度大于半块砖。重新排列砖划分后，可将面砖多出的尺寸伸入到吊顶内。

2. 弹竖向线

弹竖向线时最好从墙面一侧端部开始，以便将不足模数的面砖贴于阴角或阳角处。弹线分格示意如图 6-4 所示。

（四）选择饰面砖

选择饰面砖是保证饰面砖镶贴质量的关键工序。必须在镶贴前按照颜色的深浅、尺寸的大小不同进行分选。对饰面砖的几何尺寸大小，可以采用自制模具进行判定，这种模具是根据饰面砖几何尺寸及公差大小，做成凵形木框钉在木板上，将面砖逐块放入木框，即能分选出大、中、小，分别堆放备用。在分选饰面砖的同时，还要注意饰面砖的平整度如何，不合格者不得使用于工程。最后再挑选配件砖，如阴角条、阳角条、压顶等。

（五）浸砖

如果用陶瓷釉面砖作为饰面砖，在粘贴前应进行充分湿润，防止用干砖粘贴上墙后，吸收砂浆（灰浆）中的水分，致使砂浆中水泥不能完全水化，造成黏结不牢或面砖浮滑。一般浸水时间不少 2h，取出后阴干到表面无水膜再进行镶贴，通常阴干的时间为 6h 左右，以手摸没有水感为宜。

（六）做标志块

用饰面砖按照镶贴厚度，在墙面上下左右合适位置作标志块，并以砖棱角作为基准线，上下用"靠尺"吊垂直，横向用靠尺或细线拉平。标志块的间距一般为 1500mm。阳角处除正面做标志块外，侧面也相应有标志块，即所谓双面挂直，如图 6-5 所示。

图 6-4　饰面砖弹线分格示意

图 6-5　双面挂直示意

（七）镶贴方法

1. 预排列饰面砖

为确保装饰效果和节省面砖用量，在同一墙面只能有一行与一列非整块饰面砖，非整块砖应排在紧靠地面处或不显眼的阴角处。排列砖时可用适当调整砖缝宽度的方法解决，一般饰面砖的缝隙宽度可在1mm左右变化。凡有管线、卫生设备、灯具支撑等时，面砖应裁成U形的口套入，再将裁下的小块截去一部分，与原来砖套入U形的口填好，严禁用几块其他碎砖拼凑。内墙面砖镶贴排列方法，主要有直缝镶贴和错缝镶贴两种，如图6-6所示。

图 6-6　内墙面砖镶贴法示意

2. 掌握镶贴顺序

每一施工层必须由下往上镶贴，而整个墙面可采用从下往上，也可采用从上往下的施工顺序。

一个施工层由下往上，从阳角处开始沿水平方向逐一铺贴，以弹出的地面水平线为基准，嵌上直的靠尺或八字形靠尺条，第一排饰面砖下口应紧靠直"靠尺条"的上沿，保证基准行平直。如地面有踢脚板，"靠尺条"上口应为踢脚板上沿位置，以保证面砖与踢脚板接缝的美观。镶贴时，用铲刀在面砖背面满刮砂浆，再准确镶嵌到位，然后用铲刀木柄轻轻敲击饰面砖表面，使其落实镶贴牢固，并将挤出的砂浆刮净。

饰面砖黏结砂浆的厚度应大于5mm，但不宜大于8mm。砂浆可以是水泥砂浆，也可以是混合砂浆。水泥砂浆的配合比以(1:2)～(1:3)（体积比）为宜，砂的细度模数应小于2.9；混合砂浆是在以上配比的水泥砂浆中加入少量的石灰膏即可，以增加黏结砂浆的保水性与和易性。这两种黏结砂浆均比较软，如果砂浆过厚，饰面砖很容易下坠，其平整度不易保证，因此要求黏结砂浆不得过厚。

除采用水泥砂浆粘贴外，也可以采用环氧树脂粘贴法，环氧水泥胶的配合比为：环氧树脂：乙二胺：水泥＝100：（6～8）：（100～150）。环氧树脂是一种具有高度黏结力的高分子合成材料，用此来粘贴饰面砖，具有操作方便，工效较高，黏结性强，以及抗潮湿、耐高温、密封好等特点，但要求基层或找平层必须平整坚实，并需要待其干燥后才能进行粘贴。对饰面砖厚度的要求也比较高，要求厚度均匀，以便保证表面的平整度，由于用此粘贴面砖的造价较高，一般在大面积饰面砖粘贴中不宜采用。

在镶贴施工的过程中，应随粘贴、随敲击、随用尺检查表面平整度和垂直度。检查发现高出标准砖面时，应立即采取压砖挤浆方式纠正；如果已形成凹陷，必须揭下重新抹灰再贴，严禁从饰面砖边缘塞砂浆的方式。如果遇到面砖几何尺寸差异较大，应在铺贴中注意随时调整。最佳的调整方法是将相近尺寸的饰面砖贴在一排上，但镶贴到最上面一排时，应保证面砖上口平直，以便最后贴压条砖。当无压条砖时，最好在上口贴圆角面砖，如图6-7所示；卫生间设备处的饰面砖镶贴示意如图6-8所示。

（八）勾缝擦洗

饰面砖在镶贴施工完毕后，应当用棉纱将砖表面上的灰浆擦拭干净，同时用与饰面砖颜色相同的水泥（彩色面砖应加同色颜料）进行嵌缝，嵌缝中务必注意应全部封闭缝中镶贴时产生的气孔和砂眼。嵌缝完成后，应再用棉纱仔细擦拭干净被污染的部位。如饰面砖砖面污染比较严重，可用稀盐酸进行刷洗，最后再用清水冲洗干净。

图 6-7　圆角面砖铺贴示意

(a) 皂盒占位为
单数面砖分法

(b) 皂盒占位为
双数面砖分法

图 6-8　卫生间设备处的饰面砖镶贴

三、外墙面砖镶贴施工工艺

外墙饰面砖镶贴施工，是指建筑外墙面及柱面镶贴饰面砖的一种装饰方法，是建筑装饰工程施工中的重要组成部分。工程实践证明，外墙贴面装饰工程的施工质量，不仅直接影响室外环境的美观，而且甚至会关系到人身安全。因此，对外墙面砖的选择和施工质量要求都十分严格。外墙面砖应是建筑外墙常用类型，所用饰面砖应符合我国现行的产品标准，施工中要采用"满贴法"进行施工。

（一）外墙面砖的施工工艺流程

外墙面砖镶贴的施工工艺流程，与内墙面砖大同小异，主要包括：基层处理→抹底子灰→刷结合层→选择面砖→弹线与预排→面砖浸湿处理→做标志块→铺贴面砖→面砖勾缝→清理表面。

（二）外墙面砖的施工操作要点

1. 基层处理

外墙面砖施工的基层处理，与内墙面砖基本相同。应特别注意的是：认真清理墙面和柱面，将浮灰、油污和残余砂浆冲刷干净，然后再充分浇水湿润，并按照设计要求涂刷结合层，再根据不同的基体进行基层处理。

2. 抹底子灰

在抹底子灰时应分层进行，每层的厚度不应大于 7mm，以防止出现空鼓现象。第一层灰涂抹完成后，要进行扫毛处理，待六至七成干时再抹第二层，随即用木杠将表面刮平，并用木抹子进行搓毛，达到终凝后浇水养护。

对于多雨、潮湿地区，找平层应选用防水、抗渗性水泥砂浆，以满足抗渗漏的要求。

3. 刷结合层

找平层经检验合格并养护后，宜在表面涂刷结合层，一般采用聚合物水泥砂浆或其他界面处理剂，这样有利于满足黏结强度的要求，提高外墙饰面砖的粘贴质量。

4. 选择饰面砖

根据设计图样的要求，对饰面砖要进行仔细分选。首先按照颜色一致初选一遍，然后再用自制模具对饰面砖的尺寸大小、厚薄进行分选归类。经过分选的饰面砖要分别存放，以便在镶贴施工中分类使用，确保饰面砖的施工质量。

5. 预排与弹线

按照设计要求和施工样板进行排砖、确定接缝宽度及分格，同时弹出粘贴面砖的控制线，这是一项非常重要的准备工作，关系到饰面施工是否顺利和施工质量的优劣。

预排是指按照立面分格的设计要求进行饰面砖的排列，以确定面砖的皮数、块数和具体位置，作为弹线和细部作法的依据。当无设计要求时，预排列要确定面砖在镶贴中的排列方法。外墙面砖镶贴排列砖的方法较多，常用的矩形面砖排列方法，有矩形长边水平排列和竖直排列两种。按砖缝的宽度，又可分为密缝排列（缝隙宽度 1～3mm）与疏缝隙排列（大于 4mm、小于 20mm）。此外，还可采用密缝与疏缝，按水平、竖直方向排列。图 6-9 所示为外墙矩形面砖排列缝示意。

(a) 长边水平密缝 (b) 长边竖直密缝 (c) 密缝错缝 (d) 水平、竖直疏缝
(e) 疏缝错缝 (f) 水平密缝、竖直疏缝 (g) 水平疏缝、竖直密缝

图 6-9　外墙矩形面砖排列缝示意

在外墙饰面砖的预排中应当遵循以下原则：阳角部位都应当是整砖，且阳角处正立面整砖应盖住侧立面整砖。对大面积墙面砖的镶贴，除不规则部位外，其他部位不允许裁砖。除柱面镶贴外，其余阳角不得对角粘贴。外墙阳角镶贴排列砖示意如图 6-10 所示。

在预排中，对突出墙面的窗台、腰线、滴水槽等部位的排砖，应注意台面的面砖应做出一定的坡度（一般 $i = 3\%$），台面砖应盖立面砖。底面砖应贴成滴水鹰嘴，外窗台线角面砖镶贴示意如图 6-11 所示。

图 6-10　外墙阳角镶贴排列砖示意

图 6-11　外窗台线角面砖镶贴示意

预排列的外墙饰面砖还应当核实外墙的实际尺寸，以确定外墙找平层厚度，控制排列砖的模数（即确定竖向、水平、疏密缝宽度及排列方法）。此外，还应注意外墙面砖的横缝应与门窗贴脸和窗台相平；门窗洞口阳角处应排横砖。窗间墙应尽可能排列整砖，直缝排列有困难时，可考虑错缝排列，以求得墙砖对称装饰效果。

6. 弹线分格

弹线与做分格条，应根据预排列的结果画出大样图，按照缝的宽窄大小（主要指水平

缝）做出分格条，作为镶贴面砖的辅助基准线。弹线的步骤如下。

（1）在外墙阳角处（大角）用大于 5kg 的线吊锤作为垂直线，并用经纬仪进行校核，最后用花篮螺栓将线锤的钢丝固定绷紧上下端，作为垂线的基准线。

（2）以阳角基线为准，每隔 1500～2000mm 作标志块，定出阳角方正，抹灰找平。

（3）在找平层上，按照预排的大样图，先弹出顶面水平线，在墙面的每一部分，根据外墙水平方向面砖数，每隔约 1000mm 弹一垂线。

（4）在层高范围内，按照预排面砖实际尺寸和面砖对称效果，弹出水平分缝、分层皮数（或先做分层杆，再按分层杆弹出分层线）。

7. 镶贴施工

镶贴外墙饰面砖前也要做标志块，其挂线方法与内墙饰面砖相同，并应将墙面清扫干净，清除妨碍铺贴面砖的障碍物，检查平整度和垂直度是否符合要求。镶贴顺序应自上而下分层分段进行，每层内镶贴程序应是自下而上进行，而且要先贴附墙柱、后贴墙面、再贴窗间墙。镶贴时，先按水平线垫平八字尺或"直靠尺"，操作方法与内墙饰面砖相同。

铺贴的砂浆一般为 1∶2（水泥∶砂）水泥砂浆或掺入不大于水泥质量 15% 的石灰膏的水泥混合砂浆，砂浆的稠度要一致，避免砂浆上墙后产生流淌。砂浆厚度一般为 6～10mm，在贴完一行后，应将每块饰面砖上的灰浆刮净。如果上口不在同一直线上，应在饰面砖的下口垫小木片，尽量使上口在同一直线上，然后在上口放分格条，既控制水平缝的大小与平直，又可防止面砖向下滑移，然后再进行第二皮饰面砖的铺贴。

竖向缝的宽度与垂直度，应当完全与排列砖时一致，所以在操作中要特别注意随时进行检查，除依靠墙面的控制线外，还应当经常用线锤检查。如果竖向缝隙不是密缝，在黏结时对挤入竖向缝处的灰浆要随手清理干净。

门窗套、窗台及腰线镶贴面砖时，要先将基体分层抹平，表面并随手划毛，待七至八成干时，再洒水抹 2～3mm 厚的水泥浆，随即镶贴面砖。为了使饰面砖镶贴牢固，应采用 T 形托板作临时支撑，在常温下隔夜后拆除。窗台及腰线上盖面砖镶贴时，要先在上面用稠度较小的砂浆刮一遍，抹平后撒一层干水泥灰面（不要太厚），略停一下等待灰面湿润时，随即进行铺贴，并按线找直、揉平（不撒干水泥灰面，面砖铺后吸收砂浆中的水，面砖与黏结层离缝必造成空鼓）。在转角的部位，在贴完面砖后，要用尺子找规矩。

8. 勾缝、擦洗

在完成一个层段的墙面镶贴并经检查合格后，即可进行勾缝。勾缝可以用 1∶1（水泥∶细砂）水泥砂浆，砂子要进行过筛；或分两次进行嵌实，第一次用一般水泥砂浆，第二次按照设计要求用彩色水泥浆或普通水泥浆勾缝。勾缝可做成凹缝（尤其是离缝分格），深度一般为 3mm 左右。饰面砖密缝处应用与面砖相同颜色的水泥擦缝。完工后应将面砖表面清洗干净，清洗工作在勾缝材料硬化后进行，如果面砖上有污染，可用浓度为 10% 的盐酸进行刷洗，然后再用清水冲洗干净。夏季施工应防止暴晒，要注意遮挡养护。

四、陶瓷锦砖的施工工艺

陶瓷锦砖又称陶瓷马赛克、纸皮石，是以优质瓷土烧制而成的小块瓷砖，有挂釉和不挂釉两种。根据它的花色品种，可以拼成各种花纹，故称为"锦砖"。

陶瓷锦砖具有表面光滑、质地坚实、色泽多样、经久耐用、比较美观、易于清洗、抗冻性好等特点，有较高的耐水、耐磨、耐酸、耐碱、耐火性等性能。主要适用于镶嵌地面，如卫生间、走廊、餐厅、浴室、实验室等地面和内墙面，也可用于建筑物外墙面防护或装饰。

(一) 陶瓷锦砖饰面施工工艺流程

陶瓷锦砖饰面施工工艺流程为：基层处理→抹找平层→刷结合层→排砖、分格、弹线→镶贴马赛克→揭纸、调缝→清理表面。

陶瓷锦砖饰面的镶贴方法有 3 种，即软粘贴法、硬粘贴法和干灰填缝湿润法。这 3 种方法的差别在于弹线与粘贴的顺序不同。陶瓷锦砖饰面的镶贴如图 6-12 所示。

图 6-12　陶瓷锦砖饰面的镶贴示意（单位：mm）

(二) 陶瓷锦砖饰面施工操作要点

1. 基层处理

镶贴饰面砖需先做找平层，而找平层的质量是保证饰面层镶贴质量的关键，基层处理又是做好找平层的前提，要求基层不产生空鼓而又满足面层粘贴要求。以下为各种材质基层表面处理方法，主要解决的是找平层与基层的粘贴问题，同时为初步找平打下基础。

陶瓷锦砖施工的基层处理，与外墙面砖基本相同。应特别注意的是：认真清理墙面和柱面，将浮灰、油污和残余砂浆冲刷干净，然后再充分浇水湿润，并按设计要求涂刷结合层，再根据不同的基体进行基层处理。

2. 排砖、分格和放线

陶瓷锦砖的施工排砖、分格，是按照设计要求，根据门窗洞口横竖装饰线条的布置，首先明确墙角、墙垛、出檐、线条、分格、窗台、窗套等节点的细部处理，按整砖模数排列砖，从而确定分格线。排砖、分格时应使横缝与窗台相平，竖向要求阳角窗口处都是整砖。根据墙角、墙垛等节点细部处理方案，首先绘制出细部构造详图，然后按排砖模数和分格要求，绘制出墙面施工大样图，以保证墙面完整和镶贴各部位操作顺利。

底子灰处理完成后，根据节点细部详图和施工大样图，先弹出水平线和垂直线，水平线按每方陶瓷锦砖一道，垂直线最好也是每方一道，也可以二至三方一道，垂直线要与房屋大角以及墙垛中心线保持一致。如果有分格时，按施工大样图中规定的留缝宽度弹出分格线，按缝隙宽度备好分格条。

3. 镶贴施工

镶贴陶瓷锦砖饰面时，一般由下而上进行，按已弹出的水平线安放八字靠尺或"直靠尺"，并用水平尺校正垫平。一般是两个人协同操作：一个人在前洒水湿润墙面，先刮上一道素水泥浆，随即抹上 2mm 厚的水泥浆为黏结层；另一个人将陶瓷锦砖铺在木垫板上，纸面向下，锦砖背面朝上，先用湿布把底面擦净，用水刷一遍，再刮素水泥浆，将素水泥浆刮至陶瓷锦砖的缝隙中，砖面不要留上砂浆，再将陶瓷锦砖沿尺粘贴在墙上。

另一种操作方法是：一个人在润湿后的墙面上抹上纸筋混合砂浆（其配合比为纸筋：石灰：水泥＝1：1：8，制作时先把纸筋与石灰膏搅匀，过 3mm 筛，再与水泥浆搅匀制成）2～3mm，用靠尺板刮平，再用抹子抹平整，另一个人将陶瓷锦砖铺在木垫板上，底面朝上，缝里灌细砂，用软毛刷子刷净底面，再用刷子稍刷上一点水，抹上薄薄一层灰浆，如图 6-13 所示。

图 6-13　缝隙中灌入砂做法

上述工作完成后，即可在黏结层上铺贴陶瓷锦砖。铺贴时，双手拿住陶瓷锦砖上方，使下口与所垫的八字靠尺（或靠尺）齐平。由下往上铺贴，缝要对齐，并注意使每张之间的距离基本与小块陶瓷锦砖缝隙相同，不宜过大或过小，以免造成明显的接槎，影响装饰效果。

控制接槎宽度一般用薄铜片或其他金属片。将铜片放在接槎处，在陶瓷锦砖贴完后，再取下铜片。如果设分格条，其方法同外墙面砖。

4. 揭纸

陶瓷锦砖贴于墙面后，一手将硬木拍板放在已贴好的陶瓷锦砖面上，一手用小木锤敲击木拍板，将所有的陶瓷锦砖全面敲击一遍，使其表面平整，然后将陶瓷锦砖护面纸用软刷子刷水湿润，等待护面纸吸水后泡开（立面镶贴纸面不易吸水，可向盛清水的桶中撒几把干水泥并搅匀，再用刷子蘸水润纸，纸面较易吸水，可提前泡开），即可揭纸。揭纸时要仔细、有顺序、慢慢地撕，如发现有小块陶瓷锦砖随纸带下（如只是个别几块），在揭纸后要重新补上；如随纸带下的数量较多，说明护面纸还未充分泡开，胶水尚未溶化，这时应用抹子将其重新压紧，继续刷水润湿护面纸，直到撕纸时无掉块为止。

5. 调整

揭纸后要检查缝的大小，对不符合要求的缝隙必须拨正，进行调整砖缝的工作，调整要在黏结层砂浆初凝前进行。拨缝隙的方法是一手将开刀放于缝间，一手用小抹子轻敲开刀，将缝隙拨匀、拨正，使陶瓷锦砖的边口以开刀为准排齐，拨开缝隙后用小锤子敲击木拍板将其拍实一遍，以增强锦砖与墙面的黏结。

6. 擦缝

待黏结水泥浆达到凝固后，用素水泥浆进行找补擦缝。其方法是先用橡胶刮板将水泥浆在陶瓷锦砖表面刮一遍，嵌实所有的缝隙，接着加些干水泥，进一步找补擦缝，待全面清理擦干净后，次日喷水养护。擦缝隙所用的水泥，如果粘贴的为浅色陶瓷锦砖应使用白水泥。

7. 清理表面

在常温情况下陶瓷锦砖粘贴48h后，将起出的分格米厘条的大缝隙用1∶1（水泥∶砂）水泥砂浆勾严，其他小缝用素水泥浆擦缝。工程全部完工后，应根据不同污染程度用稀盐酸刷洗，紧跟用清水进行冲刷，使表面达到洁净、美观的装饰效果。

第四节　饰面板的安装施工

饰面板的安装包括天然石材和人造饰面板的安装。饰面板施工适用于内墙饰面板和高度不大于24m、抗震设防烈度不大于7度的外墙饰面板安装工程。根据规格大小的不同，饰面板分为小规格和大规格两种。小规格饰面板即边长小于或等于4000mm，安装高度不超高3m，可采用水泥砂浆粘贴法，其施工工艺基本与饰面砖镶贴。大规格饰面板的安装主要有粘贴施工法、钢筋网片锚固施工法、膨胀螺栓锚固施工法和钢筋钩挂贴法等。

一、饰面板安装前的施工准备

工程实践证明，由于多数饰面板的价格昂贵，而且大部分用在装饰标准较高的工程，因此对饰面板安装技术要求更为细致、准确，施工前必须做好各方面的准备工作。饰面板安装前的施工准备工作，主要包括材料与机具准备、施工作业条件、施工大样图、选板与预拼、饰面板基层处理等。

1. 材料与机具准备

（1）材料准备　饰面板施工所用的材料主要有：设计要求的天然石材和人造饰面板，骨架、挂件及连接件，胶结材料和其他外加剂等，应分别符合国家现行的有关标准规定。

（2）机具准备 饰面板施工所用的机具主要有砂浆搅拌机、电动手提无齿切割锯、台式切割机、台式电钻、砂轮磨光机、嵌缝枪、专用手推车、钢尺、木锤、扁凿、剁斧、抹子、粉线包、墨斗、线坠、挂线板、刷子、扫帚、铁锹、开刀、灰槽、水桶、铁铲、铅笔等。当材料为金属饰面板、木材饰面板和塑料饰面板时，还应准备相应的施工机具。

2. 施工作业条件

（1）主体结构施工质量应符合有关施工及验收规范的要求，并办理好结构验收；水电、通风、设备、各种管道安装等应提前完成，同时准备好加工饰面板所需要的水、电源等。

（2）室内外的门、窗框均已安装完毕，安装质量符合现行施工规范的要求，门窗框的塞缝符合规范及设计要求，门窗框已贴好保护膜。

（3）在室内墙面的四周已弹好标准水平线；室外的水平线应使整个外墙面能够交圈。

（4）脚手架搭设完毕并经验收合格，当采用结构施工用的脚手架时，需要重新组织验收，其横杆和立杆均应离开墙面和门窗口角150～200mm。施工现场应具备垂直运输设备。

（5）砖墙或混凝土墙防腐木砖已按照设计位置预埋，加气混凝土等墙体按照要求预先加砌的混凝土块位置等符合设计要求。

（6）设置防水层的房间、平台、阳台等，已做好防水层和垫层。所做的防水层经蓄水试验合格。

（7）金属饰面板在安装前，混凝土和墙面的抹灰已完成，且经过一定时间的干燥，含水率不高于8%；木材制品的含水率不得大于12%。

3. 施工大样图

饰面板在安装前，应根据设计图样，认真核实结构实际偏差的情况。墙面应先检查基体墙面垂直平整情况，偏差较大的应剔凿或修补，超出允许偏差的，则应在保证整体与饰面板表面距离不小于5cm的前提下，重新排列分块；柱面应先测量出柱的实际高度和柱子的中心线，以及柱子与柱之间上、中、下部水平通线，确定出柱饰面板的位置线，才能决定饰面板分块规格尺寸。对于复杂墙面（如楼梯墙裙、圆形及多边形墙面等），则应实测后放大样校对；对于复杂形状的饰面板（如梯形、三角形等），则要用黑铁皮等材料放大样。根据上述墙、柱校核实测的规格尺寸，并将饰面板间的接缝宽度包括在内，如果设计中无规定时，应符合表6-1中的规定，由此计算出板块的排档，并按安装顺序进行编号，绘制方块大样图以及节点大样详图，作为加工订货及安装的依据。

表6-1　饰面板的接缝宽度

项次	项目名称		接缝宽度/mm
1	天然石	光面、镜面	1.0
2		粗磨面、麻面、条纹面	5.0
3		天然面	10.0
4	人造石	水磨石	2.0
5		水刷石	10.0

4. 选板与预拼

选板工作主要是对照施工大样图检查复核所需板材的几何尺寸，并按误差大小进行归类；检查板材磨光面的缺陷，并按纹理和色泽进行归类。对有缺陷的板材，应改小使用或安装在不显眼的地方。选材必须逐块进行，对于有破碎、变色、局部缺陷或缺棱掉角者，一律另行堆放。对于破裂的板材，可用环氧树脂胶黏剂黏结，其配合比参见表6-2。

表 6-2　环氧树脂胶黏剂与环氧树脂腻子配合比

材料名称	质量配合比	
	胶黏剂	腻子
环氧树脂 E44(6101)	100	100
乙二胺	6～8	10
邻苯二甲酸二丁酯	20	10
白水泥	0	100～200
颜料	适量(与修补颜色相近)	适量(与修补颜色相近)

在进行饰面板黏结时，黏结的表面必须清洁干燥，两个黏结面涂胶的厚度为 0.5mm，在 15℃以上环境下黏结，并在相同温度的室内环境下养护，养护的时间不得少于 3d。对表面缺边少棱、坑洼、麻点的修补，可刮环氧树脂腻子，并在 15℃以上室内养护 1d 后，用 0 号砂纸轻轻磨平，再养护 2～3d，打蜡即可。

选择板材和修补工作完成后，即可进行饰面板预先排列。饰面板预先排列是一个"再创作"的过程，因为板材（特别是天然板材）具有天然纹理和色泽差异较大特点，如果拼镶非常巧妙，可以获得意想不到的效果。预先排列经过有关方面认可后，方可正式安装施工。

5. 饰面板基层处理

饰面板在安装之前，对墙体、柱子等的基体应进行认真处理，这是防止饰面板安装后产生空鼓、脱落等质量问题的关键工序。基体应具有足够的稳定性和刚度，其表面应当平整而粗糙，光滑的基体表面应进行凿毛处理，凿毛的深度一般为 0.5～1.5mm，间距不大于 30mm。基体表面残留的砂浆、尘土和油渍等，应用钢丝刷子刷净并用水冲洗。

二、饰面板的施工工艺

(一) 钢筋网片锚固施工法

钢筋网片锚固灌浆法，也称为钢筋网片锚固湿作业法，这是一种传统的施工方法，但至今仍在采用，可用于混凝土墙和砖墙。由于这种施工方法费用较低，所以很受施工单位的欢迎。但是，其存在着施工进度慢、工期比较长，对工人的技术水平要求高，饰面板容易变色、锈斑、空鼓、裂缝等，而且对不规则及几何形体复杂的墙面不易施工等缺点。

钢筋网片锚固灌浆法，其施工方法比较复杂，主要的施工工艺流程为：墙体基层处理→绑扎钢筋网片→饰面石板选材编号→石板钻孔剔槽→绑扎铜丝→安装饰面板→临时固定饰面板→灌浆→清理→嵌缝。

1. 绑扎钢筋网片

按施工图要求的横竖距离焊接或绑扎安装用的钢筋骨架。其方法是先剔凿出墙面或柱面结构施工时的预埋钢筋，使其外露于墙、柱面，然后连接绑扎（或焊接）直径 8mm 竖向钢筋（竖向钢筋的间距，如设计无规定，可按饰面板宽度距离设置），随后绑扎好横向钢筋，其间距要比饰面板竖向尺寸低 2～3cm 为宜，如图 6-14 所示。如基体上未预埋钢筋，可使用电锤钻孔，孔径为 25mm，孔深度为 90mm，用 M16 膨胀螺栓固定预埋铁件，然后再按前述方法进行绑扎或焊接竖筋和横筋。目前，为了方便施工，在检查合格的前提下，可只拉横向钢筋，取消竖向钢筋。

2. 钻孔、剔槽、挂丝

在板材截面上钻孔打眼，孔径 5mm 左右，孔深度 15～20mm，孔位一般距板材两端 $L/$

$3\sim L/4$，L 为边长。直孔应钻在板厚度中心（现场钻孔应将饰面板固定在木架上，用手电钻直接对板材应钻孔位置下钻，孔最好是订货时由生产厂家加工）。如板材的边长$\geqslant 600\mathrm{mm}$，则应在中间加钻一孔，再在板材背面的直孔位置，距板边$8\sim 10\mathrm{mm}$打一横孔，使直孔与横向孔连通成"牛轭孔"。

图 6-14　墙面、柱面绑扎钢筋网

钻孔后，用合金钢錾子在板材背面与直孔正面轻打凿，剔出深度为 4mm 小槽，以便挂丝时绑扎丝不露出，以免造成拼缝间隙。依次将板材翻转再在背面打出相应的"牛轭孔"，亦可打斜孔，即孔眼与石板材成 35°。另一种常用的钻孔方法是只打直孔，挂丝后孔内充填环氧树脂或用铅皮卷好挂丝挤紧，再灌入黏结剂将铜丝固定在孔内。

近年来，亦有在装饰板材厚度面上与背面的边长 $L/3\sim L/4$ 处锯三角形锯口，在锯口内挂丝的锚固施工方法。饰面板各种钻孔如图 6-15 所示。挂丝应当采用铜丝，因铁丝很容易腐蚀断脱，镀锌铝丝在拧紧时镀锌层也容易损坏，在灌浆不密实、勾缝不严的情况下，这些挂丝也会很快锈断。

图 6-15　饰面板各种钻孔

3. 安装饰面板

安装饰面板时应首先确定下部第一层板的安装位置。其方法是用线锤从上至下吊线，考虑留出板厚和灌浆厚度以及钢筋网焊接绑扎所占的位置，准确定出饰面板的位置，然后将此位置投影到地面，在墙下边划出第一层板的轮廓尺寸线，作为第一层板的安装基准线。依此基准线，在墙、柱上弹出第一层板标高（即第一层板下沿线），如有踢脚板，应将踢脚板的上沿线弹好。根据预排编号的饰面板材对号入座，依次进行安装。

其施工方法是：理好铜丝，将石板就位，并将板材上口略向后仰，单手伸入板材后把石板下口铜丝绑扎于横筋上（绑扎不宜过紧，以免铜丝扭断或石板槽口断裂，只要绑牢不脱即可），然后将板材扶正，将上口铜丝扎紧，并用木楔塞紧垫稳，随后用靠尺与水平尺检查表面平整度与上口水平度，若发现问题，上口可以用木楔调整，板下沿加垫铁皮或铅条，使表面平整并与上口水平。完成一块板的安装后，其他依次进行。柱面可按顺时针方向逐层安装，一般先从正面开始，第一层装毕，应用靠尺、水平尺调整垂直度、平整度和阴阳角方正，如板材规格有疵，可用铁皮垫缝，保证板材间隙均匀，上口平直。墙面、柱面板材安装固定方法如图 6-16 所示。

4. 临时固定

板材自上而下安装完毕后，为防止水泥砂浆灌缝时板材游走、错位，必须采取临时固定措施。固定方法视部位不同灵活采用，但均应牢固、简便。例如，柱面固定可用方木或小角钢，按照柱子饰面截面尺寸略大 $30\sim 50\mathrm{mm}$ 夹牢，然后用木楔塞紧，如图 6-17 所示。小截面柱子也可以用麻绳裹缠。

图 6-16　饰面板材安装固定　　　　　图 6-17　柱子饰面的固定夹具

外墙面上固定板材，应充分运用外脚手架的横、立杆，以脚手杆作支撑点，在板面设横木枋，然后用斜木枋支顶横木予以撑牢。

内墙面的板材施工时，由于无脚手架作为支撑点，目前比较普遍采用的是用石膏外贴固定的方法。石膏在调制时应掺入 20％的水泥加水搅拌成粥状，在已调整好的板面上将石膏水泥浆贴于板缝处。由于石膏水泥浆固结后有较大的强度且不易开裂，所以每个拼缝固定拼就成为一个支撑点，起到临时固定的作用，但较大板材或门窗贴脸饰面石板材应另外加支撑。

5. 进行灌浆

板材经过校正垂直、平整和方正，并临时固定完毕后，即可进行灌浆。灌浆一般采用1∶3的水泥砂浆，其稠度为 5～15cm，将砂浆向板材背面与基体间的缝隙中徐徐注入。注意不要碰动石板，全长要均匀满灌，并随时进行检查，不得出现遗漏和板材外移现象。灌浆宜分层进行，第一层灌入高度一般不大于 150mm，且不大于 1/3 板材高度。灌浆中用小铁钎轻轻地进行插捣，切忌猛捣猛灌。一旦发现板材外移，应拆除板材重新安装。当第一层灌完1～2h 后，检查板材无移动，确认下口铜丝与板材均已锚固，再按上述方法进行第二层灌浆，高度为 100mm 左右。第三层灌浆应低于板材上口 50mm 处，余量作为上层板材灌浆的接缝（采用浅色石材或其他饰面板时，灌浆应用白水泥、白石屑，以防止透底，影响美观）。

6. 清理

第三次灌浆完毕，并使砂浆达到初凝后，即可清理板材上口的余浆，并用棉丝擦拭干净，隔天再清理板材上口木楔和有碍安装上层板材的石膏。以后用相同的方法把上层板材下口的不锈钢丝或铜丝拴在第一层板材上口，固定在不锈钢丝或铜丝处，依次进行安装。墙面、柱面、门窗套等饰面板安装与地面块材铺设的关系，一般采取先做立面、后做地面的方法。这种方法要求地面分块尺寸要准确，边部块材须切割整齐。同时，也可采用先做地面、后进行立面的方法，这样可以解决边部块材不齐的问题，但对地面应加强保护，防止损坏。

7. 嵌缝

全部板材安装完毕后，应将表面清理干净，并按板材颜色调制水泥浆进行嵌缝，边嵌缝边擦干净，使缝隙密实干净，颜色一致。安装固定后的板材，如面层光泽受到影响，要重新打蜡上光，并采取临时措施保护其棱角，直至交付使用。

（二）钢筋钩挂贴的施工方法

钢筋钩挂贴的施工方法，又称为挂贴楔固法，这种施工方法与钢筋网片锚固法大体是相同的，其不同之处在于它将饰面板以不锈钢钩直接楔固于墙体之上。钢筋钩挂贴法的施工工艺流程为：基层处理→墙体钻孔→饰面板选材编号→饰面板钻孔剔槽→安装饰面板→灌浆→清理→灌缝→打蜡。

1. 饰面板钻孔剔槽

先在板厚度中心打深为 7mm 的直孔。板长 L 小于 500mm 的钻两个孔，500mm<L≤800mm 的钻 3 个孔，板长 L 大于 800mm 的钻 4 个孔。钻孔后，再在饰面板两个侧边下部各开直径 8mm 横槽 1 个，如图 6-18 所示。

图 6-18　石板上钻孔剔槽示意（单位：mm）

2. 墙体钻孔

墙体上有两种钻孔方式：一种是在墙上钻 45°斜孔，孔的直径一般为 7mm，孔的深度为 50mm；另一种是在墙上钻直孔，孔的直径为 14.5mm，孔的深度为 65mm，以能锚入膨胀螺栓为准。

3. 安装饰面板

饰面板须由下向上进行安装，其安装的方法有以下两种。

第一种方法是先将饰面板安放就位，将直径 6mm 不锈钢斜角直角钩，如图 6-19 所示刷胶，把 45°斜角一端插入墙体斜洞内，直角钩一端插入石板顶边的直孔内，同时将不锈钢斜角 T 形钉，如图 6-20 所示刷胶，斜脚放入墙体内，T 形一端扣入石板直径 8mm 横槽内，最后用大头硬木楔楔入石板与墙体之间，将石板固定牢靠，石板固定后将木楔取出。

图 6-19　不锈钢斜角直角钩（单位：mm）

图 6-20　不锈钢斜角 T 形钉（单位：mm）

第二种方法是将不锈钢斜脚直角钩，改为不锈钢直角钩；不锈钢斜角 T 形钉，改为不锈钢直角 T 形钉。将钩（钉）的一端放入石板内，另一端与预埋在墙内的膨胀螺栓焊接。其他工艺不改变。每行饰面板挂锚完毕，并安装就位、校正调整后，向石板与墙内进行灌浆，灌浆的施工工艺与上述相同。

钢筋钩挂法的构造比较复杂，第一种安装方法的构造，如图 6-21 所示；第二种安装方法的构造，如图 6-22 所示。

图 6-21　钩挂法构造示意（一）（单位：mm）　　　图 6-22　钩挂法构造示意（二）（单位：mm）

（三）膨胀螺栓锚固施工法

近些年来，城市中一些高级旅游宾馆和高级公共设施，为了增加其外墙面的装饰效果，大量采用天然块材作为装饰饰面。但是，如果这种饰面采用湿作业法，在使用过程中会出现析碱现象，严重影响了建筑的装饰效果。工程实践证明，采用膨胀螺栓锚固施工法（干作业法）则可以解决以上弊端。

膨胀螺栓锚固施工法的施工工艺主要包括选材、钻孔、基层处理、弹线、板材铺贴和固定 5 道工序。这种方法除钻孔和板材固定工序外，其余做法均与钢筋钩挂法相同。

1. 板材钻孔

由于膨胀螺栓锚固施工法相邻板材是用不锈钢销钉连接的，因此钻孔位置一定要准确，以便使板材之间的连接水平一致、上下平齐。钻孔前应在板材侧面按要求定位后，用电钻钻成直径为 5mm、深度为 12～15mm 的圆孔，然后将直径为 5mm 的销钉插入孔内。

2. 板材固定

用膨胀螺栓将固定和支承"板块"的连接件固定在墙面上，如图 6-23 所示。连接件是根据墙面与"板块"销钉孔洞的距离，用不锈钢加工成 L 形。为了便于安装板块时调节销钉孔洞和膨胀螺栓的位置，在 L 形连接件上留槽形孔眼，等板块调整到正确位置时，随即拧紧膨胀螺栓的螺母进行固结，并用环氧树脂胶将销钉固定。

(a) 板块的固定　　　　　(b) L 形连接杆

图 6-23　膨胀螺栓锚固法固定板块

膨胀螺栓锚固法属于干作业施工，在空腔内不需灌水泥浆，因此避免了由于水泥化学作用而造成的饰面石板表面发生变色、花脸、锈斑等问题，以及由于挂贴不牢而产生的空鼓、裂缝、脱落等问题。饰面石板用吊挂件及膨胀螺栓等挂于墙上，施工速度快，周期比较短，吊挂件轻巧灵活，前后、上下均可调整。

但是，这种施工工艺造价比较高，由于饰面石板与墙面必须有一定间隔，所以相应减少了使用面积。另外，施工要求精确度比较高，须熟练技工操作。

（四）大理石胶粘贴施工法

大理石胶粘贴法是当代石材饰面装修简捷、经济、可靠的一种新型装修施工工艺，它摆脱了传统粘贴施工方法中受板块面积和安装高度限制的缺点，除具有干挂法施工工艺的优点外，对于一些复杂的，其他工艺难以施工的墙面、柱面，大理石胶粘贴法均可施工。饰面板与墙面距离仅 5mm 左右，从而也缩小了建筑装饰所占空间，增加了使用面积；施工简便、速度较快，综合造价比其他工艺低。

大理石胶粘贴施工法的施工工艺流程为：基层处理→弹线→找规矩→选板并预排列→打磨→调涂胶→铺贴→检查、校正→清理嵌缝→打蜡上光。

1. 弹线、找规矩

大理石胶粘贴施工法的弹线、找规矩与前边有所不同，主要是根据具体设计用墨线在墙面上弹出每块石材的具体位置。

2. 选板与预拼

将花岗石或大理石饰面板或预制水磨石饰面板选取其品种、规格、颜色、纹理和外观质量一致者，按墙面装修施工大样图排列编号，并在建筑现场进行试拼，校正尺寸，四角套方。

3. 上胶与打磨

墙面及石板背面上胶处，以及与大理石胶接触处，预先用砂纸均匀打磨净，将其处理粗糙并保持洁净，以保证其黏结强度。

4. 调胶涂胶

严格按照产品有关规定进行调制胶液，并按照规定在石板的背面点式涂胶。

5. 石板铺贴

按照花岗石或大理石饰面板的编号将饰面石板顺序上墙就位，并按施工规范进行粘贴。

6. 检查校正

饰面石板定位粘贴后，应对各个黏结点进行详细检查，必要时加胶补强。这项工作要在未硬化前进行，以免产生硬化不易纠正。

7. 清理嵌缝

全部饰面板粘贴完毕后，将石板的表面清理干净，进行嵌缝工作。板缝根据具体设计预留，一般缝隙的宽度不得小于 2mm，用透明的胶调入与石板颜色近似的颜料将缝隙嵌实。

8. 打蜡上光

在嵌缝工作完成后，再将石板表面清理一遍，使其表面保持清洁，然后在石板表面上打蜡上光或涂憎水剂。

上述施工工艺适用于高度不大于 9m，饰面石板与墙面净距离不大于 5mm 的情况。当装修高度虽然不大于 9m，但饰面板与墙面净距离大于 5mm（小于 20mm）时，必须采用加厚粘贴法施工，如图 6-24 所示。

当贴面高度超过 9m 时，应采用粘贴锚固法。即在墙上设计位置钻孔、剔槽，埋入直径为 10mm 的钢筋，将钢筋与外面的不锈钢板焊接，在钢板上满涂大理石胶，将饰面板与之粘牢，如图 6-25 所示。

图 6-24　大理石胶加厚处理示意（单位：mm）

图 6-25　粘贴锚固法示意（单位：mm）

第五节　金属饰面板的安装施工

金属饰面板装饰是采用一些轻金属，如铝、铝合金、不锈钢、铜等制成薄板，或在薄钢板的表面进行搪瓷、烤漆、喷漆、镀锌、覆盖塑料的处理做成的墙面饰面板，这类墙面饰面板不但施工方便、坚固耐用，而且美观新颖、装饰性好。

金属饰面板是一种以金属为表面材料复合而成的新颖室内装饰材料。金属薄饰面板的形式可以是平板，也可以制成凹凸形花纹，以增加板的刚度和施工方便，金属饰面板可以用螺钉直接固定在结构层上，也可以用锚固件悬挂的方法。

金属饰面板具有自重轻、安装简便、耐候性好的特点，更突出的是可以使建筑物的外观色彩鲜艳、线条清晰、庄重典雅，这种独特的装饰效果受到建筑设计师的青睐。在装饰工程上常见的金属饰面板有铝合金墙体饰面板、彩色涂层钢板饰面板和彩色压型钢饰面板3种。

一、铝合金墙板的安装施工

铝合金墙体饰面板是一种较高档次的建筑装饰，也是目前应用最广泛的金属饰面板，它比不锈钢、铜质饰面板的价格便宜，易于成型，表面经阳极氧化处理可以获得不同颜色的氧化膜。这层薄膜不仅可以保护铝材不受侵蚀，增加其耐久性，同时由于色彩多种多样，也为装饰提供了更多的选择余地。

（一）铝合金品种规格

用于装饰工程的铝合金板，其品种和规格很多。按表面处理方法不同，可分为阳极氧化处理及喷涂处理。按几何形状不同，有条形板和方形板，条形板的宽度多为80～100mm，厚度多为0.5～1.5mm，长度为6.0m左右。按照装饰效果不同，有铝合金花纹板、铝质浅花纹板、铝及铝合金波纹板、铝及铝合金压纹板等。

（二）施工前的准备工作

1. 施工材料的准备

铝合金墙板的施工材料准备比较简单，因为金属饰面板主要是由铝合金板和骨架组成，骨架的横、竖杆均通过连接件与结构固定。铝合金板材可选用生产厂家的各种定型产品，也可以根据设计要求，与铝合金型材生产厂家协商订货。

铝合金墙板的承重骨架由横、竖杆件拼成，材质为铝合金型材或型钢，常用的有各种规格的角钢、槽钢、V形轻金属墙筋等。因角钢和槽钢比较便宜，强度较高，安装方便，在工程中采用较多。连接构件主要有铁钉、木螺钉、镀锌自攻螺钉和螺栓等。

2. 施工机具的准备

铝合金饰面板安装的施工机具比较简单，主要包括小型机具和手工工具。小型机具有型材切割机、电锤、电钻、风动拉铆枪、射钉枪等，手工工具主要有锤子、扳手、螺丝刀等。

（三）铝合金墙板安装工艺

铝合金墙板安装施工工艺流程为：骨架位置弹线→固定骨架连接件→固定骨架→安装铝合金板→细部处理。

1. 骨架位置弹线

骨架位置弹线就是将骨架的设计位置弹到基层上，这是安装铝合金墙板的基础工作。在进行弹线前先检查结构的质量，如果结构的垂直度与平整度误差较大，势必影响到骨架的垂直与平整，必须进行必要的修补。弹线工作最好一次完成，如果有差错，可随时进行调整。

2. 固定骨架连接件

骨架的横竖杆件是通过连接件与结构进行固定，而连接件与结构的连接可以与结构的预埋件焊牢，也可以在墙面上打膨胀螺栓固定。因膨胀螺栓固定方法比较灵活，尺寸误差小，准确性高，容易保证质量，所以在工程中采用较多。连接件施工应保证连接牢固，型钢类的连接件，表面应当镀锌，焊缝处应刷防锈漆。

3. 固定骨架

骨架应预先进行防腐处理。安装骨架位置要准确，结合要牢固。安装后，检查中心线、表面标高等，对多层或高层建筑外墙，为了保证铝合金板的安装精度，要用经纬仪对横竖杆件进行贯通，变形缝、沉降缝、变截面处等应妥善处理，使之满足使用要求。

4. 安装铝合金板

铝合金板的安装固定办法多种多样，不同的断面、不同的部位，安装固定的办法可能不同。从固定原理上分，常用的安装固定办法主要有两大类：一类是将板条或方板用螺钉拧到型钢骨架上，其耐久性能好，多用于室外；另一类是将板条卡在特制的龙骨上，板的类型一般是较薄的板条，多用于室内。

（1）用螺钉固定方法

① 铝合金板条的安装固定　如果是用型钢材料焊接成的骨架，可先用电钻在拧螺钉的位置钻孔（孔径应根据螺钉的规格决定），再将铝合金板条用自攻螺钉拧牢。如果是木骨架，则可用木螺钉将铝合金板拧到骨架上。

型钢骨架可用角钢或槽钢焊成，木骨架可用方木钉成。骨架同墙面基层多用膨胀螺栓连接，也可预先在基层上预埋铁件焊接。两者相比，用膨胀螺栓比较灵活，在工程使用比较多。骨架除了考虑同基层固定牢固外，还须考虑如何适应板的固定。如果板条或板的面积较大，宜采用横竖杆件焊接成骨架，使固定板条的构件垂直于板条布置，其间距宜在 500mm 左右。固定板条的螺钉间距与龙骨的间距应相同。

② 铝合金蜂窝板的安装固定　铝合金蜂窝板是高温、高湿环境中的理想装饰材料，它还具有节省空间、隔声、质量轻、施工方便等性能特点。图 6-26 所示为断面加工成蜂窝空腔状的铝合金蜂窝板，图 6-27 所示为用于外墙装饰的蜂窝板。

图 6-26　铝合金蜂窝板示意

图 6-27　铝合金外墙蜂窝板示意

铝合金蜂窝板的固定与连接的连接件，在铝合金制造过程中，同蜂窝板一同完成，周边用图 6-27 所示的封边框进行封堵，封边框同时也是固定板材的连接件。

在进行安装时，两块铝合金蜂窝板之间有 20mm 的间隙，可用一条挤压成型的橡胶带进行密封处理。两板用一块 5mm 的铝合金板压住连接件的两端，然后用螺钉拧紧，螺钉的间距一般为 300mm 左右，其固定节点如图 6-28 所示。

当铝合金蜂窝板在用于建筑窗下墙面时，在铝合金板的四周，均用图 6-29 所示的连接件与骨架进行固定。这种周边固定的方法，可以有效地约束板在不同方向的变形，其安装构造如图 6-30 所示。

图 6-28 固定节点大样图（单位：mm）

图 6-29 连接件断面图

图 6-30 安装节点大样图（单位：mm）

从图 6-30 中可以看出，墙板是固定在骨架上，骨架采用方钢管，通过角钢连接件与结构连接成整体。方钢管的间距应根据板的规格而确定，骨架断面尺寸及连接板的尺寸，应进行计算选定。这种固定办法安全系数大，适宜用于多层建筑和高层建筑中。

③ 柱子外包铝合金板的安装固定　柱子外包铝合金板的安装固定，考虑到室内柱子的高度一般不大，受风荷载的影响很小等客观条件，在固定办法上可进行简化。一般在板的上下各留两个孔，然后在骨架相应位置上焊钢销钉，安装时，将板穿到销钉上，上下板之间用聚氯乙烯泡沫填充，然后在外面进行注胶，如图 6-31 所示。这种办法简便、牢固，加工、安装都比较省事。

图 6-31　铝合金板固定示意（单位：mm）

（2）将板条卡在特制的龙骨上的安装固定方法　图 6-32 所示的铝合金板条同以上介绍的几种板条在固定方法上截然不同，该种板条是卡在图 6-33 所示的龙骨上，龙骨与基层固定牢固。龙骨由镀锌钢板冲压而成，在安装板条时，将板条上下在龙骨上的顶面。此种方法简便可靠，拆换方便。

图 6-32　铝合金板条断面（单位：mm）

上述所讲的只是其中的一种，其实龙骨的形式很多，板条的断面多种多样，但是不管何种断面，均需要龙骨与板条配套使用。龙骨既可与结构直接固定，也可将龙骨固定在构架上。也就是说，未安装龙骨之前，应将构架安装好，然后将龙骨固定在构架上。

5. 收口细部的处理

虽然铝合金装饰墙板在加工时，其形状已经考虑了防水性能，但如果遇到材料弯曲，接缝处高低不平，其形状的防水功能可能会失去作用，在边角部位这种情况尤为明显，例如水平部位的压顶、端部的收口处、伸缩缝、沉降缝等处，两种不同材料的交接处等。这些部位一般应用特制的铝合金成型板进行妥善处理。

图 6-33　特制龙骨及板条安装固定示意（单位：mm）

（1）转角处收口处理　转角部位常用的处理手法如图 6-34 所示。图 6-35 所示为转角部位详细构造，该种类型的构造处理比较简单，用一条 1.5mm 厚的直角形铝合金板，与外墙板用螺栓连接。如果一旦发生破损，更换起来也比较容易。直角形铝合金板的颜色应当与外墙板相同。

图 6-34　转角部位的处理方法

（2）窗台、女儿墙上部处理　窗台、女儿墙上部均属于水平部位的压顶处理，即用铝合金板盖住顶部，如图 6-36 所示，使之阻挡风雨的浸透。水平盖板的固定，一般先在基层上焊上钢骨架，然后用螺栓将盖板固定在骨架上，板的接长部位宜留 5mm 左右的间隙，并用胶进行密封。

图 6-35　转角部位节点大样图　　　　图 6-36　水平部位的盖板构造大样

（3）墙面边缘部位收口处理　图 6-37 所示的节点大样图是墙边缘部位的收口处理，是利用铝合金成型板将墙板端部及龙骨部位封住。

（4）墙面下端收口处理　图 6-38 所示的节点大样图是铝合金板墙面下端的收口处理，用一条特制的"披水板"，将披水板"的下端封住，同时将板与墙之间间隙盖住，这样可防止雨水渗入室内。

图 6-37　边缘部位收口处理（单位：mm）　　　图 6-38　铝合金板墙下端收口处理（单位：mm）

（5）伸缩缝与沉降缝的处理　在适应建筑物的伸缩与沉降的需要时，也应考虑其装饰效果，使之更加美观。另外，此部位也是防水的最薄弱环节，其构造节点应周密考虑。在伸缩缝或沉降缝内，氯丁橡胶带起到连接、密封的作用。橡胶这一类的制品，是伸缩缝与沉降缝的常用密封材料，最关键是如何将橡胶加以固定的问题。

（四）施工中的注意事项

（1）施工前应检查所选用的铝合金板材料及型材是否符合设计要求，规格是否齐全，表面有无划痕，有无弯曲现象。选用的材料最好一次进货（同批），这样可保证规格型号统一、色彩一致。

（2）铝合金板的支承骨架应进行防腐（如木龙骨）、防锈（如型钢龙骨）处理。

（3）连接杆及骨架的位置确定，最好与铝合金板的规格尺寸一致，这样可以减少施工现场材料的切割，并充分利用铝合金板。

（4）施工完成后的铝合金板墙体表面，应做到表面平整、连接可靠、无起翘卷边等现象。

二、彩色涂层钢板的安装施工

为了提高普通钢板的防腐蚀性能和使其具有鲜艳色彩及光泽，近几年来，我国研制出各种彩色涂层钢板。这种钢板的涂层大致可分为有机涂层、无机涂层和复合涂层 3 类，其中以有机涂层钢板发展最快。

（一）彩色涂层钢板的特点及用途

彩色涂层压型钢板俗称彩钢板，以优质冷轧钢板、热镀锌钢板或镀铝锌钢板为基板，经过表面脱脂、磷化、铬酸盐处理转化后，涂覆有机涂层后经烘烤制成。彩色涂层钢板不仅具有轻质高强、色彩鲜艳、耐久性好等特点，而且具有绝缘、耐磨、耐酸碱、耐油、耐醇的侵蚀等优良性能。彩色涂层钢板可广泛应用于建筑、家电、装潢、汽车等领域。

（二）彩色涂层钢板的施工工艺

彩色涂层钢板的安装施工工艺流程为：预埋连接件→立墙筋→安装墙板→板缝处理。

1. 预埋连接件

在砖墙中可埋入带有螺栓的预制混凝土块或木砖。在混凝土墙体中可埋入直径为 8～10mm 的地脚螺栓，也可埋入锚筋的铁板。所有预埋件的间距应按照墙筋间距埋入。

2. 立墙筋

在墙筋表面上拉水平线和垂直线，确定预埋件的位置。墙筋的材料可选用角钢 30mm×30mm×3mm、槽钢 25mm×12mm×14mm、木条 30mm×50mm。竖向墙筋间距为 900mm，横向墙筋间距为 500mm。竖向布置板时可不设置竖向墙筋。横向布置板时可不设置横向墙筋，将竖向墙筋间距缩小到 500mm。施工时要保证墙筋与预埋件连接牢固，连接方法为钉、拧、焊接。在墙角、窗口等部位必须设置墙筋，以免端部板悬空。

3. 安装墙板

墙板的安装是非常重要的一道工序，其安装顺序和方法如下。

（1）按照设计节点详图，检查墙筋的位置，计算板材及缝隙宽度，进行排板、划线定位，然后进行安装。

（2）在窗口和墙转角处应使用异形板，以简化施工，增加防水效果。

（3）墙板与墙筋用铁钉、螺钉和木卡条进行连接。其连接原则是：按节点连接做法沿一个方向顺序安装，安装方向相反则不易施工。如墙筋或墙板过长，可用切割机切割。

4. 板缝处理

尽管彩色涂层钢板在加工时其形状已考虑了防水性能，但如果遇到材料弯曲、接缝处高低不平，其形状的防水功能可能失去作用，在边角部位这种情况尤为明显，因此一些板缝填入防水材料是必要的。

三、彩色压型钢板的安装施工

彩色压型钢板复合墙板是以波形彩色压型钢板为面板，轻质保温材料为芯层，经复合而制成的一种轻质保温墙板。彩色压型钢板的原板材多为热轧钢板和镀锌钢板，在生产过程中将钢板镀以各种防腐蚀涂层与彩色烤漆，是一种新型轻质高效围护结构材料，其加工简单、施工方便、色彩鲜艳、耐久性强。

彩色压型钢板复合板的接缝构造基本有两种形式：一种是在墙板的垂直方向设置企口边，这种墙板看不见接缝，不仅整体性好，而且装饰美观；另一种是不设企口边，但美观性较差。保温材料可选聚氯乙烯泡沫板或矿渣棉板、玻璃棉板、聚氨酯泡沫塑料等。

1. 彩色压型钢板的施工要点

（1）复合板安装是用吊挂件把板材挂在墙身骨架条上，再把吊挂件与骨架焊牢，小型板材也可用钩形螺栓固定。

（2）板与板之间的连接。水平缝为搭接缝，竖向缝为企口缝，所有接缝处，除用超细玻璃棉塞严外，还用"自攻螺丝钉"固定牢靠，钉子间距为 200mm。

（3）门窗孔洞、管道穿墙及墙面端头处，墙板均为异形板。女儿墙顶部，门窗周围均设防雨泛水板，泛水板与墙板的接缝处，用防水油膏嵌缝。压型板墙转角处，均用槽形转角板进行外包角和内包角，转角板用螺栓固定。

（4）安装墙板可采用脚手架，或利用檐口挑梁加设临时单轨，操作人员在吊篮上安装和焊接。板的起吊可在墙的顶部设滑轮，然后用小型卷扬机或人力吊装。

（5）墙板的安装顺序是从墙边部竖向第1排下部第1块板开始，自下而上安装。安装完第1排再安装第2排。每安装铺设10排墙板后，用吊线锤检查一次，以便及时消除误差。

（6）为了保证墙面的外观质量，应在螺栓位置处划线，按照划线进行开孔，采用单面施工的钩形螺栓固定，使螺栓的位置横平竖直。

（7）墙板的外、内包角及钢窗周围的泛水板，需在施工现场加工的异形件等，应参考图样，对安装好的墙面进行实测，确定其形状尺寸，使其加工准确，便于安装。

2. 彩色压型钢板的施工注意事项

（1）安装墙板骨架之后，应注意参考设计图样进行一次实际测量，以便确定墙板和吊挂件的尺寸及数量，确保墙板安装顺利进行。

（2）为了便于吊装，墙板的长度不宜过长，一般应控制在10m以下。板材的长度如果过大，不仅会引起吊装困难，也会造成板材的过大变形。

（3）对于板缝及特殊部位异形板材的安装，应注意切实做好防水处理，防止水浸入墙板内部而影响其使用效果。

（4）复合板材吊装及焊接为高空作业，必须按照《建筑施工高处作业安全技术规范》（JGJ 80—2011）中的有关规定进行操作。

金属板材还包含有彩色不锈钢板、浮雕艺术装饰板、美曲面装饰板等，它们的施工工艺都可以参考以上各种做法。

第六节 饰面装饰工程质量控制

一、饰面板工程质量控制

饰面板工程质量控制适用于内墙饰面板安装工程和高度不大于24m、抗震设防烈度不大于7度的外墙饰面板安装工程的石板安装、陶瓷板安装、金属板安装、木板安装、塑料板安装等分项工程的质量验收。

（一）饰面板质量控制一般规定

（1）饰面板工程验收时应检查下列文件和记录：①饰面板工程的施工图、设计说明及其他设计文件；②材料的产品合格证书、性能检验报告、进场验收记录和复验报告；③采用的材料技术参数应符合设计要求；④预埋件（或后置埋件）的现场拉拔检验报告；⑤隐蔽工程验收记录，施工记录。

（2）饰面板工程应对下列材料及其性能指标进行复验：①室内用花岗石板的放射性、室内用人造木板的甲醛释放量；②水泥类黏结料的黏结强度；③外墙陶板、瓷板的吸水率；④寒冷地区外墙陶板、瓷板的抗冻性。

（3）饰面板工程应对下列隐蔽工程项目进行验收：①预埋件（或后置埋件）；②龙骨安

装；③连接节点；④防水层。

（4）各分项工程的检验批应按下列规定划分：①相同材料、工艺和施工条件的室内饰面板工程每 50 间（大面积房间和走廊按施工面积 30m² 为一间）应划分为一个检验批，不足 50 间也应划分为一个检验批；②相同材料、工艺和施工条件的室外饰面板工程每 500～1000m² 应划分为一个检验批，不足 500m² 也应划分为一个检验批。

（5）饰面板安装工程的允许偏差检验方法和检查数量应符合下列规定：①室内每个检验批应至少抽查 10％，并不得少于 3 间；不足 3 间时应全数检查；②室外每个检验批每100m² 应至少抽查一处，每处不得小于 10m²。

（6）饰面板工程的抗震缝、伸缩缝、沉降缝等部位的处理应保证缝的使用功能和饰面的完整性。

（二）石板安装工程质量控制

石板安装工程质量控制适用于石板安装工程的质量验收。

1. 石板安装工程质量主控项目

（1）石板的品种、规格、颜色和性能应符合设计要求及国家现行标准、规范的有关规定。检验方法：观察；检查产品合格证书、进场验收记录、性能检验报告和复验报告。

（2）石板孔、槽的数量、位置和尺寸应符合设计要求。检验方法：检查进场验收记录和施工记录。

（3）石板安装工程的预埋件（或后置埋件）、连接件的数量、规格、位置、连接方法和表面处理必须符合设计要求。预埋件（或后置埋件）的现场拉拔强度必须符合设计要求。石板安装必须牢固。检验方法：手扳检查；检查进场验收记录、现场拉拔检验报告、隐蔽工程验收记录和施工记录。

（4）采用满粘法施工的石板工程，石板与基体之间的黏结料应饱满、无空鼓。石板黏结必须牢固。检验方法：用小锤轻击检查；检查施工记录。

2. 石板安装工程质量一般项目

（1）石板表面应平整、洁净、色泽一致，无裂痕和缺损。石板表面应无泛碱等污染。检验方法：观察。

（2）石板填缝应密实、平直，宽度和深度应符合设计要求，填缝材料色泽应一致。检验方法：观察；尺量检查。

（3）采用湿作业法施工的石板安装工程，石板应进行防碱背面涂刷处理。石板与基体之间的灌注材料应饱满、密实。检验方法：用小锤轻击检查；检查施工记录。

（4）石板上的孔洞应割切吻合，边缘应整齐。检验方法：观察。

（5）石板安装的允许偏差和检验方法应符合表 6-3 的规定。

表 6-3　石板安装的允许偏差和检验方法

项次	项目	允许偏差/mm			检验方法
		光面	剁斧石	蘑菇石	
1	立面垂直度	2.0	3.0	3.0	用 2m 垂直检测尺检查
2	表面平整度	2.0	3.0	—	用 2m 靠尺和塞尺检查
3	阴阳角方正	2.0	4.0	4.0	用直角检测尺检查
4	接缝直线度	2.0	4.0	4.0	拉 5m 线，不足 5m 拉通线，用钢直尺检查
5	墙裙、勒脚上口直线度	2.0	3.0	3.0	拉 5m 线，不足 5m 拉通线，用钢直尺检查
6	接缝高低差	0.5	3.0	—	用钢直尺和塞尺检查
7	接缝的宽度	1.0	2.0	2.0	用钢直尺检查

（三）陶瓷板安装工程质量控制

陶瓷板安装工程质量控制适用于陶瓷板安装工程的质量验收。

1. 陶瓷板安装工程质量主控项目

（1）陶瓷板的品种、规格、颜色和性能应符合设计要求及国家现行标准、规范的有关规定。检验方法：观察；检查产品合格证书、进场验收记录和性能检验报告。

（2）陶瓷板孔、槽的数量、位置和尺寸应符合设计要求。检验方法：检查进场验收记录和施工记录。

（3）陶瓷板安装工程的预埋件（或后置埋件）、连接件的数量、规格、位置、连接方法必须符合设计要求。预埋件（或后置埋件）的现场拉拔强度必须符合设计要求。瓷板安装必须牢固。检验方法：手扳检查；检查进场验收记录、现场拉拔检验报告、隐蔽工程验收记录和施工记录。

（4）采用满粘法施工的陶瓷板工程，陶瓷板与基体之间的黏结料应饱满、无空鼓。陶瓷板黏结必须牢固。检验方法：用小锤轻击检查；检查施工记录。

2. 陶瓷板安装工程质量一般项目

（1）陶瓷板表面应平整、洁净、色泽一致，无裂痕和缺损。检验方法：观察。

（2）陶瓷板填缝应密实、平直，宽度和深度应符合设计要求，填缝材料色泽应一致。检验方法：观察；尺量检查。

（3）陶瓷板安装的允许偏差和检验方法应符合表 6-4 的规定。

表 6-4　陶瓷板安装的允许偏差和检验方法

项次	项　目	允许偏差/mm	检　验　方　法
1	立面垂直度	2.0	用 2m 垂直检测尺检查
2	表面平整度	1.5	用 2m 靠尺和塞尺检查
3	阴阳角方正	2.0	用直角检测尺检查
4	接缝直线度	2.0	拉 5m 线，不足 5m 拉通线，用钢直尺检查
5	墙裙、勒脚上口直线度	2.0	拉 5m 线，不足 5m 拉通线，用钢直尺检查
6	接缝高低差	0.5	用钢直尺和塞尺检查
7	接缝的宽度	1.0	用钢直尺检查

（四）木板安装工程质量控制

木板安装工程质量控制适用于木板安装工程的质量验收。

1. 木板安装工程质量主控项目

（1）木板的品种、规格、颜色和性能应符合设计要求及国家现行标准、规范的有关规定。木龙骨、木饰面板的燃烧性能等级应符合设计要求。检验方法：观察；检查产品合格证书、进场验收记录、性能检验报告和复验报告。

（2）木板安装工程的龙骨、连接件的数量、规格、位置、连接方法和防腐处理必须符合设计要求。木板安装必须牢固。检验方法：手扳检查；检查进场验收记录、隐蔽工程验收记录和施工记录。

2. 木板安装工程质量一般项目

（1）木板表面应平整、洁净、色泽一致，无裂痕和缺损。检验方法：观察。

（2）木板接缝应平直，宽度应符合设计要求。检验方法：观察；尺量检查。

（3）木板上的孔洞应切割吻合，边缘应整齐。检验方法：观察。

（4）木板安装的允许偏差和检验方法应符合表 6-5 的规定。

表 6-5　木板安装的允许偏差和检验方法

项次	项　目	允许偏差/mm	检　验　方　法
1	立面垂直度	1.5	用 2m 垂直检测尺检查
2	表面平整度	1.0	用 2m 靠尺和塞尺检查
3	阴阳角方正	1.5	用直角检测尺检查
4	接缝直线度	1.0	拉 5m 线，不足 5m 拉通线，用钢直尺检查
5	墙裙、勒脚上口直线度	2.0	拉 5m 线，不足 5m 拉通线，用钢直尺检查
6	接缝高低差	0.5	用钢直尺和塞尺检查
7	接缝的宽度	1.0	用钢直尺检查

（五）金属板安装工程质量控制

金属板安装工程质量控制适用于金属板安装工程的质量验收。

1. 金属板安装工程质量主控项目

金属板的品种、规格、颜色和性能应符合设计要求及国家现行标准、规范的有关规定。检验方法：观察；检查产品合格证书、进场验收记录和性能检验报告。

金属板安装工程的龙骨、连接件的数量、规格、位置、连接方法和防腐处理必须符合设计要求。金属板安装必须牢固。检验方法：手扳检查；检查进场验收记录、隐蔽工程验收记录和施工记录。

2. 金属板安装工程质量一般项目

（1）金属板表面应平整、洁净、色泽一致，无裂痕和缺损。检验方法：观察。

（2）金属板填缝应密实、平直，宽度和深度应符合设计要求，填缝材料色泽应一致。检验方法：观察；尺量检查。

（3）金属板上的孔洞应切割吻合，边缘应整齐。检验方法：观察。

（4）金属板安装的允许偏差和检验方法应符合表 6-6 的规定。

表 6-6　金属板安装的允许偏差和检验方法

项次	项　目	允许偏差/mm	检　验　方　法
1	立面垂直度	2.0	用 2m 垂直检测尺检查
2	表面平整度	3.0	用 2m 靠尺和塞尺检查
3	阴阳角方正	3.0	用直角检测尺检查
4	接缝直线度	1.0	拉 5m 线，不足 5m 拉通线，用钢直尺检查
5	墙裙、勒脚上口直线度	2.0	拉 5m 线，不足 5m 拉通线，用钢直尺检查
6	接缝高低差	1.0	用钢直尺和塞尺检查
7	接缝的宽度	1.0	用钢直尺检查

（六）塑料板安装工程质量控制

塑料板安装工程质量控制适用于塑料板安装工程的质量验收。

1. 塑料板安装工程质量主控项目

（1）塑料板的品种、规格、颜色和性能应符合设计要求及国家现行标准、规范的有关规定。塑料饰面板的燃烧性能等级应符合设计要求。检验方法：观察；检查产品合格证书、进场验收记录和性能检验报告。

（2）塑料板安装工程的龙骨、连接件的数量、规格、位置、连接方法必须符合设计要求。塑料板安装必须牢固。检验方法：手扳检查；检查进场验收记录、隐蔽工程验收记录和施工记录。

2. 塑料板安装工程质量主控项目

（1）塑料板表面应平整、洁净、色泽一致，无裂痕和缺损。检验方法：观察。

（2）塑料板填缝应密实、平直，宽度和深度应符合设计要求，填缝材料色泽应一致。检验方法：观察；尺量检查。

（3）塑料板上的孔洞应切割吻合，边缘应整齐。检验方法：观察。

（4）塑料板安装的允许偏差和检验方法应符合表 6-7 的规定。

表 6-7　塑料板安装的允许偏差和检验方法

项次	项　　目	允许偏差/mm	检　验　方　法
1	立面垂直度	2.0	用 2m 垂直检测尺检查
2	表面平整度	3.0	用 2m 靠尺和塞尺检查
3	阴阳角方正	3.0	用直角检测尺检查
4	接缝直线度	1.0	拉 5m 线，不足 5m 拉通线，用钢直尺检查
5	墙裙、勒脚上口直线度	2.0	拉 5m 线，不足 5m 拉通线，用钢直尺检查
6	接缝高低差	1.0	用钢直尺和塞尺检查
7	接缝的宽度	1.0	用钢直尺检查

二、饰面砖工程质量控制

饰面砖工程质量控制适用于外墙饰面砖粘贴、内墙饰面砖粘贴等分项工程的质量验收。

饰面砖工程采用的陶瓷面砖主要包括釉面瓷砖、外墙面砖、陶瓷锦砖、陶瓷壁画、劈开砖等；玻璃面砖主要包括玻璃锦砖、彩色玻璃面砖、釉面玻璃等。

（一）饰面砖质量控制一般规定

（1）饰面砖工程验收时应检查下列文件和记录：①饰面砖工程的施工图、设计说明及其他设计文件；②材料的产品合格证书、性能检验报告、进场验收记录和复验报告；③外墙饰面砖样板件的黏结强度检验报告；④隐蔽工程验收记录；⑤施工记录。

（2）饰面砖工程应对下列材料及其性能指标进行复验：①室内用花岗石和瓷质饰面砖的放射性；②水泥类黏结料的黏结强度；③外墙陶瓷面砖的吸水率；④寒冷地区外墙陶瓷面砖的抗冻性。

（3）饰面砖工程应对下列隐蔽工程项目进行验收：①防水层处理；②基层处理。

（4）各分项工程的检验批应按下列规定划分：①相同材料、工艺和施工条件室内的饰面砖工程每 50 间（大面积房间和走廊按施工面积 30m² 为一间）应划分为一个检验批，不足 50 间也应划分为一个检验批；②相同材料、工艺和施工条件的室外饰面砖工程每 500～1000m² 应划分为一个检验批，不足 500m² 也应划分为一个检验批。

（5）检查数量应符合下列规定：①室内每个检验批应至少抽查 10%，并不得少于 3 间；不足 3 间时应全数检查；②室外每个检验批每 100m² 应至少抽查一处，每处不得小于 10m²。

（6）外墙饰面砖粘贴前和施工过程中，均应在相同基层上做样板件，并对样板件的饰面砖黏结强度进行检验，其检验方法和结果判定应符合《建筑工程饰面砖黏结强度检验标准》（JGJ 110—2008）中的规定。

（7）饰面砖工程的抗震缝、伸缩缝、沉降缝等部位的处理应保证缝的使用功能和饰面的完整性。

（二）外墙饰面砖粘贴工程质量控制

外墙饰面砖粘贴工程质量控制适用于高度不大于100m、抗震设防烈度不大于8度、采用满粘法施工的外墙饰面砖粘贴工程的质量验收。

1. 外墙饰面砖粘贴工程质量主控项目

（1）外墙饰面砖的品种、规格、图案、颜色和性能应符合设计要求及国家现行标准、规范的有关规定。检验方法：观察；检查产品合格证书、进场验收记录、性能检验报告和复验报告。

（2）外墙饰面砖粘贴工程的找平、防水、黏结和填缝材料及施工方法应符合设计要求及国家现行产品标准和工程技术标准的规定。检验方法：检查产品合格证书、复验报告和隐蔽工程验收记录。

（3）外墙饰面砖粘贴工程的伸缩缝设置应符合设计要求和工程技术标准的规定。检验方法：观察；尺量检查。

（4）外墙饰面砖粘贴必须牢固。检验方法：检查外墙饰面砖黏结强度检验报告和施工记录。

（5）外墙饰面砖应无空鼓、裂缝。检验方法：观察；用小锤轻击检查。

2. 外墙饰面砖粘贴工程质量一般项目

（1）外墙饰面砖表面应平整、洁净、色泽一致，无裂痕和缺损。检验方法：观察。

（2）阴阳角处搭接方式、非整砖使用部位应符合设计要求。检验方法：观察。

（3）墙面凸出物周围的外墙饰面砖，应整砖切割吻合，边缘应整齐。墙裙、贴脸突出墙面的厚度应一致。检验方法：观察；尺量检查。

（4）外墙饰面砖接缝应平直、光滑，填充应连续、密实；宽度和深度应符合设计要求。检验方法：观察；尺量检查。

（5）有排水要求的部位应做滴水线（槽）。滴水线（槽）应顺直，流水坡向应正确，坡度应符合设计要求。检验方法：观察；用水平尺检查。

（6）外墙饰面砖粘贴的允许偏差和检验方法应符合表6-8的规定。

表6-8　外墙饰面砖粘贴的允许偏差和检验方法

项次	项　目	允许偏差/mm	检 验 方 法
1	立面垂直度	3.0	用2m垂直检测尺检查
2	表面平整度	4.0	用2m靠尺和塞尺检查
3	阴阳角方正	3.0	用直角检测尺检查
4	接缝直线度	3.0	拉5m线，不足5m拉通线，用钢直尺检查
5	接缝高低差	1.0	用钢直尺和塞尺检查
6	接缝的宽度	1.0	用钢直尺检查

（三）内墙饰面砖粘贴工程质量控制

内墙饰面砖粘贴工程质量控制适用于内墙饰面砖粘贴工程的质量验收。

1. 内墙饰面砖粘贴工程质量主控项目

（1）内墙饰面砖的品种、规格、图案、颜色和性能应符合设计要求及国家现行标准、规范的有关规定。检验方法：观察；检查产品合格证书、进场验收记录、性能检验报告和复验报告。

（2）内墙饰面砖粘贴工程的找平、防水、黏结和勾缝材料及施工方法应符合设计要求及国家现行产品标准和工程技术标准的规定。检验方法：检查产品合格证书、复验报告和隐蔽工程验收记录。

（3）内墙饰面砖粘贴必须牢固。检验方法：手拍检查，检查施工记录。

（4）满粘法施工的内墙饰面砖应无裂缝，大面应无空鼓。检验方法：观察；用小锤轻击检查。

2. 内墙饰面砖粘贴工程质量一般项目

（1）内墙饰面砖表面应平整、洁净、色泽一致，无裂痕和缺损。检验方法：观察。

（2）内墙饰面砖阳角的施工方式、非整砖的使用部位应符合设计要求。检验方法：观察。

（3）内墙面凸出物周围的饰面砖，应使整砖切割吻合，边缘应整齐。墙裙、贴脸突出墙面的厚度应一致。检验方法：观察；尺量检查。

（4）内墙饰面砖接缝应平直、光滑，填充应连续、密实；宽度和深度应符合设计要求。检验方法：观察；尺量检查。

（5）内墙饰面砖粘贴的允许偏差和检验方法应符合表 6-9 的规定。

表 6-9　内墙饰面砖粘贴的允许偏差和检验方法

项次	项　目	允许偏差/mm	检 验 方 法
1	立面垂直度	2.0	用 2m 垂直检测尺检查
2	表面平整度	3.0	用 2m 靠尺和塞尺检查
3	阴阳角方正	3.0	用直角检测尺检查
4	接缝直线度	2.0	拉 5m 线，不足 5m 拉通线，用钢直尺检查
5	接缝高低差	0.5	用钢直尺和塞尺检查
6	接缝的宽度	1.0	用钢直尺检查

第七章 ▶▶▶
涂料饰面工程施工技术

近年来在国家的严格控制下，不断推出许多性能优良的绿色涂料产品，使建筑装饰涂料在使用量和产品更新速度等方面都居装饰材料的前列，在装饰材料市场中占有十分重要的地位，成为新产品、新工艺、新技术最多，发展最快的建筑装饰材料之一。

涂敷于物件表面干燥后能结成膜层，具有防护、装饰、防锈、防腐、防水或其他功能的物质称为涂料。由于早期的涂料采用的是天然树脂和天然油料，如松香、生漆、虫胶、亚麻子油、桐油、豆油等，因此在我国很长时间被称为油漆，由这类涂料在物体表面形成的涂膜，称为漆膜。建筑物和建筑构件的保护和装饰具有多种途径，但建筑装饰涂料以其历史悠久、经验丰富、色彩艳丽、品种繁多、施工方便、维修简便、成本低廉等优点而深受人们的喜爱，已成为建筑装饰工程中首选的装饰材料。

第一节　涂饰工程的施工工序

涂饰工程饰面，是指将建筑涂料涂刷于构配件或结构的表面，并与基层较好地黏结，以达到保护、装饰建筑物，并改善构件性能的装饰层。采用建筑涂料施涂后所形成的不同质感、不同色彩和不同性能的涂膜，是一种十分便捷和非常经济的饰面做法。

一、建筑装饰涂料的作用

建筑装饰涂料涂于物体表面不仅能很好地黏结形成完整的涂膜，而且具有防护、装饰、防腐、防水等功能。随着建筑装饰涂料科学技术的发展，不仅品种越来越多，而且功能越来越全。目前，在建筑装饰工程中常用的涂料，主要包括保护功能、装饰功能和满足建筑物的使用功能3个方面。

1. 建筑涂料的保护功能

建筑物绝大多数暴露在自然界中，尤其是外墙和屋顶在阳光、大气、酸雨、温差、冻融、侵蚀介质的作用下，会产生变质、变色、风化、剥落等破坏现象。室内的内墙、地面、顶棚和家具等，在水汽、磨损和侵蚀介质等的作用下，也会产生一系列的破坏。

当建筑物和建筑构件的表面涂刷适合这些基层的涂料后，可以将这些基层面覆盖起来，起到保护基层的作用，从而可以提高材料的耐磨性、耐水性、耐候性、耐化学侵蚀性和抗污染性，可以延长建筑物和建筑构件的使用寿命。

2. 建筑涂料的装饰功能

建筑装饰涂料不仅花色品种繁多、色泽艳丽光亮，而且还可以满足各种类型建筑的不同装饰艺术要求，使建筑形体、建筑环境和建筑艺术协调一致。工程实践证明，许多新型的建筑装饰涂料具有美妙的视觉感受，能够从不同角度观察到不同的色彩和图案；有些建筑装饰涂料还能产生立体效果，在凸凹之间创造良好的空间感受和光影效果；新型的丝感涂料和绒质涂料，更给人以温馨的视觉感受和柔和的手感。

3. 满足建筑物的使用功能

利用建筑装饰涂料具有的各种特性和不同施工方法，不仅能够提高室内的自然亮度、获得吸声隔声的效果，而且还能给人们创造出良好的生活和学习气氛及舒适的视觉审美感受。

对于有防水、防火、防腐、防静电、防尘等特殊要求的部位，涂刷相应性能的涂料，均可以获得显著的效果。

二、涂饰工程施工环境条件

涂饰工程施工的环境条件，应注意环境温度、环境湿度、太阳光照、风力大小和污染性物质等方面。

1. 环境温度

水溶性和乳液型涂料涂刷时的环境温度，应按产品说明书中要求的温度加以控制，一般要求其施工环境的温度在 10～35℃ 之间，最低温度不得低于 5℃；冬期在室内进行涂料施工时，应当采取保温和采暖措施，室温要保持均匀，不得骤然变化。溶剂型涂料宜在 5～35℃ 气温条件下施工，不能采用现场烘烤饰面的加温方式促使涂膜表面干燥和固化。

2. 环境湿度

建筑涂料所适宜的施工环境相对湿度一般为 60%～70%，在高湿度环境或降雨天气不宜施工，如氯乙烯-偏氯乙烯共聚乳液作地面罩面涂布时，在湿度大于 85% 时就难以干燥。但是，如若施工环境湿度过低，空气过于干燥，会使溶剂型涂料的溶剂挥发过快，水溶性和乳液型涂料干固过快，因而会使涂层的结膜不够完全、固化不良，同样也不宜施工。

3. 太阳光照

建筑涂料一般不宜在阳光直接照射下进行施工，特别是夏季的强烈日光照射之下，会造成涂料的成膜不良而影响涂层质量。

4. 风力大小

在大风天气情况下不宜进行涂料涂饰施工，风力过大会加速涂料中的溶剂或水分的快速挥（蒸）发，致使涂层的成膜不良并容易沾染灰尘而影响饰面的质量。

5. 污染性物质

汽车尾气及工业废气中的硫化氢、二氧化硫等有害物质，均具有较强的酸性，对于建筑涂料的性能会造成不良影响；飞扬的尘埃也会污染未干透的涂层，从而影响涂层表面美观。因此，涂饰施工中如果发觉特殊气味或施工环境的空气不够洁净时，应暂时停止操作或采取有效措施。

三、涂饰工程的材料要求

涂饰工工程施工所用的涂料有：乳液型涂料、无机涂料、水溶性涂料等，其中乳液型涂料包括合成树脂乳液内墙涂料、合成树脂乳液外墙涂料、合成树脂砂壁状建筑涂料和复卫片建筑涂料，无机涂料主要用于外墙部位。

1. 内墙建筑装饰涂料

内墙建筑装饰涂料主要有：合成树脂乳液内墙涂料、水溶性内墙涂料等，它们的技术性能分别应符合表 7-1 和表 7-2 中的规定。内墙涂料中有害物质限量，应符合表 7-3 中的规定。

表 7-1 合成树脂乳液内墙涂料的技术要求

项 目		技 术 要 求	项 目		技 术 要 求		
					优等品	一等品	合格品
内墙底漆	容器中状态	无硬块，搅拌后呈均匀状态	内墙面漆	容器中状态	无硬块，搅拌后呈均匀状态		
	施工性能	刷涂无障碍		施工性能	刷涂无障碍		
	低温稳定性（3次循环）	不变质		低温稳定性（3次循环）	不变质		
	干燥时间（表干）/h	≤2		干燥时间（表干）/h	≤2		
	涂膜外观	正常		涂膜外观	正常		
	耐碱性（24h）	无异常		对比率（白色和浅色）	≥0.95	≥0.93	≥0.90
	泛碱性（48h）	无异常		耐碱性（24h）	无异常		
				耐洗刷性（次）	≥1000	≥500	≥200

表 7-2 水溶性内墙涂料的技术性能要求

项 目	技 术 要 求		项 目	技 术 要 求	
	Ⅰ类	Ⅱ类		Ⅰ类	Ⅱ类
容器中状态	无结块、沉淀和絮凝		涂膜外观	干整，色泽均匀	
黏度/s	30～75		附着力/%	100	
细度/μm	≤100		耐水性	无脱落、起泡和皱皮	
遮盖力/(g/m²)	≤300		耐干擦性/级	—	≤1
白度①/%	≥80		耐洗刷性/次	≥300	

① 白度规定只适用于白色涂料。

表 7-3 内墙涂料中有害物质限量

项 目		限 量 值	
		水性墙面涂料①	水性墙面腻子②
挥发性有机化合物含量(VOCs)		120g/L	15g/kg
苯、甲苯、乙苯、二甲苯总和/(mg/kg)		≤300	
游离甲醛/(mg/kg)		≤100	
可溶性重金属/(mg/kg)	铅 Pb	≤90	
	镉 Cd	≤75	
	铬 Cr	≤60	
	汞 Hg	≤60	

① 涂料产品所有项目均不考虑稀释配比。

② 膏状腻子所有项目均不考虑稀释配比，粉状的腻子除了可溶性重金属项目直接测试粉体外，其余 3 项按产品规定的配比将粉体与水或胶黏剂等其他液体混合后测试。如配比为某一范围时，应按照水用量最小、胶黏剂等其他液体用量最大的配比混合后测试。

2. 外墙建筑装饰涂料

外墙建筑装饰涂料主要有合成树脂乳液外墙涂料、复层建筑涂料、溶剂型外墙涂料及外墙无机建筑涂料等，它们的技术性能分别应符合表 7-4～表 7-6 中的规定。

表 7-4　合成树脂乳液外墙涂料的技术要求

项　目		技 术 指 标		
		优等品	一等品	合格品
容器中状态		无硬块,搅拌后呈均匀状态		
施工性能		刷涂二道无障碍	刷涂二道无障碍	刷涂二道无障碍
低温稳定性		不变质	不变质	不变质
干燥时间(表面干)/h		≤2	≤2	≤2
涂膜外观		正常	正常	正常
对比率(白色和浅色)		≥0.93	≥0.90	≥0.87
耐水性		96h 无异常	96h 无异常	96h 无异常
耐碱性		48h 无异常	48h 无异常	48h 无异常
耐洗刷性/次		≥2000	≥1000	≥500
耐人工气候老化性能	白色和浅色	600h 不起泡、不剥落、无裂纹	400h 不起泡、不剥落、无裂纹	250h 不起泡、不剥落、无裂纹
	粉化(级)	≤1		
	变色(级)	≤2		
	其他色	由供需双方商定		
耐沾污性(白色和浅色)/%		≤15	≤15	≤20
涂层耐温变性(5 次循环)		无异样		

表 7-5　复层建筑涂料的理化性能要求

项　目			性 能 指 标		
			优等品	一等品	合格品
容器中状态			无硬块,呈均匀状态		
涂膜外观			无开裂、无明显针孔、无气泡		
低温稳定性			不结块、没有组成物的分离、无凝聚		
初期干燥抗裂性			无裂纹		
黏结强度 /MPa	标准状态	RE	≥1.0		
		E、Si	≥0.7		
		CE	≥0.5		
	浸水后	RE	≥0.7		
		E、Si、CE	≥0.5		
涂层耐温变性(5 次循环)			不剥落、不起泡、无裂纹、无明显变色		
透水性/mL	A 型		<0.5		
	B 型		<2.0		
耐冲击性			无裂纹、无剥落及明显变形		
耐沾污性(白色或浅色)	平状/%		≤15	≤15	≤20
	立体状/级		≤2	≤2	≤3
耐候性 (白色或浅色)	老化时间/h		600	400	250
	外观		不起泡、不剥落、无裂纹		
	粉化/级		≤1		
	变色/级		≤2		

表 7-6　外墙涂料的技术指标

项　目	技 术 指 标	项　目	技 术 指 标
容器中状态	无硬块,搅拌后呈均匀状态	涂膜外观	正常
施工性能	刷涂二道无障碍	对比率(白色和浅色)	≥0.95
热储存稳定性(30d)	无结块、凝聚和霉变现象	低温储存稳定性(3 次)	无结块、凝聚现象
干燥时间(表面干)/h	≤2	耐洗刷性/次	≥1000
耐水性(168h)	无起泡、裂纹、剥落,允许有轻微剥落	耐碱性(168h)	无起泡、裂纹、剥落,允许有轻微剥落
耐温变性(10 次)	无起泡、裂纹、剥落,允许有轻微剥落	耐沾污性 Ⅰ类	20
		耐沾污性 Ⅱ类	15
耐人工老化性 (白色或浅色)	Ⅰ类产品:800h,无起泡、裂纹、剥落,粉化≤1 级,变色≤2 级		
	Ⅱ类产品:500h,无起泡、裂纹、剥落,粉化≤1 级,变色≤2 级		

四、涂饰工程施工作业条件

（1）为确保涂饰工程的施工质量，具体施涂操作人员应经过专业培训合格，持证上岗。

（2）涂饰工程应在抹灰、吊顶、细部、地面及电气工程等已完成并验收合格后进行。

（3）正式施涂前基层要进行适当的处理，应将基体或基卫片缺棱掉角处，用1∶3的水泥砂浆（或聚合物水泥砂浆）修补；其表面麻面及缝隙应用腻子填补齐平。

（4）为增强涂料与基层面的黏结，基层表面上的灰尘、污垢、溅沫和砂浆流痕等均应清除干净。

（5）进行外墙面涂饰时，脚手架或吊篮已搭设完毕；墙面的孔洞已修补；门窗、设备管线已安装，洞口已堵严抹平；涂饰样板已经鉴定合格；不涂饰的部位（采用喷涂和弹涂时）已经遮挡好。

（6）进行内墙面涂饰时，室内各项抹灰均已完成，穿墙孔洞已填堵完毕；墙面的干燥程度已达到8%～10%；门窗玻璃已安装，木装修工程已完成，油漆工程已完成第二道油；不喷刷的部位已进行遮挡；样板间已经鉴定合格。

（7）大面积涂饰施工前，应由施工人员按照工序要求做好"样板"或"样板间"，经签订合格并保留到工程竣工。

五、涂饰工程施工基层处理

1. 对基层的一般要求

（1）对于有缺陷的基层应进行修补，经修补后的基层表面不平整度及连接部位的错位状况，应限制在涂料品种、涂饰厚度及表面状态等的允许范围之内。

（2）基层含水率应根据所用涂料产品种类，除非采用允许施涂于潮湿基层的特殊涂料品种，涂饰基层的含水率应在允许范围之内。

国家标准《建筑装饰装修工程质量验收规范》（GB 50210—2001）中，对涂饰工程的基层含水率作出规定，除非采用允许施涂于潮湿基层的涂料品种，混凝土或抹灰基层涂饰溶剂型涂料时的含水率应小于8%，涂饰水溶性和乳液型涂料时的含水率应小于10%，木材基层的含水率应小于12%。

（3）基层pH值应根据所用涂料产品的种类，在允许范围内一般要求小于10。

（4）基层表面修补砂浆的碱性、含水率及粗糙度等，应与其他部位相同，如果不一致，应进行处理并加涂封底涂料。

（5）基层表面的强度与刚度，应高于涂料的涂层。如果基层材料为加气混凝土等疏松表面，应预先涂刷固化溶剂型封底涂料或合成树脂乳液封闭底漆等配套底涂层，以加固基层的表面。

（6）根据国家标准《建筑装饰装修工程质量验收规范》（GB 50210—2001）的规定，新建筑物的混凝土基层在涂饰涂料前，应涂刷抗碱封闭底漆；旧墙面在涂饰涂料前，应清除疏松的旧装饰层，并涂刷界面剂。

（7）涂饰工程基层所用的腻子，应按基层、底涂料和面涂料的性能配套使用，其塑性和易涂饰性应满足施工的要求，干燥后应坚实牢固，不得粉化、起皮和裂纹。腻子干燥后，应打磨平整光滑并清理干净。

内墙腻子的黏结强度，应符合《建筑室内用腻子》（JG/T 298—2010）的规定；建筑外墙及厨房、卫生间等墙面基层，必须使用具有耐水性能的腻子。

（8）在涂饰基层上安装的金属件和铁钉件等，除不锈产品外均应进行防锈处理。

（9）在涂饰基层上的各种构件、预埋件，以及水暖、电气、空调等设备管线或控制接口等，凡是有可能影响涂层装饰质量的工种、工序和操作项目，均应按设计要求事先完成。

2. 对涂饰基层的检查

基层的质量状况同涂料涂饰施工以及施涂后涂膜的性能、装饰质量关系非常密切，因此在涂饰前必须对基层进行全面检查。检查的内容包括：基体材质和质量、基层表面的平整度，以及裂缝、麻面、气孔、脱壳、分离等现象，粉化、硬化不良、脆弱等缺陷，以及是否沾有脱模剂、油类物质等；同时检测基层的含水率和 pH 值等。

3. 对涂饰基层的清理

被涂饰基层的表面不应有灰尘、油脂、脱模剂、锈斑、霉菌、砂浆流痕、溅沫及混凝土渗出物等。清理基层的目的是除掉基层表面的粘附物，使基层表面洁净，以利于涂料饰面与基层的牢固黏结，常用的清理方法参见表 7-7。

表 7-7　涂饰基层表面粘附物常用的清理方法

基层表面及其粘附物状态	常用的清理方法
硬化不良或分离脱壳	全部铲除脱壳分离部分，并用钢丝刷除去浮渣，清扫洁净
粉末状粘附物	用毛刷、扫帚和吸尘器清理除去
点焊溅射或砂浆类残留物	用打磨机、铲刀及钢丝刷等机具除去
锈斑	用溶剂、去油剂及化学洗涤剂清除
霉斑	用化学去霉剂清除
表面泛白（泛碱、析盐）	轻微者可用钢丝刷、吸尘器清除；严重者应先用 3% 的草酸溶液清洗，然后用清水冲刷干净，或在基层上满刷一遍耐碱底漆，待其干燥后批刮腻子
金属基层锈蚀、氧化及木质基层旧漆膜	手工铲磨、机械磨除或液化气柜、热吹风及火焰清除器清除

4. 对涂饰基层的修补

有缺陷的基体或基层应进行修补，可采用必要的补强措施以及采用 1∶3 水泥砂浆（水泥石屑浆、聚酯砂浆、聚合物水泥砂浆）等材料进行处理。表面的麻面及缝隙，用腻子填充修平。表 7-8 为基层表面缺陷常用修补方法，基层处理常用腻子及成品腻子如表 7-9 所列。

表 7-8　涂饰工程修补基体或基层表面缺陷的常用做法

基体（基层）缺陷	修补方法
混凝土基体表面不平整	清扫混凝土表面，先涂刷基层处理剂或水泥浆（或聚合物水泥浆），再用聚合物水泥砂浆（水泥和砂加适量胶黏剂水溶液）分层抹平，每遍厚度不小于 7mm，平均总厚度 18～20mm，表面用木抹子搓平，终凝后进行养护
混凝土结构基体尺寸不准确或设计变更，需采用纠正措施或将水泥砂浆找平层厚度尺寸增大	在需要修整部位用钢丝网补强后铺抹找平砂浆（略掺麻刀或玻璃丝等纤维材料），必要时采用型钢骨架固定后再焊敷钢板网进行抹灰
水泥基层有空鼓分离但难以铲除	用电钻钻孔（直径 5～10mm），将低黏度环氧树脂注入分离孔内使之固结，表面裂缝用聚合物水泥砂浆腻子嵌实并打磨平整
基层有较大裂缝用腻子填充不能修补	将裂缝剔成 V 形填充防水密封材料；表面裂缝用合成树脂或聚合物水泥腻子嵌实并打磨平整
水泥类基体表面分布细小裂缝	采用基底封闭材料或防水腻子将裂缝部位填充或嵌实磨平；预制混凝土板小裂缝可用低黏度环氧树脂或聚合物水泥砂浆采用压力灌浆注满缝隙，表面进行砂磨平整
基层的气孔砂眼与麻面现象	孔眼直径大于 3mm 者用树脂砂浆或聚合物水泥砂浆批嵌，细小者可用同类涂料腻子或用与涂料配套的涂底部材料封闭，目前多数新型涂料均具有封闭基层性能，但对于麻点过大者应用腻子分层处理
基体表面凹凸不平	剔凿或采用磨光机处理凸出部位，凹入部位分层抹涂树脂或聚合物水泥砂浆硬化后打磨平整
结构基体露筋	将露出的钢筋清除铁锈做防锈处理；或将结构部位做少量剔凿，对钢筋做除绣和防锈处理后，用 1∶3 水泥砂浆或水泥石屑浆（或聚合物水泥砂浆）分层进行填实补平

表 7-9　常用自配腻子及成品腻子

种类	组成及配比（质量比）	性能与应用
室内用乳液腻子	聚醋酸乙烯乳液：滑石粉或大白粉：2%羧甲基纤维素溶液＝1：5.0：3.5	易刮涂填嵌，干燥迅速，易打磨，适用于水泥抹灰基层
聚合物水泥腻子	聚醋酸乙烯乳液：水泥：水＝1：5：1	易施工，强度高，适用于建筑外墙及易受潮内墙的基层
室内用油性石膏腻子	①石膏粉：熟桐油：水＝1：5：1　②石膏粉：熟桐油：松香水：水：液体催干剂＝（0.8～0.9）：1：适量：（0.25～0.3）：熟桐油和松香水质量的1%～2%	使用方便，干燥快，硬度高，易刮平涂抹，适用于木质基层
室内用虫胶腻子	大白粉：虫胶清漆：颜料＝75：24.2：0.60	干燥快，不渗陷，附着力强，适用于木质基层的嵌补，现制现用
室内用硝基腻子	硝基漆：香蕉水：大白粉＝1：3：适量（也可掺加适量体积的颜料）	与硝基漆来配套使用，属于快干腻子，用于金属面时宜用定型产品
室内用过氯乙烯腻子	过氯乙烯底漆与石英粉（320目）混合拌成糊状使用；若其黏结力和可塑性不足，可用过氯乙烯清漆代替过氯乙烯底漆	适用于过氯乙烯油漆饰面的打底层
T07-2油性腻子	用酯胶清漆、颜料、催干剂和200号溶剂汽油（松节油）混合研磨加工制成	刮涂性好，可用以填平木料及金属表面的凹坑、孔眼和裂纹
Q07-5硝基腻子	由硝化棉、醇酸树脂、增韧剂及颜料等组成，其挥发部分由酯、酮、醇、苯类溶剂组成	干燥迅速，附着力强，易打磨，适用于木料及金属基层填平，可用配套硝基漆稀释剂调整
G07-4过氯乙烯腻子	由过氯乙烯树脂、醇酸树脂、颜料及有机溶剂混合研磨加工制成	适用于过氯乙烯油漆饰面的基层填平、打底
室内用水性血料腻子	①大白粉：血料（猪血）：鸡脚菜＝56：16：1（施工现场自配）；②血料腻子的商品名称为"猪料灰"	适用于木质及水泥抹灰基层，容易涂抹填嵌，易打磨，干燥较快
AB-07原子灰	由抗氧阻聚（气干型）不饱和聚酯、颜料和填料及助剂经研磨加工制成，使用时再另配引发剂	该腻子产品原用于汽车制造业，对金属基面的修补处理具有显著功效，现被广泛应用于装饰装修工程的各种金属、玻璃钢、木材等表面基层填平；该产品为黏稠物，与少量引发剂混合后反应迅速，固化快，施工后0.5h即可打磨；膜层平浩，硬度高，附着力强，填充封闭性及耐候性优异，特别适用于高寒或湿热地区

六、涂饰施工的基层复查

在基层清理及修补并经必要的养护后，在涂料正式涂饰之前，还应注意涂饰前的复查，核查建筑基体和基层处理质量是否符合装饰涂料的施工要求，修补后的基层有否产生异常现象。发现问题后应逐项进行研究，采取纠正和修补的措施。

（一）对外墙基层的复查

1. 基层含水率与碱性

在对被涂饰基层进行修补之后，若遇到降雨或发生表面结露时，如果在此基层上进行施工，会造成涂膜固化不完全而有可能出现涂层起泡和剥落质量问题。对于一般涂料产品而言，必须等待基层充分干燥，符合涂料对基层含水率要求时方可进行施工；施工前，应通过对基层含水率的检测，并同时保证修补部位砂浆的碱性与大面基层一致。

2. 涂饰表面的温度

涂料涂饰施工基层表面温度过高或过低，都会影响涂料的成膜质量。在一般情况下，当温度小于5℃时会妨碍某些涂料的正常成膜硬化；但当温度大于50℃时则会使涂料干燥过快，同样成膜质量不好。根据所用涂料的性能特点，当现场环境及基层表面的温度不适宜施工时，应及时调整涂饰的时间。

3. 基层的其他异常

即详细检查基层修补质量及封底施工质量，包括再次沾污、新裂缝、腻子干燥后塌陷、补缝不严或疏松、封底材料漏涂或粉化等异常现象，以便发现这些质量问题，及时采取有效措施解决。

（二）对内墙基层的复查

1. 潮湿与结露

影响内墙涂饰施工质量的首要因素即潮湿和结露，特别是当屋面防水、外墙装饰装修及玻璃安装工程结束之后，水泥类材料基层所含的水分会有大部分向室内散发，使内墙面的含水率增大，室内的湿度增高；同时在比较寒冷的季节，由于室内外气温的差异，当墙体温度较低时，容易致使内墙面产生结露。此时应采取通风换气或室内供暖等措施，促使室内干燥，待墙面含水率符合要求时再进行施工。

2. 基层发霉

对室内墙面及顶棚基层，在处理后也常常会再度产生发霉现象，尤其在潮湿季节或潮湿地区的某些建筑部位，如阴面房间或卫生间等。对于发霉部位可用去霉剂稀释冲洗，待其充分干燥后再涂饰掺有防霉剂的涂料或其他适宜的涂料。

3. 基层裂缝

室内墙面发生丝状裂缝的现象较为普遍，特别是水泥砂浆抹灰面在干燥的过程中进行基层处理时，其裂缝现象往往会在涂料施工前才明显出现。如果此类裂缝较为严重，必须再重新涂抹腻子并打磨平整。

七、涂饰准备及涂层基本要求

（一）涂料使用前的准备

（1）一般涂料在使用前须进行充分搅拌，使之均匀。在使用过程中通常也要进行不断地搅拌，以防止涂料厚薄不匀、填料结块或饰面色泽不一致。

（2）涂料的工作黏度或稠度必须严格控制，使涂料在涂刷时不流坠、不显涂刷的痕迹；但在涂饰的过程中不得任意稀释。应根据具体的涂料产品种类，按其使用说明进行稠度调整。

当涂料出现稠度过大或由于存放时间较久而呈现"增稠"现象时，可通过搅拌降低稠度至成流体状态时再用；根据涂料品种也可掺入不超过 8％的涂料稀释剂（与涂料配套的专用稀释剂），有的涂料产品则不允许或不可以随便调整，更不可以任意加水进行稀释。

（3）根据规定的施工方法（喷涂、滚涂和刷涂等），选用设计要求的品种及相应稠度或颗粒状的涂料，并应按工程的涂刷面积采用同一批号的产品一次备足。应注意涂料的贮存时间不宜过长，根据涂料不同品种具体要求，正常条件下的贮存时间不得超过出厂日期的 3～6 个月。涂料密闭封存的温度以 5～35℃为宜，最低不得低于 0℃，最高不得高于 40℃。

（4）对于双组分或多组分的涂料产品，涂刷之前应按使用说明规定的配合比分批混合，并在规定的时间内用完。

（二）对涂层的基本要求

为确实保证涂刷涂层的施工质量，在施工过程中应满足以下几个方面：同一墙面或同一装饰部位应采用同一批号的涂料；涂刷操作的每遍涂料根据涂料产品特点一般不宜涂刷过厚，而且涂层要均匀，颜色要一致。

在涂料涂刷的过程中，应注意涂刷的间隔时间控制，以保证涂膜的涂刷质量。当涂刷溶剂型涂料时，后一遍涂料必须在前一遍涂料完全干燥后进行；当涂刷水性和乳液涂料时，后一遍涂料必须在前一遍涂料表面干燥后进行。每一遍涂料应当涂刷均匀，各层必须结合牢固。

八、涂料的选择及调配

1. 涂料选择的原则

涂料的选择并不是价格越高越好，而是根据工程的实际情况进行科学选择，总的原则是：良好的装饰效果、合理的耐久性和经济性。

（1）装饰效果　装饰效果是由质感、线型和色彩这 3 个方面决定的。其中，线型是由建筑结构及饰面设计所决定的；而质感和色彩则是由涂料的装饰效果来决定。因此，在选择建筑涂料时，不仅应考虑到所选用的涂料与建筑整体的协调性，而且应考虑到建筑外形设计的补充效果。

（2）耐久性能　涂料的耐久性能包括两个方面，即对建筑物的保护效果和对建筑物的装饰效果。涂膜的变色、污染、剥落与装饰效果直接有关，而粉化、龟裂、剥落则与保护效果有关。所选用的涂料，应当在设计期限内装饰效果和保护效果不降低。

（3）经济性　涂料与其他饰面材料相比，涂料饰面装饰比较经济，但影响到其造价标准时，又不得不考虑其费用。所以，必须全面考察，衡量其经济性，因此，对不同的建筑墙面要选择不同的涂料。

2. 涂料颜色调配

涂料颜色调配是一项比较细致而复杂的工作。涂料的颜色花样非常多，要进行颜色调配，首先需要了解颜色的性能。各种颜色都可由红、黄、蓝 3 种最基本的颜色配成。例如，黄与蓝可配成绿色，黄与红可配成橙色，红与蓝可配成紫色，黄红蓝可配成黑色等。

在涂料颜色调配的过程中，应注意颜色的组合比例，以量多者为主色，以量少者为副色，配制时应将"副色"逐渐加入"主色"中，由浅入深，不能相反。颜色在湿的时候比较淡，干燥后颜色则转深，因此调色时切忌过量。

第二节　油漆及其新型水性漆涂饰施工

随着现代化学工业的发展，我国目前已有近百种标准型号的油漆涂料。油漆是指以动植物油脂、天然与人造树脂或有机高分子合成树脂为基本原料而制成的溶剂型涂料。为了正确地反映油漆涂料的真实成分、性能及配制方法等，国家对其分类做了统一规定，确立了以基料中的主要成膜物质为基础的分类原则。按照这类分类的原则和方法，涂料可分为 18 类，现共有 890 个品种。一般在建筑工程中使用的涂料，据初步统计约 12 类、147 个品种，并制定了涂料分类、编号及命名原则。

传统的油漆工程是一个专业性和技艺性很强的技术工程，只是建筑油漆施工而言，从其主要材料如油漆、稀释剂、腻子、润粉、着色颜料及染料、研磨与抛光材料等，到清除、嵌批、磨退、配料和涂饰等较为复杂而精细的施工工艺，均需要由专业工种的人员经过认真学习与实践方能掌握。

一、基层清除工作

基层清除工作是确保油漆涂刷质量的关键基础性工作，即采用手工、机械、化学及物理方法，清除被涂饰基层面上的灰尘、油渍、旧涂膜、锈迹等各种污染和疏松物质，或者改善基层原有的化学性质，以利于油漆涂层的附着效果和涂装质量。基层清理的方法有手工清除、机械清除、化学清除和高温清除等。这些方法各用于不同场合，应根据工程实际情况选用，但对于化学清理和高温清除，应当特别注意不能影响新涂刷的涂料质量。

1. 手工清除

手工清除主要包括铲除和刷涂，所用手工工具有铲刀、刮刀、打磨块及金属刷等，如图7-1 所示。

(a) 刮板及铲刀   (b) 金属刷(钢丝刷或铜丝刷)

(c) 打磨块(固定砂纸)   (d) 剁刀   (e) 尖镘铲

(f) 斜面刮刀(刮除凹凸线脚旧漆膜)   (g) 冲子(与锤、铲配合使用)   (h) 特制刮刀

图 7-1　基层清除工作常用手工工具

2. 机械清除

机械清除主要有动力钢丝刷清除、除锈枪清除、蒸汽清除，以及喷水或喷砂清除等，所用的机具有圆盘打磨机、旋转钢丝刷、环形往复打磨器、皮带传动打磨器、钢针除锈枪，以及用于蒸汽清除的蒸汽剥除器等，常用基层清除的机具如图7-2 所示。

机械清除效率比较高，能够对清除的基面产生深度适宜的糙面，以利于油漆的涂饰施工。其中蒸汽清除可以清除旧墙纸、水性涂层及各种污垢而不损伤基层，且有一定的消毒灭菌的作用，对环境保护也非常有益。

3. 化学清除

化学清除主要包括溶剂清除、油剂清除、碱溶液清除、酸洗清除及脱漆剂清除等，适宜于对坚实基层表面的清除，施工简单易行见效快，对基层不易造成损伤，常与打磨配合使

图 7-2　常用基层清除机具设备示例

1—加水器和安全盖；2—水位计；3—提手；4—水罐；5—火焰喷嘴；6—控制阀；

7—高压气缸；8—聚能器；9—胶管；10—滚轮；11—剥除器

用。但在采用时应严格注意所用化学清除物质同基体材料的相容性，对环境的污染以及防火、防腐蚀等相关事项。

4. 高温清除

高温清除也称为热清除，是指采用氧气、乙炔、煤气和汽油等为燃料的火焰清除，以及采用电阻丝作热源的电热清除。主要用以清除金属基层表面的锈蚀、氧化皮和木质基体表面上的旧涂膜。对木质基体采用高温清除时，应特别注意防火问题。

二、嵌批、润粉及着色

嵌批、润粉及着色是涂饰工程施工中不可缺少的工序，不仅关系到涂饰基层的处理效果，而且也关系到涂饰工程的最终装饰性如何。因此，在正式涂饰工程施工前，应按照以下方法和要求进行操作。

1. 嵌批

嵌批即指涂饰工程的基层表面涂抹刮平腻子。腻子作为饰面施工中应用最普遍的填充和打底材料，用以填涂基层表面的缝隙、孔眼和凹坑不平整等缺陷，使基层表面平整、严密，利于涂饰及保证装饰质量。腻子可以自行配制，也可按涂饰工程的表面材料种类选用商品腻子，基本要求是具有塑性和易涂性，干燥后应当比较坚固，并注意基层、底漆和面漆三者性质的相容性。

涂饰工程所用的腻子一般由体质材料、黏结剂、着色颜料、水或溶剂、催干剂等配制而成。常用的体质材料有碳酸钙（大白粉）、硫酸钙（石膏粉）、硅酸钙（滑石粉）、硫酸锌钡（晶石粉）等；黏结剂有猪血、熟桐油、清漆、合成树脂溶液和乳液等。常用的腻子分为水性腻子、油性腻子和挥发性腻子3类，根据工程性质及设计要求进行选用，可参考表7-10。在涂饰施工中不能随意减少腻子涂抹刮平的遍数，同时必须待腻子完全干燥并打磨平整后才可进入下道工序，否则会严重影响饰面涂层的附着力和涂膜质量。

2. 润粉

润粉是指在木质材料面的涂饰工艺中，采用填孔料以填平管孔并封闭基层和适当着色，同时可起到避免后续涂膜塌陷及节省涂料的作用。在传统的油漆工程中，常将不同性质的润粉，称为水老粉和油老粉，即指水性填孔料和油性填孔料，或称为润水粉和润油粉，其配制常用材料和配比做法，如表7-10所列。

表7-10 木质材料面的润粉及应用

润粉	材料配比(质量比)	配制方法和应用
水性填孔料（水老粉）	大白粉65%~72%：水28%~36%：颜料适量	按照设计配合比要求将大白粉和水搅拌成糊状，取出少量的大白粉糊与颜料拌和均匀，然后再与原有大白粉糊上下充分搅拌均匀，不能有结块现象；颜料的用量应使填孔料的色泽略浅于样板木纹表面或管孔内的颜色。 优点：施工方便，干燥迅速，着色均匀； 缺点：如果处理不当时，易使木纹膨胀，附着力比较差，透明效果较低
油性填孔料（油老粉）	大白粉60%：清油10%：松香水20%：煤油10%：颜料适量	配制方法与以上所述相同。 优点：木纹不会膨胀，不易收缩开裂，干燥后坚固，着色效果好，透明度较高，附着力强，吸收上层涂料少； 缺点：干燥较慢，操作不如润水粉方便

3. 着色

在木质材料表面进行透明涂饰时，常常采用基层着色工艺，即可在木质基面上涂刷着色剂，使之更符合装饰工程的色调要求。着色分为水色、酒色和油色3种不同的做法，其材料组成如表7-11所列。

表7-11 木质材料面透明涂饰时基面着色的材料组成

着色	材料组成	染色特点
水色	常采用黄纳粉和黑纳粉等酸性染料溶解于热水中（染料占10%~20%）	透明，无遮盖力，保持木纹清晰；缺点是耐晒性能较差，易产生褪色
酒色	在清虫胶清漆中掺入适量品色的染料，即成为着色虫胶漆	透明，清晰显露木纹，耐晒性能较好
油色	用氧化铁系材料、哈巴粉、锌钡白、大白粉等调入松香水中再加入清油或清漆等，调制成稀浆	由于采用无机颜料作为着色剂，所以耐晒性能良好，不易褪色；缺点是透明度较低，显露木纹不够清晰

三、打磨与配料

（一）打磨

打磨是使用研磨材料对被涂饰物表面及涂饰过程的涂层表面进行研磨平整的工序，对于油漆涂层的平整光滑、附着力以及被涂饰物的棱角、线脚、外观质量等方面，均有重要影响。

1. 研磨材料

在研磨材料中使用最广泛的是砂纸和砂布，其磨料分为天然和人造两种。天然磨料有钢玉、石榴石、石英、火燧石、浮石、矽藻土、白垩等；人造磨料有人造钢玉、玻璃和各种金属碳化物。磨料的性质与其形状、硬度和韧性有密切关系，磨料的粒度是按每平方英寸的筛孔进行计算的。常用的木砂纸和砂布的代号，就是根据磨料的粒度而划分的，代号的数字越大则磨粒越粗；而水砂纸却恰恰相反，代号的数字越大则磨粒越细。表 7-12 为油漆涂饰工程中常用砂纸和砂布的类型及主要用途。

表 7-12　常用砂纸和砂布的类型及主要用途

种类	磨料粒度号数	砂纸、砂布的代号	主 要 用 途
最细	240～320	水砂纸:400,500,600	清漆、硝基漆、油基漆的层间打磨及漆面的精磨
细	100～220	玻璃砂纸:1,0,00 金刚砂布:1,0,00,000,0000 水砂纸:220,240,280,320	打磨金属基面上的轻微锈蚀，涂底漆或封闭底漆前的最后一次打磨
中	80～100	玻璃砂纸:1,1.5;全刚砂纸:1,1.5; 水砂纸:180	清除锈蚀，打磨一般的粗糙面，墙面在涂饰前的打磨
粗	40～80	玻璃砂纸:1.5,2 金刚砂布:1.5,2	对粗糙麻面、深痕及其他表面不平整缺陷的磨除
最粗	12～40	玻璃砂纸:3,4 金刚砂布:3,4,5,6	打磨清除磁漆、清漆或堆积的漆膜以及比较严重的锈蚀

2. 打磨类型

根据涂饰工程施工阶段、油漆涂料的不同品种、不同要求和不同打磨的目的，可以分为基层打磨、层间打磨、面层打磨等。不同涂饰阶段的打磨要求，如表 7-13 所列。

表 7-13　不同涂饰阶段的打磨要求

打磨部位	打磨方式	打磨要求及注意事项
基层表面	干磨	用1～1.5号砂纸打磨，线脚及转角处要用对折砂纸的边角砂磨，边缘棱角要打磨光滑，去除锐角以利于涂料的粘附
涂层之间	干磨或湿磨	用0号砂纸、1号旧砂纸或280～320号水砂纸，木质材料表面的透明涂层应顺着木纹方向直磨，遇有凹凸线脚部位可适当运用直线打磨与横向打磨交叉进行的轻磨
涂饰表面	湿磨	①该工序仅适用于硬质涂层的面漆打磨； ②采用400号以上的水砂纸蘸清水或肥皂水打磨，磨至从正面观察呈暗光，而在水平侧面观察呈镜面效果； ③打磨饰面边角部位和曲面时，不可使用垫块，应轻轻打磨并密切查看，以避免将装饰涂膜磨透、磨穿

3. 打磨方式

打磨方式一般可分为干磨和湿磨两种。干磨即使用砂纸、砂布及浮石等对磨退部位直接进行研磨；湿磨是由于卫生防护的需要，以及为防止打磨时漆膜受热变软使粉尘粘附于磨粒间而影响研磨质量，将水砂纸或浮石蘸水（或润滑剂）进行轻磨，硬质涂料的层间打磨和面层打磨，一般需要采用湿磨的方式。

对于容易吸水的物体面或湿度较大的环境，在涂层进行湿磨时，可用松香水与亚麻油（配合比为 3：1）的混合物作为润滑剂打磨。对于木质材料表面不易磨除的硬刺、木丝，可用稀释的虫胶［虫胶漆：酒精＝1：（7～8）］进行涂刷，待其干燥后再进行打磨；也可用湿布擦抹表面使木材毛刺吸水胀起，待其干燥后再进行磨除。

（二）配料

配料是确保饰面施工质量和装饰效果极其重要的环节，系指在施工现场根据设计、样板或操作所需，将油漆涂料饰面施工的原材料合理地按配比调制出工序材料，如色漆调配、基层填孔料及着色剂的调配等。

配料在传统的油漆涂饰施工中，会直接或间接地影响到方便涂饰、漆膜外观质量和耐久性，以及节约材料等多方面的实效。传统的油漆施工配料工艺比较复杂，且要求较为严格、烦琐，如腻子的自制、涂料色彩的调配、木质面填孔料调配、对油漆施工黏度的调配、油性漆的调配、硝基漆韧性的调配、无光色漆的调配等。随着科技进步和建材业的发展，油漆施工材料的现场配料工作将会逐渐减少，而成熟的油漆商品将会越来越多。

四、溶剂型油漆的施涂

（一）油漆的刷涂

在现代室内装饰装修工程中，油漆的刷涂施工多用于需要显露木纹的清漆透明涂饰，按上述工序要求进行精工细作，会体现出木装修的优异特点，创造出美观的饰面。对于混色的油漆，通常是采用手工涂装局部木质材料造型及线脚类表面，以取得较为丰富的色彩效果。

油漆刷涂的优点是：操作简便，节省材料，不受场地大小、物面形状与尺寸的限制，涂膜的附着力和油漆的渗透性等均优于其他涂饰的做法。其缺点是：工效比较低，涂膜外观质量不够理想。对于挥发性比较迅速的油漆（如硝基漆等），一般不宜采用刷涂施工方法。

（二）油漆的喷涂

喷涂做法所用的油漆品种与刷涂做法正好相反，应当采用干燥速度快的挥发性油漆。油漆喷涂的类别和方式有空气喷涂、高压无气喷涂、热喷涂及静电喷涂等。在建筑装饰装修工程施工现场，采用最多的是空气喷涂和高压无气喷涂。

1. 空气喷涂

空气喷涂也称为有气喷涂，即指利用压缩空气作为喷涂动力的油漆喷涂，其主要机具是油漆喷枪，操作比较简便，喷涂迅速，质量较好。油漆喷涂常用的喷枪型式，主要有吸出式、对嘴式和流出式，如图 7-3 所示。使用最广泛的是对嘴式 PQ-1 型和 PQ-2 型喷漆枪，其工作参数如表 7-14 所列。

(a) 吸出式喷枪　　　(b) 对嘴式喷枪　　　(c) 流出式喷枪

图 7-3　油漆喷涂常用的喷枪类型

表 7-14　对嘴式及吸出式喷枪的主要工作参数

主要工作参数	PQ-1 型	PQ-2 型
工作压力/MPa	0.28～0.35	0.40～0.60
喷涂有效距离为 25cm 时的喷涂面积/cm²	3～8	13～14
喷嘴的直径/mm	0.2～4.5	1.8

2. 高压无气喷涂

高压无气喷涂通常是利用 0.4～0.8MPa 的压缩空气作为动力，带动高压泵将油漆涂料吸入，加压至 15MPa 左右通过特制的喷嘴喷出。承受高压的油漆涂料喷至空气中时，即刻剧烈膨胀雾化成扇形气流射向被涂饰物的表面。高压无气喷涂设备，如图 7-4 所示，可以喷涂高黏度油漆涂料，施工效率高，喷涂质量好，喷涂过程中涂料损失很小，饰面涂膜较厚，遮盖率高，涂层附着力也优于普通喷涂。由于操作时产生的漆雾少，所以改善了操作者的劳动条件，并增强了喷涂施工的安全性。

图 7-4　高压无气喷涂设备

3. 喷涂施工

普通油漆喷涂施工比较简单，其喷涂的基本工序如表 7-15 所列。

表 7-15　普通油漆喷涂施工的主要工序

项次	主要工序	说　明
1	基层处理	按各种物体表面基层处理的常规做法
2	喷涂底漆	基层处理干燥后进行，用底漆封闭基层
3	嵌批腻子	分层嵌补凹坑、裂缝等，先后满刮两道腻子并分别砂磨平整、清扫干净
4	喷涂第二道底漆	为加强后道腻子的黏结力，进一步封闭基底层
5	涂抹刮平腻子	用以嵌补二道底漆后的细小洞眼，干燥后用水砂纸打磨，并清洗干净
6	喷涂第三道底漆	底漆干燥后用水砂纸打磨，并用湿布将表面擦净
7	喷涂 2～3 道面漆	面漆喷涂由薄至厚，但不可过薄或过厚，各道面漆均用水砂纸打磨
8	擦"砂蜡"和上光蜡	"砂蜡"擦到表面十分平整，上光蜡擦到出现光亮

（三）油漆的滚涂

油漆的滚涂是油漆涂饰中最常用的方法，主要包括底漆、中间涂层和面漆，凡是可以采用滚涂的油漆品种及其油漆涂层，必要时均可使用滚涂工具施涂。选用羊毛、马海羊、化纤绒毛及泡沫塑料之类的不同辊筒套筒，在涂料底盘或置于油漆涂料桶内的辊网上滚蘸油漆，然后再于被涂饰物表面上轻轻滚压而达到涂饰的效果。

在油漆滚涂中，应有顺序地朝一个方向滚涂，有光或半光油漆的最后一遍涂层，应当进行表面滚压处理，或用油漆刷子配合涂饰涂层的表面。油漆滚涂所用的工具，如图 7-5 所示。

(a) 一般辊筒　　　　　　　(b) 异型辊筒　　　　　　(c) 压力送料辊筒

(d) 涂料底盘　　　　　　　　　　　(e) 辊网

图 7-5　油漆滚涂所用的工具

（四）油漆的擦涂

作为在木质材料表面做透明涂饰以及打蜡抛光等特殊手工工艺，采用专用油漆擦具，或是采用棉丝、刨花或竹丝等软质疏松材料，运用圈涂、横涂、直线涂和顺物面转角涂等不同方式进行擦涂操作。

1. 擦涂填孔料

擦涂填孔料是用棉丝等浸透填孔料对整体物面进行圈涂，使填孔的材料充分擦入木料的管孔内，在填孔料完全干固前扫除多余的浮粉。先以圆圈式擦涂后再顺着木纹方向擦，同时剔除和清理边角及线脚部位的积粉；注意不能等待填孔料干燥后再擦，以防止擦掉管孔内的粉质，并防止影响表面色泽的均匀性。擦涂要做到快速、均匀、洁净，不允许有穿心孔、横擦痕迹，周边也不允产生粉料积累等现象。水性填孔料着色力较强，操作时更需要认真细致，对于细小部位要随涂、随擦。

2. 擦涂虫胶清漆

擦涂用的虫胶清漆的虫胶含量为 30%～40%，酒精纯度 80%～90%；虫胶漆应逐渐稀释，擦涂至最后的虫胶漆中大部分为酒精而只含少量的漆片。局部不宜多擦，有棕眼处宜用棉丝蘸着虫胶漆后再蘸浮石粉进行擦涂。在大面积擦涂时，可将少量浮石粉或滑石粉撒匀，滴入少量亚麻油以减轻擦涂阻力，且可擦进木料的管孔。擦涂过程中不能半途停工，否则停顿处的漆膜会变厚、颜色加深；施工现场的温度应大于 18℃，相对湿度控制在 60%～70%，否则由于虫胶漆吸潮，而造成涂膜泛白质量问题。

3. 擦涂着色颜料

擦涂着色颜料是将颜料调成糊状，用毛刷蘸取后在被涂饰物面上涂刷均匀，每次涂刷面积为 0.5m² 左右，然后用浸湿后拧干的软布用力涂擦，填平所有的棕眼后，再顺着木纹擦掉多余颜料。各个施工分段要在 2～3min 内完成，间隔时间不要过久，以免颜料干燥形成接槎痕迹。待被涂饰物面全部着色后，再用干布满擦一遍。

4. 擦"砂蜡"及上光蜡

砂蜡是专用于油漆涂层抛光的辅助材料，是由细度高、硬度小的磨料粉与油脂或黏结剂混合而制成的膏状物。上光蜡是溶解于松节油中的膏状物，主要有汽车蜡和地板蜡两类。砂蜡和上光蜡为常用的涂饰工程的抛光材料，其基本组成参见表 7-16 所列。

表 7-16　抛光材料的组成和应用

名称	材料组成				主要用途
	成　分	配合比(质量比)			
		Ⅰ	Ⅱ	Ⅲ	
砂蜡	硬蜡(棕榈蜡)	—	10.0	—	主要用于擦平硝基漆、丙烯酸漆、聚氨酯漆等漆膜表面的凹凸不平处,并可消除涂层表面的发白污染、橘皮现象及粗粒造成的饰面不良影响
	液体石蜡	—	—	20.0	
	白蜡	10.3	—	—	
	皂片	—	—	2.0	
	硬脂酸锌	9.5	10.0	—	
	铅红	—	—	60.0	
	硅藻土	16.0	16.0	—	
	蓖麻油	—	—	10.0	
	煤油	40.0	40.0	—	
	松节油	24.0	—	—	
	松香水	—	24.0	—	
	水	—	—	8.0	
上光蜡	硬蜡(棕榈蜡)	3.0	20.0		主要有乳白色的汽车蜡和黄褐色的地板蜡,可用于油漆涂料饰面的最后抛光,增加漆膜亮度,并可使之具有一定的防水和防污物粘附作用,延长涂层寿命
	白蜡	—	5.0		
	合成蜡	—	5.0		
	牦脂锰皂液/%	—	5.0		
	松节油	10.0	40.0		
	"平平加 O"乳化液	3.0	—		
	有机硅油	0.005	少量		
	松香水	—	25.0		
	水	83.995			

　　在擦"砂蜡"时,先将砂蜡捻细浸入煤油内使之成糊状,即用棉纱蘸取后顺着木纹方向着力进行涂擦。涂膜的面积由小到大,当表面呈现光泽后,用干净的棉纱将表面多余的砂蜡擦除;如果此时光泽还不满足时,需另用棉纱蘸取少许煤油以同样方法反复擦涂至透亮为止,最后擦净残余的煤油。

　　当聚氨酯或硝基漆面不采用擦"砂蜡"时,也可使用酒精与稀释剂的混合液进行擦涂抛光。其具体做法是:酒精和香蕉水的混合液用于硝基漆面的抛光;酒精与聚氨酸稀释剂的混合液用于聚氨酯涂膜表面的抛光。混合液的配比要根据气温条件适当掌握,当环境气温大于25℃时,酒精与稀释剂的配合比为 7∶3 或 6∶4,当环境气温为 15～25℃时其配合比为1∶1。

五、聚氨酯水性漆的施涂

　　聚氨酯水性漆是一种取代传统溶剂油基漆的典型产品。这种产品系采用航天高科技及先进工艺设备,以甲苯三异氰酸酯、聚醚和扩链剂等为主要原料经预聚、扩链、中和、乳化等工序精制而成的单组分水性漆。

　　聚氨酯水性漆以清水为分散剂,无毒、无刺激性气味,对环境无污染,对人体无毒害,属于一种"环保型"产品;涂装后漆膜坚硬丰满,韧性较好,表面平整,漆膜光滑,附着力强,耐磨耐候,干燥迅速,质量可靠。

　　聚氨酯水性清漆与溶剂型清漆的性能对比如表 7-17 所列。

表 7-17　聚氨酯水性清漆与溶剂型清漆的性能对比

项　目	聚氨酯水性漆	溶　剂　型　漆
环保性能	无毒、无臭、无污染，涂装后即可投入使用	有毒、有异味、有污染，涂饰后有害成分较长时间内难以散尽
有机溶剂	不含苯、醛、酯等有害溶剂	含有苯、醛、酯等有害溶剂
稀释剂	清水	香蕉水、二甲苯
施工技术	施工简单，容易掌握，不需要特殊技巧	操作复杂，不易掌握，须有专业技术
施工工期	全套涂饰过程一般需 2～3d	全套涂饰过程一般需 4～8d
显示性能	漆膜透明，可真实展现木纹效果	漆膜易发黄变色
安全性	运输贮存和使用较安全	运输、贮存和使用时容易发生燃烧爆炸等事故
单位面积用量	$0.03～0.05kg/m^2$（以一遍涂层计）	$0.08～0.13kg/m^2$（以一遍涂层计）
单位面积费用	20～35 元/m^2	18～32 元/m^2
涂膜附着力	特强	较强
干燥时间	表面干燥 15min，实干小于 3h	表面干煤 30min，完全固化 12h
稳定性	稳定	容易变干
流平性	优，刷涂无痕迹	较差，容易产生涂刷痕迹
耐久性	优于传统油漆，为硝基漆的 2 倍以上	

　　我国生产的聚氨酯水性漆的主要品种有：光亮漆、全亚型漆、有色底漆和色漆等，可用于室内装修、木器制品、竹器制品、藤器制品及地板的保护和装饰。该系列产品已被应用于国家奥林匹克体育中心综合馆，使用实践证明：其施工的简易性、干燥速度、漆膜硬度、耐磨性、色泽光度、阻燃性、环保性能等各项指标，均符合国家标准的规定。

1. 涂饰工艺要点

　　（1）基层的表面应当在干燥后进行涂饰，并且先对基层表面进行清扫，使其无灰尘、无油污及其他化学物质。

　　（2）产品黏度已调配至最佳状态，施工时不需要再添加任何助剂，不可与其他油漆混用；所用腻子应采用该产品配套的专用复合底漆。

　　（3）除光亮漆以外，其他品种在施工前必须搅拌均匀，过滤后静置的时间要大于 5min，待表面泡沫消失后才能使用。

　　（4）木质材料表面涂饰清漆时，可按下述工序进行：①刷涂清漆 1 遍，补钉眼，用 180 号以上砂纸磨平；②喷涂清漆一遍；③采用复合底漆（取代普通腻子的作用）刮涂 2 遍，用 400 号以上砂纸磨平；④喷涂清漆 2～3 遍，用 1000 号以上砂纸磨平；⑤喷涂防水清漆 1 遍。

　　（5）木质材料表面施涂色漆时，可按下述工序进行：①先刷涂清漆 1 遍，补钉眼，用 180 号以上砂纸磨平；②再喷涂清漆一遍；③采用复合底漆（取代普通腻子的作用）刮涂 2 遍，用 400 号以上砂纸磨平；④喷涂有色漆 2～3 遍，用 400 号以上砂纸磨平；⑤喷涂清漆 2～3 遍，用 1000 号以上砂纸磨平；⑥最后喷涂防水清漆 1 遍。

　　（6）被涂饰物的面为水平面或平放状态时，漆层涂饰可以略厚；立面涂饰时要注意均匀薄刷，防止产生流坠。

　　（7）在进行最后一遍涂刷时，允许加入适量的清洁水将漆料调稀，以便涂刷均匀和较好地覆盖。

　　（8）根据施工的环境空气中的干湿度，适当控制每遍漆层的厚薄及间隔时间，北方地区空气干燥时，涂饰可以略厚，间隔时间稍短；南方地区湿度较大时，涂饰可以略薄，间隔时间可以适当加长。

（9）对于聚氨酯水性漆膜可能出现的质量问题，可参考表7-18中的方法予以适当预防和处理。

表 7-18　聚氨酯水性漆膜可能出现的质量问题及其预防和处理方法

质量问题	原 因 分 析	预防和处理方法
有涂刷痕迹	①涂刷用具比较粗硬；②反复刷涂；③涂层即将干燥时复刷；④刷涂时用力太大	①采用细羊毛刷；②不要重复多刷；③漆膜即将干燥时不可重刷；④轻刷
流痕或堆积	涂刷过厚，基层不平	每遍涂刷适当减薄，基材平放或处理平整
湿漆膜有气泡	搅拌后气泡未完全消失；涂刷不当	应待气泡全部消失后涂刷；涂刷时注意轻刷；将有气泡处刷涂一次或将气泡吹破
湿漆膜不平整或光泽不均匀	漆层未干时遇水；搅拌不均匀；涂饰施工不均匀；涂刷用力不均匀	打磨后重新涂刷；注意漆料搅拌均匀；刷涂或喷涂时注意均匀；刷涂用力要均匀
漆膜缩孔	混入有机溶液或其他油性物质	用水磨清除后重新涂刷
附着力较差	基材有油性物质；打磨后清除不干净；腻子附着力差；涂层干燥速度过快	基材处理干净再涂刷；须采用梦迩底漆替代腻子材料；适当加厚涂层或在涂饰前用细砂纸适当打磨基层的表面
丰满度较差	未刮复合底漆；施涂饰遍数少	应刮涂复合底漆将基层填补平整；适当增加涂饰的遍数
手感较差	施工环境中浮尘多；打磨不好；漆料未经过过滤	清洁施工环境；认真打磨；漆料要经过200目以上纱布过滤；饰面可打蜡，也可用湿布擦拭一遍

2. 聚氨酯水性漆的贮存

（1）冬季宜注意防冻，贮存温度一般应在0℃以上；聚氨酯水性漆一旦出现冻结，将其加热融化后依然可以照常使用。

（2）夏季应注意避免阳光暴晒或长时间处于高温环境，其贮存温度应低于40℃，应存于阴凉透风处。

（3）聚氨酯水性漆在5～35℃温度下保质期一般为18个月，过期的产品应经检验合格后方可使用。

第三节　建筑涂料涂饰施工

建筑涂料的涂饰施工，在实际工程中有两种情况：一是施工单位根据设计要求和规范规定按所用涂料的具体应用特点进行涂饰施工；二是由提供涂料产品的生产厂家自备或指定的专业施工队伍进行施工，并确保涂饰工程质量的跟踪服务。鉴于新型涂料产品层出不穷，且施工工艺日新月异，本节除对室内涂料涂饰施工基本技术概略讲述外，仅举例介绍部分不同类别的涂料产品及其涂饰要点。

一、室内涂饰施工基本工艺

（一）涂料喷涂施工工艺

喷涂施工的突出优点是涂膜外观质量好，工效高，适合于大面积施工，并可通过调整涂料黏度、喷嘴口径大小及喷涂压力而获得不同的装饰质感。

1. 喷涂施工的机具

涂料喷涂施工所用的机具比较简单，主要有空气压缩机、喷枪及高压胶管等，也可以采用高压无气喷涂设备。

2. 一般的喷涂工艺

（1）基层处理后，用稍作稀释的同品种涂料打底，或按所用涂料的具体要求采用其成品封底涂料进行基层封闭涂装。

（2）大面积喷涂前宜先试喷，以利于获得涂料黏度调整、准确选择喷嘴及喷涂压力的大小等涂饰数据；同时，其样板的涂层附着力、饰面色泽、质感和外观质量等指标应符合设计要求，并经建筑单位（或房屋的业主）认可后再进行正式喷涂施工。

（3）喷涂时，空气压缩机的压力控制在 $0.4 \sim 0.8$ MPa 范围内，排气量一般为 $0.6 \mathrm{m}^3/\mathrm{h}$。根据气压、喷嘴直径、涂料稠度适当调节气门，以将涂料喷成雾状为佳。

（4）喷枪与被喷涂面应保持垂直状态，喷嘴距喷涂面的距离，以喷涂后不流挂为度，通常为 500mm 左右，喷嘴应与被喷涂面作平行移动，运行中要保持匀速。纵横方向以 S 形状连续移动，相邻两行喷涂面重叠宽度宜控制在喷涂宽度的 1/3。当喷涂两个平面相交的墙角时，应将喷嘴对准墙角线。

（5）涂层不应出现有施工接槎，必须接槎时，其接槎应在饰面较隐蔽部位；每一独立单元墙面不应出现涂层接槎。如果不能将涂层接槎留在理想部位，第二次喷涂必须采取遮挡措施，以避免出现不均匀缺陷。若涂层接槎部位出现颜色不匀，可先用砂纸打磨掉较厚涂层，然后大面满涂，不应进行局部修补。

（6）按设计要求进行面层较粗颗粒涂料喷涂时，涂层以盖底为佳，不宜过厚。喷嘴直径可根据涂层表面效果及所用喷枪性能适当选择，一般如砂粒状喷涂可用 $4.0 \sim 4.5$mm 的喷嘴；云母片状可用 $5.0 \sim 6.0$mm 的喷嘴；细粉状可用 $2.0 \sim 3.0$mm 的喷嘴；外罩薄涂料时可选用 $1.0 \sim 2.0$mm 直径的喷嘴。

（二）涂料滚涂施工工艺

涂料滚涂也称为辊涂，即将相应品种的涂料采用纤维毛滚（辊）类工具直接涂装于建筑基面上；或是先将底层和中层涂料采用喷涂或刷涂的方法进行涂饰，而后使用压花辊筒压出凹凸花纹效果，表面再罩面漆的浮雕式施工做法。采用滚涂施工的装饰涂层外观浑厚自然，或形或明晰的图案，具有良好的质感。

1. 滚涂施工的工具

滚涂所用的施工工具，一般为图 7-5 所示的油漆滚涂用具，其中最常用的合成纤维长毛绒滚筒，绒毛长度为 $10 \sim 20$mm；有的表面为橡胶或塑料，此类压花辊筒主要用于涂层上滚压出浮雕式图案效果。

2. 滚涂施工工艺

（1）滚涂施工的首要关键是涂料的表面张力，应适于滚涂做法。要求所有涂料产品具有较好的流平性能，以避免出现拉毛现象。

（2）采用滚涂的涂料产品中，填充料的比例不能太大，胶黏度不能过高，否则施涂后的饰面容易出现皱纹。

（3）采用直接滚涂施工时，将蘸着涂料的滚子先按照"W"式运动，将涂料大致滚涂于基层上，然后用不蘸取涂料的毛辊紧贴基层上下、左右往复滚动，使涂料在基层上均匀展开；最后用蘸取涂料的滚子按一定方向满涂一遍。阴角及上下口等转角和边缘部位，宜采用排笔或其他毛刷另行刷涂修饰和找齐。

（4）浮雕式涂饰的中层涂料应颗粒均匀，用专用塑料或橡胶辊筒蘸煤油或水均匀滚压，注意涂层厚薄一致；完全固化干燥后（间隔时间宜>4h），再进行面层涂饰。

当面层采用水性涂料时，浮雕涂饰的面层施工应采用喷涂。当面层涂料为溶剂型涂料时，应采取刷涂做法。

（三）涂料刷涂施工工艺

涂料的刷涂法施工大多用于地面涂料涂布，或者用于较小面积的墙面涂饰工程，特别是装饰造型、美术涂饰或与喷涂、滚涂做法相配合的工序涂层施工。刷涂的施工温度不宜太低，一般不得小于10℃。

1. 涂刷施工的工具

建筑涂料的涂刷工具通常为不同大小尺寸的油漆刷和排笔等，油漆刷子多用于溶剂型涂料（油漆）的刷涂操作，排笔适用于水性涂料的涂饰。必要时，也可以采用油画笔、毛笔、海绵块等与刷涂相配合进行美术涂装。

采用排笔刷涂时的附着力较小，刷涂后的涂层较厚，油漆刷子则反之。在施工环境气温较高及涂料黏度较小而容易进行刷涂操作时，可选择排笔刷涂操作；在环境气温较低、涂料黏度较大而不宜采用排笔时，宜选用油漆刷子涂刷。也可以第一遍用油漆刷子涂淋，第二遍再用排笔涂刷，这样涂层薄而均匀，色泽一致。

2. 涂刷施工工艺

一般的涂料刷涂工程两遍即可完成，每一刷（或排笔）的涂刷拖长范围约在20～30cm，反复涂刷2～3次即可，不宜在同一处过多涂抹，如果过多易造成涂料堆积、起皱、脱皮、塌陷等弊病。两次刷涂衔接处要连续、严密，每一个单元的涂饰要一气刷完。涂刷施工工艺的施工要点如下。

（1）刷涂操作应按照先左后右、先上后下、先难后易、先边角后大面（先刷涂边角部位后涂刷大面）的顺序进行。

（2）室内装饰装修木质基层涂刷清漆时，木料表面的节疤、松脂部位应当用虫胶漆进行封闭；钉眼处应用油性腻子嵌补。在刮腻子、上色之前，应涂刷一遍封闭底漆，然后反复对局部进行拼色和修色。每修完一次，刷一遍中层漆，干燥后再打磨，直至色调统一，最后涂饰透明清漆罩面涂层。

（3）木质基层涂刷调和漆时，应先刷清油一遍，待其干燥后用油性腻子将钉眼、裂缝、凹凸残缺处补填并刮平整，干燥后打磨光滑，再涂刷中层和面层油漆。

（4）对泛碱、析出盐的基层，应先用3%的草酸溶液进行清洗，然后用清水冲刷干净或在基层满刮一遍耐碱底漆，待其干燥后刮腻子，再涂刷设计的面层涂料。

（5）涂料（油漆）表面的打磨，应待涂膜完全干透后进行；打磨时应注意用力均匀，不得将涂膜磨透而露出底层。

二、多彩喷涂施工工艺

多彩喷涂涂料即多彩内墙涂料（MC），其传统产品为水包油型（O/W）涂料，即指由两种或两种以上的油性着色粒子悬浮在水性介质中，经喷涂后能形成多彩涂层的建筑内墙涂料。多彩喷涂的涂层，可在一种面层中同时展现多种色彩和花纹的立体效果，故有"无缝墙纸"之称，但它不会出现壁纸裱糊饰面极易发生的突显接缝、开胶、发霉等缺陷。

水包油型多彩涂料：由于多彩涂料所形成的涂膜和施工方式为厚质复层，特别是其优异的装饰效果以及防潮防污、坚固耐久、耐化学侵蚀、耐洗刷并可降低室内噪声等良好的使用性能，因而曾经盛行于世。然而，水包油型多彩涂料所含挥发性溶剂的毒副作用会污染环境，会对人体造成一定伤害，势必被市场淘汰。

根据国家建工行业标准《多彩内墙涂料》（JG/T 3003—1993）中的规定，水包油型多彩内墙涂料的技术性能要求如表 7-19 所列。

表 7-19　多彩内墙涂料的技术性能

试验类别	项　目	技　术　指　标
涂料性能	容器中的状态	搅拌后呈均匀状态，无结块
	黏度（25℃，KU　B 法）/(mPa·s)	80～100
	不挥发物含量/%	≥19
	施工性	喷涂无困难
	贮存稳定性（0～30℃）/月	6
涂层性能	实干时间/h	≤24
	涂膜外观	与样本相比无明显差别
	耐水性（去离子水，23℃±2℃）	96h 不起泡、不掉粉，允许有轻微失光和变色
	耐碱性（饱和氢氧化钙溶液，23℃±2℃）	48h 不起泡、不掉粉，允许有轻微失光和变色
	耐洗刷性/次	≥300

三、天然岩石漆涂饰施工工艺

天然岩石漆也称为真石漆、石头漆、花岗石漆等，是由天然石料与水性耐候树脂混合加工制成的新产品，为资源的再生利用的一种高级水溶性建筑装饰涂料。这种涂料不仅具有凝重、华美和高档的外观效果，而且具有坚硬耐用、防火隔热、防水耐候、耐酸碱、不褪色等优良特点，可用于混凝土、砌筑体、金属、塑料、木材、石膏、玻璃钢等材质表面的涂装，设计灵活，应用自由，施工简易。

1. 涂饰基层的要求

（1）被涂基体的表面不可有油脂、脱模剂或疏松物等影响涂膜附着力的物质，如果有此类物质应彻底清除。

（2）结构体不能有龟裂或渗漏，必要部位应先做好修补和防水处理。

（3）建筑基体应确保其干燥，新墙体应在干燥后 24h 以上才可进行涂料的施涂。

（4）基层表面有旧涂膜时，应先做涂料附着力及溶剂破坏实验，合格后才能进行涂饰施工。否则，必须将旧涂膜清除干净。

（5）若被涂饰基层为木质材料时，应注意封闭木材色素的渗出对涂料饰面的影响，宜先涂布底漆两遍或两遍以上，直至木质材料基层表面看不出有渗透色现象为止。

2. 天然岩石漆的施工要点

在正式施工前应对基层进行认真检查，确保基层符合涂料涂饰的要求。同时，应按设计要求进行试喷，作出小面积样板，以确定操作技巧及色彩和花样的控制标准。

（1）喷涂或滚涂底漆 1～2 遍，确保均匀并完全遮盖被涂的基层。

（2）待底漆涂层完全干燥（常温下一般 3～6h）后，即可均匀喷涂主涂层涂料 1～2 遍，一般掌握 6～8kg/m² 的用量，涂层厚度为 1.5～3.0mm，应能够完全覆盖底漆表面。

（3）待主漆涂层彻底干燥后，均匀喷涂或滚涂罩面漆，面漆一般为特殊水溶性矿物盐及高分子的结合物。这样可以增加美感并延长饰面的寿命。

（4）岩石漆喷涂施工时，需使用相应的专门喷枪，并应按下述方法操作：①检查各紧固连接部位是否有松动现象；②调整控制开关以控制工作时的气压；③旋转蝶形螺帽，变动气嘴前后位置，以调整饰面的粒状（花点）大小；④合理控制喷枪的移动速度；⑤气嘴口径有 1.8mm 和 2.2mm 等多种，涂料嘴内径分为 4mm、6mm、8mm 等，可按需要配套选用；

⑥用完后注意及时洗净、清除气管与固定节间的残余物，以防止折断气管。

3. 涂饰施工中注意事项

（1）在岩石漆的主涂层干燥后，应注意检查重要大面部位，以及窗套、线脚、廊柱或各种艺术造型转角细部，是否有过分尖利锐角影响美观和使用安全，否则应采取必要的磨除技术措施。

（2）天然岩石漆的产品在贮存中，用不生锈的铁桶包装可在 25℃ 干燥库房保存 10～12 个月，施工前注意搅拌均匀。

四、乳胶漆涂料施工工艺

（一）"水性封墙底漆"施工工艺

"水性封墙底漆"为改良的丙烯酸共聚物乳胶漆产品，适用于砖石建筑结构墙体的表面、混凝土墙体的表面、水泥砂浆抹灰层表面及各种板材表面，特别适用于建筑物内外结构高碱性表面作基层封闭底漆，可有效地保护饰面层乳胶漆漆膜不受基体的化学侵蚀而遭破坏变质。

1."水性封墙底漆"的技术性能

"水性封墙底漆"具有附着力强、防霉抗藻性能好、抗碱性能优异、抗风化粉化、固化速度快等突出优点。该产品的主要技术性能，如表 7-20 所列。

表 7-20 "水性封墙底漆"主要技术性能

项 次	技术性能项目	技术性能指标
1	容器中的状态	均匀白色黏稠液体
2	固体含量/%	＞50（体积计）
3	表观密度/（kg/L）	1.42±0.03
4	黏度（K 值，KU B 法）/（mPa·s）	80～85
5	涂膜表面干燥时间/min	10（30℃）
6	涂层重涂时间/h	5
7	盖耗比（理论值，30μm 干膜厚度计）/（m²/L）	12.7

2. "水性封墙底漆"的基层处理

"水性封墙底漆"采用刷涂或滚涂方式进行施涂，要求被封闭的基层应确保表面洁净、干燥，并应整体稳固。因此，对基层的处理应注意以下事项。

（1）对于基层表面的灰尘粉末，应当彻底清除干净，室外可用高压水冲洗，室内可用湿布擦净。

（2）旧漆膜或模板脱模剂等，采用相应的物理化学方法进行清除，如冲洗、刮除、火焰清除等。

（3）基层不平整或残留灰浆，应采用剔凿或机具进行打磨；必要时采用相同的水泥砂浆予以修补平整。

（4）基层的含水率必须控制在小于 6%；并严格防止建筑基体的渗漏缺陷。

（5）基层表面的霉菌，采用高压水冲洗；或用抗霉溶剂清除后，再用清水彻底冲洗干净。

（6）对于油脂污渍，可用中性清洁剂及溶剂清除，再用清水彻底洗净。

3. 涂饰施工的注意事项

"水性封墙底漆"在稀释时，可采用清洁水，加水的比例最大值为 20%。施工时应避免直接接触皮肤。施工完毕后必须用清水将工具清洗干净。剩余的涂料必须盖好封严，存放于阴凉干燥处。

（二）丝绸乳胶漆施工工艺

栢纷牌丝绸乳胶漆为特殊改良的醋酸共聚乳胶漆内墙涂料，可用于混凝土、水泥砂浆及木质材料等各种表面的具有保护性能的涂膜装饰。漆面有丝绸质感及淡雅柔和的丝光效果。施工比较简易，具有防碱的性能。

1. 丝绸乳胶漆的技术性能

（1）固体含量　丝绸乳胶漆的固体含量与"水性封墙底漆"差不多，一般大于48%（体积计）。

（2）表观密度　丝绸乳胶漆的表观密度与"水性封墙底漆"相同，一般为（1.42±0.03)kg/L。

（3）黏度　丝绸乳胶漆比"水性封墙底漆"的黏度稍大些，一般为96kU。

2. 丝绸乳胶漆的使用方法

丝绸乳胶漆可采用刷涂、滚涂或喷涂的方法施涂，可选用其色卡所示的标准色，也可由用户提出要求进行配制。

其施工温度要求大于5℃；在"水性封墙底漆"干燥后，涂饰丝绸面漆2遍，二者间隔时间至少要2h；可用清水进行稀释，但加水率不得大于10%。

所有工具在用完后应及时用清水冲洗干净，施工时尽可能避免直接接触皮肤。涂料贮存环境应当阴凉干燥，其保质期一般为36个月。

（三）珠光乳胶漆施工工艺

珠光乳胶漆为改良的苯丙共聚物乳胶漆，继承了水性与油性漆的共同优点，是一种漆膜细滑并有光泽的装饰性涂料，可用于建筑内墙或建筑外墙。施工后形成的漆膜坚韧耐久，无粉化或爆裂等不良现象，不褪色，抗水性能佳，容易清洗，耐候性能优异。

1. 珠光乳胶漆的技术性能

（1）固体含量：（37±3)%（以体积计）。

（2）表观密度：(1.42±0.03)kg/L（白色）。

（3）干燥时间：30min触干；1h硬固。

（4）重涂时间：至少2h。

2. 珠光乳胶漆的施工要点

（1）基层处理　做法同上述，必要时用防藻、防霉溶液清洗缺陷部位。

（2）涂底漆　在处理好的基层表面，宜涂刷一道封闭底漆。

（3）涂珠光漆　栢纷珠光乳胶漆可采用刷涂、滚涂或高压无气喷涂，先后涂饰2层。如需进行稀释，可用清水，但加水量应≤15%。涂布盖耗比的理论值，为9.3m²/L（以40μm的涂膜厚度计）。施工温度应大于5℃。

3. 珠光乳胶漆的注意事项

所有工具使用后，应及时用清水冲洗干净。施工时要避免涂料直接接触皮肤，接触后应及时用清水冲洗。涂料应存放于阴凉干燥处，其保质期一般为36个月。

（四）外墙乳胶漆施工工艺

1. 半光外墙乳胶漆

半光外墙乳胶漆5100产品，是以苯丙乳液为基料的高品质半光水性涂料，对建筑外墙面提供保护和装饰作用。该产品具有优良的附着力，涂膜色泽持久，能抵御天气变化，能抵抗碱和一般化学品的侵蚀，不易黏尘，并具有防霉性能。

（1）技术参数　半光外墙乳胶漆的固体含量为40%；颜色按内墙产品的标准色选择，有6000类、7000类和8000类标准颜色。涂层施工后2h表干，8h坚硬固结；当施工温度为25℃、相对湿度为70%时，重涂间隔时间至少在3h以上。

（2）基层处理　基层应当清除污垢及粘附的杂质，其表面应保持洁净、干燥，并已经涂刷底漆。旧墙表面可用钢丝刷清除松浮或脱落的旧漆膜，在涂漆前用钢丝刷或高压洗墙机除去粉化漆膜，再涂刷底漆。

（3）施工操作　可以采用人工刷涂、滚涂、普通喷涂或无气喷涂，涂料不需要进行稀释。如果需要稀释时，普通喷涂为10份油漆加2份清水，其他做法为10份油漆加1份清水。涂料的理论耗用量为7.6m²/L（以涂膜厚度50μm计）。

（4）注意事项　半光外墙乳胶漆的贮存和使用，应当注意以下事项：①该产品不能贮存于温度低于0℃的环境中，在涂饰施工时的温度不得低于5℃；②在涂饰过程中必须注意空气的流通，并应避免沾染皮肤及吸入过量的油漆喷雾；③如果涂料已沾染皮肤，应及时用肥皂和温水，或适当的清洗剂冲洗。如果被涂料沾染了眼睛，应立即用清水或稀释的硼酸冲洗至少10min，并立即请医生治疗。

2. 高光外墙乳胶漆

栢纷牌高光外墙乳胶漆5300型产品，是以纯丙烯酸为基料的高品质高光泽外用乳胶漆，涂膜坚固，附着力强，具有特别的耐变黄性及优良的抗霉性能，色泽持久，能抵抗一般酸、碱、溶剂及化学品的侵蚀，并能抵御各种天气变化。

（1）主要技术参数　高光外墙乳胶漆产品的主要技术性能和施工参数如下。

① 固体含量　一般为55%。

② 理论涂布耗用量　9.0m²/L（以涂膜厚度50μm计）。

③ 重涂时间间隔　在施工温度25℃、相对湿度为60%～70%情况下，最少6h，最多不限。

④ 涂膜干燥时间　在施工温度25℃、相对湿度为70%情况下检测，表面干燥2h，坚硬固结为24h。

⑤ 色彩选择　按栢纷牌内墙乳胶漆6000类、7000类和8000类标准颜色选定。

（2）基层处理　先清洁基层表面并保持干燥，旧墙面可用钢丝刷清除松软的旧漆膜或用高压洗墙机除去粉化旧漆膜。涂刷适当的底漆，干透后除去杂质。

（3）涂装施工　在涂装该产品时，施工的环境温度不得低于5℃，并应注意以下要点。

① 可采用扫涂（刷涂）、滚涂、普通喷涂或高压无气喷涂的施工方法。

② 采用刷涂、滚涂及无气喷涂做法时，无需稀释涂料就可以施工。在采用普通喷涂施工时，如果需要对涂料加以稀释，可加入小于乳胶漆用量20%的清洁水进行稀释。

③ 施工时必须注意空气流通；应尽可能避免沾染皮肤或吸入过量的涂料喷雾。若已经沾染皮肤，应及时用肥皂和温水，或适当的清洗剂冲洗。如果被涂料沾染了眼睛，应立即用清水或稀释的硼酸冲洗至少10min，并立即请医生治疗处理。

（4）产品贮存　该产品应贮存于阴凉干燥的地方，贮存的环境温度不得低于0℃；产品所贮存的位置，应是儿童不可能接触到的地方。

第四节 **涂料饰面工程质量控制**

工程实践证明，建筑涂料作为装饰、装修材料所起的作用，比其他建筑材料如壁纸、壁布、面砖、马赛克等有许多突出优点。如何使涂饰工程实现上述作用，关键是在于确保其施工质量，使涂饰工程的质量达到现行施工规范的标准。由此可见，重视涂饰工程的质量控制是一项非常重要的工作。

涂饰工程施工过程中的质量控制，是确保涂饰工程质量符合设计要求的根本措施。质量控制的内容很多，主要包括对涂料技术要求的控制、对涂料施工环境条件的控制和对涂饰基层处理的控制等方面。

一、涂饰工程的一般规定

（1）涂饰工程的质量控制适用于水性涂料涂饰、溶剂型涂料涂饰、美术涂饰等分项工程的质量验收。

（2）涂饰工程验收时应检查下列文件和记录：①涂饰工程的施工图、设计说明及其他设计文件；②材料的产品合格证书、性能检验报告、有害物质限量检验报告和进场验收记录；③施工记录。

（3）各分项工程的检验批应按下列规定划分：①室外涂饰工程每一栋楼的同类涂料涂饰的墙面每 500～1000m² 应划分为一个检验批，不足 500m² 也应划分为一个检验批；②室内涂饰工程同类涂料涂饰墙面每 50 间（大面积房间和走廊按涂饰面积 30m² 为一间）应划分为一个检验批，不足 50 间也应划分为一个检验批。

（4）检查数量应符合下列规定：①室外涂饰工程每 100m² 应至少检查一处，每处不得小于 10m²；②室内涂饰工程每个检验批应至少抽查总数的 10%，并不得少于 3 间；不足 3 间时应全数检查。

涂饰工程的基层处理应符合下列要求：①新建筑物的混凝土或抹灰基层，在用腻子找平或直接涂饰涂料前，应涂刷抗碱性的封闭底漆；②旧墙面在用腻子找平或直接涂饰涂料前应清除疏松的旧装修层，并涂刷界面剂；③混凝土或抹灰基层在用溶剂型腻子找平或直接涂刷溶剂型涂料时，含水率不得大于 8%；在用乳液型腻子找平或直接涂刷乳液型涂料时，含水率不得大于 10%，木材基层的含水率不得大于 12%；④找平层应平整、坚实、牢固，无粉化、起皮和裂缝；内墙找平层的黏结强度应符合《建筑室内用腻子》（JG/T 298—2010）的规定；⑤厨房、卫生间墙面的找平层必须使用耐水腻子。

（5）水性涂料涂饰工程施工的环境温度应在 5～35℃之间。

（6）涂饰工程施工时应对与涂层衔接的其他装修材料、邻近的设备等采取有效的保护措施，以避免由涂料造成的玷污。

（7）涂饰工程应在涂层养护期满后进行质量验收。

二、水性涂料涂饰工程质量控制

水性涂料涂饰工程质量控制，主要适用于乳液型涂料、无机涂料、水溶性涂料等水性涂料涂饰工程的质量验收。

1. 水性涂料涂饰工程质量主控项目

（1）水性涂料涂饰工程所用涂料的品种、型号和性能应符合设计要求及国家现行标准、规范的有关规定。检验方法：检查产品合格证书、性能检验报告、有害物质限量检验报告和进场验收记录。

（2）水性涂料涂饰工程的颜色、光泽、图案应符合设计要求。检验方法：观察。

（3）水性涂料涂饰工程应涂饰均匀、黏结牢固，不得漏涂、透底、开裂、起皮和掉粉。检验方法：观察；手摸检查。

（4）水性涂料涂饰工程的基层处理应符合《建筑装饰装修工程质量验收规范》（GB 50210—2001）中第14.1.5条的要求。检验方法：观察；手摸检查；检查施工记录。

2. 水性涂料涂饰工程质量一般项目

（1）水性涂料涂饰工程的允许偏差和检验方法应符合表7-21的规定。

表7-21　水性涂料涂饰工程的允许偏差和检验方法

项次	项　目	允许偏差/mm					检　验　方　法
		薄涂料		厚涂料		复层涂料	
		普通涂饰	高级涂饰	普通涂饰	高级涂饰		
1	立面垂直度	3	2	4	3	5	用2m垂直检测尺检查
2	表面平整度	3	2	4	3	5	用2m靠尺和塞尺检查
3	阴阳角方正	3	2	4	3	4	用直角检测尺检查
4	装饰线、分色的线直线度	2	1	2	1	3	拉5m线，不足5m拉通线，用钢直尺检查
5	墙裙、勒脚上口直线度	2	1	2	1	3	拉5m线，不足5m拉通线，用钢直尺检查

（2）薄涂料的涂饰质量和检验方法应符合表7-22的规定。

表7-22　薄涂料的涂饰质量和检验方法

项次	项　目	普　通　涂　饰	高　级　涂　饰	检验方法
1	涂层的颜色	均匀一致	均匀一致	肉眼观察
2	光泽、光滑	光泽基本均匀，光滑无挡手感	光泽均匀一致，手感非常光滑	
3	泛碱、咬色	允许少量轻微	不允许出现	
4	流坠、疙瘩	允许少量轻微	不允许出现	
5	砂眼、刷纹	允许少量轻微砂眼、刷纹通顺	无砂眼，无刷纹	

（3）厚涂料的涂饰质量和检验方法应符合表7-23的规定。

表7-23　厚涂料的涂饰质量和检验方法

项次	项　目	普　通　涂　饰	高　级　涂　饰	检验方法
1	涂层的颜色	均匀一致	均匀一致	肉眼观察
2	涂层的光泽	光泽基本均匀	光泽均匀一致	
3	泛碱、咬色	允许少量轻微	不允许出现	
4	点状分布	—	疏密均匀	

（4）复层涂料的涂饰质量和检验方法应符合表7-24的规定。

表7-24　复层涂料的涂饰质量和检验方法

项次	项　目	质量要求	检验方法	项次	项　目	质量要求	检验方法
1	颜色	均匀一致	肉眼观察	3	泛碱、咬色	不允许	肉眼观察
2	光泽	光泽基本均匀		4	喷点疏密程度	均匀，不允许连片	

（5）涂层与其他装修材料和设备衔接处应吻合，界面应清晰。检验方法：观察。

三、溶剂型涂料涂饰工程质量控制

溶剂型涂料涂饰工程质量控制，主要适用于丙烯酸酯涂料、聚氨酯丙烯酸涂料、有机硅丙烯酸涂料、交联型氟树脂涂料等溶剂型涂料涂饰工程的质量验收。

1. 溶剂型涂料涂饰工程质量主控项目

（1）溶剂型涂料涂饰工程所选用涂料的品种、型号和性能应符合设计要求及国家现行标准、规范的有关规定。检验方法：检查产品合格证书、性能检验报告、有害物质限量检验报告和进场验收记录。

（2）溶剂型涂料涂饰工程的颜色、光泽、图案应符合设计要求。检验方法：观察。

（3）溶剂型涂料涂饰工程应涂饰均匀、黏结牢固，不得漏涂、透底、开裂、起皮和反锈。检验方法：观察；手摸检查。

（4）溶剂型涂料涂饰工程的基层处理应符合《建筑装饰装修工程质量验收规范》（GB 50210—2001）中第14.1.5条的要求。检验方法：观察；手摸检查；检查施工记录。

2. 溶剂型涂料涂饰工程质量一般项目

（1）溶剂型涂料涂饰工程的允许偏差和检验方法应符合表7-25的规定。

表7-25　溶剂型涂料涂饰工程的允许偏差和检验方法

项次	项　目	允许偏差/mm				检 验 方 法
		色漆		清漆		
		普通涂饰	高级涂饰	普通涂饰	高级涂饰	
1	立面垂直度	4	3	3	2	用2m垂直检测尺检查
2	表面平整度	4	3	3	2	用2m靠尺和塞尺检查
3	阴阳角方正	4	3	3	2	用直角检测尺检查
4	装饰线、分色的线直线度	2	1	2	1	拉5m线，不足5m拉通线，用钢直尺检查
5	墙裙、勒脚上口直线度	2	1	2	1	拉5m线，不足5m拉通线，用钢直尺检查

（2）色漆的涂饰质量和检验方法应符合表7-26的规定。

表7-26　色漆的涂饰质量和检验方法

项次	项　目	普通涂饰	高级涂饰	检 验 方 法
1	颜色	均匀一致	均匀一致	观察
2	光泽、光滑	光泽基本均匀 光滑无挡手感	光泽均匀一致 光滑	观察、手触摸进行检查
3	刷纹	刷纹通顺	无刷纹	观察
4	裹棱、流坠、皱皮	明显处不允许	不允许	观察

（3）清漆的涂饰质量和检验方法应符合表7-27的规定。

表7-27　清漆的涂饰质量和检验方法

项次	项　目	普 通 涂 饰	高 级 涂 饰	检 验 方 法
1	颜色	基本一致	均匀一致	观察
2	木纹	棕眼刮平、木纹清楚	棕眼刮平、木纹清楚	观察
3	光泽、光滑	光泽基本均匀 光滑无挡手感	光泽均匀一致 光滑	观察、手触摸检查
4	刷纹	无刷纹	无刷纹	观察
5	裹棱、流坠、皱皮	明显处不允许	不允许	观察

（4）涂层与其他装修材料和设备衔接处应吻合，界面应清晰。检验方法：观察。

四、美术涂饰工程质量控制

美术涂饰工程质量控制，主要适用于套色涂饰、滚花涂饰、仿花纹涂饰等室内外美术涂饰工程的质量验收。

1. 美术涂饰工程质量主控项目

（1）美术涂饰工程所用材料的品种、型号和性能应符合设计要求及国家现行标准、规范的有关规定。检验方法：观察；检查产品合格证书、性能检验报告、有害物质限量检验报告和进场验收记录。

（2）美术涂饰工程应涂饰均匀、黏结牢固，不得有漏涂、透底、开裂、起皮、掉粉、反锈。检验方法：观察；手摸检查。

（3）美术涂饰工程的基层处理应符合《建筑装饰装修工程质量验收规范》（GB 50210—2001）中第 14.1.5 条的要求。检验方法：观察；手摸检查；检查施工记录。

（4）美术涂饰工程的套色、花纹和图案应符合设计要求。检验方法：观察。

2. 美术涂饰工程质量一般项目

（1）美术涂饰工程的允许偏差和检验方法应符合表 7-28 的规定。

表 7-28　美术涂饰工程的允许偏差和检验方法

项次	项　目	允许偏差/mm	检　验　方　法
1	立面垂直度	4	用 2m 垂直检测尺检查
2	表面平整度	4	用 2m 靠尺和塞尺检查
3	阴阳角方正	4	用直角检测尺检查
4	装饰线、分色的线直线度	2	拉 5m 线，不足 5m 拉通线，用钢直尺检查
5	墙裙、勒脚上口直线度	2	拉 5m 线，不足 5m 拉通线，用钢直尺检查

（2）美术涂饰表面应洁净，不得有流坠现象。检验方法：观察。

（3）仿花纹涂饰的饰面应具有被模仿材料的纹理。检验方法：观察。

（4）套色涂饰的图案不得移位，纹理和轮廓应清晰。检验方法：观察。

第八章 ▶▶▶
裱糊饰面工程施工技术

　　裱糊饰面工程是建筑工程中不可缺少的重要组成分项工程，简称为"裱糊工程"，是指将壁纸或墙布等材料粘贴在室内的墙面、柱面、顶棚面的装饰工程，具有装饰性好、图案丰富、花纹多样、材质自然、功能齐全、施工方便、造价适宜等特点。工程实践证明，裱糊工程除了装饰功能外，有的还具有吸声、隔热、防潮、防霉、防水、防火等功能。

第一节　裱糊的基本知识

　　裱糊是指在建筑物的内墙、柱子和顶棚表面粘贴纸张、塑料壁纸、玻璃纤维墙布、锦缎等材料。裱糊主要功能是美化居住环境，满足使用功能和装饰的要求，并对墙体、顶棚起一定的保护作用。裱糊工艺是古老而传统的一种装饰工艺，同涂料工艺一样，随着科学的进步和工业的发展，新材料、新工艺和新技术使裱糊工程的内容向多样化发展。

一、壁纸和墙布的种类与特点

1. 装饰壁纸具有的特点

（1）装饰效果好　由于裱糊材料色彩鲜艳丰富、图案变化多样，有的壁纸表面凹凸不平，富有良好的质感和主体效果，因此只要通过精心设计、细致施工，裱糊饰面工程可以满足各种装饰要求，而且装饰效果较好。

（2）多功能性　装饰墙布除了具有较好的装饰效果外，还具有良好的吸声、隔热、防霉、耐水等多种功能，还具有较好的实用性。

（3）施工方便　壁纸施工一般采用胶黏材料粘贴，不仅施工工艺非常简单，而且施工速度也很快。

（4）维护保养简便　多数壁纸都有一定的耐擦洗性和防污染性，所以饰面容易保持清洁。用久后，调换翻新也很容易。

（5）使用寿命长　只要日常保养得当，多数壁纸的使用寿命要比传统的涂料要长。

2. 装饰壁纸的主要种类

（1）纸面纸基壁纸　在纸面上有各种印花或压花花纹图案，价格便宜，透气性好，但因不耐水、不耐擦洗、不耐久、易破裂、不易施工，故很少采用。

（2）天然材料面墙纸　用草、树叶、草席、芦苇、木材等制成的墙纸。可给人一种返璞归真的氛围。

（3）金属墙纸　在基层上涂金属膜制成的墙纸，具有不锈钢面与黄铜面之质感与光泽，给人一种金碧辉煌、豪华贵重的感觉，适用于大厅、大堂等气氛比较热烈的场所。

（4）无毒 PVC 壁纸　无毒 PVC 壁纸是使用最多的壁纸。它不同于传统塑料壁纸，不但无害且款式新颖，图案美观，有的瑰丽辉煌，雍容华贵；有的凝重典雅，清新怡人。

（5）装饰墙布　装饰墙布是用丝、毛、棉、麻等纤维编织而成的墙布，它能给人和谐、舒适、温馨的感觉。具有强度大，静电小，无光、无毒、无味、花纹色彩艳丽的优点，可用于室内高级饰面裱糊，但价格偏高。

（6）无纺墙布　无纺墙布是用棉、麻等天然纤维或涤腈等合成纤维，经过无纺成型、上树脂、印刷花纹而成的一种贴墙材料。它具有挺括、富有弹性、不易折断、纤维不老化、不散失，对皮肤无刺激，色彩鲜艳，图案雅致，粘贴方便等特点，同时还具有一定的透气性和防潮性，可擦洗而不褪色。无纺墙布适用于特别适用于高级宾馆、高级住宅等建筑物。

（7）波音软片　波音软片是一种新型的环保产品，特点是仿木质感很强，可取代优质的原木，同时因表面无需油漆也避免了传统装饰给人们带来的不适和家庭装修后带来的异味，使人们远离污染，必将成为代替木材的最佳产品。波音软片的优点是耐磨、耐热、阻燃、耐酸碱、防油、防火、易清洗、价格便宜，还具有无色差、施工简单、可自带背胶等特点，用波音软片处理的实物表面，可长期擦洗，保持表面干净，适用于中高档室内装饰和家具饰面。

二、施工常用胶黏剂与机具

（一）粉末壁纸胶

粉末壁纸胶的品种、用途和性能详见表 8-1。

表 8-1　粉末壁纸胶的品种、用途、性能

品　种	用　途	性　　能
BJ8504 粉末壁纸胶	适用于纸基塑料壁纸的粘贴	①初始黏结力:粘贴壁纸不剥落、边角不翘起; ②黏结力:干燥后剥离时,胶接面未剥离; ③干燥速度:粘贴后 10min 可取下; ④耐潮湿性:在室温,湿度 85％下 3 个月不翘边、不脱落,不鼓泡
SJ8505 粉末壁纸胶	适用于纸基塑料壁纸的粘贴	①初始黏结力优于 8504 干胶; ②干燥时间:刮腻子砂浆面 3h 后基本干燥,油漆及桐油面为 2h; ③除能用于水泥、抹灰、石膏板、木板等墙面外,还可用于油漆及涂刷底油等墙面

（二）裱糊工程常用机具

1. 剪裁工具

（1）剪刀　对于较重型的壁纸或纤维墙布，宜采用长刃剪刀。剪裁时先依直尺用剪刀背划出印痕，再沿印痕将壁纸或墙布剪断。

（2）裁刀　裱糊材料较多采用活动裁纸刀，即普通多用刀。另外，裁刀还有轮刀，分为齿形轮刀和刃形轮刀两种。齿形轮刀可以在壁纸上需要裁割的部位压出连串小孔，能够沿着孔洞线将壁纸很容易地整齐扯开；刃形轮刀通过对壁纸的滚压而直接将其切断，适宜用于质地较脆的壁纸和墙布的裁割。

2. 刮涂工具

（1）刮板　刮板主要用于涂抹刮平在基层上的腻子和刮平整裱糊操作中的壁纸墙布，可用薄钢片、塑料板或防火胶板自制，要求有较好的弹性且不能有尖锐的刃角，以利于抹压操作，但不致损伤壁纸墙布表面。

（2）油灰铲刀　油灰铲刀主要用于修补基层表面的裂缝、孔洞及剥除旧裱糊面上的壁纸残留，如油漆涂料工程中的嵌批铲刀。

3. 涂刷工具

用于涂刷裱糊胶黏剂的刷具，其刷毛可以是天然纤维或合成纤维，宽度一般为 15～20mm；此外，涂刷胶黏剂较适宜的是排笔。另外，还有裱糊刷（也称墙纸刷）是专用于在裱糊操作中将壁纸墙布与基面扫（刷）平、压平、粘牢，其刷毛有长短之分，短刷毛适宜扫（刷）压重型壁纸墙布，长刷毛适宜刷抹压平薄金属片（金属箔）等比较脆弱类型的壁纸。

4. 滚压工具

滚压工具主要是指辊筒，其在裱糊工艺中有 3 种作用：①使用绒毛辊筒以滚涂胶黏剂、底胶或壁纸保护剂；②采用橡胶辊筒以滚压铺平、粘实、贴牢壁纸墙布；③使用小型橡胶轧辊或木制轧辊，通过滚压而迅速压平壁纸墙布的接缝和边缘部位，滚压时在胶黏剂干燥前作短距离快速滚压，特别适用于重型壁纸墙布的拼缝压平与贴严。

对于发泡型、绒面或较为质脆的裱糊材料，则适宜采用海绵块以取代辊筒类工具进行压平操作，避免裱糊饰面的滚压损伤。

5. 其他工具及设备

裱糊施工的其他工具及设备，主要有抹灰、基层处理及弹线工具、托线板、线锤、水平尺、量尺、钢尺、合金直尺、砂纸机、裁纸工作台与水槽等。

第二节　裱糊工程主要材料

裱糊工程所用材料的品种很多，其分类方法也较多，如按外观效果装饰分类，有印花壁纸、压花壁纸、发泡壁纸等；按功能上分类，有装饰性壁纸、防火壁纸、耐水壁纸等；按制作的材料分类，有纤维壁纸、木屑壁纸、金属箔壁纸、皮革、人造革、锦缎等。归纳起来，裱糊工程施工所用的主要材料有壁纸、墙布和胶黏剂。

一、壁纸和墙布

在裱糊工程中广泛使用的壁纸、墙布的主要类型与品种及其应用特点，参见表 8-2 所列。

表 8-2　壁纸、墙布主要类型与品种及其应用特点

类别与品种	说　　明	应　用　特　点
复合纸质壁纸	由双层纸(底纸和表纸)通过施胶、层压复合后，再经压花、涂布、印刷等工艺制成，其多色印刷(如 6 色印刷、3 色沟底和点涂印刷)及同步压花工艺，使产品具有鲜明的立体浮雕质感和丰富色彩效果	由于是纸质壁纸，故造价较为低廉，无异味，火灾事故中发烟低，不产生有毒有害气体；多色深压花纸质复合壁纸可以达到一般高发泡 PVC 塑料壁纸及装饰墙布的质感、层次感以及色泽和凹凸花纹持久美观的效果；由于其表面涂敷透明涂层，故具有耐擦洗特性

类别与品种	说　明	应 用 特 点
聚氯乙烯(PVC)塑料壁纸	以纸为基材,以聚氯乙烯塑料薄膜为面层,经复合、压延、印花、压花等工艺制成,有普通型、发泡型、特种型(功能型)以及仿瓷砖、仿拼装大理石、仿皮革或织物等外观效果的浮雕装饰型等众多花色品种	执行国家标准 GB 8945,以及国际壁纸标准(IGI 1987)、欧洲标准(PREN 233)等,此类产品具有一定的伸缩性和抗裂强度,耐折、耐磨、耐老化,装饰效果好,适用于各种建筑物内墙、顶棚、梁柱等贴面的装饰;其缺点是有的品种会散发塑料异味和火灾燃烧时发烟,有一定的危害
纺织艺术壁纸	由棉、麻、毛、丝等天然纤维及化学纤维制成的各种色泽花式的粗细纱或织物与纸质基材复合而成;另有用扁草、竹丝或"麻条"与棉线交织后同纸基贴合制成的植物纤维壁纸,也属于此类,具有鲜明的肌理效果	此类裱糊材料的大部分品种具有无毒、环保、吸声、透气及一定的调湿和保温功效,饰面的视觉效果独特,尤其是天然纤维的质感纯朴、生动;其缺点是:防污及可擦洗性能较差,易受机械损伤,对于保养要求较高;适宜于饭店、宾馆重要房间、接待室、会议室及商用橱窗等裱糊工程
金属壁纸	主要是以铝箔为面层复合于纸质基材的壁纸产品,表面进行各种处理,亦可印花或压花	表面具有镜面不锈钢和黄铜等金属饰面质感及鲜明的光泽效果,耐老化、耐擦洗、抗沾污,使用寿命长,多用于室内天花、柱面裱糊及墙面局部与其他饰面配合进行贴面装饰
玻璃纤维墙布	以中碱玻璃纤维布为基材,表面涂覆耐磨树脂再进行印花等加工制成	色彩鲜艳,花式繁多,不褪色、不老化、不变形,耐洗刷性优异,在工程中可以掩盖基层裂缝等缺陷,最适宜于轻质板材基面的裱糊装饰;由于该材料具有优良的自熄性能,故宜用于防火要求高的建筑室内;其缺点是:遮盖底的能力比较差,涂层磨损后会有少量纤维散出而影响美观
无纺贴墙布	采用棉、麻等天然植物纤维或涤纶、腈纶等化工合成纤维,经无纺成形、涂布树脂和印花等加工制成	表面光洁,色彩鲜艳,图案雅致,有弹性,耐折、耐擦洗、不褪色,纤维不老化、不分散,有一定的透气性和防潮性能,且裱糊方便;适用于各种建筑室内裱糊工程,其中涤纶无纺墙布尤其适宜高级宾馆及住宅的高级装饰
化纤装饰墙布	以化学纤维布为基材,经加工处理后印花而成	具有无毒、无味、透气、防潮、耐磨、无分层等优点,其应用技术与 PVC 壁纸基本相同
棉质装饰墙布	采用纯棉平布经过前处理、印花、涂层等加工制成	无毒、无异味,强度好,静电小,吸声,色彩及花型美观大方,适用于高级装饰工程
石英纤维墙布(奥地利海吉布)	采用天然石英材料编织的基材,背带黏结剂,表面为双层涂饰,总厚度为 0.7~1.4mm,具有各种色彩和不同的肌理效果,形成胶黏剂、墙布和涂料三者结合的复合装饰材料	不燃、无毒、抗菌、防霉、不变色,安全环保,可使用任何化学洗涤剂进行清洗,耐洗刷可达 10000 次以上;饰面具有透气性,可保证 15 年以上的使用寿命,并可 5 次更换表面涂层颜色;可用于各种材质的墙面裱糊
锦缎墙布	为丝织物的裱糊饰面品种	花纹图案绚丽,风格典雅,可营造高贵富丽的环境气氛;突出缺点是不能擦洗,容易长霉,且造价较高,只适用于特殊工程的裱糊饰面
装饰墙面毡	以天然纤维或化学纤维,如麻、毛、丙烯腈、聚丙烯、尼龙、聚氯乙烯等纤维,经黏合、缩绒等工艺加工制成,品种分为机织毡、压呢毡和针刺毡等	具有优良的装饰效果,并有一定的吸声功能,易于清洁,为建筑室内高档的裱糊饰面材料,可以用于墙面或柱面的水泥砂浆基层、木质胶合板基层及纸面石膏板等轻质板材基层表面

　　在新型的或传统的裱糊材料中,当前应用最为普遍的壁纸是聚氯乙烯（PVC）塑料壁纸,其产品有多种类型和品种,如立体发泡型凹凸花纹壁纸,防火、防水、防菌、防静电等功能型壁纸,以及方便施工的没有基层壁纸、预涂胶壁纸、分层壁纸等。

　　常用的装饰墙布,是目前在室内装饰中首选的装饰材料,其主要是以棉、麻等天然纤维材料,或涤、腈等合成纤维材料,经无纺成型、涂布树脂并印制彩色花纹而成的无纺贴墙布;或以纯棉平布经过前处理、印花和涂层等工艺制成的棉质装饰布。此外,以平绒、墙毡、家具布（装饰布）、毛藤、蒲草等装饰织（编）物进行墙面或造型构件裱糊的做法,也被广泛应用于室内装饰工程中。

常用壁纸、墙布的规格尺寸，可参见表 8-3。根据国家标准《聚氯乙烯壁纸》(GB 8945—1988) 中的规定，每卷壁纸的长度为 10m 者，每卷为 1 段；每卷壁纸的长度为 50m 者，其每卷的段数及每段长度应符合表 8-4 中的要求；塑料壁纸的外观质量应符合表 8-5 中的规定；塑料壁纸的物理性能应符合表 8-6 中的规定；壁纸中的有害物质限量值应符合表 8-7 中的规定；装饰墙布的外观质量应符合表 8-8 中的规定。

表 8-3 常用壁纸、墙布的规格尺寸

品 种	规格尺寸			备 注
	宽度/mm	长度/m	厚度/mm	
聚氯乙烯壁纸	530(±5)	10(±0.05)	—	国家标准 GB 8945
	900~1000(±10)	50(±0.50)	—	
纸基涂塑壁纸	530	10	—	天津新型建材二厂产品
纺织纤维墙布	500,1000	按用户要求	—	西安市建材厂产品
玻璃纤维墙布	910(±1.5)	—	0.15(±0.015)	统一企业标准 CW150
装饰墙布	820~840	50	0.15~0.18	天津第十六塑料厂产品
无纺贴墙布	850~900	—	0.12~0.18	上海无纺布厂产品

表 8-4 50m/卷壁纸的每卷段数及段长

级 别	每卷段数/段	每小段长度/m
优等品	≤2	≥10
一等品	≤3	≥3
合格品	≤6	≥3

塑料壁纸的外观质量要求应符合表 8-5 中的规定；塑料壁纸的物理性能应符合表 8-6 中的规定。

表 8-5 塑料壁纸的外观质量

缺陷名称	等级指标		
	优等品	一等品	合格品
色差	不允许有	不允许有明显差异	允许有差异,但不影响使用
伤痕和皱折	不允许有	不允许有	允许基纸有明显折痕,但壁纸表面不许有死折
气泡	不允许有	不允许有	不允许有影响外观的气泡
套印精度偏差	偏差≤0.7mm	偏差≤1mm	偏差≤2mm
露底	不允许有	不允许有	允许有 2mm 的露底,但不允许密集
漏印	不允许有	不允许有	不允许有影响外观的漏印
污染点	不允许有	不允许有目视明显的污染点	允许有目视明显的污染点,但不允许密集

表 8-6 塑料壁纸的物理性能

项 目			等级指标		
			优等品	一等品	合格品
退色性/级			≥4	≥4	≥3
耐摩擦色牢度试验 /级	干摩擦	纵向、横向	≥4	≥4	≥3
	湿摩擦	纵向、横向	≥4	≥4	≥3
遮蔽性/级			4	≥3	≥3
湿润拉伸负荷/(N/15mm)		纵向、横向	≥2.0	≥2.0	≥2.0
黏合剂可擦拭性		横向	20 次无外观上的损伤和变化	20 次无外观上的损伤和变化	20 次无外观上的损伤和变化

注：可擦拭性是指在施工操作中粘贴塑壁纸的胶黏剂附在壁纸的正面，在其未干时应有可能用湿布或海绵拭去，而不留下明显痕迹。

表 8-7　壁纸中的有害物质限量值　　　　　　　　　单位：mg/kg

有害物质名称		限量值	有害物质名称		限量值
重金属(或其他)元素	钡	≤1000	重金属(或其他)元素	砷	≤8
	镉	≤25		汞	≤20
	铬	≤60		硒	≤165
	铅	≤90		锑	≤20
氯乙烯单体		≤1.0	甲醛		≤120

表 8-8　装饰墙布的外观质量

项次	疵点名称	一等品	二等品	合格品
1	同批内色差	4 级	3～4 级	同一包(300m)内
2	左中右色差	4～5 级	4 级	指相对范围
3	前后色差	4 级	3～4 级	指同卷内
4	深浅不均	轻微	明显	严重为次品
5	折皱	不影响外观	轻微影响外观	明显影响外观为次品
6	花纹不符	轻微影响	明显影响	严重影响为次品
7	花纹印偏	15mm 以内	30mm 以内	—
8	边疵	15mm 以内	30mm 以内	—
9	豁边	10mm 以内三只	20mm 以内六只	—
10	破洞	不透露胶面	轻微影响胶面	透露胶面为次品
11	色条色泽	不影响外观	轻微影响外观	明显影响为次品
12	油污水渍	不影响外观	轻微影响外观	明显影响为次品
13	破边	10mm 以内	20mm 以内	—
14	幅宽	同卷内不超过±15mm	同卷内不超过±20mm	—

二、对软包材料的要求

（1）软包墙面木框、龙骨、底板、面板等所用的木材，其树种、规格、等级、含水率和防腐处理，必须符合设计图纸的要求。

（2）软包面料、内衬材料及边框的材质、颜色、图案、燃烧性能等级等，应符合设计要求及国家现行标准的有关规定，具有防火检测报告。对于普通面料需要进行两次防火处理，并经检测合格。

（3）龙骨一般应采用白松烘干料制作，其含水率不得大于 12%，厚度应符合设计要求，不得有腐朽、节疤、劈裂、扭曲等瑕疵，并预先经过防腐处理。

（4）外饰面所用的压条分格框料和木贴脸等面料，宜采用在工厂经烘干处理加工的半成品料，含水率不得大于 12%。选用优质五夹板，如基层情况特殊或有特殊要求者，也可选用九夹板。

二、对胶黏剂的要求

胶黏剂系指能通过表面粘附作用使固体材料连接在一起的物质。随着高分子科学的发展，胶黏剂的制备技术和应用取得了长足的进步。胶黏剂已广泛地应用于各行业中制造和使用的诸多方面；胶黏剂品种日益繁多，粘接技术不断进步。

目前，在建筑装饰装修工程所用的胶黏剂有：反应型、热熔型、水基型、功能型和其他胶黏剂。根据胶黏剂的来源不同，可分为成品胶黏剂和现场调制胶黏剂。不管采用何种类型的胶黏剂，均应具有出厂合格证，并符合国家现行标准《室内装饰装修材料 胶黏剂中有害物质限量》（GB 18583—2008）中的规定。

1. 成品胶黏剂

用于壁纸、墙布裱糊的成品胶黏剂，按其基料不同可分为聚乙烯醇、纤维素醚及其衍生物、聚醋酸乙烯乳液和淀粉及其改性聚合物等；按其物理形态不同可分为粉状、糊状和液状3种；按其用途不同可分为适用于普通纸基壁纸裱糊的胶黏剂和适用于各种基底和材质的壁纸墙布裱糊的胶黏剂。

裱糊工程成品胶黏剂的基本类别、材性及现场应用，可参见表8-9。

表8-9　裱糊工程成品胶黏剂的类别、材性及现场应用

形态类别	主要粘料	分类代号		现场应用
		第1类	第2类	
粉状胶	一般为改性聚乙烯醇、纤维素及其衍生物等	1F	2F	根据产品使用说明将胶粉缓慢撒入定量清水中，边撒边搅拌或静置陈伏后搅拌，使之溶解直至均匀无团块
糊状胶	淀粉类及其改性胶等	1H	2H	按产品使用说明直接施用或用清水稀释搅拌至均匀无团块直接施用或用清水稀释搅拌至均匀无团块
液体胶	聚醋酸乙烯、聚乙烯醇及其改性胶等	1Y	2Y	按产品使用说明

注：应按裱糊材料品种及基层特点选配胶黏剂，一般壁纸可选用第1类胶黏剂；要求高湿黏性、高干强度的裱糊工程，可选用第2类胶黏剂。

根据现行的行业标准《胶黏剂产品包装、标志、运输和贮存的规定》（HG-T 3075—2003）中的规定，成品胶黏剂在每个包装上应有标志，注明规定的有关内容。胶黏剂产品运输和贮存前应验明包装容器完整不漏，运输、装卸胶黏剂产品时应轻拿轻放，并应按照不同的贮存条件贮存，属于易燃的胶黏剂产品的贮存应按《储存易燃易爆品的要求》（GB 17914—1999）的有关规定执行，属于有毒、有害的胶黏剂产品的贮存应按《毒害性商品储藏养护技术条件》（GB 17916—2013）的有关规定执行。

2. 现场调制胶黏剂

裱糊工程常用的胶黏剂的现场调制配方，可参见表8-10。施工时胶黏剂应集中进行配制，并由专人负责，用400孔/cm² 筛网过滤。现场调制的胶黏剂，应当在当天用完，聚醋酸乙烯乳液类材料应使用非金属容器盛装。

表8-10　裱糊工程常用胶粘料可现场调制配方

材料组成	配合比（重量比）	适用壁纸墙布	备注
白乳胶：2.5％羧甲基纤维素：水	5：4：1	无纺墙布或 PVC 壁纸	配比可经试验调整
白乳胶：2.5％羧甲基纤维素溶液	6：4	玻璃纤维墙布	基层颜色较深时可掺入 10％白色乳胶漆
SJ-801胶：淀粉糊	1：0.2		
面粉（淀粉）：明矾：水	1：0.1：适量	普通壁纸复合纸基壁纸	调配后煮成糊状
面粉（淀粉）：酚醛：水	1：0.002：适量		
面粉（淀粉）：酚醛：水	1：0.002：适量		
成品裱糊胶粉或化学浆糊	加水适量	墙毡、锦缎	胶粉按使用说明

注：根据目前的裱糊工程实践，宜采用与壁纸墙布产品相配套的裱糊胶黏剂，或采用裱糊材料生产厂家指定的胶黏剂品种，尤其是金属壁纸等特殊品种的壁纸墙布裱糊，应采用专用壁纸胶粉。此外，胶黏剂在使用时，应按规范规定先涂刷基层封闭底胶。

第三节　裱糊饰面工程的施工

裱糊工程一般是在顶棚基面、门窗及地面装修施工均已完成，电气及室内设备安装也基本结束后才能开始；影响裱糊操作及其饰面的临时设施或附件应全部拆除，并应确保后续工程的施工项目不会对被裱糊造成污染和损伤。裱糊工程的作业条件包括内容非常广泛，主要是施工基层条件和施工环境条件两个方面，两者缺一不可、同等重要。

一、裱糊工程的施工准备

根据现行国家标准《建筑装饰装修工程质量验收规范》（GB 50210—2001）的规定，在裱糊施工之前，基层处理质量应达到下列要求。

1. 施工的作业条件

（1）新建筑物的混凝土或水泥砂浆抹灰层在刮腻子前，应先涂刷一道抗碱性的底漆。

（2）旧的基层在裱糊前，应清除疏松的旧装饰层，并涂刷界面剂，以利于黏结牢固。

（3）混凝土或抹灰基层的含水率不得大于 8%，木材基层的含水率不得大于 12%。

（4）基层的表面应坚实、平整，不得有粉化、起皮、裂缝和突出物，色泽应基本一致。有防潮要求的基体和基层，应事先进行防潮处理。

（5）基层刮腻子应平整、坚实、牢固，无粉化、起皮和裂缝；腻子的黏结强度应符合《建筑室内用腻子》（JG/T 298—2010）中耐水（N）型腻子的规定。

（6）裱糊基层的表面平整度、立面垂直度及阴阳角方正，应符合《建筑装饰装修工程质量验收规范》（GB 50210—2001）中对于高级抹灰的要求。

（7）水电及设备、墙面上的预留预埋已完成，门窗油漆已完成，干燥程度达到要求。

（8）房间墙体抹灰工程、地面工程、门窗工程、吊顶工程及涂饰工程等已完成，经检查质量符合设计要求。

（9）在进行裱糊工程施工前，首先应用封闭底胶涂刷基层，以增加基层的黏结力。

2. 施工环境条件

在裱糊施工过程中及裱糊饰面干燥之前，应避免穿堂风劲吹或气温突然变化，这些对刚裱糊工程的质量有严重影响。冬季低温施工应当在采暖的条件下进行，施工环境温度一般应大于 15℃。裱糊时的空气相对湿度不宜过大，一般应小于 85%。在潮湿季节施工时，应注意对裱糊饰面的保护，白天打开门窗适度通气，夜晚关闭门窗以防潮湿气体的侵袭。

3. 施工主要机具

在裱糊施工过程中所用的主要机具有双梯、活动裁刀、钢板刮板、塑料刮板、排笔、油漆刷、铝合金直尺、裁纸工作台、2m 靠尺、钢卷尺、普通剪刀、水平尺、铅锤、湿毛巾、粉线袋、砂纸、400 孔/cm² 筛子、油印机胶滚、注射针筒、胶桶、腻子槽、高凳等。

二、裱糊饰面工程的施工

裱糊饰面工程的施工工艺主要包括：基层处理→基层弹线→壁纸与墙布处理→涂刷胶黏剂→裱糊。

1. 基层处理

为了达到上述规范规定的裱糊基层质量要求，在基层处理时还应注意以下几个方面。

（1）清理基层上的灰尘、油污、疏松和粘附物；安装于基层上的各种控制开关、插座、电气盒等凸出的设置，应先卸下扣盖等影响裱糊施工的部分。

（2）根据基层的实际情况，对基层进行有效嵌补，采取刮腻子并在每遍腻子干燥后均用砂纸磨平。对于纸面石膏板及其他轻质板材或胶合板基层的接缝处，必须采取其专用接缝技术措施处理合格，如粘贴牛皮纸带、玻璃纤维网格胶带等防裂处理。各种造型基面板上的钉眼，应用油性腻子填补，防止隐蔽的钉头生锈时锈斑渗出而影响裱糊的外观。

（3）基层处理经工序检验合格后，即采用喷涂或刷涂的方法喷涂封底的涂料或底胶，作基层封闭处理一般不少于两遍。封底涂刷不宜过厚，并要均匀一致。

封底涂料的选用，可采用涂饰工程使用的成品乳胶底漆，也可以根据装卸部位、设计要求及环境情况而定，如相对湿度较大的南方地区或室内易受潮部位，可采用酚醛清漆或光油：200号溶剂汽油＝1∶3（质量比）混合后进行涂刷；在干燥地区或室内通风干燥部位，可采用适度稀释的聚醋酸乙烯乳液涂刷于基层即可。

2. 基层弹线

（1）为了使裱糊饰面横平竖直、图案端正、装饰美观，每个墙面第一幅壁纸墙布都要挂垂线找直，作为裱糊施工的基准标志线，自第二幅开始，可先上端后下端对缝依次裱糊，以保证裱糊饰面分幅一致，并防止累积歪斜。

（2）对于图案型式鲜明的壁纸墙布，为保证做到整体墙面图案对称，应在窗口横向中心部位弹好中心线，由中心线再向两边弹分格线；如果窗口不在中间位置，为保证窗间墙的阳角处图案对称，可在窗间墙体弹出中心线，然后由此中心线向两侧弹出分幅线。对于无窗口的墙面，可以选择一个距离窗口墙面较近的阴角，在距壁纸墙布幅宽50mm处弹出垂线。

（3）对于壁纸墙布裱糊墙面的顶部边缘，如果墙面有挂镜线或天花阴角装饰线时，即以此类线脚的下缘水平线为准，作为裱糊饰面上部的收口；如无此类顶部收口装饰，则应弹出水平线以控制壁纸墙布饰面的水平度。

3. 壁纸与墙布处理

（1）裁割下料　墙面或顶棚的大面裱糊工程，原则上应采用整幅裱糊。对于细部及其他非整幅部位需要进行裁割时，要根据材料的规格及裱糊面的尺寸统筹规划，并按裱糊顺序进行分幅编号。壁纸墙布的上下端各自留出50mm的修剪余量；对于花纹图案较为具体明显的壁纸墙布，要事先明确裱糊后的花饰效果及其图案特征，应根据花纹图案和产品的边部情况，确定采用对口拼缝或者搭接口切割拼缝的具体拼接方式，应保证对接准确无误。

裁割下刀（剪）前，还应再认真复核尺寸有无差错；裁割后的材料边缘应平直整齐，不得有飞边毛刺。下料后的壁纸墙布应编号卷起平放，不能竖立，以免产生皱褶。

（2）浸水润纸　对于裱糊壁纸的事先湿润，传统称为闷水，这是纸胎塑料壁纸必要的施工工序。对于玻璃纤维基材及无纺贴墙布类材料，遇水后无伸缩变形，所以不需要进行湿润；而复合纸质壁纸则严禁进行闷水处理。

① 聚氯乙烯塑料壁纸遇水或胶液浸湿后即膨胀，大约需5～10min胀足，干燥后又自行收缩，掌握和利用这一特性是保证塑料壁纸裱糊质量的重要环节。如果将未经润湿处理的此类壁纸直接上墙裱贴，由于壁纸虽然被胶固定但其继续吸湿膨胀，因而裱糊饰面就会出现难以消除的大量气泡、皱折，不能满足裱糊质量要求。

闷水处理的一般做法是将塑料壁纸置于水槽中浸泡2～3min，取出后抖掉多余的水，再静置10～20min，然后再进行裱糊操作。

② 对于金属壁纸，在裱糊前也需要进行适当的润湿纸处理，但闷水时间应当短些，即将其浸入水槽中1～2min取出，抖掉多余的水，再静置5～8min，然后再进行裱糊操作。

③ 复合纸基壁纸的湿强度较差，严禁进行裱糊前的浸湿处理。为达到软化此类壁纸以利于裱糊的目的，可在壁纸背面均匀涂刷胶黏剂，然后将其胶液面对着胶液面自然对折静置5～8min，即可上墙裱糊。

④ 带背胶的壁纸，应在水槽中浸泡数分钟后取出，并由底部开始图案朝外卷成一卷，

等待静置1min后，便可进行裱糊。

⑤ 纺织纤维壁纸不能在水中浸泡，可先用洁净的湿布在其背面稍作擦拭，然后即可进行裱糊操作。

4. 涂刷胶黏剂

壁纸墙布裱糊胶黏剂的涂刷，应当做到薄而均，不得漏刷；墙面阴角部位应增刷胶黏剂1～2遍。对于自带背胶的壁纸，则无需再涂刷胶黏剂。

根据壁纸墙布的品种特点，胶黏剂的涂刷分为：在壁纸墙布的背面涂胶、在被裱糊基层上涂胶以及在壁纸墙布背面和基层上同时涂胶。基层表面的涂胶宽度，要比壁纸墙布宽出20～30mm；胶黏剂千万不要涂刷过厚而出现胶液起堆，以防裱贴时胶液溢出太多而污染裱糊饰面，但也不可涂刷过少，涂胶不均匀到位会造成裱糊面起泡、脱壳、黏结不牢。相关品种的壁纸墙布背面涂胶后，宜将其胶液面对着胶液面自然对叠（金属壁纸除外），使之正、背面分别相靠平放，可以避免胶液过快干燥而造成图案面污染，同时也便于拿起上墙进行裱糊。

（1）聚氯乙烯塑料壁纸用于墙面裱糊时，其背面可以不涂胶黏剂，只在被裱糊基层上涂刷胶黏剂。当塑料壁纸裱糊于顶棚时，基层和壁纸背面均应涂刷胶黏剂。

（2）纺织纤维壁纸、化纤贴墙布等品种，为了增强其裱贴黏结能力，材料背面及装饰基层表面均应涂刷胶黏剂。复合纸基壁纸采用于纸背涂胶进行静置软化后，裱糊时其基层也应涂刷胶黏剂。

（3）玻璃纤维墙布和无纺贴墙布，要求选用黏结强度较高的胶黏剂，只需将胶黏剂涂刷于裱贴面基层上，而不必同时也在布的背面涂胶。这是因为玻璃纤维墙布和无纺贴墙布的基材分别是玻璃纤维及合成纤维，本身吸水极少，又有细小孔隙，如果在其背面涂胶会使胶液浸透表面而影响饰面美观。

（4）金属壁纸质脆而薄，在其纸背涂刷胶黏剂之前，应准备一卷未开封的发泡壁纸或一个长度大于金属壁纸宽度的圆筒，然后一边在已经浸水后阴干的金属壁纸背面刷胶，一边将刷过胶的部分向上卷在发泡壁纸卷或圆筒上。

（5）锦缎涂刷胶黏剂时，由于材质过于柔软，传统的做法是先在其背面衬糊一层宣纸，使其略有挺韧平整，而后在基层上涂刷胶黏剂进行裱糊。

5. 裱糊

裱糊的基本顺序是：先垂直面，后水平面；先细部，后大面；先保证垂直，后对花拼缝；垂直面先上后下，先长墙面，后短墙面；水平面是先高后低。裱糊饰面的大面，尤其是装饰的显著部位，应尽可能采用整幅壁纸墙布，不足整幅者应裱贴在光线较暗或不明显处。与顶棚阴角线、挂镜线、门窗装饰包框等线脚或装饰构件交接处，均应衔接紧密，不得出现缺纸而留下残余缝隙。

（1）根据分幅弹出的线和壁纸墙布的裱糊顺序编号，从距离窗口处较近的一个阴角部位开始，到另一个阴角收口，如此顺序裱糊，其优点是不会在接缝处出现阴影而方便操作。

（2）无图案的壁纸墙布，接缝处可采用搭接法裱糊。相邻的两幅在拼连处，后贴的一幅搭接压前一幅，重叠30mm左右，然后用钢尺或合金铝直尺与裁纸刀在搭接重叠范围的中间将两层壁纸墙布割透，随即把切掉的多余小条扯下。此后用刮板从上向下均匀赶胶，排出气泡，并及时用洁净的湿布或海绵擦除溢出的胶液。对于质地较厚的壁纸墙布，需用胶棍进行滚压赶平。但应注意，发泡壁纸及复合纸基壁纸不得采用刮板或辊筒一类的工具赶压，宜用毛巾、海绵或毛刷进行压敷，以避免使裱糊饰面出现死折。

（3）对于有图案的壁纸墙布，为确保图案的完整性及其整体的连续性，裱糊时可采用拼接法。先对花，后拼缝，从上至下图案吻合后，用刮板斜向刮平，将拼缝处赶压密实；拼缝处挤出的胶液，及时用洁净的湿毛巾或海绵擦除。

对于需要重叠对花的壁纸墙布，可将相邻两幅对花搭接，待胶黏剂干燥一定程度时（约为裱糊后 20~30min）用钢尺或其他工具在重叠处拍实，用刀从重叠搭口中间自上而下切断，随即除去切下的余纸并用橡胶刮板将拼缝处压严密平整。注意用刀切割时下力要匀，应一次直落，避免出现刀痕或拼缝处起丝。

（4）为了防止在使用时由于被碰、划而造成壁纸墙布开胶，裱糊时不可在阳角处甩缝，应包过阳角不小于 20mm。阴角处搭接时，应先裱糊压在里面的壁纸或墙布，再裱贴搭在上面者，一般搭接宽度为 20~30mm；搭接宽度不宜过大，否则其褶痕过宽会影响饰面美观。关键要看面装饰造型部位的阳角处采用搭接时，应考虑采取其他包角、封口形式的配合装饰措施，由设计确定。

与顶棚交接（或与挂镜线及天花阴角线条交接）处应划出印痕，然后用刀、剪修齐，或采用轮刀切齐；以同样的方法修齐下端与踢角板或墙裙等的衔接收口处边缘。

（5）遇有基层卸不下的设备或附件，裱糊时可在壁纸墙布上剪口。方法是将壁纸或墙布轻糊于裱贴面凸出物件上，找到中心点，从中心点往外呈放射状剪裁（即所谓"星型剪切"），再使壁纸墙布舒平，用笔描出物件的外轮廓线，轻手拉起多余的壁纸墙布，剪去不需要的部分，如此沿轮廓线切割贴严，不留缝隙。

（6）顶棚裱糊时，应沿着房间的长度方向，先裱糊靠近窗子的主要部位。裱糊前先在顶棚与墙壁交接处弹出一道粉线，基层涂胶后，将已涂刷好胶并保持折叠状态的壁纸墙布托起，展开其顶褶部分，边缘靠齐粉线，先铺贴平整一段，然后沿粉线铺平其他部分，直至整幅贴牢。按此顺序完成顶棚裱糊，分别赶平铺实、剪除多余部分并修齐各处边缘及衔接部位。

第四节　软包装饰工程施工

软包是指一种在室内墙表面用柔性材料加以包装的墙面装饰方法。它所使用的材料质地柔软，色彩柔和，能够柔化整体空间氛围，其纵深的立体感亦能提升家居档次。软包除了美化空间的作用外，更重要是的它具有吸声，隔声，防潮，防撞的功能。

软包工程的饰面有两种常用做法：一是固定式软包；二是活动式软包。固定式做法一般采用木龙骨骨架，铺钉胶合板衬板，按设计要求选定包面材料钉装于衬板上并填充矿棉、岩棉或玻璃棉等软质材料；也可采用将衬板、包面和填充材料分块、分件制作成单体，然后固定于木龙骨骨架。

一、软包工程施工的有关规定

根据国家标准《建筑装饰装修工程质量验收规范》（GB 50210—2001）中的规定，用于墙面、门等部位的软包工程，应符合以下规定。

（1）软包面料、内衬材料和边框的材质、颜色、图案等以及木材的含水率，均应符合设计要求及国家现行标准的有关规定。

（2）软包墙面所用的填充材料、纺织面料和龙骨、木质基层等，均应进行防火处理。

（3）软包工程的安装位置及构造做法，应符合设计要求。

（4）基层墙面有防潮要求时，应均匀涂刷一层清油或满铺油纸（沥青纸），不得采用沥青油毡作为防潮层。

（5）木龙骨宜采用凹榫工艺进行预制，可整体或分片安装，与墙体连接紧密、牢固。

（6）填充材料的制作尺寸应正确，棱角应规正，固定安装时应与木质基层衬板黏结紧密。

（7）织物面料裁剪时，应经纬顺直。安装时应紧贴基面，接缝应严密，无凹凸不平，花纹应吻合，无波纹起伏、翘曲和褶皱，表面应清洁。

（8）软包饰面与压线条、贴脸板、踢脚板、电气盒等交接处，应严密、顺直，无毛边。电气盒盖等开洞处，切割尺寸应准确。

（9）单块软包的面料不应有接缝，四周应绷紧压严。

二、人造革软包饰面的施工

皮革或人造革软包饰面，具有质地柔软、消声减震、保温性能好等特点，传统上常被用于健身房、练功房、幼儿园等防止碰撞损伤的房间的墙面或柱面。

用人造革包覆进行凹凸立体处理的现代建筑室内局部造型饰面、墙裙、保温门、吧台或服务台立面、背景墙等，可发挥人造革的耐水、可刷洗及外观典雅精美等优点，但应重视其色彩、质感和表面图案效果与装修空间的整体风格相协调。

（一）基层处理

软包饰面的基体应有足够的强度，要求其构造合理、基层牢固。对于建筑结构墙面或柱子的表面，为了防止结构内的潮气造成软包基面板、衬板的翘曲变形而影响使用质量，对于砌筑墙体应进行抹灰，对于混凝土和水泥砂浆基层应做防潮处理。通常的做法是采用 1∶3 水泥砂浆分层抹灰至 20mm 厚，涂刷清油、封闭底漆或高性能防水涂料，或于龙骨安装前在基层满铺油纸。究竟采用何种防潮措施，由设计确定。

（二）构造做法

当在建筑基体表面进行软包时，其墙体木龙骨一般采用 30mm×50mm～50mm×50mm 断面尺寸的木方条，钉子预埋防腐木砖或钻孔打入木楔上。木砖或木楔的位置，亦即龙骨排布的间距尺寸，可在 400～600mm 单向或双向布置范围调整，按设计图纸的要求进行分格安装，龙骨应牢固地钉装于木砖或木楔上。

墙体木龙骨固定合格后，即可铺钉基面板（衬板），基面板一般采用五层胶合板。根据设计要求的软包构造做法，当采用整体固定时，将基面板满铺钉于龙骨上，要求钉装牢固、表面平整。然后将矿棉、泡沫塑料、玻璃棉或棕丝等填充材料规则地铺装于基面衬板上，采用黏结或暗式钉子固定方式进行固定，应形状正确，厚度符合设计要求，同时将人造革面层包覆其上面；采用电化铝帽头钉或其他装饰钉子以及压条（木压条、铜条或不锈钢压条等）按设计分格进行固定。

（三）面层固定

皮革和人造革（或其他软包面料）软包饰面的固定式做法，可选择成卷铺装或分块固定等不同方式，如图 8-1 所示；此外，还有压条法、平铺泡钉压角法等其他做法，由设计选用确定。

(a) 饰面分格示意

结构墙体(设置预埋件或后置埋件)
水泥砂浆抹灰层
50×50(40)木龙骨400～600双向固定

防潮层
人造板衬板
填充材料

人造革卷材　暗钉　电化铝帽头钉
(b) 饰面的成卷铺装

防潮层
胶合板基板

暗钉
(c) 分块固定安装

图 8-1　软包饰面做法示例（单位：mm）

1. 成卷铺装法

由于人造革可以成卷供应，当较大面积的软包施工时，可采用成卷铺装法。要求人造革卷材的幅面宽度大于横向龙骨间距尺寸 60～80mm，并要保证基面胶合板的接缝必须固定于龙骨中线上。

2. 分块固定法

分块固定法是先将人造革与胶合板衬板按设计要求的分格、划块尺寸进行预裁，然后一并固定于龙骨上。在安装时，从一端开始以胶合板压住人造革面层，压边 20～30mm 与龙骨钉固，同时塞入被包覆材料；另一端则不压人造革而直接固定于龙骨继续安装即重复以上过程。要求五合板的搭接必须置于龙骨中线。人造革剪裁时应注意必须大于装饰分格划块尺寸，并足以在下一条龙骨上剩余 20～30mm 的压边料头。

三、装饰布软包饰面的施工

装饰布软包饰面是近几年发展起来的一种新型饰面，其质地柔软、色彩多样、颜色鲜艳、纹理清晰、图案丰富，深受人们的喜爱。其与人造革的区别在于装饰表面效果和适宜应用的动与静、大与小的不同场合。例如，红色平绒布通常被使用于具有喜庆特点和较大空间场合；家具布多用于同人的活动和休息密切靠近的床头墙面，或是有声学要求的小空间立面的软包饰面。装饰布软包饰面的施工方法，主要有固定式软包和活动式软包两种。

（一）装饰布的固定式软包

1. 平绒布软包饰面

平绒布作为棉织品中的高档产品，由于其表面被柔软厚实的平整绒毛所覆盖，所以习惯称为平绒。平绒布具有绒布丰满、质地柔软、手感滑润、色彩深红、光泽均匀、弹性优良、耐磨性好等优点。

当平绒布用作较大面积背景墙面装饰时，为突出绒面柔软质感效果和饰面的立体感，一般应采用软包做法。对于混凝土和砂浆抹灰的墙面，关键在于进行防潮处理，基层含水率必须小于8％后才能进行软包的施工。

在进行软包施工时，首先在基层面上固定单向或双向木龙骨，在龙骨上铺钉胶合板（或其他人造板材）作为软包基面，并按设计要求分格弹线；然后按分格划块固定厚度为10～15mm的泡沫塑料板，在泡沫塑料板上用压条固定面层平绒布。

所用的木龙骨要进行防腐、防火处理，其品种、规格应符合设计要求；所用的压条可采用镜面铜条或镜面不锈钢条，一般在水平方向每隔1～2m即做竖向分格条。

2. 家具布软包饰面

裱糊工程实践表明，选用各种颜色、花纹和图案及不同质感的家具布做软包饰面，既可以满足建筑室内的墙面装饰要求，也可以满足建筑室内一定的声学要求。

家具布固定式软包饰面的做法，与人造革、平绒布软包饰面基本相同，但其填充层的泡沫塑料、矿棉、海绵和玻璃棉等材料的铺设厚度，可根据设计要求或实际需要适当增大。

（二）装饰布的活动式软包

装饰布活动式软包施工比固定式软包复杂一些，主要包括：进行基层处理→进行基面造型→软包框线设置→软包单体预制→进行单体嵌装。

1. 进行基层处理

基层处理是软包工程非常重要的一环，不仅关系到软包工程的装饰性和使用性，而且也关系到软包工程的耐久性和安全性，必须按规定认真进行处理。

对于混凝土和砂浆抹灰基层，必须使其含水率达到8％以下，才能进行下一个工序的施工。待墙面干燥后，在其表面还要涂刷一道高性能防潮涂料。对于木质基层，其含水率必须控制在12％以下，并要进行防腐、防火和防潮处理。

2. 进行基面造型

进行基面造型是确保软包工程装饰效果的重要手段，要按照设计要求精心操作。基面造型实际上，根据施工图纸规定的尺寸进行实测实量、分格、划块；或者按照设计要求利用木龙骨、胶合板等材料，进行护壁装修造型处理，按造型尺寸确定软包工程单体饰面的面积，以便进行软包单体预制。

3. 软包框线设置

软包框线设置，实际上是按设计图纸要求的方式将带凹槽的装饰线脚进行固定，作为软包单体进行固定时的尺寸和标准，线脚的槽口尺寸和它们相互间的对应关系，应当与软包单体的嵌入相适应。

软包框线设置，可根据工程需要采用不同的框线材料。用清漆涂饰木制框线的颜色、木纹，应当协调一致；采用其他材质的线脚质量，应当符合设计要求；进行造型处理的饰面框线，应当保证直接固定在结构基体或装修造型构造的龙骨骨架上。

4. 软包单体预制

软包单体的预制，就是按分格划块尺寸制作单体软包饰件，一般是采用泡沫塑料、海绵块等比较规则的材料作为软包芯材，在芯材的外边包上装饰布。

软包单体所用弹性芯材的厚度、品种、质量和装饰织物的品种、色彩、花纹、颜色、图案，是否同时设置胶合板衬板等，均应当符合设计要求。包面装饰布的封口处理，必须保证在单体安装后不露其封口接缝。

5. 进行单体嵌装

进行单体嵌装，这是装饰布软包饰面最后的一道工序，嵌装质量关系到饰面的美观和牢固，必须认真仔细地进行操作。总体来说，单体嵌装就是将软包单位分块或分组固定地嵌装于饰面框线之间。嵌装时要注意尺寸要吻合，表面应平整，各块之间要协调。

第五节　裱糊装饰工程质量控制

裱糊与软包工程质量控制适用于聚氯乙烯塑料壁纸、纸质壁纸、墙布等裱糊工程和墙面、门等软包工程的质量验收。

一、裱糊与软包工程一般规定

（1）裱糊与硬包、软包工程验收时应检查下列资料：裱糊与软包工程的施工图、设计说明及其他设计文件；饰面材料的样板及确认文件；材料的产品合格证书、性能检验报告、进场验收记录和复验报告；饰面材料及封闭底漆、胶黏剂、涂料的有害物质限量检验报告；隐蔽工程验收记录；施工记录。

（2）软包工程应对木材的含水率及衬板的甲醛释放量进行复验。

（3）裱糊工程应对基层封闭底漆、腻子、封闭底胶及软包内衬材料进行隐蔽工程验收。裱糊前，基层处理应达到下列要求。

① 新建筑物的混凝土抹灰基层墙面在刮腻子前应涂刷抗碱封闭底漆。

② 粉化的旧墙面应先除去粉化层，并在刮涂腻子前涂刷一层界面处理剂。

③ 混凝土或抹灰基层含水率不得大于 8％；木材基层的含水率不得大于 12％。

④ 石膏板基层，接缝及裂缝处应粘贴加强网布后再刮腻子。

⑤ 基层腻子应平整、坚实、牢固，无粉化、起皮、空鼓、酥松、裂缝和泛碱；腻子的黏结强度不得小于 0.3MPa。

⑥ 基层表面平整度、立面垂直度及阴阳角方正应达到《建筑装饰装修工程质量验收规范》（GB 50210—2001）的中的高级抹灰要求。

⑦ 基层表面颜色应一致。

⑧ 裱糊前应用封闭底胶涂刷基层。

（4）各分项工程的检验批应按下列规定划分：同一品种的裱糊或软包工程每 50 个自然间（大面积房间和走廊按施工面积 30m² 为一间）划分为一个检验批，不足 50 间也划分为一个检验批。

（5）检查数量应符合下列规定：①裱糊工程每个检验批应至少抽查 5 间，不足 5 间的应全数检查；②软包工程每个检验批应至少抽查 10 间，不足 10 间的应全数检查。

二、裱糊工程的质量控制

裱糊工程的质量控制适用于聚氯乙烯塑料壁纸、纸质壁纸、墙布等裱糊工程的质量验收。

1. 裱糊工程的质量主控项目

(1) 壁纸、墙布的种类、规格、图案、颜色和燃烧性能等级必须符合设计要求。检验方法：观察检查；检查产品合格证、进场验收记录和性能检验报告。

(2) 裱糊工程基层处理质量应符合《建筑装饰装修工程质量验收规范》（GB 50210—2001）的中的高级抹灰要求。检验方法：检查隐蔽工程验收记录和施工记录。

(3) 裱糊后壁纸和墙布间的拼接应横平竖直，拼接处的花纹和图案应吻合，不离缝，不搭接，不显拼缝。检验方法：距离墙面 1.5m 处观察检查。

(4) 壁纸、墙布必须粘贴牢固，不得有漏贴、补贴、脱层、空鼓、翘曲等现象。检验方法：观察检查；手摸检查。

2. 裱糊工程的质量一般项目

(1) 裱糊后的壁纸、墙布表面应平整，不得有波纹起伏、气泡、裂缝、皱折；表面色泽应一致，不得有斑污，斜视时应无胶痕。检验方法：观察检查；手摸检查。

(2) 复合压花壁纸和发泡壁纸的压痕或发泡层应无损坏。检验方法：观察检查。

(3) 壁纸、墙布与挂镜线、贴脸板和踢脚板处不得有缝隙。检验方法：观察检查。

(4) 壁纸、墙布边缘应平直整齐，不得有纸毛、飞刺。检验方法：观察检查。

(5) 壁纸、墙布的阴角处搭接时应顺光进行，在阳角处应无接缝。检验方法：观察检查。

(6) 裱糊工程的允许偏差和检验方法应符合表 8-11 的规定。

表 8-11　裱糊工程的允许偏差和检验方法

项 次	项 目	允许偏差/mm	检 验 方 法
1	表面平整度	3.0	用 2m 靠尺和塞尺检查
2	立面垂直度	3.0	用 2m 垂直尺检查
3	阴阳角方正	3.0	用直角尺检查

三、软包工程的质量控制

软包工程的质量控制适用于墙面、门等软包工程的质量验收。

1. 软包工程的质量主控项目

(1) 软包工程的安装位置及构造做法应符合设计要求。

(2) 软包边框所选木材的材质、花纹、颜色和燃烧性能等级应符合设计要求及国家现行标准、规范的有关规定。检验方法：观察检查；检查产品合格证、进场验收记录、性能检验报告和复验报告。

(3) 软包衬板材质、品种、规格、含水率应符合设计要求。面料及内衬材料的品种、规格、颜色、图案及燃烧性能等级应符合国家现行标准的有关规定。检验方法：观察检查；检查产品合格证、进场验收记录、性能检验报告和复验报告。

(4) 软包工程的龙骨、边框应安装牢固。检验方法：手扳检查。

(5) 软包衬板与基层应连接牢固，无翘曲、变形，拼缝应平直，相邻板面接缝应符合设计要求，横向无错位拼接的分格应保持通缝。检验方法：观察检查；检查施工记录。

2. 软包工程的质量一般项目

（1）单块软包面料不应有接缝，四周应绷紧压严密。需要拼花的，拼接处花纹、图案应吻合。检验方法：观察检查；手摸检查。

（2）软包工程的表面应平整、洁净、无污染、无凹凸不平及皱折；图案应清晰、无色差，整体应协调美观、符合设计要求。检验方法：观察检查。

（3）软包工程的边框表面应平整、光滑、顺直，无色差、无钉眼；对缝、拼接角处应均匀对称、接缝吻合。清漆制品木纹、色泽应协调一致。其表面涂饰质量应符合本规范第14章的有关规定。检验方法：观察检查；手摸检查。

（4）软包内衬应当填充饱满，边缘应平齐。

（5）软包工程安装的允许偏差和检验方法应符合表 8-12 的规定。

表 8-12　软包工程安装的允许偏差和检验方法

项次	项　目	允许偏差/mm	检 验 方 法
1	边框水平度	3.0	用1m水平尺和塞尺检查
2	边框垂直度	3.0	用1m垂直尺检查
3	对角线长度差	3.0	从框的裁割口的里角用钢尺检查
4	分格条（缝）直线度	3.0	拉5m线，不足5m拉通线用钢直尺检查
5	高度与宽度偏差	0，-2	从框的裁割口的里角用钢尺检查
6	裁割口线条和结合处高度差	1.0	用直尺和塞尺检查

第九章 ▶▶▶
建筑幕墙工程施工技术

　　随着科学技术和建筑施工工艺的进步，外墙装饰工程材料和施工技术也在突飞猛进地发展，不仅涌现了多种外墙涂料、装饰饰面和施工技术，而且产生了玻璃幕墙、石材幕墙、金属幕墙和陶瓷板幕墙等新型外墙装饰形式，并越来越向着环保、节能、智能化方向发展，使建筑显示出亮丽风光和现代化的气息。

　　现代幕墙工程施工技术的应用为建筑装饰提供了更多的选择，它新颖耐久、美观时尚、装饰感强，与传统外装饰技术相比，具有施工速度快、工业化和装配化程度高、便于维修等特点，它是融建筑技术、建筑功能、建筑艺术、建筑结构为一体的建筑装饰构件。工程实践证明，幕墙的设计和施工除应遵循美学规律外，还应遵循建筑力学、物理、光学、结构等规律的要求，做到安全、适用、经济、美观。

第一节　幕墙工程的重要规定

　　幕墙工程是现代建筑外墙非常重要的装饰工程，其设计计算、所用材料、结构型式、施工方法等，关系到幕墙的使用功能、装饰效果、结构安全、工程造价、施工难易等各个方面。因此，为确保幕墙工程的装饰性、安全性、装饰性和经济性，在幕墙的设计、选材和施工等方面，应严格遵守下列重要规定。

　　(1) 幕墙及其连接件应具有足够的承载力、刚度和相对于主体结构的位移能力。幕墙构架立柱的连接金属"角码"与其他连接件应采用螺栓连接，并应有防松动措施。

　　(2) 隐框、半隐框幕墙所采用的结构黏结材料，必须是中性硅酮结构密封胶，其性能必须符合《建筑用硅酮结构密封胶》(GB 16776—2005) 中的规定；硅酮结构密封胶必须在有效期内使用。

　　(3) 立柱和横梁等主要受力构件，其截面受力部分的壁厚应经过计算确定，且铝合金型材的壁厚应≥3.0mm，钢型材壁厚应≥3.5mm。

　　(4) 隐框、半隐框幕墙构件中，板材与金属之间硅酮结构密封胶的黏结宽度，应分别计算风荷载标准值和板材自重标准值的作用下硅酮结构密封胶的黏结宽度，并选取其中较大值，且应≥7.0mm。

　　(5) 硅酮结构密封胶应打注饱满，并应在温度 15～30℃、相对湿度＞50%、洁净的室内进行；不得在现场的墙上打注。

（6）幕墙的防火除应符合现行国家标准《建筑设计防火规范》（GB 50016—2014）的有关规定外，还应符合下列规定：①应根据防火材料的耐火极限决定防火层的厚度和宽度，并应在楼板处形成防火带；②防火层应采取隔离措施。防火层的衬板应采用经过防腐处理，且厚度≥1.5mm的钢板，但不得采用铝板。防火层的密封材料应采用防火密封胶；③防火层与玻璃不应直接接触，一块玻璃不应跨两个防火分区。

（7）主体结构与幕墙连接的各种预埋件，其数量、规格、位置和防腐处理必须符合设计要求。

（8）幕墙的金属框架与主体结构预埋件的连接、立柱与横梁的连接及幕墙面板的安装，必须符合设计要求，安装必须牢固。

（9）单元幕墙连接处和吊挂处的铝合金型材的壁厚应通过计算确定，并应≥5.0mm。

（10）幕墙的金属框架与主体结构应通过预埋件连接，预埋件应在主体结构混凝土施工时埋入，预埋件的位置必须准确。当没有条件采用预埋件连接时，应采用其他可靠的连接措施，并应通过试验确定其承载力。

（11）立柱应采用螺栓与"角码"连接，螺栓的直径应经过计算确定，最小应≥10mm。不同金属材料接触时应采用绝缘垫片分隔。

（12）幕墙上的抗裂缝、伸缩缝、沉降缝等部位的处理，应当保证缝的使用功能和饰面的完整性。

（13）幕墙工程的设计应满足方便维护和清洁的要求。

第二节　玻璃幕墙的施工

玻璃幕墙是目前最常用的一种幕墙，其是由金属构件与玻璃板组成的建筑外墙围护结构。玻璃幕墙多用于混凝土结构体系的建筑物，建筑框架主体建成后，外墙用铝合金、不锈钢或型钢制成骨架，与框架主体的柱、梁、板连接固定，骨架外再安装玻璃而组成玻璃幕墙，玻璃幕墙的组成如图9-1所示。

图9-1　玻璃幕墙的组成示意

随着幕墙施工技术的提高，玻璃幕墙的种类越来越多。目前，在工程上常见的有有框玻璃幕墙、无框全玻璃幕墙和支点式玻璃幕墙等。

一、玻璃幕墙材料及机具

（一）玻璃幕墙所用材料

玻璃幕墙所用材料包括：骨架及连接材料、幕墙玻璃和其他相关辅助材料等。

1. 骨架材料

玻璃幕墙所用的骨架材料，主要有铝合金型材、型钢材料等。

（1）铝合金型材　玻璃幕墙所用铝合金型材应符合下列要求。

① 检查铝合金型材的外观质量，材料表面应清洁，色泽应均匀，不应有皱纹、裂纹、起皮、腐蚀斑点、气泡、电灼伤、流痕、发黏以及膜（涂）层脱落等缺陷存在，否则应予以修补，达到要求后方可使用。

② 铝合金型材作为受力杆件时，其型材壁厚应根据使用条件，通过力学计算选定，门窗受力杆件型材的最小实测壁厚应不小于 1.2mm，幕墙用受力杆件型材的最小实测壁厚应不小于 3.0mm。

③ 按照设计图纸的要求，检查铝合金型材尺寸是否符合设计要求。玻璃幕墙采用的铝合金型材的尺寸允许偏差，应符合现行国家标准《铝合金建筑型材》（GB 5237—2008）中高精级别的规定。铝合金型材的牌号所对应的化学成分，应符合现行国家标准《变形铝及铝合金化学成分》（GB/T 3190—2008）中的规定。

④ 玻璃幕墙工程所使用的铝合金型材，应进行壁厚、膜厚、硬度和表面质量的检验，必须符合设计要求和现行标准的规定。

⑤ 铝合金型材壁厚采用精度为 0.05mm 的游标卡尺测量，应在杆件同一截面的不同部位量测，不得少于 5 个，并取其最小值。

⑥ 铝合金型材的膜厚应符合下列规定：a. 阳极氧化膜最小平均膜厚不应小于 15μm，最小局部膜厚不应小于 12μm；b. 粉末静电喷涂涂层厚度的平均值不应小于 60μm，其局部厚度最大不应大于 120μm 且不应小于 40μm；电泳涂漆复合膜局部膜厚不应小于 21μm；氟碳喷涂涂层厚度的平均值不应小于 30μm，其局部厚度最小不应小于 25μm。

⑦ 铝合金型材的长度小于等于 6m 时，允许偏差为 +15mm，长度大于 6m 时允许偏差由双方协商确定。材料现场的检验，应将同一厂家生产的同一型号、规格、批号的材料作为一个验收批，每批应随机抽取 3%，且不得少于 5 件。

（2）型钢材料　玻璃幕墙工程所用的型钢材料应符合下列要求。

① 玻璃幕墙工程所用的碳素结构钢和低合金高强度钢，其钢种、牌号和质量等级均应行合现行国家标准和行业标准中的规定。

② 玻璃幕墙的型钢材料宜采用奥氏不锈钢，不锈钢的技术要求应符合国家现行标准的规定，其含镍量不应小于 8%。

③ 当玻璃幕墙高度超过 40m 时，钢构件应当采用高耐候性结构钢，并应在其表面涂刷防腐涂料。

④ 玻璃幕墙工程钢构件采用冷弯薄壁型钢时，其壁厚不得小于 3.5mm，承载力应进行验算，表面处理应符合现行国家标准《钢结构工程对施工质量验收规范》（GB 50205—2001）中的有关规定。

⑤ 玻璃幕墙采用的标准五金件，应当符合铝合金门窗标准件现行国家或行业标准的有关规定。

⑥ 玻璃幕墙采用的非标准五金件应符合设计要求，并应有出厂合格证。

⑦ 碳素结构钢和低合金高强度钢应采取有效的防腐处理。当采用热浸镀锌处理时，其膜层厚度应大于 $45\mu m$；当采用静电喷涂处理时，其膜层厚度应大于 $40\mu m$；当采用氟碳漆喷涂或聚氨酯漆喷涂处理时，其膜层厚度不宜小于 $35\mu m$；在空气污染严重及海滨地区，膜层厚度不宜小于 $45\mu m$。

⑧ 玻璃幕墙工程所用的钢材，应进行膜厚和表面质量的检验；钢材的表面不得有裂纹、气泡、结疤、泛锈、夹杂和折叠等缺陷。

2. 连接材料

连接件通常由角钢、槽钢或钢板加工而成，随着幕墙不同的结构类型、骨架形式及安装部位而有所不同。连接件均要在厂家预制加工好，材质及规格尺寸要符合设计要求。

玻璃幕墙采用的紧固件主要有膨胀螺栓、螺帽、钢钉、铝铆钉与射钉等，为了防止其腐蚀，紧固件的表面应镀锌处理，紧固件与预埋在混凝土梁、柱、墙面上的预埋件固定时，应采用不锈钢或镀锌螺栓。紧固件的规格尺寸应符合设计要求，并应有出厂合格证。

玻璃幕墙工程所用的连接件的检验指标，应符合下列规定：①外观应平整，不得有裂纹、毛刺、凹坑、变形等质量缺陷；②当采用碳素钢的连接件时，其表面必须进行热浸镀锌处理；③连接件的开孔长度不应小于开孔宽度加 40mm，孔边距离不应小于宽度的 1.5 倍；④连接件的壁厚不得有负偏差。

3. 幕墙玻璃

玻璃幕墙采用的玻璃应是安全玻璃，主要有钢化玻璃、夹层玻璃、中空玻璃、防火玻璃、阳光控制镀膜玻璃和低辐射玻璃等。

幕墙玻璃的外观质量和性能应符合下列现行国家标准的规定：《建筑用安全玻璃 第 1 部分：防火玻璃》（GB 15763.1—2009）、《建筑用安全玻璃 第 2 部分：钢化玻璃》（GB 15763.2 —2005）、《建筑用安全玻璃 第 3 部分：夹层玻璃》（GB 15763.3 —2009）、《中空玻璃》（GB/T 11944—2002）、《镀膜玻璃 第 1 部分 阳光控制镀膜玻璃》（GB/T 18915.1—2002）、《镀膜玻璃 第 2 部分 低辐射玻璃》（GB/T 18915.2—2002）等。

要根据设计要求选用玻璃类型，制作厂家对玻璃幕墙应进行风压计算，要提供出厂质量合格证明及必要的试验数据；玻璃进场后要开箱抽样检查外观质量，玻璃颜色一致，表面平整，无污染、翘曲，镀膜层均匀，不得有划痕和脱膜缺陷。整箱进场要有专用钢制靠架，如拆箱后存放，要立式放在室内特制的靠架上。

4. 辅助材料

玻璃幕墙的辅助材料很多，如建筑密封材料、发泡双面胶带、填充材料、隔热保温材料、防水防潮材料、硬质有机材料垫片、橡胶片等。

(1) 玻璃幕墙的建筑密封材料 一般多指"聚硫"密封胶、氯丁密封胶和硅酸酮密封胶，是保证幕墙具有防水性能、气密性能和抗震性能的关键。其材料必须具有良好防渗透、抗老化、抗腐蚀性能，并具有能适应结构变形和温度胀缩的弹性，应有出厂证明和防水试验记录。

玻璃幕墙一般采用三元乙丙橡胶、氯丁橡胶密材料；密封胶条应挤出成形，橡胶块应压模成形。若用"聚硫"密封胶，其应具有耐水、耐溶剂和耐大气老化性，并应有低温弹性与低透气性等特点。玻璃幕墙所采用的耐候硅酸酮密封胶，应当是中性的胶，凡是用在半隐框、隐框玻璃幕墙上的结构胶，都要进行建筑密封胶与结构密封胶的相容性试验，由生产厂家出具相容性试验报告，经允许后方可使用。

（2）发泡双面胶带　通常根据玻璃幕墙的风荷载、高度、面积和玻璃的大小，可选用低发泡间隔双面胶带。低发泡间隔双面胶带的质量应符合行业标准《玻璃幕墙工程技术规范》（JGJ 102—2013）中的规定。

（3）填充材料　主要用于幕墙型材凹槽两侧间隙内的底部，起填充作用。聚乙烯发泡材料作填充材料，其密度不应大于 $0.037g/cm^3$，也可用橡胶压条。一般还应在填充料的上部使用橡胶密封材料和硅酮系列的防水密封胶。

（4）隔热保温材料　用岩棉、矿棉、玻璃棉、防火板等不燃烧性或是难燃烧性材料作隔热保温材料。隔热保温材料的热导率、防水性能和厚度要符合设计要求。

（5）防水防潮材料　一般可用铝箔或塑料薄膜包装的复合材料作为防水和防潮材料。

（6）硬质有机材料垫片　主体结构与玻璃幕墙构件之间耐热的硬质有机材料垫片。

（7）橡胶条、橡胶垫　系指玻璃幕墙立柱与横梁之间的连接处橡胶片等，应具有耐老化、阻燃性能试验出厂证明，尺寸符合设计要求，无断裂现象。

（二）玻璃幕墙所用机具

玻璃幕墙施工所用的主要机具有垂直运输机具、电焊机、砂轮切割机、电锤、电动螺钉刀、焊枪、氧气切割设备、电动真空吸盘、手动吸盘、滚轮、热压胶带电炉、双斜锯、双轴仿形铣床、凿榫机、自攻钻、手电钻、夹角机、铝型材弯型机、双组分注胶机、清洗机、电动吊篮、经纬仪、水准仪、激光测试仪、2m 靠尺、托线板、钢卷尺、水平尺、螺丝刀、工具刀、泥灰刀、撬板、竹签、筒式打胶机、线坠、钢丝线等。

二、有框玻璃幕墙的施工

有框玻璃幕墙类别不同，其构造形式和施工工艺有较大差异。现以铝合金全隐框玻璃幕墙为例说明这类幕墙构造。所谓全隐框是指玻璃组合构件固定在铝合金框架的外侧，从室外观看只看见幕墙的玻璃及分格线，铝合金框架完全隐蔽在玻璃幕的后边，如图 9-2（a）所示。

（一）有框玻璃幕墙的组成

有框玻璃幕墙主要由幕墙立柱、横梁、玻璃、主体结构、预埋件、连接件，以及连接螺栓、垫杆、胶缝、开启扇等组成，如图 9-2（a）所示。竖直玻璃幕墙立柱应悬挂连接在主体结构上，并使其处于受拉工作状态。

（二）有框玻璃幕墙的构造

1. 基本构造

从图 9-2（b）中可以看到，立柱两侧角码是 L100mm×60mm×10mm 的角钢，它通过 M12×110mm 的镀锌连接螺栓将铝合金立柱与主体结构预埋件焊接，立柱又与铝合金横梁连接，在立柱和横梁的外侧再用连接压板通过 M6×25mm 圆头螺钉将带副框的玻璃组合构件固定在铝合金立柱上。

为了提高幕墙的密封性能，在两块中空玻璃之间填充直径为 18mm 的塑料泡沫条，并填充耐候胶，从而形成 15mm 宽的缝，使得中空玻璃发生变形时有位移的空间。《玻璃幕墙工程技术规范》（JGJ 102—2003）中规定，隐框玻璃幕墙拼缝宽度不宜小于 15mm。

(a) 隐框玻璃幕墙的组成

图 9-2　隐框玻璃幕墙的组成及节点（单位：mm）

（b）隐框玻璃幕墙水平节点　　（c）隐框玻璃幕墙垂直节点

为了防止接触腐蚀物质，在立柱连接杆件（角钢）与立柱之间垫上 1mm 厚的隔离片。中空玻璃边上有大、小两个"⊠"符号，这个符号代表接触材料-干燥剂和双面胶贴。干燥剂（大符号）放在两片玻璃之间，用于吸收玻璃夹层间的湿气。双面胶贴（小符号）是用于玻璃和副框之间灌注结构胶前，固定胶缝位置和厚度用的呈海绵状的低发泡黑色胶带。两片中空玻璃周边凹缝中填有结构胶，从而使两片玻璃黏结在一起。使用的结构胶是玻璃幕墙施工成功与否的关键材料，必须使用国家定期公布的合格成品，并且必须在保质期内使用。玻璃还必须用结构胶与铝合金副框黏结，形成玻璃组合件，挂接在铝合金立柱和横梁上形成幕墙装饰饰面。

图 9-2(c) 反映横梁与立柱的连接构造，以及玻璃组合件与横梁的连接关系。玻璃组合件应在符合洁净要求的车间中生产，然后运至施工现场进行安装。

幕墙构件应连接牢固，接缝处须用密封材料使连接部位密封［图 9-2(b) 中玻璃的副框与横梁、主柱相交均有胶垫］，用于消除构件间的摩擦声，防止串烟串火，并消除由于温差变化引起的热胀冷缩应力。

玻璃幕墙立柱与混凝土结构宜通过预埋件连接，预埋件应在主体结构施工时埋入。没有条件采用预埋件连接时，应采用其他可靠的连接措施，如采用后置钢锚板加膨胀螺栓的方法，但要经过试验决定其承载力。

2. 防火构造

为了保证建筑物的防火能力，玻璃幕墙与每层楼板、隔墙处以及窗间墙、窗槛墙的缝隙应采用不燃烧材料（如填充岩棉等）填充严密，形成防火隔层。隔层的隔板必须用经防火处理的厚度不小于 1.5mm 的钢板制作，不得使用铝板、铝塑料等耐火等级低的材料，否则起不到防火的作用。

隐框玻璃幕墙防火构造节点如图 9-3 所示。并应在横梁位置安装厚度不小于 100mm 防护岩棉，再用厚度为 1.5mm 钢板加以包制。

图 9-3　隐框玻璃幕墙防火构造节点（单位：mm）

3. 防雷构造

建筑幕墙大多用于多层和高层建筑，其防雷是一个必须解决的问题。《建筑物防雷设计规范》（GB 50057—2010）规定，高层建筑应设置防雷用的均压环（沿建筑物外墙周边每隔一定高度的水平防雷网，用于防侧向雷），环间垂直间距不应大于 12m，均压环可利用钢筋混凝土梁体内部的纵向钢筋或另行安装。

如采用梁体内的纵向钢筋做均压环时，幕墙位于均压环处的预埋件钢筋必须与均压环处梁的纵向钢筋连通；设均压环位置的幕墙立柱必须与均压环连通，该位置处的幕墙横梁必须与幕墙立柱连通；未设均压环处的立柱必须与固定在设均压环楼层的立柱连通，如图 9-4 所示。以上所有均压环的接地电阻应小于 4Ω。

图 9-4　隐框玻璃幕墙防雷构造简图

幕墙防顶部的雷可用避雷带或避雷针，可由建筑防雷系统进行考虑。

（三）有框玻璃幕墙的施工工艺

1. 施工工艺

玻璃幕墙工序多、技术和安装精度要求高，应由专业幕墙公司来进行设计和施工。

幕墙施工工艺流程为：测量、放线→调整和后置预埋件→确认主体结构轴线和各面中心线→以中心线为基准向两侧排基准竖线→按图样要求安装钢连接件和立柱、校正误差→钢连接件满焊固定、表面防腐处理→安装横框→上、下边缘封闭修饰→安装玻璃组件→安装开启窗扇→填充塑料泡沫棒，并注入胶→清洁、整理→检查、验收。

（1）弹线定位　专业技术人员操作，确定玻璃幕墙的位置，这是保证工程安装质量的第一道关键性工序。弹线工作是以建筑物轴线为准，依据设计要求先将骨架的位置线弹到主体结构上，以确定竖向杆件的位置。工程主体部分，以中部水平线为基准，向上下返线，每层水平线确定后，即可用水准仪找平横向节点的标高。以上测量结果应与主体工程施工测量轴线一致，如果主体结构轴线误差大于规定的允许偏差时，则在征得监理和设计人员的同意后，调整装饰工程的轴线，使其符合装饰设计及构造的需要。

（2）钢连接件安装　作为外墙装饰工程施工的基础，钢连接件的预埋钢板应尽量采用原主体结构预埋钢板，无条件时可采用后置钢锚板加膨胀螺栓的方法，但要经过试验决定其承载力。目前应用化学浆锚螺栓代替普通膨胀螺栓效果较好。玻璃幕墙与主体结构连接的钢构件，一般采用三维可调连接件，其特点是对预埋件埋设的精度要求不太高，在安装骨架时，上下左右及幕墙平面垂直度等可自如调整。

（3）框架安装　将立柱先与连接件连接，连接件再与主体结构预埋件连接，并进行调整、固定。立柱安装标高偏差不应大于 3mm，轴线前后偏差不应大于 2mm，左右偏差不应大于 3mm。相邻两根立柱安装的标高偏差不应大于 3mm，同层立柱的最大标高偏差不应大于 5mm，相邻两根立柱的距离偏差不应大于 2mm。

同一层横梁安装由下向上进行，当安装完一层高度时，进行检查调整校正，符合质量要求后固定。相邻两根横梁的水平标高偏差不应大于 1mm。同层横梁标高偏差：当一幅幕墙宽度小于或等于 35m 时，不应大于 5mm；当一幅幕墙宽度大于 35m 时，不应大于 7mm。

横梁与立柱相连处应垫弹性橡胶垫片，主要用于消除横向热胀冷缩应力以及变形造成的横竖杆间的摩擦响声。铝合金框架构件和隐框玻璃幕墙的安装质量应符合表 9-1 和表 9-2 中的规定。

表 9-1　铝合金构件安装质量要求

项　　目		允许偏差/mm	检 查 方 法
幕墙垂直度	幕墙高度≤30m	10	激光仪或经纬仪
	30m<幕墙高度≤60m	15	
	60m<幕墙高度≤90m	20	
	幕墙高度>90m	25	
	竖向构件直线度	3	3m 靠尺，塞尺
横向构件水平度	构件长度≤2m	2	水准仪
	构件长度>2m	3	
	同高度相邻两根横向构件高度差	1	钢直尺，塞尺
幕墙横向水平度	幅宽≤35m	5	水准仪
	幅宽>35m	7	
分格框对角线	对角线长≤2000mm	3	3m 钢卷尺
	对角线长>2000mm	3.5	

注：1. 前 5 项按抽样根数检查，最后项按抽样分格数检查。

2. 垂直于地面的幕墙，竖向构件垂直度主要包括幕墙平面内及平面外的检查。

3. 竖向垂直度主要包括幕墙平面内和平面外的检查。

4. 在风力小于 4 级时测量检查。

（4）玻璃安装　玻璃安装前将表面尘土污物擦拭干净，所采用镀膜玻璃的镀膜面朝向室内，玻璃与构件不得直接接触，以防止玻璃因温度变化引起胀缩导致破坏。玻璃四周与构件凹槽底应保持一定空隙，每块玻璃下部应设不少于 2 块的弹性定位垫块（如氯丁橡胶等），"垫块"的宽度应与槽口宽度相同，长度不小于 100mm。隐框玻璃幕墙用经过设计确定的铝压板用不锈钢螺钉固定玻璃组合件，然后在玻璃拼缝处用发泡聚乙烯垫条填充空隙。塞入的垫条表面应凹入玻璃外表面 5mm 左右，再用耐候密封胶封缝，胶缝必须均匀、饱满，一般注入深度在 5mm 左右，并使用修饰胶的工具修整，之后揭除遮盖压边胶带并清洁玻璃及主框表面。玻璃的副框与主框之间设置橡胶条隔离，其断口留在四角，斜面断开后拼成预定的设计角度，并用胶黏结牢固，提高其密封性能。玻璃安装可参见图 9-2(b)、(c)。

（5）缝隙处理　这里所讲的缝隙处理，主要是指幕墙与主体结构之间的缝隙处理。窗间墙、窗槛墙之间采用防火材料堵塞，隔离挡板采用厚度为 1.5mm 的钢板，并涂防火涂料 2 遍。接缝处用防火密封胶封闭，保证接缝处的严密，参见图 9-3。

（6）避雷设施安装　在进行安装立柱时，应按照设计要求进行防雷体系的可靠连接。均压环应与主体结构避雷系统相连，预埋件与均压环通过截面积不小于 48mm² 的圆钢或扁钢连接。圆钢或扁钢与预埋件均压环进行搭接焊接，焊缝长度不小于 75mm。位于均压环所在层的每个立柱与支座之间应用宽度不小于 24mm、厚度不小于 2mm 的铝条连接，保证其导电电阻小于 10Ω。

2. 施工安装要点及注意事项

（1）测量放线　有框玻璃幕墙测量放线应符合下列要求。

① 放线定位前使用经纬仪、水准仪等测量设备，配合标准钢卷尺、重锤、水平尺等复核主体结构轴线、标高及尺寸，注意是否有超出允许值的偏差。对超出者需经监理工程师、设计师同意后，适当调整幕墙的轴线，使其符合幕墙的构造要求。

② 高层建筑的测量放线应在风力不大于四级时进行，测量工作应每天定时进行。质量检验人员应及时对测量放线情况进行检查。测量放线时，还应对预埋件的偏差进行校验，其上下左右偏差不应大于 45mm，超出允许偏差的预埋件必须进行适当处理或重新设计，应把处理意见上报监理、业主和项目部。

（2）立柱安装　有框玻璃幕墙的立柱安装可按以下方法和要求进行。

① 立柱安装的准确性和质量，将影响整个玻璃幕墙的安装质量，是幕墙施工的关键工序之一。安装前应认真核对立柱的规格、尺寸、数量、编号是否与施工图纸一致。单根立柱长度通常为一层楼高，因为立柱的支座一般都设在每层边楼板位置（特殊情况除外），上下立柱之间用铝合金套筒连接，在该处形成铰接、构成变形缝，从而适应和消除幕墙的挠度变形和温度变形，保证幕墙的安全和耐久。立柱安装质量要求参见表 9-1。

② 施工人员必须进行有关高空作业的培训，并取得上岗证书后方可参与施工活动。在施工过程中，应严格遵守《建筑施工高处作业安全技术规范》（JGJ 80—2016）的有关规定。特别注意在风力超过六级时，不得进行高空作业。

③ 立柱和连接杆（支座）接触面之间一定要加防腐隔离垫片。

④ 立柱按表 9-1 要求初步定位后应进行自检，对合格的部分应进行调整修正，自检完全合格再报质检人员进行抽检。抽检合格后方可进行连接件（支座）的正式焊接，焊缝位置及要求按设计图样进行。焊缝质量必须符合现行《钢结构工程施工验收规范》。焊接好的连接件必须采取可靠防腐措施。焊工是一种技术性很强的特殊工种，需经专业安全技术学习和训练，考试合格获得"特殊工种操作证书"后，才能参与施工。

⑤ 玻璃幕墙立柱安装就位后应及时固定，并及时拆除原来的临时固定螺栓。

（3）横梁安装　有框玻璃幕墙横梁安装可按以下方法和要求进行。

① 横梁安装定位后应进行自检，对不合格的应进行调整修正；自检合格后再报质检人员进行抽检。

② 在安装横梁时，应注意设计中如果有排水系统，冷凝水排出管及附件应与横梁预留孔连接严密，与内衬板出水孔连接处应设橡胶密封条，其他通气孔、雨水排出口，应按设计进行施工，不得出现遗漏。

（4）玻璃安装　有框玻璃幕墙玻璃安装可按以下方法和要求进行。

① 玻璃安装前应将表面及四周尘土、污物擦拭干净，保证嵌缝耐候胶可靠黏结。玻璃的镀膜面朝向室内，如果发现玻璃色差明显或镀膜脱落等，应及时向有关部门反映，得到处理方案后方可安装。

② 用于固定玻璃组合件的压块或其他连接件及螺钉等，应严格按设计或有关规范执行，严禁少装或不装紧固螺钉。

③ 玻璃组合件安装时应注意保护，避免碰撞、损伤或跌落。当玻璃面积较大或自身重量较大时，应采用机械安装，或利用中空吸盘帮助提升安装。

隐框幕墙玻璃的安装质量要求，如表 9-2 所列。

表 9-2　隐框玻璃幕墙安装质量要求

项　　目		允许偏差/mm	检 查 方 法
竖向缝及墙面垂直度	幕墙高度≤30m	10	激光仪或经纬仪
	30m＜幕墙高度≤30m	15	
	60m＜幕墙高度≤90m	20	
	幕墙高度＞90m	25	
幕墙平面度		3	3m靠尺,钢直尺
竖向缝的直线度		3	3m靠尺,钢直尺
横向缝的直线度		3	3m靠尺,钢直尺
拼缝宽度(与设计值相比)		2	卡尺

（5）拼缝及密封　有框玻璃幕墙拼缝及密封可按以下方法和要求进行。

① 玻璃拼缝应横平竖直、缝宽度均匀，并符合设计要求及允许偏差要求。每块玻璃初步定位后进行自检，不符合要求的应进行调整，自检合格后再报质检人员进行抽检。每幅幕墙抽检5％的分格，且不少于5个分格。允许偏差项目有80％抽检实测值合格，其余抽检实测值不影响安全和使用的，则判为合格。抽检合格后才能进行泡沫条的填充和耐候胶灌注。

② 耐候胶在缝内相对两面黏结，不得三面黏结，较深的密封槽口应先填充聚乙烯泡沫条。耐候胶的施工厚度应大于3.5mm，施工宽度不应小于施工厚度的2倍。注胶后胶缝饱满、表面光滑细腻，不污染其他表面，注胶前应在可能导致污染的部位贴上纸基胶带（即美纹纸条），注胶完成后再将胶带揭除。

③ 玻璃幕墙的密封材料，常用的是耐候硅酮密封胶，立柱、横梁等交接部位胶的填充一定要密实、无气泡。当采用明框玻璃幕墙时，在铝合金的凹槽内玻璃应用定形的橡胶压条进行嵌填，然后再用耐候胶嵌缝。

（6）窗扇安装　有框玻璃幕墙窗扇安装可按以下方法和要求进行。

① 安装时应注意窗扇与窗框的配合间隙是否符合设计要求，窗框胶条应安装到位，以保证其密封性。如图9-5所示为隐框玻璃幕墙开启扇的竖向节点详图，除与图9-2（c）所示相同者外，还增加了开启扇的固定框和活动框，连接用圆头螺钉（M5×32），扇框相交处垫有胶条密封。

② 窗扇连接件的品种、规格、质量应当符合设计要求，并应采用不锈钢或轻钢金属制品，以保证窗扇的安全和耐用。安装中严禁私自减少连接螺钉等紧固件的数量，并应严格控制螺钉的底孔直径。

（7）保护和清洁　有框玻璃幕墙保护和清洁可按以下方法和要求进行。

① 在整个施工过程中的玻璃幕墙，应采取可靠的技术措施加以保护，防止产生污染、碰撞和变形受损。

② 整个玻璃幕墙工程完工后，应从上到下用中性洗涤剂对幕墙表面进行清洗，清洗剂在清洗前要进行腐蚀性试验，确实证明对玻璃、铝合金无腐蚀作用后方可使用。清洗剂清洗后应用清水冲洗干净。

（四）玻璃幕墙安装的安全措施

（1）安装玻璃幕墙用的施工机具应进行严格检验。手电钻、射钉枪等电动工具应作绝缘性试验，手持玻璃吸盘、电动玻璃吸盘等，应进行吸附重量和吸附持续时间的试验。

图 9-5　隐框玻璃幕墙开启扇的竖向节点详图（单位：mm）

（2）幕墙施工人员在进入施工现场时，必须佩戴安全帽、安全带、工具袋等。

（3）在高层玻璃幕墙安装与上部结构施工交叉时，结构施工下方应设安全防护网。在离地 3m 处，应搭设挑出 6m 的水平安全网。

（4）在玻璃幕墙施工现场进行焊接时，在焊件下方应吊挂上接焊渣的斗，以防止焊渣任意掉落而引起事故。

三、无框玻璃幕墙的施工

由玻璃板和玻璃肋制作的玻璃幕墙称为全玻璃幕墙（即无框的全玻璃幕墙）。这种幕墙通透性特别好、造型简捷明快、视觉非常宽广。由于该幕墙通常采用较厚的玻璃，所以其隔声效果较好，加之视线的无阻碍性，用于外墙装饰时，使室内、室外环境浑然一体，显得非常广阔、明亮、美观、气派，被广泛应用于各种底层公共空间的外装饰。

（一）全玻璃幕墙的分类

全玻璃幕墙根据其构造方式的不同，可分为吊挂式全玻璃幕墙和坐落式全玻璃幕墙两种。

1. 吊挂式全玻璃幕墙

当建筑物层高很大，采用通高玻璃的坐落式幕墙时，因玻璃变得比较细长，其平面的外刚度和稳定性相对很差，在自重作用下就很容易压屈破坏，不可能再抵抗其他各种水平力的作用。为了提高玻璃的刚度、安全性和稳定性，避免产生压屈破坏，在超过一定高度的通高玻璃上部设置专用的金属夹具，将玻璃和玻璃肋吊挂起来形成玻璃墙面，这种玻璃幕墙称为吊挂式全玻璃幕墙。这种幕墙的下部需要镶嵌在槽口内，以利于玻璃板的伸缩变形，吊挂式全玻璃幕墙的玻璃尺寸和厚度要比坐落式全玻璃幕墙的大，而且构造复杂、工序较多，因此造价也较高。

2. 坐落式全玻璃幕墙

当全玻璃幕墙的高度较低时，可以采用坐落式安装。这种幕墙的通高玻璃板和玻璃肋上下均镶嵌在槽内，玻璃直接支撑在下部槽内的支座上，上部镶嵌玻璃的槽与玻璃之间留有空隙，使玻璃有伸缩的余地。这种做法构造简单、工序较少、造价较低，但只适用于建筑物层高较小的情况下。根据工程实践证明，下列情况可采用吊挂式全玻璃幕墙：玻璃厚度为 10mm，幕墙高度在 4～5m 时；玻璃厚度为 12mm，幕墙高度在 5～6m 时；玻璃厚度为 15mm，幕墙高度在 6～8m 时；玻璃厚度为 19mm，幕墙高度在 8～10m 时。全玻璃幕墙所使用的玻璃，多数为钢化玻璃和夹层钢化玻璃。无论采用何种玻璃，其边缘都应进行磨边处理。

（二）全玻璃幕墙的构造

1. 坐落式全玻璃幕墙的构造

坐落式全玻璃幕墙为了加强玻璃板的刚度、保证玻璃幕墙整体在风压等水平荷载作用下的稳定性，构造中应加设玻璃肋。这种玻璃幕墙的构造组成为：上下金属夹槽、玻璃板、玻璃肋、弹性垫块、聚乙烯泡沫条或橡胶嵌条、连接螺栓、硅酮结构胶及耐候胶等，如图 9-6（a）所示。上下夹槽为 5 号槽钢，槽底垫弹性垫块，两侧嵌填橡胶条、封口用耐候胶。当玻璃高度小于 2m、且风压较小时，可不设置玻璃肋。

玻璃肋应当垂直于玻璃板面布置，间距根据设计计算而确定。图 9-6（b）为坐落式全玻璃幕墙平面示意。从图中可看到玻璃肋均匀设置在玻璃板面的一侧，并与玻璃板垂直相交，玻璃竖向缝嵌入结构胶或耐候胶。

玻璃肋布置方式很多，各种布置方式各具有不同特点。在工程中常见的有后置式、骑缝式、平齐式和突出式。

（1）后置式　后置式是玻璃肋置于玻璃板的后部，用密封胶与玻璃板黏结成为一个整体，如图 9-7（a）所示。

（2）骑缝式　骑缝式是玻璃肋位于两玻璃板的板缝位置，在缝隙处用密封胶将三块玻璃黏结起来，如图 9-7（b）所示。

（3）平齐式　平齐式玻璃肋位于两块玻璃之间，玻璃肋前端与玻璃板面平齐，两侧缝隙用密封胶嵌入、黏结，如图 9-7（c）所示。

（4）突出式　突出式玻璃肋夹在两玻璃板中间、两侧均突出玻璃表面，两面缝隙用密封胶嵌入、黏结，如图 9-7（d）所示。

玻璃板、玻璃肋之间交接处留缝尺寸，应根据玻璃的厚度、高度、风压等确定，缝中灌注透明的硅酮耐候胶，使玻璃连接、传力，玻璃板通过密封胶缝将板面上的一部分作用力传给玻璃肋，再经过玻璃肋传递给结构。

2. 吊挂式全玻璃幕墙构造

吊挂式全玻幕墙，玻璃面板采用吊挂支承，玻璃肋板也采用吊挂支承，幕墙玻璃重量都由上部结构梁承载，因此幕墙玻璃自然垂直，板面平整，反射映像真实，更重要的是在地震或大风冲击下，整幅玻璃在一定限度内作弹性变形，可以避免应力集中造成玻璃破裂。

1995 年 1 月日本阪神大地震中吊挂式全玻幕墙的完好率远远大于坐落式全玻幕墙，况且坐落式全玻幕墙一般都是低于 6m 高度的。事后经有关方面调查，吊挂式全玻幕墙出现损坏的原因，并不是因为其构造的问题。

分析国内外部分的吊挂式全玻幕墙产生破坏主要原因有：①混凝土结构破坏导致整个幕

图 9-6 坐落式全玻璃幕墙构造示意

(a) 构造示意

(b) 平面示意

(a) 后置式　(b) 骑缝式　(c) 平齐式　(d) 突出式

图 9-7　玻璃肋布置方式

墙变形损坏；②吊挂钢结构破坏、膨胀螺栓松脱、焊缝断裂或组合式钢夹的夹片断裂；③玻璃边缘原来就有崩裂或采用钻孔工艺；④玻璃与金属横档间隔距离太小；⑤玻璃之间黏结的硅酮胶失效。

国内外工程实践充分证明，当幕墙的玻璃高度超过一定数值时，采用吊挂式全玻璃幕墙的做法是一种较成功的方法。

吊挂式全玻璃幕墙的安装施工是一项多工种的联合施工，不仅工序复杂，操作也要求十分精细。同时它又与其他分项工程的施工进度计划有密切的关系。为了使玻璃幕墙的施工安装顺利进行，必须根据工程实际情况，编制好单项工程施工组织设计，并经总承包单位确认。现以图 9-8、图 9-9 为例说明其构造做法。

图 9-8　吊挂式全玻璃幕墙构造

图 9-9　全玻璃幕墙吊具构造（单位：mm）

吊挂式全玻璃幕墙主要构造方法是：在玻璃顶部增设钢梁、吊钩和夹具，将玻璃竖直吊挂起来，然后在玻璃底部两角附近垫上固定垫块，并将玻璃镶嵌在底部金属槽内，槽内玻璃两侧用密封条及密封胶填实，以便限制其水平位移。

3. 全玻璃幕墙的玻璃定位嵌固

全玻璃幕墙的玻璃需插入金属槽内定位和嵌固，其安装方法有以下 3 种。

（1）干式嵌固　干式嵌固是指在固定玻璃时，采用密封条固定的安装方法，如图 9-10（a）所示。

（2）湿式嵌固　湿式嵌固是指当玻璃插入金属槽内、填充垫条后，采用密封胶（如硅酮密封胶等）注入玻璃、垫条和槽壁之间的空隙，凝固后将玻璃固定的方法，如图 9-10（b）所示。

（3）混合式嵌固　混合式嵌固是指在放入玻璃前先在金属槽内一侧装入密封条，然后再放入玻璃，在另一侧注入密封胶的安装方法，这是以上两种方法的结合，如图 9-10（c）所示。

图 9-10　玻璃定位固定的方法

工程实践证明，湿式嵌入固定方法的密封性能优于干式嵌入固定，硅酮密封胶的使用寿命长于橡胶密封条。玻璃在槽底的坐落位置，均应垫以耐候性良好的弹性垫块，以使受力合理、防止玻璃的破碎。

（三）全玻璃幕墙施工工艺

全玻璃幕墙的施工由于玻璃重量大、属于易碎品、移动吊装困难、精度要求高、操作难度大，所以技术和安全要求高、施工责任大，施工前一定要做好施工组织设计，搞好施工准备工作，按照科学规律办事。现以吊挂式全玻璃幕墙为例，说明其施工工艺。

全玻璃幕墙的施工工艺流程为：定位放线→上部钢架安装→下部和侧面嵌槽安装→玻璃肋、玻璃板安装就位→嵌入固定及注入密封胶→表面清洗和验收。

1. 定位放线

定位放线方法与有框玻璃幕墙相同。使用经纬仪、水准仪等测量设备，配合标准钢卷尺、重锤、水平尺等复核主体结构轴线、标高及尺寸，对原预埋件进行位置检查、复核。

2. 上部钢架安装

上部钢架用于安装玻璃吊具的支架，强度和稳定性要求都比较高，应使用热渗镀锌钢材，严格按照设计要求施工、制作。在安装过程中，应注意以下事项。

（1）钢架安装前要检查预埋件或钢锚板的质量是否符合设计要求，锚栓位置离开混凝土外缘不小于 50mm。

（2）相邻柱间的钢架、吊具的安装必须通顺平直，吊具螺杆的中心线在同一铅垂平面内，应分段拉通线检查、复核，吊具的间距应均匀一致。

（3）钢架应进行隐蔽工程验收，需要经监理公司有关人员验收合格后，方可对施焊处进行防锈处理。

3. 下部和侧面嵌槽安装

嵌入固定玻璃的槽口应采用型钢，如尺寸较小的槽钢等，应与预埋件焊接牢固，验收后做防锈处理。下部槽口内每块玻璃的两角附近放置两块氯丁橡胶垫块，长度不小于100mm。

4. 玻璃板的安装

大型玻璃板的安装难度大、技术要求高，施工前要检查安全、技术措施是否齐全到位，各种工具机具是否齐备、适用和正常等，待一切就绪后方可吊装玻璃。在玻璃板安装中的主要工序如下。

（1）检查玻璃　在将要吊装玻璃前，需要再一次检查玻璃质量，尤其注意检查有无裂纹和崩边，黏结在玻璃上的铜夹片位置是否正确，用干布将玻璃表面擦干净，用记号笔做好中心标记。

（2）安装电动玻璃吸盘　玻璃吸盘要对称吸附于玻璃面，吸附必须牢固。

（3）在安装完毕后，先进行试吸，即将玻璃试吊起2～3m，检查各个吸盘的牢固度，试吸成功才能正式吊装玻璃。

（4）在玻璃适当位置安装手动吸盘、拉缆绳和侧面保护胶套。手动吸盘用于在不同高度工作的工人能够用手协助玻璃就位，拉缆绳是为玻璃在起吊、旋转、就位时，能控制玻璃的摆动，防止因风力作用和吊车转动发生玻璃失控。

（5）在嵌入固定玻璃的上下槽口内侧应粘贴上低发泡垫条，垫条宽度同嵌缝胶的宽度，并且留有足够的注胶深度。

（6）吊车将玻璃移动至安装位置，并将玻璃对准安装位置徐徐靠近。

（7）上层的工人把握好玻璃，防止玻璃就位时碰撞钢架。等下层工人都能握住深度吸盘时，可将玻璃一侧的保护胶套去掉。上层工人利用吊挂电动吸盘的手动吊链慢慢吊起玻璃，使玻璃下端略高于下部槽口，此时下层工人应及时将玻璃轻轻拉入槽内，并利用木板遮挡防止碰撞相邻玻璃。另外有人用木板轻轻托着玻璃下端，保证在吊链慢慢下放玻璃时，能准确落入下部的槽口中，并防止玻璃下端与金属槽口碰撞。

（8）玻璃定位　安装好玻璃夹具，各吊杆螺栓应在上部钢架的定位处，并与钢架轴线重合，上下调节吊挂螺栓的螺钉，使玻璃提升和准确就位。第一块玻璃就位后要检查其侧边的垂直度，以后玻璃只需要检查其缝隙宽度是否相等、符合设计尺寸即可。

（9）在做好上部吊挂后，嵌入固定上下边框槽口外侧的垫条，使安装好的玻璃嵌入固定到位。

5. 灌注密封胶

（1）在灌注密封胶之前，所有注胶部位的玻璃和金属表面，均用丙酮或专用清洁剂擦拭干净，但不得用湿布和清水擦洗，所有注胶面必须干燥。

（2）为确保幕墙玻璃表面清洁美观，防止在注入胶时污染玻璃，在注胶前需要在玻璃上粘贴上美纹纸加上保护。

（3）安排受过训练的专业注胶工施工，注胶时内外两侧同时进行。注胶的速度要均匀，厚度要均匀，不要夹带气泡。注胶道表面要呈凹曲面。注胶不应在风雨天气和温度低于5℃的情况下进行。温度太低胶凝固速度慢，不仅易产生流淌，甚至影响拉伸强度。总之，一切应严格遵守产品说明进行施工。

（4）耐候硅酮胶的施工厚度为3.5～4.5mm，如果胶缝的厚度太薄对保证密封性能不利。

（5）胶缝厚度应遵守设计中的规定，结构硅酮胶必须在产品有效期内使用。

6. 清洁幕墙表面

在以上工序完成后，要认真清洗玻璃幕墙的表面，使之达到竣工验收的标准。

（四）全玻璃幕墙施工注意事项

（1）玻璃磨边　每块玻璃四周均需要进行磨边处理，不要因为上下不露边而忽视玻璃安全和质量。科学试验证明，玻璃在生产、施工和使用过程中，其应力是非常复杂的。玻璃在生产、加工过程中存在一定内应力；玻璃在吊装中下部可能临时落地受力；在玻璃上端有夹具夹固，夹具具有很大的应力；吊挂后玻璃又要整体受拉，内部存在着应力。如果玻璃边缘不进行磨边，在复杂的外力、内力共同作用下，很容易产生裂缝而破坏。

（2）夹持玻璃的铜夹片一定要用专用胶黏结牢固，密实且无气泡，并按说明书要求充分养护后，才可进行吊装。

（3）在安装玻璃时应严格控制玻璃板面的垂直度、平整度及玻璃缝隙尺寸，使之符合设计及规范要求，并保证外观效果的协调、美观。

四、支点式玻璃幕墙施工

由玻璃面板、点支撑装置和支撑结构构成的玻璃幕墙称为"点支式"玻璃幕墙。根据支撑结构"点支式"玻璃幕墙可分为工字形截面钢架、柱式钢桁架、鱼腹式钢架、空腹弓形钢架、单拉杆弓形钢架、双拉杆梭形钢架等。

"点支式"玻璃幕墙是一门新兴技术，它体现的是建筑物内外的流通和融合，改变了过去用玻璃来表现窗户、幕墙、天顶的传统做法，强调的是玻璃的透明性。透过玻璃，人们可以清晰地看到支撑玻璃幕墙的整个结构系统，将单纯的支撑结构系统转化为可视性、观赏性和表现性。由于"点支式"玻璃幕墙表现方法奇特，尽管它诞生的时间不长，但应用却极为广泛，并且日新月异地发展着。

（一）"点支式"玻璃幕墙的特性

工程实践证明，"点支式"玻璃幕墙主要具有通透性好、灵活性好、安全性好、工艺感好、环保节能性好等特点。

（1）通透性好　玻璃面板仅通过几个点连接到支撑结构上，几乎无遮挡，透过玻璃视线达到最佳，视野达到最大，将玻璃的透明性应用到极限。

（2）灵活性好　在金属紧固件和金属连接件的设计中，为减少、消除玻璃板孔边缘的应力集中，使玻璃板与连接件处于铰接状态，使得玻璃板上的每个连接点都可自由地转动，并且还允许有少许的平动，用于弥补安装施工中的误差，所以"点支式"玻璃幕墙的玻璃一般不产生安装应力，并且能顺应支撑结构受荷载作用后产生的变形，使玻璃不产生过度的应力集中。同时，采用"点支式"玻璃幕墙技术可以最大限度地满足建筑造型的需求。

（3）安全性好　由于"点支式"玻璃幕墙所用玻璃全都是钢化的，属于安全玻璃，并且使用金属紧固件和金属连接件与支撑结构相连接，注入的耐候密封胶只起到密封作用，不承受荷载，即使玻璃意外破坏，钢化玻璃破裂成碎片，形成所谓的"玻璃雨"，不会出现整块玻璃坠落的严重伤人事故。

（4）工艺感好　"点支式"玻璃幕墙的支撑结构有多种形式，支撑构件加工要求比较精细、表面平整光滑，具有良好的工艺感和艺术感，因此，许多建筑师喜欢选用这种结构形式。

（5）环保节能性好　"点支式"玻璃幕墙的特点之一是通透性好，因此在玻璃的使用上多选择无光污染的白玻璃、超白玻璃和低辐射玻璃等，尤其是中空玻璃的使用，节能效果更加明显。

(二) 钢架式点支玻璃幕墙施工

钢架式点支玻璃幕墙是最早的"点支式"玻璃幕墙结构，按其结构型式又有钢架式、拉锁式，其中钢架式是采用最多的结构类型。

1. 钢架式点支玻璃幕墙安装工艺流程

由于钢架式点支玻璃幕墙的结构组成比较复杂，所以其施工工艺也比较烦琐。钢架式点支玻璃幕墙安装工艺流程为：检验并分类堆放幕墙构件→现场测量放线→安装钢桁架→安装不锈钢拉杆→安装接驳件（钢爪）→玻璃就位→钢爪紧固螺钉→固定玻璃→玻璃缝隙内注胶→表面清理。

2. 安装前的准备工作

在玻璃幕墙正式施工前，应根据土建结构的基础验收资料复核各项数据，并标注在检测资料上，预埋件、支座面和地脚螺栓的位置、标高的尺寸偏差，应符合现行技术规定及验收规范，钢柱脚下的支撑预埋件应符合设计要求。

在玻璃幕墙正式安装前，应认真检验并分类堆放幕墙所用的构件。钢结构在装卸、运输堆放的过程中，应防止出现损坏和变形。钢结构运送到安装地点的顺序，应满足安装程序的需要。

3. 施工测量放线

钢架式点支玻璃幕墙分格轴线的测量应与主体结构的测量配合，其误差应及时调整，不得出现积累。钢结构的复核定位应使用轴线控制点和测量标高的基准点，保证幕墙主要竖向构件及主要横向构件的尺寸允许偏差符合有关规范及行业标准。

4. 钢桁架的安装

钢桁架安装应按现场实际情况及结构采用整体或综合拼装的方法施工。确定几何位置的主要构件，如柱、桁架等应吊装在设计位置上，在松开吊挂设备后应进行初步校正，构件的连接接头必须经过检查合格后，方可紧固和焊接。

对于焊接部位应按要求进行打磨，消除尖锐的棱角和尖角，达到圆滑过渡要求的钢结构表面，还应根据设计要求喷涂防锈漆和防火漆。

5. 接驳件（钢爪）安装

在安装横梁的同时按顺序及时安装横向及竖向拉杆。对于拉杆接驳结构体系，应保证驳接件（钢爪）位置的准确，紧固拉杆或调整尺寸偏差时，宜采用先左后右、由上自下的顺序，逐步固定接驳件位置，以单元控制的方法调整校核结构体系安装精度。

在接驳件安装时，不锈钢爪的安装位置一定要准确，在固定孔、点和接驳件（钢爪）间的连接应考虑可调整的余量。所有固定孔、点和玻璃连接的接驳件螺栓都应用测力扳手拧紧，其力矩的大小应符合设计规定值，并且所有的螺栓都应用自锁螺母固定。常见的钢爪示意如图 9-11 所示；钢爪安装示意如图 9-12 所示。

图 9-11　常见钢爪示意　　　　　　图 9-12　钢爪安装示意

6. 幕墙玻璃安装

在进行玻璃安装前，首先应检查校对钢结构主支撑的垂直度、标高、横梁的高度和水平度等是否符合设计要求，特别要注意安装孔位的复查。然后清洁钢件表面杂物，驳接玻璃底部"U"形槽内应装入橡胶垫块，对应于玻璃支撑面的宽度边缘处应放置垫块。

在进行玻璃安装时，应清洁玻璃及吸盘上的灰尘，根据玻璃重量及吸盘规格确定吸盘个数。然后检查驳接爪的安装位置是否正确，经校核无误后，方可安装玻璃。正式安装玻璃时，应先将驳接头与玻璃在安装平台上装配好，然后再与驳接爪进行安装。为确保驳接头处的气密性、水密性，必须使用扭矩扳手，根据驳接系统的具体尺寸来确定扭矩的头小。玻璃安装示意图，如图9-13所示。

玻璃在现场初步安装后，应当认真调整玻璃上下左右的位置，以保证玻璃安装水平偏差在允许范围内。玻璃全部调整好后，应进行立面平整度检查，经检查确认无误后，才能打密封胶。

7. 玻璃缝隙注密封胶

在进行注入密封胶前，应进行认真清洁工作，以确保密封胶与玻璃结合牢固。注胶前在需要注胶的部位粘贴保护胶纸，并要注意胶纸与胶缝要平直。注胶时要持续均匀，其操作顺序是：先打横向缝，后打竖向缝；竖向胶缝宜自上而下进行，胶注满后，应检查里面是否有气泡、空心、断缝、夹杂，如果有应及时处理。

图9-13　玻璃安装示意

第三节　石材幕墙的施工

石材幕墙是指利用"金属挂件"将石材饰面板直接挂在主体结构上，或当主体结构为混凝土框架时，先将金属骨架悬挂于主体结构上，然后再利用"金属挂件"将石材饰面板挂于金属骨架上的幕墙。前者称为直接式干挂幕墙，后者称为骨架式干挂幕墙。石材幕墙同玻璃幕墙一样，需要承受各种外力的作用，还需要适应主体结构位移的影响，所以石材幕墙必须按照《金属与石材幕墙工程技术规范》（JGJ 133—2001）进行强度计算和刚度验算，另外还应满足建筑热工、隔声、防水、防火和防腐蚀等方面的要求。

一、石材幕墙的种类

按照施工方法不同，石材幕墙主要分为短槽式石材幕墙、通槽式石材幕墙、钢销式石材幕墙、背栓式石材幕墙和托板式石材幕墙等。

1. 短槽式石材幕墙

短槽式石材幕墙是在幕墙石材侧边中间开短槽，用不锈钢挂件挂接、支撑石板的做法。短槽式做法的构造简单，技术成熟，目前应用较多。

2. 通槽式石材幕墙

通槽式石材幕墙是在幕墙石材侧边中间开通槽，嵌入和安装通长金属卡条，石板固定在金属的卡条上的做法。此种做法施工复杂，开槽比较困难，目前应用较少。

3. 钢销式石材幕墙

钢销式石材幕墙是在幕墙石材侧面打孔，穿入不锈钢钢销将两块石板连接，钢销与挂件连接，将石材挂接起来的做法，这种做法目前应用也较少。

4. 背栓式石材幕墙

背栓式石材幕墙是在幕墙石材背面钻四个扩底孔，孔中安装柱（锥）式锚栓，然后再把锚栓通过连接件与幕墙的横梁相接的幕墙做法。背栓式是石材幕墙的新型做法，它受力合理、维修方便、更换简单，是一项引进新技术，目前已经在很多幕墙工程中推广应用。

5. 托板式石材幕墙

托板式石材幕墙采用铝合金托板进行连接，整个粘接一般在工厂内完成，施工质量可靠。在现场安装时采用挂式结构，在安装过程中可实现三维调整。并可使用弹性胶垫安装，从而实现柔性连接，提高抗震性能。这种石材幕墙具有高贵、亮丽的质感，使建筑物表现的庄重大方、高贵豪华。

二、石材幕墙对石材的基本要求

（一）幕墙石材的选用

1. 石材的品种

由于幕墙工程是属于室外墙面装饰，要求它具有良好的耐久性，因此宜选用火成岩，通常选用花岗石。因为花岗石的主要结构物质是长石和石英，其质地坚硬，具有耐酸碱、耐腐蚀、耐高温、耐日晒雨淋、耐寒冷、耐摩擦等优异性能，比较适宜作为建筑物的外饰面。

2. 石材的厚度

幕墙石材的常用厚度一般为 25～30mm。为满足强度计算的要求，幕墙石材的厚度最薄应等于 25mm。火烧石材的厚度应比抛光石材的厚度尺寸大 3mm。石材经过火烧加工后，在板材表面形成细小的不均匀麻坑效果而影响了板材厚度，同时也影响了板材的强度，故规定在设计计算强度时，对同厚度火烧板一般需要按减薄 3mm 进行。

（二）板材的表面处理

石板的表面处理方法，应根据环境和用途决定。其表面应采用机械加工，加工后的表面应用高压水冲洗或用水和刷子清理。

严禁用溶剂型的化学清洁剂清洗石材。因石材是多孔的天然材料，一旦使用溶剂型的化学清洁剂就会有残余的化学成分留在微孔内，与工程密封材料及黏结材料会起化学反应而造成饰面污染。

（三）石材的技术要求

对于幕墙石材的技术要求，主要包括石材的吸水率、石材弯曲强度和石材技术性能等。

1. 石材的吸水率

由于幕墙石材处于比较恶劣的使用环境中，尤其是冬季冻胀的影响，容易损伤石材，因此用于幕墙的石材吸水率要求较高，应小于 0.80%。

2. 石材弯曲强度

用于幕墙的花岗石板材弯曲强度，应经相应资质的检测机构进行检测确定，其弯曲强度应≥8.0MPa。

3. 石材技术性能

幕墙石材的技术要求和性能试验方法，应符合国家现行标准的有关规定。

（1）石材的技术要求应符合行业标准《天然花岗石荒料》（JC/T 204—2011）、国家标准《天然花岗石建筑板材》（GB/T 18601—2009）的规定。

（2）石材的主要性能试验方法，应符合下列现行国家标准的规定：①《天然饰面石材试验方法　第1部分：干燥、水饱和、冻融循环后压缩强度试验方法》（GB/T 9966.1—2001）；②《天然饰面石材试验方法　第2部分：弯曲强度试验方法》（GB/T 9966.2—2001）；③《天然饰面石材试验方法　第3部分：体积密度、真密度、真气孔率、吸水率试验方法》（GB/T 9966.3—2001）；④《天然饰面石材试验方法　第4部分：耐磨性试验方法》（GB/T 9966.4—2001）；⑤《天然饰面石材试验方法　第5部分：肖氏硬度试验方法》（GB/T 9966.5—2001）；⑥《天然饰面石材试验方法　第6部分：耐酸性试验方法》（GB/T 9966.6—2001）。

三、石材幕墙的组成和构造

石材幕墙主要是由石材面板、不锈钢挂件、钢骨架（立柱和横撑）及预埋件、连接件和石材拼缝注胶等组成。然而直接式干挂幕墙将不锈钢挂件安装于主体结构上，不需要设置钢骨架，这种做法要求主体结构的墙体强度较高，最好为钢筋混凝土墙，并且要求墙面平整度、垂直应要好，否则应采用骨架式做法。石材幕墙的横梁、立柱等骨架，是承担主要荷载的框架，可以选用型钢或铝合金型材，并由设计计算确定其规格、型号，同时也要符合有关规范的要求。

图9-14为有金属骨架的石材幕墙的组成示意；图9-15为短槽式石材幕墙的构造；图9-16为钢销式石材幕墙的构造；图9-17为背栓式石材幕墙的构造。

图9-14　石材幕墙的组成示意

图 9-15 短槽式石材幕墙的构造 (单位：mm)

图 9-16　钢销式石材幕墙构造

(a) 立体图　　　　　　　(b) 竖向节点详图

图 9-17　背栓式石材幕墙构造

石材幕墙的防火、防雷等构造与有框玻璃幕墙基本相同。

四、石材幕墙施工工艺

干挂石材幕墙安装施工工艺流程主要包括：测量放线→预埋位置尺寸检查→金属骨架安装→钢结构防锈漆涂刷→防火保温棉安装→石材干挂→嵌填密封胶→石材幕墙表面清理→工程验收。

1. 石材幕墙施工机具

石材幕墙施工所用的机具主要有数控刨沟机、手提电动刨沟机、电动吊篮、滚轮、热压胶带电炉、双斜锯、双轴仿形铣床、凿榫机、自攻钻、手电钻、夹角机、铝型材弯型机、双组分注胶机、清洗机、电焊机、水准仪、经纬仪、托线板、线坠、钢卷尺、水平尺、钢丝线、螺丝刀、工具刀、泥灰刀、筒式打胶枪等。

2. 预埋件检查、安装

安装石板的预埋件应在进行土建工程施工时埋设，幕墙施工前要根据该工程基准轴线和中线以及基准水平点对预埋件进行检查、校核，当设计无明确要求时，一般位置尺寸的允许偏差为±20mm，预埋件的标高允许偏差为±10mm。

如果由于预埋件标高及位置偏差造成无法使用或遗漏时，应当根据实际情况提出选用膨胀螺栓或化学锚栓加钢锚板（形成后补预埋件）的方案，并应在现场进行拉拔试验，并做好详细施工记录。

3. 测量放线

（1）根据干挂石材幕墙施工图，结合土建施工图复核轴线的尺寸、标高和水准点，并予以校正。

（2）按照设计图纸的要求，在底层确定幕墙的位置线和分格线位置，以便依次向上确定各层石板的位置线和分格线位置。

（3）用经纬仪将幕墙的阳角和阴角位置及标高线定出，并用固定在屋顶钢支架上的钢丝作为标志控制线。

（4）使用水平仪和标准钢卷尺等引出各层标高线。

（5）确定好幕墙石材每个立面的中线。

（6）在进行施工测量时，应注意控制分配测量误差，不能使误差产生积累。

（7）测量放线应在风力不大于4级情况下进行，并要采取避风措施。

（8）幕墙放线定位完成后，要对所确定的控制线定时进行校核，以确保幕墙垂直度和金属立柱位置的正确。

4. 金属骨架安装

（1）根据施工的放样图，检查放线位置是否准确。对于有误差者应采取措施加以纠正。

（2）在检查和纠正放线位置后，可安装固定立柱上的铁件，为安装立柱做好准备工作。

（3）在安装幕墙的立柱时，应先安装同立面两端的立柱，然后拉通线顺序安装中间立柱，使同层立柱安装在同一水平位置上。

（4）将各施工水平控制线引至立柱上，并用水平尺校核，以便使石板材在立柱上安装。

（5）按照设计尺寸安装金属横梁，横梁一定要与立柱垂直。

（6）钢骨架中的立柱和横梁采用螺栓连接。如采用焊接时，应对下方和临近的已完工装饰饰面进行成品保护。焊接时要采用对称焊，以减少因焊接产生的变形。检查焊缝质量合格后，所有的焊点、焊缝均需除去焊渣及做防锈处理，如刷防锈漆等。

（7）待金属骨架完工后，应通过监理公司对隐蔽工程检查后，方可进行下道工序。

5. 防火、保温材料安装

（1）必须采用合格的材料，即要求有出厂合格证。

（2）在每层楼板与石材幕墙之间不能有空隙，应用1.5mm厚镀锌钢板和防火岩棉形成防火隔离带，用防火胶密封。

（3）在北方寒冷地区，保温层最好应有防水、防潮保护层，在金属骨架内填塞固定，要求严密牢固。

（4）幕墙保温层施工后，保温层最好应有防水、防潮保护层，以便在金属骨架内填塞固定后严密可靠。

6. 石材饰面板安装

（1）将运至工地的石材饰面板按编号分类，检查尺寸是否准确和有无破损、缺棱、掉角。按施工要求分层次将石材饰面板运至施工面附近，并注意摆放可靠。

（2）按幕墙墙面基准线仔细安装好底层第一层石材。

（3）注意每层金属挂件安放的标高，金属挂件应紧托上层饰面板（背栓式石板安装除外）而与下层饰面板之间留有间隙（间隙留待下道工序处理）。

（4）安装时，要在饰面板的销钉孔或短槽内注入石材胶，以保证饰面板与挂件的可靠连接。

（5）安装时，宜先完成窗洞口四周的石材镶边。

（6）安装到每一楼层标高时，要注意调整垂直误差，使得误差不积累。

（7）在搬运石材时，要有安全防护措施，摆放时下面要垫木方。

7. 注胶封缝

（1）要按设计要求选用合格且未过期的耐候嵌缝胶。最好选用含硅油少的石材专用嵌缝胶，以免硅油渗透污染石材表面。

（2）用带有凸头的刮板填装聚乙烯泡沫圆形垫条，保证胶缝的最小宽度和均匀性。选用的圆形垫条直径应稍大于缝宽。

（3）在胶缝两侧粘贴胶带纸保护，以免嵌缝胶的痕迹污染石材表面。

（4）用专用清洁剂或草酸擦洗缝隙处石材表面。

（5）安排受过训练的注胶工注胶。注胶应均匀无流淌，边打胶、边用专用工具勾缝，使嵌缝胶成型后呈微弧形凹面。

（6）施工中要注意不能有漏胶污染墙面，如墙面上粘有胶液应立即擦去，并用清洁剂及时擦净余胶。

（7）在刮风和下雨时不能注胶，因为刮起的尘土及水渍进入胶缝会严重影响密封质量。

8. 清洗和保护

施工完毕后，除去石材表面的胶带纸，用清水和清洁剂将石材表面擦洗干净，按照要求进行打蜡或者涂刷防护剂。

9. 施工注意事项

（1）在石材幕墙正式施工前，应严格检查石材质量，材质和加工尺寸都必须符合设计要求，不合格的产品不得用于工程。

（2）施工人员要仔细检查每块石材是否有裂纹，防止石材在运输和施工时发生断裂。

（3）测量放线要精确，各专业施工要组织统一放线、统一测量，避免各专业的施工因为测量和放线误差发生施工矛盾。

（4）在石材幕墙正式施工前，应严格检查预埋件的设置是否合理，位置是否准确。

（5）根据现场放线数据绘制施工放样图，落实实际施工和加工尺寸。

（6）在安装和调整石材板位置时，一般可以用垫片适当调整缝宽，所用垫片必须与挂件是同质材料。

（7）固定挂件的不锈钢螺栓要加弹簧垫圈，在调平、调直、拧紧螺栓后，在螺母上抹少许石材胶固定。

10. 施工质量要求

（1）石材幕墙的立柱、横梁的安装应符合下列规定。

① 立柱安装标高偏差不应大于 3mm，轴线前后偏差不应大于 2mm，轴线左右偏差不应大于 3mm。

② 相邻两立柱安装标高偏差不应大于 3mm，同层立柱的最大标高偏差不应大于 5mm，相邻两根立柱的距离偏差不应大于 2mm。

③ 相邻两根横梁的水平标高偏差不应大于 1mm，同层标高偏差：当一幅幕墙宽度小于等于 35m 时，不应大于 5mm；当一幅幕墙宽度大于 35m 时，不应大于 7mm。

（2）石板安装时左右、上下的偏差不应大于 1.5mm。石板空缝隙安装时必须有防水措施，并有符合设计的排水出口。石板缝中填充硅酮密封胶时，应先垫上比缝隙略宽的圆形泡沫垫条，然后填充硅酮密封胶。

（3）幕墙钢构件施焊后，其表面应进行防腐处理，如涂刷防锈漆等。

（4）幕墙安装施工应对下列项目进行验收：①主体结构与立柱、立柱与横梁连接节点安装及防腐处理；②墙面的防火层、保温层安装；③幕墙的伸缩缝、沉降缝、防震缝及阴阳角的安装；④幕墙的防雷节点的安装；⑤幕墙的封口安装。

五、石材幕墙施工安全

（1）石材幕墙施工不仅应符合《建筑施工高处作业安全技术规范》（JGJ 80—2016）的规定，还应遵守施工组织设计确定的各项要求。

（2）安装幕墙的施工机具和吊篮在使用前应进行严格检查和试车，必须达到规定的要求后方可使用。

（3）在石材幕墙正式施工前，应对施工人员进行安全教育，现场施工人员应佩戴安全帽、安全带、工具袋等。

（4）工程上下部交叉作业时，结构施工层下方应采取可靠的安全防护措施。

（5）现场焊接时，在焊件下方应设置接焊渣斗，以防止焊渣掉落引起火灾。

（6）脚手架上的废弃物应及时清理，不得在窗台、栏杆上放置施工工具。

第四节　金属幕墙的施工

金属幕墙是一种新型的建筑幕墙，实际上是将玻璃幕墙中的玻璃更换为金属板材的一种幕墙形式。但由于面材的不同两者之间又有很大的区别，所以在设计、施工过程中应对其分别进行考虑。随着金属幕墙技术的发展，金属幕墙面板材料种类越来越多，例如铝复合板、单层铝板、铝蜂窝板、防火板、夹芯保温铝板、不锈钢板、彩涂钢板、珐琅钢板等。

一、金属幕墙材料及机具

（一）金属幕墙所用材料

金属幕墙所用材料主要有面板材料、骨架材料、建筑密封材料。

1. 面板材料

目前，在金属幕墙工程中常用的面板材料主要为质量较轻的铝合金板材，如铝合金单板、铝塑复合板、铝合金蜂窝板等。另外，还可采用不锈钢板。铝合金板材和不锈钢板的技术性能应达到国家相关标准及设计要求，并应有出厂合格证和相关的试验证明。

铝塑复合板是由内外两层均为 0.5mm 厚的铝板中间夹层厚 2～5mm 的聚乙烯或硬质聚乙烯发泡板构成，板面涂有氟碳树脂涂料，形成一种坚韧、稳定的膜层，附着力和耐久性非常强，色彩极其丰富，板的背面涂有聚酯漆以防止可能出现的腐蚀。铝塑复合板是金属幕墙早期出现时常用的面板材料。

铝合金单板采用 2.5mm 或 3.0mm 厚的铝合金板，外幕墙用铝合金单板两个表面与铝塑复合板正面涂膜一致，膜层具有良好的坚韧性和稳定性，其附着力和耐久性完全一致。铝合金单板是继铝塑复合板之后，一种金属幕墙常用的面板材料，并且有广阔的应用前景。

铝合金蜂窝板又称蜂窝铝板，是两块铝板中间加蜂窝芯材粘接成的一种复合材料。根据幕墙的使用功能和耐久年限的要求，分别选用厚度为 10mm、12mm、15mm、20mm 和 25mm 的蜂窝铝板。金属幕墙用的蜂窝铝板应为铝蜂窝，蜂窝的形状有正六角形、扁六角形、长方形、正方形、十字形、扁方形等。蜂窝芯材要经过特殊处理，否则其强度低、寿命短。由于铝合金蜂窝板造价较高，在幕墙工程中应用不广泛。

不锈钢板主要有镜面不锈钢板、亚光不锈钢板和钛金板等。不锈钢板的耐久性、耐磨性均非常好，但过薄的不锈钢板会出现鼓凸，过厚的不锈钢板自重大、价格高，所以不锈钢板幕墙使用较少，只是用于幕墙的局部装饰。

彩涂钢板是一种带有有机涂层的钢板，具有耐蚀性好、色彩鲜艳、外观美观、加工方便、强度较高、成本较低等优点。彩涂钢板的基板为冷轧基板、热镀锌基板和电镀锌基扳，涂层的种类可分为聚酯、硅改性聚酯、聚偏二氟乙烯和塑料溶胶。彩涂钢板广泛用于建筑家电和交通运输等行业，对于建筑业主要用于钢结构厂房、机场、库房和冷冻等工业及商业建筑的屋顶、墙面和门等，民用建筑采用彩涂钢板很少。

2. 骨架材料

金属幕墙所用骨架是由横竖杆件拼装而成的，主要材质为铝合金型材或型钢等。由于型钢价格便宜、强度较高、安装方便，所以多数金属幕墙采用角钢或槽钢。但对型钢材料应预先进行防腐处理。

金属幕墙所用的不锈钢宜采用奥氏体不锈钢材，其技术要求应符合设计要求和国家行业现行标准的规定。钢结构幕墙高度超过 40m 时，钢构件宜采用高耐候性结构钢，并应在其表面涂刷防腐涂料。钢构件采用冷弯薄壁型钢时，其壁厚不得小于 3.5mm。

铝合金型材应符合设计要求和现行国家标准《铝合金建筑型材》（GB/T 5237—2008）中高精级别的规定；铝合金的表面处理层厚度和材质应符合《铝合金建筑型材》的有关规定。

固定骨架的连接件主要有膨胀螺栓、铁垫板、垫圈、螺帽及与骨架固定的各种设计和安装所需的连接件，应符合设计要求，并应有出厂合格证，同时应符合现行国家或行业标准的有关规定。

3. 建筑密封材料

金属幕墙所用的建筑密封材料，橡胶制品有三元乙丙橡胶、氯丁橡胶；密封胶条应为挤出成形，橡胶块应为压模成形。密封胶条的技术性能应符合设计要求和国家现行标准的规定。金属幕墙应采用中性硅酮耐候密封胶，同一幕墙工程应采用同一品牌的硅酮结构密封胶和硅酮耐候密封胶相配套使用，其技术性能应符合设计要求和国家现行标准的规定。

金属幕墙所用的中性硅酮耐候密封胶，分为单组分和双组分，其技术性能应符合现行国家标准《建筑用硅酮结构密封胶》（GB 16776—2005）中的规定。同一幕墙工程应采用同一品牌的单组分或双组分硅酮结构密封胶，并应有保质年限的质量证书和无污染的试验报告。

（二）金属幕墙所用机具

金属幕墙施工所用机具主要有切割机、成型机、弯曲边机具、砂轮机、连接金属板的手提电钻、混凝土墙打眼电钻等。

二、金属幕墙的施工工艺

金属幕墙施工工艺流程为：测量放线→预埋件位置尺寸检查→金属骨架安装→钢结构刷防锈漆→防火保温棉安装→金属板安装→注密封胶→幕墙表面清理→工程验收。

1. 施工准备

在施工之前做好科学规划，熟悉图样，编制单项工程施工组织设计，做好施工方案部署，确定施工工艺流程和工种、材料、机械安排等。

详细核查施工图样和现场实际尺寸，领会设计意图，做好技术交底工作，使操作者明确每一道工序的装配、质量要求。

2. 预埋件检查

该项内容同石材幕墙做法。

3. 测量放线

幕墙安装质量很大程度上取决于测量放线的准确与否，如轴线和结构标高与图样有出入时，应及时向业主和监理工程师报告，得到处理意见进行调整，由设计单位做出设计变更。

4. 金属骨架安装

做法同石材幕墙。注意应在两种金属材料接触处垫好隔离片，防止接触腐蚀，不锈钢材料除外。

5. 金属板制作

金属饰面板种类多，一般是在工厂加工后运至工地安装。铝塑复合板组合件一般在工地制作、安装。现在以铝单板、铝塑复合板、蜂窝铝板为例说明加工制作的要求。

（1）铝单板 铝单板在弯折加工时弯折外圆弧半径不应小于板厚的1.5倍，以防止出现折裂纹和集中应力。板上加劲肋的固定可采用电栓钉，但应保证铝板外表面不变形、不褪色，固定应牢固。铝单板的折边上要做耳子用于安装，如图9-18所示。

图9-18 铝单板示意（单位：mm）

耳子中心间距一般约为 300mm，角端约为 150mm。表面和耳子的连接可用焊接、铆接或在铝板上直接冲压而成。铝单板组合件的四角开口部位凡是未焊接成形的，必须用硅酮密封胶密封。

（2）铝塑复合板　铝塑复合板面有内外两层铝板，中间复合聚乙烯塑料。在切割内层铝板和聚乙烯塑料时，应保留不小于 0.3mm 厚的聚乙烯塑料，并不得划伤外层铝板的内表面，如图 9-19 所示。

（a）铝塑复合板的折边

（b）铝塑复合板

图 9-19　铝塑复合板（单位：mm）

打孔、切口后外露的聚乙烯塑料及角的缝隙应采用中性的硅酮密封胶密封，防止水渗漏到聚乙烯塑料内。加工过程中铝塑复合板严禁与水接触，以确保质量。其耳子材料用角铝。

（3）蜂窝铝板　应根据组装要求决定切口的尺寸和形状。在去除铝芯时不得划伤外层铝板的内表面，各部位外层铝板上，应保留 0.3～0.5mm 的铝芯。直角部位的加工，折角内弯成圆弧，角的缝隙处应采用硅酮密封胶密封。边缘的加工，应将外层铝板折合 180°，并将铝芯包封。

（4）金属幕墙的吊挂件、安装件　金属幕墙的吊挂件、安装件应采用铝合金件或不锈钢件，并应有可调整范围。采用铝合金立柱时，立柱连接部位的局部壁厚不得小于 5mm。

6. 防火、保温材料安装

金属幕墙的防火、保温材料安装，同有框玻璃幕墙安装做法。

7. 金属幕墙的吊挂件、安装件

金属面板安装同有框玻璃幕墙中的玻璃组合件安装。金属面板是经过折边加工、装有耳子（有的还有加劲肋）的组合件，通过铆钉、螺栓等与横竖骨架连接。

8. 注胶封闭缝与清洁

金属面板拼缝的密封处理与有框玻璃幕墙相同，以保证幕墙整体有足够的、符合设计的防渗漏能力。在注胶封闭缝隙施工时，应注意及时进行表面清洁、成品保护和防止构件污染。待密封胶完全固化后再撕去金属板面的保护膜。

9. 施工注意事项

（1）金属面板通常由专业工厂加工成型。但因实际工程的需要，部分面板由现场加工是不可避免的。现场加工应使用专业设备和工具，由专业操作人员操作，以确保板件的加工质量和操作安全。

（2）施工中所用各种电动工具，在使用前必须进行性能和绝缘检查，吊篮需做荷载、各种保护装置和运转试验。

（3）金属面板千万不要重压，以免发生变形，影响金属幕墙的美观。

（4）由于金属板表面上均有防腐及保护涂层，应注意硅酮密封胶与涂层黏结的相容性问题，事先做好相容性试验，并为业主和监理工程师提供合格成品的试验报告，保证胶缝的施工质量和耐久性。

（5）在进行金属面板加工和安装时，应当特别注意金属板面的压延纹理方向，通常成品保护膜上印有安装方向的标记，否则会出现纹理不顺、色差较大等现象，影响幕墙表面装饰效果和安装质量。

（6）固定金属面板的压板、螺钉，其规格、间距一定要符合规范和设计要求，并要拧紧不松动。

（7）金属板件的四角如果未经焊接处理，应当用硅酮密封胶来嵌入，以确保密封、防渗漏的效果。

（8）其他注意事项同隐框玻璃幕墙和石材幕墙。

第五节　幕墙工程施工质量控制

玻璃幕墙、金属幕墙、石材与陶瓷板幕墙等分项工程的质量控制，是确保幕墙工程施工质量极其重要的环节。在进行工程质量控制中，应遵循现行国家标准《建筑装卸装修工程质量验收规范》（GB 50210—2001）中的规定。

一、玻璃幕墙质量控制

玻璃幕墙质量控制适用于玻璃幕墙构件、组件和面板的加工制作及构架安装、幕墙安装等分项工程的质量验收。

（一）玻璃幕墙质量控制一般规定

（1）玻璃幕墙工程验收时应检查下列文件和记录：①玻璃幕墙工程的施工图、计算书、设计说明及其他设计文件；②建筑设计单位对玻璃幕墙工程设计的确认文件；③玻璃幕墙工程所用各种材料、配件、构件及组件的产品合格证书、性能检验报告、进场验收记录和复验报告；④玻璃幕墙工程所用硅酮结构胶的抽查合格证明；进口硅酮结构胶的商检证；国家指定检测机构出具的硅酮结构胶相容性和剥离黏结性检验报告；⑤后置埋件的现场拉拔强度检验报告；⑥玻璃幕墙的气密性、水密性、耐风压性能及平面变形性能检验报告；⑦打胶、养护环境的温度、湿度记录；双组分硅酮结构胶的混匀性试验记录及拉断试验记录；⑧防雷装置测试记录；⑨隐蔽工程验收记录；⑩玻璃幕墙构件、组件和面板的加工制作记录；玻璃幕墙安装施工记录。

（2）玻璃幕墙工程应对下列材料及其性能指标进行复验：①玻璃幕墙用硅酮结构胶的邵氏硬

度、标准条件拉伸黏结强度、相容性试验；②玻璃幕墙立柱和横梁截面主要受力部位的厚度。

（3）玻璃幕墙工程应对下列隐蔽工程进行验收：①预埋件（或后置埋件）；②构件的连接节点；③变形缝及墙面转角处的构造节点；④玻璃幕墙防雷装置；⑤玻璃幕墙防火构造。

（4）幕墙及其连接件应具有足够的承载力、刚度和相对于主体结构的位移能力。幕墙构架立柱的连接金属"角码"与其他连接件应采用螺栓连接，并应有防松动措施。

（5）隐框、半隐框幕墙所采用的结构黏结材料必须是中性硅酮结构密封胶，其性能必须符合《建筑用硅酮结构密封胶》（GB 16776—2005）的规定；硅酮结构密封胶必须在有效期内使用。

（6）隐框、半隐框幕墙构件中板材与金属框之间硅酮结构密封胶的黏结宽度，应分别计算风荷载标准值和板材自重标准值的作用下硅酮结构密封胶的黏结宽度，并取其较大值，且不得小于 7.0 mm。

（7）硅酮结构密封胶的注胶应在洁净的专用注胶室进行，且养护环境、温度、湿度条件应符合结构胶产品的使用规定。

（8）玻璃幕墙的防火除应符合现行国家标准《建筑设计防火规范》（GB 50016—2010）和《高层民用建筑设计防火规范》（GB 50045—2005）的有关规定外，还应符合下列规定：①应根据防火材料的耐火极限决定防火层的厚度和宽度，并应在楼板处形成防火带；②防火层应采取隔离措施，防火层的衬板应采用经防腐处理且厚度不小于 1.5mm 的钢板，不得采用铝板；③防火层的密封材料应采用防火密封胶；④防火层与玻璃不应直接接触，一块玻璃不应跨两个防火分区。

（9）主体结构与幕墙连接的各种预埋件，其数量、规格、位置和防腐处理必须符合设计要求。

（10）玻璃幕墙的金属构架与主体结构预埋件的连接、立柱与横梁的连接及幕墙面板的安装必须符合设计要求，安装必须牢固。

（11）幕墙的金属构架与主体结构应通过预埋件连接，预埋件应在主体结构混凝土施工时埋入，预埋件的位置应准确。当没有条件采用预埋件连接时，应采用其他可靠的连接措施，并应通过试验确定其承载力。

（12）立柱应采用螺栓与"角码"连接，螺栓直径应经过计算，并不应小于 10mm。不同金属材料接触时应采用绝缘垫片分隔。

（13）幕墙的抗震缝、伸缩缝、沉降缝等部位的处理应保证缝的使用功能和饰面的完整性。

（14）幕墙工程的设计应满足维护和清洁的要求。

（二）构件、组件和面板的加工制作质量控制

（1）构件、组件和面板的加工制作质量控制，适用于玻璃幕墙构件、组件和面板等加工制作工程的质量验收。

（2）在加工制作单位自检合格的基础上，同类玻璃幕墙构件、组件或面板每 500～1000件应划分为一个检验批，不足 500 件也应划分为一个检验批。每个检验批应至少检查 5%，并不得少于 5 件；不足 5 件时应全数检查。

（三）玻璃幕墙构件、组件和面板的加工制作

1. 主控项目

（1）玻璃幕墙构件、组件和面板的加工制作所使用的的各种材料和配件，应符合设计要求和现行的行业标准《玻璃幕墙工程技术规范》（JGJ 102—2003）的规定。检验方法：检查

产品合格证书、性能检验报告、材料进场验收记录和复验报告。

（2）玻璃幕墙构件、组件和面板的品种、规格、颜色及加工制作应符合设计要求和现行的行业标准《玻璃幕墙工程技术规范》（JGJ 102—2003）的规定。检验方法：观察；尺量检查；检查加工制作记录。

（3）立柱、横梁主要受力部位的截面厚度应符合设计要求和现行的行业标准《玻璃幕墙工程技术规范》（JGJ 102—2003）的规定。检验方法：尺量检查。

（4）玻璃幕墙构件槽、豁、榫的加工应符合设计要求和现行的行业标准《玻璃幕墙工程技术规范》（JGJ 102—2003）的规定。检验方法：观察；尺量检查；检查施工记录。

（5）玻璃幕墙钢构件焊接、螺栓连接应符合设计要求和现行国家标准《钢结构设计规范》（GB 50017—2011）、《冷弯薄壁型钢结构技术规范》（GB 50018—2002）及行业标准《建筑钢结构焊接技术规程》（JGJ 81—2002）的有关规定。检验方法：观察；尺量检查；检查施工记录。

（6）钢构件表面处理应符合设计要求和现行国家标准《钢结构工程施工质量验收规范》（GB 50205—2011）及行业标准《玻璃幕墙工程技术规范》（JGJ 102—2003）的有关规定。检验方法：观察；检查施工记录。

2．一般项目

（1）玻璃幕墙面板表面应平整、洁净、色泽一致。检验方法：观察。

（2）玻璃幕墙构件和组件表面应平整。检验方法：观察。

（3）玻璃幕墙构件、组件和面板安装的允许偏差和检验方法应符合表 9-3～表 9-8 的规定。

表 9-3　玻璃幕墙铝合金构件加工制作的允许偏差和检验方法

序号	项　目	允许偏差/mm	检验方法	序号	项　目	允许偏差/mm	检验方法
1	立柱长度	1.0	用钢卷尺检查	6	槽口尺寸	+0.5，0.0	用卡尺检查
2	横梁长度	1.0	用钢卷尺检查	7	豁口尺寸	+0.5，0.0	用卡尺检查
3	构件孔位	1.0	用钢尺检查	8	榫头尺寸	0.0，−0.5	用卡尺检查
4	构件相邻孔距	1.0	用钢尺检查	9	槽口、豁口或榫头中线至边部距离	0.5	用卡尺检查
5	构件多孔两端孔距	1.0	用钢尺检查				

表 9-4　玻璃幕墙钢构件加工制作的允许偏差和检验方法

序号	项　目		允许偏差/mm	检验方法
1	平板型预埋件锚板边长		5	用钢尺检查
2	平板型预埋件锚筋长度	普通型	+10，0	用钢尺检查
		两面整块锚板穿透型	+5，0	
3	平板型预埋件圆锚筋中心线偏离		5	用钢尺检查
4	槽型预埋件长度		+10，0	用钢尺检查
5	槽型预埋件宽度		+5，0	用钢尺检查
6	槽型预埋件厚度		+3，0	用钢尺检查
7	槽型预埋件槽口尺寸		+1.5，0.0	用卡尺检查
8	槽型预埋件锚筋长度		+5，0	用钢尺检查
9	槽型预埋件锚筋中心线偏离		1.5	用钢尺检查
10	锚筋与锚板面垂直度		锚筋长度/30	用直角尺检查
11	连接件长度		+5，−2	用钢尺检查
12	连接件或支承件孔距		1.0	用卡尺检查
13	连接件或支承构件孔的宽度		+1.0，0.0	用卡尺检查
14	连接件或支承构件孔的边距		+1.0，0.0	用卡尺检查
15	连接件或支承件壁厚		+0.5，−0.2	用卡尺检查
16	连接件或支承件弯曲角度		2°	用角尺检查
17	点支承构件拼装单元节点位置		2	用钢尺检查
18	点支承构件或拼装单元长度		长度/2000	用钢卷尺检查

表 9-5 明框玻璃幕墙组件加工制作的限值、允许偏差和检验方法

序号	项目		限值/mm	允许偏差/mm	检验方法
1	组件型材槽口尺寸	构件长度≤2000mm	—	2.0	用钢尺检查
		构件长度>2000mm	—	2.5	
2	组件对边长度差	构件长度≤2000mm	—	2.0	用钢卷尺检查
		构件长度>2000mm	—	3.0	
4	相邻构件装配间隙		—	0.5	用塞尺检查
5	相邻构件同一平面度差		—	0.5	用钢直尺和塞尺检查
6	单层玻璃与槽口间隙	玻璃厚度5～6mm	≥3.5	—	用钢尺检查
		玻璃厚度8～10mm	≥4.5	—	
		玻璃厚度≥12mm	≥5.5	—	
7	单层玻璃进入槽口尺寸	玻璃厚度5～6mm	≥15	—	用钢尺检查
		玻璃厚度8～10mm	≥16	—	
		玻璃厚度≥12mm	≥18	—	
8	中空玻璃与槽口间隙	玻璃厚度6mm	≥5	—	用钢尺检查
		玻璃厚度≥8mm	≥6	—	
9	中空玻璃进入槽口尺寸	玻璃厚度6mm	≥17	—	用钢尺检查
		玻璃厚度≥8mm	≥18	—	

表 9-6 隐框玻璃幕墙组件加工制作的允许偏差和检验方法

序号	项目		允许偏差/mm	检验方法
1	框长宽尺寸		1.0	用钢卷尺检查
2	组件长宽尺寸		2.5	用钢卷尺检查
3	框接缝高度差		0.5	用钢直尺和塞尺检查
4	框内侧对角线差及组件对角线差	长边≤2000mm	2.5	用钢卷尺检查
		长边>2000mm	3.5	
5	框组装间隙		0.5	用塞尺检查
6	胶缝宽度		+2.0,0	用卡尺检查
7	胶缝厚度		+0.5,0	用卡尺检查
8	组件周边玻璃与铝框的位置差		1.0	用钢尺检查
9	结构组件平面度		3.0	用靠尺和塞尺检查
10	组件厚度		1.5	用卡尺检查

表 9-7 单元式玻璃幕墙组件加工制作的允许偏差和检验方法

序号	项目		允许偏差/mm	检查方法
1	组件的长度、宽度	≤2000mm	1.5	用钢尺检查
		>2000mm	2.0	
2	组件对角线长度差	≤2000mm	2.5	用钢尺检查
		>2000mm	3.5	
3	胶缝的宽度		+1.0,0	用卡尺或钢直尺检查
4	胶缝的厚度		+0.5,0	用卡尺或钢直尺检查
5	各搭接量(与设计值比)		+1.0,0	用钢直尺检查
6	组件的平面度		1.5	用1m靠尺检查
7	组件内镶板间接缝宽度(与设计值比)		1.0	用塞尺检查
8	连接构件竖向中轴线距组件外表面(与设计值比)		1.0	用钢尺检查
9	连接构件水平轴线距组件水平对插中心线		1.0(可上、下调节时2.0)	用钢尺检查
10	连接构件竖向轴线距组件竖向对插中心线		1.0	用钢尺检查
11	两连接构件中心线水平距离		1.0	用钢尺检查
12	两连接构件上、下端水平距离差		0.5	用钢尺检查
13	两连接构件上、下端对角线差		1.0	用钢尺检查

表 9-8 玻璃幕墙面板加工制作的允许偏差和检验方法

序号	项 目			允许偏差/mm	检验方法
1	单片钢化玻璃边长	≤2000mm	厚度<15mm	1.5	用钢卷尺检查
			厚度≥15mm	2.0	
		>2000mm	厚度<15mm	2.0	
			厚度≥15mm	3.0	
2	单片钢化玻璃对角线长度差	≤2000mm	厚度<15mm	2.0	用钢卷尺检查
			厚度≥15mm	3.0	
		>2000mm	厚度<15mm	3.0	
			厚度≥15mm	3.5	
3	中空玻璃边长	<1000mm		2.0	用钢卷尺检查
		≥1000mm，<2000mm		+2.0，−3.0	
		≥2000mm		3.0	
4	夹层玻璃边长	边长≤2000mm		2.0	用钢卷尺检查
		边长>2000mm		2.5	
5	中空、夹层玻璃对角线长度差	边长≤2000mm		2.5	用钢卷尺检查
		边长>2000mm		3.5	
6	中空、夹层玻璃厚度叠加差	边长<1000mm		2.0	用卡尺检查
		边长≥1000mm，<2000mm		3.0	
		边长≥2000mm，<4000mm		4.0	
		边长≥4000mm		6.0	

（四）构架安装工程质量控制

构架安装工程质量控制主要适用于玻璃幕墙立柱、横梁等安装工程的质量验收。

1. 一般规定

（1）构架安装施工单位自检合格的基础上，检验批应按下列规定划分：①相同设计、材料、工艺和施工条件的幕墙工程每 500～1000m² 应划分为一个检验批，不足 500m² 也应划分为一个检验批；②同一单位工程的不连续的幕墙工程应单独划分检验批；③对于异型或有特殊要求的幕墙，检验批的划分应根据幕墙的结构、工艺特点及幕墙工程规模，由监理单位（或建设单位）和施工单位协商确定。

（2）检查数量应符合下列规定：①每个检验批每 100m² 应至少抽查一处，每处不得小于 10m²；②对于异型或有特殊要求的幕墙工程，应根据幕墙的结构和工艺特点，由监理单位（或建设单位）和施工单位协商确定。

2. 主控项目

（1）玻璃幕墙构件安装工程所使用的各种材料、构件和配件，应符合设计要求和现行的行业标准《玻璃幕墙工程技术规范》（JGJ 102—2003）的规定。检验方法：检查产品合格证书、性能检验报告、材料进场验收记录和复验报告。

（2）玻璃幕墙主体结构上的预埋件、"后置埋件"的位置、数量及"后置埋件"的拉拔力必须符合设计要求。检验方法：观察；检验"后置埋件"的拉拔力。

（3）玻璃幕墙的金属构架立柱与主体结构预埋件的连接、立柱与横梁的连接必须符合设计要求，安装必须牢固。检验方法：观察；手扳检查。

（4）玻璃幕墙的防火、保温、防潮材料的设置应符合设计要求，并应密实、均匀、厚度一致。检验方法：观察；尺量检查。

（5）玻璃框架及连接件的防腐处理应符合设计要求。检验方法：观察；检查施工记录。

（6）玻璃幕墙的防雷装置必须与主体结构的防雷装置可靠连接。检验方法：观察；手扳检查。

（7）各种变形缝、墙角的连接节点应符合设计要求和现行的行业标准《玻璃幕墙工程技术规范》（JGJ 102—2003）的规定。检验方法：观察；检查施工记录。

3. 一般项目

（1）玻璃幕墙立柱和横梁表面应平整、洁净。检验方法：观察。

（2）玻璃幕墙立柱和横梁连接接缝应严密。检验方法：观察。

（3）玻璃幕墙立柱和横梁安装的允许偏差和检验方法应符合表9-9的规定。

表9-9　玻璃幕墙立柱和横梁安装的允许偏差和检验方法

序号	项　　目		允许偏差/mm	检　验　方　法
1	立柱垂直度	幕墙高度≤30m	10	用经纬仪检查
		30m＜幕墙高度≤60m	15	
		60m＜幕墙高度≤90m	20	
		幕墙高度＞90m	25	
2	相邻两立柱标高偏差		3.0	用水平仪和钢直尺检查
3	同层立柱标高差		5.0	用水平仪和钢直尺检查
4	相邻两立柱间距差		2.0	用钢卷尺检
5	相邻两横梁标高差		1.0	用1m水平尺和钢直尺检查
6	同层横梁标高差	幕墙宽度≤35m	7.0	用水平仪检查
		幕墙宽度＞35m	5.0	

（五）玻璃幕墙安装工程质量控制

玻璃幕墙安装工程质量控制，主要适用于建筑高度不大于150m、抗震设防烈度不大于8度的隐框玻璃幕墙、半隐框玻璃幕墙、明框玻璃幕墙、全玻璃幕墙及点支承玻璃幕墙工程的质量验收。

1. 玻璃幕墙安装主控项目

（1）玻璃幕墙工程所使用的各种材料、构件和组件的质量，应符合设计要求和现行的行业标准《玻璃幕墙工程技术规范》（JGJ 102—2003）的规定。检验方法：检查材料、构件、组件的产品合格证书、进场验收记录、性能检验报告和材料的复验报告。

（2）玻璃幕墙的造型和立面分格应符合设计要求。检验方法：观察；尺量检查。

（3）玻璃幕墙使用的玻璃应符合下列规定：①幕墙应使用安全玻璃，玻璃的品种、规格、颜色、光学性能及安装方向应符合设计要求；②幕墙玻璃的厚度不应小于6.0mm。全玻璃幕墙肋玻璃的厚度不应小于12mm；③幕墙的中空玻璃应采用双道密封。明框幕墙的中空玻璃应采用"聚硫密封胶"及丁基密封胶；隐框和半隐框幕墙的中空玻璃应采用硅酮结构密封胶及丁基密封胶；镀膜面应在中空玻璃的第2或第3面上；④幕墙的夹层玻璃应采用聚乙烯醇缩丁醛（PVB）胶片干法加工夹层玻璃；点支承玻璃幕墙夹层胶片（PVB）厚度不应小于0.76mm；⑤钢化玻璃表面不得有损伤；8.0mm以下的钢化玻璃应进行引爆处理；⑥所有幕墙玻璃均应进行边缘处理。

检验方法：观察；尺量检查；检查施工记录。

（4）玻璃幕墙与主体结构连接的各种预埋件、连接件、紧固件必须安装牢固，其数量、规格、位置、连接方法和防腐处理应符合设计要求。检验方法：观察；检查隐蔽工程验收记录和施工记录。

（5）各种连接件、紧固件的螺栓应有防松动措施；焊接连接应符合设计要求和焊接规范的规定。检验方法：观察；检查隐蔽工程验收记录和施工记录。

（6）隐框或半隐框玻璃幕墙，每块玻璃下端应设置两个铝合金或不锈钢托条，其长度不应小于 100mm，厚度不应小于 2mm，托条的外端应低于玻璃外表面 2mm。检验方法：观察；检查施工记录。

（7）明框玻璃幕墙的玻璃安装应符合下列规定：①玻璃槽口与玻璃的配合尺寸应符合设计要求和现行的行业标准《玻璃幕墙工程技术规范》（JGJ 102—2003）的规定；②玻璃与构件不得直接接触，玻璃四周与构件凹槽底部应保持一定的空隙，每块玻璃下部应至少放置两块宽度与槽口宽度相同、长度不小于 100mm 的弹性定位垫块；玻璃两边嵌入量及空隙应符合设计要求；③玻璃四周橡胶条的材质、型号应符合设计要求，镶嵌应平整，橡胶条长度应比边框内槽长 1.5%～2.0%，橡胶条在转角处应斜面断开，并应用黏结剂黏结牢固后嵌入槽内。检验方法：观察；检查施工记录。

（8）高度超过 4m 的全玻璃幕墙应吊挂在主体结构上，吊夹具应符合设计要求，玻璃与玻璃，玻璃与玻璃肋之间的缝隙，应采用硅酮结构密封胶填充严密。检验方法：观察；检查隐蔽工程验收记录和施工记录。

（9）点支承玻璃幕墙应采用带有万向头的活动不锈钢爪，其钢爪之间的中心距离应大于250mm。检验方法：观察；尺量检查。

（10）玻璃幕墙四周、玻璃幕墙内表面与主体结构之间的连接节点、各种变形缝、墙角的连接节点应符合设计要求和现行的行业标准《玻璃幕墙工程技术规范》（JGJ 102—2003）的规定。检验方法：观察；检查隐蔽工程验收记录和施工记录。

（11）玻璃幕墙应无渗漏。检验方法：在易渗漏部位进行淋水检查。

（12）玻璃幕墙结构胶和密封胶的注入应饱满、密实、连续、均匀、无气泡，宽度和厚度应符合设计要求和现行的行业标准《玻璃幕墙工程技术规范》（JGJ 102—2003）的规定。检验方法：观察；尺量检查；检查施工记录。

（13）玻璃幕墙开启窗的配件应齐全，安装应牢固，安装位置和开启方向、角度应正确；开启应灵活，关闭应严密。检验方法：观察；手扳检查；开启和关闭检查。

（14）玻璃幕墙的防雷装置必须与主体结构的防雷装置可靠连接。检验方法：观察；检查隐蔽工程验收记录和施工记录。

2. 玻璃幕墙安装一般项目

（1）玻璃幕墙表面应平整、洁净；整幅玻璃的色泽应均匀一致；不得有污染和镀膜损坏。检验方法：观察。

（2）每平方米玻璃的表面质量和检验方法应符合表 9-10 的规定。

表 9-10　每平方米玻璃的表面质量和检验方法

项次	项目	质量要求	检验方法
1	明显划伤和长度＞100mm 的轻微划伤	不允许	观察
2	长度≤100mm 的轻微划伤	≤8 条	用钢尺检查
3	擦伤总面积	≤500mm²	用钢尺检查

（3）一个分格铝合金型材的表面质量和检验方法应符合表 9-11 的规定。

表 9-11　一个分格铝合金型材的表面质量和检验方法

项次	项目	质量要求	检验方法
1	明显划伤和长度＞100mm 的轻微划伤	不允许	观察
2	长度≤100mm 的轻微划伤	≤2 条	用钢尺检查
3	擦伤总面积	≤500mm²	用钢尺检查

（4）明框玻璃幕墙的外露框或压条应横平竖直，颜色、规格应符合设计要求，压条安装应牢固。单元玻璃幕墙的单元拼缝或隐框玻璃幕墙的分格玻璃拼缝应横平竖直、均匀一致。检验方法：观察；手扳检查；检查进场验收记录。

（5）玻璃幕墙的密封胶缝应横平竖直、深浅一致、宽窄均匀、光滑顺直。检验方法：观察；手摸检查。

（6）防火、保温材料填充应饱满、均匀，表面应密实、平整。检验方法：检查隐蔽工程验收记录。

（7）玻璃幕墙隐蔽节点遮盖密封装修应牢固、整齐、美观。检验方法：观察；手扳检查。

（8）明框玻璃幕墙安装的允许偏差和检验方法应符合表 9-12 的规定。

表 9-12　明框玻璃幕墙安装的允许偏差和检验方法

项次	项　　目		允许偏差/mm	检 验 方 法
1	幕墙垂直度	幕墙高度≤30m	10	用经纬仪检查
		30m<幕墙高度≤60m	15	
		60m<幕墙高度≤90m	20	
		幕墙高度>90m	25	
2	幕墙水平度	幕墙幅宽≤35m	5	用水平仪检查
		幕墙幅宽>35m	7	
3	构件直线度		2	用 2m 靠尺和塞尺检查
4	构件水平度	构件长度≤2m	2	用水平仪检查
		构件长度>2m	3	
5	相邻构件错位		1	用钢直尺检查
6	分格框对角线长度差	对角线长度≤2m	3	用钢尺检查
		对角线长度>2m	4	

（9）隐框、半隐框玻璃幕墙安装的允许偏差和检验方法应符合表 9-13 的规定。

表 9-13　隐框、半隐框玻璃幕墙安装的允许偏差和检验方法

项次	项　　目		允许偏差 /mm	检 验 方 法
1	幕墙垂直度	幕墙高度≤30m	10	用经纬仪检查
		30m<幕墙高度≤60m	15	
		60m<幕墙高度≤90m	20	
		90m<幕墙高度≤150m	25	
2	幕墙水平度	层高≤3m	3	用水平仪检查
		层高>3m	5	
3	幕墙表面平整度		2	用 2m 靠尺和塞尺检查
4	板材立面垂直度		2	用垂直检测尺检查
5	板材上沿水平度		2	用 1m 水平尺和钢直尺检查
6	相邻板材板角错位		1	用钢直尺检查
7	阳角方正		2	用直角检测尺检查
8	接缝直线度		3	拉 5m 线，不足 5m 拉通线，用钢直尺检查
9	接缝高低差		1	用钢直尺和塞尺检查
10	接缝宽度		1	用钢直尺检查

（10）点支承玻璃幕墙安装的允许偏差和检验方法应符合表 9-14 的规定。

表 9-14　点支承玻璃幕墙安装的允许偏差和检验方法

表 9-14　点支承玻璃幕墙安装的允许偏差和检验方法

项次	项目		允许偏差/mm	检验方法
1	竖向缝及墙面垂直度	幕墙高度≤30m	10	用经纬仪检查
		30m<幕墙高度≤50m	15	
2	幕墙表面平整度		2.5	用 2m 靠尺和塞尺检查
3	接缝直线度		2.5	拉 5m 线,不足 5m 拉通线,用钢直尺检查
4	接缝宽度		2.0	用钢直尺或卡尺检查
5	接缝高低差		1.0	用钢直尺和塞尺检查

（11）单元式玻璃幕墙安装的允许偏差和检验方法应符合表 9-15 的规定。

表 9-15　单元式玻璃幕墙安装的允许偏差和检验方法

项次	项目		允许偏差/mm	检验方法
1	幕墙垂直度	幕墙高度≤30m	10	用经纬仪检查
		30m<幕墙高度≤60m	15	
		60m<幕墙高度≤90m	20	
		90m<幕墙高度≤150m	25	
2	幕墙表面平整度		2.5	用 2m 靠尺和塞尺检查
3	接缝直线度		2.5	拉 5m 线,不足 5m 拉通线,用钢直尺检查
4	单元间接缝宽度(与设计值比)		2.0	用钢直尺检查
5	相邻两单元接缝面板高低差		1.0	用钢直尺和塞尺检查
6	单元对插时的配合间隙(与设计值比)		+1.0	用钢直尺检查
7	单元对插时的搭接长度		1.0	用钢直尺检查

二、金属幕墙质量控制

金属幕墙质量控制适用于金属幕墙构件、组件和面板的加工制作及构架安装、幕墙安装等分项工程的质量验收。

（一）金属幕墙质量控制的一般规定

（1）金属幕墙工程验收时应检查下列文件和记录：①金属幕墙工程的施工图、计算书、设计说明及其他设计文件；②建筑设计单位对金属幕墙工程设计的确认文件；③金属幕墙工程所用各种材料、配件、构件的产品合格证书、性能检验报告、进场验收记录和复验报告；④后置埋件的现场拉拔强度检验报告；⑤金属幕墙的气密性、水密性、耐风压性能及平面变形性能检验报告；⑥防雷装置测试记录；⑦隐蔽工程验收记录；⑧金属幕墙构件、组件和面板的加工制作记录；金属幕墙安装施工记录。

（2）金属幕墙工程应对下列材料及其性能指标进行复验：①铝塑复合板的剥离强度；②金属幕墙立柱和横梁截面主要受力部位的厚度。

（3）金属幕墙工程应对下列隐蔽工程项目进行验收：①预埋件（或后置埋件）；②构件的连接节点；③变形缝及墙面转角处的构造节点；④幕墙防雷装置；⑤幕墙防火构造。

（4）金属幕墙及其连接件应具有足够的承载力、刚度和相对于主体结构的位移能力。幕墙构架立柱的连接金属"角码"与其他连接件应采用螺栓连接，并应有防松动措施。

（5）金属幕墙的防火除应符合现行国家标准《建筑设计防火规范》（GB 50016—2010）和《高层民用建筑设计防火规范》（GB 50045—2005）的有关规定外，还应符合下列规定：

①应根据防火材料的耐火极限决定防火层的厚度和宽度，并应在楼板处形成防火带；②防火层应采取隔离措施；防火层的衬板应采用经防腐处理且厚度不小于1.5mm的钢板，不得采用铝板；③防火层的密封材料应采用防火密封胶。

（6）主体结构与幕墙连接的各种预埋件，其数量、规格、位置和防腐处理必须符合设计要求和工程技术规范的规定。

（7）幕墙的金属构件与主体结构预埋件的连接、立柱与横梁的连接及幕墙面板的安装必须符合设计要求和工程技术规范的规定，安装必须牢固。

（8）金属幕墙的金属构架与主体结构应通过预埋件连接，预埋件应在主体结构混凝土施工时埋入，预埋件的位置应准确。当没有条件采用预埋件连接时，应采用其他可靠的连接措施，并应通过试验确定其承载力。

（9）立柱应采用螺栓与"角码"连接，螺栓直径应经过计算，并不应小于10mm。不同金属材料接触时应采用绝缘垫片分隔。

（10）金属幕墙的抗震缝、伸缩缝、沉降缝等部位的处理应保证缝的使用功能和饰面的完整性。

（11）金属幕墙工程的设计应满足维护和清洁的要求。

（二）构件、组件和面板的加工制作工程质量控制

构件、组件和面板的加工制作工程质量控制，适用于金属幕墙构件、组件和面板等加工制作工程的质量验收。

在加工制作单位自检合格的基础上，同类金属幕墙构件、组件或面板每500～1000件应划分为一个检验批，不足500件也应划分为一个检验批。每个检验批应至少检查5%，并不得少于5件；不足5件时应全数检查。

1. 构件、组件和面板的加工制作工程主控项目

（1）金属幕墙构件、组件和面板的加工制作所使用的的各种材料和配件，应符合设计要求和现行的行业标准《金属与石材幕墙工程技术规范》（JGJ 133—2010）的规定。检验方法：检查产品合格证书、性能检验报告、材料进场验收记录和复验报告。

（2）金属幕墙构件、组件和面板的品种、规格、颜色及加工制作应符合设计要求和现行的行业标准《金属与石材幕墙工程技术规范》（JGJ 133—2010）的规定。检验方法：观察；尺量检查；检查加工制作记录。

（3）立柱、横梁截面主要受力部位的厚度应符合设计要求和现行的行业标准《金属与石材幕墙工程技术规范》（JGJ 133—2010）的规定。检验方法：尺量检查。

（4）金属幕墙构件槽、豁、榫的加工应符合设计要求和现行的行业标准《金属与石材幕墙工程技术规范》（JGJ 133—2010）的规定。检验方法：观察；尺量检查；检查施工记录。

（5）金属幕墙钢构件焊接、螺栓连接应符合设计要求和现行国家标准《钢结构设计规范》（GB 50017—2011）、《冷弯薄壁型钢结构技术规范》（GB 50018—2002）及行业标准《建筑钢结构焊接技术规程》（JGJ 81—2002）的有关规定。检验方法：观察；尺量检查；检查施工记录。

（6）钢构件表面处理应符合设计要求和现行国家标准《钢结构工程施工质量验收规范》（GB 50205—2011）和行业标准《金属与石材幕墙工程技术规范》（JGJ 133—2010）的有关规定。检验方法：观察；检查施工记录。

2. 构件、组件和面板的加工制作工程一般项目

（1）金属幕墙面板表面应平整、洁净、色泽一致。检验方法：观察。

（2）金属幕墙构件表面应平整。检验方法：观察。

（3）金属幕墙构件、组件和面板安装的允许偏差和检验方法应符合表 9-16 的规定。

表 9-16　金属幕墙构件、组件和面板安装的允许偏差和检验方法

序号	项目		允许偏差/mm	检 验 方 法
1	立柱长度		1.0	用钢卷尺检查
2	横梁长度		0.5	用钢卷尺检查
3	构件孔位		0.5	用钢尺检查
4	构件相邻孔距		0.5	用钢尺检查
5	构件多孔两端孔距		1.0	用钢尺检查
6	金属板边长	≤2000mm	2.0	用钢卷尺检查
		>2000mm	2.5	
7	金属板对边长度差	≤2000mm	2.5	用钢卷尺检查
		>2000mm	3.0	
8	金属板对角线长度差	≤2000mm	2.5	用钢卷尺检查
		>2000mm	3.0	
9	金属板平整度		2.0	用1m靠尺和塞尺检查
10	金属板折弯高度		+1.0,0	用卡尺检查
11	金属板边孔中心距		1.5	用钢卷尺检查

（三）构架安装工程质量控制

构架安装工程质量控制适用于金属幕墙立柱、横梁等安装工程的质量验收。

1. 构架安装工程质量控制的一般规定

（1）在构架安装施工单位自检合格的基础上，检验批应按下列规定划分：①相同设计、材料、工艺和施工条件的幕墙工程每 500～1000m² 应划分为一个检验批，不足 500m² 也应划分为一个检验批；②同一单位工程的不连续的幕墙工程应单独划分检验批；③对于异型或有特殊要求的幕墙，检验批的划分应根据幕墙的结构、工艺特点及幕墙工程规模，由监理单位（或建设单位）和施工单位协商确定。

（2）检查数量应符合下列规定：①每个检验批每 100m² 应至少抽查一处，每处抽查面积不得小于 10m²；②对于异型或有特殊要求的幕墙工程，应根据幕墙的结构和工艺特点，由监理单位（或建设单位）和施工单位协商确定。

2. 构架安装工程质量控制的主控项目

（1）金属幕墙构架安装工程所使用的各种材料、构件和配件，应符合设计要求和现行的行业标准《金属与石材幕墙工程技术规范》（JGJ 133—2010）的规定。检验方法：检查产品合格证书、性能检验报告、材料进场验收记录和复验报告。

（2）金属幕墙主体结构上的预埋件、"后置埋件"的位置、数量及"后置埋件"的拉拔力必须符合设计要求。检验方法：观察；检验"后置埋件"的拉拔力。

（3）金属幕墙的金属构架立柱与主体结构预埋件的连接、立柱与横梁的连接必须符合设计要求，安装必须牢固。检验方法：观察；手扳检查。

（4）金属幕墙的防火、保温、防潮材料的设置应符合设计要求，并应密实、均匀、厚度一致。检验方法：观察；尺量检查。

（5）金属构架及连接件的防腐处理应符合设计要求。检验方法：观察；检查施工记录。

（6）金属幕墙的防雷装置必须与主体结构的防雷装置可靠进行连接。检验方法：观察；手扳检查。

（7）各种变形缝、墙角的连接节点应符合设计要求和现行的行业标准《金属与石材幕墙工程技术规范》（JGJ 133—2010）的规定。检验方法：观察；检查施工记录。

3. 构架安装工程质量控制的一般项目

（1）金属幕墙立柱和横梁表面应平整、洁净。检验方法：观察。

（2）金属幕墙立柱和横梁连接接缝应严密。检验方法：观察。

（3）金属幕墙立柱和横梁安装的允许偏差和检验方法应符合表 9-17 的规定。

表 9-17　金属幕墙立柱和横梁安装的允许偏差和检验方法

序号	项　目		允许偏差/mm	检　验　方　法
1	立柱垂直度	幕墙高度≤30m	10	用经纬仪检查
		30m＜幕墙高度≤60m	15	
		60m＜幕墙高度≤90m	20	
		90m＜幕墙高度≤150m	25	
2	相邻两立柱标高差		3.0	用水平仪和钢直尺检查
3	同层立柱标高差		5.0	用水平仪和钢直尺检查
4	相邻两立柱间距差		2.0	用钢卷尺检查
5	相邻两横梁标高差		1.0	用 1m 水平尺和钢直尺检查
6	同层横梁标高差	幕墙宽度≤35m	5.0	用水平仪检查
		幕墙宽度＞35m	7.0	

（四）金属幕墙安装工程的质量控制

金属幕墙安装工程的质量控制适用于建筑高度不大于 150m 的金属幕墙安装工程的质量验收。

1. 金属幕墙安装工程的质量控制的一般规定

（1）检验批应按下列规定划分：①相同设计、材料、工艺和施工条件的幕墙工程每 500~1000m² 应划分为一个检验批，不足 500m² 也应划分为一个检验批；②同一单位工程的不连续的幕墙工程应单独划分检验批；③对于异型或有特殊要求的幕墙，检验批的划分应根据幕墙的结构、工艺特点及幕墙工程规模，由监理单位（或建设单位）和施工单位协商确定。

（2）检查数量应符合下列规定：①每个检验批每 100m² 应至少抽查一处，每处不得小于 10m²；②对于异型或有特殊要求的幕墙工程，应根据幕墙的结构和工艺特点，由监理单位（或建设单位）和施工单位协商确定。

2. 金属幕墙安装工程的质量控制的主控项目

（1）金属幕墙工程所使用的各种材料和配件，应符合设计要求和现行的行业标准《金属与石材幕墙工程技术规范》（JGJ 133—2010）的规定。检验方法：检查产品合格证书、性能检验报告、材料进场验收记录和复验报告。

（2）金属幕墙的造型和立面分格应符合设计要求。检验方法：观察；尺量检查。

（3）金属面板的品种、规格、颜色、光泽应符合设计要求。检验方法：观察；检查进场验收记录。

（4）金属面板的安装必须符合设计要求和现行的行业标准《金属与石材幕墙工程技术规范》（JGJ 133—2010）的规定。安装必须牢固。检验方法：手扳检查；检查隐蔽工程验收记录。

（5）金属幕墙的板缝注胶应饱满、密实、连续、均匀、无气泡，宽度和厚度应符合设计要求和现行的行业标准《金属与石材幕墙工程技术规范》（JGJ 133—2010）的规定。检验方法：观察；尺量检查；检查施工记录。

（6）金属幕墙应无渗漏。检验方法：在易渗漏部位进行淋水检查。

3. 金属幕墙安装工程的质量控制的一般项目

（1）金属板表面应平整、洁净、色泽一致。检验方法：观察。

（2）金属幕墙的压条应平直、洁净、接口严密、安装牢固。检验方法：观察；手扳检查。

（3）金属幕墙的密封胶缝应横平竖直、深浅一致、宽窄均匀、光滑顺直。检验方法：观察。

（4）金属幕墙上的滴水线、流水坡向应正确、顺直。检验方法：观察；用水平尺检查。

（5）每平方米金属板的表面质量和检验方法应符合表 9-18 的规定。

表 9-18　每平方米金属板的表面质量和检验方法

项次	项　目	质 量 要 求	检 验 方 法
1	宽度 0.1～0.3mm 的划伤	总长度小于100mm且不多于8条	用卡尺检查
2	擦伤总面积	≤500mm²	用钢尺检查

（6）金属幕墙安装的允许偏差和检验方法应符合表 9-19 的规定。

表 9-19　金属幕墙安装的允许偏差和检验方法

项次	项　目		允许偏差/mm	检 验 方 法
1	幕墙垂直度	幕墙高度≤30m	10	用经纬仪检查
		30m＜幕墙高度≤60m	15	
		60m＜幕墙高度≤90m	20	
		90m＜幕墙高度≤150m	25	
2	幕墙水平度	层高≤3m	3.0	用水平仪检查
		层高＞3m	5.0	
3	幕墙表面平整度		2.0	用 2m 靠尺和塞尺检查
4	板材立面垂直度		3.0	用垂直检测尺检查
5	板材上沿水平度		2.0	用1m 水平尺和钢直尺检查
6	相邻板材板角错位		1.0	用钢直尺检查
7	阳角方正		2.0	用直角检测尺检查
8	接缝直线度		3.0	拉 5m 线，不足 5m 拉通线，用钢直尺检查
9	接缝高低差		1.0	用钢直尺和塞尺检查
10	接缝宽度		1.0	用钢直尺检查

三、石材与陶瓷板幕墙质量控制

石材与陶瓷板幕墙质量控制适用于石材与陶瓷板幕墙构件和面板的加工制作及构架安装、幕墙安装等分项工程的质量验收。

（一）石材与陶瓷板幕墙质量控制的一般规定

（1）石材与陶瓷板幕墙工程验收时应检查下列文件和记录：①石材与陶瓷板幕墙工程的施工图、计算书、设计说明及其他设计文件；②建筑设计单位对石材与陶瓷板幕墙工程设计的确认文件；③石材与陶瓷板幕墙工程所用各种材料、五金配件、构件及面板的产品合格证书、性能检验报告、进场验收记录和复验报告；④石材用密封胶的耐污染性检验报告；⑤后置埋件的现场拉拔强度检验报告；⑥石材与陶瓷板幕墙的气密性、水密性、耐风压性能及平面变形性能检验报告；⑦防雷装置测试记录；⑧隐蔽工程验收记录；⑨石材与陶瓷板幕墙构件和面板的加工制作记录；石材与陶瓷板幕墙安装施工记录。

（2）石材与陶瓷板幕墙工程应对下列材料及其性能指标进行复验：①石材的弯曲强度；寒冷地区石材的耐冻融性；室内用花岗石的放射性；②石材用结构胶的黏结强度；石材用密封胶的污染性；③立柱和横梁截面主要受力部位的厚度。

（3）石材与陶瓷板幕墙工程应对下列隐蔽工程项目进行验收：预埋件（或后置埋件）；构件的连接节点；变形缝及墙面转角处的构造节点；幕墙防雷装置；幕墙防火构造。

（4）主体结构与幕墙连接的各种预埋件，其数量、规格、位置和防腐处理必须符合设计要求和工程技术规范的规定。

（5）幕墙的金属构件与主体结构预埋件的连接、立柱与横梁的连接及幕墙面板的安装必须符合设计要求和工程技术规范的规定，安装必须牢固。

（6）石材与陶瓷板幕墙及其连接件应具有足够的承载力、刚度和相对于主体结构的位移能力。幕墙构架立柱的连接金属"角码"与其他连接件应采用螺栓连接，并应有防松动措施。

（7）石材与陶瓷板幕墙的防火除应符合现行国家标准《建筑设计防火规范》（GB 50016—2010）的有关规定外，还应符合下列规定：①应根据防火材料的耐火极限决定防火层的厚度和宽度，并应在楼板处形成防火带；②防火层应采取隔离措施，防火层的衬板应采用经防腐处理且厚度不小于 1.5mm 的钢板，不得采用铝板；③防火层的密封材料应采用防火密封胶。

（8）石材与陶瓷板幕墙的金属构架与主体结构应通过预埋件连接，预埋件应在主体结构混凝土施工时埋入，预埋件的位置应准确。当没有条件采用预埋件连接时，应采用其他可靠的连接措施，并应通过试验确定其承载力。

（9）主要柱子应采用螺栓与"角码"连接，螺栓直径应经过计算，并不应小于 10mm。不同金属材料接触时应采用绝缘垫片分隔。

（10）石材与陶瓷板幕墙的抗震缝、伸缩缝、沉降缝等部位的处理应保证缝的使用功能和饰面的完整性。

（11）石材与陶瓷板幕墙工程的设计应满足维护和清洁的要求。

（二）石材与陶瓷板幕墙构件和面板的质量控制

1. 构件和面板的加工制作一般要求

石材与陶瓷板幕墙构件和面板的质量控制，适用于石材与陶瓷板幕墙构件和面板等加工制作工程的质量验收。

在加工制作单位自检合格的基础上，同类石材与陶瓷板幕墙构件或面板每 500～1000 件应划分为一个检验批，不足 500 件也应划分为一个检验批。每个检验批应至少检查 5%，并不得少于 5 件；不足 5 件时应全数检查。

2. 构件和面板的加工制作主控项目

（1）石材与陶瓷板幕墙构件和面板的加工制作所使用的各种材料和配件，应符合设计要求和工程技术规范的规定。检验方法：检查产品合格证书、性能检验报告、材料进场验收记录和复验报告。

（2）石材与陶瓷板构件和面板的品种、规格、颜色及加工制作应符合设计要求和工程技术规范的规定。检验方法：观察；尺量检查；检查加工制作记录。

（3）立柱、横梁截面主要受力部位的厚度应符合设计要求和《金属与石材幕墙工程技术规范》（JGJ 133—2010）的规定。检验方法：尺量检查。

（4）石材与陶瓷板幕墙构件槽、豁、榫的加工应符合设计要求和现行的行业标准《金属与石材幕墙工程技术规范》（JGJ 133—2010）的规定。检验方法：观察；尺量检查。

（5）石材与陶瓷板幕墙钢构件焊接、螺栓连接应符合设计要求和现行国家标准《钢结构设计规范》（GB 50017—2011）、《冷弯薄壁型钢结构技术规范》（GB 50018—2002）及行业标准《建筑钢结构焊接技术规程》（JGJ 81—2002）的有关规定。检验方法：观察；尺量检查；检查施工记录。

（6）钢构件表面处理应符合设计要求和现行国家标准《钢结构工程施工质量验收规范》（GB 50205—2011）和行业标准《金属与石材幕墙工程技术规范》（JGJ 133—2010）的有关规定。检验方法：观察；检查施工记录。

（7）石板孔、槽的位置、尺寸、深度、数量、质量应符合设计要求和现行的行业标准《金属与石材幕墙工程技术规范》（JGJ 133—2010）的规定。检验方法：观察；尺量检查。

（8）石板连接部位应无缺棱、缺角、裂纹、修补等缺陷；其他部位缺棱不大于5mm×20mm，或缺角不大于20mm时可修补后使用，但每层修补的石板块数不应大于2%，且宜用于视觉不明显部位。检验方法：观察；尺量检查。

3. 构件和面板的加工制作一般项目

（1）石材与陶瓷板幕墙面板表面应平整、洁净、色泽一致。检验方法：观察。

（2）石材与陶瓷板幕墙构件表面应平整。检验方法：观察。

（3）石材与陶瓷板幕墙构件和面板的加工制作，其允许偏差和检验方法应符合表9-20的规定。

表 9-20　石材与陶瓷板幕墙构件和面板的加工制作允许偏差和检验方法

序号	项目	允许偏差/mm	检验方法	序号	项目	允许偏差/mm	检验方法
1	立柱长度	1.0	用钢卷尺检查	4	构件相邻孔距	0.5	用钢尺检查
2	横梁长度	0.5	用钢卷尺检查	5	构件多孔两端孔距	1.0	用钢尺检查
3	构件孔位	0.5	用钢尺检查	6	石材边长	0，−1	用钢卷尺检查

（三）构架安装工程质量控制

构架安装工程质量控制适用于石材与陶瓷板幕墙立柱、横梁等构架安装工程质量验收。

1. 构架安装工程质量控制的一般规定

（1）在构架安装施工单位自检合格的基础上，检验批应按下列规定划分：①相同设计、材料、工艺和施工条件的石材与陶瓷板幕墙工程每500～1000m²应划分为一个检验批，不足500m²也应划分为一个检验批；②同一单位工程的不连续的幕墙工程应单独划分检验批；③对于异型或有特殊要求的幕墙，检验批的划分应根据幕墙的结构、工艺特点及幕墙工程规模，由监理单位（或建设单位）和施工单位协商确定。

（2）检查数量应符合下列规定：①每个检验批每100m²应至少抽查一处，每处不得小于10m²；②对于异型或有特殊要求的幕墙工程，应根据幕墙的结构和工艺特点，由监理单位（或建设单位）和施工单位协商确定。

2. 构架安装工程质量控制的主控项目

（1）石材与陶瓷板幕墙构架安装工程所使用的各种材料、构件和配件，应符合设计要求及现行的行业标准《金属与石材幕墙工程技术规范》（JGJ 133—2010）的规定。检验方法：检查产品合格证书、性能检验报告、材料进场验收记录和复验报告。

（2）石材与陶瓷板幕墙主体结构上的预埋件、"后置埋件"的位置、数量及"后置埋件"

的拉拔力必须符合设计要求。检验方法：观察；检验"后置埋件"的拉拔力。

（3）石材与陶瓷板幕墙的金属框架立柱与主体结构预埋件的连接、立柱与横梁的连接必须符合设计要求，安装必须牢固。检验方法：观察；手扳检查。

（4）石材与陶瓷板幕墙的防火、保温、防潮材料的设置应符合设计要求，并应密实、均匀、厚度一致。检验方法：观察；尺量检查。

（5）石材与陶瓷板幕墙的构架及连接件的防腐处理应符合设计要求。检验方法：观察；检查施工记录。

（6）石材与陶瓷板幕墙的防雷装置必须与主体结构的防雷装置可靠连接。检验方法：观察；手扳检查。

（7）各种变形缝、墙角的连接节点应符合设计要求和现行的行业标准《金属与石材幕墙工程技术规范》（JGJ 133—2010）的规定。检验方法：观察；检查施工记录。

3. 构架安装工程质量控制的一般项目

（1）石材与陶瓷板幕墙立柱和横梁表面应平整、洁净。检验方法：观察。

（2）石材与陶瓷板幕墙立柱和横梁连接接缝应严密。检验方法：观察。

（3）石材与陶瓷板幕墙立柱和横梁安装的允许偏差和检验方法应符合表 9-21 的规定。

表 9-21　石材与陶瓷板幕墙立柱和横梁安装的允许偏差和检验方法

序号	项　目		允许偏差/mm	检验方法
1	立柱垂直度	幕墙高度≤30m	10	经纬仪检查
		30m＜幕墙高度≤60m	15	
		60m＜幕墙高度≤90m	20	
		幕墙高度＞90m	25	
2	相邻两立柱标高差		3.0	用水平仪和钢直尺检查
3	同层立柱标高差		5.0	用水平仪和钢直尺检查
4	相邻两立柱间距差		2.0	用钢卷尺检查
5	相邻两横梁标高差		1.0	用1m水平尺和钢直尺检查
6	同层横梁标高差	幕墙宽度≤35m	5.0	用水平仪检查
		幕墙宽度＞35m	7.0	

（四）石材幕墙安装工程质量控制

石材幕墙安装工程质量控制适用于建筑高度不大于 150m、抗震设防烈度不大于 8 度的石材幕墙工程的质量验收。

1. 石材幕墙安装工程质量控制的一般规定

（1）检验批应按下列规定划分：①相同设计、材料、工艺和施工条件的石材幕墙工程每 500～1000m² 应划分为一个检验批，不足 500m² 也应划分为一个检验批；②同一单位工程的不连续的幕墙工程应单独划分检验批；③对于异型或有特殊要求的幕墙，检验批的划分应根据幕墙的结构、工艺特点及幕墙工程规模，由监理单位（建设单位）和施工单位协商确定。

（2）检查数量应符合下列规定：①每个检验批每100m²应至少抽查一处，每处不得小于10m²；②对于异型或有特殊要求的幕墙工程，应根据幕墙的结构和工艺特点，由监理单位（或建设单位）和施工单位协商确定。

2. 石材幕墙安装工程质量控制的主控项目

（1）石材幕墙工程所用材料的品种、规格、性能等级，应符合设计要求和现行的行业标准《金属与石材幕墙工程技术规范》（JGJ 133—2010）的规定。检验方法：观察；尺量检查；检查产品合格证书、性能检验报告、材料进场验收记录和复验报告。

（2）石材幕墙的造型、立面分格、颜色、光泽、花纹和图案应符合设计要求。检验方法：观察。

（3）石材安装必须符合设计要求和现行的行业标准《金属与石材幕墙工程技术规范》（JGJ 133—2010）的规定，安装必须牢固。检验方法：手扳检查；检查隐蔽工程验收记录。

（4）石材表面和板缝的处理应符合设计要求。检验方法：观察。

（5）石材幕墙的板缝注胶应饱满、密实、连续、均匀、无气泡，板缝宽度和厚度应符合设计要求和现行的行业标准《金属与石材幕墙工程技术规范》（JGJ 133—2010）的规定。检验方法：观察；尺量检查；检查施工记录。

（6）石材幕墙应无渗漏。检验方法：在易渗漏部位进行淋水检查。

3. 石材幕墙安装工程质量控制的一般项目

（1）石材幕墙表面应平整、洁净，无污染、缺损和裂痕。颜色和花纹应协调一致，无明显色差，无明显修痕。检验方法：观察。

（2）石材幕墙的压条应平直、洁净、接口严密、安装牢固。检验方法：观察；手扳检查。

（3）石材接缝应横平竖直、宽窄均匀；阴阳角石板压向应正确，板边拼缝顺直；表面凹凸出墙的厚度应一致，上下口应平直；石材面板上洞口、槽边应切割吻合，边缘应整齐。检验方法：观察；尺量检查。

（4）石材幕墙的密封胶缝应横平竖直、深浅一致、宽窄均匀、光滑顺直。检验方法：观察。

（5）石材幕墙上的滴水线、流水坡向应正确、顺直。检验方法：观察；用水平尺检查。

（6）每平方米石材的表面质量和检验方法应符合表 9-22 的规定。

表 9-22 每平方米石材的表面质量和检验方法

项次	项　目	质量要求	检验方法
1	宽度 0.1～0.3mm 的划伤	每条长度小于 100mm 且不多于 2 条	用卡尺检查
2	缺棱、缺角	缺损宽度小于 5mm 且不多于 2 处	用钢尺检查

（7）石材幕墙安装的允许偏差和检验方法应符合表 9-23 的规定。

表 9-23 石材幕墙安装的允许偏差和检验方法

项次	项　目		允许偏差/mm		检验方法
			光面	麻面	
1	幕墙垂直度	幕墙高度≤30m	10		用经纬仪检查
		30m＜幕墙高度≤60m	15		
		60m＜幕墙高度≤90m	20		
		90m＜幕墙高度≤150m	25		
2	幕墙水平度		3.0		用水平仪检查
3	板材立面垂直度		3.0		用垂直检测尺检查
4	板材上沿水平度		2.0		用 1m 水平尺和钢直尺检查
5	相邻板材板角错位		1.0		用钢直尺检查
6	幕墙表面平整度		2.0	3.0	用 2m 靠尺和塞尺检查
7	阳角方正		2.0	4.0	用直角检测尺检查
8	接缝直线度		3.0	4.0	拉 5m 线，不足 5m 拉通线，用钢直尺检查
9	接缝高低差		1.0	—	用钢直尺和塞尺检查
10	接缝的宽度		1.0	2.0	用钢直尺检查

第十章 ▶▶▶

细木工程施工技术

装饰细部工程是建筑装饰工程的重要组成部分，大多数都处于室内的显要位置，对于改善室内环境、美化空间起着非常重要的作用。工程实践充分证明，装饰细部工程不仅是一项技术性要求很高的工艺，而且还要具有独特欣赏水平和较高的艺术水平。因此，装饰细部工程的施工，要做到精心细致、位置准确、接缝严密、花纹清晰、颜色一致，每个环节和细部都要符合规范的要求，这样才能起到衬托装饰效果的作用。

第一节 细木工程的基本知识

在传统的装饰工程施工中，细木制品工程系指室内的木制窗帘盒、窗台板、筒子板、贴脸板、挂镜线、木楼梯、吊柜、壁柜、厨房的台柜、室内装饰线和墙面木饰等一些制品的制作与安装工程。

一、木构件制作加工原理

在建筑室内装饰工程中，细木制品往往处于比较醒目的位置，有的还是能直接触摸到的，其质量如何对整个工程都有较大影响。为此，细木制品应选择适宜而优质的木材，精心制作、仔细安装，使工程质量达到国家的质量标准。

1. 选择木料

根据所制作构件的形式和作用以及木材的性能，正确选择木料是木作的一个基本要求。首先考虑选择硬木还是软木。硬木因为变形大不宜作重要的承重构件。但其有美丽的花纹，因此是饰面的好材料。硬木可作小型构件的骨架，如家具骨架，不宜作吊顶、龙骨架、门窗框等。软木变形小，强度较高，特别是顺纹强度，可作承重构件，也可作各类龙骨，但花纹平淡。其次根据构件在结构中所在位置以及受力情况，来选择使用边材还是芯材（木材在树中横截面的位置不同其变形、强度均不一致）、是用树根部还是树中树头处。总之，认真正确选用材料是非常重要的。

2. 构件的位置、受力分析

构件在结构中位置不同受力也不同，所以要分清构件的受力情况，是轴心受压受拉还是偏心受压受拉等。常见的木构件有龙骨类、板材类，龙骨有隐蔽的和非隐蔽的。板材多数是作面层或基层，受弯曲比较多。通过受力分析可进一步正确选材和用材，从而与木材的变形情况相协调，充分利用其性能。

3. 材料配料和下料

根据选好的材料，进行合理的配料和下料。在进行配料和下料时，应注意以下事项。

（1）做到充分利用，配套下料，不得大材小用，长材短用。

（2）留有合理的余量。木制品的下料尺寸要大于设计尺寸，这是留有加工余量所致，但余量的多少，根据加工构件的种类以及连接形式的不同而不同。如单面刨光留 3mm，双面刨光留 5mm。

（3）方形框料纵向通长，横向截断，其他形状与图样要吻合，但要注意受力分析。

4. 连接形式

细部工程制品连接的关键是要注意搭接长度满足受力要求。连接的形式主要有：钉接、榫接、胶接、专用配件连接。

5. 组装与就位

当构件加工好后进行装配，一般装配的顺序为：先内部、后外部，先分部、后整体进行。先临时固定调整准确后，再最终进行固定。

二、施工准备与材料选用

（一）施工准备

细木制品的安装工序并不十分复杂，其主要安装工序一般是：窗台板是在窗框安装后进行；无吊顶采用明窗帘盒的房间，明窗帘盒的安装应在安装好窗框、完成室内抹灰标筋后进行；有吊顶的暗窗帘盒的房间，窗帘盒安装与吊顶施工可同时进行；挂镜线、贴脸板的安装应在门窗框安装完、地面和墙面施工完毕后再进行；筒子板、木墙裙的龙骨安装，应在安装好门窗框与窗台板后进行。

细木制品在施工时，应当注意以下事项。

（1）细木制品制成后，应当立即刷一遍底油（干性油），以防止细木制品受潮或干燥发生较大的变形。

（2）细木制品及配件在包装、运输、堆放和安装时，一定要轻拿轻放，不得暴晒和受潮，防止变形和开裂。

（3）细木制品必须按照设计要求，预埋好防腐木砖及配件，保证安装牢固。

（4）细木制品与砖石砌体、混凝土或抹灰层的接触处，埋入砌体或混凝土中的木砖应进行防腐处理。除木砖外，其他接触处应设置防潮层，金属配件应涂刷防锈漆。

（5）施工中所用的机具，应在使用前安装好进行认真检查，确认安装和机具完好后，接好电源并进行试运转。

（二）材料选用

1. 木制材料选用

（1）细木制品所用木材要进行认真挑选，保证所用木材的树种、材质、规格符合设计要求。在施工中应避免大材小用、长材短用、以次充优的现象。

（2）由木材加工厂制作的细木制品，在出厂时，应配套供应，并附有合格证明；进入现场后应验收，施工时要使用符合质量标准的成品或半成品。

（3）细木制品露明部位要选用优质材料，当作清漆油饰显露木纹时，应注意同一房间或同一部位选用颜色、木纹近似的相同树种。细木制品不得有腐朽、节疤、扭曲和劈裂等质量弊病。

（4）细木制品用材必须干燥，应提前进行干燥处理。对于重要细部工程，应根据设计要求作含水率的检测。

2. 胶黏剂与配件

（1）细木制品的拼接、连接处，必须加胶处理。一般可采用动物胶（鱼鳔、猪皮胶等），也可采用聚醋酸乙烯（乳胶）、脲醛树脂等化学胶。

（2）细木制品所用的金属配件、钉子、木螺丝的品种、规格、尺寸等，均应符合设计的要求。

3. 防腐与防虫

采用马尾松、木麻黄、桦木、杨木等易腐朽、虫蛀的树种木材制作细木制品时，整个构件应用防腐、防虫药剂处理。木材防腐、防虫药剂的特性及适应范围如表 10-1 所列。

表 10-1　木材防腐、防虫药剂的特性及适应范围

类别	编号	名称	特　性	适 用 范 围
水溶性	1	氟酚合剂	不腐蚀金属,不影响油漆,遇水较易流失	室内不受潮的木构件的防腐及防虫
	2	硼酚合剂	不腐蚀金属,不影响油漆,遇水较易流失	室内不受潮的木构件的防腐及防虫
	3	硼铬合剂	无臭味,不腐蚀金属,不影响油漆,遇水较易流失,对人畜无毒	室内不受潮的木构件的防腐及防虫
	4	氟砷铬合剂	无臭味,毒性较大,不腐蚀金属,不影响油漆,遇水较不易流失	防腐及防虫效果较好,但不应用于与人经常接触的木构件
	5	铜铬砷合剂	无臭味,毒性较大,不腐蚀金属,不影响油漆,遇水不易流失	防腐及防虫效果较好,但不应用于与人经常接触的木构件
	6	666 乳剂（或粉剂）	有臭味,遇水流失	杀虫效果良好,用于毒杀有虫害的木构件
油溶性	7	五氯酚、林丹合剂	不腐蚀金属,不影响油漆,遇水较不流失,对防火不利	用于腐朽的木材、虫害严重地区的木构件
油类	8	混合防腐油（或蒽油）	有恶臭,木材处理后呈黑褐色,不能油漆,遇水不流失,对防火不利	用于经常受潮或与砌体接触的木构件的防腐和防白蚁
	9	强化防腐油	有恶臭,木材处理后呈黑褐色,不能油漆,遇水不流失,对防火不利	用于经常受潮或与砌体接触的木构件的防腐和防白蚁,效果较好
浆膏	10	氟砷沥青膏	有恶臭,木材处理后呈黑褐色,不能油漆,遇水不流失	用于经常受潮或处于通风不良情况下的木构件的防腐和防虫

注：1. 油溶性药剂是指溶于柴油。

2. 沥青只能防水，不能防腐，用于构成浆膏。

第二节　细木构件的制作与安装

细部构件的制作与安装是指木质构件的制作安装，主要包括基层板、面板、家具、建筑细部木作及其他装饰木作的配合。细木构件的制作与安装，在我国有悠久的历史，具有独特的风格和技艺。根据国家标准《建筑装饰装修工程质量验收规范》（GB 50210—2001）中的规定，细部工程主要包括：橱柜制作与安装、窗帘盒和窗台板制作与安装、门窗套制作与安装、护栏和扶手制作与安装、花饰制作与安装。

一、橱柜制作与安装

现代家庭居室室内装饰更加注重适用、美观、高效、简捷、在住宅室内功能区域划分过程中，吊柜、壁柜优势就在于如何划分空间、利用空间，为住宅室内空间带来生机活力，也给主人带来方便。在现代家庭居室室内空间的规划布置中，对厨房间的吊柜、壁柜、台柜，越来越强调按图纸设计施工，因此如何按厨房操作流程装饰厨房间也是十分重要的。

（一）吊柜、壁柜的制作与安装

1. 吊柜、壁柜的一般尺寸

在一般情况下，吊柜与壁柜的尺寸，应根据实际和用户的要求而确定。如果用户无具体要求，其制作的一般尺寸为：吊柜的深度不宜大于450mm，壁柜的深度不宜大于620mm。

2. 吊柜、壁柜制作的质量要求

（1）吊柜、壁柜应采取榫连接，立梃、横档、中梃等在拼接时，榫槽应严密嵌合，应用胶料黏结，并用胶楔加紧，不得用钉子固定连接。

（2）吊柜、壁柜骨架拼装完毕后，应校正、规方，并用斜拉条及横拉条临时固定。

（3）面板在骨架上粘贴应用胶料胶结，位置要正确，并用钉子固定，钉子间距一般为80～100mm，钉长为面板厚度的2～2.5倍。钉帽应敲扁，并进入面板0.5～1mm。钉眼用与板材同色的油性腻子抹平。

（4）吊柜、壁柜柜体及柜门的线型应符合设计要求，棱角整齐光滑，拼缝严密平整。

（5）吊柜、壁柜制作允许偏差应符合表10-2的规定。

表 10-2 吊柜、壁柜制作允许偏差

项　目	构件名称	允许偏差/mm
翘曲	柜体	3
	柜门	2
对角线长度	柜体、柜门	2
高、宽	柜体	0，−2
	柜门	+2,0

3. 吊柜、壁柜的制作安装

（1）吊柜、壁柜制作安装规定。吊柜、壁柜的柜体与柜门安装的缝隙宽度，应符合表10-3中的规定。

表 10-3 柜体与柜门安装的缝隙宽度

项　目	缝隙宽度/mm	项　目	缝隙宽度/mm
柜门对口缝	≤0.8	柜门与柜体的下缝	≤1.0
柜门与柜体上缝	≤0.5	柜门与柜体铰接缝	≤0.8

（2）吊柜、壁柜制作安装方法。吊柜、壁柜由旁板、顶板、搁板、底板、面板、门、隔板、抽屉组合而成。其安装方法如下。

① 施工准备　材料、小五金、机具等工具齐备。墙面、地面湿作业已完成。

② 施工工艺流程为：弹线→框架制作→粘贴胶合板→粘贴木压条→装配底板、顶板与侧板→安装隔板、搁板→框架就位并固定→安装背板、门、抽屉、五金件。

（3）吊柜、壁柜制作安装通病　吊柜、壁柜制作安装的质量通病，主要包括：①框板内横木的间距错误；②罩面板、胶合板出现崩裂；③门扇出现翘曲，关闭比较困难；④吊柜、壁柜出现发霉腐烂质量问题；⑤抽屉开启不灵活。

（4）吊柜、壁柜小五金安装　吊柜、壁柜小五金安装应符合下列要求：①小五金应安装齐全、位置适宜、固定可靠；②柜门与柜体连接宜采用弹性连接件安装，用木螺钉固定，亦可用合页连接；③拉手应在柜门中点下安装；④柜的门锁应安装于柜门的中点处，并位于拉手之上；⑤吊柜宜用膨胀螺栓吊装。安装后应与墙及顶棚紧靠，无缝隙，安装牢固，无松动、安全可靠，位置正确，不变形；⑥壁柜应用木螺钉对准木榫固定于墙面，接缝紧密，无缝隙；⑦所有吊柜、壁柜安装后，必须垂直、水平，所有外角应用砂纸磨钝；⑧凡混凝土小型空心砌块墙、空心砖墙、多孔砖墙、轻质非承重墙，不允许用膨胀管木螺钉固定安装吊柜，应采取加固措施后，用膨胀螺栓安装吊柜。

（二）厨房"台柜"的制作与安装

1. 厨房间"台柜"的有关尺寸

厨房间"台柜"制作与安装，一定要绘制制作图和施工图。

（1）"台柜"的台面宽度应不小于 500mm，高度宜为 800mm（包括台面粘贴材料厚度）。煤气灶台高度，不应大于 700mm（包括台面粘贴材料厚度），宽度不应小于 500mm。

（2）"台柜"底板距地面宜不小于 100mm。

2. 厨房间"台柜"制作质量要求

（1）采用细木制作"台柜"及门扇或混合结构"台柜"的门框、门扇应以榫连接，并加胶结材料黏结，用胶楔加紧。

（2）砖砌支墩应平直，标高准确，与混凝土板连接牢固，支墩表面抹的水泥砂浆应平整、磨毛，等待砂浆硬化凝固后，表面可铺贴饰面材料。

3. 厨房间"台柜"制作安装

（1）厨房间"台柜"门框与门扇或柜体与门扇装配的偏差应符合表 10-2 的要求。

（2）厨房间"台柜"门框与门扇或柜体与门扇装配的缝隙宽度应符合表 10-3 的要求。

二、窗帘盒制作与安装

窗帘盒是窗帘固定和装饰的部位，制作窗帘盒的材料很多，根据其材料和形式不同，在实际工程中常用的有木窗帘盒、落地窗帘盒和塑料窗帘盒等。

木窗帘盒根据装饰形式不同，可以分明窗帘盒和暗窗帘盒。在窗帘盒中悬挂窗帘，最简单的用木棍或钢筋棍，一般是采用窗帘轨道，轨道有单轨、两轨和三轨。

1. 木窗帘盒的制作要点

在木窗帘盒进行制作的过程中，为保证木窗帘盒的质量，应遵照以下制作要点。

（1）在木窗帘盒进行制作之前，首先应根据施工图或标准图的要求进行选料和配料，并按设计要求加工成半成品，然后再细致加工成型。

（2）在木窗帘盒的加工过程中，当采用胶合胶时，胶合板中的甲醛含量必须符合国家标准《民用建筑工程室内环境污染控制规范》（GB 50325—2010）中的规定，并应按设计施工图中的要求进行下料，将板的表面细致净面。

（3）当木窗帘盒需要起线时，多采用表面粘贴木线条的方法。木线条要光滑顺直、深浅一致，线形要清秀、流畅。

（4）木窗帘盒要根据施工图纸进行组装。在进行组装时，应先抹胶固定，再用钉子钉牢，并将粘贴中溢出的胶要及时将其擦干净。要特别注意的是：为确保木窗帘盒的美观，木窗帘盒的表面上不得有明榫，不得露出钉帽。

（5）如果采用金属管、木棍、钢筋作为窗帘杆时，应在窗帘盒的两端头板上进行钻孔，孔的直径大小应与金属管、木棍、钢筋棍的直径一致。

2. 木窗帘盒的施工要点

（1）木窗帘盒的施工准备　在木窗帘盒制作完毕后，应做好安装前的施工准备工作，主要包括：①为了将木窗帘盒快速、准确、牢固地固定在设置位置，在窗帘盒正式安装前，应当认真预先检查窗帘盒的预埋件情况；检查的内容主要包括：预埋件的位置、数量、材质、规格和防腐处理等方面；②木窗帘盒与墙体的固定，多数采用预埋铁件，少数是在墙内砌入木砖，应当根据工程的实际情况而确定；预埋铁件和木砖的材质、尺寸、位置和数量等，均应符合设计的要求；③对于木窗帘盒正式安装前的某些工作如果出现差错，应及时查明原因，采取相应的补救措施。如预埋件不在同一标高时，应进行调整，使其高度符合设计要求；④如果在预制过梁中漏埋设预埋件，可采用射钉或膨胀螺栓将铁件固定，或者将铁件焊接在过梁的箍筋上。

（2）木窗帘盒的安装施工　木窗帘盒的安装施工，按照窗帘盒的结构形式不同，可分为明装窗帘盒安装施工和暗装窗帘盒安装施工两种。

① 明装窗帘盒安装施工　明装窗帘盒以木制作的占大多数，个别也有塑料和铝合金材料的。明装窗帘盒一般可用木楔、钢钉或膨胀螺栓固定于墙面上。具体的施工步骤如下。

a. 定位画线　定位画线即将施工图中窗帘盒的具体位置画在墙面上，并用木螺钉将两个铁脚固定在窗帘盒顶面的两端，按窗帘盒的定位位置和两个铁脚的间距画出墙面固定铁脚的孔位。

b. 进行打孔　即用冲击钻在画线位置上进行打孔。如果用 M6 膨胀螺栓固定窗帘盒，应当用直径 8.5mm 的冲击钻头，孔的深度应当大于 40mm；如果用木楔木螺钉固定窗帘盒，孔径必须大于 18mm，孔的深度应当大于 50mm。

图 10-1　窗帘盒的固定

c. 固定窗帘盒　将连接窗帘盒的铁脚固定在墙面上，而铁脚用木螺钉固定在窗帘盒的木结构上，如图 10-1 所示。在一般情况下，塑料窗帘盒和铝合金窗帘盒自身具有固定耳，可以通过其自身的固定耳，将窗帘盒用膨胀螺栓或木螺钉固定于墙面。

② 暗装窗帘盒安装施工　暗装式的窗帘盒，如图 10-2 所示，其主要特点是与吊顶部分有机地结合在一起，常见的形式有内藏式和外接式两种。

(a) 内藏式　　　　　　　(b) 外接式

图 10-2　暗装窗帘盒的形式

a. 暗装内藏式窗帘盒　窗帘盒需要在吊顶施工时一并做好，主要形式是在窗顶部分的吊顶处做出一条凹槽，以便在凹槽中安装窗帘的导轨。

b. 暗装外接式窗帘盒　外接式是在吊顶平面上做出一道通贯墙面长度的遮挡板，窗帘轨就安装在吊顶平面上，由于施工质量难以控制，在实际工程中应用很少。

3. 木窗帘盒的安装要求

在木窗帘盒在安装施工的过程中，应当遵循以下要求。

(1) 窗帘盒的尺寸包括其净宽度和净高度，在正式安装前必须根据施工图中对窗帘的要求检查这两个尺寸。

(2) 如果宽度不足，会造成布窗帘过紧，不便于窗帘的拉动启闭；如果宽度过大，窗帘与窗帘盒之间因空隙过大而破坏美观。

(3) 如果净高度不足，不能起到遮挡窗帘上部结构的作用；如果净高度过高，会造成窗帘盒的下坠感。

(4) 在进行下料时，单层窗帘的窗帘盒净宽度一般为 100～120mm，双层窗帘的窗帘盒净宽度一般为 140～160mm。

(5) 窗帘盒的净高度要根据不同质地的窗帘进行确定。一般布料的窗帘，其窗帘的净高为 120mm 左右，垂直百叶窗帘和铝合金百叶窗帘的窗帘盒净高度一般为 150mm 左右。

(6) 窗帘盒的长度由窗洞口的宽度来决定。一般窗帘盒的长度应比窗洞口的宽度大300mm 或 360mm。

(7) 在窗帘轨道正式安装前，首先应检查一下是否平直，如果轨道有弯曲，应调整平直后再进行安装，使其在一条直线上，以便于使用。

(8) 明装窗帘盒宜先安装轨道，暗装窗帘盒可后安装轨道。当窗子的宽度大于 1.2m时，窗帘轨道中间应断开。

(9) 在窗帘安装前，应当首先确定安装水平基准线。在一般情况下，根据室内 500mm高的标准水平线往上量，确定窗帘盒安装的标高。

(10) 如果在同一面墙上有几个窗帘盒，为使它们安装统一标准，安装时应当拉通线进行控制，以便使它们的高度一致。

(11) 在进行窗帘盒安装时，应当将窗帘盒的中线对准窗洞口中线，使其两端伸出洞口的长度尺寸相同，使窗帘盒显示出其对称的装饰效果。

(12) 在进行窗帘盒的安装过程中，要特别注意窗帘盒靠墙部分应与墙面紧贴，不要留有任何缝隙。

(13) 如果窗帘的重量较大时，明装窗帘盒安装轨道应采用平头螺钉；暗装窗帘盒安装轨道时，其与墙体的连接件应适当加密，木螺钉的长度不应小于 30mm。

(14) 如果墙面有局部不平整，应采取刨削盖板来加以调整，即根据预埋铁件的位置，在盖板上钻孔，用平头螺栓加垫圈拧紧。

(15) 如果窗帘是采用电动窗帘轨道进行启闭，应严格按产品说明书进行组装调试，待调试合格后才能验收。

4. 木窗帘盒的注意事项

(1) 在进行窗帘盒设计时，窗帘宽度及窗帘轨的间距，要考虑到在悬挂几道窗帘而拉动其中的一道时，不致牵动其他的窗帘。

(2) 对于窗帘杆的长度，应当考虑当窗帘拉开后，不应减少窗户的采光面积。

三、窗台板制作与安装

窗台板是建筑工程中一个重要的细部工程，常用水泥砂浆、混凝土、水磨石、大理石、磨光花岗石、木材、塑料和金属板等制作，主要用来保护和美化窗台。

（一）木制窗台板的施工准备

在一般情况下，护栏和扶手安装的施工准备及前期要求，主要包括施工技术准备、材料准备和要求、作业条件的准备。

（1）施工技术准备　木制窗台板的制作与安装施工技术准备工作，主要是为顺利施工和确保施工质量的一项工作，主要包括：木制窗台板的设计和施工图纸，对制作与安装重点、难点进行技术交底，将木制窗台板的制作与安装纳入工程的施工组设计，对施工图纸进行会审和修改，做好了施工的一切技术准备工作。

（2）材料准备和要求　①窗台板制作与安装所使用的材料和规格、木材的燃烧性能等级和含水率等，必须符合设计和现行国家标准的要求；②制作与安装窗台板时如果选用人造板材，其游离甲醛释放量不应大于 $0.12mg/m^3$，测定方法应符合国家标准《民用建筑工程室内环境污染控制规范》（GB 50325—2010）中附录 A 的规定；③木方料是用于制作骨架的基本材料，应选用木质较好、无腐朽、无节疤、无扭曲变形的合格材料，木材的含水率不应大于 12%；④制作与安装窗台板所用的各种小五金已准备齐全，并且完全符合设计和现行国家标准的要求；⑤当窗台板采用天然石材时，应当注意其放射性对人体健康的危害；天然石材的放射性检测值应符合国家标准《建筑材料放射性核素限量》（GB 6566—2010）中的规定；⑥制作与安装窗台板所用的油漆和胶黏剂，其游离甲醛含量和总挥发性有机化合物（TVOC）的含量，应符合国家现行标准的规定。

（3）作业条件准备　窗台板的安装施工，必须在一定的作业条件基础上进行，这是装饰施工工序的客观规律，也是确保施工质量的要求。在一般情况下应当满足如下作业基本条件：①室内窗户两侧的墙面、地面和窗帘盒等工程的抹灰、铺装已经完成，并且已进行隐蔽工程验收，质量完全符合设计要求和规范规定；②窗台板的安装所需的预埋件已安装，其规格、数量、材质、位置等均符合设计要求，安装质量符合安装的规定；③安装窗台板的表面已按要求清理干净，窗台板底层砂浆强度已达到安装窗台板的要求。

（二）木制窗台板的制作与安装

在民用建筑路程中，最常用的窗台板是木制窗台板。木制窗台板的形状、尺寸，应按设计要求进行制作。

1. 木制窗台板的制作

按照图纸要求预先制作木窗台，木窗台的表面应光洁，窗台板的净料尺寸厚度在 20～30mm，比要安装的窗长 120mm，板的宽度应根据窗口的深度而定，一般要突出窗口 60～80mm，台板外沿要进行棱角或起线处理。

当窗台板的宽度大于 150mm，需要进行拼接时，板的背后必须穿暗带防止板面翘曲，在窗台板的背面还要开卸力槽。

2. 木制窗台板的安装

（1）木制窗台板的工艺流程　由于木制窗台板的构造非常简单，所以其施工工艺流程也比较容易，主要包括：定位→钉木条→拼接→打槽→钉线条。

（2）木制窗台板的操作要点　木制窗台板的施工操作要点，主要包括定位、拼接和固定，关键在于一定要将窗台板固定牢靠。

① 木制窗台板的定位　木制窗台板的定位，就是在窗台墙上预先砌入间距为 500mm 左右的防腐木砖，每樘窗一般不少于 2 块，也可使用防腐木楔。在木砖处横向钉梯形断面的木

条，用以找平窗台板底线。当窗宽大于 1m 时，中间应以间距 500mm 左右加钉横向木条。

② 木制窗台板的拼接 如果窗台板的宽度过大，窗台板需要进行拼接时，板的背后也可采取钉铺衬条的方法，以防止板面出现翘曲。

③ 木制窗台板的固定 木制窗台板的固定，就是在窗框的下框部位进行打槽，槽的宽度为 10mm、深度为 12mm；将已刨光处理后的窗台板放在窗台墙面上，并将窗台板居中，里边嵌入下框槽内。

窗台板的长度一般要比窗樘宽度长 120mm 左右，两端伸出的长度应当一致，同一室内的窗台板，在安装固定时应当拉通线找平找齐，安装后使其标高相同、伸出宽度相同、整体造型相同。

一般情况下，窗台板应向室内倾斜 1‰ 的坡度（即泛水）。用扁钉帽的铁钉将窗台板固定在木条上，钉帽要冲入板面下 2mm；然后在窗台板下面与墙阴角处钉上阴角木线条。

（三）其他窗台板的制作与安装

其他窗台板的制作与安装，主要是指水磨石、大理石和花岗石窗台板。这些窗台板的厚度一般为 35mm 左右，采用 1：3 水泥砂浆进行固定。由于其制作与安装和地面工程基本相同，这里不再重复。

（四）窗台板安装中的注意事项

1. 窗台板安装中应注意的质量问题

（1）在正式安装窗台板前，应检查窗台板安装的条件，施工中应坚持预装的做法，符合要求后再进行固定。

（2）窗台板在安装之前，应认真做好安装处的找平、垫实等各道工序，并要安装牢靠；架空窗台板支架应安装平整，使支架受力均匀，然后再进行窗台板的安装固定。

（3）如果窗台板的长度和宽度超过偏差，或者板的厚度不一，施工时应注意对窗台板的挑选和搭配，将同规格的窗台板在同一部位使用。

2. 窗台板安装中应注意的安全问题

（1）施工中所用的电动机应有防护罩，并设专人负责管理和操作，具体操作人员应遵守有关机电设备安全规程。

（2）对于木窗台板安装加工中所产生的刨花和碎木料，应当及时进行清理，并存放在安全的地点，并不得在操作地点吸烟及用火。

四、门窗套的制作与安装

门窗套是门窗中重要的组成部分，在门窗中起着非常重要的作用。门窗套本身还有相当突出的装饰作用。门窗套是家庭装修的主要内容之一，它的造型、材质、色彩对整个家庭装修的风格有着非常重要的影响。

（一）门窗套的施工准备与要求

1. 门窗套的施工准备

在一般情况下，门窗套的施工准备及前期要求，主要包括施工技术准备、材料准备和要求、作业条件的准备。

（1）施工技术准备 门窗套的制作与安装施工技术准备工作，主要是为顺利施工和确保施工质量的一项工作，主要包括：门窗套的设计和施工图纸，对制作与安装重点、难点进行技术交底，将门窗套的制作与安装纳入工程的施工组设计，对施工图纸进行会审和修改，做好了施工的一切技术准备工作。

（2）材料准备和要求　①制作与安装门窗套时，所使用的材料和规格、木材的燃烧性能等级和含水率等，必须符合设计和现行国家标准的要求；②制作与安装门窗套时如果选用人造板材，其游离甲醛释放量不应大于 $0.12mg/m^3$，测定方法应符合国家标准《民用建筑工程室内环境污染控制规范》（GB 50325—2010）中附录 A 的规定；③选用的胶合板应是符合国家标准要求的优质产品，不得有潮湿、脱胶、开裂和空鼓等质量缺陷；④用于饰面的胶合板，应选择木纹美观、色泽一致、无疤痕、不潮湿、无脱胶、不空鼓的板材；⑤门窗套在制作时所使用的其他木材，应采用干燥的材料，其含水率不应大于 12%，腐朽、虫蛀、污染和节疤严重的木材不能使用。

（3）作业条件准备　①在安装门窗套之前，应当检查门窗洞口的施工质量，如垂直度和水平度是否符合设计要求，如果有不符合要求的地方，应及时进行纠正；②在安装门窗套之前，应当检查安装门窗套所用的预埋木砖（或铁连接件）是否齐全，位置是否正确，其间距一般为 500mm；③采用木筒子板的门窗洞口，在未安装门窗套之前，其宽度应比门窗樘宽40mm，其高度应比樘高出 25mm。

2. 门窗套的关键要求

（1）材料方面的要求　为防止木材干燥发生变形木龙骨基层所用木材的含水率，必须控制在 12%。但木材的含水率也不宜太小，如果太小在吸水后也会发生变形。在制作门窗套之前，应将木材提前运到施工现场，一般放置十天以上，使木材中的含水率尽量与现场湿度相吻合。

（2）质量方面的要求　在安装门窗套的贴面板前，应对龙骨架进行检查，主要检查其牢固、方正和偏角等，如发现问题及时修正。木筒子板与窗台板的结合处，要确保其严密性。

（二）门窗套的工艺流程与操作

1. 门窗套的工艺流程

门窗套的工艺流程非常简单，主要包括：检查门窗洞口及预埋件→制作及安装木龙骨→铺贴面板。

2. 门窗套的操作工艺

（1）检查门窗洞口及预埋件　检查门窗洞口及预埋件，这是安装门窗套前一项非常重要的准备工作。主要检查：门窗洞口处的施工质量、尺寸、形状和强度等方面；预埋件的位置、数量、规格、质量、防腐处理情况等方面。

（2）制作木龙骨　制作木龙骨是门窗套的关键工序，应按照以下规定进行。

① 根据门窗洞口实际尺寸，先用木方制作木龙骨架。木龙骨架一般分为三片，两侧各一片。每片骨架两根立杆，当筒子板的宽度大于 500mm 需要拼缝时，中间可以适当增加立杆。

② 横撑的间距大小，应根据筒子板的厚度决定。当面板厚度为 10mm 时，横撑的间距不大于 400mm；当面板厚度为 5mm 时，横撑的间距不大于 300mm。横撑的间距必须与预埋件的间距位置对应。

③ 门窗套的木龙骨可以直接用圆钉钉成，并将朝外的一面刨光，其他三面应涂刷防火剂与防腐剂。

（3）安装木龙骨　首先在安装木龙骨的墙面处做防潮层，防潮层可以铺贴一层油毡，也可以涂刷一层沥青；然后安装上端的木龙骨，并找出水平，当木龙骨面有不平整时，可用木楔垫实打牢；最后再安装两侧的木龙骨架，找出垂直并垫实打牢。

（4）铺贴饰面板　①在同一房间、同一洞口中所用的面板，应当严格进行挑选，其面板的木纹和颜色尽量相同，不要存在明显的差异；②在裁割面板时，尺寸要稍微大于木龙骨的实际尺寸，并且做到大面净光、小面刮直、木纹的根部朝下；③面板在长度方向需要对接时，为达到较好的装饰效果，木纹应通顺，其接头位置应尽量避开视线范围；④一般情况下，窗筒子板的拼缝应在室内地坪 2m 以上，门洞筒子板的拼缝应在地面 1.2m 以上，同时板的接头位置必须位于横撑上；⑤当面板采用较厚的木板时，在板的背后应设置卸力槽，以免板面产生弯曲；卸力槽的间距一般为 100mm，横宽为 10mm，槽深为 5～8mm；⑥板面与木龙骨的粘贴要涂胶；固定板面所用钉子的长度为面板厚度的 3 倍，间距为 100mm，钉帽砸扁后要进入木材面层 1～2mm，钉眼用腻子进行填补；⑦筒子板的里侧要装进门（窗）框预先做好的凹槽中，筒子板的外侧要与墙面保持齐平，角部要处理方正。

五、栏杆和扶手制作与安装

建筑室内的护栏，在建筑装饰工程中俗称栏河，在建筑装饰构造中既是装饰构件，又是受力构件，具有能够承受推、挤、靠、压等外力作用的防护功能和装饰功能，护栏应能承受建筑设计规范要求的荷载；扶手是护栏的收口和稳固连接构件，起着将各段护栏连接成为一个整体的作用，同时也承受着各种外力的作用。

（一）对制作扶手和栏杆材料要求

根据我国室内扶手的施工经验，一般所使用的玻璃栏板扶手材料，主要有不锈钢钢管、黄铜铜管及木质材料 3 种。黄铜铜管有镜面铜管和亚光铜管，由于其价格昂贵，一般用于高档的扶手安装。在扶手和栏杆工程中，主要采用不锈钢钢管和木质材料扶手。

1. 金属材料

扶手和栏杆所用的金属材料，一般工程为不锈钢管，高档装饰工程为黄铜管等，管的外径规格为 50～100mm。一般可根据设计要求进行采购或订制，其管径和管壁尺寸应符合设计要求。在一般情况下，大立柱和扶手的管壁厚度应大于 1.2mm，扶手的弯头配件尺寸和壁厚应符合设计要求。扶手和栏杆所用的金属材料，一般采用镜面抛光制品或镜面电镀制品，以便满足扶手和栏杆的装饰效果。

2. 木质材料

室内的扶手和栏杆采用木质材料，具有古朴典雅、造型优美、手感温暖、易于制作、安装方便等优点，是一种古今中外都喜欢采用的材料。

木栏杆、木扶手及木扶手的弯头配件，通常应当采用材质坚硬密实、花纹美丽的硬木制作，其含水率不得大于 12%，其树种、规格、尺寸、花纹、颜色、形状等应符合设计要求。木材质量均应达到纹理顺直、颜色一致，不得有腐朽、虫蛀、裂纹、节疤、扭曲和污染等质量缺陷。木材的阻燃性能等级应符合设计和规范要求。弯头一般应与扶手采用相同的材料，断面特殊的木扶手要求应配备弯头。

3. 辅助材料

扶手和栏杆安装所用的辅助材料，主要有白乳胶、玻璃胶、硅酮密封胶等化学胶黏剂，另外还有木螺钉和砂纸等，这些辅助材料要尽量采用"绿色环保"产品。无论用何种辅助材料，产品都必须有质量合格证书，不合格的材料不能用于工程。

（二）扶手和栏杆的要求

为保证扶手和栏杆的施工质量，在其整个操作的过程中，对其关键的技术要求和质量要求，应当作为工程施工的关键，要切实注意以下方面。

1. 扶手和栏杆的技术要求

（1）在进行墙体和柱子的施工中，应特别注意锚固扶手预埋件的埋设，要做到位置准确、数量够用、规格正确、间距合理。

（2）在进行护栏底座土建工程施工时，要注意固定件的埋设应符合设计的要求，需要加立柱时应确定所加立柱的位置。

（3）安装栏杆处的混凝土或砂浆等基础，应进行严格的质量检验，其强度必须达到设计的要求。

2. 扶手和栏杆的质量要求

（1）在扶手安装完毕后，要对已完工扶手表面进行有效保护，千万不要产生碰撞、损伤和污染。当扶手的长度较长时，要考虑到扶手的侧向弯曲变形，应在适当的部位加设临时立柱，以缩短扶手长度，减少其弯曲变形。

（2）多层走廊部位的玻璃护栏，当人靠近玻璃护栏时，常常有一种不安全的感觉。所以该部位的扶手高度应比楼梯的扶手要高些，比较适宜的高度为1.10m左右。

（3）在安装玻璃护栏之前，应当检查玻璃板的周边有无缺口边；如果有缺口时，应当用磨角机械或砂轮对缺口进行打磨。

（4）在进行大面积玻璃安装时，玻璃与边框之间要留设一定的空隙，空隙的尺寸一般为5mm。

3. 扶手和栏杆的安全要求

（1）对于木扶手和栏杆安装加工中所产生的刨花和碎木料，应当及时进行清理，并存放在安全的地点。在木材加工的过程中，不准吸烟，不准用明火，不准随意对木材加热，以避免火灾的发生。

（2）操作人员在使用电钻等机具时，应当随时戴上绝缘手套，不使用时应及时切断电源，以防止出现触电事故。

（三）护栏和扶手的安装

护栏和扶手的安装，是在其他主体工程完成后进行的，其施工条件和环境是较好的。但是，不同材料的护栏和扶手，它们的施工操作要点是不同的。

1. 玻璃栏板的构造与施工

（1）玻璃栏板的基本构造　玻璃栏板又称为玻璃栏河，它是由安全玻璃板装配不锈钢管或黄铜管、木扶手共同组成的，可分为半玻璃式栏板和全玻璃式栏板两种。半玻璃式栏板其玻璃用卡槽安装于楼梯扶手的立柱之间，或者在立柱上开出槽位，将玻璃直接安装在立柱内，并用玻璃胶进行固定。全玻璃式栏板是在下部用角钢或槽钢与预埋件固定，上部与不锈钢管或铜管、木扶手连接。

（2）玻璃栏板的工艺流程　玻璃栏板的施工工艺流程比较简单，主要包括：放线、定位→检查预埋件→安装扶手、立柱、槽钢→清理槽口→安装玻璃→注玻璃胶。

（3）玻璃栏板的操作要点

① 放线定位　在装饰工程的施工过程中，对所安装施工的工程进行放线定位，是极其重要的一项技术工作。这种放线定位不仅要按照装饰施工图放线，而且还必须将土建工程施

工的误差消除，并将实际放线的精确尺寸作为构件加工和安装的标准。因此，对于玻璃栏板的放线定位一定做到准确无误。

② 检查预埋件　预埋件的位置关系到护栏和扶手的安装质量，也关系到护栏和扶手的使用功能。特别是当采用钢化玻璃时，加工好的钢化玻璃不能再裁切和钻孔，所以要求预埋件的安装位置必须十分准确。

③ 安装扶手、立柱、槽钢　扶手、立柱、槽钢（角钢）可采用焊接和螺栓连接安装。要求扶手、立柱、槽钢（角钢）的安装位置必须十分准确，开孔、槽口的尺寸和位置准确，特别是用螺栓固定的玻璃栏板更加注意。

④ 清理槽口　在安装玻璃的槽口内往往有灰浆、杂物等，这些东西不仅影响玻璃安装的速度和质量，而且还会引起玻璃的挤压破坏，尤其是钢化玻璃最容易产生整幅破碎。所以，在安装玻璃前，应认真清理槽口中的杂物，在正式安装玻璃时还要进行一次检查。

⑤ 安装玻璃　在安装玻璃时，玻璃的下部槽口首先要安放上氯丁橡胶垫条，然后再安装玻璃。玻璃与边框之间要留有一定的空隙，玻璃要居中放置；玻璃与玻璃之间、用螺栓固定的玻璃留孔与固定螺栓之间，都要留有一定的空隙，以适应玻璃热胀冷缩的变化。玻璃的上部和左右两侧的空隙大小，要便于玻璃的安装和更换。

⑥ 注玻璃胶　在加注玻璃胶之前，玻璃接缝及接缝处的表面，应当达到清洁、干燥；密封材料的宽度、深度应符合设计要求；玻璃接缝处注入的玻璃密封胶，应当非常密实、表面应平整光洁，不得产生对玻璃污染。

（4）玻璃栏板的注意事项　在玻璃栏板的施工过程中，应注意如下注意事项。

① 在玻璃栏板的施工中，特别强调的是，必须严格按照国家有关建筑和结构设计规范中的规定，对玻璃栏板的每一个部件和连接点进行计算和设计。可根据实际情况补做锚固钢板，最好不要使用普通膨胀螺栓。

② 管材在进行煨热弯曲时，很容易因加热而发生变形，使管材的弯头圆度不符合设计要求；管材在焊接连接加工中，有时会因操作不当而发生凹陷，应当仔细小心地进行操作；对于焊接处的焊疤，在焊接完成后应磨平抛光。

③ 木扶手与立柱之间、木弯头与立柱之间、立柱与地面之间，应当连接十分牢固可靠，木弯头的安装位置应准确，木弯头与木扶手之间应开榫连接紧密。

④ 玻璃栏板上预先钻孔的位置必须十分准确，固定螺栓与玻璃留孔间的空隙，应用胶垫圈或毡垫圈隔开，若发现玻璃留孔位置与螺栓配合之间，玻璃与槽口之间没有间隙时，或者是玻璃尺寸不符合时，应重新加工玻璃，千万不可硬性进行安装。

⑤ 栏板玻璃的周边加工一定要磨平，外露部分还应磨成倒角。这种做法不仅是为了施工操作的安全，而且也可减少玻璃的自爆。

⑥ 为使扶手和栏杆装饰效果统一，在一般情况下多楼层的扶手斜度应一致，扶手应当居中安装在立柱上。

2. 金属扶手与栏杆的施工

目前，室内扶手与栏杆应用较多的金属材料，一般是不锈钢材料，比较高档的装饰可采用黄铜材料。

（1）金属扶手与栏杆的工艺流程　以不锈钢扶手和栏杆为例，其施工工艺流程为：测量放线→检查预埋件→检查成品构件→试安装→现场焊接安装→打磨抛光。

（2）金属扶手与栏杆的操作要点

1）现场测量放线

① 在土建施工中会产生一定的偏差，装饰设计图纸有时深度不够，所以必须根据现场

实测的数据和设计要求，绘制金属扶手与栏杆施工放样详图。

② 在放样中尤其要对楼梯的扶手与栏杆的拐点位置和弧形栏杆的立柱定位尺寸，要特别注意、格外细心，只有经过现场放线核实后的放样详图，才能作为扶手与栏杆构配件的加工图。

③ 施工放线应做到准确无误，不仅要按照扶手与栏杆安装施工图放线，而且还应将土建工程施工误差消除。

2) 检查预埋件　因钢化玻璃加工好后就不能再进行裁切和钻孔，所以预埋件的安装位置必须十分准确。预埋件的检查，主要是检查是否齐全、准确和牢固。

① 如果在土建工程结构上未设置合适的预埋件，则应按照设计需要进行补做，钢板的尺寸和厚度及选用的锚栓都应经过计算。

② 如果采用尼龙胀管锚固立柱底板时，装饰面层下的水泥砂浆结合层应饱满，并具有足够的强度。

3) 选择合格材料　一般大立柱和扶手的管壁厚度不宜小于 1.2mm，如果扶手和立柱的管壁太薄，会使扶手与栏杆的刚度削弱，使用时会有颤动感。

① 扶手的弯头配件应选用正规工厂的产品，并附有产品合格证书，安装施工前要进行抽检，不合格的弯头不能用于工程。

② 壁厚太薄的管材在进行煨热弯曲时，很容易发生变形和凹陷，使弯头的圆度不圆，在与直管焊接时会发生凹陷，难以磨平和抛光。

4) 检查成品构件

① 扶手与栏杆应尽量采用正规工厂生产的成品配件和杆件，这些成品构件必须有产品合格证书，其质量应符合有关规范中的规定。

② 对于有造型曲线要求的扶手与栏杆，应当先制作好统一的样板构件，以确保正式制作的质量。

③ 所有的成品构件要逐件对照检查，确保尺寸和形状的统一。并要做好各构件之间的搭配和组合，以便快速进行安装。

5) 试安装后再镀钛　①对于有镀钛要求的扶手和栏杆，一定要根据镀钛加工所用的真空镀膜炉的加工尺寸能力，将扶手和栏杆合理地分成若干单元，好工好后在现场试安装，检查调整合适后再拆下送去镀钛。②在现场采用氩弧焊接扶手和栏杆会破坏镀钛膜层，最好采用有内衬的专用配件或套管连接。③安装点焊接的位置，一般应设置在不明显处；如果不允许设置在不明显处时，也可采用其他的连接方法。

6) 现场焊接和安装　①一般应先安装直线段两端的立柱，检查立柱的就位是否正确，并校正其垂直度，然后再用拉通线的方法逐个安装中间立柱，按顺序焊接其他杆件。②在扶手和栏杆安装施工时，要注意管材间的焊接要采用满焊，不能采用点焊的方式，以免磨平后会露出管材间的缝隙，同时对管材防腐不利。③对于设有玻璃栏板的栏杆，固定玻璃栏板的夹板或嵌条应对齐在同一平面上，如果不在同一平面上，当安装玻璃栏板时，会发生嵌缝不均匀和不平直，甚至发生安装困难和玻璃破损等现象。

7) 打磨和抛光　①打磨和抛光的质量如何，完全取决于焊工的焊接质量和打磨抛光技工的手艺高低。立柱和扶手的连接焊缝处不容易打磨和抛光，最容易发生焊缝打磨不平。②对有花纹的不锈钢管和镀钛不锈钢管的接头不宜采用焊接，最好选用有内衬的专用配件或用套管进行连接。③对镜面不锈钢管焊缝处的打磨和抛光，必须严格按照有关操作工艺，用粗砂轮片逐渐变换到超细砂轮片进行打磨，最后用细砂纸和木锉抛光。

3. 石材楼梯和扶手的施工

(1) 石材楼梯和扶手的工艺流程

石材楼梯和扶手的施工工艺流程为：施工放线定位→绘制放样详图→踏步板的铺砌→石材栏板安装→石材扶手安装。

（2）石材楼梯和扶手的操作要点

1）施工放线定位

① 施工前必须先按设计图对土建结构的实际尺寸进行核实，对直跑楼梯只需测定楼梯的中心线，并按设计要求从第一步开始标出每个踏步装饰面的位置和标高。

② 对于旋转曲线楼梯，则应先根据楼梯结构的若干个水平投影点，按土建结构设计图求出楼梯的轴心点位置，并在地面上做出固定标记。

③ 按照以上的放线和标记，分别将旋转内外圈的模板固定在地面上，为石材楼梯和扶手的下一步施工打下基础。

④ 用吊坠全面检查旋转楼梯土建结构的各个位置是否符合设计要求，直至内外圈模板完全能满足施工要求。

⑤ 按照设计图纸上的标注，将踏步的起始点和每一个踏步的内外圈平面控制点标记在模板上。

⑥ 用吊坠、水平尺和钢卷尺等测量工具，将每一个踏步的平面控制点和标高引至各个踏步，以作为各踏步施工的依据。

⑦ 在石材楼梯和扶手正式施工前，再一次仔细检查每一个踏步的施工尺寸和位置是否正确，以便发现问题及时纠正。

⑧ 如果土建结构的局部尺寸偏差较大而影响装饰施工，应根据现场实际情况进行必要的调整和处理。

2）绘制放样详图

① 直跑楼梯踏步的放样比较简单，只需要核实设计尺寸并按实际尺寸标注出踏步和休息平台各部位的石材尺寸和数量。

② 旋转曲线楼梯的踏步板面形状比较复杂，必须进行仔细放样，制成模板交加工厂进行加工。

③ 如果踏步板的长度较长或设计要求分块时，每块间的拼缝宜加工成圆弧线。

④ 当踏步板要求分块时，一般应当分成单数，这样可避免将拼缝设在中央，以影响踏步的装饰效果。

⑤ 当旋转曲线楼梯踏步的两端需要设置栏杆墩时，最好将栏杆墩也做成台阶形，以使栏杆与踏步有机配合。

3）踏步板的铺砌

① 石材踏步板应采用半硬性水泥砂浆进行铺砌，石板下铺筑的水泥砂浆一定要平整、饱满，不得有空隙。

② 对于白色和浅色的石材，容易受水泥砂浆的作用而发生变色或泛色，所以在这种石材的背面应涂刷有机硅防水涂料，以免影响石材的装饰效果。

4）石材栏板安装

① 根据装饰设计图和实测尺寸，绘制各个内外侧面展开图，并将石材栏板进行合理地分格，一般分格宽度不大于1000mm。

② 外侧的石材栏板最好先不切割成斜边，以便施工时方便地支撑在支撑木上，最后统一弹线进行切割。

③ 石材栏板多数采用水泥砂浆进行粘贴，设计要求或有可能时，也可以采用干挂法施工。

5）石材扶手安装

① 室内楼梯用的石材扶手，多数选用雪花白大理石材料；加工线形以直线形和圆弧曲线形为多。

② 当采用圆弧曲线形扶手时，其分段尺寸不宜太大，否则安装时会出现明显的死弯和硬角，严重影响扶手的装饰效果。

4. 木扶手与木栏杆的施工

木扶手与木栏杆是传统楼梯的主要部件，由于在现代建筑工程中木结构的楼梯应用很少，所以木栏杆已基本不用。但是，由于木扶手加工简单、安装方便、古朴典雅、手感良好、价格便宜，在很多工程中仍然采用。

（1）木扶手与木栏杆的工艺流程

木扶手与木栏杆的施工工艺流程比较简单，主要包括：放线定位→下料制作→扁钢加工→弯头配置→连接并固定→检查修整→打磨上漆。

（2）木扶手与木栏杆的操作要点

1）放线定位。对安装扶手的固定件位置、标高、坡度定位校正后，立即放出扶手纵向中心线，放出扶手折弯或转角线，放线确定扶手直线段与弯头、折弯断点的起点和位置，放线确定扶手的斜度、高度和栏杆间的距离。为保证人身安全和栏杆的稳固，木扶手的高度应当大于 1050mm，木栏杆的间距应当小于 150mm。

2）下料制作。木扶手应当按各楼梯及护栏实际需要的长度略加余量进行下料。立柱根据实测高度进行下料，当扶手长度较长而需要拼接时，应采用手指式木榫进行连接，且每一楼梯段的接头不应超过一个。

螺旋楼梯的木扶手是螺旋曲线，而且内外圈的曲线半径和坡度都不相同，所以主要依靠手工现场加工，螺旋楼梯的木扶手其加工的主要步骤是：①首先应按设计图纸要求将金属栏杆就位并固定，先安装好木扶手固定用的扁钢，检查栏杆构件安装的位置和高度；②按照螺旋楼梯内外不同的弧度和坡度，制作木扶手的分段木坯，为下一步精制木扶手打好基础；③将制作木扶手木坯的底部刨平，按顺序进行编号和拼缝，并在栏杆上试装和画出底部线；④按画线铣刨出螺旋曲线和槽口，按照编号由下部开始逐段安装固定；修整拼缝，使接头拼缝紧密；⑤用预制好的模板在扶手木坯上划出中线，依据设计断面形状和尺寸，由粗至细将扶手逐渐加工成型；⑥用抛光机、细木锉和砂纸进行仔细打磨抛光，然后刮腻子和补色，最后喷刷设计要求的油漆。

3）扁钢加工。扁钢是木构件之间的连接件，所用扁钢应平顺，扁钢上要预先钻好木螺丝固定用的小孔，并涂刷防锈漆。

4）弯头配置。按栏杆或栏杆顶面的斜度，一定要配好起步的弯头，一般木扶手，可以用扶手料进行割配。采用割角对缝黏结，在木扶手的切割配合区段内，最少要考虑三个螺钉与支撑固定件连接固定。对于大于 70mm 断面的扶手接头配置时，除采用黏结连接外，还应在下面作暗榫或铁件结合。

对拐点弯头应根据设计要求和现场的实际尺寸，在整料上进行划线，做出拐点弯头的毛坯，毛坯的尺寸应比实际尺寸大 10mm 左右。弯头加工成型后应进行刨光，弯曲应自然，表面应光滑，油漆应一致。

5）连接固定。预制木扶手应当经过预装。安装时由下往上依次进行，先安装起步弯头及连接第一段扶手的折弯弯头，再配上下折弯之间的直线扶手料，一般采用分段黏结的方法，黏结时应具有合适的操作环境，施工温度不得低于 5℃。分段预装检查无误后，可以进行扶手与栏杆的连接固定，木螺钉应当拧进扶手与栏杆的内部，并确实拧紧，立柱与地面的安装应牢固可靠，立柱应垂直地面。

6）检查修整。木扶手安装完毕后，应对所有的构件连接质量进行仔细检查，以便发现质量问题、及时加以处理。对于其不平整之处，可以用小刨子进行清光；弯头连接不平顺之处，应用细木锉将其锉平。

7）打磨上漆。在将木扶手和栏杆的表面锉平后，用砂纸打磨光滑，然后刮腻子补色，最后按设计要求刷漆。所选用的油漆应当符合国家标准《室内装饰装修材料木制家具中有害物质限量》（GB 18584—2001）中的规定。

六、花饰制作与安装

建筑花饰工程分为表面花饰和花格，其种类很多，一般安装在建筑物的室内外，用以装饰墙、柱及顶棚等部位，起到活跃空间、美化环境、点缀结构、增进建筑艺术效果的功能，同时还兼有吸声、隔热的效果，花格还具有分隔空间的作用。工程实践经验证明，在某些情况下，花饰工程在建筑工程中起到"画龙点睛"的作用。

在建筑工程中，建筑花饰有木质制品花饰、玻璃制品花饰、竹制品花饰、石膏制品花饰、预制混凝土花格制品花饰、水泥石渣制品花饰、金属制品花饰、塑料制品花饰等。室内一般采用木质制品花饰、玻璃制品花饰、竹制品花饰和石膏制品花饰等，其他制品花饰多用于室外。花饰工程的施工主要包括花饰的制作与安装两部分。

（一）建筑花饰制作

建筑花饰的制作方法很多，在建筑装饰工程上常见的有阳模制造法、阴模制造法和浇筑制造法等。

1. 阳模制造法

阳模制造法就是利用塑造的阳模制作花饰，这是花饰成型的关键。花饰的尺寸一般控制在 50cm 左右。花饰尺寸过大时应分块制作，当大于 30cm 时应在花饰内配置细钢筋或 8 号镀锌铁丝加强刚度。阳模制造法所用的材料和方法，主要有塑泥、纸筋灰浆和石膏 3 种。

（1）塑泥　选用不含砂粒的纯黄土、细黏土等，根据土本身的干湿程度加入适量的水，经过反复锤打使其呈紧密状态，即制成塑泥。一般先在底板上抹 1～2mm 厚的衬底，塑泥稍微干燥后按图塑成模胎。

（2）纸筋灰浆　用一块表面平整洁净的木板做底板，在底板上抹一层 1～2mm 厚的石灰膏，待其稍干后，将花饰的足尺寸图样刻画在灰层面上，用拌制好的纸筋灰，按照花饰的轮廓一层层叠起，再用工具雕塑而成。纸筋灰浆稍干后将花纹实样表面压光，所用的纸筋灰浆应比一般的灰多加些纸筋，使灰的稠度大一些。由于纸筋灰浆的收缩性比较大，在花饰制作时应按照 2％ 的比例放大尺寸。

（3）石膏　先按花饰的最大边缘尺寸浇筑一块石膏板，然后用复写纸将花饰图案画印在石膏板上，按层次雕塑成花饰图样。此种方法用于花饰纹理复杂或花饰厚度超过 5cm，用纸筋灰浆难以堆叠的情况。

阳模制造法的材料配合比（体积比）为：纸筋灰（或石膏）：纸筋＝100：6。

2. 阴模制造法

阴模的制作：阴模包括水泥硬模和"明胶软模"两种。

① 水泥硬模的制作　水泥硬模在进行浇筑时，先在阳模上涂上一层油脂，再分好小块、套模、配筋，模要比花饰高出 20mm 以上。一些形状复杂的阴模，可以先化整为零，浇筑分模，再浇筑整体。当阴模超过 300mm 见方时，模内应配置钢筋或 8 号铅丝；当阴模超过

300mm 见方时，要分成小块进行浇筑。水泥硬模主要适用于水泥制品花饰。

②"明胶软模"的制作　先将阳模固定在木底板上，刷清漆三道，油脂一道，安装阻挡胶液边框后即可进行浇筑。明胶与水的比例为 1：1，然后加入适量的甘油，加热至 70℃，冷却后将胶水沿着花饰边缘倒入，中间不留接头，8～12h 后即可翻模。

3. 浇筑制造法

浇筑制造主要适用于水泥砂浆花饰、水刷石花饰、斩假石花饰和石膏花饰。

（1）水泥砂浆花饰　先在硬模内铺设规定的钢筋，再倒入已搅拌好的 1：2 水泥砂浆或 1：1 水泥石碴浆，水泥砂浆应是干硬性的。等水泥砂浆干硬至用手按稍有指印但不向下陷入时，就可将花饰翻倒在平整的垫板上；制作中注意花饰的底面要刮平，但不需要压光，这样可以留下粗糙面有利于安装时黏结牢固。脱模后如果发现花饰有缺陷，应及时进行修整，再用排笔轻轻地刷使其颜色均匀。

（2）水刷石花饰　水刷石花饰的制作，是用 1：1.5 的水泥石碴浆倒入硬模内进行捣实。脱模后如果发现花饰表面不实，应及时进行修整。将表面的素水泥浆刷去，再用压水机进行喷刷。喷刷前应将花饰底板支起一面，喷刷后用清水冲洗，使石粒分布均匀，颜色一致。

（3）斩假石花饰　斩假石花饰的制作方法，基本上与水泥砂浆花饰相同。待花饰倒出后清理表面，达到一定强度后，便可在面层进行剁斧花饰。

（4）石膏花饰　石膏花饰的制作，是将软质模子放在一块较大的木板上，然后将板条、麻丝均匀分布放入，随即倒入搅拌均匀的石膏浆，刮平其表面，在灌后约 15min 左右即可脱模。脱模后的花饰应置放在木板上，如果有不平整现象，应当及时用与原浆配合比相同的石膏浆进行修补。

花饰制作完毕后，必须堆放在平整的地方，以防止产生变形，养护达到规定的强度后方可安装。在进行搬运时，花饰之间应用软质材料加以衬垫，以防止出现搬运损坏。

（二）花饰材料准备

花饰安装的材料准备比较简单，主要包括花饰制品和辅助材料的准备。

1. 花饰制品的准备

花饰制品材料，一般是由工厂生产成品或半成品，进场时应检查花饰制品的型号和质量，验证产品合格证书，认真阅读产品说明书，为花饰安装打下基础。花饰制品的种类很多，在工程中常见的有木花饰、水泥制品花饰、竹花饰、玻璃花饰、塑料花饰、金属花饰和石膏花饰等。

（1）木花饰　木花饰宜选用硬木或杉木制作，要求木材结疤少、无虫蛀、无腐朽、无扭曲、无污染现象，其含水率和防腐处理应符合设计要求和规范规定。

（2）水泥制品花饰　水泥制品花饰的表面应光滑、无裂纹，增加构件刚度的钢筋、铅丝等材料，应符合设计要求。

（3）竹花饰　竹花饰应选用质地坚硬、直径均匀、竹身光洁、颜色一致的竹子制作，一般应整枝使用，在竹花饰制作前应进行防腐和防蛀处理。

（4）玻璃花饰　玻璃花饰可选用磨砂玻璃、彩色玻璃、压花玻璃、有机玻璃和玻璃砖等制作，其透光率和其他性能应符合设计和规范的要求。

（5）塑料花饰　塑料花饰宜用硬质塑料制作而成，由于安装后其花饰表面不再进行装饰处理，所以要求表面图案和光洁度应符合设计要求。

（6）金属花饰　金属花饰宜采用型钢、扁钢、钢管、不锈钢型材等制作。花饰表面的烤漆、搪瓷和抛光处理等均应符合设计和规范的要求。

（7）石膏花饰　石膏花饰主要有石膏线条、灯盘、罗马柱、花角、壁炉、石膏塑像等。

如果需要增加石膏花饰强度的纤维用量和强度，应符合设计和规范规定。

2. 辅助材料的准备

花饰安装施工所用的辅助材料种类很多，主要有防腐剂、铁钉、竹销钉、木销钉、螺栓、胶黏剂等。为确保花饰的安装质量，这些辅助材料应有质量合格证，人造板材的甲醛含量应符合《国家环境标志产品技术要求——人造木质板材》中的规定，即人造板材中甲醛释放量应小于 $0.20mg/m^3$，木地板中甲醛释放量应小于 $0.12mg/m^3$；其阻燃性能等级应符合设计要求和规范规定。

3. 施工作业条件准备

（1）花饰工程安装的基层隐蔽工程，已经过检查验收，其质量完全符合花饰工程安装的要求。

（2）建筑结构工程已具备花饰工程的安装条件，在花饰安装之前，室内已弹出离地面 100cm 的水平基准线，为花饰安装打下了基础。

（3）花饰安装的施工方案已制定好，安装的顺序已预先排好；花饰半成品或成品及辅助材料已进行验收。

（4）安装花饰位置部位的基层已处理，并经检查验收合格，符合设计要求；在安装部位已预埋预埋件或木楔，预埋件数量、规格和位置符合设计要求。

（三）基层表面花饰安装

1. 基层表面花饰安装工艺流程

当表面花饰直接安装在墙面、柱面、顶棚等基层上时，其施工工艺流程为：基层处理→放线定位→花饰钻孔→安装花饰→修补缝隙→表面装饰。

2. 基层表面花饰安装操作要点

基层表面花饰安装操作比较简单，只要在基层处理、放线定位、花饰钻孔、安装花饰、修补缝隙和表面装饰等方面掌握一定的操作要点，其安装质量就会符合设计的要求。现以石膏花饰为例，其安装操作中的具体施工方法和要求如下。

（1）基层处理　基层处理是使花饰有一个良好的基础，主要是按设计要求将基层表面松软部分清除，对缺陷进行修补，将表面的灰尘等杂质扫除，使基层表面达到平整。

（2）放线定位　放线定位是花饰安装的施工依据，对花饰工程的装饰效果和施工速度影响很大。因此，一定要按照设计的要求，放出花饰安装位置确定的安装位置线，并在基层已确定的安装位置打入木楔。

（3）花饰钻孔　将花饰按照设计要求进行钻孔，以便安装于规定的位置。对于花饰产品已有预先加工好安装孔的，或几何尺寸不大、质量轻的花饰，可以不再进行钻孔，而直接进行粘贴。孔洞应钻在不显眼的边角处，应尽可能不破坏花饰的表面图案。

石膏花饰的钻孔个数、钻孔直径和位置，应当根据花饰的几何尺寸、质量轻重和所处位置而确定。

（4）安装花饰　安装花饰是关键的施工工序，关系到安装位置是否正确、固定是否牢固。用新拌制好的胶黏剂均匀涂刷在与基层连接的石膏花饰背面，并将其粘贴在基层已确定的位置上，要求一次圆满完成。如果一次粘贴不成功，应刮掉花饰及基层上的胶黏剂，用新拌制的胶黏剂再进行涂刷和粘贴。

（5）修补缝隙　修补缝隙实际上是对已安装好的花饰表面缺陷进行处理，即用新拌制的腻子（石膏粉加水搅拌均匀）填补花饰与基层的连接缝，要求填充密实、均匀、圆滑。另外，用新拌制的腻子修补安装孔洞和花饰的表面缺陷，修补花饰与花饰之间的连接缝。修补要求尽可能地还原花饰的原貌，连接要求花饰图案对齐。

（6）表面装饰　花饰的表面装饰，既是对花饰的进一步装饰，也是对花饰的保护。即在安装的花饰和修补的缝隙完全干燥后，在花饰表面涂刷 2～3 遍乳胶漆。

（四）花饰施工的注意事项

花饰工程虽然是建筑结构中的表面装饰，对建筑主体的安全没有大的影响，但对其装饰效果影响很大。因此，花饰的安装最好由制选厂家的专业队伍进行施工，也可由专业的装饰企业施工。在施工过程中，应当注意如下事项。

（1）在花饰安装之前，其基层必须进行处理，并达到平整、坚实的质量要求，花饰装饰线不应随着基层而起伏。

（2）装饰线和装饰件的安装，应当根据不同的基层，按设计要求采用相应的连接方式。如质量较重的花饰，可采用预埋件（或后置埋件）连接固定、螺栓固定、焊接及螺钉固定和高强度胶黏剂进行固定等，均应按相应的施工技术进行安装，并确保其连接牢固。

（3）木、竹材质的装饰线、装饰件的接口应拼对花纹，转弯接口应整齐无缝，同一种房间的颜色应一致，封口压边条与装饰线、装饰件应连接紧密牢固。

（4）石膏装饰线、装饰件安装的基层应干燥，石膏装饰线与基层连接的水平线和定位的线的位置、距离应一致，接缝处应采用 45°拼接。当使用螺钉固定花饰时，螺钉的钉头应沉入孔内，螺钉应进行防腐处理；当使用胶黏剂进行固定花饰时，应选用快速固化的黏结材料。

（5）金属类的装饰线和装饰件在安装前，应进行防腐处理，基层应干燥、坚实，采用铆接、焊接或紧固件连接应紧密。

（五）花饰安装的质量问题

（1）在进行花饰安装时，应对所有将要安装的花饰进行检查，对照设计图案进行预拼装和编号。如果花饰的局部位置有崩烂，应根据具体情况修补完整，个别损伤较多、变形较大或图案不符要求的不得用于工程。

（2）进行花饰安装应当选择适当的固定方法和粘贴材料，使用的胶黏剂既要注意其品种、性能和质量符合设计要求，又要防止因黏结不牢而造成开胶脱落。

（3）在花饰安装前，应认真按设计图案要求弹出安装控制线，各种饰件安装的位置应准确吻合。各饰件之间拼缝应细致填抹，填塞完毕缝隙后，应及时清理缝隙外多余的灰浆。

（4）用螺栓和螺丝固定花饰时，对螺栓和螺丝不得硬拧，应使各固定点平均受力，防止花饰产生扭曲变形和开裂。

（5）花饰安装完毕后，应加强对成品的保护，保持花饰完好洁净。

第三节 细部工程施工质量控制

橱柜、窗帘盒、窗台板、门窗套、护栏、扶手、花饰等制作与安装，在建筑装饰装修工程中的比重越来越大。最新国家标准《建筑装饰装修工程质量验收规范》（GB 50210—2013）中不再限定材料的种类，这样以利于创新和提高装饰装修水平。

一、细部工程一般规定

（1）细部工程质量控制适用于下列分项工程的质量验收：橱柜制作与安装、窗帘盒和窗台板制作与安装、门窗套制作与安装、护栏和扶手制作与安装、花饰制作与安装。

（2）细部工程验收时应检查下列文件和记录：①施工图、设计说明及其他设计文件；②材料的产品合格证书、性能检验报告、进场验收记录和复验报告；③隐蔽工程验收记录；④施工记录。

（3）细部工程应对所采用的花岗石放射性和人造木板的甲醛释放量进行复验。

（4）细部工程应对下列部位进行隐蔽工程验收：①预埋件（或后置埋件）；②护栏与预埋件的连接节点。

（5）各分项工程的检验批应按下列规定划分：①同类制品每50间（处）应划分为一个检验批，不足50间（处）也应划分为一个检验批；②每部楼梯应划分为一个检验批。

二、橱柜制作与安装工程质量控制

（一）橱柜制作与安装工程质量控制一般规定

（1）橱柜制作与安装工程质量控制适用于位置固定的壁柜、吊柜等橱柜制作、安装工程的质量验收。但不包括移动式橱柜和家具的质量验收。

（2）检查数量应符合下列规定：每个检验批应至少抽查3间（处），不足3间（处）时应全数检查。

（二）橱柜制作与安装工程质量主控项目

（1）橱柜制作与安装所用材料的材质、规格、性能、有害物质限量及木材的燃烧性能等级和含水率应符合设计要求及国家现行标准、规范的有关规定。检验方法：观察；检查产品合格证书、进场验收记录、性能检验报告和复验报告。

（2）橱柜安装预埋件（或后置埋件）的数量、规格、位置应符合设计要求。检验方法：检查隐蔽工程验收记录和施工记录。

（3）橱柜的造型、尺寸、安装位置、制作和固定方法应符合设计要求。橱柜安装必须牢固。检验方法：观察；尺量检查；手扳检查。

（4）橱柜配件的品种、规格应符合设计要求。配件应齐全，安装应牢固。检验方法：观察；手扳检查；检查进场验收记录。

（5）橱柜的抽屉和柜门开闭比较频繁，应开关灵活、回位正确。检验方法：观察；开启和关闭检查。

（三）橱柜制作与安装工程质量一般项目

（1）橱柜表面应平整、洁净、色泽一致，不得有裂缝、翘曲及损坏。检验方法：观察。

（2）橱柜的裁口处应顺直，拼缝应严密。检验方法：观察。

（3）橱柜安装的允许偏差和检验方法应符合表10-4的规定。

表 10-4　橱柜安装的允许偏差和检验方法

项次	项　目	允许偏差/mm	检 验 方 法
1	橱柜外形尺寸	3.0	用钢尺进行检查
2	立面垂直度	2.0	用1m垂直检测尺检查
3	门与框架的平等度	2.0	用钢尺进行检查

三、窗帘盒和窗台板制作与安装工程质量控制

1. 窗帘盒和窗台板制作与安装工程质量控制一般规定

（1）窗帘盒有木材、塑料、金属等多种材料做法，窗台板有天然石材、水磨石等多种材料做法。窗帘盒和窗台板制作与安装工程质量控制，适用于窗帘盒和窗台板制作、安装工程的质量验收。

（2）检查数量应符合下列规定：每个检验批应至少抽查3间（处），不足3间（处）时应全数检查。

2. 窗帘盒和窗台板制作与安装工程质量主控项目

（1）窗帘盒和窗台板制作与安装所使用材料的材质、规格、性能、有害物质限量及木材的燃烧性能等级和含水率应符合设计要求及国家现行标准、规范的有关规定。检验方法：观察；检查产品合格证书、进场验收记录、性能检验报告和复验报告。

（2）窗帘盒和窗台板的造型、规格、尺寸、安装位置和固定方法必须符合设计要求。窗帘盒、窗台板和散热器罩的安装必须牢固。检验方法：观察；尺量检查；手扳检查。

（3）窗帘盒配件的品种、规格应符合设计要求，安装应牢固。检验方法：手扳检查；检查进场验收记录。

3. 窗帘盒和窗台板制作与安装工程质量一般项目

（1）窗帘盒和窗台板表面应平整、洁净、线条顺直、接缝严密、色泽一致，不得有裂缝、翘曲及损坏。检验方法：观察。

（2）窗帘盒和窗台板与墙体、窗框的衔接应严密，密封胶缝应顺直、光滑。检验方法：观察。

（3）窗帘盒和窗台板安装的允许偏差和检验方法应符合表10-5的规定。

表 10-5　窗帘盒和窗台板安装的允许偏差和检验方法

项次	项　目	允许偏差/mm	检　验　方　法
1	窗帘盒和窗台板的水平度	2.0	用1m水平尺和塞尺检查
2	上口、下口直线度	3.0	拉5m线，不足5m拉通线，用钢直尺检查
3	两端距窗洞口长度差	2.0	用钢尺进行检查
4	两端出墙厚度差	3.0	用钢尺进行检查

四、门窗套制作与安装工程质量控制

1. 门窗套制作与安装工程质量控制一般规定

（1）门窗套制作与安装工程质量控制，适用于门窗套制作与安装工程的质量验收。

（2）检查数量应符合下列规定：每个检验批应至少抽查3间（处），不足3间（处）时应全数检查。

2. 门窗套制作与安装工程质量主控项目

（1）门窗套制作与安装所使用材料的材质、规格、花纹、颜色、性能、有害物质限量及木材的燃烧性能等级和含水率应符合设计要求及国家现行标准、规范的有关规定。检验方法：观察；检查产品合格证书、进场验收记录、性能检验报告和复验报告。

（2）门窗套的造型、尺寸和固定方法应符合设计要求，安装应牢固。检验方法：观察；

尺量检查；手扳检查。

3. 门窗套制作与安装工程质量一般项目

（1）门窗套表面应平整、洁净、线条顺直、接缝严密、色泽一致，不得有裂缝、翘曲及损坏。检验方法：观察。

（2）门窗套安装的允许偏差和检验方法应符合表 10-6 的规定。

表 10-6　门窗套安装的允许偏差和检验方法

项次	项　目	允许偏差/mm	检　验　方　法
1	正、侧面垂直度	3.0	用 1m 垂直检测尺检查
2	门窗套上口水平度	1.0	用 1m 水平检测尺和塞尺检查
3	门窗套上口直线度	3.0	拉 5m 线，不足 5m 拉通线，用钢直尺检查

五、护栏和扶手制作与安装工程质量控制

1. 护栏和扶手制作与安装工程质量控制一般规定

（1）护栏和扶手制作与安装工程质量控制，主要适用于护栏和扶手制作与安装工程的质量验收。

（2）检查数量应符合下列规定：由于护栏和扶手安全性十分重要，所以每个检验批的护栏和扶手全部检查。

2. 护栏和扶手制作与安装工程质量主控项目

（1）护栏和扶手制作与安装所使用材料的材质、规格、数量和木材、塑料的燃烧性能等级应符合设计要求。检验方法：观察；检查产品合格证书、进场验收记录和性能检验报告。

（2）护栏和扶手的造型、尺寸及安装位置应符合设计要求。检验方法：观察；尺量检查；检查进场验收记录。

（3）护栏和扶手安装预埋件的数量、规格、位置以及护栏与预埋件的连接节点应符合设计要求。检验方法：检查隐蔽工程验收记录和施工记录。

（4）护栏高度、栏杆间距、安装位置必须符合设计要求。护栏安装必须牢固。检验方法：观察；尺量检查；手扳检查。

（5）承受水平荷载的栏板玻璃应使用公称厚度不小于 12mm 的钢化玻璃或公称厚度不小于 16.76mm 的钢化夹层玻璃。当栏板玻璃最低点离一侧楼地面高度为 3～5m 时，应使用公称厚度不小于 16.76mm 的钢化夹层玻璃。检验方法：观察；尺量检查；检查产品合格证书和进场验收记录。

3. 护栏和扶手制作与安装工程质量一般项目

（1）护栏和扶手转角弧度应符合设计要求，接缝应严密，表面应光滑，色泽应一致，不得有裂缝、翘曲及损坏。检验方法：观察；手摸检查。

（2）护栏和扶手安装的允许偏差和检验方法应符合表 10-7 的规定。

表 10-7　护栏和扶手安装的允许偏差和检验方法

项次	项　目	允许偏差/mm	检　验　方　法
1	护栏垂直度	3.0	用 1m 垂直检测尺检查
2	栏杆间距	0，−6	用钢尺检查
3	扶手直线度	4.0	拉通线，用钢直尺检查
4	扶手高度	+6，0	用钢尺检查

六、花饰制作与安装工程质量控制

1. 花饰制作与安装工程质量控制一般要求

（1）花饰制作与安装工程质量控制适用于混凝土、石材、木材、塑料、金属、玻璃、石膏等花饰安装工程的质量验收。

（2）检查数量应符合下列规定：室外每个检验批全部检查。室内每个检验批应至少抽查3间（处）；不足3间（处）时应全数检查。

2. 花饰制作与安装工程质量主控项目

（1）花饰制作与安装所使用材料的材质、规格、性能、有害物质限量及木材的燃烧性能等级和含水率应符合设计要求及国家现行标准、规范的有关规定。检验方法：观察；检查产品合格证书、进场验收记录、性能检测报告和复验报告。

（2）花饰的造型、尺寸应符合设计要求。检验方法：观察；尺量检查。

（3）花饰的安装位置和固定方法必须符合设计要求，安装必须牢固。检验方法：观察；尺量检查；手扳检查。

3. 花饰制作与安装工程质量一般项目

（1）花饰表面应洁净，接缝应严密吻合，不得有歪斜、裂缝、翘曲及损坏。检验方法：观察。

（2）花饰安装的允许偏差和检验方法应符合表10-8的规定。

表 10-8　花饰安装的允许偏差和检验方法

项次	项　目		允许偏差/mm		检 验 方 法
			室内	室外	
1	条型花饰的水平度或垂直度	每米	1.0	3.0	拉线和用1m垂直检测尺检查
		全长	3.0	6.0	
2	单独花饰中心位置偏移		10.0	15.0	拉线和用钢直尺检查

装饰细部工程是建筑装饰工程中的重要组成部分，其施工质量如何不仅直接影响着整体工程的装饰效果，而且也影响主体结构的使用寿命。在制作与安装的过程中，由于材料不符合要求、制作水平不高、安装偏差较大等方面的原因，会出现或存在着这样那样的质量问题。因此，应当严格按照有关规定进行认真制作与安装，当出现质量问题后，应采取措施加以解决。

参 考 文 献

[1] 李继业，胡琳琳，贾雍．建筑装饰工程实用技术手册．北京：化学工业出版社，2014.

[2] 万治华．建筑装饰装修构造与施工技术．北京：化学工业出版社，2006.

[3] 肖绪文，王玉岭．建筑装饰装修工程施工操作工艺手册．北京：中国建筑工业出版社，2010.

[4] 李继业，邱秀梅．建筑装饰施工技术（第二版）．北京：化学工业出版社，2011.

[5] 李继业，初艳鲲，法炜．建筑材料质量要求简明手册．北京：化学工业出版社，2013.

[6] GB 50210—2001.

[7] GB 50325—2010.

[8] 李继业，胡琳琳，李怀森．建筑装饰工程施工技术与质量控制．北京：中国建筑工业出版社，2013.

[9] 杨天佑．建筑装饰装修工程（新规范）技术手册．广州：广东科技出版社，2003.

[10] 王军，马军辉．建筑装饰施工技术．北京：北京大学出版社，2009.

[11] 齐景华，宋晓慧．建筑装饰施工技术．北京：北京理工大学出版社，2009.

[12] 中华人民共和国国家标准．建筑内部装修设计防火规范（GB 50222—2001）．

[13] 马有占．建筑装饰施工技术．北京：机械工业出版社，2003.

[14] 顾建平．建筑装饰施工技术．天津：天津科学技术出版社，2001.

[15] 陈世霖．当代建筑装饰装修构造施工手册．北京：中国建筑工业出版社，1999.

[16] 赵子夫．建筑装饰工程施工工艺．沈阳：辽宁科学技术出版社，1998.